数字地质学

赵鹏大 主编

科学出版社

北京

内 容 简 介

数字地质学是地质学定量化理论和信息技术的基本理论、技术和方法，本教材系统介绍了多元统计分析、地质统计学基本原理、三维地质建模和深部地球物理信息提取分析技术与方法。围绕着地质定量分析，本教材介绍了综合信息评价、地质过程模拟、模糊数学、灰色系统和非线性、地质大数据与人工智能的理论与方法。为方便读者理论联系实际，本教材还介绍了地理信息系统与遥感技术的地学应用、固体矿产与油气资源定量预测评价、地质灾害定量评价、城市地下空间定量分析与评价、区域承载力分析，以及月球地质分析等。

本书可作为地学相关专业大学生的基础教材，也可作为理工科专业大学生、研究生在地质研究中学习和借鉴的参考书。

图书在版编目(CIP)数据

数字地质学／赵鹏大主编. —北京：科学出版社，2023. 11

ISBN 978-7-03-075353-3

Ⅰ. ①数… Ⅱ. ①赵… Ⅲ. ①数字技术-应用-地质学-高等学校-教材 Ⅳ. ①P5-39

中国国家版本馆 CIP 数据核字（2023）第 061779 号

责任编辑：王 运／责任校对：何艳萍

责任印制：赵 博／封面设计：北京图阅盛世

科学出版社 出版

北京东黄城根北街 16 号

邮政编码：100717

http://www.sciencep.com

涿州市般润文化传播有限公司印刷

科学出版社发行 各地新华书店经销

*

2023 年 11 月第 一 版 开本：787×1092 1/16

2024 年 8 月第二次印刷 印张：30 3/4

字数：730 000

定价：279.00 元

（如有印装质量问题，我社负责调换）

《数字地质学》编辑委员会

前　言

当今，我们正处在一个数据无处不在，而且实时大量出现，由数据可以产生知识、效益和财富的时代，一个被称为“大数据时代”的时代。大数据已经不仅仅是个最热门的名词术语，而是实实在在地渗透到人们生活的方方面面。进入 21 世纪，信息社会和信息技术已经普及到了各行各业和人们的日常生活中，数学地质也发展到一个新阶段 —— 数字地质阶段。

数字地质学可以说是地质学中的信息技术，它与数学地质相比，研究的内容和所涉及的领域都拓宽了。当今，国际数学地质协会已和国际地学信息学会的学术活动合为一体，我国地质学会下属的数学地质专业委员会也改名为数学地质与地学信息专业委员会，这反映了数学地质发展的新趋势和新方向，也预示着数字地质学作为一门前沿学科，必将发挥重要的作用。

中国地质学会数学地质与地学信息专业委员会，在赵鹏大院士的亲自指导下，针对本科教学以系统涵盖数学地质、地学信息和大数据分析的基本知识、基础理论和方法应用的内容为核心，组织了全国 15 所开设相关课程的高校的任课教授和科研院所的有关专家，经过几次会议研讨拟定了本教材的大纲，历时几年完成了本教材的编写工作。

地球是个复杂系统，开展这个复杂系统的研究不仅需要地质科学内部的交叉渗透，而且还需要地学与数学、物理、化学、生物、天文等学科实现更大跨度的交叉与联系，也需要与高新技术紧密结合。数字地质学应为解决地球系统科学中的各种复杂现象和相互作用作出贡献。地学信息是进行各种区域性科学研究的基本素材，是自然资源、环境、灾害预测评价、国土规划和各种重大工程问题决策的基本依据。地学信息科技是地学与数学、信息科学、计算机技术互相结合的产物，是数字地质学在 21 世纪的进一步拓展，是地球科学向数据化、定量化、信息化、可视化和智能化方向发展的必然结果。

本书第 1 章由赵鹏大、陈建平编写，第 2 章由杨永国、陈玉华、魏友华编写，第 3 章、第 4 章由周永章编写，第 5 章由毛先成、邓浩编写，第 6 章、第 7 章由陈建国编写，第 8 章由魏友华、郭科、李楠编写，第 9 章由袁峰、张明明、李晓晖、孙莉编写，第 10 章由袁峰、肖克炎、宋相龙、向杰、刘畅编写，第 11 章由陈建平、袁峰、赵萍、汤军、李诗编写。

值此书开篇，还要特别感谢在本书撰写和修改中付出大量辛勤劳动的各位老师和同学，他们是：中南大学的陈武硕士、姜丽群硕士、段宇玺硕士、李佳欣硕士，云南大学的曾敏教授，中国地质大学（北京）的田毅副教授、姚美娟博士、周冠云博士、周密硕士、刘静硕士。同时，也对为本教材撰写、编辑出版付出辛勤劳动和给予帮助的单位和个人，表示衷心的感谢！

前言

目　　录

第1章 绪　　论

进入21世纪，信息社会和信息技术已经普及到了各行各业和人们的日常生活中，数学地质也发展到一个新阶段——数字地质阶段。数学地质是地质与数学结合的交叉学科，数字地质是数学地质与信息技术结合的交叉学科。数字地质是数学地质发展的新阶段，是数学地质的延伸与拓展。

1.1　数字地质学的发展

数字地质是由数学地质发展而来的，和其他科学一样，都是从生产实践的需要中产生和发展起来的。最早，地质界中，仅有少数人利用数学方法分析和处理地学数据并得出统计结论。如1840年，英国地质学家莱伊尔（C. Lyell）运用统计的方法，根据近代海洋生物的相对含量，把第三纪（现为古近纪和新近纪）地层中的生物种属与现代海生生物种属对比，成功地对第三纪地层做了进一步划分。1890年，卡尔·皮尔逊（Karl Pearson）编写了《数学进化论贡献》一书，其中有对古生物化石的统计分析。1914～1934年间，列文森-列辛格（Ф. Ю. Левинсон-Лессинг）通过分析岩石的岩浆系数的频率分布，研究岩浆岩的分类。一些沉积岩石学家，注重沉积颗粒和类型的测量，以此作为碎屑沉积岩分类的依据。20世纪40年代，数学方法的应用已由地质学的个别问题逐渐扩展到地质学的一些分支，在方法上引入了双变量或三变量分析，出现了三角岩比图、百分率图等。在矿物学和结晶学领域中，还运用了简单回归分析和方差分析，以了解矿物性质与化学成分之间的关系。苏联学者维斯捷列乌斯（А. Б. Вистелиус）是这一时期有代表性的学者，发表了《分析地质学》一文，提出用定量方法研究地质问题的初步思想。1958年电子计算机首次实现地质应用，被誉为“数学地质之父”的克伦宾（W. C. Krumbein）首次发表了趋势面分析计算机程序，从此趋势面分析得到了广泛传播。1962年，法国学者马特龙（G. Matheron）在南非学者克里格（D. G. Krige）研究工作的基础上创立了地质统计学。1962年苏联学者维斯捷列乌斯首次给出“数学地质”一词的定义：数学地质是研究在具体工作中建立、分析和利用地质现象数学模型的科学。1968年国际数学地质协会在捷克布拉格的成立，标志着新兴学科——数学地质学已经在世界范围内形成并得到国际上的公认。到了20世纪80年代，建立、应用和解释地质学中的数学模型则成为数学地质的主要内容。数学地质有了自己明确的研究对象及内容，也形成了自己的研究方法体系，其研究结果具有明显的预测能力，因而具备了作为一门独立学科所应有的必要条件，形成了基本的学科体系。

我国在20世纪50年代就开始用数学方法（主要是概率统计方法）研究地质勘探实际问题，并取得了不少研究成果。《数学地质引论》（中国科学院地质研究所，1977）、《数学地质基本方法及应用》（刘承祚和孙惠文，1981）、《矿床统计预测》（赵鹏大等，1994）、《定量地学方法及应用》（赵鹏大，2004）的出版，进一步推动了数学地质的研究和应用。1981 年我国成立了数学地质专业委员会，并出版了《中国数学地质》专辑。从 1992 年起，在每四年召开一次的国际数学地质大会上，都有中国学者担任分会场召集人或联合召集人。1992 年在中国地质大学（武汉）举办了以矿产资源定量预测为主题的国际数学地质学术讨论会，国际数学地质协会主席麦坎蒙博士及加拿大著名学者阿格特伯格教授等以及来自 11 个国家的近 70 名代表参加了会议。1996 年在北京召开第 30 届国际地质大会的同时，成功举办了国际数学地质学术讨论会。2000 年在中国地质大学（北京）成功举办了国际数学地质学术讨论会。2007 年 8 月中国地质大学（北京）在北京主办了第 12 届国际数学地质年会，这些都使得数学地质在我国的发展充满了活力与生机，受到国际数学地质界的高度重视和评价。此外，1992 年中国学者赵鹏大院士、2008 年成秋明院士分别获得国际数学地球科学协会最高奖——克伦宾奖章，也展现出中国学者在数学地质界的学术地位和影响力。1978 年首届全国数学地质学术会议在杭州的召开，标志我国数学地质研究进入一个新的发展阶段。此后，1981 年第二届在湖南长沙、1986 年第三届在湖北宜昌、1990 年第四届在四川成都、1995 年第五届在山东东营、2005 年第六届在云南昆明、2007 年第七届在北京国土资源部十三陵培训中心、2009 年第八届在广州中山大学、2010 年第九届在中国地质大学（北京）、2011 年第十届在中国地质大学（武汉）、2012 年第十一届在成都理工大学、2013 年第十二届在新疆乌鲁木齐、2014 年第十三届在江苏徐州中国矿业大学、2015 年第十四届在陕西西安、2016 年第十五届在湖南长沙中南大学、2017 年第十六届在浙江杭州、2018 年第十七届在安徽合肥工业大学、2019 年第十八届在辽宁沈阳，2023 年第十九届在云南昆明，先后举办了备受关注的全国数学地质与地学信息学术会议。

1.2　数字地质学的任务和对象

当今世界已经不同程度地进入知识经济时代，作为第一生产力的科学技术其基础在于知识创新。然而，知识发现、传输、更新和应用之所以如此迅速恰恰是因为信息科学技术的异军突起。所以，也有人将知识经济时代称为信息时代。

数字地质以地质学中的信息技术应用为基础，以地质学中的数学应用和数学模型研究为主要内容，以解决地质理论和实际问题为目的。数字地质是地质学的定量化理论和信息技术，它与数学地质相比，研究的内容和所涉及的领域都拓宽了。其目的是有效发现和提取信息，有效揭示和解释变异，有效查明和预测规律性，有效研究和解决地质问题。

数字地质是研究最优数学模型，并查明地质运动数量规律性的科学，数字地质的任务是解决地质学的特定问题——地球内部及其表面物质的组成和运动在量的方面的规律性，从而达到对其本质的更准确和深入的认识。研究对象概括起来有以下几个方面：

（1）查明地质体的数学特征，建立地质体的数学模型；

（2）研究地质过程的各种因素及其相互关系，建立地质过程的数学模型；

（3）研究适合地质任务和地质数据特点的数学分析方法，建立地质工作方法的数学模型；

（4）分析地质数据的结构特点，确定数据管理的策略，建立地质信息系统；

（5）探索复杂地质问题的人工智能解决途径，研究地学专家系统。

数字地质必须以地质为基础和出发点，经过变地质问题为数学问题或变地质模型为数学模型，以解决地质问题或对数学分析结果进行地质解释为目的，以信息技术与信息工程为手段，实现研究过程自动化、智能化和系统化，并通过网络化达到研究成果共享及解决问题虚拟化、实时化和远程化。目前，数字地质的基本问题主要包括以下方面：

（1）地质对象的定量化、数字化、模型化、可视化、网络化与智能化；

（2）地质数据的复合性、混合性（多总体性）、变化性、多源性、多元性、方向性、相对性与代表性，以及混合总体的筛分技术；

（3）地质数据的变换、统计分布特征及其成因意义；

（4）地质数据的空间特征、空间相依及变程、各向异性与变异函数；

（5）地质数据的非线性特征及非线性理论与方法；

（6）地质数据与分析评价的不确定性；

（7）地质体的结构特征、组合特征及熵函数；

（8）地质体成因的定量组合效应及各影响因素的权重估计；

（9）地质过程的马尔可夫性及转移概率；

（10）地质事件的概率法则及事件结果的概率估计。

然而，数字也是一把双刃剑：精确的数字是财富，虚假的数字是灾难。“数字的灵魂就是真实”，因此，我们必须正确地运用数字，不断提高数字精度，才能使它更好地为人类服务。

1.3　地质学中应用数学的特点

数字地质以地质为基础、以地质学中的计算机应用为开端，以地质学中的数学应用和数学模型研究为主要内容，以解决地质理论和实际问题为目的。它将为定量地认识、预测、评价和解释地球系统科学中各种复杂现象和资源环境等重大问题、人类与地球之间的协调与和谐发展以及人类社会可持续发展作出重要的贡献。

数字是信息化的基础。数字经过加工成为信息，信息加以分析和提炼成为知识，知识加以创造性应用才能解决各种实际问题，才能转化为生产力和财富。

信息化是对数字化的各种图、表甚至某些描述，根据不同的研究目的提取出相关专业信息的全过程。要实现信息化，我们必须在数字化的基础上以不同学科领域的基础理论为指导进行定量化、模型化、网络化、可视化和智能化，而且最终要做到为研究者所熟悉，并能提供有效的专业基础资料。因此，信息化是信息实用化的具体表现，信息化有助于推动整个科学的进步与发展，从某种意义上讲，信息化程度是各个领域现代化程度的一个标尺。

反映地学信息的地质变量很多，所谓变量筛选就是通过各种方法，从众多的变量中选出与研究任务关系密切的变量。筛选的目的就是既减少空间维数，便于计算，又最大限度地保存与研究对象有直接或间接联系的信息。按一定数学标准严格筛选出的变量集合称为最优变量集合。在实际工作中，变量的构置是一个需要结合具体任务，在研究变量组合控制某种地质现象或作用基础上的创造性研究过程，必须搞清综合变量的物理意义并与地质分析紧密结合，对于参加综合的单个地质因素，必须进行认真选择。

对各种各样的信息进行富有成效的提取和处理，是人们认识和改造客观世界的前提条件。信息的提取有多种可供选择的途径，包括物质运动过程中信息本身、仪器或人类的认识能力等。概括起来，主要有以下五个方面：①改进信息处理方法，提高对各种信号的分辨力和处理能力；②用科学的理论、方法和手段对收集的信息资料进行整理和处理，发现信息内在的规律性和联系；③用系统科学的理论和方法对旧理论进行重组和改造；④用新的信息显示方式代替旧方式，提高信号的可识别性；⑤通过革新仪器设备，提高工具对信息检测的灵敏度和分辨率，或发明新的仪器。

地学的现代化离不开地学的数字化和信息化。对各式各样历史的、现代的复杂地质现象、作用和产物的深刻认识和正确解释，有待我们掌握更多深层次的地学信息，有赖于我们在地质工作中更深入、更广泛、更有效地应用信息技术。数字地质与数字地球也将为地学发展的新阶段——地球系统科学的建立和发展，以及为地质工作的现代化做出更巨大的贡献。

1.4 数字地质学与地球信息科学的关系

信息科学是指以信息为主要研究对象，以信息的运动规律和应用方法为主要研究内容，以计算机等技术为主要研究工具，以扩展人类的信息功能为主要目标的一门新兴的综合性学科。数字地质学利用定量化的思想和方法，借鉴信息学的管理和手段，在深度和广度上开拓对地质过程的认识和解释。信息技术的快速发展，促使地质学的定量分析提高到一个新的高度，特别是复杂问题、动态过程的研究。计算机语言的发展特别是可视化语言的出现，大大提高了地学工作者应用计算机解决地学问题的能力，特别是数值模拟技术的出现，让地学工作者可以模拟地质过程，为地学工作者提供解决问题的方案。

在地质信息基础问题研究方面，研究程度较深的当数定量地层学。定量地层学也已成为一个独立的分支学科，它包含许多沉积地质学问题（Agterberg et al.，1990）。这方面的研究方法可以简单地概括为：通过绘出已经识别的（用特种判断标准）和与邻近地层相区别的（用其他准则）地层边界，利用建立的数学模型进行计算，模拟生成一种在某一分辨率下的岩性体，最后绘出地质图和剖面图的方法。

因为定量地层学是油田和水文地质学用于储层描述或表征的基础，所以在过去的几年里已经有一股重要的力量在进行定量地层学许多方面的定量化和计算机化的工作，类似的有油藏模拟和流体-流动模型的应用。

定量沉积学和盆地模拟是另外一个研究领域，其定量的、计算机化的岩石地层学已用于生物地层学和地震地层学以便建立试验预测模型。如果流体流动和盆地模型产生定量的预测，那么知道的信息就会增加，所以岩石地层学、生物地层学和地震地层学的综合必须计算机化，也是因为包括的数据体极大、变量之间的相互关系复杂。

地质问题解决方案的形成，取决于该学科的当前发展状态。地质学、信息学、方法学的某些突破和发展，都为解决方案的发展提出新的思路和新的工具。

现代探测技术使地质现象的描述精度得到极大的提高，因此揭示地质现象的精度也将更高。观测巨大宏观物体的手段得到扩展，研究地学问题的尺度也将从微观至宏观扩展到巨宏观。信息技术的记录和管理模式发生着重大的转变，使得地学信息的表达形式也发生着变化，特别是数据管理能力的提升，也促进了数据利用能力的提高。

地学可视化使地学数据和地质现象等隐含信息直观、形象地展示在计算机的显示器上，大大拓展了研究者的表达手段，也拓宽了人们的视野，图形和图像不仅仅是研究成果的表达，而且也是运算过程、中间结果观察与分析的一种有效途径。非线性理论的逐步发展，扩展了地学问题研究的方法范围，使得对于地学问题的描述，由线性走向非线性。其他如定量古生物学、定量地貌学、定量矿床学等也有所发展。

在信息技术高度发达的今天，地质工作的现代化、地质科技的创新，都离不开信息化，数字地球、数字国土、数字矿山等都是我们熟悉的概念，数学地质的信息化程度在不断提高。吴冲龙等（2005）提出，“地质信息科学”是关于地质信息本质特征及其运动规律和应用方法的综合性学科领域，研究在应用计算机和通信网络技术条件下对地质信息进行获取、加工、集成、存储、管理、提取、分析、处理、模拟、显示、传播和应用过程所提出的一系列理论、方法和技术问题。研究地质信息的科学应称为“信息地质”，它与研究地质数学模型的科学——“数学地质”一道称为“数字地质学”。

1.5　数字地质学与大数据科学

当今，我们正面临一个数据无处不在，而且实时大量出现，由数据可以产生知识、效益和财富的时代，一个被称为“大数据时代”的时代。大数据已经不仅仅是个最热门的名词术语，而是实实在在地渗透到人们生活的方方面面。大数据理论和方法的出现，为地学问题的分析和解决提供了一个新的思路。特别是研究问题的理念产生了变化，由原来的问题推导演变成为数据驱动。数据挖掘和人工智能的发展为隐含地学信息的提取提供了重要手段。随着地学数据的积累，使得人们处理和认识地学问题的广度和深度都得到了极大扩展。大数据时代的总体特征可以概括为以下五类：

（1）数据链的形成。数字化、定量化和行为化产生数据。特别是一切行为产生数据。无论是科学研究、生产活动还是日常生活都产生数据。不仅数据巨大，而且类型繁多，包括结构性、半结构性及非结构性数据，如图形图像、音频视频等。数据的解析化、集成化、综合化产生信息，通过各种分析处理、综合集成及挖掘筛选产生各种信息。信息的模型化、专业化和智能化产生知识，产生各种数字知识和数字规律。而知识的实用化、网络化、可视化服务社会和公众而产生效益和财富。在这些知识面向公众和各种专业需求进行服务和创造财富的过程中又产生大量新数据。如此循环往复而形成数据链。这样的数据链服务于产业链、生活链、科研链、管理决策链，而且在这些链中形成创新链，又使创新链进一步完善数据链。这样就形成一个数据—信息—知识—产业—创新—财富—服务—再数据的大数据链。

（2）数据科学的形成。有学者认为：“从数据分析角度看，不同学科的不同问题有相当程度的统一性，正是这种统一性，使数据科学有存在和发展的必要。”“科学研究，可归结为数据研究”“数据科学是用数据的方法研究科学，用科学的方法研究数据”（赵国栋等，2013）。还可以认为，当今没有无数据的科学，也没有无科学的数据。自然科学、工程技术科学、人文社会科学、艺术行为科学都离不开数据，一切数据也都有其科学内涵，必有其科学意义。此外，数据科学还指：科学决策必须依靠数据，科学预测也必须依靠数据，国家治理的现代化和社会管理的科学化都离不开数据。当今建设各种“智慧”主体，如智慧城市、智慧大学等更是数据的结晶。

（3）大数据时代科学的差异性。从数据特征角度，科学可以分为“全数据型科学”（或工作）及“样本数据型科学”（或工作），而后者又可以分为“数据密集型科学”及“数据稀少型科学”。迈尔-舍恩伯格（Mayer-Schönberger，2013）在其《大数据时代》一书中提出了“不是随机样本，而是全体数据”“不是精确性，而是混杂性”“不是因果关系，而是相关关系”等几个“新思维”，但是，这几点对地质科学显然就不完全适用。不同学科、不同工作对数据的要求乃至数据的产生是有很大差别的，不同学科的数据差异性要求不同学科发展自己的数据科学。根据各学科自身的特点，从数据获取、分析处理到数据模型的建立，从变量的构置、筛选到专业模型的建立，从数据知识的挖掘到实际问题的解决，整个数据链的各环节体现了用科学的方法研究数据，同时，也用正确的数据方法研究科学。

（4）大数据时代产生新的科学范式和思维方式。“大数据科学成为新的科学范式”（中国科学院，2013），微软研究院副总裁托尼·海博士认为：“在大数据时代，数据密集型科学如今已经与理论科学、实验科学和计算科学比肩，共同成为一种根本的研究范式。”（刘润生，2013）推动科技发展转型的“科研信息化（E-Science）”已进入了以云计算和大数据为特征的新阶段，而计算技术也“从信息空间进入人-机-物三元世界”“是综合利用人类社会（人），空间信息（机），物理世界（物）的资源，通过云计算，物联网、移动通信、光学信息等技术支撑、协作进行个性化大数据计算”“以个人的计算需求为第一负载的 e-People 将超越 e-Business，e-Science 和 e-Government 而成为主流服务模式”（唐俊明，2013）。而各种相关软件，如不久前发布的具有“云”特性的云 GIS 软件，MapGIS 10 应用软件不再受时空边界和组织机构的限制，让开发变得开放而自由……共享全世界 GIS 的智力、人力、物力资源，让人人自由享有地理信息服务。数据密集型的科学范式一方面是全面正确地利用自身产生的数据，另一方面是充分合理地利用外界所有的大量相关数据，打破数据封闭和数据局限的传统模式。大数据时代要求进一步建立数据思维、定量思维及努力获取“数据资源”和形成核心“数据知识”的新的思维方式。

（5）大数据时代新的科学伦理问题。数据封锁、知识垄断、技术落后造成数据拥有度的差异，形成新的贫富不均和两极分化，有人称之为“数据鸿沟”。要尽力做到数据共享的同时又保护信息安全和知识产权，一方面要充分利用数据信息加强个性化服务，另一方面又要高度重视保护个人隐私和网络安全。国内外对此均高度重视，如美国国家研究理事会在 2010～2014 年发布的报告中提出了“迈向更加可用、安全和隐私的信息技术”“数据时代的版权：建立政策论据”“署名——开发数据署名和引文规范和标准”等大数据伦理相关问题。

为适应大数据时代的新挑战，为更好地发挥大数据在解决各种理论和实际问题中的作用，各不同学科领域及不同类型工作都需要针对其特点开发和建立自己的数据科学，培养各自领域的数据科学人才。例如，地质科学和地质工作属于数据密集型科学及工作，地质数据获取难度大、成本高，地质数据的混合性、变异性、稳健性、相关性等随时空及地质体的不同而各异。对于大量深地、深空、深海和深时数据，其获取和研究难度更大。所以必须依靠自己的数据科学——数字地质加以解决。数字地质是以地质科学和信息技术为基础，以建立和应用地质体、地质过程和地质工作方法的各种数学模型为手段，用数据科学的方法对地质学中的大数据进行智能处理，从中分析和挖掘出有价值的核心信息和关键数据，形成浓缩的数字知识，以解决地质学和地质工作中的认知、预测、决策和评价等理论和实际问题为目的的新兴交叉学科。数字地质就是地质科学的数据科学。核心数字知识和数字规律是事物本质的高度凝练，是事物客观规律的定量表征，是定义、区分、鉴别不同事物的客观标准，是科学管理、科学预测乃至科学发展的基本依据。因此，"大数据"带来非结构化数据分析的新挑战，"大数据"带来异构数据存储、管理和综合分析的新技术，"大数据"开启"凭数据说话"的定量分析新时代，"大数据"开启数据可视化与应用多元化，建立和发展适应大数据时代特征的各学科领域的数据科学十分必要。

由于我们处在这样一个科学发展、发生重大变革的新时代，也为了适应学科发展和高等教育的客观需求，中国地质学会数学地质与地学信息专业委员会组织全国 15 所高校和科研院所的相关学科研究人员，精心组织和编写了这本适用于高等院校所有理工科专业本科生的《数字地质学》教材。我们希望这些知识的积累与传授，不仅能够促进地学研究发展到一个新的阶段，而且能够作为大学本科各专业素质教育的基础与借鉴，启迪和培养学生的科学思维方式，使他们能掌握定量分析和解决问题的基本知识与技能。

有人惊呼，"这个诗文的国度，快要被数字的洪水淹没了"，这是不可阻挡的潮流。"不善于运用数字、指挥数字的人，总是关山阻隔道途淤塞——不知何来，不知所往"，这将越来越快地成为现实。"数字地球"的建设在社会、政治、经济、军事、文化、教育乃至人们日常生活中的各个领域都有重要意义，它是利用全球数据和信息资源的最佳途径。它将从根本上改变人们的工作和生活方式。在信息时代，以知识和信息生产为主的社会生产力最重要的财富源泉就是知识和信息。

参考文献

刘承祚，孙惠文. 1981. 数学地质基本方法及应用［M］. 北京：地质出版社.

刘润生. 2013. 数据密集型科学的未来［J］. 中国科学人，10：16-17.

唐俊明. 2013. 运用现代化手段优化数学课堂教学［J］. 读写算（教研版），(24)：260-262.

吴冲龙，刘刚，田宜平，等. 2005. 论地质信息科学［J］. 地质科技情报，24（3）：1-8.

赵国栋，易欢欢，糜万军，等. 2013. 大数据时代的历史机遇：产业变革与数据科学［M］. 北京：清华大学出版社.

赵鹏大. 2004. 定量地学方法及应用［M］. 北京：高等教育出版社.

赵鹏大，胡旺亮，李紫金. 1994. 矿床统计预测［M］. 北京：地质出版社.

中国科学院. 2013. 科技发展新态势与面向 2020 年的战略选择［M］. 北京：科学出版社.

中国科学院地质研究所. 1977. 数学地质引论［M］. 北京：地质出版社.

Agterberg F P, Bonham- Carter G F, Wright D F. 1990. Statistical pattern integration for mineral exploration [M] //Gaal G, Merriam D F. Computer Applications in Resource Estimation Prediction and Assessment of Metals and Petroleum. Oxford: Pergamon Press. DOI:10.1016/B978-0-08-037245-7.50006-8.

Mayer-Schönberger V, Cukier K. 2013. Big Data: A Revolution That Will Transform How We Live, Work, and Think [M]. New York: Houghton Mifflin Harcourt.

第 2 章　地质数据基础与地质体数字特征

应用数字地质的理论和方法进行各种地质问题研究，首先遇到的问题是地学数据和地学变量的研究。它们是地质统计分析工作的基础，研究效果的好坏，在很大程度上取决于预处理后地学数据和取值后地学变量能够反映研究对象本质变化的程度。在矿床统计预测中，预测效果的优劣，在很大程度上取决于所选择和构置的地学变量在取值和变换后所得数据与矿化的直接和间接关联程度。因此地学数据预处理、地学变量的选择构置、取值和变换是数字地质研究工作中一项十分重要的任务。

2.1　数据与信息

数据是指对客观事件进行记录并可以鉴别的符号，是对客观事物的性质、状态以及相互关系等进行记载的物理符号或这些物理符号的组合。它是可识别的、抽象的符号。数据是信息的表现形式和载体，而信息是数据的内涵，信息是加载于数据之上，对数据做具有含义的解释。数据是信息的表达、载体，信息是数据的内涵，是形与质的关系。数据本身没有意义，数据只有对实体行为产生影响时才成为信息。从信息论的观点来看，描述信源的数据是信息和数据冗余，即数据=信息+数据冗余。数据是数据采集时提供的，信息是从采集的数据中获取的有用信息。由此可见，信息可以简单地理解为数据中包含的有用的内容。数据和信息之间是相互联系的。数据是反映客观事物属性的记录，是信息的具体表现形式。数据经过加工处理之后，就成为信息；而信息需要经过数字化转变成数据才能存储和传输。

2.2　地 学 数 据

对于地学数据，研究者从不同角度出发进行了不同的分类。如从统计学观点、从地球科学各专业学科、地学数据格式等几个方面。不同的分类方式，取决于研究者对于地学问题观察的角度不同和获取技术上的不同。综合审视和利用上述数据将能更全面地揭示地学问题。

（1）从统计学观点出发通常将数据分为定性数据和定量数据；

（2）从信息系统观点出发将数据分为数值数据和文献数据；

（3）按数据的意义和数量概念的完整程度分为名义型数据、有序型数据、间隔型数据及比例型数据等；

（4）按数学定量方法分为纯量、向量、定和及坐标数据；

（5）按数据与研究对象之间的关系分为地址性、归属性、准则性及因素性数据；

（6）按地球科学各专业学科分为地质、地球化学、地球物理、遥感影像等数据；

（7）从数据的应用出发分为原始数据和方法数据等。在数据处理方法和空间数据表达等方面做出了大量的有意义的工作。

对地学数据的分类，主要考虑两方面：一方面考虑地学数据的特点；另一方面考虑地球科学研究中便于计算机对数据的存储、信息提取和数据加工处理。采用表 2.1 所示分类。

表 2.1　地学数据分类

<table>
<tr><td>地质数据</td><td rowspan="8">地
学
数
据</td><td rowspan="6">定量数据</td><td colspan="2">连续型数据</td></tr>
<tr><td>地球化学数据</td><td rowspan="2">离散型数据</td><td>间隔型数据</td></tr>
<tr><td rowspan="2">地球物理数据</td><td>比例型数据</td></tr>
<tr><td colspan="2">方向型数据</td></tr>
<tr><td rowspan="2">遥感影像数据</td><td colspan="2">定和型数据</td></tr>
<tr><td colspan="2">坐标型数据</td></tr>
<tr><td rowspan="2">其他数据</td><td rowspan="2">定性数据</td><td colspan="2">二态数据</td></tr>
<tr><td colspan="2">三态数据</td></tr>
</table>

地学数据与地学变量的关系：通常地学数据是指地质工作或地质科学研究中所产生的大量地学观测值，包括数字、文字、图件、表格等，而地学变量是指参与建立数学模型的成分和参数。地学数据是构置地学变量的基础。有的地学数据可直接作为地学变量的取值，但多数地学数据需要经过加工处理后才能用来构置地学变量。故将地学数据构置为地学变量时，首先要对地学数据进行预处理。

地学数据预处理是指用地学数据构置地学变量前对地学数据进行处理。目的是排除或压低数据中所包括的随机干扰，突出有用信息，提高数据的可利用程度，增强构置地学变量的可靠性。另外还包括对数据的统计分布研究、混合总体筛分，以及错误观测值的剔除、奇异值的稳健处理、缺失数据的补齐、过密数据的抽稀、数据网格化、不同技术条件下所获得不同水平的资料的分析处理等。

这方面预处理在各类数据中应用较多。如对地球化学测量数据，为了消除或压低由于地形、河流及季节性气候变化等因素对背景值的影响，在构置或使用化探数据作为变量时，应对数据进行背景值的环境校正。同理，对激发极化测量的电阻率数据，为了排除土壤、地形、环境因素的影响亦必须通过对远景区数据的环境校正预处理，排除环境异常而突出矿化异常。

地学数据在空间上由于数据不齐全而分布不均匀。在进行统计分析时为了不丢失信息，一般采用插值法、统计法和计算机模拟法对缺失数据进行补齐；对过密数据进行抽样；用滑动、单元平均值等方法对空间不均匀分布数据进行网格化处理，使之成为均匀分布的二维数据矩阵。

一批数据中，个别数据在数组中与其他数据相差非常大，如不加处理直接参加建立模型，容易造成错误结果。对此种数据要进行可疑性判断，如是可疑值即可剔除。

应用数字地质理论和方法需要明确围绕地质问题的地学数据和地学变量。只有掌握全面的地学数据，理清地学数据所揭示的地学变量规律，综合分析地学变量与研究任务的数量关系，才能正确地建立起地学变量与相关问题的量化模型。

2.2.1　地学变量类型

什么是地学变量？当我们在野外观测某种地质现象时，在不同地段它的表现总是不同的。如追索一条断裂，中心部位断裂带可能较宽，两端变窄或分叉；又如某种岩石在一个地段出露较多，而在另一个地段该岩石出露渐渐减少甚至完全缺失；岩石、矿石的某种组分，如矿物或者元素在不同地段测得的含量不同；等等。这种随着空间位置不同，表示某一地质现象可取不同值的量叫作地学变量。

地学变量按性质可分为三类：

（1）定量型地学变量，又可分为连续型和离散型。

（2）定性型地学变量，主要有二态和三态。

（3）方向型地学变量，是以方位角 0°～360°表示。其特征平均值和方差以下式计算：

平均值：
$$\bar{x}_{\mathrm{v}}=\begin{cases}180+\arctan\left[\dfrac{\sum\limits_{i=1}^{n}\sin x_i}{\sum\limits_{i=1}^{n}\cos x_i}\right], & 当\sum\limits_{i=1}^{n}\cos x_i<0\\[2ex] \arctan\left[\dfrac{\sum\limits_{i=1}^{n}\sin x_i}{\sum\limits_{i=1}^{n}\cos x_i}\right], & 当\sum\limits_{i=1}^{n}\cos x_i\geqslant 0\end{cases} \tag{2.1}$$

方差：
$$s_{\mathrm{v}}^2=\frac{1}{n-1}\sum_{i=1}^{n}A_i^2 \tag{2.2}$$

其中
$$A_i=\begin{cases}(x_i-\bar{x}_{\mathrm{v}}), & 当|x_i-\bar{x}_{\mathrm{v}}|\leqslant 180\\ (360-|x_i-\bar{x}_{\mathrm{v}}|), & 当|x_i-\bar{x}_{\mathrm{v}}|>180\end{cases} \tag{2.3}$$

式中，$\bar{x}_{\mathrm{v}}$ 为方向数据的平均方位；s_{v}^2 为方向数据的方差；n 为样品数；x_i 为第 i 样品的方位值，$i=1$，2，…，n。

地学变量按照应用时取值方式的不同可以分为观测变量、乘积变量、综合变量和伪变量。

2.2.1.1　观测变量

对各种研究对象直接进行观测和度量所获得的各种原始观测值，可以是纯量或向量，纯量按照取值方式可以分为连续型和离散型变量。数据据其意义及数量概念的完成程度可以分为四种：名义型数据、有序型数据、间隔型数据及比例型数据。

（1）名义型数据：在描述岩石颜色时，经常用“红色”“灰色”“白色”等形容词，我们也可以用符号或数字分别表示不同的颜色，如“A”“B”“C”或者用“1”“2”“3”代表不同的颜色，但是数据没有量的概念，只是一种代码表示。总之，不包括相对重要性或相对幅度的对象经常用这种名义型数据。

（2）有序型数据：如用 1 到 10 级表示由滑石到金刚石的硬度，不同等级间的级差在绝对数量上是不等的。又如矿产储量级别 A、B、C、D 也是一种有序的数据。

（3）间隔型数据：这种数据的特点是彼此间不仅能比较其大小，而且可以定量地表示这种差异。有序数据级差是不等的，而间隔数据对于相同的间隔来说，长度是相等的。例如矿体顶板标高 10m 与 20m 之间的高差与 100m 与 110m 之间的高差均为 10m，从量的角度看是相同的。

（4）比例型数据：这种数据不仅可以算出两数值的差，而且可以算出相差的倍数。这种数据所反映的数量概念最完整、意义最明确，因而是很重要的。如矿石品位化验值，某种组分品位为 0 时表示没有这种组分存在。此类数值概念和意义较为明确，是一种重要的数据类型。

2.2.1.2 乘积变量

乘积变量是原始观测变量的乘积。有些地质环境不仅由单个观测变量来表征，而且有可能用共存的两种变量提供更为重要的隐蔽信息。例如，在一个单元中，太古宙沉积岩和铁矿层的共存可能定义其他的沉积相，酸性火山岩和较高的重力异常的共存可能表示一个古火山中心，夕卡岩矿床多产于花岗闪长岩与石灰岩两种岩石类型的接触带，用钻孔控制的矿体考察储量变化趋势特征时，用品位 x 厚度作变量。再如，宁芜地区火山岩岩石化学成分中 K_2O 与 Na_2O 的比值反映了不同的火山岩类型及玢岩铁矿含矿的差异性；宁芜某些玢岩铁矿矿体中 V_2O_5/TFe 的空间变化能反映不同裂隙的控矿构造。这些比值是另一种形式的乘积变量，即一个变量与另一变量的倒数的乘积。

2.2.1.3 综合变量

综合变量是指将几个地质因素或标志的原始观测值加以总和，构成一个具有特定的地质意义新变量。这种综合不是某种测量数值的简单反映，也不是若干标志的孤立集合，而是经过地质人员深思熟虑的综合分析，用数量表示某种地质意义明确的综合概念和结果特征。利用综合变量还可起到减少变量、简化数学模型的作用。

2.2.1.4 伪变量

为了便于计算，人为地附加一个变量，令其在各样品中取值为一常数，通常取值为 1，这样的变量称为伪变量。引进伪变量纯属计算技巧上的要求，而不影响计算的结果。例如在多元回归中求回归系数时，常在原始数据矩阵中加上一行或一列取值为 1 的伪变量，给计算带来很大方便。

2.2.2 地学变量取值和选择

所谓取值是指获取某个地质特征的具体数值。取值的方法有很多，如化验、测量可标定比例型、间隔型数据；计数、分级通常可获得离散的有序型变量；鉴别可标度名义型数据。通过这些途径所获得的数据统称为地学变量的原始观测值。在矿床统计预测中，主要是对预测矿床不同层次的控矿成矿地质因素和找矿标志进行室内和野外取值。室内可从图件类取值，包括：异常图类，主要为各种物化探异常图；遥感解释图类；各种主要控矿地质因素研究的专题图件类等。野外取值是在充分研究控矿地质条件和找矿标志基础上，设计制定"预测找矿信息卡片"按网格单元或矿化异常单元逐个进行野外填写。卡片设计原则应为：突出找矿信息，不漏掉有用信息；资料水平一致，规格化；便于野外作业和进行地质统计分析。由于前人资料中预测找矿信息的不足，在大中比例尺成矿预测中，野外取值是一个十分重要的步骤。

从数量众多的变量中筛选最重要的变量，其目的是要达到"变量结构最优化"，也就是说要具有最佳变量组合。这种筛选可以减少空间维数简化系统（即使变量个数达到尽可能地少使变量间相互独立），同时又不损失与研究对象有直接和间接联系的主要信息。选择变量应以地质研究为基础，地质方法和数学方法相结合。这里要特别注意：

如在一个地区，对某种矿床的成矿理论可能有不同的认识（学派、观点），又由于受地质工作程度和研究程度的限制，不可能完全了解与矿有关的地质因素和标志。因此，在开始取地学变量时，应尽可能多取，以免漏掉有用的信息，然后用数学方法进行挑选。

变量选择应注意其纵向和横向的代表性，要注意尽可能选用能反映深部地质矿化特征的变量，如物探、化探观测值和某些必须以不同概率进行推断的地学变量。

通过地质分析和数学方法所选的与研究对象关系密切的地学变量有时并不一致。对数学方法选上而地质意义不明确的变量，应进一步分析其地质意义，因为数学方法有可能提供与研究对象有关的隐蔽地质信息。对于地质意义明确且与研究对象有关的变量，用数学方法选择未被选上时，应该对地学变量的取值和变换进行研究，使其尽量能被数学方法选上。

选择地学变量的统计方法或数学方法很多，最常用的可概括为：①几何作图法，如点图法；②计算简单相关系数、偏相关系数、秩相关系数；③信息量计算法；④秩和检验法；⑤用于二态变量选择的地质向量长度分析法、相关系数比值法、变异序列法；⑥各种多元统计方法，如主成分分析法、各种序贯分析法、回归分析、逐步回归、逐步判别、序贯判别等。

2.2.2.1　点图法

1. 点聚图法

将数值绘制到坐标上，观察点群的分布趋势是接近直线、曲线，还是等轴星团状。当成非线性相关时，可对它们进行某种变换，使之成为线性相关，然后按线性数学模型进行预报处理。变换的方法是根据点分布的趋势，拟合趋势曲线，然后与常见的各种函数曲线相对照，选择与趋势曲线相似的函数曲线。

2. 雷达图法

在雷达图中，每个数据都有独立的单一数轴，坐标呈辐射状分布在中心周围，且通过处理可以实现每个坐标轴的数据范围不同，是一种能够用定量指标反映定性问题的模型工具。

2.2.2.2 相关系数法

1. 简单相关系数

令 y 为表示矿化强度的矿床值，x 为任一地学变量，则二者的相关系数

$$r=\frac{S_{xy}}{S_x S_y} \tag{2.4}$$

式中，S_{xy} 为变量 x 与 y 的协方差；S_x、S_y 分别为变量 x 与 y 的标准差。$|r|$ 越接近 1，表明 x 与 y 的线性关系越密切，此时，可以选取变量 x。$|r|$ 接近 0，表示 x 与 y 的线性相关性不密切，变量 x 可被剔除。

2. 偏相关系数

在多元回归分析中，各自变量与因变量以及各自变量之间的相关关系是很复杂的。为了简化表示两变量的相关关系，必须除去其他变量影响，此时将其他变量作为常量处理，计算两变量的相关系数，这种相关系数称为偏相关系数。它可反映忽略其他变量影响下的两变量之间的联系性和程度，可用来挑选变量。

如 y 与 x_1 在除去 x_2 的影响后，它们之间的相关关系 r_{x_1y,x_2} 可用下式求得

$$r_{x_1y,x_2}=\frac{r_{x_1y}-r_{x_2y}r_{x_1x_2}}{\sqrt{1-r_{x_2y}^2}\sqrt{1-r_{x_1x_2}^2}} \tag{2.5}$$

其中，r_{x_1y}、r_{x_2y}、$r_{x_1x_2}$ 是 x_1 与 y、x_2 与 y、x_1 与 x_2 之间的简单相关系数。当变量数较大时，某两个变量的偏相关系数可以表示为

$$r_{ij,kl\cdots}=\frac{-D_{ij}}{\sqrt{D_{ii}\times D_{jj}}} \tag{2.6}$$

其中，D_{ij} 为简单相关矩阵的逆矩阵第 i 行和第 j 列的元素；$r_{ij,kl\cdots}$ 表示 k，l，…诸变量不变时，变量 i 和变量 j 的偏相关系数。

3. 秩相关系数

秩相关系数又称等级相关系数，所谓"秩"是把一个变量的 n 个观测值按从小到大（或从大到小）的次序排成序列，每个数据所占的位次数就称为该数据的"秩"。用二变量观测值相应的"秩"代替原始数据，相关系数称为秩相关系数。由于"秩"均为正整数，故秩相关系数的计算就比计算变量观测数据本身之间的相关系数要简便得多。计算公式如下：

$$\rho = 1 - \frac{\sum_{i=1}^{n} d_i^2}{n(n^2-1)} \tag{2.7}$$

式中，ρ 为秩相关系数；d_i 为对比序列第 i 对的序差；n 为对比序列的对数。有时，秩相关系数是通过考察一个观测序列与另一观测上升（或下降）序列序数之间的相关关系而求得的。当两序列有近于完全的正相关时，则秩相关系数接近+1；若两序列间近于完全分离时，秩相关系数接近-1；若两序列不相关，则秩相关系数接近 0。在矿产统计预测中，进

行矿床值与各地学变量间的秩相关分析，不仅有助于筛选重要的地学变量，而且可以查明各因素最有利成矿或找矿的数量范围。

2.2.2.3　信息量计算法

某种地质因素及标志对研究对象的作用，可通过对这些因素和标志所提供研究对象的信息量的计算来评价，即用信息量的大小来评价地质因素、标志与研究对象的关系密切程度，信息量用条件概率计算：

$$I_{A_j \to B} = \lg \frac{P(B \mid A_j)}{P(B)} \tag{2.8}$$

式中，$I_{A_j \to B}$为 A 标志 j 状态提供事件 B 发生的信息量；$P(B \mid A_j)$ 为 A 标志 j 状态存在条件下，事件 B 实现的概率；$P(B)$ 为事件 B 发生的概率。

实际应用时，因 $P(B)$ 在工作初期不易估计，根据概率乘法定理，上式可变为

$$I_{A_j \to B} = \lg \frac{P(A_j \mid B)}{P(A_j)} \tag{2.9}$$

式中，$P(A_j \mid B)$ 为已知事件 B 发生的条件下 A 标志 j 状态出现的概率；$P(A_j)$ 为研究区中标志值 A_j 出现的概率。具体运算时，总体概率用样本频率来估计：

$$I_{A_j \to B} = \lg \frac{P^*(A_j \mid B)}{P^*(A_j)} = \lg \frac{N_j/N}{S_j/S} \tag{2.10}$$

例如在铁矿预测中，$I_{A_j \to B}$为 A 标志 j 状态指示有矿（B）的信息量；N_j 为具有标志值 A_j 的含矿单元数；N 为研究区中含矿单元总数；S_j 为有标志 A_j 的单元数；S 为研究区单元总数。由式（2.10）可知，若 $I_{A_j \to B}=0$，则标志 A_j 不提供任何找矿信息，即标志 A_j 存在与否对找矿无影响；若 $P(A_j \mid B) < P(A_j)$，则 $I_{A_j \to B}$为负值，表示在标志 A_j 存在条件下对找矿更为不利；若 $P(A_j \mid B) > P(A_j)$，则 $I_{A_j \to B}$为正值，表示标志 A_j 能提供找矿信息，且找矿信息量 $I_{A_j \to B}$越大提供的找矿信息越多。按所有标志状态计算所得的值由大到小将各标志状态进行排序，计算正信息量的总和 $\sum_{i=1}^{n} I_j$。给定有用信息水平 k（或称保留信息），一般取 $k=0.75$，计算有用信息 $\Delta I^+ = k\sum_{i=1}^{n} I_j$，然后对比信息量由大到小的累计数，累计到值 ΔI^+，则累计的若干个地质标志状态即为有利找矿因素。

2.2.2.4　秩和检验法

它能检验某地学变量在已知两个同分布总体中的观测值差异是否显著；如果显著，这些变量可以作为判断变量，否则不能选用。秩和检验是把已知两总体的样品混在一起，变量值按由大到小的次序排列并统计其秩，求出样品数较少的总体的秩和 T，然后根据两总体各自的样品数给定 a（如 $a=0.5$）。由秩和检验表查出秩和上限 T_1 和下限 T_2，若 T 落在上限 T_1 和下限 T_2 之外则认为该变量在两总体中的差异显著，可选作判别变量。

如在长江中下游广泛发育有铁帽，取 10 个已知由铜矿化引起的铁帽，6 个已知为黄铁矿化引起的铁帽，每个铁帽上取若干个样品，化验 Cu、Pb、Zn、Mn、Co、Ni、Au、Ag、

As 等元素的含量，分别求其几何平均值。用秩和检验法对各变量进行筛选，选出有区分能力的变量。如检验 Cu 元素变量，将 18 个 Cu 几何平均含量数据由大到小进行排序（表 2.2），对样品数较少的总体的秩求和得 $T=38$，根据两总体样品数 $N_1=8$、$N_2=10$ 给定。$a=0.05$ 查秩和检验表的下限 $T_1=57$，上限 $T_2=95$，由于 T 值在 T_1、T_2 区间之外，故判定 Cu 元素变量在两总体中差异显著，可选作为判矿变量。

表 2.2　铜含量（几何平均值×10^8）排秩表

秩号	1	2	3	4	5	6	7	8	9
铜矿铁帽								182	213
无矿铁帽	42	47	87	123	137	138	178		
秩号	10	11	12	13	14	15	16	17	18
铜矿铁帽		242	282	282	327	334	372	389	708
无矿铁帽	214								

2.2.2.5　地质特征向量长度分析法

基本原理是把 n 个已知矿床（点）视 n 维空间每个地学变量（共 p 个）为 n 维空间中的一个向量，例如（a_{11}，a_{12}，…，a_{1n}）通过计算各地学变量的向量长（共 p 个）来评价变量的重要性，向量长度越大则该变量与矿化的关系越密切。n 个矿床（点）的 p 个地质特征构成一个 $p×n$ 矩阵 $\boldsymbol{A}$

$$\boldsymbol{A}=\begin{pmatrix} a_{11} & a_{12} & \cdots & a_{1n} \\ a_{21} & a_{22} & \cdots & a_{2n} \\ \vdots & \vdots & & \vdots \\ a_{p1} & a_{p2} & \cdots & a_{pn} \end{pmatrix} \tag{2.11}$$

各元素 a_{ij} 为 1 或 0，以 1 表示矿床有该特征，以 0 表示矿床无该特征。一行是一个地质特征向量，向量长为各元素平方和的平方根，即 $L_i=\sqrt{\sum_{j=1}^{n} a_{ij}^2}$（$j=1$，2，…，$p$）。设 $\boldsymbol{B}=\boldsymbol{A}\times\boldsymbol{A}^{\mathrm{T}}$（$\boldsymbol{A}^{\mathrm{T}}$ 为矩阵 $\boldsymbol{A}$ 的转置矩阵），我们称乘积矩阵 $\boldsymbol{B}$ 各行的向量长为逻辑向量。计算逻辑向量的长即考虑了某变量出现对成矿的意义。

$$\begin{array}{c} \\ \boldsymbol{B}=\boldsymbol{A}\times\boldsymbol{A}^{\mathrm{T}}= \begin{array}{c}\text{灰岩}\\ \text{闪长岩}\\ \text{断裂}\end{array} \end{array} \begin{array}{c} \begin{array}{cccc}\text{矿甲} & \text{矿乙} & \text{矿丙} & \text{矿丁}\end{array} \\ \begin{pmatrix} \text{灰甲}=0 & \text{灰乙}=1 & \text{灰丙}=1 & \text{灰丁}=1 \\ \text{闪甲}=1 & \text{闪乙}=0 & \text{闪丙}=1 & \text{闪丁}=1 \\ \text{断甲}=1 & \text{断乙}=1 & \text{断丙}=0 & \text{断丁}=0 \end{pmatrix} \end{array} \times \begin{pmatrix} 0 & 1 & 1 \\ 1 & 0 & 1 \\ 1 & 1 & 0 \\ 1 & 1 & 0 \end{pmatrix}$$

$$=\begin{pmatrix} \sum\text{灰灰}=3 & \sum\text{闪灰}=2 & \sum\text{断灰}=1 \\ \sum\text{闪灰}=2 & \sum\text{闪闪}=3 & \sum\text{闪断}=1 \\ \sum\text{断灰}=1 & \sum\text{断闪}=1 & \sum\text{断断}=2 \end{pmatrix} \tag{2.12}$$

灰岩的向量长度 $L_{灰}=\sqrt{3^2+2^2+1^2}=3.74$，它包含了灰岩本身、灰岩和闪长岩同时存在、灰岩和断裂同时存在等状况下对成矿的有利程度。最后，按向量长由大到小排列，根据所确定的截止点，选出有利于成矿的变量。

2.2.3　地学变量变换

对地学变量进行变换的目的主要是：①使地学变量尽可能呈正态分布；②统一地学变量的数据水平；③使两变量间的非线性关系变换为线性关系；④用一组新的为数更少的相互独立变量代替一组有相关联系的原始地学变量。

不同的变换方法所试图达到的目的不同。不同的数学模型对地学变量的要求不同，大多数多元统计分析方法都要求地学变量总体服从多元正态分布，要求变量的数据水平一致等。如判别分析要求变量呈正态分布；回归分析要求因变量呈正态分布，要求各自变量和因变量之间有足够的相关关系；聚类分析要求各变量数据水平一致，变量间互相独立等。因此，地学变量的变换一定要根据数学模型要求，有的放矢地去进行。

为了使数据水平一致可对原始数据进行标准化、极差化，或均匀化变换。对于偏态分布的原始数据，通过对数变换、平方根变换、反余弦或反正弦变换可能使其接近正态分布。对非线性相关数据，可通过作散点图，视点的分布趋势拟合趋势曲线，然后用该图像的方程作适当变换，变换为大致呈线性关系。为了使原始变量的个数减少且互相独立，可进行R型主成分分析。下面简述几种变换方法。

2.2.3.1　标准化变换

标准化变换的目的是使得各变量有统一水平，两个变量在变换前后的相关程度不变。从几何意义上说，标准化变换相当于将坐标原点移至重心（平均数）位置。这种变换适合于量纲和数量大小不一的连续型原始数据，如品位数据、岩石化学分析数据等。标准变换公式为

$$x'_{ij}=\frac{x_{ij}-\bar{x}_j}{s_j} \tag{2.13}$$

式中，x_{ij}为原始观测值；x_j为第j变量的算数平均数；s_j为第j变量的算数标准差；$i=1$，2，…，n，n为样本数；$j=1$，2，…，p,p为变量数。

2.2.3.2　极差变换（又称规格化或正规化变换）

极差变换目的是使得变换后的数据有统一水平，其最大值为1，最小值为0，所有数据变化在0～1之间。变换前后变量间相关程度不变，其几何意义相当于把坐标原点移至变量最小值的位置。适合于量纲和数量大小不一的连续型原始数据的变换。变换公式为

$$x'_{ij}=\frac{x_{ij}-x_{j\min}}{x_{j\max}-x_{j\min}} \tag{2.14}$$

式中，x_{ij}为原始数据；$x_{j\min}$为第j变量的最小值；$x_{j\max}$为第j变量的最大值；$i=1$，2，…，n，n为样本数；$j=1$，2，…，p，p为变量数。

2.2.3.3 均匀化变换（又称均值计量变换）

均匀化变换亦是为了统一水平，将原始数据变换为都在1附近的相对数值。变换后的某一变量的数学期望为1，而变量与平均数之差的期望为0。此变换适用于比例变量，如长度、体积、质量等数据。变换公式为

$$x'_{ij}=x_{ij}/\bar{x}_j \tag{2.15}$$

式中，x_{ij}为原始数据；$\bar{x}_j$ 为第 j 变量的平均数。

2.2.3.4 反正弦和反余弦变换（又称角变换）

反正弦和反余弦变换的作用是使弱负偏和弱正偏的不对称分布近于正态分布。这种变换常用于岩类百分比数据，通过变换把百分比曲线的尾端拉长，而将曲线的中段予以压缩，使其趋于正态分布。变换前后和其他变量的相关性略有差异。方法是把原始数据变为0°到90°之间的角度，变换公式为

$$x'_i=\sin^{-1}(\sqrt{x_i/10^n}) \tag{2.16}$$

$$x'_i=\cos^{-1}(\sqrt{x_i/10^n}) \tag{2.17}$$

式中，$n=1$，2，…为正整数，取变量的原始观测值的最大值的整数位数，如最大观测值为291.76时，取 $n=3$。x_i 除以 10^n 的目的是把数据变为百分比数据，开方是为了避免数据过小，故应用时要视数据的具体情况，是否除或开方。

2.2.3.5 平方根变换

平方根变换的作用是使不对称（正偏）分布变为接近正态分布。平方根适用于服从泊松分布的离散型变量，如露头个数、距主断裂带的距离等。这类数据的分布平均数与方差相等。变换使方差稳定。加常数项是为了变量由离散趋于连续而接近正态，因而常数项不能太小。例如原数据为10，2，5，…。若加常数1或2，对数据状态改变不大，若加100，则数据变为110，102，105，数据间相差的相对距离大大缩小而趋于连续。变换公式为

$$x'_i=\sqrt{x_i+c} \tag{2.18}$$

式中，c 为常数。

2.2.3.6 对数变换

对数变换适用于服从对数正态分布的数据，如化探数据，有色、稀有、重金属的品位数据等。由于这类数据的分布是偏斜的，很可能出现近零的值，当取对数时，这些值可能呈大的负值，为了避免这一缺点，故在取对数前首先对所有数据加上一个常数 c。

$$x'_i=\ln(x_i+c)$$

式中，c 为常数。

具体选择何种变换，应首先考察数据的频率分布曲线。首先区分正偏和负偏，负偏用反正弦变换，若为正偏（一批数据低值多高值少），则视长尾收敛程度的不同，而采用不同的变换，正偏偏度大的可采用对数变换，偏度中等的用平方根变换，弱正偏用反余弦变

换。但偏斜强弱中这种区分是定性的，不易掌握。最可靠的是对同批数据使用各种变换，做出变换后的分布曲线，从中选出最优者。

2.2.3.7　几种常用的化直变换

所谓化直变换是指使曲线变为直线的变换。变换的方法是选择某种图像的方程去拟合点的分布趋势，再用该图像的方程进行适当的变换。

1. 双曲线$\frac{1}{y}=a+\frac{b}{x}$

变换时令 $y'=\frac{1}{y}$，$x'=\frac{1}{x}$，得 $y'=a+bx'$，即将双曲线变为直线。

2. 幂函数 $y=dx^b$

变换方法：两边取常用对数，得 $\lg y=\lg d+b\lg x$，令 $y'=\lg y$，$x'=\lg x$，$a=\lg d$，得 $y'=a+bx'$。

3. 指数函数 $y=de^{bx}$

变换方法：两边取自然对数，得 $\ln y=\ln d+bx$，令 $y'=\ln y$，$a=\ln d$，得 $y'=a+bx$。

4. 对数函数 $y=a+b\lg x$

变换方法：令 $x'=\lg x$，得 $y=a+bx'$。

5. $y=de^{\frac{b}{x}}$

变换方法：两边取自然对数得 $\ln y=\ln d+\frac{b}{x}$，令 $y'=\ln y$，$a=\ln d$，$x'=\frac{1}{x}$，得 $y'=a+bx'$。

在选择与趋势曲线类似的曲线时，如果从散点图上看不准趋势曲线，那么可先用几种不同类型的函数作变换，然后求出对应于各种变换后的相关系数，选择其中对应相关系数（绝对值）最大的函数作变换。

2.3　地学信息的构成

信息是事物发出的信号所包含的内容。按照地学信息的记录方式划分，可分为视频信息、图像信息、文字信息、数字信息和计算信息等。从不同专业角度可分为地理、地质、地球物理、地球化学和遥感工作所获得的关于地球的各种信息。由于单一地学信息能够揭示事物的某些方面特性，因此综合揭示事物的特性，需要综合应用多种信息。由于表达信息存在视频、图像、文字和数字等多种形式，给综合应用信息带来了障碍。

地理信息涉及数据按照《基础地理信息要素分类与代码》（GB/T 13923—2022）描述，包括定位基础、水系、居民地及设施、交通管线、境界及政区、地貌、植被与土壤等方面内容。

地质信息涉及数据按照《数字地质图空间数据库》（DD2006-06）描述，其涉及主要信息包括地质面实体、地质界线、脉岩（点）、蚀变（点）、矿产地、产状、样品、摄像、素描、化石、同位素测年、火山口、钻孔、泉、河湖海岸界线、构造变形带、蚀变带、变质相带、混合岩化带、矿化带、滑坡体、火山岩相带、特殊地质体、断层、脉岩、戈壁、冰川、水域与沼泽、综合柱状图、图切剖面等。

地球物理根据地层和岩石的物理差异性推断岩石的性质和地下构造，其勘探方法有地震勘探（依据岩石弹性差别，对应参数振幅、波速、频率等）、重力勘探（依据岩石密度差别）、磁法勘探（依据岩石磁性差别）、电法勘探（依据岩石电性差别，对应参数有电阻率、磁导率等）。

地球化学信息及数据按照《多目标区域地球化学调查数据库标准》（DD2010-04）描述，其主要涉及信息包括地球化学调查（采样分布、水系沉积物、土壤测量、岩石测量、水地球化学、湖沉积物、近海沉积物、植物地球化学、动物地球化学、地球化学质量监控、大气沉降测量、悬浮物地球化学等），地球化学异常（水系沉积物异常、土壤地球化学异常、岩石地球化学异常、水地球化学异常、地球化学综合异常、其他等）。

遥感信息由于尺度、时间和传感器的不同，数据信息会产生变化，其中传感器不同是区别遥感信息的最主要的方式。由于传感器的不同其光谱范围、光谱分辨率也有所不同。例如地球观测卫星 CBERS-1 采用 CCD 相机，光谱范围 0. 45 ~ 0. 73μm，光谱分辨率有 5 个波段；Landsat 7 光谱范围 0. 45 ~ 12. 5μm，光谱分辨率有 8 个波段；Landsat 8 光谱范围 0. 433 ~ 13. 90μm，光谱分辨率有 9 个波段；风云系列卫星，光谱范围 0. 48 ~ 0. 53μm，0. 53 ~ 0. 58μm，0. 58 ~ 0. 68μm，0. 725 ~ 1. 1μm，10. 5 ~ 12. 5μm，光谱分辨率有 5 个波段。

2.4 地学信息获取

揭示地学现象需要获取地质体全面的特征，根据地学信息产生的方式不同可以分为如下几种样式：实验试验、遥感解译和反演、数字化加工、统计资料、考察调查、站点观测、计算机模拟、网络挖掘等。

2.4.1 实验试验

样品数据的分析和化验结果也是数字信息的重要内容。该部分信息涉及范围较广，采用不同的测试手段，就会获得相关专业的数据。

2.4.2 遥感解译和反演

地学图像信息的获取中遥感影像具有重要的地位，遥感卫星从一定距离对地表或近地表地物所发射或反射的电磁波（紫外线到微波波段）进行探测，以达到识别目标的目的。通过遥感影像可以快速、准确地获得大面积的、综合的各种专题信息，航天遥感影像还可以取得周期性的资料。因为每种遥感影像都有其自身的成像规律、变形规律，所以对其的应用要注意影像的纠正、影像的分辨率、影像的解译特征等方面的问题。

2.4.3　数字化加工

各种类型的地图是空间矢量数据最主要的数据源，因为地图是地理数据的传统描述形式，是具有共同参考坐标系统的点、线、面的二维平面形式的表示，内容丰富，图上实体间的空间关系直观，而且实体的类别或属性可以用各种不同的符号加以识别和表示。我国大多数的 GIS 系统图形数据来自地图。但由于地图以下的特点，对其应用时须加以注意。

（1）地图存储介质的缺陷。地图多为纸质，由于存放条件的不同，都存在不同程度的变形，具体应用时，须对其进行纠正。

（2）地图现势性较差。由于传统地图更新需要较长的周期，现存地图的现势性不能完全满足实际的需要。

（3）地图投影的转换。由于地图投影的存在，对不同地图投影的地图数据进行交流前，须先进行地图投影的转换。

2.4.4　统计资料

统计资料又称统计信息或数量信息，通常是指对地质体的某一研究总体在特定的时间、空间条件下，依据总体内个体的特征（属性和数量），由点数、计量而获得的数据资料。统计资料应该满足如下要求：

（1）客观性。统计资料必须是观察、调查、实验或登记而得到的具体存在的事实，不是凭空捏造的数据。

（2）总体性。统计资料是地质体总体的数量表现的描述，而不是表现个体的数量特征。

（3）数量性。统计资料一般都是数量化的信息，它能够表明一定时间、空间条件下，所研究的总体的数量表现，包括数量多少、数量关系和数量界限。

（4）扩展性。任何统计资料或统计信息都可以从时间上、空间上、结构上和关联上等方面进行扩展，使统计信息不断充实、系统和完整。

2.4.5　考察调查

考察调查在地质学中有着重要的地位，通过实地考察调查可以获取全面的第一手资料，为地质问题的解决提供可信的资料。

2.4.6　站点观测

通过定点的天气、水文、方向等观测站，获取不同时间的各种参数的变化，便于随时掌握天气、水文等变化，以便随时做出决策。利用 GPS（全球定位系统）观测点获取实测数据也是获取空间位置数据的一种准确和常见的方式。

2.4.7 计算机模拟

建立地质体对象的数学模型或描述模型并在计算机上加以体现和试验。它们的模型是指借助有关概念、变量、规则、逻辑关系、数学表达式、图形和表格等对系统的一般描述。把这种数学模型或描述模型转换成对应的计算机上可执行的程序，给出系统参数、初始状态和环境条件等输入数据后，可在计算机上进行运算得出结果，并提供各种直观形式的输出，还可根据对结果的分析改变有关参数或系统模型的部分结构，重新进行运算。由于计算机模拟的高效和可重复性，常常用于模拟各类地质问题，亦获得各类地学数据。

2.4.8 网络挖掘

随着网络的迅速发展，互联网成为大量信息的载体，利用搜索引擎可以获取各种网络中的地学数据。另外，为实现地学数据共享，众多政府和科研机构提供了数据的免费获取服务。如通过国家地球系统科学数据中心共享服务平台（http://www.geodata.cn/data/[2022-08-05]）可以获取全面细致的各类地学数据。

2.5 数据管理

数据管理是对数据进行组织、编目、定位、存储、检索和维护等，它是数据处理的中心问题。数据管理水平的高低决定了后期数据的易用性和共享能力。我国为了实现对数据的管理，也陆续发布了区域地质调查、固体矿产、水文地质工程地质环境地质等国家标准，更多数据标准可以通过浏览自然资源部中国地质调查局网站（http://www.cgs.gov.cn/[2022-08-05]）查询下载。标准的发布提高了我国数据管理和使用的能力。为实现对数据库数据的管理，借鉴国外主流的元数据标准，国内也有不少机构制定了元数据标准，如国家基础地理信息中心的国家基础地理信息系统（NFGIS）元数据标准、中国科学院的科学数据库核心元数据标准（SDBCM）、中国国家标准化管理委员会的《地理信息元数据》（GB/T 19710—2005）。数据标准的制定为数据的共享提供了制度上的支持。

根据地学数据的不同属性进行分类管理，主要根据地球圈层、文件类型、研究领域、文件产生日期等。例如大气圈包括综合观测、气候、温度、降水、湿度、日照、风速、蒸发、气压、辐射、温室气体、气溶胶、大气质量、大气成分、其他。陆地表层包括基础地理、土地利用/覆盖、人口社会、经济区划、地形地貌、土壤、沙漠/荒漠、湖泊/水库、湿地、植被、生态、环境、灾害、其他。陆地水圈包括水文、地表水、地下水、水循环、水利工程、水环境、水化学、其他。依据资源类型可以分为：气候资源、生物资源、水资源、土地资源、农业资源、矿产资源、药物资源、旅游资源、能源资源、可再生资源、海洋资源、其他。在地质研究中依据研究领域又可分为基础地质、矿产地质、构造地质、物化探地质、水文地质、岩溶地质等。依据遥感数据产生方式可以分为航片、卫星影像、雷达影像、地物波谱、反演数据产品、遥感解译产品、其他等。依据已有文件格式可以分为矢量、栅格、电子文档、视频等。

当前主要数据管理模式可以分为纯文件管理、数据库管理模式。

纯文件管理模式。在数据量较小或者较为简单的工程下，地学工作者常用文件管理的模式，该模式下数据的编辑和拷贝都较为方便。由于文件产生的工具不同会产生不同的文件格式，如Excel、ArcGIS、MapGIS、AutoCAD等。这些软件本身具有简单的文件管理能力，可以满足大部分的工作需要。

数据库管理模式。纯文件管理模式不能满足大数据量条件下的存储、查询等使用要求，因此借鉴商业数据库（如SQL Server、Oracle等）可以很好地解决大数据量数据的使用问题。关系型数据库并不支持空间数据的使用，因此数据库和GIS软件厂商通过建立空间数据引擎（SDE）解决了空间数据入库和读取的问题。

依据中国地质调查局《地质图空间数据库建设工作指南》，数据建立分为如下主要步骤：

第一步：项目组织、项目设计审查。

第二步：资料准备。①资料收集。主要有以下两类：图形资料，包括相同比例尺的地理底图、地形图、地质图、矿产图等；文字资料，主要是有关的地质报告、科研专题报告、有关规范和标准等。②建库文档准备。主要是指对建库工程中所需的文档进行准备，包括工作日志、作业指导书、自互检表、属性填卡表，MapGIS出图的花纹符号库、线型库、颜色库等。③图件预处理。图件预处理就是在全面收集资料的基础上，对资料进行系统的分析研究、综合整理及筛选等。④地理内容。该部分主要包括水系、交通、境界线、居民点、地形等高线（也可采用原地质图中经抽稀的地形等高线）等地理图层。

第三步：图件扫描，为确保数据精度，要求全部采用扫描矢量化，而不采用数字化仪矢量化。

第四步：图形矢量化，对所有扫描图件按实体要素进行矢量化，一般采用自动矢量或交互矢量。

第五步：建立分层文件，按照图层划分要求对综合图层进行剥离，并建立分层文件。对建立的分层文件要进行检查，如果发现错误，则返回重新分层。

第六步：属性编辑包括属性录入、属性一致性检查等。

第七步：投影转换，通过该转换获得满足需要的坐标。

第八步：质量控制和检查，以控制数据的质量。

通过上述的建库流程，可以实现对空间数据的数据库管理。

2.6 数据表达

数据表达指用各种图示的方法对数据进行阐述和论证，其主要方法有列表法和绘图法。

2.6.1 列表法

实验中所获得的大量数据，应该尽可能整齐地、有规律地列表表达出来，使得全部数据能一目了然，便于处理、运算，容易检查而减少差错，该过程可以借鉴 Excel 等软件功能完成。列表时应注意以下几点：

（1）每一个表都应有简明而又完备的名称；

（2）在表的每一行或每一列的第一栏，要详细地写出名称、单位；

（3）每一行中数字排列要整齐，位数和小数点要对齐；

（4）原始数据可与处理的结果并列在一张表上，如表 2.3 所示。

表 2.3　煤岩显微含量及反射率测定成果表

孔号	有机显微组分/%				无机显微组分/%			镜质组最大反射率/%
	镜质组	惰质组	壳质组	有机质总量	黏土类	硫化物	碳酸盐类	
YS9	39.7	39.7	1.8	96.0	0.8	—	3.2	0.770
YS37	42.1	52.1	0.9	95.1	2.1	—	2.8	0.790
R6	39.2	53.1	0.3	92.6	1.9	5.0	0.5	0.807
R18	36.7	50.8	1.8	89.3	6.1	4.6		0.625
R40	38.5	54.0	1.6	94.1	0.8	5.0	0.1	0.787

2.6.2　绘图法

2.6.2.1　传统绘图

传统的绘图方法如借鉴 Excel 功能可以绘出柱状图、折线图、面积图、散点图、曲面图、雷达图等，具体如表 2.4 所示。通过上述图像可以分析数据阶段统计、变化、占比等方面内容。

表 2.4　常用绘图方法列表

序号	图形	图形名称	序号	图形	图形名称
1		柱状图	6		折线图
2		饼图	7		条形图
3		面积图	8		散点图
4		曲面图	9		圆环图
5		气泡图	10		雷达图

2.6.2.2　专业绘图

为表达某些专业问题进行专业绘图，绘图过程常常借助绘图软件（MapGIS、

CorelDRAW、GOCAD 等）辅助完成，绘制较为复杂。就煤矿生产来说，常用的地质图件有地质地形图、地质剖面图、水平切面图、煤层底板等高线图、煤层立面投影图、钻孔柱状图、煤岩层对比图、水文地质图等。

矿山基本地质图件一般由地质勘探部门在提交勘探报告时编制，并提交给设计、开采等工业部门使用。在矿山开发过程中，大量的探矿、开拓、回采等工程对矿床进行了广泛揭露，这些工作不但对勘探阶段的地质认识作了验证和补充，而且还能取得一些新的认识和成果。在此基础上，需要不断地对基本地质图类进行修改、补充和重新编制，从而更正确、更有效地指导找矿、探矿和采矿，为矿床的综合研究提供更多的资料和依据。

常见图件如下：

（1）地形地质图。地质图是用规定的符号、色谱和花纹将地壳某一部分的各种地质体和地质现象（如各时代地层、岩体、地质构造、矿床等的产状、时代、分布和相互关系），按一定比例概括地投影到地形图上的一种图件。根据地形要素在地质图上的表现形式，地质图可分为两种：一是用地形等高线表示某一范围内地形特征的地质图，主要是大比例尺地质图；二是没有地形等高线，但根据图区内水系和山顶的标高可大致分析出地形基本特征的地质图，主要为中小比例尺地质图。

（2）地质柱状图。地质柱状图是反映垂向系列沉积特征的图件，按照研究区所有出露地层的新老叠置关系，恢复成水平状态后所切出的一个具有代表性的岩性柱。图中标明各地层单位或层位的厚度、时代、岩性组合、矿层分布、接触关系等。地质柱状图根据其资料来源，通常分为钻孔柱状图和综合柱状图两类。

（3）等值线图。等值线图是以空间分布的多个离散数据点为依据，绘制多条数值相同且按照一定间距变化的曲线所形成的一种图形，其中任一条曲线的走向表示了该数值的分布情况。等值线是一种形和数的统一，由于等值线图看起来非常直观、形象，因此在地质、测绘、石油勘探开发、地球物理、道路设计、海洋勘测、军事、战场仿真、水利、土木等工程和技术领域内得到广泛的应用，已成为各个研究领域的研究人员进行分析研究不可缺少的工具之一。等值线图一般用来表示那些具有连续分布特征的自然现象（如地形、地层厚度、地层孔隙度、地层含油饱和度、温度），有时也用来表示某些呈离散分布的社会经济现象（如人口分布密度等）。

2.6.2.3　借鉴数据可视化平台实现对数据的分析

随着数据复杂程度的增加，可视化的要求越来越高，因此出现了专业的数据分析软件公司，特别是大数据方面的进展，引领了科学数据的使用，拓展了人们认识和使用数据的能力。综合软件显示信息多样，包含内容广泛，其信息含量远超传统图形所能表达的范围。

2.6.2.4　利用 OpenGL、MATLAB、R 语言等功能实现数据的表达

MATLAB 可以通过编写计算机语言实现数据的表达，相较于 C 语言编写图形绘图较为容易。MATLAB 提供了一系列的绘图函数，用户不需要过多地考虑绘图的细节，只需要给出一些基本参数就能得到所需图形。此外，MATLAB 还提供了直接对图形细节（如坐标

轴、曲线、文字等）进行操作的方法。大大提高了图形表示的可操作性。

（1）点线绘制：plot 函数用于绘制二维平面上的线性坐标曲线图，要提供一组 x 坐标和对应的 y 坐标，可以绘制分别以 x 和 y 为横、纵坐标的二维曲线。plot 函数的应用格式为 plot($\boldsymbol{x}$，$\boldsymbol{y}$)，其中 $\boldsymbol{x}$，$\boldsymbol{y}$ 为长度相同的向量，存储 x 坐标和 y 坐标。

（2）二维图形绘制：在线性直角坐标中，其他形式的图形有条形图、阶梯图、杆图和填充图等，所采用的函数分别为 bar(x，y，选项)，stairs(x，y，选项)，stem(x，y，选项)，fill(x_1，y_1，选项 1，x_2，y_2，选项 2，…)，其中选项说明需要绘制图形的符号说明。

（3）三维曲面绘制：MATLAB 提供了 mesh 函数和 surf 函数来绘制三维曲面图。mesh 函数用来绘制三维网格图，而 surf 用来绘制三维曲面图，各线条之间的补面用颜色填充。其调用格式为 mesh($\boldsymbol{x}$，$\boldsymbol{y}$，z，c）或者 surf($\boldsymbol{x}$，$\boldsymbol{y}$，z，c)。一般情况下，$\boldsymbol{x}$，$\boldsymbol{y}$，z 是维数相同的矩阵，$\boldsymbol{x}$，$\boldsymbol{y}$ 是网格坐标矩阵，z 是网格点上的高度矩阵，c 用于指定在不同高度下的颜色范围。

2.7 地质体数字特征

在研究工作中我们经常希望能用关键的数字来表征地质体某些方面的特征，例如在岩土工程中经常用到单轴饱和抗压强度平均值作为岩体硬度的特征。通常这些特征多建立在概率统计的基础上。

2.7.1 概率基础

概率是描述随机现象的基础理论工具。随机现象是指在一定条件下进行某种试验，在试验之前无法预知确切的结果，只知道可能会出现的所有结果，这类现象在个别试验中其结果具有不确定性，在大量重复试验中其结果又具有统计规律性。

2.7.1.1 样本空间与随机事件

随机试验 E 的所有可能结果组成的集合 S 称为 E 的样本空间。样本空间 S 中的每个元素，叫一个样本点。随机试验 E 的样本空间 S 的子集称为 E 的随机事件，用大写字母 A、B、C 等表示。由每个样本点构成的单点集，叫基本事件。在每次随机试验中一定会出现的事件称为必然事件。在任何一次试验中都不会出现的事件称为不可能事件。

2.7.1.2 事件间的关系与运算

设试验 E 的样本空间为 S，而 A，B，A_k（$k=1$，2，…）是 S 的子集，则可以定义以下事件之间的关系：

（1）事件的包含与相等：若事件 A 发生必然导致事件 B 发生，称为事件 B 包含事件 A，记作 $A \subset B$ 或 $B \supset A$。

如果事件 A 包含事件 B，事件 B 也包含事件 A，称事件 A 和 B 相等。记作 $A=B$。

（2）事件的和（并）：若某事件发生当且仅当事件 A 与事件 B 中至少有一个发生，称

此事件为事件 A 与 B 的和事件，记作 $A\cup B$ 或 $A+B$。

类似地，事件 A_1，A_2，…，A_n 至少出现一个称为事件 A_1，A_2，…，A_n 的和事件，记作 $\cup_{k=1}^{n}A_k$，“可列个事件 A_1，A_2，…，A_n，…中至少出现一个”称为可列个事件 A_1，A_2，…，A_n，…的和事件，记作 $\cup_{k=1}^{\infty}A_k$。

(3) 事件的积（交）：若某事件发生当且仅当事件 A 与事件 B 同时发生，称此事件为事件 A 与事件 B 的积事件。记作 $A\cap B$ 或 AB。

类似地，“事件 A_1，A_2，…，A_n 同时发生”称为事件 A_1，A_2，…，A_n 的积事件，记作 $\cap_{k=1}^{n}A_k$；“可列个事件 A_1，A_2，…，A_n，…同时发生”称为可列个事件 A_1，A_2，…，A_n，…的积事件，记作 $\cap_{k=1}^{\infty}A_k$。

(4) 事件的差：若某事件发生当且仅当事件 A 发生而事件 B 不发生，称此事件为事件 A 与 B 的差事件，记作 $A-B$。

(5) 互不相容事件：若事件 A 与事件 B 不能同时发生（或 $A\cap B=\varnothing$），称事件 A 与事件 B 是互不相容或互斥的事件。

基本事件是两两互不相容的事件。

(6) 对立事件：若 $A\cap B=\varnothing$，$A\cup B=S$，称事件 A 与事件 B 互为对立事件（或逆事件）。即是说在一次试验中，事件 A、B 中必有一个发生且只有一个发生，A 的对立事件记为 $\overline{A}$。

设 A、B、C 为三个事件，它们满足下列运算：

① 交换律：$A\cup B=B\cup A$；$A\cap B=B\cap A$。

② 结合律：$A\cup(B\cup C)=(A\cup B)\cup C$；$A\cap(B\cap C)=(A\cap B)\cap C$。

③ 分配律：$A\cup(B\cap C)=(A\cup B)\cap(A\cup C)$

$A\cap(B\cup C)=(A\cap B)\cup(A\cap C)$。

④ 德·摩根律：$\overline{A\cup B}=\overline{A}\cap\overline{B}$；$\overline{A\cap B}=\overline{A}\cup\overline{B}$。

德·摩根律可推广到有限个或可列多个事件，设 A_1，A_2，…，A_n，…为有限或可列多个事件，则 $\overline{\cup_k A_k}=\cap_k\overline{A_k}$；$\overline{\cap_k A_k}=\cup_k\overline{A_k}$。

2.7.1.3　事件的频率与概率

除必然事件和不可能事件外，每一事件在一次试验中可能发生，也可能不发生，我们常关心的是这一事件在一次试验中发生的可能性大小。

一般地，在相同条件下进行 n 次试验，事件 A 发生的次数 n_A 称为事件 A 发生的频数，比值 $\frac{n_A}{n}$ 称为事件 A 发生的频率，记作 $f_n(A)$。事件 A 在 n 次试验中发生的频率随 n 的变化而变化，当试验次数较少时，频率的差异性较大，而随次数的增大，频率呈现出稳定性。

定义　设 E 为随机试验，S 是它的样本空间，对 E 的每一事件 A 赋予一实数 $P(A)$，称 $P(A)$ 为事件 A 的概率，如果 $P(A)$ 满足下列条件：

① 对每一事件 A，$P(A)\geqslant 0$；

② 对必然事件 S，$P(S)=1$；

③（可列可加性）设 A_1，$A_2\cdots$是两两互不相容的事件，即对于 $i\neq j$，$A_iA_j=\varnothing$，则

$$P(A_1\cup A_2\cup\cdots)=P(A_1)+P(A_2)+\cdots$$

当试验次数 n 很大时，频率稳定地在概率附近摆动。事实上大数定律（伯努利定律）指出，频率依概率收敛于事件的概率 $P(A)$，故可以用 $P(A)$ 来度量事件 A 在一次试验中发生的可能性大小。

当 $P(AB)=P(A)P(B)$ 时称事件 A、事件 B 独立。

2.7.1.4 随机变量与分布

定义 设 E 是随机试验，它的样本空间是 $S=\{e\}$，如果对于每一个 $e\in S$，有一个实数 $X(e)$与之对应，这样就得到一个定义在 S 上的单值实值函数 $X=X(e)$，称为随机变量。

定义 设 X 是一个随机变量，x 为任意实数，称函数 $F(x)=P\{X\leqslant x\}(-\infty<x<+\infty)$为 X 的分布函数，记为 $X\sim F(x)$。

分布函数的基本性质有：

① $0\leqslant F(x)\leqslant 1$，$-\infty<x<+\infty$；

② $F(x)$为不减函数，即若 $x_1<x_2$，则 $F(x_1)\leqslant F(x_2)$；

③ $F(-\infty)=\lim\limits_{x\to-\infty}F(x)=0$，$F(+\infty)=\lim\limits_{x\to+\infty}F(x)=1$；

④ 右连续，即$\lim\limits_{x\to a^+}F(x)=F(a)$，$-\infty<a<+\infty$；

⑤ X 落在区间$[a, b]$内的概率 $P\{a\leqslant x\leqslant b\}=F(b)-F(a)$；

⑥ X 落在点 a 上的概率 $P\{X=a\}=F(a)-F(a-0)$。

定义 设随机变量 X 的分布函数为 $F(x)$，如果存在非负函数$f(x)$，使得对任意实数 x，有

$$F(x)=\int_{-\infty}^{x}f(t)\,\mathrm{d}t,\qquad -\infty<x<+\infty$$

则称 X 是连续型随机变量，$f(x)$ 是 X 的概率密度函数，简称概率密度。连续型随机变量的分布函数是连续函数。

概率密度函数的性质有：

① $f(x)\geqslant 0$；

② $\int_{-\infty}^{+\infty}f(x)\,\mathrm{d}x=1$；

③ $P\{a\leqslant X\leqslant b\}=P\{a<x\leqslant b\}=P\{a\leqslant x<b\}=P\{a<x<b\}=\int_a^b f(x)\,\mathrm{d}x$。

若随机变量 X 的全部可能的取值是有限个或可列无限多个，这种随机变量称为离散型随机变量。离散型随机变量基本事件 $\{X=x_k\}$（$k=1, 2, \cdots$）的概率 $p_k=P\{X=x_k\}$（$k=1, 2, \cdots$，且 $\sum\limits_k p_k=1$）称为 X 的概率分布或分布律。离散型随机变量的分布律也常用表格形式来描述。

2.7.2 随机变量的数字特征

设有 n 个样本某项指标 X 的观测数据 x_1，x_2，$\cdots$，x_n，n 称为样本容量。统计分布要

从观测值数据中提取有用信息，进一步对研究对象总体信息做出推断。数字特征就是概括总体信息的一些简单的统计量，常见的有均值、中位数、方差及标准差等。

2.7.2.1　均值

均值是统计学中最常用的统计量，用来表明各观测值相对集中较多的中心位置，用于反映现象总体的一般水平，计算公式为 $\bar{x}=\frac{1}{n}\sum_{i=1}^{n}x_i$。

2.7.2.2　中位数

将原有数据按照从小到大重新排列，记为 $x_{(1)}$，$x_{(2)}$，…，$x_{(n)}$，中位数的计算公式为

$$M=\begin{cases}x_{(\frac{n+1}{2})}, n\text{ 为奇数}\\ \dfrac{x_{(\frac{n}{2})}+x_{(\frac{n}{2}+1)}}{2}, n\text{ 为偶数}\end{cases}$$

可见中位数就是中间的数，也是一种衡量数据总体取值水平的方法。

2.7.2.3　分位数

对任意 $0\leqslant p<1$，数据 x_1，x_2，…，x_n 的 p 分位数为

$$M_p=\begin{cases}x_{([np]+1)}, np\text{ 不是整数}\\ \dfrac{x_{(np)}+x_{(np+1)}}{2}, np\text{ 是整数}\end{cases}$$

其中，$[np]$ 为 np 的整数部分。当 $p=1$，$M_1=x_{(n)}$，当 $p=0.5$，$M_{0.5}=M$。在实际应用中 $p=0.75$ 和 $p=0.25$ 比较重要，对应分位数分别称为上、下四分位点。

2.7.2.4　三均值

均值 $\bar{x}$ 与中位数 M 都描述了总体取值水平，一般情况下均值 $\bar{x}$ 能充分反映数据信息，但是当数据中有异常值时，中位数 M 具有较强的稳健性，因此引入既能充分反映数据中的信息又比较稳健的三均值作为描述总体取值水平的数字特征。三均值的计算公式为 $\hat{M}=\frac{1}{4}M_{0.25}+\frac{1}{2}M+\frac{1}{4}M_{0.75}$。

2.7.2.5　方差、标准差与变异系数

这一组数字特征用来描述数据取值的分散程度，方差的计算公式为 $s^2=\frac{1}{n-1}\sum_{i=1}^{n}(x_i-\bar{x})^2$，方差的算术平方根即为标准差 $s=\sqrt{\frac{1}{n-1}\sum_{i=1}^{n}(x_i-\bar{x})^2}$，消除标准差受数据取值水平得到的相对分散性指标就是变异系数 $\mathrm{CV}=\frac{s}{\bar{x}}\times100\ (\%)$。

2.7.2.6 极差与四分位极差

极差的计算公式 $R=x_{(n)}-x_{(1)}$，四分位极差 $R_1=M_{0.75}-M_{0.25}$。极差是一种较简单的描述分散性的数字特征，但其与方差等都易受数据中的异常值影响，而四分位极差具有较强的抗干扰性。

2.7.2.7 偏度

偏度是刻画数据分布对称性的指标，其计算公式为

$$g_1 = \frac{n}{(n-1)(n-2)} \frac{1}{s^3} \sum_{i=1}^{n} (x_i - \bar{x})^3$$

当 $g_1=0$ 时，数据分布是对称的。一般认为 $|g_1|<0.1$ 时总体为对称分布，$|g_1|\approx0.1-0.5$ 时为轻微不对称，$g_1>0.5$ 时为正不对称，$g_1<-0.5$ 时为负不对称。

2.7.2.8 峰度

峰度是刻画数据分布的另外一个指标，其计算公式为

$$g_2 = \frac{n(n+1)}{(n-1)(n-2)(n-3)} \frac{1}{s^4} \sum_{i=1}^{n} (x_i - \bar{x})^4 - \frac{3(n-1)^2}{(n-2)(n-3)}$$

以方差相同的正态分布为参考，当 $g_2=0$ 时数据就来自正态分布，当 $g_2>0$ 时，数据中极端数值的分布较广（粗尾分布），当 $g_2<0$ 时，数据中两侧的极端数值较少（细尾分布）。

2.7.3 研究统计分布的意义

对各类地质数据进行统计分析时，通常首先将数值大小进行分组，统计各组频数、频率，从而得到有关随机变量的取值范围和各不同数据区间的频率，制出频率直方图或统计分布曲线。

这里的主要问题是组数或组距的研究。分组过多总体特征很难突出；分组过少又会看不出图形的规律性。通常分 10～20 组，一般取相等的组距，亦可不等距。

对数据进行分组处理将会损失一些信息。对于正态分布，信息损失取决于组距 d 与标准差 s 的比值，若 $d<\frac{1}{4}s$，信息损失约 1%，若 $d<\frac{1}{3}s$，损失约 2.3%，因此应注意确保组距 d 小于标准差 s。

对统计分布曲线所进行的最直观、最基本的考察是：

（1）它是单峰、双峰还是多峰曲线？

在分组适当，样品数量足够的情况下，双峰或多峰曲线代表多成因总体的混合分布（当然，单峰分布也并不排除混合分布的可能）。如数据为混合分布，则需对不同成分总体进行筛分并分别估计其参数和进行其他统计分析工作。

（2）它是对称的，还是偏斜的？它可能与何种理论分布模型相当？

（3）计算各种统计分布特征数，如均值、方差、标准差和变异系数等，以进一步查明

分布特点并比较不同样本统计分布的异同，研究其空间分布及成因意义。

应强调指出，研究数据的统计分布特征具有十分重要的意义。罗马尼亚地质学家亚历山德鲁 1978 年曾指出，分布律具有法则性质并可视为数字模型，理论分布律的查明有助于下列问题的解决：

(1) 建立给定随机变量分布的解释表示；

(2) 将经验分布修匀，办法是把和理论分布相差异的部分作为非典型的偶然成分加以排除；

(3) 不同来源，但属同一现象的实验数据之间的比较；

(4) 评价（估计）每种因素对观测数值的影响；

(5) 对实验时未曾观测到的变量中间值进行内插；

(6) 确定随机变量在指定研究区间内出现的概率。

我们认为，研究数据统计分布特征的主要意义可概括如下：

(1) 分布函数是地质体最重要的数学特征之一，它具有重要的鉴别和成因意义；

(2) 根据所研究问题的性质和观测对象的特点，选择恰当的分布模型，进行各种必要的概率估计；

(3) 查明分布律是进一步统计分析工作的基础，包括选择恰当的统计分析方法，确定原始数据是否需要进行变换及变换类型，以及评价统计分析的效果等；

(4) 其他实际应用。

2.7.4　地质上重要的几种分布模型

2.7.4.1　正态分布

正态分布是连续型随机变量最重要和最常见的一种分布律。因为数理统计和多元统计分析的许多理论和方法是以变量呈正态分布为前提，所以，若地质观测值呈正态分布，则应用概率统计方法可以得到较好结果。如果原始数据不呈正态分布，可以设法进行某种变换，使呈正态分布后再进行统计分析。如经变换仍不呈正态分布，则统计分析结果只能是一种近似估计，或选择其他非参数性统计方法进行研究。

正态分布的密度函数 $f(x)$ 和分布函数 $F(x)$ 表达式分别为

$$f(x)=\frac{1}{\sigma\sqrt{2\pi}}e^{-\frac{1}{2}\left(\frac{x-\mu}{\sigma}\right)^2},F(x)=\frac{1}{\sigma\sqrt{2\pi}}\int_{-\infty}^{x}e^{-\frac{1}{2}\left(\frac{u-\mu}{\sigma}\right)^2}du$$

式中，$-\infty<x<+\infty$；μ 为变量均值；σ 为标准差；π 为圆周率；e 为自然对数底数。

均值 μ 和标准差 σ 是正态分布的两个参数。均值为 μ 和标准差为 σ 的正态分布常简记为 $N(\mu,\ \sigma^2)$，这里 σ^2 是分布的方差。

均值为 0，标准差为 1 的正态分布称为标准正态分布，简记为 $N(0,\ 1)$。标准正态分布的密度函数和分布函数分别记为 $\varphi(x)$ 和 $\phi(x)$，其表达式分别为 $\varphi(x)=\frac{1}{\sqrt{2\pi}}e^{-\frac{1}{2}x^2}$ 和 $\phi(x)=\frac{1}{\sqrt{2\pi}}\int_{-\infty}^{x}e^{-\frac{1}{2}u^2}du$，其中 $-\infty<x<+\infty$。对任何一个非标准的正态变量 X，设其均值为

μ，标准差为 σ，令 $u=\dfrac{x-u}{\sigma}$，以 U 代替 X，则新变量 U 就具有 $N(0,\ 1)$ 分布。变量 U 称标准化正态变量。

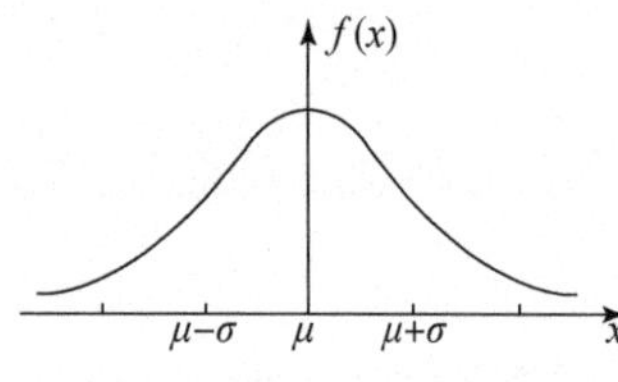

图 2.1　正态分布密度曲线

图 2.1 是正态分布的密度曲线，即是密度函数 $f(x)$ 的图形。它具有以下几个性质：

① 单峰：在 $x=\mu$ 处有一峰值；

② 对称：曲线以直线 $x=\mu$ 为对称轴左右对称；

③ 曲线在对称轴左右两侧 $x=\mu\pm\sigma$ 处各有一拐点，并且当 $x\to\pm\infty$ 时，$f(x)\to 0$，即曲线以 x 轴为渐近线。整个密度曲线 $f(x)$ 和 x 轴之间所限定的面积等于随机变量 X 在区间（$-\infty$，∞）取值的概率，它等于 1。

在实际应用中，往往要求出服从正态分布 $N(\mu,\ \sigma)$ 的变量 X 取值在确定区间（x_1，x_2）中的概率，其计算公式为

$$
\begin{aligned}
P\{x_1 \leqslant X < x_2\} &= \frac{1}{\sigma\sqrt{2\pi}}\int_{x_1}^{x_2} e^{-\frac{1}{2}\left(\frac{u-\mu}{\sigma}\right)^2} du \\
&= \frac{1}{\sigma\sqrt{2\pi}}\int_{-\infty}^{x_2} e^{-\frac{1}{2}\left(\frac{u-\mu}{\sigma}\right)^2} du - \frac{1}{\sigma\sqrt{2\pi}}\int_{-\infty}^{x_1} e^{-\frac{1}{2}\left(\frac{u-\mu}{\sigma}\right)^2} du \\
&= F(x_2) - F(x_1)
\end{aligned}
$$

实际计算时还可通过标准正态度分布表查表计算。因为

$$
F(x) = \frac{1}{\sigma\sqrt{2\pi}}\int_{-\infty}^{x} e^{-\frac{1}{2}\left(\frac{u-\mu}{\sigma}\right)^2} du = \frac{1}{\sqrt{2\pi}}\int_{-\infty}^{x} \frac{e^{-\frac{1}{2}\left(\frac{u-\mu}{\sigma}\right)^2}}{\sigma} du = \Phi\left(\frac{x-\mu}{\sigma}\right)
$$

所以 $P\{x_1 \leqslant X < x_2\} = F(x_2) - F(x_1) = \Phi\left(\dfrac{x_2-\mu}{\sigma}\right) - \Phi\left(\dfrac{x_1-\mu}{\sigma}\right)$。例如，设已知某铁矿区矿床下部闪长玢岩中浸染状磁铁矿矿体的 TFe 化验值服从正态分布。又已知此种类型化的 TFe 平均品位为 23.5%，标准差为 5.83，则此矿体中 TFe 品位介于 30%～35% 的概率是 $P=\dfrac{1}{5.83\sqrt{2\pi}}\displaystyle\int_{30}^{35} e^{-\frac{1}{2}\left(\frac{x-23.5}{5.83}\right)^2} dx = \Phi\left(\dfrac{35-23.5}{5.83}\right) - \Phi\left(\dfrac{30-23.5}{5.83}\right) = \Phi(1.90) - \Phi(1.11)$。查表可知 $\Phi(1.90)=0.9713$，$\Phi(1.11)=0.8665$，所以此矿体中 TFe 品位介于 30%～35% 的概率 $P=\Phi(1.90)-\Phi(1.11)=0.9713-0.8665=0.1048$。也就是说，含 TFe 30%～35% 的矿石大约可能出现 10%。

正态分布中参数 μ 和 σ 有着鲜明的概率意义。具不同均值 μ 或具不同标准差 σ 的正态分布密度曲线对比见图 2.2 和图 2.3。由图 2.2 和图 2.3 可看出参数 μ 和 σ 的意义。μ 表示峰值的位置，它反映分布的集中性，即数据在 μ 附近出现最多，μ 是位置参数。σ 表示分布的离散程度，σ 大，数据在 μ 周围散布得宽，σ 小，散布范围就窄。正态分布变量值落在（$\mu-0.67\sigma$，$\mu+0.67\sigma$）的概率是 50%，落在（$\mu-\sigma$，$\mu+\sigma$）的概率是 68.3%，落在（$\mu-1.96\sigma$，$\mu+1.96\sigma$）的概率是 95%，落在（$\mu-2\sigma$，$\mu+2\sigma$）的概率是 95.6%，落在（$\mu-3\sigma$，$\mu+3\sigma$）的概率是 99.7%。

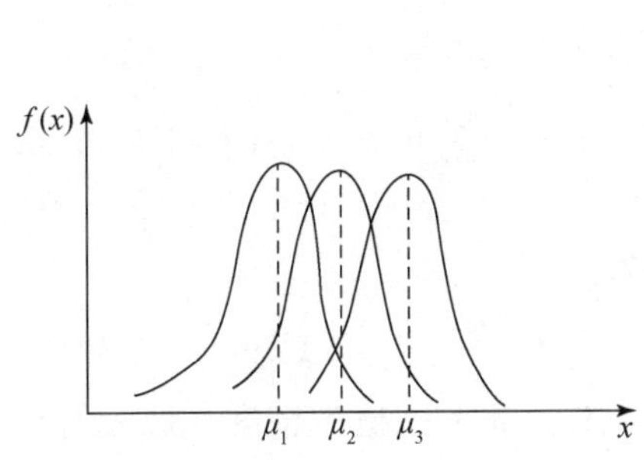

图 2.2　σ 相同 μ 不同的正态分布密度曲线（$\mu_1<\mu_2<\mu_3$）

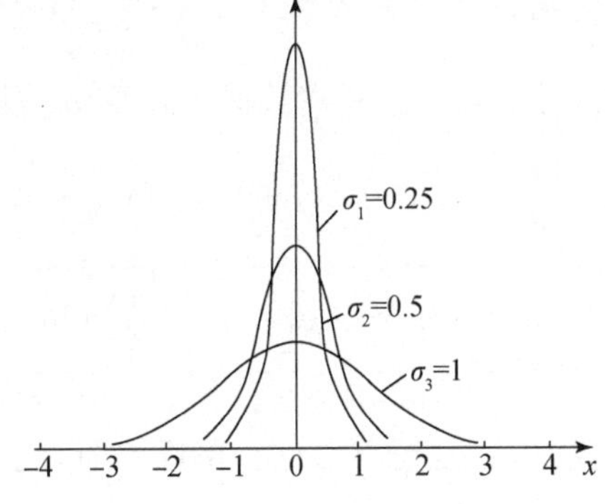

图 2.3　μ 相同 σ 不同的正态分布密度曲线（$\sigma_1<\sigma_2<\sigma_3$）

关于正态分布变量的成因，一般认为：一个变量之所以呈正态分布是因为它由许多独立的微小部分所组成，或者是由许多微小随机因素综合作用的结果。所谓微小因素，就是说没有一个因素是突出显著的。概率论中的中心极限定理能从理论上说明实践中确会有许多随机变量服从正态分布。中心极限定理研究的是：在什么条件下，大量独立随机变量和的分布以正态分布律为极限。这个条件即是这些独立随机变量对随机变量 X 的影响没有一个是非常显著的。换句话说，设 $\xi=a+\beta+\gamma+\cdots+\varepsilon+\cdots$，而 a、β、γ、ε 等均为起伏不很显著的随机变量，则 ξ 服从正态分布或渐近正态分布。

许多地质变量是服从或接近正态分布的。例如，某钨铜矿床中矿脉的产状严格地受一组北东向裂隙构造控制，矿脉倾向的测量数据（总数为 865）构成一个正态总体（图 2.4）。这说明影响矿体倾向的其他因素，如地层产状、地层岩性及岩石的特理机械性质、测量误差等没有一个是非常显著的。

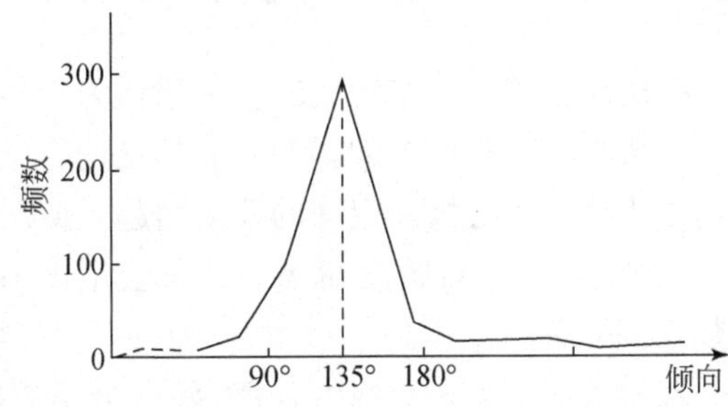

图 2.4　江西某钨铜矿床矿脉倾向的统计分布

2.7.4.2　对数正态分布

对数正态分布也是连续型随机变量在某些问题中常见的一种分布律。H. K. 拉祖莫夫斯基于 1939 年首次指出对数正态分布在地质学中的重要意义，指出砂矿床中的金含量服从对数正态分布。阿伦斯于 1953 年指出花岗岩中化学元素含量呈对数正态分布。阿莱斯于 1957 年指出区域矿产价值服从对数正态分布。

一个随机变量 X，如果随机变量 $Y=\ln X$ 呈正态分布，则随机变量 X 为对数正态分布。对数正态分布变量 X 的分布函数为

$$F(x)=P\{X<x\}=P\{Y<\ln x\}=\int_0^{\ln x}\frac{1}{\sigma_Y\sqrt{2\pi}}\mathrm{e}^{-\frac{1}{2}\left(\frac{y-\mu_Y}{\sigma_Y}\right)^2}\mathrm{d}y$$

密度函数 $f(x)=F'(x)=\dfrac{1}{\sigma_Y x\sqrt{2\pi}}\mathrm{e}^{-\frac{1}{2}\left(\frac{\ln x-\mu_Y}{\sigma_Y}\right)^2}$，其中 $x>0$，μ_Y 和 σ_Y 分别是变量 Y 的均值和标准差。对有限样本数据，μ_Y 和 σ_Y 计算公式为

$$\mu_Y=\frac{1}{n}(\ln x_1+\ln x_2+\cdots+\ln x_i+\cdots+\ln x_n)=\frac{1}{n}\sum_{i=1}^{n}\ln x_i=\ln\Big(\prod_{i=1}^{n}x_i\Big)^{\frac{1}{n}}=\ln G$$

$$\sigma_Y=\sqrt{\frac{\sum\limits_{i=1}^{n}(\ln x_i-\mu_Y)^2}{n-1}}=\sqrt{\frac{\sum\limits_{i=1}^{n}(\ln x_i-\ln G)^2}{n-1}}\text{，其中 } G=\Big(\prod_{i=1}^{n}x_i\Big)^{\frac{1}{n}}=\sqrt[n]{x_1x_2\cdots x_n}$$

曲线 $f(x)$ 呈正不对称、单峰，即对于对数正态变量 X 的概率密度，极大值小于 X 的均值。X 的均值为 $\mathrm{e}^{\mu_Y+\frac{1}{2}\sigma_Y^2}$，而 $f(x)$ 的极大值在 $x=\mathrm{e}^{\mu_Y-\sigma_Y^2}$ 处，因 σ_Y^2 是大于零的数，故在 x 轴上极大值在均值的左侧（图 2.5）。

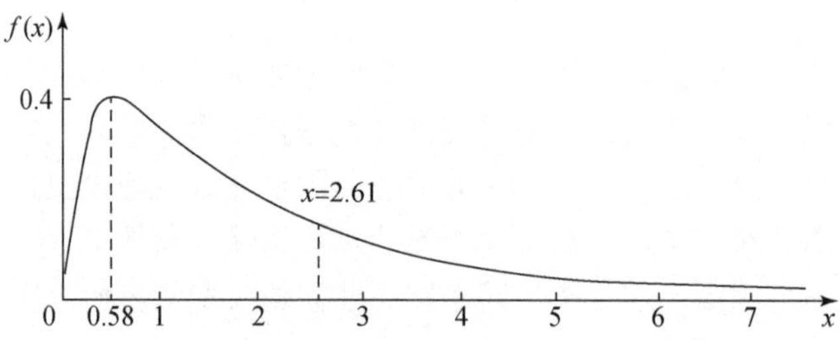

图 2.5　对数正态密度函数曲线（当 $\mu=0.46$，$\sigma=1$ 时）

关于对数正态分布的成因，一般认为，某个由许多影响因素综合作用下产生的地质变量 X，当这些因素对 X 的影响并非都是均匀微小而个别因素对 X 影响显著突出的，变量 X 将由于不满足中心极限定理的要求而趋于偏斜。如果出现很大的正偏斜的话（极大值<均值），则变量 X 的对数值 $\ln X$ 一般都会呈正态分布或近似于正态分布，即 X 服从或近似于对数正态分布。

经验表明，大多数内生有色-稀有金属矿床中的有用组分以及岩石、矿石中的微量元素都具有对数正态分布的特点。因为这类有用组分及微量元素在空间上的分布极不均匀，它们的含量变化往往受某些起显著作用的因素所控制（例如，微细构造裂隙分布的不均匀性显著影响到有用组分分布的极不均匀，元素的地球化学性质导致微量元素分布的不均匀等）。当生物群的生存环境和遗传因素中有某种因素为主时，种群的数量特征也会呈现对数正态分布。碎屑沉积物中的颗粒大小一般呈对数正态分布，是因为在碎屑物质搬运过程中，继续不断的磨蚀对颗粒大小的影响特别显著，使得细小颗粒的比例相对增加。A. 杨诺奇金娜 1966 年在近乌拉尔地区上二叠统沉积地层化学元素统计分布的研究中，获得 Ca、Mg、V、Ni、Co、Pb、Sn、Mo、W、Zr 在沉积岩中含量的对数正态分布规律。

目前，对地质变量呈对数正态分布的原因还存在另一些看法。一般认为对数正态分布可能代表一种混合总体，即对数正态地质变量不一定是在一次地质作用过程中形成的，而是多次地质作用叠加的结果。另一种看法认为元素呈对数正态分布的部分原因可能与样品规格大小有关，当加大样品规格时，一些原先呈对数正态分布的元素含量会趋于正态

分布。

2.7.4.3　二项分布

二项分布是离散型随机变量的一种重要和常用的分布律。如果在相同条件下进行 n 次独立试验，每次试验只有两种可能结果：事件出现或不出现，分别记为 A 和 $\overline{A}$，且设 $P\{A\}=p$，$P\{\overline{A}\}=q=1-p$，那么在 n 次试验中事件 A 出现的次数是随机变量，它服从二项分布。

二项分布的概率为

$$P_n(k)=C_n^k p^k q^{n-k}\qquad k=0,1,2,\cdots,n$$
$$p>0,\quad q>0,\quad p+q=1$$

式中，$P_n(k)$ 表示在 n 次试验中事件 A 出现 k 次的概率，p 为一次试验中事件 A 出现的概率，q 为在一次试验中事件 A 不出现的概率，$p+q=1$，C_n^k 为组合数，即 $C_n^k=\dfrac{n!}{k!\ (n-k)!}$。

例如，设某一铁矿床，根据已经取样的经验，TFe 品位>45% 的样品约占样品总数的 10%，因而可以认为具有富矿品位样品出现的概率为 $p=\dfrac{1}{10}$，而 TFe 品位≤45% 的样品出现的概率为 $q=1-p=\dfrac{9}{10}$，则任取三个样（即 $n=3$），出现三个样品均为富矿品位的概率为 $P(k=3)=C_3^3p^3(1-p)^0=p^3=(1/10)^3$，出现两个富矿样的概率为 $P(k=2)=C_3^2p^2(1-p)=3(1/10)^2\cdot(9/10)=27/1000$，出现一个富矿样的概率为 $P(k=1)=C_3^1p(1-p)^2=3(1/10)(9/10)^2=243/1000$，出现三个品位全≤45% 的样品的概率为 $P(k=0)=C_3^0p^0(1-p)^3=(1-p)^3=(9/10)^3$。

二项分布的均值为 np，方差为 npq。当 n、k 很大时，计算 $P_n(k)$ 就很困难，可以利用下列近似公式来估计 $P_n(k)\ \approx\dfrac{1}{\sqrt{2\pi npq}}\mathrm{e}^{-\frac{1}{2}\frac{(k-np)^3}{npq}}$。这一公式意味着当 n、k 很大时二项分布将接近于正态分布。

应用实例：利用二项分布评述某一复杂矿体的合理勘探手段。

在某锡矿床的勘探工作初期，曾对其主要矿体取 50m×30m 的钻孔间距，以钻探为主并辅以少量坑探去探获 C1 级储量，结果因不能正确控制矿体而未达到预期效果。于是提出了两个问题：首先，钻探能否作为勘探此类复杂条状矿体的基本手段？其次，是否可以采用更密的钻孔间距以提高勘探效果？为探讨钻探手段在勘探该类型矿床时的合理性，用二项分布公式计算钻孔理论见矿率，对各种网度条件下钻孔的见矿率进行数学模拟，进而定量地评价钻探效果。

由于这类矿床的矿体形态和产状变化十分复杂，矿体规模又小，各施工钻孔见矿与否和有哪些钻孔及有多少钻孔见矿都存在一定的偶然性，所以，在施工钻孔总数为 n 时，见矿钻孔为 k 个（$k=0,\ 1,\ 2,\ \cdots,\ n$）的概率呈二项分布。在确定的勘探面积内，施工钻孔总数 n 的大小取决于勘探网度，一定的网度对应一定的 n 值，二项分布的另一参数 p，在这里就等于勘探面积内矿体水平投影面积比，它反映任意布置一个钻孔可能见矿的概率。在研究过程中，考虑了矿体产状和分布特点后，将主矿体分成6个面积相等的勘探地段，即6个勘探单位。试验是选在勘探单位内矿体水平投影集中比为最小（$p=0.07$）和最大（$p=0.23$）的Ⅲ、Ⅵ两个勘探单位内进行的。不同钻孔间距条件下，Ⅲ、Ⅵ勘探单位钻孔见矿率大小的统计分布结果见表2.5～表2.8。从这几个表可以看出：

（1）同样网度条件下，钻孔见矿率与矿体（或矿体群）在勘探地段水平投影面积比的大小成正比。$P_{Ⅵ}$（=0.23）>$P_{Ⅲ}$（=0.07），故第Ⅵ勘探单位的见矿效果相对要好些。

（2）在三种不同网度条件下，Ⅲ勘探单位最可能出现的钻孔见矿率为6.6%，Ⅵ勘探单位最可能出现的钻孔见矿率为22%，二者数值都很小，说明钻探的勘探效果很可能不理想。

（3）Ⅲ勘探单位可能出现的最大见矿率为33%，Ⅵ勘探单位可能出现的最大见矿率为50%。出现这两种最大见矿率的可能性（概率）前者为5.5%，后者为11%，数值都很小，说明钻探出现比较好勘探效果的可能性非常小。

综合以上三点，结论是：即使该矿床以最高的矿体面积比去衡量，钻探的勘探效果仍然是不好的。

（4）随着勘探网度的加密，钻探的最可能的见矿率并无显著增加（如在Ⅲ勘探单位中这种见矿率序列是0，0，6.6），有时还有所降低（如在Ⅵ勘探单位中这种见矿率序列是16，22，19.8）。这就是说，此类矿床加密钻孔网度不能显著改善勘探效果，有时甚至反而降低见矿率。当然，钻孔数量越多，见矿钻孔绝对数量也多，但这将大大提高勘探成本，从而也是不合理的。因此可以提出另一条结论：继续加密钻孔的做法是不可取的和不合理的。

表2.5　钻孔间距100m×50m，$n=6$，$P_{Ⅲ}=0.07$，$P_{Ⅵ}=0.23$

勘探单位	见矿工程数 k / 见矿率/%	0 / 0	1 / 16	2 / 33	3 / 50	4 / 66	5 / 83	6 / 100
Ⅲ	概率 $P_n(k)$	<u>0.645</u>	0.292	0.055	0.007	0	0	0
	累积概率 F	0.645	0.937	0.992	0.999			
Ⅵ	$P_n(k)$	0.210	<u>0.375</u>	0.260	0.110	0.025		
	累积概率 F	0.210	0.585	0.845	0.955	0.980		

注：“——”表示最可能出现的情况；“┈┈”表示可能出现的最理想情况；下同。

表2.6　钻孔间距50m×50m，$n=9$，$P_{Ⅲ}=0.07$，$P_{Ⅵ}=0.23$

勘探单位	见矿工程数 k / 见矿率/%	0 / 0	1 / 11	2 / 22	3 / 33	4 / 44	5 / 55	6 / 66
Ⅲ	概率 $P_n(k)$	<u>0.520</u>	0.352	0.107	0.018			
	累积概率 F	0.520	0.872	0.979	0.997			
Ⅵ	$P_n(k)$	0.095	0.255	<u>0.305</u>	0.214	0.095	0.028	
	累积概率 F	0.095	0.350	0.655	0.869	0.964	0.992	

表 2.7　钻孔间距 50m×25m，$n=15$，$P_{Ⅲ}=0.07$，$P_{Ⅵ}=0.23$

勘探单位	见矿工程数 k / 见矿率/%	0 / 0	1 / 6.6	2 / 13.2	3 / 19.8	4 / 26.4	5 / 33.0	6 / 39.6	7 / 46.2
Ⅲ	概率 $P_n(k)$	0.336	0.380	0.200	0.065	0.015			
	累积概率 F	0.336	0.716	0.916	0.981	0.996			
Ⅵ	$P_n(k)$	0.020	0.090	0.185	0.241	0.215	0.141	0.070	0.030
	累积概率 F	0.020	0.110	0.295	0.536	0.751	0.892	0.962	0.992

表 2.8　汇总对比表

孔距/m	Ⅲ勘探单位				Ⅵ勘探单位			
	最可能的情况		可能的最理想情况		最可能的情况		可能的最理想情况	
100×50	见矿工程数 k	0	见矿工程数 k	2	见矿工程数 k	1	见矿工程数 k	3
	$P_n(k)$	0.645	$P_n(k)$	0.992	$P_n(k)$	0.375	累积概率 F	0.955
	见矿率	0	见矿率	33	见矿率	16	见矿率	50
50×50	见矿工程数 k	0	见矿工程数 k	2	见矿工程数 k	2	见矿工程数 k	4
	$P_n(k)$	0.520	$P_n(k)$	0.979	$P_n(k)$	0.305	累积概率 F	0.964
	见矿率	0	见矿率	22	见矿率	22	见矿率	44
50×25	见矿工程数 k	1	见矿工程数 k	3	见矿工程数 k	3	见矿工程数 k	6
	$P_n(k)$	0.380	$P_n(k)$	0.981	$P_n(k)$	0.241	累积概率 F	0.962
	见矿率	6.6	见矿率	19.8	见矿率	19.8	见矿率	39.6

2.7.4.4　泊松分布

泊松分布也是离散型随机变量的一种重要分布律。泊松分布中只有一个参数 λ，设 k 为事件出现的次数，则事件出现的概率为

$$P_{\lambda}(k)=\frac{\lambda^{k}}{k!}e^{-\lambda},(\lambda>0,k=0,1,2,\cdots)$$

泊松分布参数 λ 既是其均值又是其方差。泊松分布是二项分布的特例。当 p 很小，n 很大，且 np 保持一定时，泊松分布可以很好地近似二项分布。

泊松分布用来研究“稀有事件”的概率。例如，单位区域内的矿床个数，单位面积内落入的陨石个数等都服从泊松分布。

下面举一实例，说明如何利用泊松分布研究区域矿床（点）空间分布模型并评价找矿潜力。其中生代火山岩盆地发育有与闪长玢岩有密切成因联系的铁矿床和矿点。在此盆地北部，按 $9km^2$ 大小划分等面积单元 93 个。统计了含不同矿床（点）数单元的频数。当用泊松分布模型计算含不同矿床（点）数的单元的理论频数并用 χ^2 进行检验时，发现此盆地北部单位面积内出现的矿床（点）数是泊松变量。表 2.9 列出了单位面积矿床（点）计数的频数分布，主要数字特征及 χ^2 统计量与 χ^2 检验理论临界值的对比。

表 2.9 的计算结果表明：在盆地范围内还有发现新矿点的潜力。因为，区域内找到至

少含一个矿点的单元的概率为 24. 7% ，而实测频率为 22. 6% 。

表 2. 9　单元内矿点频数及统计表

单元内矿点数	观测频数	理论频数
0	72	68. 2
1	15	21. 1
2	4	3. 3
3	2	0. 3
4	0	0
5	0	0
	$\bar{x}=0.31$	$\chi^2=3.63$
	$S^2=0.43$	$\chi^2_{0.05}(x-2)=3.841$
	$S^2/\bar{x}=1.39$	$\chi^2<\chi^2_{0.05}(x-2)$

2. 7. 4. 5　负二项分布

负二项分布也是离散型随机变量的一种分布律。

在泊松分布中，方差等于均值（$\sigma^2=\mu=\lambda$）。但有丛集趋向的计数数据，其方差显著大于或小于均值时，例如，矿点在空间的分布受某个地质因素控制而呈现丛集趋势时，经常具有所谓负二项分布。故对“负二项分布”来说有 $\sigma^2>\mu$。反之，在二项分布，则有 $\sigma^2<\mu$。故根据方差和均值的计算，可以指示应该用何种分布来拟合离散数据。“负二项分布”有时是由两个或更多个均值不同的泊松分布混合而成的。

与二项分布相比，其假设前提相同：相同条件下的重复独立试验，每次试验只可能取两种结果之一：成功或失败。成功及失败的概率保持固定为 p 及 $q=1-p$。但这里的试验次数是不固定的。

设试验次数为 x，计算恰有 k 次成功所需要进行试验的次数为 x 的概率 $P_k(x)$。在 x 次试验中获得恰有 k 次成功的唯一途径是：在前（$x-1$）次试验中应该恰获得（$k-1$）次成功，而且最后一次应为成功，则

$$\begin{aligned}P_k(x) &= P(x-1\text{ 次试验中 }k-1\text{ 次为成功而第 }x\text{ 次试验结果为成功})\\ &= P(x-1\text{ 次试验中 }k-1\text{ 次为成功})\cdot P(\text{第 }x\text{ 次试验结果为成功})\\ &= C_{x-1}^{k-1}p^{k-1}q^{x-1-(k-1)}\times p = C_{x-1}^{k-1}p^k q^{x-k}\end{aligned}$$

显然，当 $x<k$ 时 $P_k(x)=0$。

负二项分布的均值 $\mu=kp$ 及方差 $\sigma^2=kp(1+p)=\mu+\frac{\mu^2}{k}$。显然，随着 k 值的不断增大，负二项分布的 σ^2 越接近于 μ。当 $k\to\infty$，$p\to 0$，而 kp 为一有限取值时，负二项分布收敛于泊松分布。k 越大，方差越接近于均值，k 越小，方差大小平均数的趋势越显，因此 k 的大小可以用来衡量分布的离散程度，即衡量计数数据丛集趋向的程度。

前已述及，矿点空间分布常具丛集性。比如在矿化带之内或附近，如果一个单元内有矿，则往往相邻单元之内也趋于有矿，或一旦发现一个矿床，在附近地区就有可能发现多个矿床，这类“丛集型”的模式，往往不服从泊松分布而呈负二项分布。

德格奥弗里和莫 1970 年对加拿大魁北克北西安大略北东带内矿床的区域分布，以及阿格特伯格 1973 年对加拿大安大略金矿点的区域分布的研究，均用负二项分布进行了良好的拟合。后者对面积为 8mile①×8mile 的 140 个单元中金矿点的统计分布及用负二项分布的拟合结果见表 2. 10。

表 2. 10　矿点的统计分布与拟合结果

每单元内金矿点数	观测单元数	用负二项分布计算的理论单元数	每单元内金矿点数	观测单元数	用负二项分布计算的理论单元数
0	62	58. 6	15	1	1. 3
1	8	16. 2	16	1	1. 2
2	10	9. 9	17	3	1. 1
3	9	7. 2	18	1	1. 0
4	3	5. 6	19	3	0. 9
5	4	4. 6	20	2	0. 8
6	9	3. 8	22	3	0. 7
7	1	3. 3	24	1	0. 6
8	3	2. 8	25	1	0. 5
9	2	2. 5	28	1	0. 4
10	1	2. 2	30	1	0. 4
11	2	1. 9	31	1	0. 3
12	2	1. 7	39	1	0. 2
13	1	1. 6	45	1	0. 1
14	2	1. 4			

将表 2. 10 中数据分为 10 组（以使每组理论单元数>5），进行 χ^2 检验。取置信度为 0. 05，经计算 $\chi^2=10.95$，而相应置信度和自由度的 $\chi^2_{0.05}(7)$ 理论值为 14. 07，因而负二项分布的理论模型是可以被接受的。

2. 7. 4. 6　多项分布

当同时考虑一种以上可能结果的概率时用多项分布。二项分布只局限于两种结果，而多项分布则不受此限制。多项分布模型如下：

$$P(x_1, x_2, \cdots, x_r)=\frac{n!}{x_1!\ x_2!\ \cdots x_r!}p_1^{x_1}p_2^{x_2}\cdots p_r^{x_r}$$

① 1mile = 1. 609344km。

式中，n 为试验次数，r 为可能结果数，x_1，x_2，…，x_r 为 n 次试验中第 1，2，…，r 种结果发生次数，p_1，p_2，…，p_r 为任一次试验中结果 1，2，…，r 发生的概率。显然（$x_1+x_2+\cdots+x_r$）$=n$，（$p_1+p_2+\cdots+p_r$）$=1$。

例如：根据某地质的经验总结，检查矿点时发现不同矿化级别的概率如表 2.11 所示。

表 2.11 矿点的不同矿化级别的概率

矿化级别	微弱矿化	表外矿	小型矿	中型矿	大型矿
概率	0.85	0.08	0.04	0.02	0.01

检查 10 个矿点，出现 7 个微弱矿化，2 个表外矿及 1 个大型矿的概率为

$$P\begin{bmatrix} x_1=7 \\ x_2=2 \\ x_3=0 \\ x_4=0 \\ x_5=1 \end{bmatrix}=\frac{10!}{7!\ 2!\ 0!\ 0!\ 1!}(0.85)^7(0.08)^2(0.04)^0(0.02)^0(0.01)^1=0.00737$$

2.7.4.7 超几何分布

二项及多项分布均以独立随机试验为前提，也即用于“有放回”的抽样过程，或者用于无限的样本空间。无放回抽样过程或有限样本空间的类似离散事件的概率分布称为超几何分布。这种分布在计算多井勘探的各种事件的概率时是有用的。

两种可能事件的超几何分布公式为

$$P_n(x)=\frac{C_d^x C_{N-d}^{n-x}}{C_N^n}$$

式中，n 为试验次数；d 为进行试验之前样本空间中事件“成功”的次数；N 为进行试验之前样本空间中事件总次数（包括 d 次成功事件，$N-d$ 次非成功事件）；x 为 n 次试验中成功次数，$x<n$。

若考虑 r（$r>2$）种可能事件，则超几何分布计算公式可推广为

$$P_n(x_1,x_2,\cdots,x_r)=\frac{C_{d_1}^{x_1}C_{d_2}^{x_2}\cdots C_{d_r}^{x_r}}{C_N^d}$$

式中，x_i 为第 i 种事件出现的次数，$i=1$，2，…，r；$n=x_1+x_2+\cdots+x_r$ 为样本大小（试验次数）；d_i 为试验之前样本空间中第 i 种事件出现的次数；$N=d_1+d_2+\cdots+d_r$ 为试验之前样本空间中所有事件出现的总次数。

例如在一个新区，发现面积大体相等的 10 个地震异常（样本空间总事件次数 $N=10$）。在地质条件类似的邻区所钻探的构造 30% 出油，则试验之前出油的次数为 $d=pN=0.3\times10=3$。现在要在新区检验 5 个异常（5 个探井）（即试验次数 $n=5$），那么可以计算出 2 次出油的概率为

$$P_5(2)=\frac{C_8^2 C_{10-8}^8}{C_{10}^5}=\frac{3!}{2!\ 1!}\cdot\frac{7!}{3!\ 4!}\cdot\frac{10!}{5!\ 5!}=0.417$$

即检验5个异常，2个出油的概率为0.417。

2.7.4.8　指数分布

指数分布的概率密度函数为

$$f(x)=\begin{cases} b\mathrm{e}^{-bx}, & x\geqslant 0 \\ 0, & x<0 \end{cases} \quad (b>0\ \text{为常数})$$

指数分布的均值 $\mu=\frac{1}{b}$，方差 $\sigma^2=\frac{1}{b^2}$。

图2.6是指数分布的概率密度函数 $f(x)$ 的图形。

随机分布的平稳泊松质点流中，质点间隔长度 L 是服从指数分布的。图2.7反映迁安铁矿区前震旦系复杂变质岩地层剖面中，各类岩性的岩层厚度近似于指数分布，也就是说，各类岩性的地层界线点在此剖面方向上的分布是平衡泊松流的一种表现。在变化性极大的有色、稀有及贵金属矿床中，品位和厚度都可能出现高度偏斜的似双曲线状的指数分布。

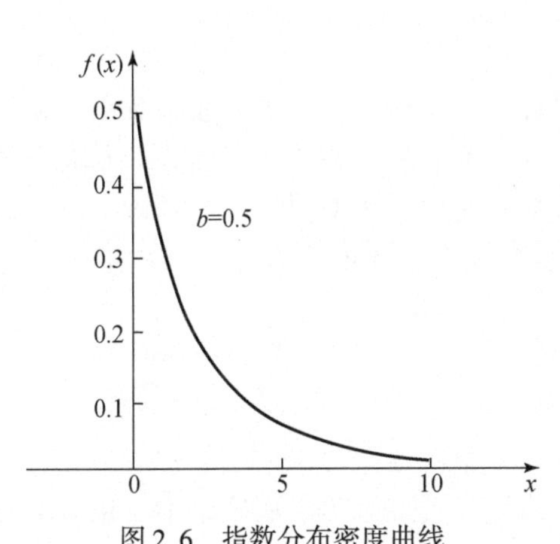

图2.6　指数分布密度曲线

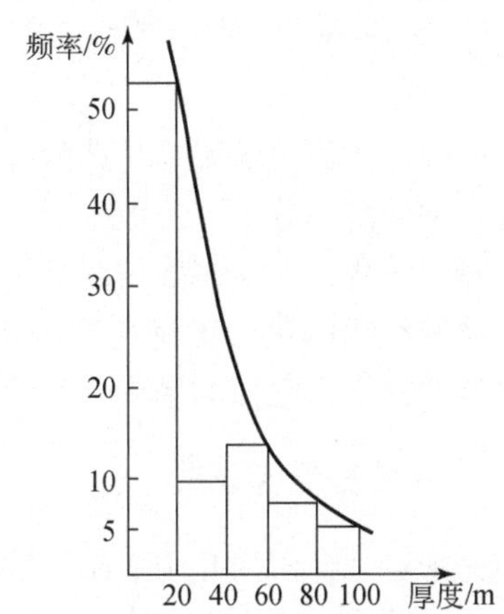

图2.7　迁安铁矿区岩层厚度分布频率直方图

以上列举了地质数据中最常见的若干分布律及其应用。然而需要注意的是，研究方法的不同可能会改变数据统计分布的性质。

1972年，W. C. 克伦宾研究了河流排水盆地的形态。他指出，在使用不同的形态指标时，盆地形态的频率分布有明显的差异（图2.8）。图2.8中，a图是根据盆地内切圆半径（D_{I}）和外接圆半径（D_{C}）的比值（$D_{\mathrm{I}}/D_{\mathrm{C}}$）统计的结果，而b图则系根据盆地宽度与长度的比值（W/L）统计的结果。a图的直方图比b图更接近正态，部分是由于 $D_{\mathrm{I}}/D_{\mathrm{C}}$ 的上限为1，而 W/L 则超过此值。b图显示正偏斜的特点。

G. J. S. 高威特等曾指出，单个样品体积大小的变化对岩样中元素频率分布性质有影响。在单一总体的条件下，增加单个样品的体积将导致品位值级别的降低。他认为，分析任何一个适当大小（例如1kg）的样品，可以看成是能代表1000个1g重样品的平均数，而因为中心极限定理，对任何特定元素的频率分布，对于足够数量的这种1kg重的样品来说，应该是趋向于正态分布，而不论每一个1kg样品内部的频率分布如何。反过来说，如果样品的体积足够大，但某种指定元素的频率分布仍不呈正态分布时，则可断定必然存在着空间上不均质的总体，也即必然由混合总体所构成。这一点在实践中是有重要意义的。

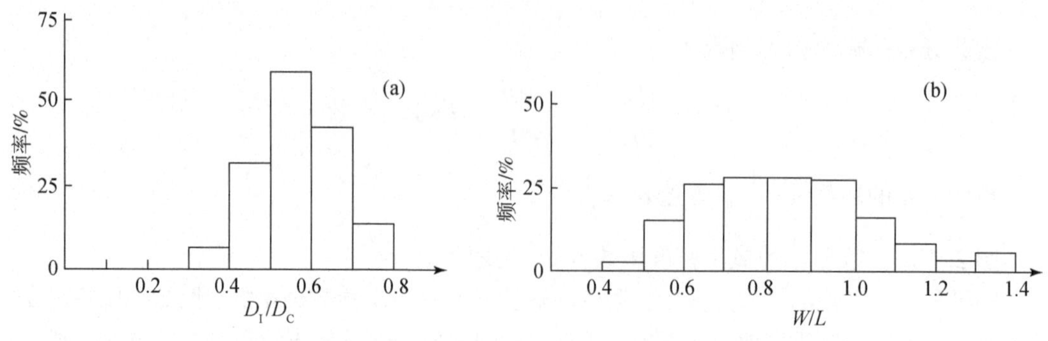

图 2.8　153 个排水盆地形态特征频率分布直方图

2.7.5　混合分布及其地质意义

由多个成因总体构成的统计总体的分布称为混合分布。显然，由单一成因总体构成的统计分布就可称为简单分布。一般来说，简单分布都呈单峰的正态或偏斜曲线，而混合分布可以呈单峰的曲线，但大多数情况下是呈双峰或多峰曲线。所谓单一成因总体，应当指的是由同一地质和地球化学过程作用的产物，而多个成因总体的混合则是二次或多次地质、地球化学过程作用叠加的结果。

2.7.5.1　多峰型混合分布

让我们先来看某矿田的几个铁矿床铁品位的统计分布特点。

图 2.9 是该矿田中四个铁矿床的 TFe 品位分布曲线。经过对四个铁矿床 TFe 化验值分布曲线的对比研究和野外实际观察，发现这四个矿床的分布曲线和矿床的成因特点有密切联系。其中 A 矿床是近于正态分布的单峰曲线，它代表了闪长玢岩体内矿化作用比较单一的早期浸染状贫矿化阶段，该矿化阶段的平均品位与曲线的峰值吻合，为 23.5%。B 矿床和 C 矿床都是双峰负不对称曲线，它们都反映着至少有两期矿化在空间上的叠加。野外观测表明，B、C 矿床中都有两个比较明显的重要铁矿化阶段，一个是与 A 矿床相当的浸染状贫铁矿化的早期矿化阶段，另一个是磷灰石-阳起石-磁铁矿建造的晚期脉状富铁矿化阶段。这两个矿化阶段反映在分布曲线上，晚期矿化阶段对应 B、C 矿床分布曲线中的较高峰值，矿化平均品位约为 56%；早期矿化阶段由于受后期矿化阶段的叠加和改造，对应于 B、C 矿床分布曲线中的较低峰值，平均品位已从 23% 左右提高到 36%。B、C 矿床相比，B 矿床中早期贫矿化阶段所占比值比 C 矿床要多。D 矿床之所以出现三峰正不对称分布，是因为 D 矿床虽然也存在着两个矿化阶段产物的叠加，但仍以早期阶段的产物为主，晚期阶段的产物较弱且对早期阶段的改造也不充分，因此具有与 A 矿床相对应的位于 24% 平均品位值的高峰值，以及与 B、C 矿床相对应的平均品位为 36% 和 56% 的两个较低峰值。

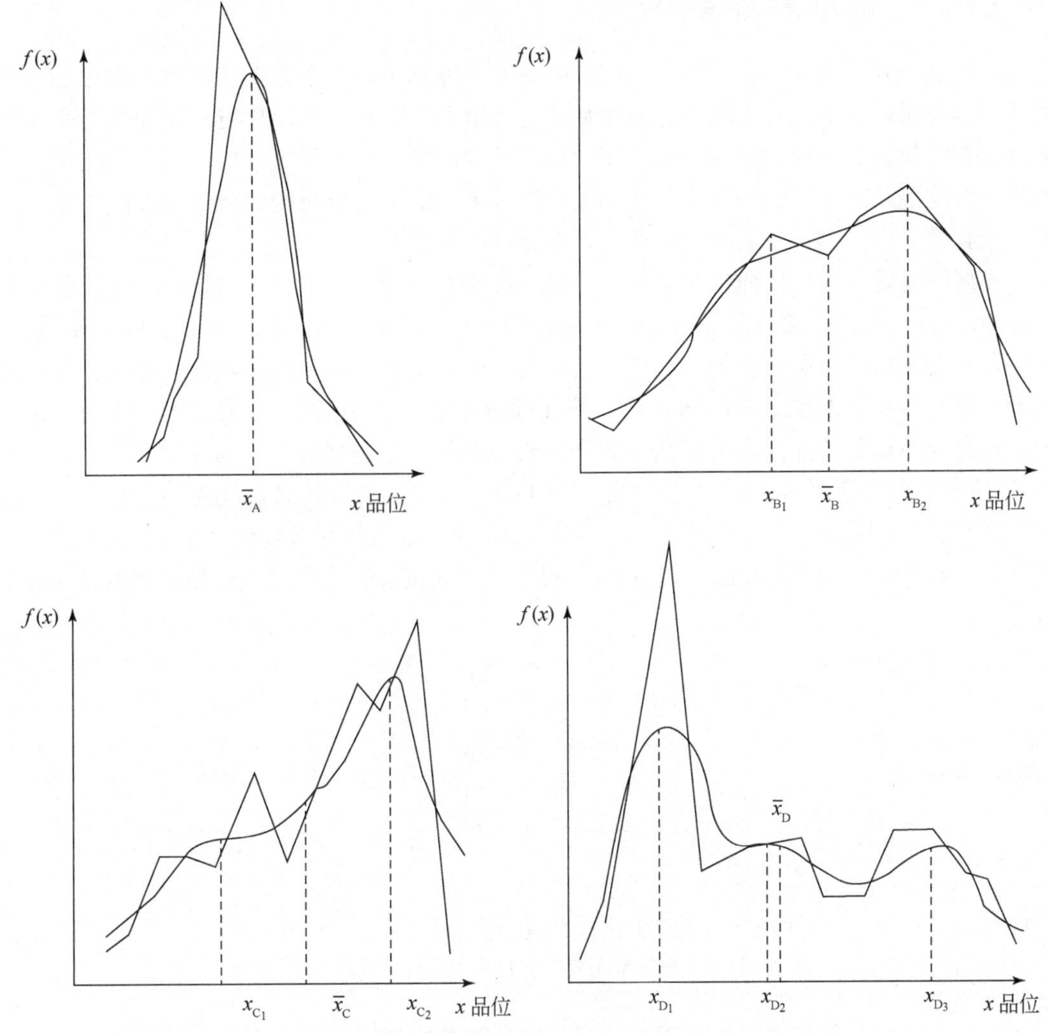

图 2.9　某矿田四个铁矿床的铁品位分布曲线图

A 矿床曲线为配置的理论曲线，其余曲线均为一次平差曲线

在上述例子中，A 矿床具有简单分布的特点，B 矿床、C 矿床和 D 矿床具有混合分布的特点。而且，这种混合分布被称作多峰型混合分布。可以看出，多峰型混合分布是由两次以上特点不同的成矿作用随时间推移先后发生且在空间上不充分的混合所造成。

A 矿床——单峰接近正态分布：$\bar{x}_A=23.5$，$S_A^3=34$，$C_A=24.8$；

B 矿床——双峰弱负不对称分布：$\bar{x}_B=43.3$，$S_B^2=137.9$，$C_B=27.1$；$\bar{x}_{B_1}=36$，$\bar{x}_{B_2}=52$；

C 矿床——双峰弱负不对称分布：$\bar{x}_C=46.9$，$S_C^2=133.4$，$C_C=33$；$\bar{x}_{C_1}=36$，$\bar{x}_{C_2}=56$；

D 矿床——三峰正不对称分布：$\bar{x}_D=37.1$，$S_D^2=153.8$，$C_D=33.4$；$\bar{x}_{D_1}=24$；$\bar{x}_D=36$；$\bar{x}_{D_3}=56$。

2.7.5.2　对数正态型混合分布

从外表来看，这种分布呈现简单的单峰正不对称分布。在本章上节谈到对数正态分布的成因解释时已指出，有人认为部分对数正态分布不一定是一种简单分布，而可能是某种混合分布。例如有人认为某内生铜矿床的化探异常区中，铜元素的对数正态分布是由矿体围岩中低均值正态分布的铜含量与矿化集中地段高均值正态分布的铜含量混合的结果。这时，该化探异常中铜含量实际上是对数正态型的混合分布。

高威特等曾引述了这样一个实例：某地 168 个枕状玄武岩样品中 Ni 的统计分布示于图 2.10（a）。由直方图可明显地看出为混合分布总体。在 Ni 含量大约等于 80×10^{-6} 的直方图部分看不出任何混合总体。相反，它微具正偏斜，显示具对数正态性。然而，详细的岩石学研究表明，在图 2.10（b）中称为Ⅰ总体的部分，其样品为蚀变的和硅化的玄武岩，而称为总体Ⅱ的部分均为未蚀变的玄武岩。此外，在总体Ⅰ和总体Ⅱ之间，Cu、Zn、Co 的频率分布有显著的差别。这说明，在 80×10^{-8} Ni 含量以下的样品仍然来自一个混合总体。事实上，当用 Cu、Zn、Ni 及 Co 四元素为变量建立线性判别函数时，可以正确地将 85% 的样品划入总体I，84% 的样品划归总体Ⅱ。可见，对数正态分布也可能代表多成因总体的混合分布。

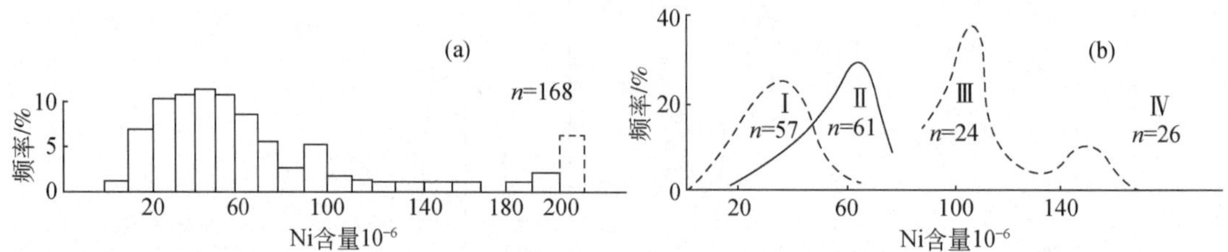

图 2.10　枕状玄武岩样品中 Ni 含量的统计分布曲线

（a）全部 168 个样品 Ni 的分布直方图；（b）不同成因总体的分解

此外，偏斜分布可能反映了元素空间分布的特点。当元素呈随机的空间分布时，无论样品是随机选取的或是系统选取的，如用一组样品进行平均，则根据中心极限定理，其平均数的分布应趋于正态。相反，如果元素在空间上不呈随机分布（即存在某种系统的空间变化），那么，地球上相邻样品的平均数的统计分布必呈多峰曲线甚至对数正态曲线。由此可以得出结论：当对地理上相邻样品进行系统的平均时，如果某种元素的均值呈单峰正态分布，则表明样品是取自单一的均质的总体，而系统的平均值呈多峰分布或对数正态分布时，则指示样品可能来自几个总体，而且它们空间上是单独分布的。因此，在这种情况下，数据的变换（对数或其他）是不妥当的。应该从成因分析入手，筛分不同的总体。除非可以证明，偏倚分布不具备空间的意义。

当然，上述结论只有在研究的范围（比例尺）是固定的情况下才是有用的。例如，当用厘米比例尺，以交替变化的灰岩及页岩薄层为取样单位时，元素的分布存在系统的空间变化，而当把这些层的总体作为单位时则将是均质的。在几十米的规模上取样和几百米的范围上进行平均，则不会显示小规模的系统变化。显然，存在着一个平均样品的“临界网度”，以得到在频率分布上各总体的最大分离。当网度增加超出临界值，则频率分布的多峰性将不显著，并随离散的减少而趋于正态。所以，样品体积越小，其呈偏斜分布的概率越大，这对不同岩石类型或元素是不同的。对于低含量的元素这种影响就更大。因此偏斜分布的出现，至少是反映在所用的取样规模（比例尺）下，元素分布缺乏均质性。

因此，在讨论元素的频率分布时，必须度量和确定样品的大小和数量，并必须确定单个样品的位置，以便判断元素的空间分布是随机的还是系统的。对于明显的混合分布，应该深入进行成因分析和解释。对于偏斜分布，如对数正态分布，尤其应注意是否为混合总体所构成。

2.7.5.3　对数正态型混合分布的成因理论

1. 比例效应理论

据阿格特伯格 1974 年的资料，卡普太因提出了“比例效应”理论。按这一理论，在一定条件下，数据的对数值呈正态分布。而这种呈对数正态分布的数据，实际上是经过多阶段地质过程发展演化的结果。

假定随机变量最初等于一个常数 x_0，在变化过程的第 i 步为 x_i，因此在 n 步之后变为 x_n。可将 x_n 视为某一过程的最后产物，通常就是目前我们所能测到的数值。假设在变化过程中，变量在第 i 步所经受的变化是上一步数值 x_{i-1} 的某函数 $g(x_{i-1})$ 的一部分，可以表达如下：

$$\Delta_i = x_i - x_{i-1} = \varepsilon_i g(x_{i-1})$$

其中，ε_i $(i=1, 2, \cdots, n)$ 表示一系列独立随机变量。

在 $g(x_{i-1}) = 1$ 的特殊情况下，则有 $x_n = \sum_{i=1}^{n}(x_i - x_{i-1}) = \sum \varepsilon_i$。当 n 很大时，据中心极限定理可知 $\sum \varepsilon_i$ 取正态分布。若 $g(x_{i-1}) = x_{i-1}$，则有 $x_i - x_{i-1} = \varepsilon_i x_{i-1}$，或 $\dfrac{x_i - x_{i-1}}{x_{i-1}} = \varepsilon_i$，$\sum_n \dfrac{x_i - x_{i-1}}{x_{i-1}} = \sum \varepsilon_i$。同样，$\sum \varepsilon_i$ 也将达到正态形式。

如果使各个差 $\Delta x = x_i - x_{i-1}$ 都很小，则有

$$\sum \frac{x_i - x_{i-1}}{x_{i-1}} \approx \int_{x_0}^{x_n} \frac{\mathrm{d}\,x}{x} = \ln x_n - \ln x_0$$

从而 $\ln x_n = \ln x_0 + \sum \varepsilon_i$。

这就是说，数值的原始状态可能是正态分布的，但在地质过程中经过多次演变，而且每次变化都按它前一数值的某函数的比例进行，则最终数值将取对数正态分布。

2. 常变异系数的理论

常变异系数的理论是由维斯捷利乌斯提出的，他认为地质或地球化学作用的原始阶段构成元素的正态分布，而随后的作用，造成混合分布，从而引起分布的正偏斜性质。

维斯捷利乌斯假定，在地质过程的每一个新阶段都不断地产生新的数值总体，而同一地质作用在地壳的不同部位所进行的程度是不一样的，某些地段比较彻底，某些地段稍

次。因此，我们在一个地区取样，可能得到一组代表地质作用不同阶段产物的数值，换句话说，抽样总体是很多个别总体的混合。

假定对每一个这样的总体，其标准差 σ 与均值 μ 成正比，这就意味着变异系数 $V=\dfrac{\sigma}{\mu}$ 为常数。在这种情况下，由于抽样总体中所包含的具有较高均值和标准差的子体，抽样总体很容易形成有高值长尾的正偏斜分布。

分布函数 $f(x)$ 将满足：

$$f(x) = \sum w_i f_i(x)$$

其中，$f_i(x)$ 为在过程第 i 阶段所产生数值总体的分布。w_i 为第 i 阶段的权因子，它表示在抽样总体中 $f_i(x)$ 所占比例。为了检验这一理论，维斯捷利乌斯等于 1960 年对北美洲花岗岩类岩石中 P_2O_5 数值分布及其标准差、均值等进行了系统的研究，他们发现了不同区域花岗岩类岩石中 P_2O_5 含量的 x_i 及 s_i 呈正相关，其相关系数 $r=0.56$。并且单个的分布 $f_1(x)$ 近似正态分布，但将所有数值合并在一起的联合分布 $f(x)$ 则为正偏斜分布。

对迁安铁矿区东矿带中宫店子、柳河峪、裴庄、羊崖山、二马等几个矿床的硫化铁（SFe）化验值进行统计分析后，也发现在不同矿床随着钻孔 SFe 均值的增大，标准差、均值也有增高的趋势，呈现弱的正相关联系（图 2.11），这似乎也符合常变异系数理论。然而值得注意的是，这种情况不一定必然造成样本总体的正偏斜分布，它也可以呈负偏斜分布。正如我们在上述矿区所得结果那样，偏斜系数的计算表明，正负偏斜都存在（图 2.12）。这有可能暗示：具负偏斜分布的地段，矿化作用进行得更充分，对迁安沉积

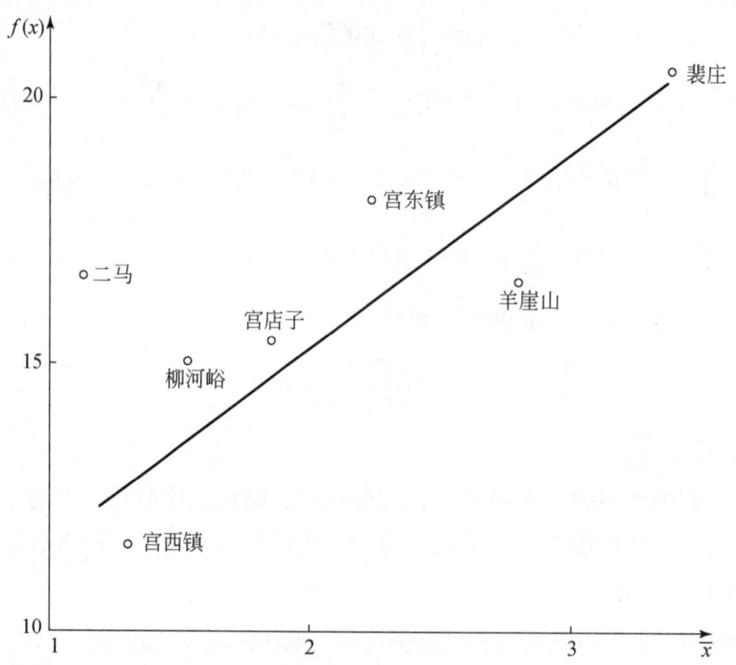

图 2.11　迁安铁矿区东矿带各矿床总平均品位（$\bar{x}$）对于穿透样品（钻孔）方差平均值（$\bar{S}^2$）的弱正相关（$\bar{x}$ 已改为假拟值）

变质铁矿而言，则可能指示这些地段受后来的变质、混合岩化作用等使铁更加富集。从而高化验值子体在样本总体中的比例较大。

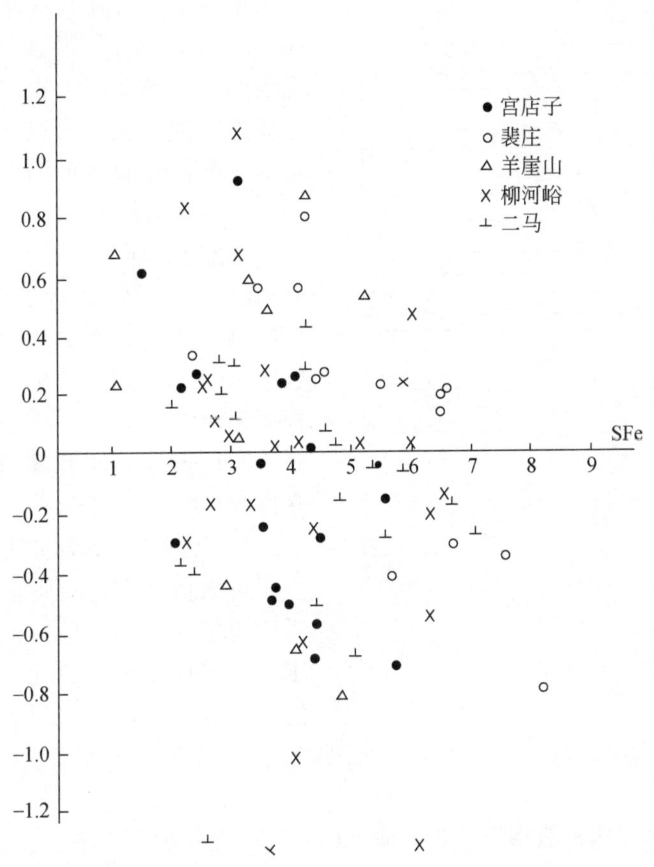

图 2.12　迁安铁矿区东矿带各矿床 SFe 品位值对品位分布偏斜系数作图

3. 混合总体的筛分

将分布曲线分离为不同成分的方法主要有三类：解析法、图解法及数字法。解析法具较长历史。皮尔逊考虑了将分布曲线分离为高斯成分的问题。考尔特于 1949 年提出的方法，要求成分总体的均值为已知，或要求各成分的标准位相等。图解法历史也很长，首次科学分析是由比卡南-沃拉斯通及哈德森于 1929 年做出的。数字法是在电算引入以后发展的一种方法，它要求某种迭代过程，根据一定的优选准则对初始假定的成分参数进行改进。1948 年，最大似然解由饶等提出。科亨于 1967 年提出的方法是使理论和观测分布之间的 χ^2 值最小化。用非线性最小二乘法估计参数乃由麦克卡门等于 1969 年提出。

这里主要根据辛克莱 1979 年发表的《概率图在矿床勘探中的应用》中的资料介绍图解法筛分混合总体。

1）概率格纸及分布类型的检验

以标准正态概率函数值为横坐标（或纵坐标），以等间距刻度为纵坐标（或横坐标）的概率格纸称算术概率格纸，而以对数刻度为纵坐标（或横坐标）时称对数概率格纸。我们知道，凡按照某函数关系所作间隔不等的坐标均称为函数坐标。函数坐标有一个特点，即在直角坐标系中，两个坐标轴之一是某函数坐标时，作该函数的图象，必然是一条直线。单一正态总体在算术概率纸上确定一条直线，单一对数正态总体在对数概率纸上也确定一条直线。根据概率格纸与正态总体直线的关系，可以利用概率图检验数据集所服从分布律的假设并进行均值及标准差等参数的估计。

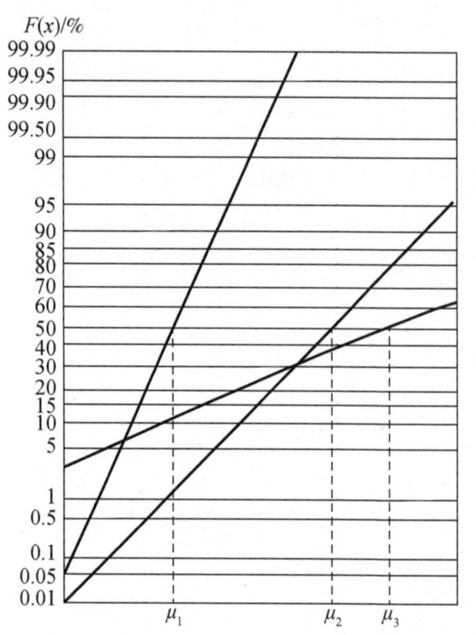

图 2. 13　不同均值（$\mu_1<\mu_2<\mu_3$）及不同标准差（$\sigma_1<\sigma_2<\sigma_3$）的三个正态总体在概率格纸上的图象

标准差相同，均值不同的正态总体在概率纸上为一组平行的直线。均值相同，标准差不同的正态总体为相交于累积百分数为 50 的线上某一点的具不同斜率的直线，标准差越大，直线斜率也越大。图 2. 13 是具不同均值及不同标准差的三个正态总体在概率格纸上的图象。

对于对数正态总体可以在算术概率纸上用对数值作图，也可以在对数概率纸上用原始值作图。要估计的参数在对数概率纸上从线性图形上读出，它们是以下数值的反对数：①观测值对数值的算术平均数的反对数，也即原始数据的几何平均数；②对数值的算术平均数加、减一倍标准差的反对数。

对数正态总体在算术概率纸上为凹向上的曲线，在对数概率纸上，正态总体为凹向下的曲线。

2）混合分布与截尾分布的概率图

通常，数据在概率纸上画出来的不是一条直线，而是有明显拐点或改变着弯曲方向的一定曲线，这种模式通常是由于在数据集中有两个或两个以上总体存在，或由于数据集有截尾分布。所谓截尾分布，是指从总体的不同部分（上部或下部）去掉了一部分后的分布。截尾分布与双峰混合分布的区别是：双峰分布有拐点存在，而截尾分布无拐点。

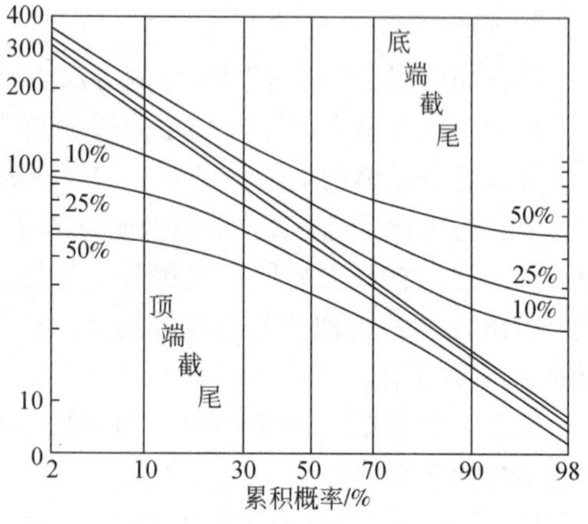

图 2. 14　去掉总体的不同部分的截尾图象

图 2. 14 是去掉总体的不同部分的截尾对数正态分布，将总体的剩余部分在整个概率刻度上做出的图象。在曲线斜率变化最快的点附近的百分点大致相当于被截断数据的百分数。曲线在被截断的一端有“展平”现

象。在对数概率纸上一个正态总体所作的图与一个顶端截尾的对数正态分布的图形相似，因此要对两者进行区别。

设一对数正态总体，如只考虑其中50%的数值，用此部分数值重新作图，即以原来各观测值对应的累积概率值乘以所代表数据的百分比（此处为0.5）而获得新的累积概率值，这样所画出的一条曲线如图2.15所示。

若两个对数正态总体A及B，对它们分别在上部和下部50%概率范围内作图，其结果则呈在50%点处有一拐点的曲线。这一曲线代表A、B两总体各以50%的比例相混合而形成的混合分布曲线（图2.16）。

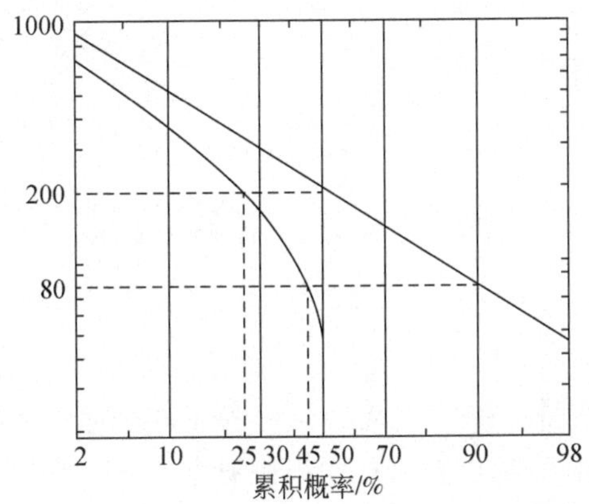

图2.15 按总体的50%数值作图的图象

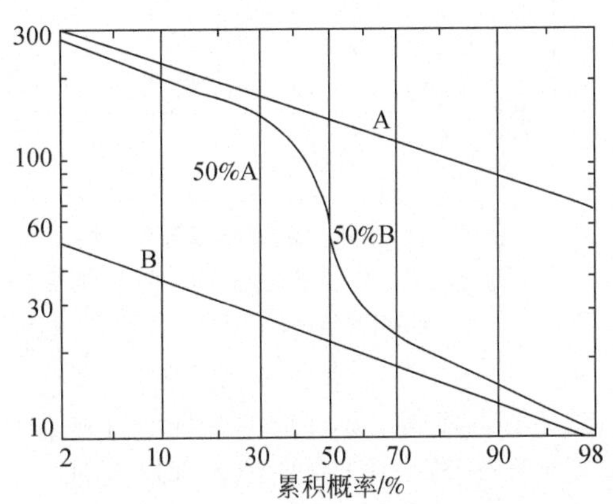

图2.16 A、B两对数正态总体各以50%比例相混合的图象

注意概率分布曲线在50%点处有一拐点

3）混合总体的筛分

从两个或多个密度分布的联合中估计成分总体的有关过程称为总体的筛分。

若两个总体以任何比例f_A及f_B相混合，则混合后联合总体的累积概率为

$$P_{(A+B)}=f_A P_A+f_B P_B \tag{2.19}$$

式中，P_A、P_B分别为A、B两总体的累积概率；f_A、f_B则分别代表A、B两总体所占百分比，$f_A+f_B=1$。

两个对数正态（或正态）总体理想联合所构成的模式有两大类，即非相交双峰曲线（图2.17）及相交双峰曲线（图2.18）。

“相交”或“重叠”是两个不同的概念，必须注意加以区别。相交总体具有完全的重叠，表现为一个总体整个被包含于另一总体范围之内。非相交总体可能有相当的重叠，但不是必需的。

（1）非相交双峰概率曲线的筛分

首先，最重要的是确定两个总体各自所占的比例。一般来说，双峰曲线的拐点都恰好位于代表两成分总体比例的累积百分位处。所以第一步是确定拐点出现处的累积百分位数。

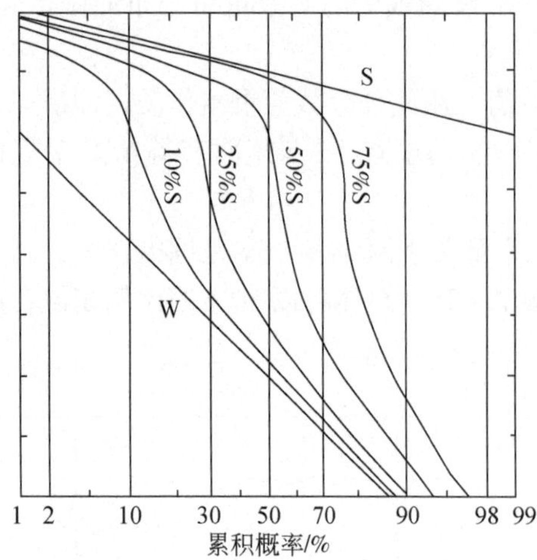

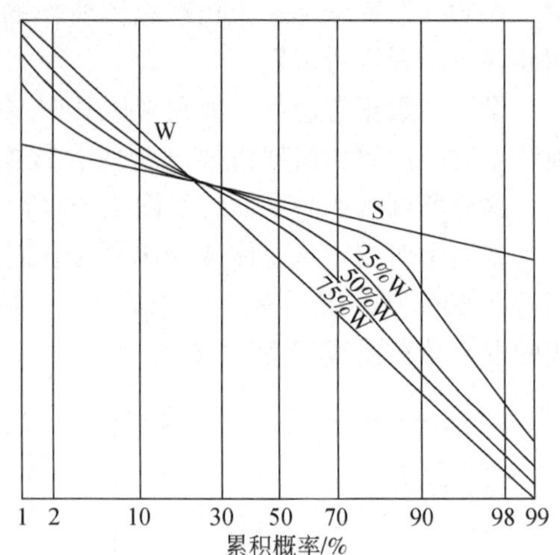

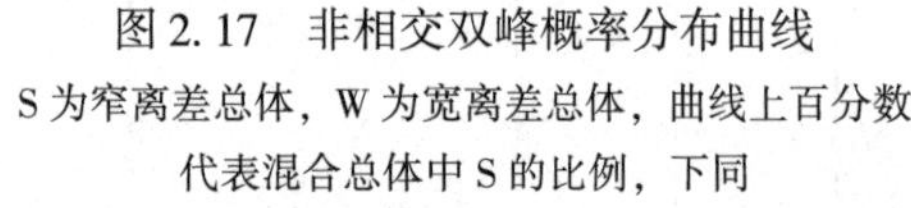

图 2.17　非相交双峰概率分布曲线

S 为窄离差总体，W 为宽离差总体，曲线上百分数代表混合总体中 S 的比例，下同

图 2.18　相交双峰概率分布曲线

然后，对联合总体曲线上部的各点，对上部成分总体（以 A 表示）按 100% 的全概率范围重新作图。由于在曲线上部取点时，下部总体（以 B 表示）的累积概率为 0，所以据式（2.19）应有

$$P_A = P_{(A+B)}/f_A \tag{2.20}$$

对曲线下部各点，下部成分总体的各点可以 P_B 与相应观测值水平的交点求得。P_B 按下式计算：

$$P_B = 100 - [100 - P_{(A+B)}]/f_B \tag{2.21}$$

如果按式（2.20）及式（2.21）分别求得上部及下部总体各 3 ~ 4 个点，而且这些点都分别可以按直线趋势加以连接时，则上、下两直线即代表所筛分的两个成分总体。

（2）相交双峰概率曲线的筛分

相交概率曲线有以下几个特点：

①三重相交：代表两成分总体的二直线及双峰曲线三者相交于中心线段上的一点；

②中心线段所横跨的观测值坐标范围，相当精确地反映窄离差总体（S）的取值范围；

③中心线段所横跨的累积百分数范围为双峰曲线中窄离差总体所占比例提供了极为粗略的估计。这估计一般是偏高的，但它为试误估计提供了起点。

上述所谓“窄离差”总体，是指取值范围较小，变化范围较窄的成分总体。与其相对的是“宽离差”总体（图中以 W 表示）。在相交混合总体中，窄离差总体整个被包含在宽离差总体之内。

若相交双峰曲线的所有三个线段已被很好地确定，筛分可按以下步骤进行：

①先估计宽离差总体的比例。

②利用这估计，对两端线段靠近端点处的点进行重新计算，并如单一总体那样作图。若重算点能画出一条直线，则比例估计正确，且这直线规定宽离差总体。假如点不能画成

一条直线，必须用新的比例重新计算，直到获得代表被筛分总体的线性模式时为止。

③宽离差总体被确定后，再计算窄离差总体的各点：

$$P_{(S+W)}=P_W f_W+P_S f_S$$

④连接各点所画直线，即为窄离差总体的估计。

⑤检验筛分过程，即用不同观测值水平上的理想联合与实际双峰曲线作比较，检验是否吻合。

上面我们讨论了二总体混合曲线的筛分问题。对于三个或更多个成分构成的混合总体进行筛分，则需逐个地进行。需要注意的是，三个非相交总体的一定联合可以产生十分近似于相交双峰模式的结果，这就需要借助频率分布曲线及地质分析加以判断。另外，有时我们要分析的是一个正态总体和一个对数正态总体的联合。例如通常矿石品位一类数据，往往其高值总体可能是正态的，而低值总体则是对数正态的。若按两个对数正态总体的混合进行筛分，则与实际曲线在代表正态总体的那一部分发生分歧。因此，当呈现的分歧只与双峰曲线的一部分有关时，则应考虑有正态总体存在的可能性。

对混合总体进行筛分后，应对各成分总体分别估计其参数，并根据概率图将各单个观测值划归总体，然后考察不同总体的地理分布。可以按照各个数值归属的总体在平面图或剖面图上用不同颜色或符号进行编码并考察其地理分布和进行地质解释。

2.7.6　形态几何特征

形态几何特征主要表述地质体在空间中的几何形状、边界性质及规模。几何形状指地质体是线状的、面状的还是体状，常用的特征指标有地质体的长短轴比值、最小外接球与最大内接球半径比值，这两个比值越大越接近线状，越靠近 1 越接近圆形或球状。地质体边界性质主要指边界是否明显、是否简单、是否有斜切。地质体规模一般用大、中、小来刻画。

形态几何特征的研究包括不同的尺度规模，例如在成矿带内矿田之间的几何特征，矿体内各矿床之间、矿体与其中的矿化细脉之间的排列组合形式及其定量关系等等。

矿体几何特征是成矿作用的局部化过程的产物。在控变因素中，对于多数内生金属矿床来说，断裂构造都是最重要的控制因素。有时成矿后断裂对矿体几何特征具有破坏作用。

2.7.7　时间特征

时间特征反映研究对象在时间上的演进，时间序列是用来刻画时间特征常用的工具。时间序列也称为动态序列，由一组随时间变化的观测量组成。与传统静态数据不同，时间序列是一类复杂的数据对象，可以描述地质体变化过程。

通常时间序列具有多个特征，每个特征刻画了时间序列的一个方面。可以从形态和结构两个方面对时间序列进行特征描述。

2.7.7.1 形态方面的特征

时间序列的形态特征主要指时间序列的形状变化特征，包括全局特征和局部特征。全局特征描述了时间序列的起伏变化，如上升、下降、头肩模式等；局部特征则表现为时间序列局部时间点上的异常观测值，如不连续点、极值点、突变点、转折点等。这类反映时间序列整体变化或局部异常，可以直观看出的特征，称为时间序列的形态特征。

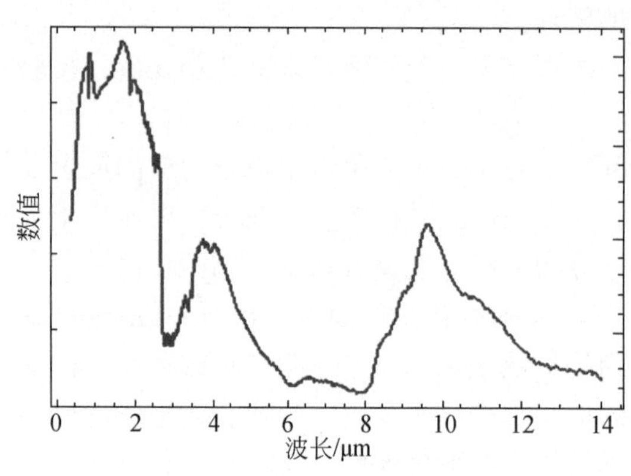

图 2.19 花岗岩光谱曲线

在高光谱数据分析中，可以通过光谱曲线的局部特征进行矿物识别、植被识别。图 2.19 为花岗岩光谱曲线，它的吸收峰、反射峰对应的位置及长度均是其光谱特征。

2.7.7.2 结构方面特征

时间序列的结构特征是对时间序列全局构造或内在变化机制的描述，它可以很好地表现时间序列全局特点。时间序列的结构特征一般难以直观看出，需要对原始数据进行统计或者转换得出。常用的特征指标包括自相关系数、滞后协方差函数等，也包括地质系统进行状态变化时的状态转移矩阵。

地质体的时间特征可以在时间域内计算，有时候也可以转换在频率域中讨论。

2.7.8 空间特征

空间特征是描述地质体空间变化的特征，主要包括空间变化趋势与空间变异性质。

地质体各标志值空间变化往往具有一定的趋势，这是因为大多数地质体在形成过程中，内部因素或外部条件往往是逐渐变化的，它们是时间或空间的函数。如图 2.20 所示的某天然气井的产量的变化趋势。然而，一系列随机因素，主要是各种局部性控制因素或条件的差异又在地质体形成总的演化过程中叠加以局部“异常”。所以，趋势变化或方向性变化是地质体另一最重要的数学特征。只有排除“异常”干扰才能查明变化趋势，反之，也只有查明趋势，才能更正确地判断和解释异常。

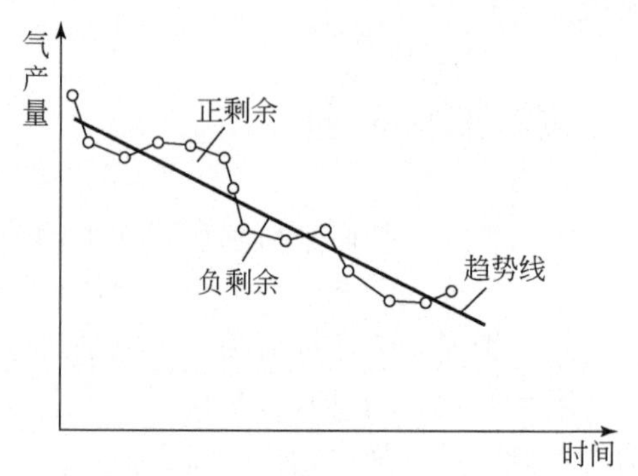

图 2.20 某天然气井的产量

我们可以用趋势值和剩余值来刻画空间变化趋势。图 2.20 中的粗直线代表天然气产量的总的变化趋势（也可称为背景），该直线称为趋势线。实际曲线在趋势线以上称为正剩余，在趋势线以下称为负剩余。这个例子是在平面情形，趋势线是直线，当然也可以是曲线。如果把趋势线概念推广到三维空间，则有趋势面，在更高维空间则有超趋势面。当然，趋势也可能不存在。

地质统计学是研究地质数值（或称为“区域化变量”）空间变化性的另一有力工具。不同成因地质体具有不同类型的变异函数图形，因而可以用不同数学模型加以拟合。地质统计学数学模型的各种基本参数，如不同“结构”规模的变程，块金值和基台值等都可用于表征地质体的空间变异性质和程度，因而是地质体重要的数学特征。

2.7.9　结构特征

地质体结构特征可以从两方面理解：一方面是实际的结构，它反映地质体内部结构和不同地质体的组合特征。地质体内部结构的最大特点是它的非均质性，各种地质体的空间组合更不可避免地表现出不同程度的非均质性。研究这种空间上非均质性特点和程度的一个有力工具是熵函数。

信息熵是最常见的一种熵函数。设将一个信息源中某种信号出现的概率定义为 p_i，则含几种信号的信息源提供的总信息就是 $-\sum p_i \ln p_i$，并定义信息熵为 $H=-c\sum p_i \ln p_i$，其中 c 为比例常数。信息熵是信息源分布概率的单值函数，具有加和性，可作为信息选择和不确定性的度量。

在地质学中，某一地质系统可以看作一个可提供多元信息的信息源，其熵函数则可用 $S=-\sum_{i=1}^{n} p_i \ln p_i$ 表示，其中 p_i 为系统中第 i 状态（地质条件或控矿因素）出现的概率，n 为系统中状态数。当某一个 $p_i=1$，其余的 $p_i=0$ 时，熵函数 S 达到最小值0，这意味着地质系统由单一地质体构成。当所有 p_i 相等，即 $p_i=\frac{1}{n}$时，熵函数 S 达到最大值，记为 $S\ln n_{\max}$，这与地质系统的状态数有关。为了清除系统状态之间差异对系统熵的影响，引入了相对信息熵的概念 $S'=\dfrac{S}{S_{\max}\dfrac{S}{\ln n}\dfrac{\sum_{i=1}^{n} p_i \ln p_i}{\ln n}}$。单位面积和单位体积内各种地质体或同一地质体不同属性信息熵异常，就是地质异常最基本的表现形式之一。

对于连续型地质变量，可将地质数值分组，此时各数值区间代表不同状态，统计不同空间部位各种状态所占比例，即可计算出熵值。

另一方面是抽象结构，它所研究的是由地质数值所构成的协方差矩阵或相关矩阵的结构，也即从上述矩阵中提取特征值和特征向量，从而找出少数最本质的、与地质体某些标志关系最密切的主因子或主成分，并进一步研究各地质体或其样品在因子空间中的分布特点。

参考文献

高惠璇. 2014. 应用多元统计分析 [M]. 2 版. 北京：北京大学出版社.

郭科，龚灏. 2003. 多元统计方法及其应用 [M]. 成都：电子科技大学出版社.

李军，周成虎. 1999. 地学数据特征 [J]. 地理科学，19 (2)：158-162.

梅长林，范金城. 2006. 数据分析方法 [M]. 北京：高等教育出版社.

宋春桥，游松财，柯灵红. 2010. 面向发生的地学数据分类方案及其元数据扩展研究 [J]. 地理信息世界，8 (4)：22-28.

汪新庆，刘刚，韩志军，等. 1998. 地质矿产点源数据库系统的模型库及其分类体系 [J]. 地球科学——中国地质大学学报，23 (2)：199-204.

赵鹏大. 1990. 地质勘探中的统计分析 [M]. 武汉：中国地质大学出版社.

赵鹏大. 2004. 定量地学方法与应用 [M]. 北京：高等教育出版社.

赵鹏大. 2015. 大数据时代数字找矿与定量评价 [J]. 地质通报，34 (7)：1255-1259.

Sinclair A J. 1981. 概率图在矿床勘探中的应用 [M]. 赵鹏大，译. 北京：地质出版社.

第 3 章　多元统计分析

3.1　相 关 分 析

相关分析主要用来度量连续变量之间线性相关程度的强弱，并用适当的统计指标表示出来。

3.1.1　直接绘制散点图

判断两个变量是否具有线性相关关系的最直观的方法是直接绘制散点图，见图 3.1。

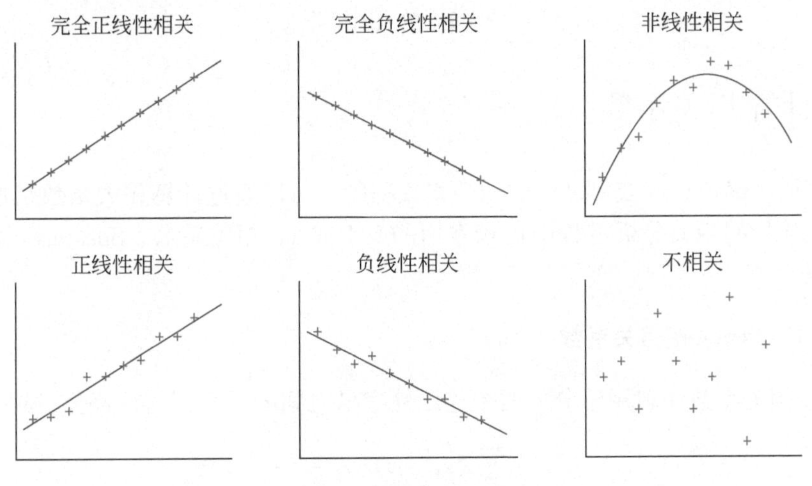

图 3.1　相关关系的图示

3.1.2　绘制散点图矩阵

需要同时考察多个变量间的相关关系时，一一绘制它们之间的简单散点图会十分麻烦。此时可利用散点图矩阵来同时绘制各变量间的散点图，从而快速发现多个变量间的主要相关性，这在进行多元线性回归时显得尤为重要。

散点图矩阵如图 3.2 所示。

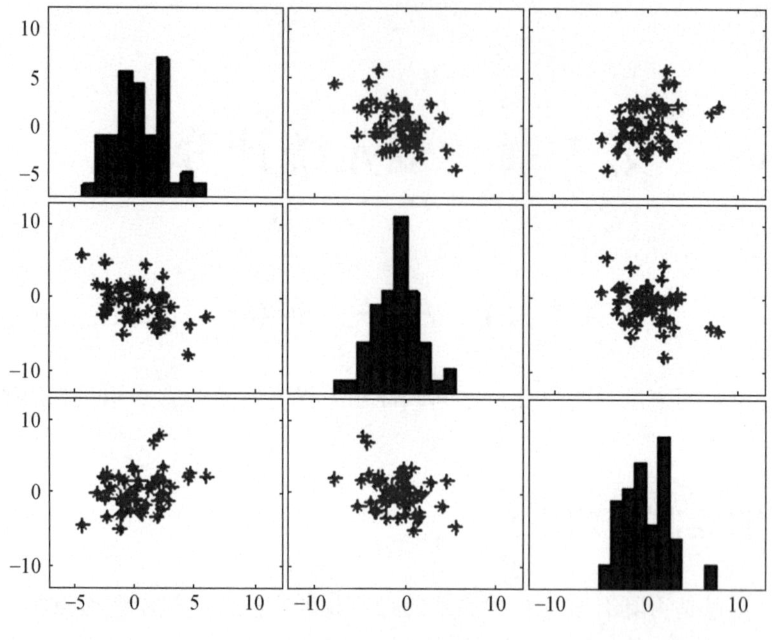

图 3.2　散点图矩阵

3.1.3　计算相关系数

为了更加准确地描述变量之间的线性相关程度，可以通过计算相关系数来进行相关分析。在二元变量的相关分析过程中比较常用的有 Pearson 相关系数、Spearman 秩相关系数和判定系数。

3.1.3.1　Pearson 相关系数

Pearson 相关系数一般用于分析两个连续性变量之间的关系，其计算公式如下：

$$r = \frac{\sum_{i=1}^{n}(x_i - \bar{x})(y_i - \bar{y})}{\sqrt{\sum_{i=1}^{n}(x_i - \bar{x})^2 \sum_{i=1}^{n}(y_i - \bar{y})^2}} \tag{3.1}$$

相关系数 r 的取值范围：$-1 \leqslant r \leqslant 1$

$$\begin{cases} r>0 \text{ 为正相关}, r<0 \text{ 为负相关} \\ |r|=0 \text{ 为不存在线性关系} \\ |r|=1 \text{ 为完全线性相关} \end{cases}$$

$0<|r|<1$ 表示存在不同程度线性相关：

$$\begin{cases} |r| \leqslant 0.3 \text{ 为不存在线性相关} \\ 0.3<|r| \leqslant 0.5 \text{ 为低度线性相关} \\ 0.5<|r| \leqslant 0.8 \text{ 为显著线性相关} \\ |r|>0.8 \text{ 为高度线性相关} \end{cases}$$

3.1.3.2 Spearman 秩相关系数

Pearson 线性相关系数要求连续变量的取值服从正态分布。不服从正态分布的变量、分类或等级变量之间的关联性可采用 Spearman 秩相关系数，也称等级相关系数来描述。

其计算公式如下：

$$r_s = 1 - \frac{6\sum_{i=1}^{n}(R_i - Q_i)^2}{n(n^2 - 1)} \tag{3.2}$$

对两个变量成对的取值分别按照从小到大（或者从大到大小）的顺序编秩，R_i 代表 x_i 的秩次，Q_i 代表 y_i 的秩次，R_i-Q_i 为 x_i、y_i 的秩次之差。

下面给出一个变量 x（x_1，x_2，…，x_i，…，x_n）秩次的计算过程（表3.1）。

表3.1 变量的秩次计算过程

x_i 从小到大排序	从小到大排序时的位置	秩次 R_i
0.5	1	1
0.8	2	2
1.0	3	3
1.2	4	(4+5) /2=4.5
1.2	5	(4+5) /2=4.5
2.3	6	6
2.8	7	7

因为一个变量的相同的取值必须有相同的秩次，所以在计算中采用的秩次是排序后所在位置的平均值。

易知，只要两个变量具有严格单调的函数关系，那么它们就是完全 Spearman 相关的，这与 Pearson 相关不同，Pearson 相关只有在变量具有线性关系时才是完全相关的。上述两种相关系数在实际应用计算中都要对其进行假设检验，使用 T 检验方法检验其显著性水平以确定其相关程度。研究表明，在正态分布假定下，Spearman 秩相关系数与 Pearson 相关系数在效率上是等价的，而对于连续测量数据，更适合用 Pearson 相关系数来进行分析。

3.1.3.3 判定系数

判定系数是相关系数的平方，用 r^2 表示；用来衡量回归方程对 y 的解释程度。判定系数取值范围：$0 \leqslant r^2 \leqslant 1$。$r^2$ 越接近于1，表明 x 与 y 之间的相关性越强；r^2 越接近于0，表明两个变量之间几乎没有直线相关关系。

3.2 多元线性回归分析

回归分析（regression analysis）是确定两种或两种以上变量间相互依赖的定量关系的

一种统计分析方法，运用十分广泛。如果在回归分析中，只包括一个自变量和一个因变量，且二者的关系可用一条直线近似表示，这种回归分析称为一元线性回归分析。这是最简单的回归分析。但如果回归分析中包括两个或两个以上的自变量，则称为多元回归分析。

多元回归模型：把因变量 y 与自变量 x_1，x_2，…，x_p 之间的关系表示为

$$y=f(x_1,x_2,\cdots,x_p)+\varepsilon$$

其中，p 为自变量数；ε 为误差部分，一般可假定服从均值为 0，方差为 σ^2 的正态分布，即有 $\varepsilon \sim N$（0，σ^2）。

3.2.1 多元线性回归模型

3.2.1.1 多元线性回归模型

因变量 y 与自变量 x_1，x_2，…，x_p之间最简单的依赖关系是线性关系：

$$y=\beta_0+\beta_1x_1+\beta_2x_2+\cdots+\beta_px_p+\varepsilon=\hat{y}+\varepsilon \tag{3.3}$$

称为 p 元线性回归模型，而

$$\hat{y}=\beta_0+\beta_1x_1+\beta_2x_2+\cdots+\beta_px_p$$

称为回归方程，β_0，β_1，…，β_p 为未知参数，其中 β_0 为常数项，β_j（$j=1$，2，…，p）称 y 对 x_j 的偏回归系数。

回归方程的几何意义是以一个超平面来拟合空间数据。

为建立多元线性回归方程，首先要对所研究的自变量和因变量进行抽样分析，第 i 个样品的 p 个变量的分析价值为 x_{i1}，x_{i2}，…，x_{ip}，相应的因变量值为 y_i。则根据回归模型，有

$$y_i=\beta_0+\beta_1x_{i1}+\beta_2x_{i2}+\cdots+\beta_px_{ip}+\varepsilon_i=\hat{y}_i+\varepsilon_i,i=1,2,\cdots,n \tag{3.4}$$

若记

$$\boldsymbol{y}=\begin{bmatrix}y_1\\y_2\\\vdots\\y_n\end{bmatrix},\quad \boldsymbol{X}=\begin{bmatrix}1&x_{11}&\cdots&x_{1p}\\1&x_{21}&\cdots&x_{2p}\\\vdots&\vdots&&\vdots\\1&x_{n1}&\cdots&x_{np}\end{bmatrix},\quad \boldsymbol{\beta}=\begin{bmatrix}\beta_0\\\beta_1\\\vdots\\\beta_p\end{bmatrix},\quad \boldsymbol{\varepsilon}=\begin{bmatrix}\varepsilon_1\\\varepsilon_2\\\vdots\\\varepsilon_p\end{bmatrix}$$

则式（3.4）可用矩阵表示为

$$\boldsymbol{y}=\boldsymbol{X\beta}+\boldsymbol{\varepsilon} \tag{3.5}$$

多元线性回归分析的问题是从已知的数据矩阵 $\boldsymbol{y}$ 和 $\boldsymbol{X}$ 出发，如何求得参数 β 的估计值，并对估计误差做出推断。假设 ε_1，ε_2，…，ε_p 相互独立，且均服从同一正态分布 N（0，σ^2），这就意味着 y 服从 n 元正态分布，且

$$\begin{cases}E(y)=\boldsymbol{X\beta}\\V(y)=\sigma^2\boldsymbol{I}\end{cases} \tag{3.6}$$

$\boldsymbol{I}$ 为 $n\times n$ 的单位矩阵。

3.2.1.2　参数的最小二乘估计

以 $b=(b_0, b_1, \cdots, b_p)'$ 为 β 的估计值，则称

$$\hat{y}=b_0+b_1x_1+b_2x_2+\cdots+b_px_p \tag{3.7}$$

为 y 关于 x_1，x_2，…，x_p 的经验线性回归方程，以此可求出各样品的回归值

$$\hat{y}_i=b_0+b_1x_{i1}+b_2x_{i2}+\cdots+b_px_{ip}$$

回归值与实际观测值之间的误差平方和（也称残差平方和）记为

$$Q=\sum_{i=1}^{n}(y_i-\hat{y}_i)^2 \tag{3.8}$$

最小二乘法要求选取 $b=(b_0, b_1, \cdots, b_p)'$ 使得误差平方和达到最小。将式（3.7）代入式（3.8）得

$$Q=\sum_{i=1}^{n}[y_i-(b_0+b_1x_{i1}+b_2x_{i2}+\cdots+b_px_{ip})]^2 \tag{3.9}$$

欲求其最小值只需 Q 对系数 b_0，b_1，…，b_p 求导数并令其为零，得

$$\begin{cases} Q=-2\sum_{i=1}^{n}[y_i-(b_0+b_1x_{i1}+b_2x_{i2}+\cdots+b_px_{ip})]=0 \\ Q=-2\sum_{i=1}^{n}[y_i-(b_0+b_1x_{i1}+b_2x_{i2}+\cdots+b_px_{ip})]x_{i1}=0 \\ \cdots\cdots \\ Q=-2\sum_{i=1}^{n}[y_i-(b_0+b_1x_{i1}+b_2x_{i2}+\cdots+b_px_{ip})]x_{ip}=0 \end{cases} \tag{3.10}$$

它可进一步简化并以 $\sum\limits_i$ 代替 $\sum\limits_{i=1}^{n}$，得到

$$\begin{cases} nb_0+(\sum_i x_{i1})b_1+(\sum_i x_{i2})b_2+\cdots+(\sum_i x_{ip})b_p=\sum_i y_i \\ (\sum_i x_{i1})b_0+(\sum_i x_{i1}^2)b_1+(\sum_i x_{i1}x_{i2})b_2+\cdots+(\sum_i x_{i1}x_{ip})b_p=\sum_i x_{i1}y_i \\ \cdots\cdots \\ (\sum_i x_{ip})b_0+(\sum_i x_{ip}x_{i1})b_1+(\sum_i x_{ip}x_{i2})b_2+\cdots+(\sum_i x_{ip}^2)b_p=\sum_i x_{ip}y_i \end{cases} \tag{3.11}$$

这是一个求解 b_0，b_1，…，b_p 的线性方程组，或表示成矩阵的形式

$$\boldsymbol{X}'\boldsymbol{X}b=\boldsymbol{X}'y$$

可以证明矩阵 $\boldsymbol{X}'\boldsymbol{X}$ 是非奇异的，逆矩阵存在，于是可得到解

$$b=(\boldsymbol{X}'\boldsymbol{X})^{-1}\boldsymbol{X}'y \tag{3.12}$$

另一种常用的表达式是从式（3.10）中消去 b_0。式（3.11）的第 1 个方程可改写为

$$b_0+b_1\bar{x}_1+b_2\bar{x}_2+\cdots+b_p\bar{x}_p=\bar{y}$$

这表明回归平面经过原数据点的重心。或为

$$b_0=\bar{y}-(b_1\bar{x}_1+b_2\bar{x}_2+\cdots+b_p\bar{x}_p) \tag{3.13}$$

代入式（3.11）中其余各式以消去 b_0，可得

$$\begin{cases} s_{11}b_1+s_{11}b_2+\cdots+s_{1p}b_p=s_{1y} \\ s_{21}b_1+s_{22}b_2+\cdots+s_{2p}b_p=s_{2y} \\ \cdots\cdots \\ s_{p1}b_1+s_{p2}b_2+\cdots+s_{pp}b_p=s_{py} \end{cases} \quad 或 \quad \boldsymbol{Sb}=\boldsymbol{s}_y \tag{3.14}$$

其中系数矩阵

$$\boldsymbol{S}=(s_{jk})_{p\times p}=\begin{bmatrix} s_{11} & s_{12} & \cdots & s_{1p} \\ s_{21} & s_{22} & \cdots & s_{2p} \\ & \cdots\cdots & & \\ s_{p1} & s_{p2} & \cdots & s_{pp} \end{bmatrix}, \quad \boldsymbol{b}=\begin{bmatrix} b_1 \\ b_2 \\ \vdots \\ b_p \end{bmatrix}, \quad \boldsymbol{s}_y=\begin{bmatrix} s_{1y} \\ s_{2y} \\ \vdots \\ s_{py} \end{bmatrix} \tag{3.15}$$

$\boldsymbol{S}$ 即为自变量的协方差矩阵

$$\boldsymbol{s}_{jk}=\frac{1}{n}\sum_{i=1}^{n}(x_{ij}-\bar{x}_j)(x_{ik}-\bar{x}_k)=\frac{1}{n}\sum_{i=1}^{n}x_{ij}x_{ik}-n\bar{x}_j\bar{x}_k$$

而 $s_y=(s_{jy})$ 为变量 j 与因变量之间的协方差向量

$$\boldsymbol{s}_{jy}=\frac{1}{n}\sum_{i=1}^{n}(x_{ij}-\bar{x}_j)(y_i-\bar{y})=\frac{1}{n}\sum_{i=1}^{n}x_{ij}y_i-n\bar{x}_j\bar{y}$$

这里 b 中不含 b_0 项，要注意区别于前面定义的 b。

若记 $\boldsymbol{C}=(c_{jk})$ 为 $\boldsymbol{S}=(s_{jk})$ 的逆矩阵，即 $\boldsymbol{C}=\boldsymbol{S}^{-1}$，则由方程（3.14）可得

$$b_j=\sum_{k=1}^{p}c_{jk}s_{ky}, \quad i=1,2,\cdots,p \tag{3.16}$$

求出 b_1，b_2，…，b_p 后，可由式（3.13）求出 b_0。误差平方和也可改写为

$$Q=\sum_{i=1}^{n}[(y_i-\bar{y})-b_1(x_{i1}-\bar{x}_1)-b_2(x_{i2}-\bar{x}_2)-\cdots-b_p(x_{ip}-\bar{x}_p)]^2 \tag{3.17}$$

3.2.1.3　回归方程的显著性检验

对于任意给定的一组观测数据（x_{i1}，x_{i2}，…，x_{ip}；y_i），（$i=1$，2，…，n），都可以按照上一节的方法建立起回归方程。但实际上很可能因变量 y 与自变量 x_1，x_2，…，x_p 之间根本不存在线性关系，即回归值 $\hat{y}_i$ 事实上不能拟合真实的值 y_i。因此，需要对回归方程进行显著性检验。即使整个回归方程的效果是显著的，在多元的情况下，并不是每个变量都起着显著的作用。因此，显著性检验还包括对各个回归系数进行显著性检验，对于回归效果不显著的自变量，应从回归方程中剔除，而只保留起重要作用的自变量，这样可以使回归方程更简练。

先分析回归系数的统计特征。由前面方程（3.12）知，b 是因变量 y 的线性函数，因此 b 服从正态分布，且有

$$E(b)=E[(\boldsymbol{X}'\boldsymbol{X})^{-1}\boldsymbol{X}'y]=(\boldsymbol{X}'\boldsymbol{X})^{-1}\boldsymbol{X}'E(y)=(\boldsymbol{X}'\boldsymbol{X})^{-1}\boldsymbol{X}'\boldsymbol{X}\beta=\beta$$

所以，最小二乘估计 b 是 b 的无偏估计，其协方差矩阵为

$$\begin{aligned} V(b)&=V[(\boldsymbol{X}'\boldsymbol{X})^{-1}\boldsymbol{X}'y] \\ &=(\boldsymbol{X}'\boldsymbol{X})^{-1}\boldsymbol{X}'V(y)\boldsymbol{X}[(\boldsymbol{X}'\boldsymbol{X})^{-1}]' \end{aligned}$$

$$= (X'X)^{-1}X'\sigma^2 IX[(X'X)^{-1}]'$$
$$= (X'X)^{-1}\sigma^2$$

所以有

$$b \sim N(\beta, (X'X)^{-1}\sigma^2)$$

由式（3.16）还可以得到各 b_j 的方差

$$D(b_j) = c_{jj}\sigma^2$$

即有

$$b_j \sim N(\beta_j, c_{jj}\sigma^2) \tag{3.18}$$

对于残差平方和 $Q = \sum_{i=1}^{n}(y_i - \hat{y}_i)^2$，可以证明有

$$E(Q) = (n-p-1)\sigma^2$$

所以可以得到误差 ε_j（也是因变量 y_j 的）方差 σ^2 的无偏估计，记为

$$s_y^2 = \hat{\sigma}^2 = \frac{Q}{n-p-1} \tag{3.19}$$

多元线性回归效果的好坏可以从因变量 y 的总离差平方和 s_{yy} 被回归值说明了多少来衡量。

y 的总离差平方和 s_{yy} 可以分解为两部分

$$\begin{aligned} s_{yy} &= \sum_{i=1}^{n}(y_i - \bar{y})^2 = \sum_{i=1}^{n}[(y_i - \hat{y}_i) + (\hat{y}_i - \bar{y})]^2 \\ &= \sum_{i=1}^{n}(y_i - \hat{y}_i)^2 + 2\sum_{i=1}^{n}(y_i - \hat{y}_i)(\hat{y}_i - \bar{y}) + \sum_{i=1}^{n}(\hat{y}_i - \bar{y})^2 \end{aligned}$$

可以证明交叉乘积项 $\sum_{i=1}^{n}(y_i - \hat{y}_i)(\hat{y}_i - \bar{y}) = 0$（作为练习请读者自证之），于是有

$$s_{yy} = U + Q \tag{3.20}$$

其中

$$\begin{aligned} U &= \sum_{i=1}^{n}(\hat{y}_i - \bar{y})^2 \\ &= \sum_{i=1}^{n}(b_0 + b_1x_{i1} + b_2x_{i2} + \cdots + b_px_{ip} - \bar{y})^2 \\ &= \sum_{i=1}^{n}[b_1(x_{i1} - \bar{x}_1) + b_2(x_{i2} - \bar{x}_2) + \cdots + b_p(x_{ip} - \bar{x}_p)]^2 \end{aligned} \tag{3.21}$$

称为回归平方和，它反映了自变量的变化对 y 的贡献，其自由度为 p。Q 即残差平方和［见式（3.9）］，自由度为 $n-p-1$。

给定了一组数据后，因变量 y 的总离差平方和 s_{yy} 是确定了的，不依赖于回归方程中回归系数的选取。式（3.20）说明 s_{yy} 由两部分组成。显然，U 值越大、Q 值越小，回归效果也就越好。

定义：

$$R^2 = \frac{U}{s_{yy}} = 1 - \frac{Q}{s_{yy}} \tag{3.22}$$

称 R 为复相关系数，显然 $0 \leqslant R \leqslant 1$，且 R 值越接近于 1，回归效果越好。但 R 值与自变量数 p 和样品数 n 有关，当 n 相对于 p 不很大时常有较大的 R 值。为了检验回归效果的好坏，引进统计量

$$F=\frac{U/p}{Q/(n-p-1)} \tag{3.23}$$

以检验假设

$$H_0: \beta_1=\beta_2=\cdots=\beta_p=0 \tag{3.24}$$

当假设 H_0 为真时，各自变量对因变量 y 没有什么影响，也即回归方程无显著意义；反之，如不能认为全部 $\beta_i=0$，则认为回归方程是显著的。

当 H_0 为真时，可以证明，统计量 F 服从自由度为 p 和 $n-p-1$ 的 F 分布，由 F 分布表查出 $F_\alpha(p, n-p-1)$，当计算所得的 $F>F_\alpha(p, n-p-1)$ 时，则拒绝 H_0 而认为回归效果显著。α 为置信度，一般取 0.05，即计算所得的 $F>F_\alpha(p, n-p-1)$ 的概率只有 5%，因而是不大可能发生的小概率事件，一旦发生，可怀疑假设 H_0 的正确性。

3.2.1.4　各回归系数 β_i 的显著性检验

上面只对回归方程中全部自变量的总体效果进行检验，现在进一步考察各自变量 x_j 的重要性。如果某个自变量的 $\beta_i=0$，则该变量不起作用，因此我们来对自变量 x_j 做检验假设：

$$H_0: \beta_j=0, \quad j=1,2,\cdots,p \tag{3.25}$$

由式（3.18）知 $b_j \sim N(\beta_j, c_{jj}\sigma^2)$，因此

$$\frac{b_j-\beta_j}{\sqrt{c_{jj}}\,\sigma} \sim N(0,1)$$

但实际上 σ 是未知的，得用其无偏估计 s_y 代替［见式（3.19）］。在假设式（3.25）为真时，

$$t_j=\frac{b_j}{\sqrt{c_{jj}}\,s} \tag{3.26}$$

服从自由度为 $n-p-i$ 的 t 分布。对于给定的显著性水平 α，求出 t 分布的临界值 $t^*=t_{\alpha/2}(n-p-1)$，即有 $P(|t| \geqslant t^*)=1-\alpha$，则当由式（3.26）计算得到的 t 值 $|t| \geqslant t^*$ 时拒绝 H_0 而认为 b_j 与 0 有显著差别。

也可用统计量

$$F_j=\frac{b_j^2}{c_{jj}s_y^2}=\frac{b_j^2/c_{jj}}{Q/(n-p-1)} \tag{3.27}$$

在假设式（3.25）下 F_j 服从自由度为 1 和 $n-p-1$ 的 F 分布，当计算所得的 F_j 大于临界值 $F_\alpha(n-p-1)$ 时认为变量 x_j 是显著的。

3.2.1.5　回归的置信区间

建立起回归方程后，可以用自变量的一组值 $x_0=(x_{01}, x_{02}, \cdots, x_{0p})$ 来得到回归值 $\hat{y}_0$，称为回归预测。现在来估计预测的误差，由前面已知，y_0 服从正态分布，其方差的无

偏估计为 s_y，对于给定的置信度 a，其置信度区间为

$$(\hat{y}_0-z_{\alpha/2}s_y, \hat{y}_0+z_{\alpha/2}s_y)$$

其中，$z_{\alpha/2}$是相应于 $1-\alpha/2$ 的正态分布的分位数，例如：

落在（$\hat{y}_0-s_y$，$\hat{y}_0+s_y$）的概率为 68.27%；

落在（$\hat{y}_0-2s_y$，$\hat{y}_0+2s_y$）的概率为 95.45%；

落在（$\hat{y}_0-1.96s_y$，$\hat{y}_0+1.96s_y$）的概率为 95%。

拓展阅读

t 分布、χ^2 分布与 F 分布

与正态分布一样，t 分布、χ^2 分布与 F 分布是在统计分析中最常用的统计分布。

1. t 分布

设随机变量 x_j 相互独立且服从同一正态分布 $N(\mu, \sigma)$，则随机变量

$$\bar{x}=\frac{1}{n}\sum_{i=1}^{n}x_i$$

服从正态分布 $N(\mu, \sigma/\sqrt{n})$。若已知 μ，而 σ 未知时，需要用 σ 的估计 s 来代替。定义

$$t=\frac{\bar{x}-\mu}{s/\sqrt{n-1}}$$

称自由度为（$n-1$）的学生氏分布，因为 Gosset 用笔名 Student 发表，其分布密度函数为

$$f(t)=\frac{\Gamma\left(\frac{n}{2}\right)}{\Gamma\left(\frac{1}{2}\right)\Gamma\left(n-\frac{1}{2}\right)\sqrt{n-1}}\left(1+\frac{t^2}{n-1}\right)^{-n/2}, -\infty<t<+\infty$$

其中，Γ 为伽马函数，属于特殊函数。MATLAB 中有 t 分布的概率密度函数和累积分布函数，分别为 tpdf(X, n) 和 tcdf(X, n)，n 为自由度。

2. χ^2 分布

设 p 个相互独立的随机变量 x_j（$j=1$, …, p）服从均值为 0，均方差为 σ 的同一分布（若均值非零，则可考虑随机变量 $x'_{ij}=(x_{ij}-\mu_j)$），则随机变量 $y=\sum_{j=1}^{p}x_j^2$ 服从自由度为 p 的 χ^2 分布（chi-square distribution），记 $y\sim\chi^2(p)$。p 称自由度是因为 y 是 p 个相互独立项的和。自由度为 p 的 χ^2 分布的概率密度函数为

$$f(x)=\begin{cases}\dfrac{1}{2^{p/2}\sigma^n\Gamma(p/2)}e^{-\frac{x}{2\sigma^2}}x^{p/2-1}, & x>0\\ 0, & x\leqslant 0\end{cases}$$

χ^2 分布的数学期望和方差分别为 $n\sigma^2$ 和 $2n\sigma^4$。MATLAB 语言中给出了 $\sigma=1$、自由度为 n 的 χ^2 分布的概率密度函数 chi2pdf(x, n) 和累计概率函数 chi2cdf(x, n)。非零时可通过变换 $x=2\sigma^2$，则 z 服从 $\sigma=1$、自由度为 n 的 χ^2 分布，可调用 MATLAB 函数 chi2pdf(z, n) 和 chi2cdf(x, n) 来计算概率密度和累积概率。

3. *F* 分布

若 $y_1\sim\chi^2(n_1)$，$y_2\sim\chi^2(n_2)$，则称随机变量 $F=\dfrac{y_1/n_1}{y_2/n_2}$服从第一自由度为 n_1，第二自由度为 n_2 的 F 分布。在 MATLAB 语言中，F 分布的概率密度函数为 fpdf(x, $n1$, $n2$)，累积概率函数为 fcdf(x, n)。

3.2.1.6　逐步回归

上面我们是先对所有 p 个变量建立回归方程，检验各个回归系数，如果认为某个或某几个 β_j 不显著，则相应的变量 x_j 在回归方程中不起重要作用，可剔除，然后重建回归方程。

3.2.2　趋势面分析

趋势面分析就是通过回归分析原理，运用最小二乘法拟合一个二维非线性函数，利用数学曲面模拟地理要素在空间上的分布及变化趋势的一种数据分析方法。

一般来说，趋势面分析描述性定义如下：当沿一定方向观测某一特征变量 z 的变化时，如果在一定范围内的平均值沿这个方向的变化超过了它的偶然变化幅度，则认为特征变量 z 在这个方向存在“趋势”，从一定意义上说，所谓的趋势就是排除了局部起伏（特殊性或局部异常）以后比较规则的变化。通过建立趋势面方程，绘制趋势面等值线图，对所研究的特征变量进行趋势分析。

因此，可以认为，趋势面分析是一种可简化为多元线性回归分析的一种特殊类型，用于研究地球化学变量 z（例如 Cu 的含量）在研究区域内的空间分布特征。

地质-地球化学特征在区域（x-y 平面）内各点的值的变化即空间分布即为地球化学场，它由三部分组成：

（1）反映呈区域性变化规律的部分，基本上是一个光滑曲面，称为趋势面；

（2）反映局部性变化的部分，如局部矿化导致的异常峰值等；

（3）随机因素的叠加。

给定一组观测数据 x_i，y_i，z_i，$i=1$，2，…，n，则数学上表示为

$$z_i=f(x_i,y_i)+\Delta z_i$$

其中

$$f(x_i,y_i)=\hat{z}_i$$

为趋势成分，函数$f(x, y)$称趋势函数；Δz_i是实际地球化学场不能被趋势面所包容的部分，其中既有局部性的异常，也包含了随机性因素，称趋势残差。

地球化学变量在研究区内的变化可用不同类型的函数$f(x, y)$进行拟合。$f(x, y)$通常取多项式函数，称多项式趋势分析；当取$f(x, y)$为调和函数（即三角函数）时称调和趋势面分析。下面我们只讨论多项式趋势分析。

3.2.2.1　多项式趋势面

根据多项式次数的不同，趋势函数$f(x, y)$可有

一次趋势面：

$$f(x,y)=a_0+a_1x+a_2y$$

二次趋势面：

$$f(x,y)=a_0+a_1x+a_2y+a_3x^2+a_4xy+a_5y^2$$

三次趋势面：

$$f(x,y)=a_0+a_1x+a_2y+a_3x^2+a_4xy+a_5y^2+a_6x^3+$$
$$+a_7x^2y+a_8y^2x+a_9y^3$$

…………

一般而言，多项式的次数越高，用来拟合的曲面越复杂，原始数据的空间变化拟合得越好。但多项式的次数过高，也会产生局部的“过冲”，使拟合度反而降低；再者，拟合过好就把许多本属于局部的变化和随机的变化成分包含在内，不能有效地区分趋势成分的局部变化成分。实际工作中一般很少超过5次或6次。

确定了趋势多项式的次数后，可用最小二乘法来确定多项式的系数a_0，a_1，a_2，…，即使得残差平方和达到最小，

$$Q=\sum_{i=1}^{n}(z_i-\hat{z}_i)^2=\sum_{i=1}^{n}\Delta z_i^2=\min$$

事实上，若设

$$x_1=x, x_2=y, x_3=x^2, x_4=xy, x_5=y^2, \cdots$$

则容易把它归结为多元线性回归的问题。以二次趋势面为例，对照前面对数据矩阵的定义，记

$$\boldsymbol{X}=\begin{pmatrix}1 & x_1 & y_1 & x_1^2 & x_1y_1 & y_1^2\\ 1 & x_2 & y_2 & x_2^2 & x_2y_2 & y_2^2\\ & & & \vdots & & \\ 1 & x_n & y_n & x_n^2 & x_ny_n & y_n^2\end{pmatrix},\quad \boldsymbol{z}=\begin{pmatrix}z_1\\ z_2\\ \vdots\\ z_n\end{pmatrix},\quad \boldsymbol{a}=\begin{pmatrix}a_1\\ a_2\\ \vdots\\ a_n\end{pmatrix}$$

则可得求解系数a_0，a_1，a_2，…的正规方程［参照前面式（3.11）］

$$\boldsymbol{X}'\boldsymbol{X}a=\boldsymbol{X}'\boldsymbol{z}$$

或

$$\boldsymbol{a}=(\boldsymbol{X}'\boldsymbol{X})^{-1}\boldsymbol{X}'\boldsymbol{z}$$

例如二次趋势面正规方程的系数矩阵为

$$X'X = \begin{array}{c} \begin{matrix} 1 & x & y & x^2 & xy & y^2 \end{matrix} \\ \begin{pmatrix} n & \sum x & \sum y & \sum x^2 & \sum xy & \sum y^2 \\ \sum x & \sum x^2 & \sum xy & \sum x^3 & \sum x^2y & \sum xy^2 \\ \sum y & \sum xy & \sum y^2 & \sum x^2y & \sum xy^2 & \sum y^3 \\ \sum x^2 & \sum x^3 & \sum x^2y & \sum x^4 & \sum x^3y & \sum x^2y^2 \\ \sum xy & \sum x^2y & \sum xy^2 & \sum x^3y & \sum x^2y^2 & \sum xy^3 \\ \sum y^2 & \sum xy^2 & \sum y^3 & \sum x^2y^2 & \sum xy^3 & \sum y^4 \end{pmatrix} \end{array}$$

矩阵中的求和均是对于各样品的坐标而言，因此 $\sum xy$ 应理解为 $\sum_{i=1}^{n} x_i y_i$；上方的行用来提示系数矩阵的生成规则，依次可类推更高次趋势面正规方程的系数矩阵。

3.2.2.2 趋势面的拟合度及显著性检验

因为多项式趋势分析本质上是多元线性回归，可计算回归平方和 U 和剩余平方和 Q，两者之和为 z 的总方差 s_{zz}（采用与前面类似的符号）

$$Q = \sum_{i=1}^{n} (z_i - \hat{z}_i)^2, s_{zz} = \sum_{i=1}^{n} (z_i - \bar{z})^2 = Q + U$$

定义趋势分析的拟合度为

$$c = U/s_{zz} \times 100\% = (1 - Q/s_{zz}) \times 100\%$$

拟合度越高说明所得到的趋势面越能反映原始数据的空间变化。

我们同样可以做趋势面的显著性检验，其方法与前面完全相同，这里不再重复。

3.2.2.3 关于趋势面分析的几点说明

（1）趋势面分析是研究某个地质-地球化学特征（随机变量）与空间坐标之间的关系，是研究场的特征，而本书中介绍的其他大部分多元统计分析都是研究样品中各个变量之间的关系而不考虑样品的空间位置（采样位置）。研究场性质的还有移动平均方法和地质统计学（geostatistics）。

（2）趋势面的次数需要根据实际研究的目的，结合拟合度来进行选择，拟合度太低固然不好，但也并不是拟合度越高越好。一般来说，若研究的目的是拟合地质-地球化学特征的空间变化规律，则可要求拟合度高一些，视所研究的地质地球化学特征在空间上的变化程度，可选择适当高的趋势面次数；若研究的目的是区分“背景趋势”和局部异常，则拟合度不宜高，可选择适当低的趋势面次数，如 3 次或 4 次。不同的趋势面次数将得到不同的结果，要注意对比分析。

（3）数据点数 n 必须远大于趋势方程中的项数，且研究区内采样点的分布应可能地均匀。通常区域的边界外不再有数据点，致使边界附近的趋势分析精度较差，称“边界效应”。将研究区趋势分析结果外推至研究区外都会有很大的误差，趋势面的次数越高，外推所产生的误差也越大。解决“边界效应”的办法是“扩边”，即在采样区适当扩大到边界以外。

(4) 趋势面正规方程的系数矩阵中各列元素的量级差异很大（各行也一样）。由式(3.28) 知，对于 m 次趋势面分析，正规方程系数矩阵中最后一列元素的量级为第一列元素的量级的 m 次方，若原始坐标值的量级较大，趋势面次数较高，则系数矩阵中第一列元素相对于最后几列元素太小，矩阵的行列式接近于零，称系数矩阵是病态的，这给正规方程解的精度带来了较大影响。

3.3 聚类分析

聚类分析（cluster analysis）的功能是建立一种分类方法，将一批样品或变量，按照它们在性质上的相似程度进行分类，把相似程度大的并成一类，而把相似程度小的分为不同的类。

在前面一节中已经指出，地球化学数据矩阵可有两种空间表示方法：p 维变量空间中的 n 个样本点和 n 维样本空间中的 p 个变量点。相应地，在样本空间中是对变量进行分类，称 R 型聚类分析；在变量空间中是对样本进行分类，称 Q 型聚类分析。

3.3.1 距离与其他相似性系数

两点间的距离（distance）是表征两空间点之间"亲疏"关系的最直接、最自然的度量。在三维空间中，两点间的距离的平方为各坐标值差的平方和，称欧几里得距离(Euclidean distance)。但在高维的抽象空间中，点 i 和点 j 之间的距离 d_{ij} 可有各种不同的定义，只要其满足距离公理：

(1) 对一切的 i，j，$d_{ij} \geqslant 0$；

(2) $d_{ij}=0$ 等价于点 i 和点 j 为同一点，即 $x(i)=x(j)$；

(3) 对一切的 i，j，$d_{ij}=d_{ji}$；

(4) 三角不等式成立，即对一切的 i，j，k，有 $d_{ij} \leqslant d_{ik}+d_{kj}$。

据此，可以定义下列 3 种距离。

3.3.1.1 绝对值距离

$$d_{ij}(1)=\sum_{k=1}^{p}\left|x_{ik}-x_{jk}\right| \tag{3.28}$$

根据在 3.2 节中对数据矩阵的约定，这里 d_{ij} 显然是变量空间中样本 i 与样本 j 之间的距离，适用于样本分类，即 Q 型聚类分析。事实上聚类分析主要是 Q 型分析。若欲进行 R 型分析，则相应地为

$$d_{ij}=\sum_{k=1}^{n}\left|x_{ki}-x_{kj}\right| \tag{3.29}$$

这在后面也类似，不再一一说明。

3.3.1.2 欧氏距离

$$d_{ij}(2)=\left(\sum_{k=1}^{p}(x_{ik}-x_{jk})^2\right)^{1/2} \tag{3.30}$$

事实上，上述两种距离属于闵氏（Minkowski，闵可夫斯基）距离：

$$d_{ij}(q)=\left(\sum_{k=1}^{p}(x_{ik}-x_{jk})^q\right)^{1/q} \tag{3.31}$$

当 $q=1$，2 时的特例，而当 q 趋于无穷大时，则为切比雪夫距离：

$$d_{ij}(\infty)=\max_{1\leqslant k\leqslant p}|x_{ik}-x_{jk}| \tag{3.32}$$

3.3.1.3 马氏距离

欧氏距离没有考虑变量之间的相关性。马氏（Mahalanobis，马哈拉诺比斯）距离对此进行改进，定义：

$$d_{ij}(M)=(x_{(i)}-x_{(j)})'\boldsymbol{S}^{-1}(x_{(i)}-x_{(j)}) \tag{3.33}$$

$\boldsymbol{S}$ 为数据矩阵的协方差矩阵。

理论上讲，距离公理保证不同定义的距离都能表征空间点之间的相对“远近”关系，也就是说都能用于空间点群的划分。在实际应用中一般多采用欧氏距离。

距离均为正值，距离越小表征两空间点越相近，因此归为同一类。

在计算空间点之间的距离前，必须对变量进行量纲的规一化（见 3.2 节），否则数量级小的变量在距离公式中基本不起作用。

除距离外，还有其他相似性度量可表征空间点群之间的“亲疏”性。

3.3.1.4 相关系数

距离系数主要用于 Q 型分析，而相关系数主要用于 R 型分析。从 3.2 节中知道，变量 x_j 与变量 x_k 之间的“亲疏”性的一个自然的度量是两变量的相关系数

$$r_{jk}=\frac{\frac{1}{n}\sum_{i=1}^{n}x_{ij}x_{ik}-n\bar{x}_j\bar{x}_k}{\sqrt{\frac{1}{n}\sum_{i=1}^{n}x_{ij}^2-n\bar{x}_j^2}\sqrt{\frac{1}{n}\sum_{i=1}^{n}x_{ik}^2-n\bar{x}_k^2}} \tag{3.34}$$

相关系数的值域为（−1，1），其值越大，即越接近于 1，则相关性越好，被认为两空间点越相似，因此归为同一类。

3.3.1.5 夹角余弦

两空间点的“亲疏”程度除用距离表征外还可用两空间点所成的矢量间的夹角的大小来反映。在样本空间中两变量向量 x_j 和 x_k 的夹角余弦为两向量的内积并为向量长度所标定。

$$\cos\theta_{jk}=\frac{x_j\cdot x_k}{|x_j||x_k|}=\frac{x_j'x_k}{|x_j||x_k|}=\frac{\sum_{i=1}^{n}x_{ij}x_{ik}}{\sqrt{\sum_{i=1}^{n}x_{ij}^2}\sqrt{\sum_{i=1}^{n}x_{ik}^2}} \tag{3.35}$$

与相关系数比较可发现，若两变量的均值为0，则两变量的夹角余弦等于两者的相关系数。

在变量空间中两样本向量之间的夹角余弦可类似给出。夹角余弦的值域为（-1，1），其值越大，即越接近于1，则夹角越小，被认为两空间点越相似，因此归为同一类。

3.3.2　系统类聚法

依据前面定义的能表征空间点之间亲疏关系的相似性度量，人们可以进行空间点群的分类。为简便，设定用前面介绍的某种距离，如欧氏距离作为相似性度量，则系统聚类的步骤为：

（1）将每个样看成1类，此时共有 n 类；

（2）计算类与类之间的距离，合并距离最近的两个类；

（3）重复步骤（2），直至所有样品归为一类。

上述过程结果可以通过绘制系统聚类谱系图来直观表征。

由于类与类之间的距离可以有不同的定义，就产生了不同的系统聚类法。

3.3.2.1　最短距离法

定义类 G_q 与类 G_r 之间的距离为所有 G_q 中的点与所有 G_r 中的点最近的点对的距离，其数学表述为

$$D_{qr}=\min_{x_{(i)}\in G_q,x_{(j)}\in G_r} d_{ij} \tag{3.36}$$

当采用相关系数或夹角余弦作为相似性度量时，式（3.36）中的min应为max。

例3.1　为消除各变量量级上的差异，对原始数据取以10为底的对数，得到表3.2。

表3.2　原始数据对数值表

样号	Ni	Co	Cu	Cr	S	As
1	3.2794	2.4362	2.2041	3.0711	3.9118	0.6021
2	3.3670	1.8976	0.7782	3.5017	2.7679	1.1461
3	2.8716	1.4150	0	2.9248	2.6284	0.4771
4	3.4444	2.4362	2.1761	3.3802	3.9155	1.5682
5	3.2492	1.9731	1.1139	3.4969	1.7324	0
6	3.0195	1.6435	0.7782	3.3208	2.0170	0.6021

用相关系数作为相似性统计量，得相关系数矩阵（表3.3）。

表 3.3 相关系数矩阵表

	Ni	Co	Cu	Cr	S	As
Ni	1					
Co	0.8459	1				
Cu	0.7576	0.9800	1			
Cr	0.6430	0.2420	0.1814	1		
S	0.4979	0.7280	0.7124	-0.3040	1	
As	0.5602	0.4240	0.3929	0.1998	0.6722	1

其中相关性最大的元素对为 Co-Cu，将其合并为一类，在相关系数矩阵中划去对应于变量 Co、Cu 的行、列，代之以合并后的类 Co-Cu，其他类（此时尚为单个变量点）与该类的相关系数由最小距离法确定，即类间各点之间相关系数最大者，例如新类 Co-Cu 与 Ni 的相关系数取 Co 与 Ni 的相关系数 0.8459 和 Cu 与 Ni 的相关系数 0.7576 中之大者，即 0.8459。其余可类似获得。新的相关系数矩阵见表 3.4。

表 3.4 合并后的相关系数矩阵表

	Ni	Co-Cu	Cr	S	As
Ni	1				
Co-Cu	0.8459	1			
Cr	0.6430	0.2420	1		
S	0.4979	0.7280	-0.3040	1	
As	0.5602	0.4240	0.1998	0.6722	1

其中相关性最大的是 Co-Cu 与 Ni，合并成新类，这时，例如变量 S 与新类 Co-Cu-Ni 的相关系数为 S 与 Co、S 与 Cu、S 与 Ni 相关系数中之大者，也就是 S 与 Co-Cu（0.7280）、S 与 Ni（0.4979）相关系数中之大者，得到表 3.5。

表 3.5 再次合并后的相关系数矩阵表

	Co-Cu-Ni	Cr	S	As
Co-Cu-Ni	1			
Cr	0.6430	1		
S	0.7280	-0.3040	1	
As	0.5602	0.1998	0.6722	1

于是又可将 Co-Cu-Ni 与 S 合并。依次下去，得到聚类谱系图（图 3.3），其中横坐标的值是并类时的相似性度量（例 3.1 中为相关系数）的值。

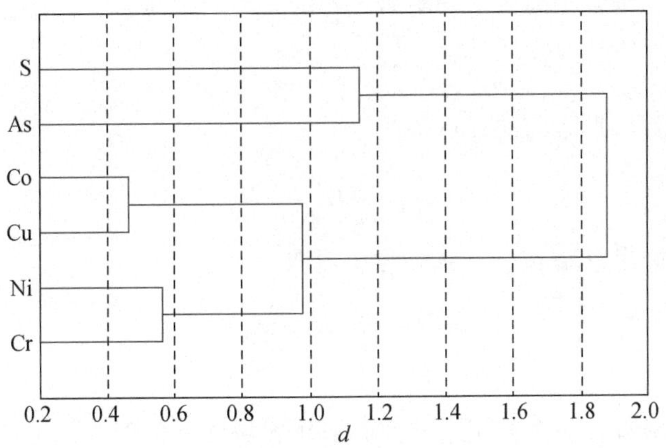

图3.3　数据 X_1 的最短距离法谱系图

由图3.3可见，金属成矿元素Co、Cu、Ni关系最为密切，其中Co、Cu的相关系数达0.98；阴离子S与主要成矿元素的关系较As更为密切，而Cr显然与主要成矿元素Co、Cu、Ni较为疏远。这些结论对于我们理解该矿床的地球化学特征显然是重要的，但很难直接从原始数据中看出来。

3.3.2.2　最长距离法

如果定义类 G_q 与类 G_r 之间的距离为所有 G_q 中的点与所有 G_r 中的点最远的点对的距离，其数学表述为

$$D_{qr}=\max_{x_{(i)}\in G_q,x_{(j)}\in G_r} d_{ij} \tag{3.37}$$

就得到最长距离法。

最长距离法的并类步骤与最短距离法完全相同，只是类与类之间的距离定义不同。

3.3.2.3　类平均法、加权平均法和重心法

在类平均法中定义两类的距离平方等于两类中空间点两两之间的平均平方距离，即

$$D_{qr}^2=\frac{1}{n_q n_r}\sum_{x_{(i)}\in G_q,x_{(j)}\in G_r} d_{ij}^2 \tag{3.38}$$

其中 n_q、n_r 分别为 G_q 和 G_r 中的样品数。

设有新类 G_t 为 G_q 和 G_r 合并而成，则该新类与其他类 G_k 之间的距离为

$$\begin{aligned}D_{kt}^2&=\frac{1}{n_k n_t}\sum_{x_{(i)}\in G_k,x_{(j)}\in G_t} d_{ij}^2\\&=\frac{1}{n_k n_t}\left(\sum_{x_{(i)}\in G_k,x_{(j)}\in G_q} d_{ij}^2+\sum_{x_{(i)}\in G_k,x_{(j)}\in G_r} d_{ij}^2\right)\\&=\frac{n_q}{n_t}D_{kq}^2+\frac{n_r}{n_t}D_{kr}^2\end{aligned} \tag{3.39}$$

这是类平均法距离计算的基本公式。

若改上面的平均平方距离为平均距离，即定义类间距离为

$$D_{qr}=\frac{1}{n_q n_r}\sum_{x_{(i)}\in G_q, x_{(j)}\in G_r} d_{ij}$$

并类似地有新类与其他类距离的计算公式

$$D_{kt}=\frac{n_q}{n_t}D_{kq}+\frac{n_r}{n_t}D_{kr}$$

则称加权平均法。如果忽略 n_q、n_r 的差异，而取

$$D_{kt}=\frac{1}{2}(D_{kq}+D_{kr})$$

则称为平均距离法。

从物理的观点来看，一个类用它的重心来代表是比较合理的，于是类与类之间的距离可用重心之间的距离来表示。设 G_q 和 G_r 的重心分别为 $\bar{x}_q$ 和 $\bar{x}_r$，则

$$D_{qr}=d_{\bar{x}_q,\bar{x}_r}$$

称重心法。同样地，设有新类 G_t 为 G_q 和 G_r 合并而成，则该新类与其他类 G_k 之间的距离为

$$\begin{aligned}D_{kt}^2&=d_{\bar{x}_k,\bar{x}_t}^2=(\bar{x}_k-\bar{x}_t)'(\bar{x}_k-\bar{x}_t)\\&=\left((\bar{x}_k-\frac{1}{n_t}(n_q\bar{x}_q+n_r\bar{x}_r)\right)'\left((\bar{x}_k-\frac{1}{n_t}(n_q\bar{x}_q+n_r\bar{x}_r)\right)\\&=\bar{x}_k'\bar{x}_k-2\frac{n_q}{n_t}\bar{x}_k'\bar{x}_q-2\frac{n_r}{n_t}\bar{x}_k'\bar{x}_r+\frac{1}{n_t^2}[n_q^2\bar{x}_q'\bar{x}_q+2n_q n_r\bar{x}_q'\bar{x}_r+n_r^2\bar{x}_r'\bar{x}_r]\end{aligned}$$

利用

$$\bar{x}_k'\bar{x}_k=\frac{1}{n_t}(n_q\bar{x}_k'\bar{x}_k+n_r\bar{x}_k'\bar{x}_k)$$

代入上式得

$$\begin{aligned}D_{kt}{}^2=&\frac{n_q}{n_t}(\bar{x}_k'\bar{x}_k-2\bar{x}_k'\bar{x}_q+\bar{x}_q'\bar{x}_q)\\&+\frac{n_r}{n_t}(\bar{x}_k'\bar{x}_k-2\bar{x}_k'\bar{x}_r+\bar{x}_r'\bar{x}_r)\\&-\frac{n_q n_r}{n_t^2}(\bar{x}_q'\bar{x}_q-2\bar{x}_q'\bar{x}_r+\bar{x}_r'\bar{x}_r)\\=&\frac{n_q}{n_t}(\bar{x}_k-\bar{x}_q)'(\bar{x}_k-\bar{x}_q)+\frac{n_r}{n_t}(\bar{x}_k-\bar{x}_r)'(\bar{x}_k-\bar{x}_r)-\frac{n_q n_r}{n_t^2}(\bar{x}_q-\bar{x}_r)'(\bar{x}_q-\bar{x}_r)\\=&\frac{n_q}{n_t}D_{kq}^2+\frac{n_r}{n_t}D_{kr}^2-\frac{n_q n_r}{n_t^2}D_{qr}^2\end{aligned}$$

这就是重心法的递推公式。

例 3.2　与例 3.1 相同的数据，用加权平均法来对样品进行分类。首先进行数据正规化，得到表 3.6。

表 3.6　数据正规化结果表

样号	Ni	Co	Cu	Cr	S	As
1	0.5687	1.0000	1	0.1444	0.9917	0.0833
2	0.7772	0.2146	0.0314	1	0.0651	0.3611
3	0	0	0	0	0.0454	0.0556
4	1	1	0.9371	0.6680	1	1
5	0.5059	0.2753	0.0755	0.9850	0	0
6	0.1482	0.0729	0.0314	0.5364	0.0061	0.0833

计算样品间的欧氏距离（表 3.7）。

表 3.7　欧氏距离矩阵表

	1	2	3	4	5	6
1	0					
2	1.8073	0				
3	1.8002	1.3209	0			
4	1.1421	1.6968	2.2644	0		
5	1.7552	0.4627	1.1458	1.9006	0	
6	1.7605	0.8434	0.5642	2.0617	0.6157	0

其中距离最短的样品对为（2，5），合并为一类，在距离矩阵中划去对应于样 2，5 的行、列，代之以合并后的类（2，5），其他类（此时还是单个样品）与该新类的距离用加权平均法计算，公式

$$D_{kt}=\frac{n_q}{n_t}D_{kq}+\frac{n_r}{n_t}D_{kr}$$

此时 n_q、n_r 均为 1，n_t 为 2。例如样品 1 到类（2，5）的距离为

$$D_{1,(2,5)}=\frac{1}{2}(D_{1,2}+D_{1,5})=\frac{1}{2}(1.8073+1.7552)=1.7813$$

更新后的距离矩阵为表 3.8。

表 3.8　首次合并后的欧氏距离矩阵表

	1	(2，5)	3	4	6
1	0				
(2，5)	1.7813	0			
3	1.8002	1.2333	0		
4	1.1421	1.7987	2.2644	0	
5	1.7605	0.7296	0.5642	2.0617	0

其中距离最短的样品对为（3，6），合并为一类，并更新距离矩阵。例如：

$$D_{(2,5),(3,6)}=\frac{1}{2}(D_{(2,5),3}+D_{(2,5),6})=\frac{1}{2}(1.2333+0.7296)=0.9815$$

得到表3.9。

表3.9　二次合并后的欧氏距离矩阵表

	1	(2，5)	(3，6)	4
1	0			
(2，5)	1.7813	0		
(3，6)	1.7803	0.9816	0	
4	1.1421	1.7987	2.1631	0

其中距离最短的为类（2，5）与类（3，6），合并为一类，并更新距离矩阵（表3.10），此时 n_q、n_r 均为2，n_t 为4。

表3.10　三次合并后的欧氏距离矩阵表

	1	(2，5，3，6)	4
1	0		
(2，5，3，6)	1.7808	0	
4	1.1421	1.9809	0

其中距离最短的为样品对为（1，4），合并为一类，并更新距离矩阵（表3.11）：

表3.11　最终合并后的欧氏距离矩阵表

	(1，4)	(2，5，3，6)
(1，4)	0	
(2，5，3，6)	1.8809	0

最后在距离（称相似性水平）1.8809下（1，4）与（2，5，3，6）合并成一类。

结果表明，在主要成矿元素方面，无矿的蛇纹岩与滑镁岩是相似的，聚合为一类，而相对而言，含矿岩石之间的相关性略差，它们与无矿岩石之间的差异是明显的。

3.3.2.4　离差平方和法

离差平方和法又称误差平方和法，其思路是：点群在逐次聚合过程中，每一次挑出两个点群，使得二者合并为新群后，其组内离差平方和的增加值比其他任何别的两个点群合并时增加的值都要小，说明这两个点群最为相似。

设 n 个样品分成 g 个点群 G_k（$k=1，2，\cdots，g$）。记点群 G_k 的样品数为 n_k，$x_{ij}(k)$ 为 k 类内第 i 个样品的第 j 个变量值，$\bar{x}_{j(k)}$ 为 k 类内第 j 个变量的平均值。显然有

$$\sum_{k=1}^{g} n_k = n$$

$$\bar{x}_{j(k)} = \frac{1}{n_k}\sum_{i=1}^{n_k} x_{ij(k)}$$

则该类内离差平方和 S_k 为

$$S_k = \sum_{j=1}^{p}\sum_{i=1}^{n_k}(x_{ij(k)} - \bar{x}_{j(k)})^2 = \sum_{j=1}^{p}\sum_{i=1}^{n_k} x_{ij(k)}^2 - n_k\sum_{j=1}^{p}\bar{x}_{j(k)}^2$$

离差平方和法是将 G_q 类和 G_r 类的距离平方和定义为 G_t 类时所增加的离差平方和，也就是说，若 G_q 类和 G_r 类合成 G_t 类产生的离差平方和越小，则 G_q 类和 G_r 类越“靠近”。于是有

$$\begin{aligned} D_{qr}^2 &= S_t - S_q - S_r \\ &= \left(\sum_{j=1}^{p}\sum_{i=1}^{n_t} x_{ij(t)}^2 - n_t\sum_{j=1}^{p}\bar{x}_{j(t)}^2\right) - \left(\sum_{j=1}^{p}\sum_{i=1}^{n_q} x_{ij(q)}^2 - n_q\sum_{j=1}^{p}\bar{x}_{j(q)}^2\right) - \left(\sum_{j=1}^{p}\sum_{i=1}^{n_r} x_{ij(r)}^2 - n_r\sum_{j=1}^{p}\bar{x}_{j(r)}^2\right) \end{aligned}$$

因为 t 群内的各样品即原 q 和 r 群的样品，上式中数据的平方和项抵消，为

$$D_{qr}^2 = n_q\sum_{j=1}^{p}\bar{x}_{j(q)}^2 + n_r\sum_{j=1}^{p}\bar{x}_{j(r)}^2 - n_t\sum_{j=1}^{p}\bar{x}_{j(t)}^2$$

又因为

$$n_t = n_q + n_r$$

$$\bar{x}_{j(t)} = \frac{n_q\bar{x}_{j(q)} + n_r\bar{x}_{j(r)}}{n_q + n_r}$$

代入并消去 $\bar{x}_{j(t)}$ 项后可得

$$D_{qr}^2 = \frac{n_q n_r}{n_q + n_r}\sum_{j=1}^{p}(\bar{x}_{j(q)} - \bar{x}_{j(r)})^2 = \frac{n_q n_r}{n_q + n_r}(\bar{x}_{(q)} - \bar{x}_{(r)})'(\bar{x}_{(q)} - \bar{x}_{(r)}) \tag{3.40}$$

这个公式十分简洁，它表明两类合并产生的离差平方和增量与两类中心（也称重心，即平均值的位置）之间的距离（欧氏距离）成正比，并以 $n_q n_r/(n_q+n_r)$ 为比例系数。两群的中心位置距离远，合并就会导致大的离差，这看来是最自然不过的了。

当合并 G_q 类和 G_r 类为 G_t 类后，新类 G_t 与其他类 G_k 的距离有以下递推公式：

$$D_{kt}^2 = \frac{n_q + n_k}{n_t + n_k}D_{kq}^2 + \frac{n_r + n_k}{n_t + n_k}D_{kr}^2 - \frac{n_k}{n_t + n_k}D_{qr}^2$$

在用离差平方和法和前面的类平均法进行样品分类时，都要求采用欧氏距离的平方作为样本点之间的相似性度量。

不同系统聚类法由于其类与类之间距离定义的不同而所得的结果也并不相同。但若样本点之间本来的分类非常明显，则无论是哪一种系统聚类法，其结果应基本是一致的，只有那些本来分类关系就比较模糊的点群，不同的聚类方法才会有较大的不同。一般而言，类平均法、重心法和离差平方和法要比最小距离法、最大距离法更为合理些。

事实上，各种系统聚类方法可用一个统一的公式来表示：

$$D_{kt}^2 = \alpha_q D_{kq}^2 + \alpha_r D_{kr}^2 + \beta D_{qr}^2 + \gamma\left|D_{kq}^2 - D_{kr}^2\right|$$

其中 α_q，α_r，β，γ 为 4 个参数，对不同的方法取得如表 3.12 所示。

表 3.12　不同方法取得的参数列表

方法	参数				备注
	α_q	α_r	β	γ	
最短距离法	1/2	1/2	0	- 1/2	以欧氏距离为相似性度量
最长距离法	1/2	1/2	0	1/2	
重心法	n_q/n_t	n_r/n_t	$-n_q n_r/n_t^2$	0	
类平均法	n_q/n_t	n_r/n_t	0	0	
离差平方和法	$(n_k+n_q)/(n_k+n_t)$	$(n_k+n_r)/(n_k+n_t)$	$-n_k/(n_k+n_t)$	0	

3.3.3　动态聚类

聚类分析主要用于对样品的聚类，当样品数 n 很大时，如 $n=1000$ 时，计算和存储的距离矩阵、比较其中各距离，从中找出距离最小的，然后计算新类与其他类的距离，更新为 $(n-1)\times(n-1)$ 的矩阵，如此反复，计算的工作量十分繁复，计算机内存也可能不足。尽管实际上是计算和存储其中的上三角或下三角部分，存储量为 $(n-1)(n-2)/2$，当 n 很大时近似为 $n^2/2$，依然是一个很大的数；另外，即便不考虑存储量和计算量，大的样品量的聚类也不可能画出谱系图。

另一种分类思想是，先粗略地进行分类，然后逐步调整，直到比较满意为止，称为动态聚类法。为了得到初始分类，有时选择一批有代表性的点作为凝聚点，以凝聚点作为欲形成类的中心。由于凝聚点的取法、初始分类以及修改分类的方法可以有许多种，因此有各种动态聚类法。下面只介绍批修改法与逐个修改法。

3.3.3.1　批修改法

批修改法的步骤如下：

（1）根据实际问题确定类数 k，依经验选择 k 个样本点作为凝聚点；或依经验先粗略地把样品分成 k 类，计算每一类的重心，即该类样品的均值向量，以这些重心作为凝聚点。

（2）计算每个样品点到各凝聚点之间的距离，按其与各凝聚点距离最近的原则将每个样品重新进行归类。

（3）计算每一类的重心作为一组新的凝聚点。

（4）重复步骤（2）、（3）直到所有新的凝聚点与前一次的凝聚点不变，即分类不再改变为止。

3.3.3.2　逐个修改法

逐个修改法也称 K-means 方法，是 1965 年由 Macqueen 提出的，其步骤如下：

（1）根据实际问题确定类数 k，取前 k 个样品作为凝聚点，将其余 $n-k$ 个样品逐个归入与其距离最近的凝聚点，形成一种分类。

（2）将其余 $n-k$ 个样品逐个地归入与其距离最近的凝聚点，并随即计算该类重心，并用重心代替原凝聚点。

（3）将 n 个样品按步骤（2）逐个归类，直到所有新的凝聚点与前一次的凝聚点不变。

例3.3　还以例3.1中数据为例，与例3.2中相同，经变量标准化后的数据为表3.13。

表3.13　标准化后的数据列表

样号	Ni	Co	Cu	Cr	S	As
1	0.5687	1	1	0.1444	0.9917	0.0833
2	0.7772	0.2146	0.0314	1	0.0651	0.3611
3	0	0	0	0	0.0454	0.0556
4	1	1	0.9371	0.6680	1	1
5	0.5059	0.2753	0.0755	0.9850	0	0
6	0.1482	0.0729	0.0314	0.5364	0.0061	0.0833

现在按批修改法进行分类。

（1）设想这些样品很可能可以分为3类，其初分类为：无矿的蛇纹岩（2，3），无矿的滑镁岩（5，6）和含矿岩体（1，4），其重心分别为（0.3886　0.1073　0.0157　0.5000　0.0553　0.2083），（0.3271　0.1741　0.0534　0.7607　0.0031　0.0417），（0.7843　1.0000　0.9686　0.4062　0.9959　0.5416）。

（2）计算各样品到这3个重心的距离（表3.14）。

表3.14　数据到凝聚点距离列表

样号	1	2	3	4	5	6
到凝聚点1距离	1.6785	0.6605	0.6605	1.8887	0.5721	0.2804
到凝聚点2距离	1.7307	0.6066	0.8490	1.9588	0.3078	0.3078
到凝聚点3距离	0.5711	1.6573	1.9642	0.5711	1.7379	1.8301
归类	3	2	1	3	2	1

得到新的分类：（3，6），（2，5），（1，4）。（3，6）的重心为（0.0741　0.0365　0.0157　0.2682　0.0258　0.0694），（2，5）的重心为（0.6416　0.2450　0.0534　0.9925　0.0326　0.1805），（1，4）的重心不变。

（3）重复步骤（2），得到表3.15。

其分类与（2）相同，最终的分类为（3，6），（2，5），（1，4），与前面例3.2的结果相同。

这个例子只是为了演示其计算过程，所以样品数很小。事实上，只有当样品数较大时，动态聚类的优越性才能显示出来。

表 3.15　数据到凝聚点距离列表

样号	1	2	3	4	5	6
到凝聚点 1 的距离	1.7580	1.0717	0.2821	2.1470	0.8754	0.2821
到凝聚点 2 的距离	1.7664	0.2313	1.2146	1.7867	0.2313	0.7012
到凝聚点 3 的距离	0.5711	1.6573	1.9642	0.5711	1.7379	1.8301
归类	3	2	1	3	2	1

前面介绍的动态聚类方法要求先给定分类数 k，而这有时是困难的。这时也可采用如下的方法：先给定一个 k，每次分类完毕后，计算各类的直径（可采用类内离差平方和或类内最远的两点距离），若某类的直径太大（大于某一给定的阈值 d_1），则将该类分裂成两类，类数 k 加 1；计算类与类之间的距离（根据前面的各种定义，如最小距离法、类平均法中的定义），若某两类的距离很小（小于另一给定的阈值 d_2），则将该两类合并，类数 k 减 1。当然这里又有如何给出恰当的 d_1、d_2 的问题。

总之，在某种意义上，聚类分析与后面要讨论的诸多统计方法一样，既是科学又是艺术。其科学性是建立在距离空间中点群之间的距离和其他相似性度量的基础上，通过各种数学推导，使分类达到某种意义上的最佳。其艺术性是指灵活性，各种方法很多，各有特点，也各有不足，需要读者在深刻了解每一种方法的基础上灵活运用。

3.3.4　有序样品的聚类

地质数据中，有些样品有一定的排列顺序，如沿地层剖面采集的岩石标本，由钻孔取得的岩心样品，由测井曲线所得的数据等。在对这些有序样品进行分类时，不能打乱样品的前后次序。这一类问题称为有序样品的聚类。我们只讨论一维有序样品的聚类。二维平面上的有序样品的分类问题较为复杂，但其基本思想是相同的。

设 $x(1)$，…，$x(n)$ 是给定的 n 个样品（每个都是 p 维向量）。由于顺序不能打乱，将其分成 k 类实际上是寻找 k 个分割点，将有序样品序列分割成 k 段。所以有序样品的分类也称为分割。n 个样品分割成 k 类，就是要在 n 个样品所形成的（$n-1$）个间隔中分割成 k 段，共有 $\binom{n-1}{k-1}$ 种可能的分割法。有序样品的聚类就是要找出最好的分法。

3.3.4.1　最优分割法

Fisher 在 1958 年提出一种最优分割法，其分类依据是离差平方和。

设 n 个样品 $x(1)$，…，$x(n)$ 分成了 k 类（即 k 段）。以 $G_{i\to j}$ 记某一段 $\{x(i), x(i+1), \cdots, x(j)\}$，$j>i$。记 $\bar{x}_{(i\to j)}$ 为这一段（$j-i+1$）个样品的均值，即

$$\bar{x}_{(i\to j)} = \frac{1}{j-i+1}\sum_{\alpha=i}^{j} x_{(\alpha)}$$

$G_{i\to j}$ 的类内离差平方和通常称为 $G_{i\to j}$ 类的直径，记为 D（$i\to j$），即

$$D(i \to j) = \sum_{\alpha=i}^{j} (x_{(\alpha)} - \bar{x}_{(i\to j)})'(x_{(\alpha)} - \bar{x}_{(i\to j)})$$

记 n 个有序样品分成 k 类的某种分法 $P(n, k)$，其 $k+1$ 个分割点为 $1=i_1<i_2<\cdots<i_k<i_{k+1}=n$，分类误差为

$$\tilde{e}[P(n,k)] = \sum_{j=1}^{k} D(i_j \to i_{j+1})$$

如果分法 $P(n, k)$ 使得

$$\tilde{e}[P(n,k)] = \text{最小值}$$

就称其为最优 k 分法，这时的误差函数记为 $\tilde{e}[P(n, k)]$，它有以下的递推公式：

$$e[P(n,k)] = \min_{2\leqslant j<n}\{e[P(j,k-1)] + D(j+1\to n)\}$$

$$e[P(n,2)] = \min_{2\leqslant j<n}\{D(1\to j) + D(j+1\to n)\}$$

也就是说，在 n 个有序样品寻找最佳的 k 个分割点等价于先找到一个最佳分割点 j，使得在前面 j 个样品被分割为 $k-1$ 类，后面（$n-j$）个样品独立为一类的误差最小。然后再依次在 j 个有序样品寻找最佳的 $k-1$ 个分割，直至最后为二类分割。

3.3.4.2 逐次二分法

用最优分割法对有序样品进行分类时要计算各直径 D（$i\to j$）和误差 $\tilde{e}$ $[P(n, k)]$，$1<i\leqslant n-1$，$i\leqslant j\leqslant n$，当样品数较大时，计算量和占用的计算机内存均很大。下面介绍一种简化算法，即每次作最优二分割的方法。

设给定 n 个样品 $x(1)$，…，$x(n)$，

（1）用最优二分割法，先将其分成二类 G_1 和 G_2，使分类误差达到小。

（2）对 G_1 和 G_2 各作最优二分割，比较是分割 G_1 好（所产生的误差小）还是分割 G_2 好。不妨设分割 G_1 好，于是 G_1 类分成两类：G_3 和 G_4。这时已分成了 G_2、G_3 和 G_4 三类。

（3）对 G_2、G_3 和 G_4 类分别作最优二分割，比较分割哪一类最好，并分割之，如此继续下去，直至达到预期的分组数或分组误差达到一定的阈值，再不就直至每个样品自成一类，形成分类谱系。

按定义，将 $x(1)$，…，$x(n)$ 进行最优二分割就是选择 j，使得 $\tilde{e}[P(n, 2)] = D(1\to j)+D(j+1\to n)$ 达到最小。因 $D(1\to n)$ 为全部样品的离差平方和，给定数据后其值为常量，而与分割无关，所以使上式最小等价于

$$E = D(1\to n) - D(1\to j) - D(j+1\to n)$$

由前面公式（3.40）得

$$E = \frac{n_1 n_2}{n}(\bar{x}_{(1)} - \bar{x}_{(2)})'(\bar{x}_{(1)} - \bar{x}_{(2)}) \tag{3.41}$$

其中 $n_1=j$，$n_2=n-j$，

$$\bar{x}_{(1)} = \frac{1}{j}\sum_{\alpha=i}^{j} x_{(\alpha)}, \bar{x}_{(2)} = \frac{1}{n-j}\sum_{\alpha=j+1}^{n} x_{(\alpha)}$$

又由于

$$\bar{x} = \frac{1}{n}\sum_{\alpha=i}^{j} x_{(\alpha)} = \frac{n_1}{n}\bar{x}_{(1)} + \frac{n_2}{n}\bar{x}_{(2)}$$

于是

$$\bar{x}_{(1)} - \bar{x}_{(2)} = \frac{n}{n_2}(\bar{x}_{(1)} - \bar{x})$$

或

$$\bar{x}_{(1)} - \bar{x}_{(2)} = -\frac{n}{n_1}(\bar{x}_{(2)} - \bar{x})$$

由此代入式（3.41）得

$$E = \frac{n_1 n}{n_2}(\bar{x}_{(1)} - \bar{x})'(\bar{x}_{(1)} - \bar{x}) \tag{3.42a}$$

或

$$E = \frac{n_2 n}{n_1}(\bar{x}_{(2)} - \bar{x})'(\bar{x}_{(2)} - \bar{x}) \tag{3.42b}$$

上面两式可简化计算。

例 3.4 从一钻井测得电阻率 ρ_k 曲线，每隔 1mm 读出一个 ρ_k 数值，共得 56 个数据。为了示范的简便，又将邻近的 3 或 4 个数据以其平均值代替，得到表 3.16。

表 3.16 16 个数据的序列

序号	1	2	3	4	5	6	7	8	9	10	11	12	13	14	15	16
ρ_k	6.5	6.5	6.0	7.3	10.5	12.5	12.0	11.0	6.8	9.8	10.0	9.0	5.3	5.0	5.0	6.5

其图形见图 3.4。

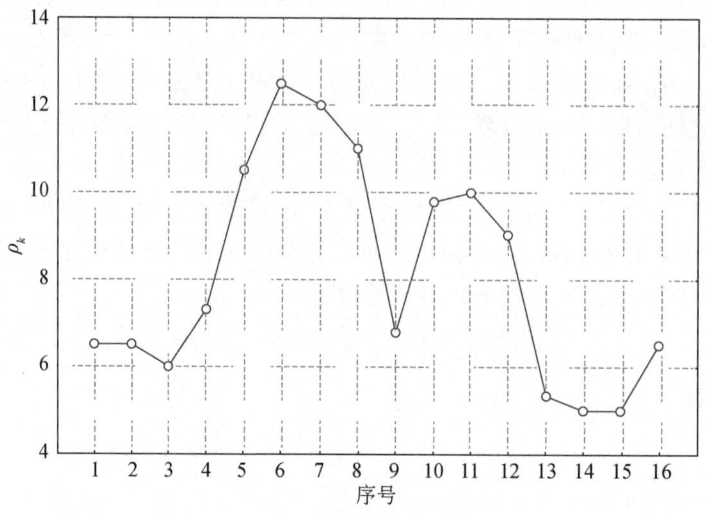

图 3.4 某钻井电阻率 ρ_k 实测数据

先求二分点，逐一计算。$\bar{x} = 8.1062$，如分层点在 1 与 2 之间，则 $\bar{x}_{(1)} = 6.5$，由

式（3.42a）得

$$E=\frac{1.16}{15}(6.5-8.1062)^2=2.4186$$

又如分类点在 12 与 13 之间，则 $\bar{x}_1=8.9917$，

$$E=\frac{12.16}{4}(8.9917-8.1062)^2=37.6373$$

如此比较各分割点的 E 值，得分类点在 12 与 13 之间的 E 最大。再分别将（1，2，…，12）和（13，…，16）作二类分割，这时可得 5 与 6 之间的 E 最大，

$$E=\frac{5.12}{7}(7.36-8.9917)^2=22.8210$$

如此下去，可得各级分割点。

3.3.4.3　有序样品的系统聚类分析

系统聚类方法也可用于有序样品的分类，这时只需计算相邻样品间的距离，共（$n-1$）个距离（不再是距离矩阵），其中距离最小的相邻样品合并，用某种类与类之间距离的定义计算并更新合并后的新类与它的两个邻近点或类的距离，如此下去直到全部样品合并成一类，形成有序样品的分类序列。

3.4　判别分析

判别分析（discriminant analysis）是多元分析中应用最为广泛的分析方法之一。自 1921 年 Pearson 提出判别分析以来，分析模型不断完善。

判别分析主要根据表征事物特征的已知变量值和其所属类别，推导判别函数；并根据判别函数对未知所属类别事物进行分类，从而完成对目标事物的定性判别。它的重点在于在某一适宜准则下，根据已知数据资料建立判别函数，进而以判别函数为基础，完成对未知事物的判别分类。Fisher 准则、Bayes 准则、最小二乘准则、库巴克准则、不确定性准则等都是确定判别函数的重要准则。

3.3 节已讨论了个体（样品）的分类问题，称为 Q 型聚类分析，即根据个体间特征（多项指标值）的相似性程度加以归类。而判别分析是已知存在若干类，要求把未知样品合理归到其中一类。

3.4.1　距离判别

先考虑两个总体的情况。设有两个协方差矩阵相同的正态总体 G_1 和 G_2，它们的分布分别是 $N_p(\boldsymbol{\mu}^{(1)}, V)$ 和 $N_p(\boldsymbol{\mu}^{(2)}, V)$。对给定的一个样本 y，要判断它属于哪个总体，一个直观的想法是计算 y 到两个总体的距离 $d(y, G_1)$、$d(y, G_2)$，并按下面的规则进行判别：

$$\begin{cases} y\in G_1, & d(y,G_1)\leqslant d(y,G_2) \\ y\in G_2, & d(y,G_1)>d(y,G_2) \end{cases} \tag{3.43}$$

在变量空间中通常采用马氏距离，故有

$$d^2(y,G_1)=(y-\mu^{(1)})'V(y-\mu^{(1)})$$

$$d^2(y,G_2)=(y-\mu^{(2)})'V(y-\mu^{(2)})$$

即 y 到两个总体重心或均值向量的距离。考察它们的差：

$$\begin{aligned}
d^2(y,G_1)-d^2(y,G_2)&=y'Vy-2y'V^{-1}\mu^{(1)}+\mu^{(1)\prime}V^{-1}\mu^{(1)}\\
&\quad-(y'Vy-2y'V^{-1}\mu^{(2)}+\mu^{(2)\prime}V^{-1}\mu^{(2)})\\
&=2y'V^{-1}(\mu^{(2)}-\mu^{(1)})+\mu^{(1)\prime}V^{-1}\mu^{(1)}-\mu^{(2)\prime}V^{-1}\mu^{(2)}\\
&=2y'V^{-1}(\mu^{(2)}-\mu^{(1)})+(\mu^{(1)}+\mu^{(2)})'V^{-1}(\mu^{(1)}-\mu^{(2)})\\
&=-2\left(y-\frac{\mu^{(1)}+\mu^{(2)}}{2}\right)'V^{-1}(\mu^{(1)}-\mu^{(2)})
\end{aligned}$$

令

$$\bar{\mu}=(\mu^{(1)}+\mu^{(2)})/2$$

$$W(y)=(y-\bar{\mu})'V^{-1}(\mu^{(1)}-\mu^{(2)}) \tag{3.44}$$

则判别规则（3.43）可写成

$$\begin{cases}y\in G_1,\ \forall\ W(y)\geqslant 0\\ y\in G_2,\ \forall\ W(y)<0\end{cases} \tag{3.45}$$

可以通过考察 $p=1$ 的简单情形来阐明距离判别的意义。当 $p=1$ 时，两母体的分布为

$$N_p(\mu^{(1)},\sigma^2)\text{和}N_p(\mu^{(2)},\sigma^2),V^{-1}=\frac{1}{\sigma^2},$$

$$W(y)=\left(y-\frac{\mu^{(1)}+\mu^{(2)}}{2}\right)'\frac{1}{\sigma^2}(\mu^{(1)}-\mu^{(2)})$$

不妨设 $\mu^{(1)}<\mu^{(2)}$，这时 $W(y)$ 的符号取决于 $y>\bar{\mu}$ 还是 $y<\bar{\mu}$，$y\leqslant\bar{\mu}$ 时判定 $y\in G_1$，否则 $y\in G_2$。

这种判断规则是符合习惯的。若样品落在两母体分布的重合部分，则可能产生误判。如果两母体靠得很近，即统计特征很接近，则无论采用何种方法，误判的概率均很大；只有当两母体的均值有显著差异时作判别分析才有意义。

以上判别规则未涉及母体分布的类型，而只要二阶矩存在且相等就行了。

实际计算中，母体的均值向量和协方差矩阵可用样本均值和样本协方差估计，判别函数成为

$$W(y)=\left(y-\frac{\bar{x}^{(1)}+\bar{x}^{(2)}}{2}\right)'\hat{V}^{-1}(\bar{x}^{(1)}-\bar{x}^{(2)})$$

而

$$\bar{x}^{(1)}=(\bar{x}_j^{(1)})=\left(\frac{1}{n_1}\sum_{i=1}^{n}x_{ij}^{(1)}\right)$$

$$\begin{aligned}
\hat{V}^{-1}&=\frac{1}{n_1+n_2-2}(s_{jk})\\
&=\frac{1}{n_1+n_2-2}\left(\sum_{i=1}^{n_1}(x_{ij}^{(1)}-\bar{x}_j^{(1)})(x_{ik}^{(1)}-\bar{x}_k^{(1)})\right)+\left(\sum_{i=1}^{n_2}(x_{ij}^{(2)}-\bar{x}_j^{(2)})(x_{ik}^{(2)}-\bar{x}_k^{(2)})\right)
\end{aligned}$$

$$= \frac{1}{n_1 + n_2 - 2}(S_1 + S_2)$$

对于多母体的情况，距离判别同样适用。

设有 g 个母体 G_k，$k=1, 2, \cdots, g$，它们的均值和协方差矩阵分别是 $\mu^{(1)}, \mu^{(2)}, \cdots, \mu^{(g)}$；$V^{(1)} = V^{(2)} = \cdots = V^{(g)} = V$；这时判别函数为

$$W_{kl}(y) = \left(y - \frac{\mu^{(k)} + \mu^{(l)}}{2}\right)' V^{-1}(\mu^{(k)} - \mu^{(l)})$$

而其判别准则为 $y \in G_k$，如果对于一切的 $l \neq k$ 均有 $W_{kl}>0$，$k=1, 2, \cdots, g$。

3.4.2　费歇尔准则下的两类判别

费歇尔的判别方法基本思想是把 p 个变量 $x_1, x_2, \cdots, x_p$ 综合成一个新变量 y：

$$y = c_1x_1 + c_2x_2 + \cdots + c_px_p = c'x \tag{3.46}$$

即产生一个综合判别指标，要求已知的 g 个类 G_k，$k=1, 2, \cdots, g$，在这个新变量下能最大程度地区分开，于是可用这个综合判别指标判别未知样品的归属。

式（3.46）称为判别方程，其中 $c = (c_1, c_2, c_p)'$ 为待定参数。

判别方程（3.46）除没有常数项外，与上一章讨论的回归方程非常相似，但两者有着本质的区别。在回归方程中，y 为因变量，是一个已知的随机变量，有其样本测试值，回归分析的任务是选择一组参数，使得根据回归方程预测的因变量的值与实测值尽可能地接近；而判别模型（3.46）中 y 只是一个综合变量，实际上并不存在这样一个变量，因而也没有实测值。

判别模型（3.46）的几何意义是把 p 维空间的点投影到一维空间（直线）上去，使各已知类在该直线上的投影尽可能分离。

3.4.2.1　线性判别方程的建立

讨论只有两个总体的情形。设 A、B 为两个总体（类），在内分别采 n_A 和 n_B 个样本，每个样本都测定 p 个指标（变量），以 $x_{ij}(A)$ 和 $x_{ij}(B)$ 分别代表总体 A、B 中第 i 个样本的第 j 个变量值，并记总体 A、B 的均值向量和协方差矩阵分别为

$$\bar{\boldsymbol{x}}(A) = \begin{pmatrix} \bar{x}_1(A) \\ \vdots \\ \bar{x}_p(A) \end{pmatrix}, \quad \bar{\boldsymbol{x}}(B) = \begin{pmatrix} \bar{x}_1(B) \\ \vdots \\ \bar{x}_p(B) \end{pmatrix},$$

$$\boldsymbol{S}(A) = \begin{pmatrix} s_{11}(A) & \cdots & s_{p1}(A) \\ \vdots & & \\ s_{1p}(A) & & s_{pp}(A) \end{pmatrix}, \quad \boldsymbol{S}(B) = \begin{pmatrix} s_{11}(B) & \cdots & s_{p1}(B) \\ \vdots & & \\ s_{1p}(B) & & s_{pp}(B) \end{pmatrix}$$

例如 $\bar{x}(A)$ 和 $\bar{x}(B)$ 的第 j 个分量为变量 x_j（$j=1, 2, \cdots, p$），平均值为

$$\bar{x}_j(A) = \frac{1}{n_A}\sum_{i=1}^{n_A} x_i(A), \quad \bar{x}_j(B) = \frac{1}{n_B}\sum_{i=1}^{n_B} x_i(B)$$

而 $V(A)$ 和 $V(B)$ 中第 j 行 k 列的元素为变量 x_j 与变量 x_k（$j=1,2,\cdots,p$；$k=1,2,\cdots,p$）的协方差

$$s_{jk}(A)=\frac{1}{n_A-1}\sum_{i=1}^{n}(x_{ij}(A)-\bar{x}_j(A))(x_{ik}(A)-\bar{x}_k(A))$$

$$s_{jk}(B)=\frac{1}{n_B-1}\sum_{i=1}^{n}(x_{ij}(B)-\bar{x}_j(B))(x_{ik}(B)-\bar{x}_k(B))$$

注意：有的作者也把 $\boldsymbol{S}$ 定义为离差矩阵，其与协方差矩阵的差别是不除以（$n-1$），n 为样品数，这不影响最终结果。

而各样品的综合判别变量 y 的值（投影点）为

$$y_i(A)=c_1x_{i1}(A)+c_2x_{i2}(A)+\cdots+c_px_{ip}(A)=c'x_{(1)}(A)$$

$$y_i(B)=c_1x_{i1}(B)+c_2x_{i2}(B)+\cdots+c_px_{ip}(B)=c'x_{(1)}(B)$$

其均值和方差分别为

$$\bar{y}(A)=\frac{1}{n_A}\sum_{i=1}^{n_A}y_i(A)=c'\bar{x}(A)$$

$$\bar{y}(B)=\frac{1}{n_B}\sum_{i=1}^{n_B}y_i(B)=c'\bar{x}(B)$$

$$s_y(A)=\frac{1}{n_A}\sum_{i=1}^{n_A}[y_i(A)-\bar{y}(A)]^2=c'S(A)c$$

$$s_y(B)=\frac{1}{n_B}\sum_{i=1}^{n_B}[y_i(B)-\bar{y}(B)]^2=c'S(B)c$$

则在该综合变量下，可定义 A、B 两类总体的类间离差 D 为

$$D=[\bar{y}(A)-\bar{y}(B)]^2=[c'(\bar{x}(A)-\bar{x}(B))]^2=\left(\sum_{j=1}^{p}c_jd_j\right)^2 \tag{3.47}$$

即两类重心（平均值）之间距离的平方，其中

$$d_j=\bar{x}_j(A)-\bar{x}_j(B)$$

为两类之间同一变量的平均值的差异；而 A、B 两类总体的类内离差即为 y 的总方差 s_y

$$s_y=s_y(A)+s_y(B)=c'Sc \tag{3.48}$$

其中

$$\boldsymbol{S}=\boldsymbol{S}(A)+\boldsymbol{S}(B)$$

费歇尔准则是：选择综合判别变量或投影方向，使得各类的点尽可能分别集中，而类与类尽可能地分离，即达到类内离差最小、类间离差最大。记

$$I=\frac{D}{s_y}$$

则费歇尔准则要求选取 $c=(c_1,c_2,\cdots,c_p)'$ 使得 I 最大，这是一个极值问题。为方便，上式两侧取对数后再对各待定参数 c_j 求导数并令其为零

$$\frac{\partial \ln I}{\partial c_j}=\frac{\partial \ln D}{\partial c_j}-\frac{\partial \ln s_y}{\partial c_j}=0,\quad j=1,2,\cdots,p$$

即得

$$\frac{\partial s_y}{\partial c_j}=\frac{1}{I}\frac{\partial D}{\partial c_j},j=1,2,\cdots,p \tag{3.49}$$

应用式（3.47）和式（3.48）可得

$$\frac{\partial D}{\partial c_j}=2\left(\sum_{l=1}^{p}c_l d_l\right)d_j$$

$$\frac{\partial s_y}{\partial c_j}=2\sum_{l=1}^{p}s_{jl}c_l$$

代入式（3.49）得

$$\sum_{l=1}^{p}s_{jl}c_l=\frac{1}{I}\left(\sum_{l=1}^{p}c_l d_l\right)d_j,j=1,2,\cdots,p$$

记

$$\frac{1}{I}\left(\sum_{l=1}^{p}c_l d_l\right)=\beta$$

因 β 是一个与 j 无关的因子，只对所求的 c_1，c_2，…，c_p 起着共同放大和缩小的作用，不影响 c_j 之间的相对比例，在实际计算中，为重复简便起见，可令 $\beta=1$，于是得到方程组

$$\begin{cases}s_{11}c_1+s_{11}c_2+\cdots+s_{1p}c_p=d_1\\ s_{21}c_1+s_{22}c_2+\cdots+s_{2p}c_p=d_2\\ \quad\cdots\cdots\\ s_{p1}c_1+s_{p2}c_2+\cdots+s_{pp}c_p=d_p\end{cases} \tag{3.50}$$

解线性方程组（3.50）即可求出判别方程的系数 c_1，c_2，…，c_p，从而建立起判别方程。

3.4.2.2　未知样品的判别

对于判别指标 y，A 类的中心为 $\bar{y}(A)$，B 类的中心为 $\bar{y}(B)$，以两者的加权平均值作为判别 A、B 两类母体的临界值 y_0

$$y_0=\frac{n_A\bar{y}(A)+n_B\bar{y}(B)}{n_A+n_B} \tag{3.51}$$

这也就是所有两类样品判别值 y 的总平均值，介于 $\bar{y}(A)$ 和 $\bar{y}(B)$ 之间，不妨设 $\bar{y}(A)>y_0>\bar{y}(B)$。未知样品的 p 个测试值代入判别方程可得该未知样品的判别值 y，若小于 y_0，则 y 更靠近 A 类的中心为 $\bar{y}(A)$，可判定属于 A 类；反之则可判定为 B 类。

费歇尔准则也可用于多类判别。

3.4.2.3　判别方程的显著性检验

判别方程的好坏，即能否有效区分两类母体，这首先取决于两类母体本身统计性质的差异。若两类母体的差异大，则判别效果好。

费歇尔准则下的判别分析的显著性检验与回归方程的显著性检验相类似。

3.4.3　贝叶斯准则下的多类线性判别

设已知有 g 个类 G_k（$k=1$，2，…，g），可由 p 个变量 x_j（$j=1$，2，…，p）表征。在

这 g 个类中共抽取 n 个样本，其中抽到 G_k（$k=1, 2, \cdots, g$）类的样本数为 n_k（$k=1, 2, \cdots, g$），显然有

$$n=\sum_{k=1}^{g} n_k$$

可以称

$$q_k=\frac{n_k}{n} \tag{3.52}$$

为 G_k 类的先验概率。它的意义是：任抽取一个样，恰好抽到 G_k 类的概率，记为 $p(G_k)$，此时尚不需要知道抽取的是一个什么样的样本，即不需要知道该样本的 p 个变量的测试值，其属于某个类的概率具有先验的意思。一旦知道了该样本的 p 个变量的测试值，则其属于某个 G_k 类的概率称为后验概率，概率论上常记为 $P(G_k \mid x)$，读成在已知 x 的条件下为 G_k 类的条件概率。显然，判别样本归属的问题也就是要求后验概率最大的问题。在概率论中有

$$P(G_k \mid x)=\frac{P(x \mid G_k)P(G_k)}{\sum_{k=1}^{g} P(x \mid G_k)P(G_k)}=\frac{P(x \mid G_k)q_k}{\sum_{k=1}^{g} P(x \mid G_k)q_k}$$

称为逆概率公式，其中 $P(x \mid G_k)$ 为在已知属于 G_k 类的条件下得到 x 的条件概率。现在的目的是要比较在所有 g 个后验概率中，哪个最大，从而确定其样本归属，因此只需要知道 $P(x \mid G_k)$（$k=1, 2, \cdots, g$）的相对大小，上式中分母为一常数项，$P(x \mid G_k)$ 的相对大小由

$$q_k P(x \mid G_k)(k=1,2,\cdots,g) \tag{3.53}$$

确定。

贝叶斯准则就是依后验概率的相对最大值判定样品归属的准则。

设类（母体）G_k 服从多元正态分布（$k=1, 2, \cdots, g$），则其概率密度函数为

$$f_k(x)=\frac{1}{(2\pi)^{p/2}\mid\Sigma\mid^{1/2}}\exp\left(-\frac{1}{2}(x-\mu_k)'\Sigma^{-1}(x-\mu_k)\right)$$

对式（3.53）求对数得

$$\begin{aligned}\ln[q_k f_k(x)] &= -\ln[(2\pi)^{p/2}\mid\Sigma\mid^{1/2}]-\frac{1}{2}(x-\mu_k)'\Sigma^{-1}(x-\mu_k)+\ln q_k \\ &= -\ln[(2\pi)^{p/2}\mid\Sigma\mid^{1/2}]-\frac{1}{2}x'\Sigma^{-1}x-\frac{1}{2}\mu'_k\Sigma^{-1}\mu_k+\mu'_k\Sigma^{-1}x+\ln q_k\end{aligned}$$

上式推导过程中已用到了协方差矩阵 Σ（因而 Σ^{-1} 是矩阵）为对称阵的性质，所以有 $x'\Sigma^{-1}\mu_k=\mu_k'\Sigma^{-1}x$。上式右侧前两项与 k 无关，所以后验概率的相对大小可由下式给出

$$y_k(x)=\mu_k'\Sigma^{-1}x-\frac{1}{2}\mu_k'\Sigma^{-1}\mu_k+\ln q_k$$

各母体 G_k 的均值 μ_k 的无偏估计的各母体的样本均值 $\bar{x}_k=(\bar{x}_1^{(k)}, \bar{x}_2^{(k)}, \cdots, x_p^{(k)})'$，而因假设各母体具有相同的协方差矩阵 $\boldsymbol{S}$，则判别函数成为

$$y_k(x)=\bar{x}_k'\boldsymbol{S}^{-1}x-\frac{1}{2}\bar{x}_k'\boldsymbol{S}^{-1}\bar{x}_k+\ln q_k \tag{3.54}$$

对于未知样本 x，由判别函数（3.54）$y_k(x)$，设最大值为 $y_1(x)$，即

$$y_l(x)=\max_{1\leqslant k\leqslant g} y_k(x)$$

则将 x 归属 G_l 类。

3.5　主成分分析与因子分析

前面几节展示了在由 p 个变量 x_1，x_2，…，x_p 组成的空间内，每个样品依其 p 个变量的测定值为空间内的一个点（或矢量），所有样本点构成空间的一个点群（簇）。

因子分析（factor analysis）是指研究从变量群中提取共性因子的统计技术，是多元统计方法之一。它主要用来描述隐藏在一组测量到的变量中的一些更基本的，但又无法直接测量到的隐性变量（latent variable，latent factor），即简化变量的维数和结构，尽可能突出存在于原始变量之间的相关性，以在许多变量中找出隐藏的具有代表性的因子。

它的基本思想是试图用最少个数的不可观测的互不相关的公共因子的线性组合，再加上特殊因子来描述原来一组可观测的相关的每个变量。因子分析特别适合对地学海量数据资料进行分类组合。

因子分析的基本步骤包括：构造因子变量，利用旋转方法使因子变量更具有可解释性，计算因子变量得分。

3.5.1　主成分分析

主成分分析（principal component analysis）是将多个指标约简为少数指标的一种统计方法。设有 n 个样品，每个样品包含 p 个指标。从 p 个指标中找出很少的几个综合性的指标，并尽可能地反映原指标的变化性，称为主成分。

3.5.1.1　主成分分析方法

设 $\boldsymbol{x}_{p\times1}$ 是 p 维随机向量，$\boldsymbol{E}(\boldsymbol{x})=\mu$，$\boldsymbol{V}(\boldsymbol{x})=\boldsymbol{V}$。先求 $\boldsymbol{x}$ 的线性函数

$$\boldsymbol{y}_1=\boldsymbol{a}_1'\boldsymbol{x}=\boldsymbol{a}_{11}x_1+a_{21}x_2+\cdots+\boldsymbol{a}_{p1}x_p \tag{3.55}$$

并使得新变量 $\boldsymbol{y}_1$ 的方差

$$V(\boldsymbol{y}_1)=V(\boldsymbol{a}_1'\boldsymbol{x})=\boldsymbol{a}_1'V\boldsymbol{a}_1 \tag{3.56}$$

尽可能地大。$\boldsymbol{a}_1'$为待定系数向量。

由于对于任何常数 c，有

$$V(c\boldsymbol{a}_1'x)=c\boldsymbol{a}_1'Vc\boldsymbol{a}_1=c^2\boldsymbol{a}_1'V\boldsymbol{a}_1$$

因此对 a_1 不加限制就没有意义了，所以通常要求 $\boldsymbol{a}_1'\boldsymbol{a}_1=1$。在实际问题中，用样本协方差矩阵 $\boldsymbol{S}$ 估计随机变量的协方差矩阵 $\boldsymbol{V}$。不妨设各变量的样本均值 $\bar{x}=0$，否则可用 $x_{(i)}-\bar{x}$ 代替，即进行变量中心化，则有

$$\boldsymbol{S}=\frac{1}{n-1}\boldsymbol{X}'\boldsymbol{X}$$

于是问题归结为在条件 $\boldsymbol{a}_1'\boldsymbol{a}_1=1$ 下求 $\boldsymbol{a}_1'\boldsymbol{S}\boldsymbol{a}_1$ 的极值问题。利用拉格朗日乘数法

$$\frac{\partial}{\partial\boldsymbol{a}_1}[\boldsymbol{a}_1'\boldsymbol{S}\boldsymbol{a}_1+\lambda_1(1-\boldsymbol{a}_1'\boldsymbol{a}_1)]=2(\boldsymbol{S}-\lambda\boldsymbol{I})\boldsymbol{a}_1$$

其中 λ_1 为拉格朗日乘数，$\boldsymbol{I}$ 为单位矩阵。令导数为零得

$$(\boldsymbol{S}-\lambda_1\boldsymbol{I})\boldsymbol{a}_1=0 \tag{3.57}$$

这是求解系数 $\boldsymbol{a}_1$ 的线性方程组，其有非零解的充要条件是

$$|\boldsymbol{S}-\lambda_1\boldsymbol{I}|=0$$

即 λ_1 是矩阵 $\boldsymbol{S}$ 的特征值，$\boldsymbol{a}_1$ 为对应于 λ_1 的特征向量（规一到长度为 1）。

改写式（3.57）为

$$\boldsymbol{S}\boldsymbol{a}_1=\lambda_1\boldsymbol{a}_1$$

上式前乘 $\boldsymbol{a}_1'$ 得

$$\boldsymbol{a}_1'\boldsymbol{S}\boldsymbol{a}_1=\lambda_1\boldsymbol{a}_1'\boldsymbol{a}_1=\lambda_1$$

由式（3.56）可见 λ_1 恰好是新的综合指标 y_1 的方差，为使其方差最大，只要取 λ_1 为 $\boldsymbol{S}$ 的最大特征值。在确定了第一主成分后，再来确定第二主成分，它也是 x 的线性函数

$$y_2=\boldsymbol{a}_2'x=a_{12}x_1+a_{22}x_2+\cdots+a_{p2}x_p \tag{3.58}$$

同样它必须满足标准化条件 $\boldsymbol{a}_2'\boldsymbol{a}_2=1$，与第一主成分不相关，使方差贡献 $\boldsymbol{a}_1'\boldsymbol{S}\boldsymbol{a}_1$ 尽可能地大。y_2 与 y_1 不相关即有

$$\text{cov}(y_1,y_2)=\text{cov}(\boldsymbol{a}_1'x,\boldsymbol{a}_2'x)=\boldsymbol{a}_1'\boldsymbol{S}\boldsymbol{a}_2=\lambda_1\boldsymbol{a}_1'\boldsymbol{a}_2=0$$

因 $\lambda_1\neq0$，所以必须有 $\boldsymbol{a}_1'\boldsymbol{a}_2=0$。同样应用拉格朗日乘数法

$$\frac{\partial}{\partial\boldsymbol{a}_1}(\boldsymbol{a}_2'\boldsymbol{S}\boldsymbol{a}_2+\lambda_2(1-\boldsymbol{a}_2'\boldsymbol{a}_2)+\mu\boldsymbol{a}_1'\boldsymbol{a}_2)=2(\boldsymbol{S}-\lambda_2\boldsymbol{I})\boldsymbol{a}_2+\mu\boldsymbol{a}_1$$

其中 λ_2 和 μ 为拉格朗日乘数。令导数为零，得

$$2(\boldsymbol{S}-\lambda_2\boldsymbol{I})\boldsymbol{a}_2+\mu\boldsymbol{a}_1=0 \tag{3.59}$$

上式前乘 $\boldsymbol{a}_1'$ 并注意到条件 $\boldsymbol{a}_1'\boldsymbol{a}_2=0$ 和 $\boldsymbol{a}_1'\boldsymbol{a}_1=1$，有

$$2\boldsymbol{a}_1'\boldsymbol{S}\boldsymbol{a}_2+\mu=0 \tag{3.60}$$

前面式（3.57）前乘 $\boldsymbol{a}_2'$ 可得

$$\boldsymbol{a}_2'\boldsymbol{S}\boldsymbol{a}_1=0 \tag{3.61}$$

比较式（3.60）和式（3.61）得 $\mu=0$，于是式（3.59）成为

$$(\boldsymbol{S}-\lambda_2\boldsymbol{I})\boldsymbol{a}_2=0 \tag{3.62}$$

这与式（3.57）具有同样的形式，可知 λ_2 应为矩阵 $\boldsymbol{S}$ 的次最大特征值，$\boldsymbol{a}_2$ 为对应于 λ_2 的特征向量。类似地可得到第 3 主因子等。

总结前面的推导，可以得出结论：变量 $x=(x_1, x_2, \cdots, x_p)$ 的第 j 个主成分 y_j 是 x 的线性函数

$$y_j=\boldsymbol{a}_j'x=a_{1j}x_1+a_{2j}x_2+\cdots+a_{pj}x_p \tag{3.63}$$

其中 $\boldsymbol{a}_j$ 是对应于样本协方差矩阵 $\boldsymbol{S}$ 的第 j 个最大特征值 λ_j 的特征向量（规一到长度为 1），主成分 y_j 的方差恰为 λ_j。

在理论上，$\boldsymbol{S}_{p\times p}$ 为正定阵，具有 p 个正特征值，其和为矩阵 $\boldsymbol{S}$ 的迹，亦即系统的总方差，

$$\lambda_1+\lambda_2+\cdots+\lambda_p=\text{tr}\boldsymbol{S}$$

因此，第 j 个主成分的方差贡献率为 $\lambda_i/\text{tr}\boldsymbol{S}$，而前 m 个主成分 $m<p$ 的方差贡献率为

$$(\lambda_1+\lambda_2+\cdots+\lambda_m)/\text{tr}\boldsymbol{S}$$

一般只计算前 m 个主成分，使其方差贡献率达到85%以上。以后的成分的方差贡献已较小，可略去。

式（3.63）也可表示为

$$y=\boldsymbol{A}'x$$

$$\boldsymbol{A}'_{q\times p}=\begin{pmatrix}\boldsymbol{a}'_1\\ \boldsymbol{a}'_q\end{pmatrix}$$

即各主成分的系数构成 $\boldsymbol{A}'$ 的各行向量。若我们取 $q=p$，也就是说把所有主成分都表示出来，或者更严格地说，是把所有主成分和非主成分都表示出来，因为事实上重要的成分才叫主成分的，则 $\boldsymbol{A}'$ 为 $p\times p$ 矩阵，又由于其为正交阵，$\boldsymbol{A}'=\boldsymbol{A}-1$，可得

$$x=\boldsymbol{A}y$$

各主成分的系数构成 $\boldsymbol{A}$ 的各列向量。

3.5.1.2 主成分的几何意义

主成分分析的几何实质是一种坐标变换。在原来 p 维变量空间中，n 个样品构成该 p 维空间的点群。点群内各点的差异可能主要反映在沿某一个或某几个正交的几个方向上。第一主成分即是最能反映各点差异性的方向，以后渐次类推。

3.5.1.3 主成分得分

在确定了 q（$q<p$）个主成分以后，每个样品，例如第 i 个样品的 q 个测试值 $\boldsymbol{x}_{(i)}=(x_{i1}, x_{i2}, \cdots, x_{ip})'$代入的各主成分，例如第 j 个主成分的值 y_{ij}，称为 i 个样品在第 j 个主因子上的得分（scores）。由式（3.63）得

$$y_{ij}=\boldsymbol{a}_j x_{(i)}=a_{1j}x_{i1}+a_{2j}x_{i2}+\cdots+a_{pj}x_{ip}$$

表示成矩阵的形式即有

$$\boldsymbol{Y}=\boldsymbol{XA} \tag{3.64}$$

称 $\boldsymbol{Y}_{n\times m}$ 为主成分得分矩阵。$\boldsymbol{A}_{p\times m}$ 为主成分分解矩阵，其中各列向量对应于各主成分的系数向量，亦即 $\boldsymbol{S}$ 阵的前 m 个特征向量。

$$\boldsymbol{A}_{p\times m}=(\boldsymbol{a}_1,\boldsymbol{a}_2,\cdots,\boldsymbol{a}_m)$$

3.5.1.4 相关矩阵的主成分分析

前面是从观测的样本协方差矩阵 $\boldsymbol{S}$ 出发进行主成分分析的。变量之间的协方差与变量的量纲有关，如果改变某些变量的量纲就会得到不同的 $\boldsymbol{S}$，因而得到不同的主因子解。因此需要对变量进行归一化处理。若采用第1章中介绍的变量标准化进行变量的归一化，即变换

$$x'_{ij}=\frac{x_{ij}-\bar{x}_j}{s_j}$$

则标准化变量的协方差矩阵即为相关矩阵 $\boldsymbol{R}$，也就是说我们可以从初始变量的样本相关 $\boldsymbol{R}$ 出发进行主成分分析。

如果主成分是从相关矩阵 $\boldsymbol{R}$ 提取的，则其特征值之和将为 $\mathrm{tr}\boldsymbol{R}=p$，第 j 个主成分的方差贡献为 λ_i/p。

3.5.2 因子分析

先考虑两个具体的例子。

例 3.5 考虑人的 5 个生理指标：x_1，收缩压；x_2，舒张压；x_3，心跳间隔；x_4，呼吸间隔；x_5，舌下温度。从生理学的知识知道，这 5 个指标是受自主神经支配的，自主神经分为交感神经和副交感神经，因此这 5 个指标的变化均主要起因于这两个公共的因子。

例 3.6 研究某地区地表水的环境污染状况。对水样的多个指标，包括各种有机组分、无机元素含量、pH、Eh、溶解氧等进行了测试，但水体中这些污染指标主要由少量几个因素或称因子所造成，如区域内主要的某类工业对水体的污染、农业污染、生活污染和水所流经的地层中微量元素的溶出。

不失一般性，设对研究对象的 n 个样品测试了 p 个变量 x_1，x_2，…，x_p，可认为这 p 个变量共同起因于 q 个因子（即因素）f_1，f_2，…，f_q。假定这 q 个共因子（可理解为新的变量）对每个指标（变量）的影响或作用是线性的（我们总是讨论线性模型），则可表示为

$$\begin{cases} x_1 = a_{11}f_1 + a_{12}f_2 + \cdots + a_{1q}f_q + b_1u_1 \\ x_2 = a_{21}f_1 + a_{22}f_2 + \cdots + a_{2q}f_q + b_2u_2 \\ \qquad \cdots\cdots \\ x_p = a_{p1}f_1 + a_{p2}f_2 + \cdots + a_{pq}f_q + b_pu_p \end{cases} \tag{3.65}$$

或

$$\boldsymbol{x} = \boldsymbol{Af} + \boldsymbol{bu} \tag{3.66}$$

其中 $\boldsymbol{f}$ 是 $q \times 1$ 的随机向量，$\boldsymbol{u}$ 是 $p \times 1$ 的随机向量，$\boldsymbol{A}$ 是 $p \times q$ 的常数矩阵，且要求

（1）$q \leqslant p$，事实上，一般共因子数总是要小于原始变量数。

（2）各共因子相互独立（即正交）并规一化到方差为 1，即有

$$V(\boldsymbol{f}) = I_q$$

（3）单一因子相互独立（即正交）并规一化到方差为 1，即有

$$V(\boldsymbol{u}) = I_q$$

（4）单一因子与公因子之间也相互独立，即有

$$\mathrm{cov}(\boldsymbol{f}, \boldsymbol{u}) = 0$$

则称 $\boldsymbol{x}$ 具有因子结构，式（3.66）称为 $\boldsymbol{x}$ 的因子模型。系数 a_{jk}（$j=1$，…，p，$k=1$，…，q）为变量 x_j 在公因子 f_k 上的因子载荷（factor load），系数矩阵 $\boldsymbol{A}$ = （a_{jk}）称为因子载荷矩阵。u_j（$j=1$，…，p）相当于各变量 x_j 不能被公因子表达的部分，称单一因子；相应地，b_j（$j=1$，…，p）称单一因子载荷。$\boldsymbol{b}$ 为对角矩阵，其对角元素为 b_j（$j=1$，…，p）。

不妨设 x 为标准化变量，则 $\boldsymbol{x}$ 的相关系数矩阵 $\boldsymbol{R}$ 即协方差矩阵。根据因子分析基本定理，可得

$$\boldsymbol{R} = V(\boldsymbol{x}) = V(\boldsymbol{Af} + \boldsymbol{bu}) = \boldsymbol{A}V(\boldsymbol{f})\boldsymbol{A}' + \boldsymbol{b}V(\boldsymbol{u})\boldsymbol{b}' = \boldsymbol{AA}' + \boldsymbol{bb}' \tag{3.67}$$

由式（3.66）知

$$x_j = a_{j1}f_1 + a_{j2}f_2 + \cdots + a_{jq}f_q + b_ju_j = \sum_{k=1}^{q} a_{jk}f_k + b_ju_j \tag{3.68}$$

所以

$$V(x_j) = \sum_{k=1}^{q} a_{jk}^2 + b_j^2 = 1$$

记

$$h_j^2 = \sum_{k=1}^{q} a_{jk}^2 \tag{3.69}$$

则

$$h_j^2+b_j^2=1,\ j=1,\ 2,\ \cdots,\ p \tag{3.70}$$

h_j^2（因子载荷阵 $\boldsymbol{A}$ 的行元素平方和）反映了公因子对 x_j 的影响，称公因子对 x_j 的“贡献”，也称公因子方差；b_j^2 则称特殊因子方差。当 h_j^2 接近 1 时，b_j^2 接近 0，x_j 的方差基本上已为 q 个公因子所穷尽，x_j 能很好地被 q 个公因子的线性组合所表征；当 h_j^2 接近 0 时，表明公因子对 x_j 的影响不大，x_j 主要是由特殊因子来表达。

另外，对于特定的公因子 f_k，其对各变量的 x_j 的影响由 $\boldsymbol{A}$ 的列元素平方和来描述，记

$$g_k^2 = \sum_{j=1}^{p} a_{jk}^2 \tag{3.71}$$

称为公因子 f_k 对 x 的贡献。显然，g_k^2 的值越大，反映 g_k^2 的贡献越大，g_k^2 是衡量公因子重要性的一个尺度。

由式（3.68）还可以得到

$$r_{x_j,f_k} = \mathrm{cov}(x_j, f_k) = \sum_{l=1}^{q} a_{jl}\mathrm{cov}(f_l, f_k) + b_j\mathrm{cov}(u_j, f_k) = a_{jk}$$

也就是说 a_{jk} 是 x_j，f_k 的相关系数。总结上面的讨论，可以得到 $\boldsymbol{A}$ 阵的统计意义如下：

（1）a_{jk} 是 x_j，f_k 的相关系数；

（2）行元素平方和 $h_j^2 = \sum_{k=1}^{q} a_{jk}^2$ 是 x_j 对公因子的依赖程度；

（3）列元素平方和 $g_k^2 = \sum_{j=1}^{p} a_{jk}^2$ 是公因子 f_k 对 $\boldsymbol{x}$ 各分量的总的影响，即公因子 f_k 对 $\boldsymbol{x}$ 的贡献。

现在回到公式（3.67）。令 $\boldsymbol{R}^* = \boldsymbol{R} - \boldsymbol{bb}'$，称其为约相关矩阵。约相关矩阵 $\boldsymbol{R}^*$ 与相关矩阵 $\boldsymbol{R}$ 的差别仅在于 $\boldsymbol{R}$ 的对角线元素为 1，而 $\boldsymbol{R}^*$ 的对角线元素是诸变量的公因子方差

$$\boldsymbol{R}^* = \begin{pmatrix} 1-b_1^2 & r_{12} & \cdots & r_{p1} \\ r_{21} & 1-b_2^2 & \cdots & r_{p2} \\ \vdots & & & \\ r_{p1} & r_{p2} & \cdots & 1-b_p^2 \end{pmatrix} = \begin{pmatrix} h_1^2 & r_{12} & \cdots & r_{p1} \\ r_{21} & h_2^2 & \cdots & r_{p2} \\ \vdots & & & \\ r_{p1} & r_{p2} & \cdots & h_p^2 \end{pmatrix} \tag{3.72}$$

则由式（3.67）得

$$\boldsymbol{R}^* = \boldsymbol{AA}' \tag{3.73}$$

因此，因子分析的实质是将 p 个变量之间的相关关系转化为这 p 个变量与 q 个公因子之间

的相关关系，也就是在已知约相关矩阵 $\boldsymbol{R}^*$ 的条件下，求解因子载荷矩阵，使各主因子的方差贡献尽可能地大，并满足式（3.72），称为因子分析基本定理。

用 r_{jk}^* 表示 $\boldsymbol{R}^*$ 中的元素，式（3.73）也可表示为

$$r_{jk}^* = \sum_{\alpha=1}^{q} a_{j\alpha} a_{k\alpha}, \qquad j, k = 1, 2, \cdots, p \tag{3.74}$$

现在要求在式（3.74）的条件下要求第 1 主因子 $g_1^2 = \sum_{j=1}^{p} a_{j1}^2$ 对 x 的贡献最大，这是一个条件极值问题。令

$$2\boldsymbol{T} = g_1^2 - \sum_{j,k=1}^{p} \lambda_{jk} \left(\sum_{\alpha=1}^{q} a_{j\alpha} a_{k\alpha} - r_{jk}^* \right)$$

其中 $\boldsymbol{\lambda}_{jk}$ 是拉格朗日乘数子。上式对 a_{j1} 求导并令其为 0

$$0 = \frac{\partial T}{\partial a_{j1}} = a_{j1} - \sum_{k=1}^{p} \lambda_{jk} a_{k1}, \qquad j = 1, 2, \cdots, p \tag{3.75}$$

式（3.74）和式（3.75）可统一记为

$$\delta_{1l} a_{j1} - \sum_{k=1}^{p} \lambda_{jk} a_{kl}, \qquad j = 1, 2, \cdots, p, \; l = 1, 2, \cdots, p \tag{3.76}$$

式中

$$\delta_{1l} = \begin{cases} 1, & \forall\, l=1 \\ 0, & \forall\, l \neq 1 \end{cases}$$

用 a_{j1} 乘式（3.76）并对 j 求和，得

$$\delta_{1l} \sum_{j=1}^{p} a_{j1}^2 - \sum_{k=1}^{p} \sum_{j=1}^{p} \lambda_{jk} a_{j1} a_{kl} = 0 \tag{3.77}$$

代入式（3.70）和式（3.75），得

$$\delta_{1l} g_1^2 - \sum_{k=1}^{p} a_{k1} a_{kl} = 0$$

再用 a_{j1} 乘式（3.76）并对 l 求和，得

$$a_{j1} g_1^2 - \sum_{k=1}^{p} r^* jk a_{k1} = 0$$

即有

$$(r_{j1}^* \cdots r_{jp}^*) \begin{pmatrix} a_{11} \\ \vdots \\ a_{p1} \end{pmatrix} = g_1^2 a_{j1}, \qquad j=1, 2, \cdots, p$$

或

$$\begin{pmatrix} r_{11}^* & \cdots & r_{1p}^* \\ \vdots & & \\ r_{j1}^* & \cdots & r_{jp}^* \end{pmatrix} \begin{pmatrix} a_{11} \\ \vdots \\ a_{p1} \end{pmatrix} = g_1^2 \begin{pmatrix} a_{11} \\ \vdots \\ a_{p1} \end{pmatrix} \tag{3.78}$$

因此 g_1^2 应是 $\boldsymbol{R}^*$ 中的最大特征值，因子载荷阵的第 1 列向量为对应的特征向量。记 $\boldsymbol{R}^*$ 中的最大特征值 $\boldsymbol{\lambda}_1$ 所对应的标准化特征向量为 $\boldsymbol{\gamma}_1$，则 $\boldsymbol{\gamma}_1$ 不能满足 $\boldsymbol{\gamma}_1' \boldsymbol{\gamma}_1 = \boldsymbol{\lambda}_1$（$= g_1^2$），然而对

于任给的常数 c，$c\boldsymbol{\gamma}_1$ 还是 λ_1 所对应的特征向量，所以只要取因子载荷阵的第 1 列向量 $\boldsymbol{a}_1=\sqrt{\lambda_1}\boldsymbol{\gamma}_1$ 就能满足我们的要求。求得因子载荷阵的第 1 列向量后，类似地可以推导 g_2^2 对应于 $\boldsymbol{R}^*$ 的次最大特征值 λ_2，而因子载荷阵的第 2 列向量 $\boldsymbol{a}_2=\sqrt{\lambda_2}\boldsymbol{\gamma}_2$。依次类推，可得到因子载荷矩阵各列元素。可见，只要对 $\boldsymbol{R}^*$ 进行谱分解

$$
\begin{aligned}
\boldsymbol{R}^* &= (\boldsymbol{\gamma}_1 \quad \cdots \quad \boldsymbol{\gamma}_p)\begin{pmatrix}\lambda_1 & & O\\ & \ddots & \\ O & & \lambda_p\end{pmatrix}\begin{pmatrix}\boldsymbol{\gamma}_1'\\ \vdots\\ \boldsymbol{\gamma}_p'\end{pmatrix}\\
&= (\boldsymbol{\gamma}_1 \quad \cdots \quad \boldsymbol{\gamma}_p)\begin{pmatrix}\sqrt{\lambda_1} & & O\\ & \ddots & \\ O & & \sqrt{\lambda_p}\end{pmatrix}\begin{pmatrix}\sqrt{\lambda_1} & & O\\ & \ddots & \\ O & & \sqrt{\lambda_p}\end{pmatrix}\begin{pmatrix}\boldsymbol{\gamma}_1'\\ \vdots\\ \boldsymbol{\gamma}_p'\end{pmatrix}
\end{aligned} \tag{3.79}
$$

则

$$
\boldsymbol{A} = (\boldsymbol{\gamma}_1 \quad \cdots \quad \boldsymbol{\gamma}_q)\begin{pmatrix}\sqrt{\lambda_1} & & O\\ & \ddots & \\ O & & \sqrt{\lambda_q}\end{pmatrix} \tag{3.80}
$$

至此，给出了在 $\boldsymbol{R}^*$ 已知的条件下求因子载荷矩阵 $\boldsymbol{A}$ 的方法。但是，在实际问题中，特殊因子载荷 b_j 是未知的，从而约相关矩阵 $\boldsymbol{R}^*$ 的对角元素 h_j^2 是未知的。如果取 $h_j^2=1$，$j=1, 2, \cdots, p$，则 $\boldsymbol{R}^*=\boldsymbol{R}$，主因子解就是 $\boldsymbol{R}$ 的主成分解。对于小于 1 的 h_j^2，曾提出过多种不同的估计方法，但都不能完全令人满意。

在实际计算中，从样本相关系数矩阵 $\boldsymbol{R}$ 出发，由式（3.79）知 $\boldsymbol{R}=\sum_{i=1}^{p}\lambda_i\gamma_i\gamma'_i=\sum_{i=1}^{p}\boldsymbol{a}_i\boldsymbol{a}'_i$，因此求出 $\boldsymbol{R}$ 的最大特征值 λ_1 和对应的特征向量 $\boldsymbol{\gamma}_1$ 并取 $a_1=\sqrt{\lambda_1}\boldsymbol{\gamma}_1$ 后，可考察 $\boldsymbol{R}_1=\boldsymbol{R}-\boldsymbol{a}_i\boldsymbol{a}_i'$ 是否已接近对角阵，如果接近对角阵，则说明剩下的主要是特殊因子的影响了，共因子只有一个；如果不接近对角阵，则还应考虑取 $\boldsymbol{a}_2=\sqrt{\lambda_2}\boldsymbol{\gamma}_2$，再考察 $\boldsymbol{R}_2=\boldsymbol{R}-\boldsymbol{a}_i\boldsymbol{a}_i'$ 是否已接近对角阵，如此下去，直到所有因子得以提取。也可如前面主成分分析那样，取前 q 个因子，使其特征值之和占全部特征值之和的 85% 以上。

3.5.3　因子正交旋转

由因子分析基本定理知，因子载荷矩阵 $\boldsymbol{A}$ 满足

$$
\boldsymbol{R}^* = \boldsymbol{A}\boldsymbol{A}'
$$

但仅从这一标准来衡量，载荷矩阵的解是不唯一的。如果 $\boldsymbol{\Gamma}$ 是任一正交阵，$\boldsymbol{B}=\boldsymbol{A}\boldsymbol{\Gamma}$，则

$$
\boldsymbol{B}\boldsymbol{B}' = (\boldsymbol{A}\boldsymbol{\Gamma})(\boldsymbol{A}\boldsymbol{\Gamma})' = \boldsymbol{A}\boldsymbol{\Gamma}\boldsymbol{\Gamma}'\boldsymbol{A}' = \boldsymbol{A}\boldsymbol{A}' = \boldsymbol{R}^*
$$

上式说明，对主因子解作正交变换后，所得的新的因子载荷矩阵 $\boldsymbol{B}$ 仍然和 $\boldsymbol{A}$ 一样满足因子分析基本定理 $\boldsymbol{R}^*=\boldsymbol{B}\boldsymbol{B}'$。

上一节中得到的主因子解是要求第 1 主因子对原变量 $x=(x_1, \cdots, x_P)$ 具有最大的方差贡献，第 2 主因子是与第 1 主因子正交的各因子中方差贡献最大者，如此等等。但有时这并不是最好的准则。如要求第 1 主因子具有对原变量最大的方差贡献往往使得第 1 主因子包含过多的原变量成分，不利于解释应用，见后面实例。

当求得主因子解 $\boldsymbol{A}$ 后，以 $\boldsymbol{A}$ 作为初始因子载荷矩阵，可以通过正交变换 $\boldsymbol{\Gamma}$，使 $\boldsymbol{A\Gamma}$ 的形式对于所研究的问题来说更易于解释。这相当于主因子坐标轴的正交旋转。为了不同的应用目的，因子轴的旋转可以有不同的准则。下面只介绍“方差极大正交旋转”（Varimax 旋转）。

先考虑两个因子的平面正交旋转。因子载荷矩阵和正交转换变换矩阵为

$$\boldsymbol{A}=\begin{pmatrix} a_{11} & a_{12} \\ a_{21} & a_{22} \\ \vdots & \\ a_{p1} & a_{pp} \end{pmatrix}, \quad \boldsymbol{\Gamma}=\begin{pmatrix} \cos\varphi & -\sin\varphi \\ \sin\varphi & \cos\varphi \end{pmatrix}$$

φ 为坐标旋转角度。变换后的因子载荷矩阵记为

$$\begin{aligned} \boldsymbol{B} &= \boldsymbol{A\Gamma} \\ &= \begin{pmatrix} a_{11}\cos\varphi+a_{12}\sin\varphi & -a_{11}\sin\varphi+a_{12}\cos\varphi \\ \vdots & \vdots \\ a_{p1}\cos\varphi+a_{p2}\sin\varphi & -a_{p1}\sin\varphi+a_{p2}\cos\varphi \end{pmatrix} = \begin{pmatrix} b_{11} & b_{12} \\ \vdots & \vdots \\ b_{p1} & b_{p2} \end{pmatrix} \end{aligned}$$

Varimax 旋转是要选择这样的坐标旋转角度，使得经过旋转后，第 1 主因子主要只与某几个变量有关，而第 2 主因子主要只与另几个变量有关，所以在第 1 主因子上那几个变量与之有关的因子载荷要大，而其余变量的因子载荷要小，在第 2 主因子上的情形亦然，也就是说要求 $(b_{11}^2, \cdots, b_{p1}^2)$，$(b_{12}^2, \cdots, b_{p2}^2)$ 两列数据的方差要尽可能地大。考虑各列相对方差

$$V_\alpha=\frac{1}{p}\sum_{j=1}^{p}\left(\frac{b_{j\alpha}^2}{h_j^2}\right)^2-\left(\frac{1}{p}\sum_{j=1}^{p}\frac{b_{j\alpha}^2}{h_j^2}\right)^2, \alpha=1,2$$

取列元素的平方的方差是为了消除符号不同的影响，除以 h_j^2 是为了消除各个变量对公共因子依赖程度不同的影响。现在要求总的方差达到最大，即要求

$$G=V_1+V_2$$

取最大值。于是利用 G 对 φ 的导数，经过一些初等运算可得到求解 φ 的方程式

$$\begin{cases} \tan 4\varphi=\dfrac{D-2AB/p}{C-(A^2-B^2)/p} \\ \boldsymbol{A}=\sum\limits_{j=1}^{p}\mu_j, \boldsymbol{B}=\sum\limits_{j=1}^{p}v_j \\ \boldsymbol{C}=\sum\limits_{j=1}^{p}(\mu_j^2-v_j^2), \boldsymbol{D}=2\sum\limits_{j=1}^{p}\mu_j v_j \\ \mu_j=\left(\dfrac{a_{j1}}{h_j}\right)^2-\left(\dfrac{a_{j2}}{h_j}\right)^2, v_j=\dfrac{2a_{j1}a_{j2}}{h_j^2} \end{cases} \tag{3.81}$$

如果公因子多于两个，我们可以逐次进行两两公因子的正交旋转，例如对 $\boldsymbol{A}$ 阵中的 α

列β列进行正交旋转，则所选择的旋转角度公式只需在式（3.81）中

$$a_{j1}\to a_{j\alpha},a_{j2}\to a_{j\beta}$$

即可。两两公因子的旋转共需进行$C_q^2=\frac{q(q+1)}{2}$次（q个中选2个的组合），并且第一轮C_q^2次旋转后，还得进行第2轮的旋转，直到各因子的方差贡献不再有明显的改变。

在实际应用中，有时还使用斜交旋转，即变换$\boldsymbol{A}\to\boldsymbol{AP}$，$\boldsymbol{P}$不限于正交阵，而是非奇异的阵，此时所得的公因子结构已不再满足因子分析基本定理，公因子之间非正交，因而有更大的任意性。

3.6　蒙特卡罗方法

3.6.1　基本原理

蒙特卡罗方法（Monte Carlo method），也称统计模拟方法，是20世纪40年代中期由于科学技术的发展和电子计算机的发明，而提出的一种以概率统计理论为指导的数值计算方法。是指使用随机数（或更常见的伪随机数）来解决很多计算问题的方法。该方法能得到许多复杂随机变量近似的概率分布模型，因此在统计学中具有重要意义。

通常蒙特卡罗方法可以粗略地分成两类：一类是所求解的问题本身具有内在的随机性，借助计算机的运算能力可以直接模拟这种随机的过程。另一种类型是所求解问题可以转化为某种随机分布的特征数，比如随机事件出现的概率，或者随机变量的期望值。通过随机抽样的方法，以随机事件出现的频率估计其概率，或者以抽样的数字特征估算随机变量的数字特征，并将其作为问题的解。这种方法多用于求解复杂的多维积分问题。

地质事件及其所产生的地质体无论作为地质过程中的产物还是作为地质观测的结果，都具有随机性。资源在特定地质环境中的富集作用也是一种随机事件，因此资源可在一定概率意义下进行估计。

资源量具有质量和数量两种特征。质量特征用品位表示，表示资源数量特征的参数有资源个数、矿石量和金属量等。这些特征参数都是随机变量；资源量是这些参数的函数。蒙特卡罗方法在资源量估算中的应用，是通过统计抽样来模拟资源参数的统计分布，进而求出资源量的概率分布，根据资源量的概率分布对预测区的资源量进行估算。

3.6.2　应用研究

用蒙特卡罗方法计算资源量的过程可分为以下几个步骤：

（1）建立概率模型。根据资源预测对不同矿种的不同要求，建立资源与参数的关系，例如：金属量M与矿石量T和品位C的关系是$M=T\times C$。

（2）建立参数的统计分布。不同参数有不同的分布，可通过样本观察值的统计和模拟求得参数分布。

（3）随机抽样，模拟资源量分布。

（4）研究预测区和模型区的关系，通过类比建立预测区资源量的概率分布，用资源量概率分布估计预测区的资源量。

3.6.2.1　建立概率模型

蒙特卡罗方法是一种模拟随机变量分布函数的一种方法。它应用于资源估算中，主要用于资源量概率分布模型的建立。不同的概率分布模型具有不同的地质意义，资源量预测的一般模型是：

设 M 为统计单元资源量，它是随机变量。令 C_j（$j=1$，2，…，m）为资源特征参数，例如品位 C、矿石量 T 等，它们也是随机变量。资源量 M 是这些参数的函数，表示为 $M=f(C_1, C_2, \cdots, C_m)$，不同的函数将形成不同的资源量分布模型。

1. 按随机变量之间的关系分类

按随机变量之间的关系，资源量预测中常用的概率分布模型有以下几种：①随机变量乘积模型；②随机变量和的模型；③随机变量混合模型。

由于不同模型中具有不同的随机变量（参数），而且有不同的关系，不同模型反映了不同地质内容。譬如为了研究某类矿床、矿田等单元资源量分布，可以通过矿石量、品位等参数求得

$$M=T \cdot C$$

资源量为 T 和 C 两随机变量的乘积。它属于第一种模型；如果研究两个不同研究区的资源量预测问题，由于两个区的资源参数具有不同的分布，为求得两个区的资源总量或矿石总量或矿床个数总量，则可采取随机变量和的模型：

$$M=M_1+M_2$$

$$N=N_1+N_2$$

$$T=T_1+T_2$$

其中，M_1、N_1、T_1 分别表示其中第一个区的资源量、矿床数、矿石量参数，M_2、N_2、T_2 表示第二个区的相应参数。

此例中研究两个区的资源量还可表示为以下混合模型：

$$M=T_1C_1+T_2C_2$$

以上模型中既有随机变量的乘积，又有随机变量的和，是一种混合模型。它由两个乘积模型与一个和模型组成。一个复杂的模型一定是由一系列简单模型组成的，因此，可按分解后的简单模型研究各种参数之间的关系。

2. 按资源参数的维数分类

按资源参数的维数分为以下四种模型。

（1）一维预测模型。只含一个资源参数的预测模型称为一维预测模型。有时由于某种矿产资源品位变化，原来矿石量发生相应的变化，为求新的矿石量 T 的分布可采用一维模型；$T_1^*=f(T)$。譬如

$$T^*=aT \text{ 或 } T^*=aT^c$$

其中，f 是根据品位变化对矿石量影响所确定的函数关系；a 是函数系数。再比如进行大区域资源量预测，由于资料水平和精度要求，可采取如下模型预测资源总量：

$$M^* = NM$$

其中，M 为预测区资源量；N 为总的资源数目，它是一个常数。

（2）二维预测模型。只含两个资源参数的模型称为二维模型。它是由两个独立随机变量作参数的模型。资源量特征中最基本的特征是矿石量和品位，为了研究资源量分布规律，对与模型类似的地区预测资源量，可采用如下的模型：

$$M = T \cdot C$$

其中，T 为矿石量；C 为品位；M 为资源量。

（3）三维预测模型。含三个资源参数的模型称为三维模型。比如进行外推预测时，预测区单元成矿具有一定概率性，因此，整个统计单元资源母体中，反映成矿可能性的量 L 为随机变量。母体的资源量将与矿石量 T、品位 C 及成矿概率 L 有关，它们之间满足如下的关系：

$$M = T \cdot C \cdot L$$

在资源量预测中，特别是以地质体为单元的资源总量预测，通常估算预测区的资源量时均采用这种模型。一般矿床级预测以矿床单元为统计样品，矿田级预测以矿田单元为统计样品。

（4）四维预测模型。四维预测模型是指含有四个独立的参数。比如有资源个数 N、矿石量 T、品位 C 及成矿概率 L。

$$M = N \cdot T \cdot C \cdot L$$

这种模型对于网格化单元的资源预测是常用的。由于网格单元与矿床没有确定的对应关系，而单元中矿床数 N 是随机变量，因此，作为网格单元的资源量应与矿床数呈正相关。如要采用地质体为单元，一般不采用该模型。

以上是对模型的一种分类。构造模型的方法很多，根据问题的性质、任务的要求以及资料水平的不同，可构造出不同的模型。比如矿床预测模型、矿田预测模型、矿床密集区预测模型等等。

一般模型维数越高，随机性越强，除以上四种不同的维数以外，还可有更高维的模型。模型的选择要根据具体情况而定。

（1）单一母体资源总量预测。在资源定量预测中，有时需对具体成矿区的资源总量进行预测，比如一个矿田或矿区的资源量预测。可以根据矿田或矿区内所有已知矿床、矿点、矿化点矿石品位和矿石量的观测值，作它们的频率直方图，进而模拟出资源量概率分布曲线，它就是该区的资源量分布模型。

（2）同母体多区域资源总量预测。同母体多区域资源总量预测是最常见的。所谓同母体多区域资源总量预测，是指用一个资源量分布模型，预测多个成矿地质环境完全相同的地区的资源量。设有 m 个预测区，那么 m 个区的资源总量为

$$M^* = mM$$

其中，M 为原模型资源量。

（3）不同母体资源总量预测。同种矿产资源有不同的矿床类型，有时不同类型矿床资

源量具有不同的资源量分布模型。对这种矿床资源总量的预测应采用不同母体的资源总量预测方法。比如进行大区域资源量预测（如全国范围），由于各地区的成矿地质环境不同，导致相同矿种的矿产资源量在不同地区具有不同的分布模型。在这种情况下，人们常采用不同的模型模拟不同地区的资源量分布。这种用不同模型来分别模拟不同地区的资源量分布，最后将其累加起来估算大区域资源量的预测方法，就是一种多母体的资源量预测。这种预测可采用如下的预测模型：

$$M^* = m_1 M_1 + \cdots + m_t M_t$$

其中，M^* 为总资源量；M_i 表示第 i 个母体的资源量，m_i 为第 i 个母体中未知成矿区数目。

3.6.2.2 资源参数分布的模拟

资源预测中资源参数可以在模型单元中取得观测值，它们一般为连续型随机变量。根据参数的观测值模拟参数分布有两种方法：①用一定的理论分布函数进行拟合；②根据频率直方图构造适当的分布函数。

1. 用理论分布拟合资源参数的分布

根据参数的实际观测值，进行适当的分组，做出频率直方图。根据直方图的峰度、偏度等特征，选用特定的理论分布来代替参数分布。选择拟合程度较好的理论分布作为参数的分布。常用的理论分布模型有正态分布、负二项分布或泊松分布等。

理论分布的选配必须进行显著性检验，只有在理论分布与实测结果没有显著差异时才能使用。

用理论分布曲线进行拟合，无疑会给问题带来方便，特别是比较容易计算概率分布的数字特征。但是选择到合适的理论曲线也并非易事。而且还会受直方图分组等人为因素影响，造成拟合结果的不同。

2. 构造函数模拟资源参数的分布

用数学方法构造概率分布函数 $F(x)$，根据系数的频率直方图，寻找适当函数 $F(x)$，使其满足密度函数的条件，用它来拟合样本频率直方图。这种方法无须事先考虑参数的分布形式，而且方法统一、计算简单。

构造 $F(x)$ 来拟合直方图的算法有多种。比如采用样条函数即为一种方法，以下介绍该方法。

设样本的频率直方图共有 N 个柱，各柱高度为 y_j，宽度为 h，组中值为 x_j。二次样条函数的计算公式为

$$F(x) = \sum_{j=0}^{N} y_j \Omega\left(\frac{X - X_j}{h}\right)$$

其中，$\Omega(t) = \Omega\left(\frac{x-x_j}{h}\right)$ 为基本样条函数，其计算公式为

$$\Omega(t) = \begin{cases} 0 & |t| \geq \dfrac{3}{2} \\ -t^2 + \dfrac{3}{4} & |t| \text{ 为其他情形} \\ \dfrac{1}{2}t^2 - \dfrac{3}{2}|t| + \dfrac{9}{8} & \dfrac{1}{2} \leq |t| < \dfrac{2}{3} \end{cases}$$

可以证明样条函数 $F(x)$ 满足密度函数条件。而且能对参数频率直方图进行拟合，因此，$F(x)$ 可用来构造分布函数。

3.6.2.3　资源量分布的抽样模拟

1. 随机数

蒙特卡罗方法进行分布函数的模拟要使用随机数来构造抽样序列。随机数的产生是在计算机上应用适当的数学方法计算出来的。由于受计算机字节长度限制而且有一定的周期，因而不是真正的随机数，这样产生的随机数被称为“伪随机数”。如果随机数满足分布均匀性、随机性和独立性，有足够长的周期，能够满足实际问题的需要，这时伪随机数可以和真正的随机数一样使用。

常用产生随机数（伪随机数）方法是乘同余法，该方法的计算公式为

$$x_{n+1}=\lambda_{x_n}(\mathrm{Mod}m)$$

这是一个递推式。给定 x_0 以后，就可以算出 x_1，x_2，…，如已计算了 x_n，那么，将 x_n 乘以常数 λ，用 m 来除，取其余数即为 x_{n+1}。将所产生的随机数变换到（0，1）上去，即形成在（0，1）上均匀分布的随机序列。其中，m、λ、x_0 选择的常数，它们的选择对产生伪随机数的性质是有一定影响的。对所产生的随机数的性质必须进行统计检验，以便确定其是否满足要求。

2. 抽样模拟

所谓抽样，就是在某个随机变量分布已知的情况下，通过取随机数，实现在该变量中一次次取值的过程。例如，现在准备在品位 C 的分布下抽样，为此将 C 的取值分成 n 个互不相交的小区间，则品位 C 落在各个小区间上为事件 C_1，C_2，…，C_n，而相应的概率为 p_1，p_2，…，p_n。若令 $p_k=\sum\limits_{i=1}^{k}p_i$ 和 $p^0=0$，那么概率 p^k 表示了前 k 个概率之和，显然有 $p^k-p^{k-1}=p_k$ 和 $\sum\limits_{i=1}^{n}p_i=p^n=1$。现取（0，1）上均匀分布的随机数 r，若 r 落在（p^{k-1}，p^k）上，就说事件 C_k 发生（即取得了一个品位为 $C=C_k$ 的样品），其概率为 p_k，这样就使一个随机数 r 与 C 的一个取值 C_k 对应起来，从而完成了一次抽样。

不同的抽样方式，产生不同的随机抽样结果，下面以三维模型说明抽样过程。

仍以三维预测模型 $M=T\times C\times L$ 为例，式中参数 T、C、L 的分布已经在前面做出，那么对每个预测样品金属储量估计值可由下述抽样过程模拟出来。先取一个（0，1）上均匀分布的随机数 r_1，在 T 的分布中抽得一个矿石量 T_1，然后再取随机数 r_2，在 C 中抽得一个品位 C_1，第三次取 r_3 在 L 中抽得 L_1，将这三个值相乘，便得到一个预测样品金属量的随机值 $M_1=T_1\times C_1\times L_1$，于是完成了一轮抽样。依次做下去，如进行了 1000 抽样，便有 1000 个金属量 M_1，M_2，…，M_{1000}，把这 1000 个数分组求频率，进行统计整理便得到资源量的概率分布。

3. 资源量的估计

通过抽样模拟出了资源量的分布密度 $p(M)$。相应可求出分布函数 $F(M)$，为了便于

解释，可采用 $\overline{F}(M)=1-F(M)$，它是单调递减函数，见图 3.5。根据这条曲线，就可以估计到任何概率意义下的资源量。例如，若以图中横轴代表金属量，单位为吨，纵轴代表 $F(M)$。则查得纵轴上 0.75 对应的 M^*，读作：资源量大于 M^* 吨的可能性不超过 75%。或者称 75% 概率下最大资源量为 M^* 吨。

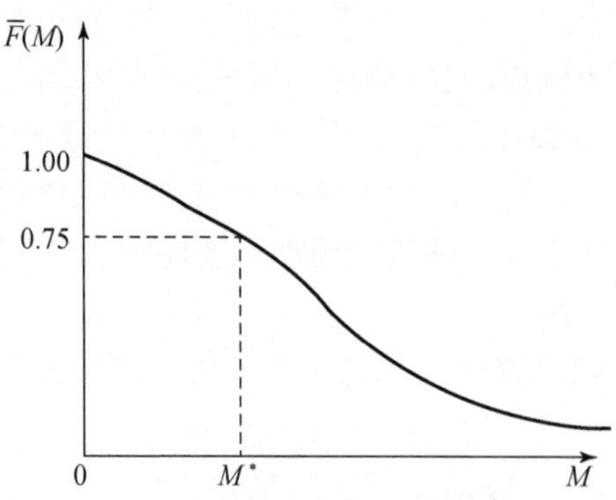

图 3.5　资源量分布密度函数示意图

分布曲线 $\overline{F}(M)$ 直观地反映了资源的概率分布规律。不同概率模型，它所代表的意义也不相同，它可以是一个矿区、矿田、矿带的资源量分布模型，也可以是一个特定研究区的资源量分布模型。

第 4 章　地质统计学

地质统计是最早由南非矿床统计学家 D. G. Krige（D. G. 克里格）发明的一种矿床储量计算方法发展起来的，后由法国统计学家 G. Matheron 进一步完善、确立的一个统计学分支。它是以区域化变量为基础，借助变异函数，研究既具有随机性又具有结构性，或空间相关性和依赖性的自然现象的一门科学。凡是与空间数据的结构性和随机性，或空间相关性和依赖性，或空间格局与变异有关的研究，并对这些数据进行最优无偏内插估计，或模拟这些数据的离散性、波动性时，皆可应用地质统计学的理论与方法。

地质统计学与经典统计学的共同之处在于：它们都是在大量采样的基础上，通过对样本属性值的频率分布或均值、方差关系及其相应规则的分析，确定其空间分布格局与相关关系。但地质统计学区别于经典统计学的最大特点是：地质统计学既考虑到样本值的大小，又重视样本空间位置及样本间的距离，弥补了经典统计学忽略空间方位的缺陷。

区域化变量（regionalized variables）是地质统计学的基本概念。地球化学变量就是典型的区域化变量。区域化变量具有空间相关性，区域内某一处的元素含量高低势必影响邻近区域的元素含量的分布，各点之间也就势必存在着一定的相关关系。

变差函数是地质统计学的基本工具。它的主要功能是揭示区域化变量的空间相关性，反映区域化变量空间变异程度随距离而变化的特征。若某一变量受多种因素的制约，那么变差函数就具有多级套合结构；若某一变量受周期性因素制约，那么其变差函数就具有周期性结构；若某一变量受多个周期性时间或空间等因素的制约，那么其变差函数便会相应地呈现出多级周期性振荡特征。

克里金法（Kriging method）是地质统计学的主要内容之一，是变差函数的实际应用。克里金法利用变差函数计算网格节点构成的数据面的估值，从统计意义上说，就是从变量相关性和变异性出发，在有限区域内对区域化变量的取值进行无偏、最优估计的一种方法。克里金法的适用条件是区域化变量存在空间相关性。

4.1　地质统计学的概念

地质统计学是以区域化变量理论为基础，以变差函数为主要工具，研究在空间或时间分布上既有随机性又有结构性变化的自然现象的科学。与经典统计学不同，地质统计学认为总体中的个体不是随机的，而是空间自相关的。空间自相关（spatial autocorrelation）是指空间上相邻数值间的相关关系。空间自相关是把经典统计学中相关的概念引申到空间上，但是需要强调指出，空间自相关的概念实质上更多的是与方差的概念有关，而不是与相关的概念有关，因为我们考察的是变量自身在空间范围内的变化性质。空间自相关分析可以采用相关图、协方差函数、变差函数（半方差函数），这里我们只讨论变差函数，它是区域化变量理论最重要的要素之一。

空间上或时间上分布的变量值之间隐含着相关性的假设，对这样一种相关性进行研究称为“结构分析”或“变差函数模拟”。在实现了数据的结构分析后，就可以利用克里金法对未取样的部位的变量值进行预测（即利用“条件模拟”对这些未知值进行模拟）。简要地说，地质统计学的研究步骤包括：①探索性数据分析；②结构分析（变差函数的计算和模拟）；③进行预测（克里金法或模拟）。

地质统计学的一个独特方面是区域化变量的应用，区域化变量是介于随机变量和确定性变量之间的变量，它描述的是地理分布现象（例如，矿石品位、矿体厚度等），这类现象虽然具有空间连续性，但是每个位置并不一定都能获取到样品，从而必须根据能够取样的特定位置获得的数据估计未知值。区域化变量的取样和估值能够使所研究现象的变化形式以诸如等值线图之类的图形绘制出来。

许多诸如化学元素或化合物含量之类的变量只有理想意义上的“点”的数值，随机函数也以数据点方式进行处理。但是，数据一般都与物理样品有关，物理样品具有长度、面积或体积，也就是说，样品含量代表其长度、面积或者体积的平均含量。由此，把样品位置的大小、形状、方向和排列定义为支撑（support），这些因素影响到预测未知样品值的能力，如果其中任一特征发生变化，则未知值发生变化。显然，支撑这一术语具有数学和物理意义。

概括地说，地质统计学提供了用于表征区域化变量空间特征的描述性工具（即变差函数），地质统计学分析的核心就是通过对采样数据的分析、对采样区地理特征的认识选择合适的克里金空间内插方法，利用观测值之间的空间自相关性预测未取样部位的区域化变量值并创建统计表面。这里所说的统计表面是指含有 z 值的形貌面，z 值为区域化变量值，它的位置由 X 和 Y 坐标定义且在区域范围内分布。之所以称为统计表面，是因为在考虑的范围内 z 值构成了许多要素的统计学表述。

4.1.1　随机过程与区域化变量

区域化变量是地质统计学所研究的对象，区域化变量的理论是地质统计学的理论基础。

4.1.1.1　随机函数

设随机试验 E 的样本空间为 $\Omega=\{\omega\}$，若对每一个 $\omega\in\Omega$ 都有一个函数 $Z(x_1, x_2, \cdots, x_i; \omega)$ 与之对应，且当自变量 x_i（$i=1, 2, \cdots, n$）取任意固定值 x_{i0} 时，$Z(x_{10}, x_{20}, \cdots, x_{i0}; \omega)$ 为一随机变量，则称 $Z(x_1, x_2, \cdots, x_i; \omega)$ 为定义在 $(x_1, x_2, \cdots, x_n)$ 上的一个随机函数。

简单地说依赖于参数的随机变量叫作随机函数。当随机函数依赖多个自变量时，称为随机场。

4.1.1.2　随机过程

常把只依赖于时间参数 $t(x_i=t)$ 的随机函数，称作随机过程。记为 $Z(t,\ \omega)$，简称 $Z(t)$。当每次试验取得一个结果时，随机过程变为一般的 t 的实值函数（t）$=Z(t,\ \omega)$。当参数 t 取固定值时，随机过程变为一纯随机变量 $Z(\omega)=Z(t_0,\ \omega)$。当然随机过程中的参数 t 也可以不是时间，而是其他含义，如深度等。

4.1.1.3　区域化变量

G. 马特隆将区域化变量定义为：一种在空间上具有数值的实函数，它在空间的每一个点取一个确定的值，当由一个点移到另一个点时，函数值是变化的。

现在一般认为，区域化变量是指以空间点 X 的三个直角坐标（x_u，x_v，x_w）为自变量的随机场 $Z(x_u,\ x_v,\ x_w)=Z(x)$。

区域化变量具有两重性：观测前把它看成是随机场，而观测后把它看成一个空间点函数。

区域化变量可以同时反映地质变量的结构性和随机性。一方面，当空间点 X 固定后，地质变量的取值是不确定的，可以看作一个随机变量，体现在随机性；另一方面，空间两个不同点之间，地质变量又具有某种自相关性，且一般而言，两点距离越小，相关性越好，反映了地质变量的连续性和关联性，体现了结构性一面。正因为区域化变量具有这种特性，才使得地质统计学具有强大生命力。

从地质学的观点来看，区域化变量可以反映地质变量的以下特征：

（1）局部性：区域化变量只限于一定的范围内。这一范围称为区域化的几何域。区域化变量一般是按几何承载定义的，承载变了就会得到不同的区域化变量。

（2）连续性：不同的区域化变量具不同的连续性，可用变差函数描述。

（3）导向性：当区域化变量在各方向上相同时，称各向同性，否则称各向异性。

（4）可迁性：区域化变量在一定范围内具一定程度的空间相关性。当超出这个范围时，相关性很弱甚至消失。这种性质用一般统计方法很难识别。

（5）对任一区域化变量而言，特殊的变异性可叠加在一般规律之上。

上述这些特征，经典概率统计方法很难处理，而地质统计学中的基本工具——变差函数，能较好地研究这些特殊性质。

4.1.2　区域化变量的数字特征

区域化变量的数字特征一般都是函数。

4.1.2.1　平均值函数

设 $Z(x)$ 为一区域化变量，当 x 固定($x=x_0$)时，$Z(x_0)$就是一个随机变量，它的平均值为 $E[Z(x_0)]$，当 x 看成变量，$E[Z(x)]$就是一个 x 的函数，即为区域化变量的平均值。通常把区域化变量 $Z(x)$ 与其平均值 $E[Z(x)]$ 的差，叫作中心化的区域化变量，记为

$Z_0(x)$即$Z_0(x)=Z(x)-E[Z(x)]$，中心化的区域化变量的平均值恒为零。

4.1.2.2 方差函数

设$Z(x)$为一区域化变量，当x固定($x=x_0$)时，$Z(x_0)$就是一个随机变量，它的方差为$D^2[Z(x_0)]$，当x看成变量，$D^2[Z(x)]$就是一个x的函数，该函数称为区域化变量的方差。即

$$D^2[Z(x)]=E\{Z(x)-E[Z(x)]\}^2=E\{[Z(x)]^2\}-\{E[Z(x)]\}^2$$

该方法是为了与概率论中的记法区别，因它依赖于空间点的位置x。

4.1.2.3 协方差函数

随机过程在t_1、t_2处的两个随机变量$Z(t_1)$ 和$Z(t_2)$ 的二阶混合中心矩，定义为协方差函数，即为

$$\mathrm{Cov}\{Z(t_1),Z(t_2)\}=E[Z(t_1)\cdot Z(t_2)]-E[Z(t_1)]\cdot E[Z(t_2)]$$

对区域化变量$Z(x)$，协方差函数为

$$\mathrm{Cov}\{Z(x),Z(x+h)\}=E[Z(x)\cdot Z(x+h)]-E[Z(x)]\cdot E[Z(x+h)]$$

也就是说协方差函数依赖于空间点的位置x和向量h，当$h=0$时，上式为

$$\mathrm{Cov}\{Z(x),Z(x+0)\}=E[Z(x)^2]-E\{[Z(x)]\}^2$$

为先验方差函数。

4.1.3 平稳性假设和内蕴假设

地质统计学中用变差函数来表示区域化变量的空间结构性，而计算变差函数时，必须要有$Z(x)$ 和$Z(x+h)$ 的若干实现。而在实际工作中只能得到一对这样的数据。因为不可能在空间同一点取得第二个样品，这就是说区域化变量的实际取值是唯一的，不能重复的，为克服这一困难，提出假设。

4.1.3.1 平稳假设（stationary assumption）

设一随机函数Z，其空间分布率不因平移而改变，即若对任一向量h，关系式

$$G(z_1,z_2,\cdots,x_1,x_2,\cdots)=G(z_1,z_2,\cdots,x_1+h,x_2+h,\cdots)$$

成立时，则该随机函数为平稳性随机函数。也就是说无论位移向量h多大，随机变量的分布不变，在地质上来说，在某一地质体内部，$Z(x)$ 和$Z(x+h)$ 的相关性不依赖于它们在地质体内的特定位置。

这种平稳假设很严格，至少要求$Z(x)$ 的各阶矩均存在且平稳，而在实际工作中却很难满足。在地质统计学中提出弱平稳（或二阶平稳）。

当区域化变量满足下列两个条件时，认为满足二阶平稳：

（1）在研究区内，区域化变量$Z(x)$ 的期望存在且等于常数

$$E[Z(x)]=m$$

（2）在研究区内，区域化变量 $Z(x)$ 的协方差函数存在且平稳，即

$$\mathrm{Cov}[Z(x),Z(x+h)]=E[Z(x)\cdot Z(x+h)]-m^2=C(h)$$

当 $h=0$ 时，

$$\mathrm{Cov}[Z(x),Z(x+h)]=\mathrm{Var}[Z(x)]=C(0)$$

协方差平稳意味着方差及变差函数平稳，从而有

$$C(h)=C(0)-\gamma(h)$$

4.1.3.2　内蕴假设（intrinsic assumption）

在实际工作中，有时协方差函数不存在，因而没有先验方差，也就是说不满足平稳假设。但在自然现象和随机函数中，有些现象或函数具有无限离散性，即无协方差及先验方差，但却可能存在变差函数，故提出内蕴假设，进一步放宽条件。如只考虑品位的增量而不考虑品位本身，这就是内蕴假设的基本思想，当区域化变量满足下列两个条件时，认为满足内蕴假设：

（1）在研究区内区域化变量 $Z(x)$ 增量的期望为 0，即

$$E[Z(x)-Z(x+h)]=0$$

（2）所有矢量的增量 $Z(x)-Z(x+h)$ 方差函数存在且平稳，即

$$\mathrm{Var}[Z(x)-Z(x+h)]=E[Z(x)-Z(x+h)]^2=2\gamma(h)$$

要求 $Z(x)$ 的变差函数存在且平稳。

本征假设可以理解为：随机函数 $Z(x)$ 的增量 $Z(x)-Z(x+h)$ 只依赖于分隔它们的向量 h，而不依赖于具体位置 x。这样被向量 h 分隔的每一对数据 $[Z(x),\ Z(x+h)]$ 可以看成一对随机变量 $\{Z(x_1),\ Z(x_2)\}$ 的一个不同实现。而变差函数的估计量 $\gamma^*(h)$ 是

$$\gamma^*(h)=\frac{1}{2N(h)}\sum_{i=1}^{N(h)}[Z(x_i)-Z(x_i+h)]^2$$

如果随机函数只在有限大小邻域（例如以 a 为半径的范围）内是平稳的（或内蕴的），则称该随机函数服从准平稳（或准内蕴）假设，准平稳或准内蕴假设是一种折中方案，它既考虑到某现象相似性的尺度（scale），也顾及有效数据的多少。实际工作中，可以通过缩小准平稳带的范围 b 而得到平稳性，而结构函数（协方差或变异函数）只能用于一个限定的距离 $h\leqslant b$，例如界限 b 为估计邻域的直径，也可以是一个均匀带的范围，当 $h>b$ 时，区域化变量 $Z(x)$ 和 $Z(x+h)$ 就不能认为同属一个均匀带，这时，结构函数 $C(h)$ 或 $\gamma(h)$ 只是局部平稳的，所以我们把只限于 $h\leqslant b$ 范围内的二阶平稳称为准平稳，把只限于 $h\leqslant b$ 范围内的内蕴称为准内蕴。显然平稳假设和内蕴假设可以理解为一种相对的概念。

4.1.4　承载效应和离散方差

在研究中，不仅要知道地质变量在某范围内的平均大小，还应该知道在该范围内的离散情况。

4.1.4.1 承载效应

影响区域化变量离散程度有两个基本因素：①变量的变化域 V；②作为统计个体的某单元的承载 v。根据空间相关性的逻辑推理，当 v 一定时，域 V 较小时，地质变量应相近；当 V 一定时，v 增大，则地质变量相近。

这种承载对离散程度的影响称为承载效应，考虑承载效应是地质统计学特征。

4.1.4.2 离散方差

设 V 为以 x 为中心的某域，将 V 分成 n 等份，分别为以 x_i 为中心的域 $V(x_i)$，于是

$$V = \sum_{i=1}^{n} V_i = nV$$

设 $Z(y)$ 是点 y 处随机变量，则每个域 $V(x_i)$ 的平均值为

$$Z_v(x_i) = \frac{1}{v}\int_{v_i} Z(y)\mathrm{d}y$$

则域内的平均值

$$Z(x) = \frac{1}{V}\int_V Z(y)\mathrm{d}y = \frac{1}{nv}\sum_{i=1}^{n}\left[\int_{v_i} Z(y)\mathrm{d}y\right] = \frac{1}{n}\sum_{i=1}^{n}\left[\frac{1}{v}\int_{v_i} Z(y)\mathrm{d}y\right] = \frac{1}{n}\sum_{i=1}^{n} Z_v(x_i)$$

由于 $Z_v(x_i)$ 与 $Z_v(x)$ 均为随机变量，则 $S^2(x)$ 也为随机变量。于是可以定义离散方差为：区域变量 $Z(x)$ 满足二阶平稳假设条件下，把随机变量 $S^2(x)$ 的数学期望定义为在域 V 内 n 个单元 v 的离散方差，记为

$$D^2(v/V) = E[S^2(x)] = E\left\{\frac{1}{n}\sum_{i=1}^{n}[Z_v(x_i) - Z_V(x)]^2\right\}$$

简称 v 对 V 的离散方差。

上述定义可进一步推广，当 $v \leqslant V$ 时，v 可近似看成一点，则

$$S^2(x) = \frac{1}{V}\int_V [Z_v(y) - Z_V(x)]^2\mathrm{d}y$$

$$\begin{aligned}
D^2(v/V) = E[S^2(x)] &= \cdots = \frac{1}{V}\int_V \sigma_E^2[v(y), V(x)]\mathrm{d}y \\
&= \frac{1}{V}\int_V \{\bar{C}(V,V) + \bar{C}(v,v) - 2\bar{C}[V(x), v(y)]\}\mathrm{d}y \\
&= \bar{C}(V,V) + \bar{C}(v,v) - \frac{2}{V}\int_V \{\bar{C}[V(x), v(y)]\}\mathrm{d}y \\
&= \bar{C}(V,V) + \bar{C}(v,v) - 2\bar{C}(V,V) \\
&= \bar{C}(v,v) - \bar{C}(V,V) \\
&= \bar{\gamma}(V,V) - \bar{\gamma}(v,v)
\end{aligned}$$

影响离散方差的主要因素有：①V 的大小和形状；②v 的大小和形状；③变差函数 $\gamma(h)$。

离散方差随 V 的增大而增大，随 v 的增大而减小。实际上可以说离散方差是承载效应的定量描述。

4.1.4.3　克里格关系式

若 $v \subset V \subset G$，则 $D^2(v/G) = D^2(v/V) + D^2(V/G)$。这是 D. G. 克里格在研究维特沃特斯兰德金矿的数据后发现的，故称克里格关系式。该式表明如果 G 表示地质体，V 表示其中某一范围，v 表示单元，则 G 内 v 的离散方差，等于 V 内 v 的离散方差与 G 内 V 的离散方差之和。

离散方差对地质研究和矿产设计都很重要，实际上某一矿产的开采品位并不是勘探时的品位，其频率分布曲线也不同于岩心的频率分布曲线。地质学家用放大镜和显微镜研究岩心，采矿工程师则用大铲开采，因此不但要研究岩心品位，同样也要研究采矿品位。

4.1.5　正规化有关问题

纯粹的点数据 $Z(x)$ 只有在理论上存在，实际工作中的观测数据可以认为是从中心位于 x 处的某一承载 $v(x)$ 上测得的平均值 $Z_v(x)$，即

$$Z_v(x) = \frac{1}{v}\int_{v(x)} Z(y)\,\mathrm{d}y$$

我们称平均值 $Z_v(x)$ 是点变量 $Z(y)$ 在体积 $v(x)$ 内的正规化量。所谓正规化就是用承载 $v(x)$ 内的平均值代替原始的点数据。

正规化变量具有如下性质：①若 $Z(y)$ 二阶平稳，则 $Z_v(x)$ 也二阶平稳。②若 $Z(y)$ 二阶平稳，则正规化变量 $Z_v(x)$ 的变差函数 $\gamma_v(h)$ 存在且平稳。且有

$$\gamma_v(h) = C_v(0) - C_v(h)$$

正规化变量变差函数的计算公式如下：

由于 $Z_v(x)$ 二阶平稳，则

$$E[Z_v(x) - Z_v(x+h)] = 0$$

据估计方差定义，我们有

$$\gamma_v(h) = \frac{1}{2}\sigma_E^2 = \frac{1}{2}\{2\bar{\gamma}[v(x),v(x+h)] - \bar{\gamma}[v(x),v(x)] - \bar{\gamma}[v(x+h),v(x+h)]\}$$

则由平稳假设，故

$$\bar{\gamma}[v(x),v(x)] = \bar{\gamma}[v(x+h),v(x+h)]$$

上式可整理为

$$\bar{\gamma}(h) = \bar{\gamma}(0,v_h) - \bar{\gamma}(v,v)$$

当 h 相对于 v 很大时，v 可近似看成一点，从而可以得到实际工作中最常用的经验近似公式：

$$\gamma_v(h) \approx \gamma(h) - \bar{\gamma}(v,v)$$

当 v 给定 $\gamma(h)$ 已知时，$\bar{\gamma}(v, v)$ 就是一个定数，也就是说 h 很大时，正规化变量的变差函数 $\gamma_v(h)$ 总比变差函数 $\gamma(h)$ 小一个常数 $\bar{\gamma}(v, v)$。

估计方差、离散方差与正规化变差函数的计算公式是线性平稳地质统计学的三大基本公式。从这三个公式看出只要知道变差函数 $\gamma(h)$，它们都可以计算了，由此可见变差函

数确实是地质统计学的基本工具。

4.2 变差函数和结构分析

经典地质统计学通常采用均值、方差等参数来表征地质参数的变化特征，但这些量只能概括地质体某一特征的全貌，却无法反映局部变化特征及特定方向的变化特征，而这些特征对地质研究往往极为重要，为此在地质统计学中引入了一个全新的工具——变差函数，也称变异函数，它能够反映地质变量的空间变化特征——相关性和随机性，从而弥补经典统计学的不足，特别是它能透过随机性反映区域化变量的结构性，因此也称结构函数。

4.2.1 变差函数（variogram）定义与实验变差函数的计算

先看一维变差函数的定义：假设空间点 x 只在一维 x 轴上变化，把区域化变量 $Z(x)$ 在 x，$x+h$ 两点处的值之差的方差之半定义为区域化变量 $Z(x)$ 在 x 方向上的变差函数，记为γ（x，h），即

$$\gamma(x,h)=\frac{1}{2}V_{ar}[Z(x)-Z(x+h)]=\frac{1}{2}E[Z(x)-Z(x+h)]^2-\frac{1}{2}V_{ar}\{E[Z(x)]E[Z(x+h)]\}^2$$

在二阶平稳假设条件下

$$E[Z(x)]=E[Z(x+h)]$$

于是

$$\gamma(x,h)=\frac{1}{2}E[Z(x)-Z(x+h)]^2$$

也就是说变差函数依赖于 x 和 h 两个自变量。

在内蕴假设条件下，$E[Z(x)-Z(x+h)]^2$ 仅依赖于分割它们的距离$|h|$和方向 α。而与所考虑的点 x 在 V 内的位置无关，因此变差函数更明确定义为：变差函数是在任一方向 α，相距$|h|$的两个区域化变量 $Z(x)$和 $Z(x+h)$的增量的方差。它是 h 及 α 的函数，即

$$\gamma(h,\alpha)=\mathrm{Var}[Z(x)-Z(x+h)]=E\{[Z(x)-Z(x+h)]^2\}$$

那么在连续条件下，

$$2\gamma(h,\alpha)=\frac{1}{V}\int_V[Z(x)-Z(x+h)]^2\mathrm{d}x$$

在离散条件下，

$$2\gamma(h,\alpha)=\frac{1}{N(h)}\sum_{i=1}^{N(h)}[Z(x)-Z(x+h)]^2$$

实例分析 1：

设 $Z(X)$为一维区域化变量，满足本征上假设，又已知：$Z(1)=2$，$Z(2)=4$，$Z(3)=3$，$Z(4)=1$，$Z(5)=5$，$Z(6)=3$，$Z(7)=6$，$Z(8)=4$，

$$\gamma^*(1)=\frac{1}{2\times7}[2^2+1^2+2^2+4^2+2^2+3^2+2^2]=\frac{42}{14}=3.00$$

$$\gamma^*(2)=\frac{1}{2\times6}[1^2+3^2+2^2+2^2+1^2+1^2]=\frac{20}{12}=1.67$$

$$\gamma^*(3)=\frac{1}{2\times5}[1^2+1^2+0^2+5^2+1^2]=\frac{28}{10}=2.80$$

实例分析2：

图4.1为某金矿钻孔品位-厚度积，求 a_1、a_2、a_3、a_4 不同方向实验变差函数。

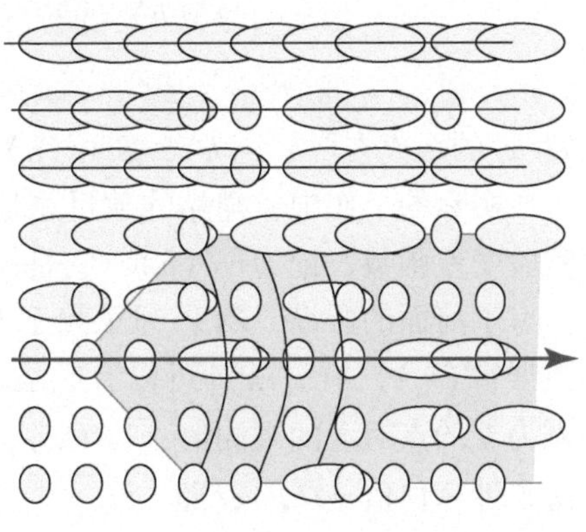

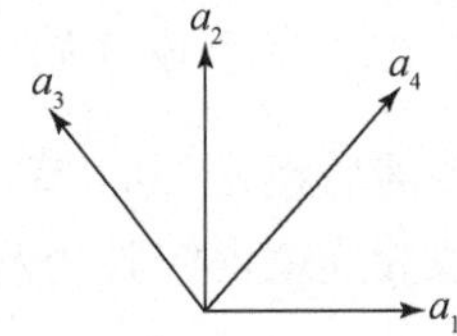

图4.1 某金矿钻孔品位-厚度积

则

a_1 方向：

$$\gamma^*(a)=\frac{1}{2\times24}(197)=4.01$$

$$\gamma^*(2a)=\frac{1}{2\times20}(336)=8.84$$

$$\gamma^*(3a)=\frac{1}{2\times18}(435)=12.08$$

a_2 方向：

$$\gamma^*(a)=\frac{1}{2\times22}(187)=4.25$$

$$\gamma^*(2a)=\frac{1}{2\times18}(296)=8.22$$

$$\gamma^*(3a)=\frac{1}{2\times15}(327)=10.90$$

a_3方向：

$$\gamma^*(\sqrt{2}a)=\frac{1}{2\times19}(191)=5.03$$

$$\gamma^*(2\sqrt{2}a)=\frac{1}{2\times16}(381)=11.91$$

$$\gamma^*(3\sqrt{2}a)=\frac{1}{2\times10}(345)=17.25$$

a_4方向：

$$\gamma^*(\sqrt{2}a)=\frac{1}{2\times18}(233)=6.47$$

$$\gamma^*(2\sqrt{2}a)=\frac{1}{2\times14}(315)=11.25$$

$$\gamma^*(3\sqrt{2}a)=\frac{1}{2\times8}(247)=15.44$$

对不等间距的数据：

首先统计样品间距的分布，选择多数样品的间距作为滞后距（lag），定义带宽（一般小于lag/2）。采用加权的办法：

$$d_{ij}^{(k)} = 1 - \left[\frac{h_j - kh}{\varepsilon(h)}\right]^2$$

h_j 为到 kh 的实际距离

要求 $kh-\varepsilon(h) < h_j \leqslant kh+\varepsilon(h)$

$$\gamma^*(h) = \frac{\sum_{i=1}^{L}\sum_{j=1}^{M_i} d_{ij}^{(k)}[Z(x_i) - Z(x_i + h)]^2}{\sum_{i=1}^{L}\sum_{j=1}^{M_i} d_{ij}^{(k)}}$$

M_i 为 x_i 的距离在 $[kh-\varepsilon(h), kh+\varepsilon(h)]$ 内的点数；L 为滞后距为 kh 的有效数据点数。

在实际的工作中，样品的数目总是有限的，我们把有限实测样品值构成的变差函数称为实验变差函数，记为 $\gamma^*(h)$，它是 $\gamma(h)$ 的估计值。

有了前面的假设，$Z(x)$ 只依赖于 h，而不依赖具体位置 x，这样被向量 h 分割的每一对数据 $\{Z(x_i), Z(x_i+h)\}$ 可以看成是 $\{Z(x), Z(x+h)\}$ 的一次实现，这样可根据在 x 轴上相隔为 h 的点对上的观测值，$\{Z(x_i), Z(x_i+h)\}$ 用求 $[Z(x_i)-Z(x_i+h)]^2$ 的算术平均值的方法来计算估值 $\gamma^*(h)$，即

$$\gamma^*(h) = \frac{1}{2N(h)}\sum_{i=1}^{N(h)}[Z(x_i) - Z(x_i + h)]^2$$

对不同的滞后距 h，可以算出相应的 $\gamma^*(h)$，把这些点在 $h-\gamma^*(h)$ 图上标出，再把相邻点 h 用线段相连就得实验变差函数图（图 4.2）。

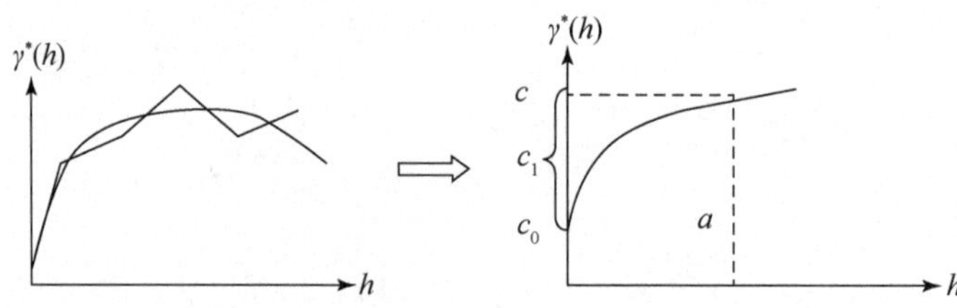

图 4.2　实验变差函数图

对实验变差函数图来说，接近原点处的点可靠，这对解释变差图很重要。

对实验变差函数图，有几个常量要了解。

c_0：块金效应（nugget effect），表示 h 很小时，两点间的变化。

a：变程（range），反映区域化变量的变化程度，也可以说反映区域化变量的影响范围，$h \leqslant a$ 时，任两点间的观测值有相关性，且相关性随 h 的变大而减小，$h > a$ 时，不再具有相关性。

c：总基台值，反映区域化变量在研究范围内变异的强度，为先验方差。

c_1：基台值（sill），先验方差与块金之差。

4.2.2　变差函数的理论模型

在地质统计学中所应用的变差函数都是理论变差函数。理论变差函数就是几个简单的

模型，分别介绍如下。

4.2.2.1 球状模型（马特隆模型）

一般公式为

$$\gamma(h)=\begin{cases}0 & h=0\\ c_0+c\left(\dfrac{3}{2}\dfrac{h}{a}-\dfrac{1}{2}\dfrac{h^3}{a^3}\right) & 0\leqslant h\leqslant a\\ c_0+c & h>a\end{cases}$$

该模型之所以叫“球状”，是因为它们起源于两个半径为 a 且球心距为 $2h$ 的球体重叠部分体积的计算公式。该模型在原点处为线型，切线的斜率为 $3c/2a$，切线到达 c 的距离为 $2a/3$。

4.2.2.2 指数模型

$$\gamma(h)=\begin{cases}0 & h=0\\ c_0+c(1-\mathrm{e}^{-\frac{h}{a}}) & h>0\end{cases}$$

注意：变程不是 a 而是 $3a$，原点处为线型。切线的斜率为 c/a，切线到达 c 的距离为 a，在原点处连续性最好。

4.2.2.3 高斯模型

$$\gamma(h)=\begin{cases}0 & h=0\\ c_0+c(1-\mathrm{e}^{-\frac{h^2}{a^2}}) & h>0\end{cases}$$

注意：变程不是 a 而是$\sqrt{3}a$，原点处为抛物线型。原点处切线平行于 h 轴，与 c 有交点。

以上三种是有基台值的情况，一般认为区域缓变量满足二阶平稳假设。

4.2.3 变差函数的功能

在地质统计学中变差函数不仅是许多地质统计学计算（如估计方差、离散方差等）的基础，而且能独立地反映区域化变量的许多重要性质。

（1）通过“变程” a 反映变量的影响范围。通常变差函数在 0 ~ a 范围内是从原点开始，随$|h|$的增大而增加，当$|h|\geqslant a$ 时变差函数就不再单调增加了，而是或多或少地稳定在一个极限值附加，这种现象称为“跃迁现象”，这个极限值称为基台值。在满足二阶平稳假设的条件下，就是先验方差，基台值与先验方差并不一定时时相等。

凡具变程和基台值的变差函数，都称为可迁型。在可迁型中，落在 x 为中心，以 a 为半径的邻域内的任何数据都与 $Z(x)$ 空间相关，其相关程度随两点间的距离增大而减弱，当距离超过 a 时，就不相关了，所以 a 反映了变量影响范围。

（2）变差函数在原点处的性状反映了变量的空间连续性。变差函数在原点处的性状可分为如下几类，每类反映不同的连续程度。

①抛物线型（亦称连续型）：当 $|h|\to 0$，$\gamma(h)\ \to |h|^2$，即原点处趋于一条抛物线。它反映区域化变量是高度连续的，如砂体厚度、有效厚度等。

②线性型（平均连续型）：当 $|h|\to 0$，$\gamma(h)\ \to |h|^2$，即原点处趋于一条直线。也就是说在原点处有斜向切线存在，反映区域化变量有平均连续性，如 φ。

③间断型（有块金效应型）：$\gamma(h)$ 在原点处间断，虽然 $\gamma(0)\ = 0$，但 $\lim\limits_{h\to 0}\gamma(h)\ = c_0 \neq 0$ 反映了变量的连续性很差，即使在很短的范围内，变量的差异也可能很大，如金的品位。当 $|h|$ 变大时，$\gamma(h)$ 慢慢变得比较连续，此时变量连续性可用 c_0/c 来衡量，该值越小连续性越好。

④随机型（纯块金效应型）：它可看成具基台值 c_0 和无穷小变程 a 的可迁型，无论 $|h|$ 多么小，总是不相关。反映空间变量不存在相关，即纯随机变量。在地质领域这种情况极少（如杂质等）。

（3）若变差函数是跃迁型，则基台值大小反映区域化变量在该方向上变化幅度的大小。

（4）不同方向上的方差图可反映区域化变量的各向异性。

作用在不同方向上的变差图，对于掌握区域化变量的空间结构特性，反映其各向异性是很有必要的，一般可通过作方向图来研究。

4.2.4　结构套合

地质体的变异性往往是由多种原因所造成的。它包含了各种尺度上的多层次的变化性。如岩心分析在点承载一级，测井资料在几厘米至几十厘米级，而地震资料在几十米级，而我们却不能从大尺度的变化性中区分出小尺度的变化性来。每级我们都可以分析其结构，而这些结构是同时起作用的，只是出现在不同的距离上而已。我们把多层结构的叠加结构称为套合结构。

一般用反映不同尺度的变化性的变差函数之和来表示套合结构。

4.2.4.1　一个方向的套合结构

$$\gamma(h)=\gamma_0(h)+\gamma_1(h)+\cdots+\gamma_i(h)+\cdots$$

其中每个成分 $\gamma_i(h)$ 可以是不同模型的变差函数。

“块金效应”是用来表征当观测点的间距 γ 远远大于微观结构的变程时不能区分出的那些变化性的总和。“块金效应”的含义在地质中与观测网的大小有密切关系。这种与观测网有关的块金效应就称为块金效应的尺度效应。由此可看出要了解微观变化的结构特征，只靠大尺度的观测数据是办不到的。就像大比例尺的图上看不出局部小变化一样。所以我们尽可能采适当小间距的样品数据，从而了解小尺度的变化。

4.2.4.2　不同方向上的结构套合

在实际工作中，地质现象往往是各向异性的，反映在变差函数上就是不同方向有不同的变差函数，因此需要研究不同方向上的结构套合。

对各向异性结构，总是想办法先把它转化成各向同性的结构，然后套合。

(1) 矩阵变换：按变换矩阵理论，把几何各向异性转为各向同性。$h'=\boldsymbol{A}\cdot h$ 关键在于选择变换矩阵 $\boldsymbol{A}$，从而使 $\gamma(h)=\gamma(|h'|)$。

(2) 方向-变程图：首先依据现有资料找出特征方向，构制一定角度间距的方向-变程图，根据方向-变程图的不同情况确定各向异性类型：

若方向-变程图近似圆，则认为各向同性；

若方向-变程图近似椭圆，则认为几何各向同性；

若方向-变程图不能用一种二次曲线拟合，则认为带状各向异性。

4.2.4.3 比例效应

地质统计学研究中，常是准二阶平稳假设得到满足，这种情况下进行结构套合就会产生比例效应。

目前主要是通过作相对变差函数来消除：在某邻域内的变差函数除以该邻域内观测数据平均值的平方，从而得到与位置无关的相对变差函数 $\gamma_0(h)$，对特殊类型的数据可用特殊方法。如对于对数正态型，可以先求对数然后再求变差函数，从而消除比例效应。

套合结构中的每个模型的比例效应不同时，应分别消除。在实际工作中要想知道是否有比例效应，可通过作不同邻域的一系列变差函数进行直观比较得到结论。

4.2.5 变差函数的拟合与最优化检验

4.2.5.1 变差函数的拟合

在实际工作中所求得的变差函数是实验变差函数，而在地质统计学中使用的是理论变差函数。为此需根据实验变差函数进行拟合从而求得理论变差函数。以球状模型为例讨论拟合问题。

1. 直接法

根据实验变差函数直接求取 a、c_0、c。

1) 求变程 a

计算所有参与 $\gamma^*(h)$ 计算的数据的实验方差 σ^{*2}。

$$\sigma^{*2}=\frac{1}{n-1}\sum_{i=1}^{n}[Z_i(x)-\bar{Z}]^2$$

$$\bar{Z}=\frac{1}{n}\sum_{i=1}^{n}Z_i(x)$$

在实验变差函数图上的纵轴上过 σ^{*2} 点作一平行于横轴的直线。以直线连续实验变差函数 $\gamma^*(h)$ 的前两至三个点，与过 σ^{*2} 的直线相交，交点的横坐标为 $2a/3$，从而可求得 a。

2) 求块金常数 c_0

连接前两至三个点的直线与纵轴的交点即为 c_0，若 $c_0>0$，取 $c_0=0$。

3）计算拱高 c

$$c=\sigma^{*2}-c_0$$

2. 加权多项式回归法

设对不同的 h_i 已经算出相应的实验变差函数 $\gamma^*(h_i)$，且对每一个 h_i 参加计算的数据对的数目 N_i，要拟合球状模型。

$$\gamma(h)=\begin{cases}0 & h=0\\ c_0+c\left(\dfrac{3}{2}\dfrac{h}{a}-\dfrac{1}{2}\dfrac{h^3}{a^3}\right) & 0<h\leqslant a\\ c_0+c & h>a\end{cases}$$

当 $h=0$ 和 $h>a$ 时都比较简单。$0<h\leqslant a$ 时：

令 $y=\gamma\ (h)$　$x_1=h$　$x_2=h^3$　$b_0=c_o$　$b_1=\dfrac{3c}{2a}$　$b_2=\dfrac{-c}{2a^3}$

则上式可转为 $y=b_0+b_1x_1+b_2x_2$。这样就成为多元线性回归问题。这可以利用最小二乘法来确定系数 b_0、b_1、b_2，因为考虑到实验变差函数前面的几点重要性，采用加权二元回归。若前面几个点数据太少还可以人为增加其权系数，从而可以求得

$$b_0=\bar{y}-b_1\bar{x}_1-b_2\bar{x}_2$$

$$b_1=\frac{l_{1y}\cdot l_{22}-l_{2y}\cdot l_{12}}{l_{11}\cdot l_{22}-l_{12}^2}$$

$$b_2=\frac{l_{11}\cdot l_{2y}-l_{1y}\cdot l_{12}}{l_{11}\cdot l_{22}-{l_{12}}^2}$$

上式中

$$l_{jk}=\sum_{i=1}^{n}N_i\cdot x_{ji}\cdot x_{ki}-\frac{1}{N}\left(\sum_{i=1}^{n}N_i\cdot x_{ji}\right)\left(\sum_{i=1}^{n}N_i\cdot x_{ki}\right)\qquad j,k=1,2$$

$$l_{jy}=\sum_{i=1}^{n}N_i\cdot x_{ji}\cdot y_i-\frac{1}{N}\left(\sum_{i=1}^{n}N_i\cdot x_{ji}\right)\left(\sum_{i=1}^{n}N_i\cdot y_i\right)\qquad j=1,2$$

$$\bar{x}_j=\frac{1}{N}\sum_{i=1}^{n}N_i\cdot x_{ji}\qquad \bar{y}=\frac{1}{N}\sum_{i=1}^{n}N_i\cdot y_i\qquad j=1,2$$

$$N=\sum_{i=1}^{n}N_i\qquad y_i=\gamma^*(h_i)\qquad x_{1i}=h_i\qquad x_{2i}=h_i^3$$

算出 b_0、b_1、b_2 后再求取 c_0、c、a：

（1）当 $b_0\geqslant 0$、$b_1>0$、$b_2<0$ 时可直接求解 c_0、a、c；

（2）当 $b_0<0$ 时人为规定 $b_0=0$，此时 $y=b_1x_1+b_2x_2$，再用最小二乘法求 b_1、b_2，即

$$b_1=\frac{f_{1y}\cdot f_{22}-f_{2y}\cdot f_{12}}{f_{11}\cdot l_{22}-f_{12}^2}\qquad b_2=\frac{f_{11}\cdot f_{2y}-f_{1y}\cdot f_{12}}{f_{11}\cdot f_{22}-f_{12}^2}$$

其中

$$f_{jk}=\sum_{i=1}^{n}N_i\cdot x_{ji}\cdot x_{ki}\quad f_{jy}=\sum_{i=1}^{n}N_i\cdot x_{ji}\cdot y_i$$

(3) 当 $b_0>0$、$b_1>0$ 但 $b_2\geqslant 0$，则需调整原始数据，增加或减少一些实验变差函数计算数据点，从而使整体实验变差函数呈凸型。然后再重新计算。

3. 人工拟合

上述两种方法拟合出的理论变差函数有时不太合适，则需进行人工拟合，即在充分考虑地质因素的基础上，根据实验变差函数数据点的变化特征，用肉眼观察，从而确定 c_0、a、c。

针对多线性套合结构，则采取分段拟合的办法，将每段的拟合结果组合在一起，解线性方程组，就可求得套合后的变差函数模型。

4.2.5.2　最优化检验

我们获得理论变差函数的最终目的是提供给克里金计算用。为使计算结果更可靠，当找到了理论变差函数后，还应对理论模型进行最优化检验。一方面检验拟合情况，另一方面分析克里金计算的应用效果。

1. 观察法

即将理论模型与实验变差函数的图形进行比较，看两图形是否接近，越接近则拟合程度越高，若不理想，则需重新拟合。

2. 交叉验证法

应用变差函数进行克里金估值，查看估计值与真实值的误差平方和是否最小。

做法：在每个实测点，用其周围点上的值对该点进行克里金估值。若有 N 个点，则有 N 个实测值和 N 个克里金估计值，求其误差平方的均值 $\overline{(Z^*-Z)^2}$，该值越小，拟合的变差函数越好。

3. 估计方差法

利用变差函数进行克里金估计，算出克里金估计的标准差 S^*，计算 $\overline{(Z^*-Z)^2}$ 与 $(S^*)^2$ 的比值，越接近于 1，则拟合越好。

4. 综合指标法

$$I=k_1\cdot\left[p\cdot\left|1-\frac{1}{k_2}\right|+(1-p)\right]$$

式中，

$$k_1=\overline{(Z^*-Z)^2}\qquad k_2=\overline{[(Z^*-Z)^2/S^*]^2}\qquad p=\begin{cases}0.1 & 0\leqslant k_1\leqslant 100\\ 0.2 & k_1>100\end{cases}$$

I 越小，则变差函数确定得越好。

4.2.6　结构分析

结构分析是地质统计学研究的第一步，目的是构造一个合适的变差函数的理论模型，从而对全部有效结构信息作定量概括。

它要求把数学与地质相结合，既要有丰富的地质理论，同时对地质统计有相当了解才能做好这项工作。其一般步骤如下：

（1）选择区域化变量。根据研究的目的选择合适的区域化变量。如矿产品位、地质体的非均质特征等。同时必须说明承载的大小、形状、取样、测试的方式、变量的空间分布域等，并注意区域化变量的可加性，并能概括所研究问题的主要特征。

（2）对数据进行检查和统计。进行数据采集是否合理，是否有代表性，采样是否均匀、充分，时空是否一致，是否有系统误差，岩心数据正则化等方面的检查。作相关散点图、直方图，计算算术平均值、方差等，进行初步的统计分析。

（3）对实验变差函数进行计算。

（4）对实验变差函数进行拟合。

（5）对结构模型进行检验。

4.2.7 变差函数的直接应用

（1）构造反映地质参数变化程度的综合指标。构造一个无量纲的指标，它综合考虑地质参数变化的各种特点，既能反映地质参数沿某一方向变化的梯度，又反映沿该方向的变化幅度，还能反映地质参数的空间各向异性。

$$H=\frac{B^2L^2}{a^2m^{*4}+B^2L^2} \qquad B=c_0+c$$

式中，B 是基台值；L 为地质体长度之半；a 为变程；m^* 为数据均值。

由于

$$a^2m^{*4}\geqslant 0$$

所以

$$0\leqslant H\leqslant 1$$

与传统的变异系数相比：

① H 是在充分考虑矿体在空间不同方向上的变化幅度和变化速度的基础上构造出来的，它反映了地质参数变化的异向性，而变异参数没有空间意义。

② H 严格在［0，1］之间变化，便于对比和分类。

（2）变差等值线图（将不同尺度的方向变程图在一个图上给出），能反映不同范围的地质体的变化性，并可用来划分地质体的空间变化类型。

地质体按照变化性可以分为各向同性、几何各向异性和带状各向异性三大类，地质体的空间变化类型可以分为协调变化、不协调变化及完全不协调变化三大类。

（3）给定精度下确定最优化勘探网的形状和大小，还是通过方向-变程图来应用。

4.3 克里金法

地质统计学与经典的数学地质方法有明显不同，它认为用于推断地质现象的样品之间不是相互独立的，存在一定相关关系，这种相关关系除了随样品的距离变化外，还随样品间的相对方向的变化而变化。在地质统计学中克里金法是其核心，本节介绍克里金法。

4.3.1　克里金法简介

一个好的估算方法不只是简单地给出某一区域的估计值，还应给出一个确定的估计精度。地质统计学的克里金法就是这样的一种方法。

克里金法是在考虑了信息样品的形状、大小及其待估区相互之间的空间分布等几何特征，以及变量的空间结构信息后，为了达到线性无偏差和最小估计方差，而对每个样品值赋予一定权值，利用加权平均值法来对待估区的未知量进行估计的方法，也就是说是一种特定的滑动加权平均。

设 $Z(x)$ 是点承载的区域化变量，且是二阶平稳的，要对以 x_0 为中心的区域 $V(x_0)$ 的平均值 $Z_V(x_0)=\frac{1}{V}\int_V Z(x)\,\mathrm{d}x$ 进行估计。Z_i 是一组离散的信息样品数据，它们是定义在点承载 x_i 上的，或是以 x_i 为中心的承载 v_i 上的平均值，且这几个承载 v_i 既不同于 v，又各不相同。则线性估计量 $Z_V^* = \sum_{i=1}^{n}\lambda_i Z_i$ 。

克里金估值的原则是在保证这个估计量 Z_V^* 是无偏的，且估计方差最小的前提下求出权系数 λ_i，在这种条件下求得 λ_i 所构成的估计量 Z_V^* 称为 Z_V 的克里金估计量，记为 Z_k^*，其估计方差称为克里金方差，记为 σ_k^* 。

根据原始数据条件及研究目的的差异，相继产生了各种各样的克里金法。

4.3.2　普通克里金法

在区域化变量 $Z(x)$ 的数学期望为未知的情况下，建立克里金方程，也就是说此时 $E[Z(x)]=m$ 为未知常数。这时要求 $Z_V^* = \sum_{i=1}^{n}\lambda_i Z_i$ 为无偏估计则必有条件限制。

4.3.2.1　普通克里金方程组

1. 无偏条件

要使 Z_V^* 为 Z_V 的无偏估计，即要求

$$E[Z_V^* - Z_V]=0$$

在平稳假设条件下，应当有

$$E[Z_V]=E[Z_V^*]=m$$

而

$$E[Z_V^*] = E[\sum\lambda_i Z_i] = \sum\lambda\cdot E[Z_i] = \sum\lambda_i\cdot m$$

从而得到无偏差条件 $\sum\lambda_i = 1$。

2. 普通克里金方程组

我们知道估计方差

$$\sigma_E^2 = \overline{C}(V,V) - 2\sum \lambda_i \overline{C}(V,v_i) + \sum \sum \lambda_i \lambda_j \overline{C}(v_i,v_j)$$

在无偏差条件下，要求 σ_E^2 最小，从而求 λ_i，实质上是条件极值问题，也就是说是把最优估值理解为在无偏差条件约束下求目标为估计方差最小的估值，这时可将其化为无约束的拉格朗日乘法求极值问题。令

$$F = \sigma_E^2 - 2\mu\left(\sum \lambda_i - 1\right)$$

则 F 有 n 个权系数 λ_a 和 μ 的 $n+1$ 函数，-2μ 为拉格朗日乘数，求出 F 对 λ_i 和 μ 的偏导数，并令其为零。即

$$F = \overline{C}(V,V) - 2\sum \lambda_i \overline{C}(V,v_i) + \sum \sum \lambda_i \lambda_j \overline{C}(v_i,v_j)$$

$$\begin{cases} \partial F / \partial \lambda_i = 0 \\ \partial F / \partial \mu = 0 \end{cases}$$

经整理后可得普通克里金方程组

$$\begin{cases} \sum_{j=1}^{n} \lambda_j \overline{C}(v_i,v_j) - \mu = \overline{C}(v_i,V) \\ \sum \lambda_i = 1 \end{cases}$$

它是 $n+1$ 个未知数，$n+1$ 个方程的方程组，在本征假设条件下，可用 $\gamma(h)$ 表示，即

$$\begin{cases} \sum_{j=1}^{n} \lambda_j \overline{\gamma}(v_i,v_j) - \mu = \overline{\gamma}(v_i,V) \\ \sum \lambda_i = 1 \end{cases}$$

3. 普通克里金方差

根据普通克里金方程组，可得

$$\sum_{j=1}^{n} \lambda_j \overline{C}(v_i,v_j) = \overline{C}(v_i,V) + \mu$$

将其代入根据方差的计算公式，并整理可得

$$\sigma_E^2 = \overline{C}(V,V) - \sum \lambda_i \overline{C}(V,v_i) + \mu$$

由该式计算出的估计方差 σ_E^2 为最小估计方差，亦称克里金方差 σ_k^2，用 $\gamma(h)$ 表示为

$$\sigma_k^2 = \sum \lambda_i \overline{\gamma}(V,v_i) + \mu - \overline{\gamma}(V,V)$$

4. 矩阵形式

为了便于书写，克里金方程组与克里金方差均可用矩阵形式表示，即

$$\boldsymbol{k} \cdot \boldsymbol{\lambda} = \boldsymbol{M}_2 \text{ 或 } \boldsymbol{\lambda} = \boldsymbol{k}^{-1} \cdot \boldsymbol{M}_2$$

$$\sigma_k^2 = \overline{\boldsymbol{C}}(\boldsymbol{V},\boldsymbol{V}) - \boldsymbol{\lambda}^{\mathrm{T}} \boldsymbol{M}_2$$

式中：

$$
\boldsymbol{k}=\begin{bmatrix} \overline{C}(v_1,v_1) & \overline{C}(v_1,v_2) & \cdots & \overline{C}(v_1,v_n) & 1 \\ \overline{C}(v_2,v_1) & \overline{C}(v_2,v_2) & \cdots & \overline{C}(v_2,v_n) & 1 \\ \vdots & \vdots & \cdots & \vdots & \vdots \\ \overline{C}(v_n,v_1) & \overline{C}(v_n,v_2) & \cdots & \overline{C}(v_n,v_n) & 1 \\ 1 & 1 & \cdots & 1 & 1 \end{bmatrix} \quad \boldsymbol{\lambda}=\begin{bmatrix} \lambda_1 \\ \lambda_2 \\ \vdots \\ \lambda_n \\ -\mu \end{bmatrix} \quad \boldsymbol{M}_2=\begin{bmatrix} \overline{C}(v_1,V) \\ \overline{C}(v_2,V) \\ \vdots \\ \overline{C}(v_n,V) \\ 1 \end{bmatrix}
$$

其中 $\boldsymbol{k}$ 称为普通克里金矩阵，它为一对称矩阵。类似地可用 $\gamma(h)$ 表示如下：

$$
\boldsymbol{k}'\cdot\boldsymbol{\lambda}'=\boldsymbol{M}_2' \quad \sigma_k^2=\boldsymbol{\lambda}'^{\mathrm{T}}\boldsymbol{M}_2'-\gamma(\boldsymbol{V},\boldsymbol{V})
$$

5. 几点说明

(1) 只有当 $\overline{C}$ (v_i, v_j) 严格正定，克里金方程组才有唯一解，而克里金方程组的解存在且唯一的条件是克里金方差非负，即 $\sigma_k^2\geqslant 0$。当 $\sigma_k^2<0$ 时，可能有两个原因：

其一，$\gamma(h)$ 模型可能非负正定。

其二，样品可能重复，或样品相距太近。

(2) 关于 $\boldsymbol{k}$ 和 $\boldsymbol{M}_2$，只取决于样品承载的几何特征，不依赖于其位置。也就是说由于克里金方程组和克里金方差只取决于 $C(h)$ 或 $\gamma(h)$ 以及 v_i、v_j 和 V 的相对几何位置，而不依赖于具体数据 Z_i。因此当两组数据构形相同，则其 [$\boldsymbol{k}$] 也相同，这样只需求一次 $\boldsymbol{k}^{-1}$，如果

$$
\boldsymbol{M}_2=\boldsymbol{M}_2',\text{则 }\boldsymbol{\lambda}=\boldsymbol{\lambda}'
$$

此时只需解一次克里金方程组就可求得 λ_i，因此为了节省计算机机时，保证数据构形的规则性和系统性是必要的。

6. 普通克里金的影响因素

从普通克里金方程组和普通克里金方差可以看出，普通克里金影响因素有：①待估承载的几何特征 [$\overline{\gamma}$ ($\boldsymbol{V}$, $\boldsymbol{V}$)]；②数据构形的几何特征 [$\overline{\gamma}(v_i, v_j)$]；③信息样品承载与待估承载间的距离 $\overline{\gamma}(v_i, \boldsymbol{V})$；④变差函数模型 $\gamma(h)$。

7. 克里金权系数的特点

最显著的特点是无偏性和最优性，另外还有三个特点：

(1) 对称性：若区域化变量是各向同性的，则其权系数也有对称性；若区域化变量是各向异性的，则权系数也不对称。

(2) 减弱丛聚效应。

(3) 屏蔽效应：块金效应代表微观结构，表征变差函数原点处的连续性。若块金常数很小，则在待估区内的样品权系数很大，稍远一点则其权系数显著减少，即为屏蔽效应，该效应随块金常数增大而减弱。

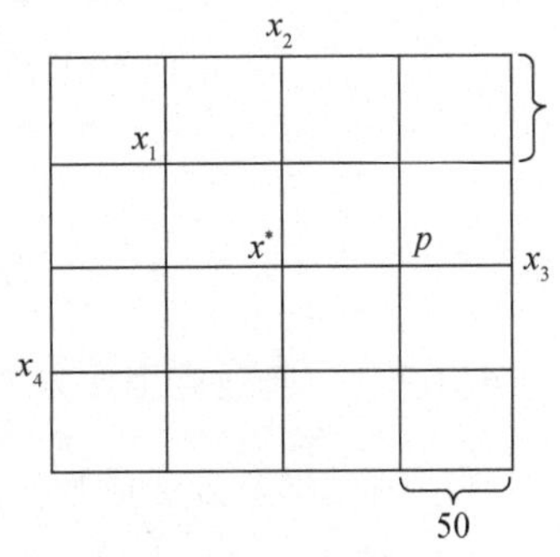

图 4.3　函数示意图

下面是一个实例（图 4.3）：$Z(x)$ 二阶平稳，变差函数已知

$$\gamma(h)=\begin{cases}0 & h=0\\ 2+20\left(\frac{3}{2}\frac{h}{200}-\frac{1}{2}\frac{h^3}{200^3}\right) & 0\leqslant h\leqslant 200\\ 22 & h>200\end{cases}$$

$$x^*=\sum_{i=1}^{4}\lambda Z_i \quad k=\begin{bmatrix}C_{ij} & 1\\ 1 & 0\end{bmatrix} \quad M=\begin{bmatrix}C_{0i}\\ 1\end{bmatrix} \quad x=\boldsymbol{k}^{-1}\boldsymbol{M}$$

$$C_{ii}=\sigma^2=C(0)=22$$

$$C(0)=22$$

$$C_{12}=C_{21}=C_{04}=22-\gamma(50\sqrt{2})=9.84$$

$$\vdots$$

$$C_{01}=22-\gamma(50)=12.66$$

$$C_{03}=22-\gamma(150)=1.72$$

$$\boldsymbol{k}=\begin{bmatrix}22 & 9.84 & 1.22 & 4.98 & 1\\ 9.84 & 22 & 2.32 & 0.28 & 1\\ 1.22 & 2.32 & 22 & 0 & 1\\ 4.98 & 0.28 & 0 & 22 & 1\\ 1 & 1 & 1 & 1 & 0\end{bmatrix} \quad \boldsymbol{M}=\begin{bmatrix}12.66\\ 4.98\\ 1.72\\ 9.84\\ 1\end{bmatrix}$$

$$\lambda_1=0.518 \quad \lambda_2=0.025 \quad \lambda_3=0.084 \quad \lambda_4=0.373 \quad \mu=0.961$$

对 p 点，k 不变

$$\boldsymbol{M}=\begin{bmatrix}4.98\\ 4.98\\ 12.66\\ 1.22\\ 1\end{bmatrix} \quad \lambda_1=0.171 \quad \lambda_2=0.147 \quad \lambda_3=0.605 \quad \lambda_4=0.077 \quad \mu=1.364$$

若为模拟运用，则先前计算的 x^*，在计算 p 点时作为已知数据，此时：

$$\boldsymbol{k}=\begin{bmatrix}22 & 9.84 & 1.22 & 4.98 & 12.66 & 1\\ 9.84 & 22 & 2.32 & 0.28 & 4.98 & 1\\ 1.22 & 2.32 & 22 & 0 & 1.72 & 1\\ 4.98 & 0.28 & 0 & 22 & 9.84 & 1\\ 12.66 & 4.98 & 1.72 & 9.84 & 22 & 1\\ 1 & 1 & 1 & 1 & 1 & 0\end{bmatrix} \quad \boldsymbol{M}=\begin{bmatrix}4.98\\ 4.98\\ 12.66\\ 1.22\\ 6.25\\ 1\end{bmatrix}$$

$$\lambda_1 \quad \lambda_2 \quad \lambda_3 \quad \lambda_4 \quad \lambda_5 \quad \mu$$

4.3.2.2 普通克里金方案

在应用克里金方法进行估值时，制定一个适用的方案相当重要。应注意以下方面。

1. 降低克里金方程组的维数

克里金方程组维数与信息样品数据个数直接相关，故缩小估计邻域将数据合并，都能减少数据个数，从而降低维数。

（1）限制估计邻域。其原则是：在保证有一定数目的信息样品点参加计算的前提下，尽可能缩小估计邻域，将邻域限制在变程范围。估计邻域还与块金常数的大小有关。当块金效应小时，屏蔽效应大，此时还可缩小估计邻域；若块金效应较大，屏蔽作用小，信息点稀疏，则可增大邻域。若在某一方向数据偏少，而在该方向连续性又较好时，可适当扩大估计邻域。

（2）数据重新组合。当结构函数各向同性，且数据对待估区有几何对称性时，可将具相同权系数的样品组合在一起。当数据太密集时，可把距离较近的样品组合到一起，同时可保持普通克里金矩阵的稳定性，但精度受一定影响。

在实际工作中应根据实际情况，权衡利弊，综合应用。

2. 减少克里金方程组的数目

（1）选择规则数据。数据构形相同，则 $\boldsymbol{k}$ 相同，只需求一次 $\boldsymbol{k}^{-1}$。

（2）待估区的几何形态应简单，大小固定。

（3）弥补数据网的空缺。

（4）随机克里金法。就是将待定的信息样品点的平均变差函数 $\overline{\gamma}(x_i, x_j)$，$\overline{\gamma}(x_i, V)$ 用相应信息域的平均值 $\overline{\gamma}(\beta_i, \beta_j)$，$\overline{\gamma}(\beta_i, V)$ 来代替，这样就不用考虑样品的具体位置，从而大大减少克里金方程组的数目。

（5）超级块段法。所谓超级块段法就是将几个块段组合成一个较大的块段。

3. 快速算出平均变差函数 $\overline{\gamma}$

（1）把承载 v_i、v_j、V 离散化，以离散点来代替。从而算出 $\overline{\gamma}(x_i, x_j)$ 及 $\overline{\gamma}(v_i, V)$ 平均值。

（2）把积分分解，从而求出近似值。该法局限性较大，实际工作应用较少。

4. 准备一份适用于普通克里金方案的数据文件

准备数据是普通克里金法的关键，一般至少做如下工作：

（1）输入原始数据并对数据进行检查。

（2）准备组合样品的数据文件。

（3）确定超级块段。

5. 选择一种计算方法

选择一种求解克里金方程组的省时计算方法。

4.3.2.3　克里金法的计算步骤

克里金法的计算步骤如下：

（1）输入数据并检查；

（2）地形及测斜数据的输入及处理；

（3）组合样品数据文件；

（4）直方图计算：研究分布律；

（5）变差函数计算，结构分析；

（6）克里金估计；

（7）输出图表。

4.3.3 简单克里金（SK）法

简单克里金法是在区域化变量 $Z(x)$ 的数学期望已知的情况下建立的克里金法。由于

$$E[Z(x)]=m$$

已知，令

$$Y(x)=Z(x)-m$$

则

$$E[Y(x)]=E[Z(x)-m]=0$$

其协方差

$$E[Y(x),Y(y)]=C(x,y)$$

那对 Z_V 的估计可转化为对 Y_V 的估计，只要求出 Y_V^* 就可得到 Z_V^*

$$Y_V^* = \sum \lambda_i Y_i \sigma_E^2 = E[Y_V - Y_V^*]^2 = \bar{C}(V,V) - 2\sum \lambda_i \bar{C}(x_i,V) + \sum\sum \lambda_i \lambda_j \bar{C}(x_i,x_j)$$

为使 σ_E^2 达最小，按求极值原理，对 λ_i 求偏导数。即

$$\frac{\partial \sigma_E^2}{\partial \lambda_i}=-2\lambda_i \bar{C}(x_i,V)+2\lambda_j C(x_i,x_j)=0$$

从而可得简单克里金方程组：

$$\sum_{j=1}^{n} \lambda_j \bar{C}(x_i,x_j) = \bar{C}(x_i,V)$$

求解，即可得简单克里金权系数，同时可得简单克里金估计方差

$$\sigma_k^2 = \bar{C}(V,V) - \sum \lambda_i \bar{C}(x_i,V)$$

最终可计算简单克里金的估计量为

$$Z_k^* = m + Y_k^* = m + \sum \lambda_i \lambda_j = \sum \lambda_i Z_i + m(1 - \sum \lambda_i)$$

4.3.4 指示克里金（IK）法

指示克里金法是针对非参数和无分布的区域化变量提出的一种克里金法。它可以在不必去掉重要而实际存在的高值数据的条件下，处理各种不同的现象，而且给出一定风险条件下未知量 $Z(x)$ 的估计量及空间分布。

4.3.4.1 指示函数及其数字特征

指示克里金提供给定承载的空间估计，认为承载可以看为点承载，从而用于估计的指示数据可以用一阶梯函数表示，即

$$i(x, Z)=\begin{cases}1 & 若\ Z(x)\leqslant Z\\ 0 & 若\ Z(x)>Z\end{cases}$$

式中，Z 为任一有意义的边界值，$i(x, Z)$ 为随机函数。

在整个区域上的任一邻域，$A\in D$ 内，低值区占整个邻域的比例

$$\varphi(A,Z)=\frac{1}{A}\int_A i(x,Z)\,\mathrm{d}x$$

称为废石函数，而高值区所占比例

$$\psi(A,Z)=1-\varphi(A,Z)=P\{Z(x)>Z,x\in A\}$$

称为矿石回收率函数。在给定边界条件下，随机函数 $i(x, Z)$ 服从二项分布，有其自己的数字特征。

（1）数学期望：

$$E\{I(x,Z)\}=\mathrm{Prob}\{Z(x)\leqslant Z\}=F(Z)$$

即为分布函数在 Z 处的值。

（2）非中心化协方差：

$$\begin{aligned}k_I(h,Z)&=E\{I(x+h),I(x,Z)\}=\mathrm{Prob}\{Z(x+h)\leqslant Z,Z(x)\leqslant Z\}\\&=\mathrm{Prob}\{Z(x+h)\leqslant I(x,Z)\}\end{aligned}$$

即非中心化协方差是两个点的数值均小于等于边界值的概率。

（3）中心化协方差：

$$\begin{aligned}C_I(h,Z)&=k_I(h,Z)-E\{I(x+h,Z)\}\cdot E\{I(x,Z)\}\\&=k_I(h,Z)-F^2(Z)\end{aligned}$$

（4）指示方差：

$$V_{ar}[I(x,Z)]=C_I(0,Z)=F(Z)-F^2(Z)$$

（5）相关系数：

$$\rho_I(h,Z)=C_I(h,Z)/C_I(0,Z)$$

4.3.4.2　指示变差函数

根据变差函数定义得

$$\begin{aligned}\gamma_I(h,Z)&=\frac{1}{2}E\{[I(h+x,Z)-I(x,Z)]^2\}\\&=C_I(0,Z)-C_I(h,Z)\\&=F(Z)-k_I(h,Z)\end{aligned}$$

其实验变差函数为

$$\gamma_I^*(h,Z)=\frac{1}{N(h)}\sum_{i=1}^{N(h)}[I(x_i+h,Z)-I(x_i,Z)]^2$$

由此可知：①计算指示变差函数，无须知道分布函数 $F(Z)$；②由于使用指示函数数据而不用 Z_i 本身，所以 γ_I^* 对特异值很稳定；③$\gamma_I^*(h, Z)$ 接近于中位数 Z_m；④指示变差函数的基台值（若存在）就是指示方差，$S_I^2(Z)=C_I(0, Z)$。

4.3.4.3　指示克里金方程组

设在地质体 D 上有 N 个有效数据，在 D 上的一个域 $A\in D$ 内有 n 个有效数据，在给定边界值后，得到样品的指示函数空间 $I(x_i,\ Z)$，则 $\Phi(A,\ Z)$ 的估计值可表示如下：

$$\varphi^*(A,Z)=\sum\lambda_i(Z)I(x_i,Z)$$

若给定一系列边界值 Z_l，则可得

$$\varphi^*(A,Z_l)=\sum\lambda_i(Z_i)I(x_i,Z_i)\quad l=1,2,\cdots L$$

为了获得 $\varphi^*(A,\ Z)$ 必须在无偏和估计方差极小的条件下，求得权系数 $\lambda_i(Z)$，类似于普通克里金方程组的建立，则可建立指示克里金方程组

$$\begin{cases}\sum\limits_{j=1}^{n}\lambda_j\overline{\gamma}_I(x_i,x_j,Z)+\mu=\overline{\gamma}_I(x_i,A,Z)\\ \sum\lambda_i=1\end{cases}$$

其指示克里金方差为

$$\sigma_{kI}^2=\sum\lambda_i\overline{\gamma}_I(x_i,A,Z)-\overline{\gamma}_I(A,A,Z)+\mu$$

也可用协方差函数表示如下：

$$\begin{cases}\sum\limits_{j=1}\lambda_j\overline{C}_I(x_i,x_j,Z)+\mu=\overline{C}_I(x_i,A,Z)\\ \sum\lambda_i=1\end{cases}$$

$$\sigma_{kI}^2=\overline{C}_I(A,A,Z)-\sum\lambda_i\overline{C}_I(x_i,A,Z)+\mu$$

指示克里金方程组和指示克里金方差可用矩阵表示如下：

$$\boldsymbol{k}_I\cdot\boldsymbol{\lambda}_I=\boldsymbol{M}_I$$

其中 $\boldsymbol{k}_I=\begin{bmatrix}\overline{\gamma}_I\ (x_1,\ x_1,\ Z) & \overline{\gamma}_I\ (x_1,\ x_2,\ Z) & \cdots & \overline{\gamma}_I\ (x_1,\ x_n,\ Z) & 1\\ \overline{\gamma}_I\ (x_2,\ x_1,\ Z) & \overline{\gamma}_I\ (x_2,\ x_2,\ Z) & \cdots & \overline{\gamma}_I\ (x_2,\ x_n,\ Z) & 1\\ \vdots & \vdots & \cdots & \cdots & \vdots\\ \overline{\gamma}_I\ (x_n,\ x_1,\ Z) & \overline{\gamma}_I\ (x_n,\ x_2,\ Z) & \cdots & \overline{\gamma}_I\ (x_n,\ x_n,\ Z) & 1\\ 1 & 1 & \cdots & 1 & 1\end{bmatrix}$

$$\boldsymbol{\lambda}_I=\begin{bmatrix}\lambda_1\\ \lambda_2\\ \vdots\\ \lambda_n\\ \mu\end{bmatrix}\quad \boldsymbol{M}_I=\begin{bmatrix}\overline{\gamma}_I(x_1,A,Z)\\ \overline{\gamma}_I(x_2,A,Z)\\ \vdots\\ \overline{\gamma}_I(x_n,A,Z)\\ 1\end{bmatrix}$$

$$\sigma_{kI}^2=\boldsymbol{\lambda}_I^{\mathrm{T}}\cdot\boldsymbol{M}_I-\overline{\gamma}_I(A,A,Z)$$

4.3.4.4　指示克里金的其他计算

以上是以普通克里金法推证的指示克里金方程组，同样可以以简单克里金法推出，其

权系数可由下式推导出：

$$\sum_{j=1}^{n}\lambda_j\overline{C}_I(x_j - x_i, Z) = \overline{C}_I(A, x_i, Z)$$

简单克里金方差：

$$\sigma_{kI}^2 = \overline{C}_I(A, A, Z) - \sum\lambda_i\overline{C}_I(x_i, A, Z)$$

4.3.4.5　指示克里金法的计算步骤

指示克里金法的计算步骤如下：

①原始数据统计分析；

②针对每个指示边界，计算原始数据相应的指示值；

③计算实验指示变差函数；

④进行结构分析，进行结构套合，理论变差函数拟合等；

⑤计算估计值。

4.3.4.6　需注意的几个问题

（1）$\varphi(A, Z)$ 为非减函数，且 $\varphi(A, Z)\geqslant 0$，但 $\varphi^*(A, Z)$ 不一定具有此性质，在实际计算时应注意该问题。

（2）次序关系问题，当 *IK* 估计的分布函数为递减，且有负值，或大于 1 的值时，就会出现该问题。实际上就是估计的分布函数不是正确的分布函数时出现的问题，它之所以出现是由于 *IK* 方程组独立于所有其他边界的 *IK* 方程组，因此这些解被放到一起时能否成为一个正确分布函数不能保证。

可以有两个解决办法：①将所有方程组联立求解，但方程组太大，很难求解；②在 *IK* 计算的同时，拟合一个分布函数，该函数使得 *IK* 的差值的平方的加权和为极小。

4.3.5　协同克里金法

协同克里金法是多元地质统计学中最基本的研究方法。

设在研究区有一组协同区域化变量，它由 K 个统计学即空间上相关的随机函数 $Z_k(x)$ 的集合来表征。在二阶平稳假设下，$E\{Z_k(x)\}=m_k$。

互协方差为

$$C_{k'k}(h)=E\{Z_{k'}(x+h)\cdot Z_k(x)\}-m_{k'}\cdot m_k$$

互变差函数为

$$\gamma_{k'k}(h)=\frac{1}{2}E\{[Z_{k'}(x+h)-Z_{k'}(x)]\cdot[Z_k(x+h)-Z_k(x)]\}$$

设 K_0 为 K 个区域化变量中某一待估的主要变量，在待估域 V 上主要变量 $Z_{k_0}(x)$ 的平均值 $Z_{V_{K_0}}$ 的协同克里金估计值 $Z_{V_{K_0}}^*$ 是

$$Z_{V_{K_0}}^* = \sum_{k=1}^{K}\sum_{a_K=1}^{n_K}\lambda_{a_K}Z_{a_K}$$

n_k 为域 V 上的有效数据个数。同样根据无偏和最优条件，经过整理后可得协同克里金方程组：

$$\begin{cases} \sum_{k'=1}^{K} \sum_{\beta_{K'}=1}^{n_{K'}} \lambda_{\beta_{K'}} \bar{C}_{k'k}(v_{\beta_{K'}}, v_{a_k}) - \mu_k = \bar{C}_{k_o k}(V_{k_0}, v_{a_k}) \\ \sum_{a_{k_0}=1}^{n_{k_0}} \lambda_{a_{k_0}} = 1 \\ \sum_{a_k=1}^{n_k} \lambda_{a_k} = 1 \end{cases}$$

式中，$a_k=1$，…，n_k；$k=1$，…，k，$k \neq k_0$。

其协同克里金方差：

$$\sigma_{V_{K_0}}^2 = \bar{C}_{k_o k_o}(V_{k_0}, V_{k_0}) + \mu_{k_0} - \sum_{k=1}^{K} \sum_{a_k=1}^{n_K} \lambda_{a_k} \bar{C}_{k_o k}(v_{k_0}, v_{a_k})$$

同样可用变差函数表示为

$$\begin{cases} \sum_{k'=1}^{K} \sum_{\beta_{K'}=1}^{n_{K'}} \lambda_{\beta_{K'}} \bar{\gamma}_{k'k}(v_{\beta_{K'}},\ v_{a_k}) + \mu_k = \bar{\gamma}(v_{a_k},\ V) \\ \sum_{a_{k_0}=1}^{n_{k_0}} \lambda_{a_{k_0}} = 1 \\ \sum_{a_k=1}^{n_k} \lambda_{a_k} = 1 \end{cases} \qquad k \neq k_0$$

相应协同克里金方差：

$$\sigma_{V_{K_0}}^2 = \sum_{k=1}^{K} \sum_{a_{k=1}}^{n_K} \lambda_{a_k} \bar{\gamma}(v_{k_0}, v_{a_k}) - \bar{\gamma}_{k_o k_o}(V_{k_0}, V_{k_0}) - \mu_{k_0}$$

以上是认为加在其他变量上的权为 0 时，采用传统的普通克里金法，所得的协同克里金方程组。

更好的方法是首先产生一个新变量，该变量与原待估变量具相同的均值，并且所有权系数的和为 1。

即

$$Z_{\text{cok}}^* = \sum_{a_1=1}^{n_1} \lambda_{a_1} Z(x_{a_1}) + \sum_{a_2=1}^{n_2} \lambda'_{a_2} [Y(x'_{a_2}) + m_Z - m_Y]$$

并且

$$\sum_{a_1=1}^{n_k} \lambda_{a_1} + \sum_{a_2=1}^{n_2} \lambda'_{a_2} = 1$$

$$m_Z = \sum [Z(x)] \quad m_Y = E[Y(x)]$$

同样可以推导出协同克里金方程组（略）。

这里需要说明一下，在协同克里金计算中往往使用协方差函数而较少使用互变差函数。

协同克里金法的一个新发展就是产生同位协同克里金法，是针对如地震资料与井资料的协同问题、样品不足等问题提出的。其估计值为

$$Z_{\mathrm{cok}}^{*}=\sum_{a_1=1}^{n_{k1}}\lambda_{a_1}Z(u_{a_1})+\lambda'\cdot Y(u)$$

它实际上是针对数据特征而做了一定简化而产生的。

4.3.6　对数正态克里金法

当原始数据服从对数正态分布时，用普通克里金法进行估值将发生很大困难，从而产生了对数正态克里金法。

4.3.6.1　几个基本问题

（1）当样品呈对数正态分布时，则样品的平均值也呈对数正态，且联合分布也保持对数正态分布，但其线性组合不符合对数正态。

（2）设定义于承载 v_i（$i=1,\cdots,n$）上的区域化变量 x_i 呈对数正态分布。其数学期望 $Z=E\{x_i\}$，方差 $D^2(x_i)=\overline{C}(v_i,v_i)$，则 $y=\ln(x_i)$呈正态分布。

其数学期望 $Z_e=E[\ln(x_i)]$，方差 $D^2[\ln(x_i)]=\overline{C}_e(v_i,v_i)$，则它们之间的关系为

$$Z=\exp[Z_e+\frac{1}{2}\overline{C}_e(v_i,v_i)]$$

$$\overline{C}(v_i,v_i)=Z^2[\exp\overline{C}_e(v_i,v_i)-1]$$

当定义于承载 v_i，v_j(i，$j=1,\cdots,n$)的区域化变量 x_i，x_j 是联合对数正态分布，其期望为 Q，协方差为 $\overline{C}(v_i,v_j)$，则 $\ln(x_i)$ 与 $\ln(x_j)$ 呈联合正态分布，其协方差为 $\overline{C}_e(v_i,v_j)$，则

$$Q^2[\exp\overline{C}_e(v_i,v_j)-1]=\overline{C}(v_i,v_j)$$

（3）许多地质变量不服从对数正态分布，但对变量增减一个常数时，即 $\ln(x+a)$呈正态分布，则称这样的区域化变量服从三参数对数正态分布。设 Z_e'为 $\ln(x+a)$的数学期望，σ^2 为 $\ln(x+a)$的方差，则三参数对数正态分布的变量 x_i 的期望

$$Z'=\exp\left(Z_e'+\frac{1}{2}\sigma^2\right)-a$$

4.3.6.2　对数正态克里金估计

设某变量服从对数正态分布，在待估域 V 内的平均值为 Z_V，Z_V 的估计值为 Z_V^*，其对数值 $\ln Z_V^*$ 可表示为 n 个已知信息 $\ln(Z_i)$ 的线性组合，即

$$\ln Z_V^*=C+\sum_{i=1}^{n}\lambda_i\ln(x_i)$$

同样根据无偏和最优条件可得，对数正态克里金方程组

$$\begin{cases}\sum_{j=1}^{n}\lambda_j\overline{C}_e(v_i,v_j)-\mu=\overline{C}_e(v_i,V)\\ \sum\lambda_i=1\\ C=\frac{1}{2}\{\sum\lambda_i[\overline{C}_e(v_i,v_j)-\overline{C}_e(v_i,V)]-\mu\}\end{cases}$$

$$\sigma_{ke}^2=\overline{C}_e(V,V)-\sum\lambda_i\overline{C}_e(v_i,V)+\mu$$

从而可得

$$Z_V^*=\exp\left\{\sum_{i=1}^{n}\lambda_i\left\{\left[\ln(x_i)+\frac{1}{2}\overline{C}_e(v_i,v_i)\right]-\left[\frac{1}{2}\overline{C}_e(v_i,V)+\frac{1}{2}\mu\right]\right\}\right\}$$

也可根据 H. S. Sichel（H. S. 西奇尔）给出的估计表达式

$$Z_V^*=\exp[\ln Z_V^*\cdot\gamma_n(\overline{\sigma_k^2})]$$

来计算。

估计值 Z_V^* 的克里金方差为

$$\sigma_k^2=Z_V^{*2}\left\{\exp\overline{C}_e(V,V)+\exp\left[\sum_{j=1}^{n}\sum_{i=1}^{n}\lambda_i\overline{C}(v_i,v_j)\right]-2\exp\left[\sum_{i=1}^{n}\lambda_i\overline{C}(v_i,V)\right]\right\}$$

第5章　地质形态分析

随着信息与计算科学的不断进步，地质科学研究正朝着立体化三维建模、定量化数值模拟的方向发展。作为地质学的研究对象，地质实体和地质现象在三维空间中的形态展布体现了地质作用的结果，亦反映了地质作用的过程。因此，对地质对象的三维空间形态和几何特征进行精确描述和定量分析，是地质研究中的重要手段和发展方向。例如，在构造地质学中，对变形过程的解析需要对地质体变形前后的几何形态进行精确的描述和对比分析，包括褶皱和断层等构造的三维几何形体、面状和线状构造的空间几何关系等；此外，矿床学和找矿研究亦发现，含矿物质的运移、聚集和就位受到地质体形态控制，地质体形态是控制矿床形成和分布的重要因素（翟裕生，1993）；近年来，成矿动力学模拟方面的研究表明（Sams and Thomas-Betts，1988；Chi and Savard，1998；Liu et al.，2012），地质体形态可能控制或影响了成矿时的应力、应变、温度、水文等物理化学条件。因此，地质形态分析是构造地质学、岩石学、矿床学等地质学研究和矿产资源勘查的重要手段和工具。

最早的地质体形态分析大多是基于野外地质观察和赤平投影，或是基于地质平面或剖面图等进行综合研究分析，一般为定性和经验的。在构造地质学中，建立了专门描述构造形态的构造几何学（宋鸿林等，2013）。随着三维地质建模技术（Houlding，1994）的发展与成熟，定量开展地质形态分析成为可能，地质形态分析被广泛用于构造形变异常分析（Lisle，1994）、构造塑性分析（Samson and Mallet，1997）、节理分析（Fischer and Wilkerson，2000）、控矿模式分析（Carranza，2009）、成矿预测（毛先成等，2011；袁峰等，2014）和成藏预测（郭科等，1998），其中涉及面向不同形式、不同拓扑地质对象的分析方法。本章主要面向定量化的地质体形态分析，在给出地质体与地质体形态的基本概念基础上，重点针对不同形状、不同拓扑的地质对象，介绍专门的形态分析方法及关键技术。

5.1　地质体与地质体形态

5.1.1　地质体

地质体是指地壳内占有一定的空间和有其固有成分并可以与周围物质相区别的地质作用的产物。在传统地质学中，地质体泛指研究尺度内的任何体积的岩石实体。在地质形态分析过程中，我们主要关注地层、岩体、矿体和构造等“真实”地质体。

5.1.2　地质体形态

地质体形态是指地质体在空间中的几何形状和产出状态。

从几何学角度看，三维空间中的任何地质体都可表达为点、线、面、体四类几何对象及其组合，因此，基本的地质体按照几何形态可以分为点、线、面、体四类。这四类地质体，按照通俗习惯称为点状地质体、线状地质体、面状地质体和体状地质体。在本书中，为方便和严谨，我们分别称之为地质点、地质线、地质面和地质体。

从构造地质学角度看，地质体形态可表现为线状构造、面状构造和体构造。地质体的线状构造指岩石体中线条状的构造要素，如岩浆岩的流线、构造变动形成的线理、构造面的交线等；面状构造泛指岩石体中构成平面或曲面的构造要素，主要有层面、间断面、不整合面、接触面、流面及断层、节理、劈理、片理等变形面；体构造泛指具有一定形态的地质体及其在空间中产出的状态，如层状、似层状、脉状和透镜状等。线状构造、面状构造和体构造，可分别用按照几何形态抽象的地质线、地质面和地质体来表达。

5.1.3　地质体形态表达

在传统地质研究过程中，地质人员常采用中段地质图和剖面地质图等地质图件表达地质体的形态与分布特征。传统地质图件表达的方式具有简单直观、适合各类使用环境的优点，但局限于形态的定性描述，而且图件一般是二维的，不能定量地表达地质体的三维形态特征，同时，非专业人员对地质图件的理解常常存在困难。

随着信息化技术的进步，地质体抽象为三维空间几何对象类型的点、线、面、体并在计算机中进行三维表达与可视化已成为现实。在计算机三维图形系统中，地质体可以按照点、线、面、体四种基本的几何对象类型，采用由一系列（x，y，z）坐标数据组成的数据结构表示。随着计算机图形图像和可视化技术的发展，三维地质建模技术已基本成熟。借助于三维地质建模系统，可以进行地质体形态的三维模型表达，还可进行地质体形态的三维可视化现实和人机交互。地质体形态的三维模型表达，为地质体形态的定量分析奠定了模型基础。

在地质研究与应用的实际工作中，为实现地质体形态的定量表达，需要将实际的地质体进行抽象和编码，例如：地质露头、火山口、地质观察点均可抽象为地质点；褶皱枢纽、两条断层面的交汇线、次生线状构造、岩浆岩原生线状流动构造等均可抽象为地质线；断层面、岩层界面、不整合面、侵入体与围岩的接触面（接触带）等均可抽象为地质面；侵入体、岩层、矿体等均可抽象为地质体。

5.1.4　地质体形态表达

地质形态分析是指对各种地质体的几何形状、产出状态和空间关系等特征进行定性或定量分析。

地质形态定性分析，是指地质人员利用地质图件和文字定性地描述和分析各种地质体的几何形状、产出状态、空间关系并讨论各种地质规律。例如，地质专家可以从矿区地质图（图5.1）得到地质体形态控制矿体分布规律的认识：①安徽铜陵凤凰山铜矿主要产于新屋里岩体与碳酸盐岩接触带附近的夕卡岩中，呈外凸弧形分布于新屋里复式岩体的西侧，与岩体和围岩接触带形状一致；②矿区南部岩体与南陵湖组（T_1n）接触带与新屋里复式向斜轴近垂直，沿接触带的破碎带较矿区北部发育，破碎带规模越大矿体规模也越

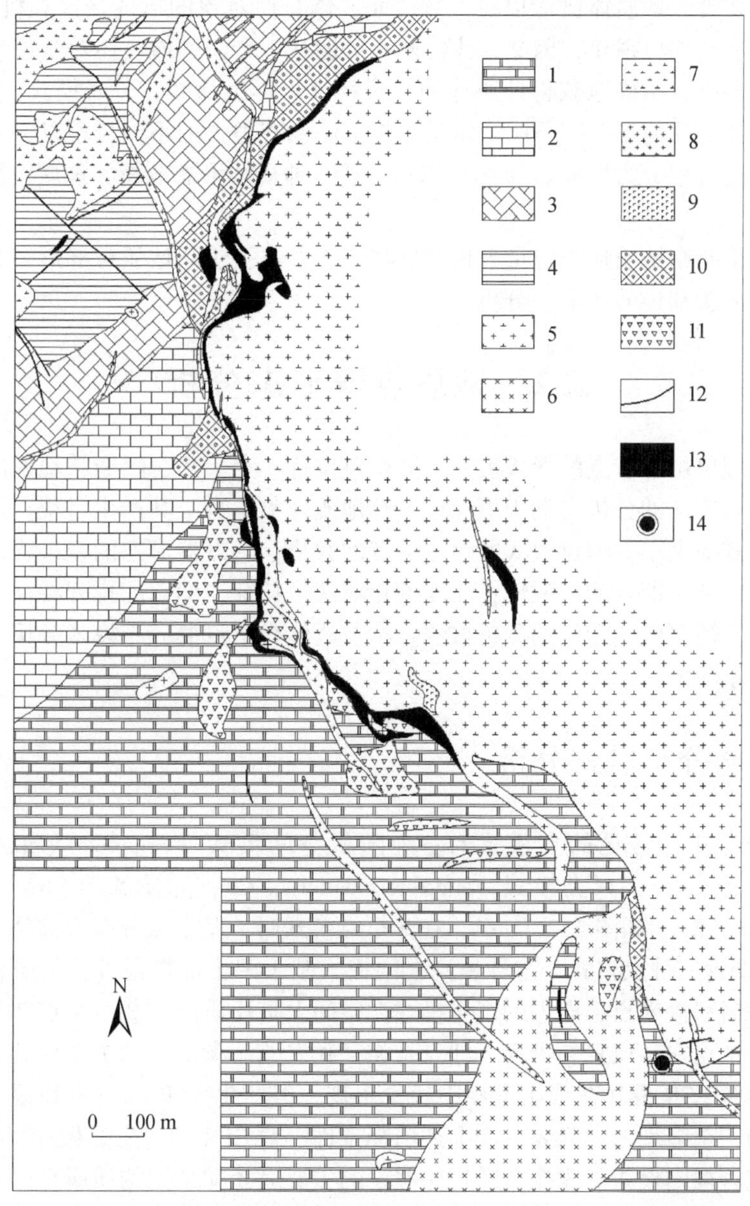

图5.1　安徽铜陵凤凰山矿区地质图（彭省临等，2012）

1—下三叠统南陵湖组；2—下三叠统和龙山组；3—下三叠统殷坑组；4—二叠系页岩和碳酸盐岩；5—花岗闪长岩及石英二长闪长岩；6—石英二长闪长斑岩；7—石英闪长斑岩；8—正长斑岩；9—辉绿玢岩；10—夕卡岩；11—角砾岩；12—断层；13—铜矿体；14—后期见矿钻孔位置

大，同时南部矿体的分布和形态也随破碎带的出现而变得复杂。

地质形态定量分析，是指利用数学建模和空间分析等手段通过计算机的处理与分析，精确地获得地质体的形态特征、形态参数、分布模式、关联关系等。随着计算机图形图像、地理信息系统（geographical information system，GIS）、三维地质建模（three-dimensional geological modeling，3DGM）等技术的发展成熟，地质体采用严格的数学模型来描述已基本实现，地质体已能以点、线、面、体几何对象的形式在计算机中实现创建、存储、修改、表达和可视化，因此，我们便有可能基于严格的地质体数学模型，对地质体形态进行定量分析，精确地获得地质体的形态特征、形态参数、分布模式、关联关系等。由于基本地质体的几何形态的不同，定量分析方法也有很大的不同，所以，地质形态定量分析的基本方法可划分为地质点（群）形态分析、地质线形态分析、地质面形态分析和地质体形态分析。

下面，着重介绍地质形态定量分析的这些基本方法，包括地质点群形态分析、地质线与地质面形态分析和地质体形态分析。

5.2 地质点群形态分析

很多地质现象可以以点的形式表达，如矿点位置、火山口、喀斯特地区的漏斗等。对这种地质点分布模式的分析有助于更深地了解地质现象本身及其产生过程。点模式基本特征包括：①模式的大小，即点模式所包含的点的数目；②点群形态的复杂程度；③点群在区域中的区位特征，即点的扩散性；④点的相对区位特征，即点的排列特征，其中对后三者特征的分析，需要建立专门的分析方法。本节具体介绍点群分布模式分析、点群分形分析和点群 Fry 分析方法。

5.2.1 点群分布模式分析

在地学现象中，常见的点模式有：纯随机空间模式［complete spatial randomness，CSR，如图 5.2（a）］、聚类模式［clustered pattern，CP，如图 5.2（b）］和规则模式［regular pattern，RP，如图 5.2（c）］。在分析点模式时，基于点分布模式是“独立随机过程”，以便区别这三种点模式，这种理论上的模式基于两个前提条件：①研究区域的任何地方只有同等概率接受点，即点的产生模式在空间上是均质的；②一个点在某个位置出现不会影响另一个点在某位置的出现，即点是相互独立的。满足这两个条件的点模式也就是 CSR 模式，尽管 CSR 模式在现实世界中较少出现，但产生 CSR 的过程却很多，并且 CSR 模型可能适用于很多现象。只要改变上述前提条件，对 CSR 的产生过程进行扰动，可以形成聚类模式或者规则模式。改变空间均质假设的主要途径就是把均质研究区改为非均质的环境，导致空间的某些区域比其他区域具有更大的吸引力或排斥性，而放松相互独立假设的一种方法则允许点间存在相互作用力。

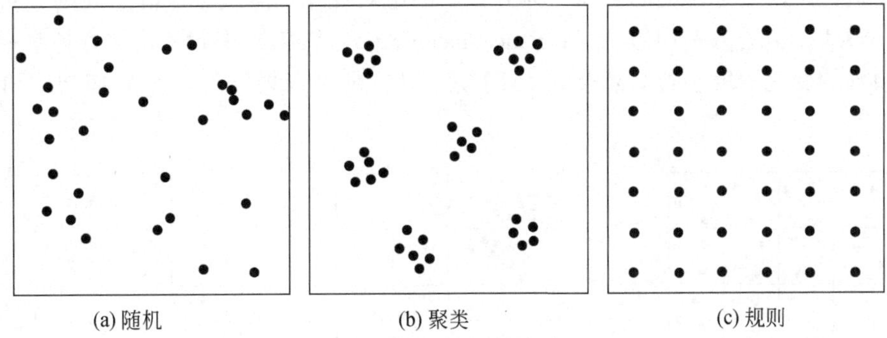

图 5.2 三类点群分布模式

点模式分析主要涉及点模式的扩散或排列特征的研究，点模式分析方法主要归为两类，一类是从区域方面分析点的区位特征，称为扩散量度法；这类方法采用事件的密度或者频率分布等特征信息，研究和探测事件在空间分布上所表现的聚集特性，因此这类方法又可视为基于密度的分析方法。另一类是从点的相互关系方面分析点的区位，称为排列量度法。这类方法采用事件点之间的最近邻距离来测度和分析事件在空间分布上所表现的分散特性，因此这类方法又可视为基于距离的分析方法。在上述两类方法中，点模式分析的基本步骤类似于假设检验中的框架，先给出分布模式的零假设 H_0，然后利用已知信息计算统计量的值，并在一定显著水平上对原假设做出检验，判别原假设是否成立。下面我们将对基于密度和基于距离的两类分析方法中的代表性方法——样方分析法和最邻近指数法进行详细介绍。

1. *样方分析*

样方分析（quadrate analysis，QA）根据空间上密度的变化探测点群的分布模式。该方法根据理论上的标准分布，也就是零假设模型采用的随机分布，由 QA 计算得到观测模式的事件密度，与零假设模型进行比较，判断是否接受零假设，进而分析事件属于何种分布模式：聚集、随机或均匀。

具体地，首先是在研究区内选取一组固定大小的样方，样方可以是在研究区域内随机放置，也可以是完全覆盖该研究区域的不重叠放置。样方的大小根据研究实际需要和经验而定，也可以根据研究区域的面积和事件数量确定：给定研究区面积 A 和研究区中的点个数 N，样方的边长 a 为

$$a = \sqrt{\frac{2A}{N}} \tag{5.1}$$

在设定样方基础上，统计每个样方中包含事件的数量。将得到的观测频率分布与零假设模型的分布作比较，判断点模式的类型。如图 5.3 所示，如果每个样方内包含的点数相同［图 5.3（a）］，即某种点数的样方的频率相同，则点模式表现为 CSR；如果每个样方内的点数有较大不同［图 5.3（b）］，即样方点数频率的差异较大，则点模式表现为聚集分布；如果各样方内的点数差别较小［图 5.3（c）］，即样方点数频率的差异较小，则整个模式为随机的或接近随机的分布格局。在计算中，用卡方检验零假设是否成立，如果零

假设被拒绝，因为受点密度的影响，样方频率的绝对变化不能区分点群是规则分布还是聚类分布。对此，引进方差均值比（variance-mean ratio，VMR）来归一化样方频率相对于平均样方频率的变化程度。若某点模式 VMR 大于 1，则为聚集分布，若 VMR 小于 1，则为均匀分布。

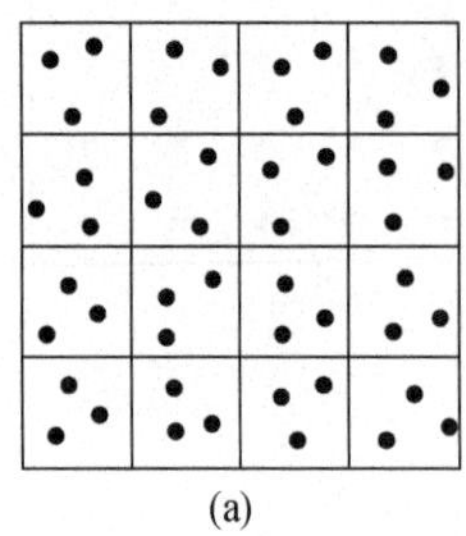
(a)

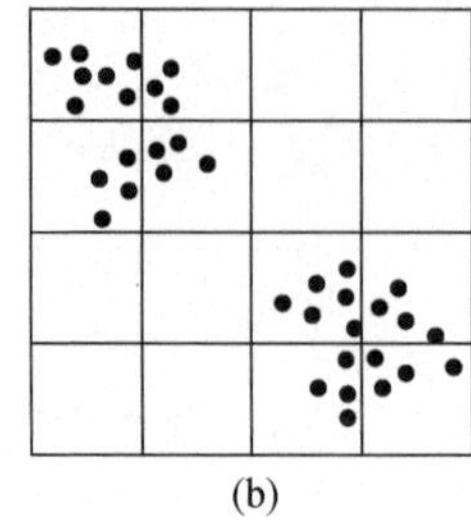
(b)

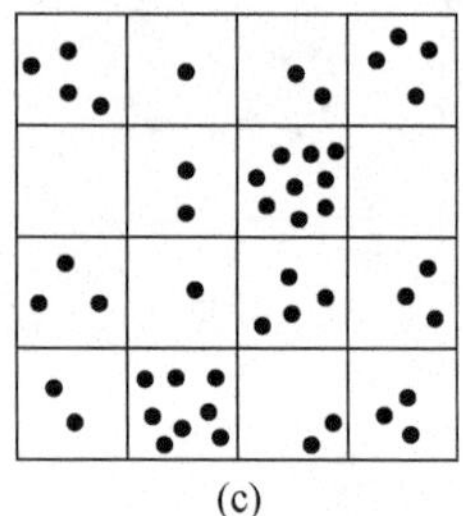
(c)

图 5.3　样方分析的频率差异

2. 最邻近指数法

上述样方分析最严重的限制是把点模式抽象为频率集，从而丢失了模式的空间维信息。基于距离的方法是基于对点之间的空间距离的统计分析点群分布模式。Clark 和 Evans 于 1954 年提出的最邻近指数（nearest neighbor index，NNI）就是根据最邻近距离判定点模式的一种方法。NNI 方法的思想很简单，即取事件内的所有点之间的所有事件之间最邻近距离的均值作为评价模式分布的指标。如果用 d_i 表示第 i 个点到其他点的最邻近距离，那么平均最邻近距离可表示为

$$\bar{d} = \frac{1}{n}\sum_{i=1}^{n} d_i \tag{5.2}$$

其中，n 为 R 内事件点的个数。NNI 所测度距离的特性在不同分布模式下会有所不同，将观测模式的 NNI 与零假设模型，即 CSR 模式平均最近距离比较，就可判定点群的分布类型。

理论上，CSR 模式中平均最近距离与研究区面积 A 和点群数量 N 相关，其平均最近距离 $\bar{d}$ 的期望值 $E(\bar{d})$ 可表示为

$$E(\bar{d}) = \frac{1}{2\sqrt{N/A}} \tag{5.3}$$

由此计算点群 NNI 与 CSR 期望比值的 NNI：

$$\mathrm{NNI} = \frac{\bar{d}}{E(\bar{d})} \tag{5.4}$$

当 NNI=1，可判定点群为 CSR，否则若 NNI<1，则表明点群在空间上相互接近，属于聚集分布，若 NNI>1，则点群相互排斥，即趋向于均匀分布。

5.2.2　点群分形分析

分形理论是非线性科学的前沿和重要分支，是一门以不规则几何形态为研究对象的新

几何学。分形的概念是美籍数学家 Benoit B. Mandelbrot 首先提出的。分形理论的最基本特点是用分数维度的视角和数学方法描述和研究客观事物，也就是用分形分维的数学工具来描述研究客观事物。它跳出了一维的线、二维的面、三维的立体乃至四维时空的传统藩篱，更加趋近复杂系统的真实属性与状态的描述，更加符合客观事物的多样性与复杂性。

分形是指其组成部分以某种方式与整体相似的几何形态，或者是指在很宽的尺度范围内，无特征尺度却有自相似性和自仿射性的一种现象。分形是一种复杂的几何形态，但是，分形并不能包括所有的复杂几何形态，只有具备自相似结构的那些几何形态才是分形。在自然界中，具有自相似层次的现象十分普遍。例如，对于所有不同尺度的铜矿区，高品位铜矿的分布几乎是相同的，许多矿产的分布都具有这种自相似性，因而矿床分布是一种分形。在地学中，自相似现象同样非常普遍，如山中有山，景观中有景观，分带性中有非分带性，非分带性中又有分带性等。所以，分形几何学已成为地学研究中的重要工具。

分形的一个突出特点是无特征尺度。特征尺度是指某一事物在空间或时间方面具有特定的数量级，而特定的数量级就要用恰当的尺子去量测。例如，台风的特征尺度是数千千米的量级，而马路旁旋风的特征尺度是数米的量级。如果不考虑它们的特殊性，把它们都看成涡旋，它们就没有特征尺度。因为大涡旋中有小涡旋，小涡旋中套着更小的涡旋，这种涡旋套涡旋的现象发生在许许多多不同的尺度上，可以从几千千米变化到几毫米。凡是具有自相似结构的现象都没有特征尺度。当在一张比例尺为 1：10 万的地图上看到一个海湾时，如果对它在一张比例尺为 1：1 万的地图上进一步观察，就会发现有许多更小的海湾冒了出来。因此，海岸线是一种自相似的分形，它无特征尺度；当对海岸线测量所采用的单位从千米变成米，再变为更小的测量单位时，海岸线的总长度会随着测量单位的变小而不断增加。

维数是几何对象的一个重要特征量，传统的欧氏几何学研究的是直线、平面、圆、立方体等非常规整的几何形体。按照传统几何学的描述，点是零维，线是一维，面是二维，体是三维。人们通常把树干当作光滑的柱体，但仔细看它的表面，就会发现沟壑纵横、此起彼伏。一个看起来表面光滑的金属，用显微镜看也会凹凸不平，粗糙不堪。由此可见，对于大自然用分形维数来描述可能会更接近实际。下面分别介绍几种维数的定义。

1. 拓扑维数

对于一个边长为一个单位长度的正方形，若用尺度 $r=1/2$ 的小正方形去分割，则覆盖它所需要的小正方形的数目 $N(r)$ 和尺度 r 满足关系式 $N\left(\frac{1}{2}\right)=4=\frac{1}{\left(\frac{1}{2}\right)^2}$；若 $r=1/4$，则 $N\left(\frac{1}{4}\right)=16=\frac{1}{\left(\frac{1}{4}\right)^2}$；当 $r=1/k$（$k=1，2，3，\cdots$）时，则 $N\left(\frac{1}{k}\right)=k^2=\frac{1}{\left(\frac{1}{k}\right)^2}$。可以发现，尺度 r 不同，小正方形数 $N(r)$ 不同，但它们的负二次指数关系保持不变，这个指数 2 正是正方形的维数。

对于一个三维几何体——边长为单位长度的正方体，同样可以验证，尺度 r 和覆盖它所需要的小立方体的数目 $N(r)$ 满足关系 $N(r)=\frac{1}{r^3}$。

一般地，如果用尺度为 r 的小盒子覆盖一个 d 维的几何对象，则覆盖它所需要的小盒子数目 $N(r)$ 和所用尺度 r 的关系为

$$N(r)=\frac{1}{r^d} \tag{5.5}$$

将式（5.5）两边取对数，就可以得到：

$$d=\frac{\ln N(r)}{\ln(1/r)} \tag{5.6}$$

式（5.6）就是拓扑维数的定义。

2. Hausdorff 维数

几何对象的拓扑维数有两个特点：一是 d 为整数；二是盒子数虽然随着测量尺度变小而不断增大，但几何对象的总测量值（或总面积、总体积）保持不变。从上述对海岸线的讨论可知，它的总长度会随测量尺度的变小而变长。因此，对于分形几何对象，需要将拓扑维数的定义式（5.6）推广到分形维数。因为分形本身就是一种极限图形，所以对式（5.6）取极限，就可以得出分形维数 D_0 的定义：

$$D_0=\lim_{r\to 0}\frac{\ln N(r)}{\ln(1/r)} \tag{5.7}$$

式（5.7）为 Hausdorff 给出的分形维数的定义，故称为 Hausdorff 分形维数，通常也简称为分维。拓扑维数是分维的一种特例，分维 D_0 大于拓扑维数而小于分形所位于的空间维数。

3. 关联维数

空间的概念早已突破人们实际生活的三维空间的限制，如相空间，系统有多少个状态变量，它的相空间就有多少维，甚至是无穷维。相空间突出的优点是，可以通过它来观察系统演化的全过程及其最后的归宿。对于耗散系统，相空间要发生收缩，也就是说系统演化的结局最终要归结到一个比相空间的维数低的子空间上。这个子空间的维数即关联维数。

分形集合中每一个状态变量随时间的变化都是由与之相互作用、相互联系的其他状态变量共同作用而产生的。为了重构一个等价的状态空间，只要考虑其中一个状态变量的时间演化序列，然后按某种方法就可以构建新维。如果有一等间隔的时间序列为 $\{x_1, x_2, x_3, \cdots, x_i, \cdots\}$，就可以用这些数据支起一个 m 维子相空间。方法是，首先取前 m 个数据 $x_1, x_2, x_3, \cdots, x_m$，由它们在 m 维空间中确定出第一个点，把它记为 X_1。然后去掉 x_1，再依次取 m 个数据 $x_2, x_3, \cdots, x_{m+1}$，由这组数据在 m 维空间中构成第二个点，记为 X_2。这样，依次可以构造一系列相点：

$$\begin{cases} X_1 & (x_1, x_2, \cdots, x_m) \\ X_2 & (x_2, x_3, \cdots, x_{m+1}) \\ X_3 & (x_3, x_4, \cdots, x_{m+2}) \\ X_4 & (x_4, x_5, \cdots, x_{m+3}) \\ \vdots & \quad\vdots \end{cases} \tag{5.8}$$

把这些相点 X_1，X_2，…，X_i，…依次连起来就是一条轨线。点与点之间的距离越近，它们相互关联的程度越高。现在设由时间序列在 m 维相空间共生成 N 个相点 X_1，X_2，…，X_N，给定一个数 r，检查有多少点对（X_i，X_j）之间的距离 $|X_i-X_j|$ 小于 r，把距离小于 r 的点对数占总点对数 N 的比例记为 $C(r)$，它可以表示为

$$C(r)=\frac{1}{N^2}\sum_{\substack{i,j=1\\ i\neq j}}^{N}\theta(r-|X_i-X_j|) \tag{5.9}$$

其中 $\theta(x)$ 为 Heaviside 阶跃函数：

$$\theta(x)=\begin{cases}1 & x>0\\ 0 & x<0\end{cases} \tag{5.10}$$

若 r 取得太大，所有点对的距离都不会超过它，根据式(5.10)，$C(r)=1$，因而 $\ln C(r)=0$。这样的 r 测量不出相点之间的关联。适当地缩小测量的尺度 r，可能在 r 的一段区间内有

$$C(r)\propto r^D \tag{5.11}$$

如果这个关系存在，D 就是一种维数，把它称为关联维数，用 D_2 表示，即：

$$D_2=\lim_{r\to 0}\frac{\ln C(r)}{\ln r} \tag{5.12}$$

这里取极限主要表示 r 减小的一个方向，并不一定要 r 接近于零。在对实际系统作尺度变换时，在大小两个方向上都有尺度限制，超过这个限制就超出了无特征尺度区，式(5.12)的定义只有在无特征尺度区内才有意义。

对点群的分形维数，其测算方法可以用边长为 r 的小盒子把点群覆盖起来，并把具有点落入的小盒子(即非空小盒子)的总数记作 $N(r)$，则 $N(r)$ 会随尺度 r 的缩小不断减少。随着尺度 r 的变化，将会得到不同的 $N(r)$ 值。如果点群模式具有分形特征，则不同的尺度 r 和 $N(r)$ 值将满足幂函数：

$$N(r)=Cr^{D_b} \tag{5.13}$$

其中，D_b 表示点群的分形维数，其值介于 0 和 2 区间，C 为 r^{D_b} 和 N 间的比值，代表落入 r 的平均尺度的小盒子中点的平均个数。式（5.13）在双对数坐标中将呈现出 $\ln N(r)$ 随 $\ln(1/r)$ 的变化曲线：

$$\ln N(r)=\ln C-D_b\ln r \tag{5.14}$$

曲线中直线部分的斜率即反映点群的分维 D_b。对于随机点模式，斜率 $-D_b$ 为 -2，而对于分形的点模式，斜率则为 0 到 -2 间的小数。

此外，对于分形特征的点群，为反映其关联性，点密度 δ 与密度统计球体半径 R 之间亦具有反映关联维数的幂次关系：

$$\delta=CR^{D_d-2} \tag{5.15}$$

其中，D_d 为点群的半径-密度分形维数；C 为 R 和 ρ 间的比值，表示具有平均半径 R 的球中的平均点密度。

图 5.4 给出了菲律宾 Aroroy 地区低硫化型浅成低温热液金矿床分布的 r-$N(r)$ 关系和半径-密度关系，其中呈现出了明显非随机性及分形特征。

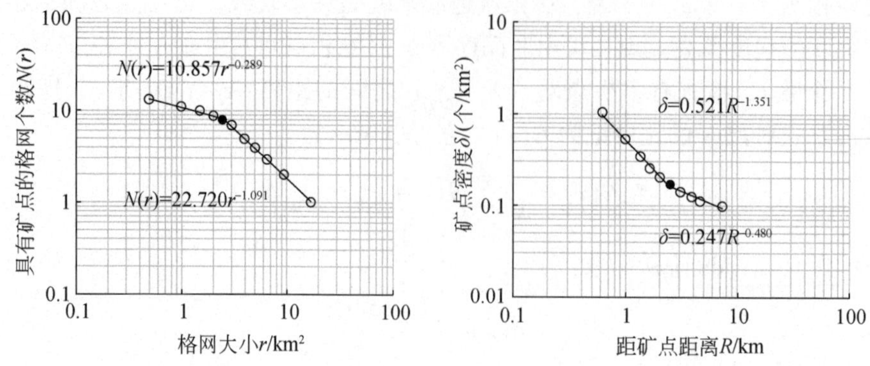

图 5.4　菲律宾 Aroroy 地区低硫化型浅成低温热液金矿床分布的分形分析：r-$N(r)$ 关系（左）和半径-密度关系（右）（据 Carranza，2009）

5.2.3　点群 Fry 分析

Fry 分析是由 Fry 于 1979 年提出的空间自相关分析方法，用于矿物岩石特征分析。后来，这种方法被加以改进，进一步扩展运用到点状物的空间分布特征分析上。

当点的数量有限时，该分析方法可以手动实现。如图 5.5 所示，取两张纸，分别命名为 A 和 B。在纸 A 上标出各已知点的位置。取纸 B，以其中心作为原点，然后将纸 B 平移，令 B 的原点与 A 纸上各点逐一重合，同时将其他各点投影到纸 B 上。若已知点数量为 n，对纸 B 作 n 次平移将在纸 B 上得到（n^2-n）个点，这（n^2-n）个点则为 Fry 点图。对 Fry 点图上所有点的空间分布特征加以分析，可以获得所分析点群的整体走向和相互间距，依此推断生成点模式的可能控制因素。

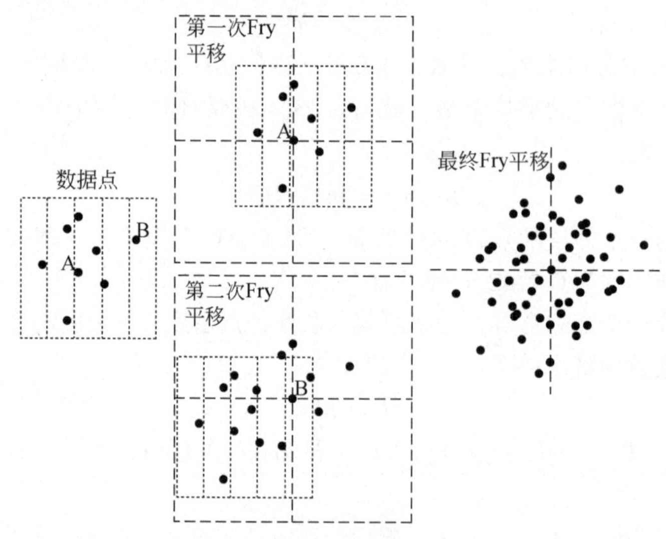

图 5.5　点群 Fry 图生成过程

在 Fry 图基础上，风玫瑰图（wind rose diagram）可用于进一步分析点模式之中的趋势。给定点对的方向，同时指定距离阈值确定有效范围内平移的点对，风玫瑰图通过统计点对方向的频率，以在圆盘表面用不同长度和面积表示 0°～360°方向上的点对方向。

图 5.6 给出了菲律宾 Aroroy 地区低硫化型浅成低温热液金矿床分布［如图 5.4（a）］的 Fry 分析的 Fry 图［图 5.6（a）］和风玫瑰图［图 5.6（b）、5.6（c）］。从图 5.6（b）中可以发现矿床分布主要呈 150°～180°（或 330°～360°）趋势，指示了矿床可能受到 NNW 向断裂控制。而图 5.6（c）中 3.6km 有效范围内的平移点对的风玫瑰图则呈现出 120°～150°（或 300°～330°）趋势，指示了在矿田尺度下矿床更主要受到 NNW 向断裂控制。综合两种分析结果，可以认为 NNW 向和 NW 向断裂的交汇部位是控制矿床形成的有利位置。

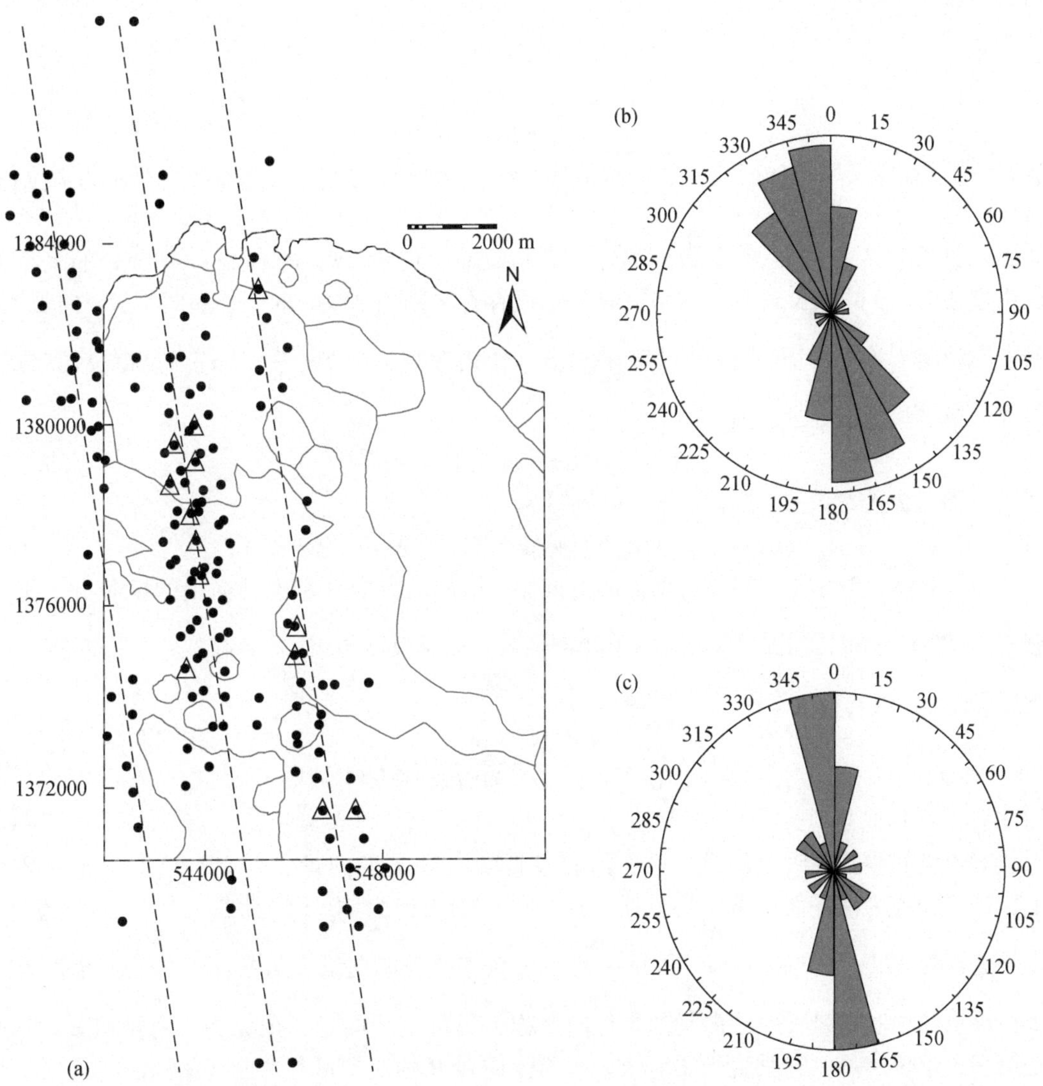

图 5.6　菲律宾 Aroroy 地区低硫化型浅成低温热液金矿床分布 Fry 图（a）及所有点对（b）和 3.6km 内有效点对（c）风玫瑰图（据 Carranza，2009）

5.3　地质线与地质面形态分析

5.3.1　地质线的形态分析

岩浆岩的流线、构造变形中形成的线理、褶皱轴迹等地质线可以以曲线形式进行描述。

空间中的曲线可以用参数形式表示，曲线 C 上的任意一点 $\boldsymbol{P}=(x,\ y,\ z)\in\mathbb{R}^3$ 可被视为参数 t 的函数：

$$\begin{cases}x=x(t)\\y=y(t)\\z=z(t)\end{cases} \tag{5.16}$$

随着参数 t 在定义域上的变化，便能够描述曲线 C 上所有的点。因此曲线可表示为 $\boldsymbol{P}(t)=(x(t),\ y(t),\ z(t))$。

若曲线上 R、Q 两点的参数分别是 t 和 $(t+\Delta t)$，向量 $\Delta\boldsymbol{P}=\boldsymbol{P}(t+\Delta t)-\boldsymbol{P}(t)$ 的大小可以用连接 R、Q 的弦长表示。如果在 R 处切线存在，则当 $\Delta t\to0$ 时，Q 趋向于 R，向量 $\Delta\boldsymbol{P}$ 的方向趋向于该点的切线方向。如选择弧长 s 作为参数，则 $\boldsymbol{T}=\dfrac{\mathrm{d}\boldsymbol{P}}{\mathrm{d}s}=\lim\limits_{\Delta t\to0}\dfrac{\Delta\boldsymbol{P}}{\Delta s}$ 是单位切向量。因为，根据弧长微分公式有

$$(\mathrm{d}s)^2=(\mathrm{d}x)^2+(\mathrm{d}y)^2+(\mathrm{d}z)^2 \tag{5.17}$$

在此基础上引入参数 t，式（5.17）可改写为

$$(\mathrm{d}s/\mathrm{d}t)^2=(\mathrm{d}x/\mathrm{d}t)^2+(\mathrm{d}y/\mathrm{d}t)^2+(\mathrm{d}z/\mathrm{d}t)^2=\boldsymbol{P}'(t) \tag{5.18}$$

为了方便，数学上一般取 s 增加的方向为 t 增加的方向。考虑到向量的模非负，所以有 $\dfrac{\mathrm{d}s}{\mathrm{d}t}=|\boldsymbol{P}'(t)|\geqslant0$，即弧长 s 是 t 的单调增函数，故其反函数 $t(s)$ 存在，且一一对应。由此得 $\boldsymbol{P}(t)=\boldsymbol{P}(t(s))=P(s)$，于是

$$\frac{\mathrm{d}\boldsymbol{P}}{\mathrm{d}s}=\frac{\mathrm{d}\boldsymbol{P}}{\mathrm{d}t}\cdot\frac{\mathrm{d}t}{\mathrm{d}s}=\frac{\boldsymbol{P}'(t)}{|\boldsymbol{P}'(t)|}=\boldsymbol{T} \tag{5.19}$$

即 $\boldsymbol{T}$ 是单位切向量。

对于空间参数曲线上任意一点，所有垂直切向量 $\boldsymbol{T}$ 的向量有一束，且位于同一平面上，该平面称为法平面。若曲线上任一点的单位切矢记为 $\boldsymbol{T}$，因为 $\|\boldsymbol{T}(s)\|^2=1$，两边对 s 求导矢可得 $2\boldsymbol{T}(s)\cdot\boldsymbol{T}'(s)=0$，可见 $\dfrac{\mathrm{d}\boldsymbol{T}}{\mathrm{d}s}$ 是一个与 $\boldsymbol{T}$ 垂直的向量。与 $\dfrac{\mathrm{d}\boldsymbol{T}}{\mathrm{d}s}$ 平行的法向量称为曲线在该点的主法向量，主法向量的单位向量称为单位主法向量，记为 $\boldsymbol{N}$。向量积 $\boldsymbol{B}=\boldsymbol{T}\times\boldsymbol{N}$ 是第三个单位向量，它垂直于 $\boldsymbol{T}$ 和 $\boldsymbol{N}$。平行于向量 $\boldsymbol{B}$ 的法向量称为曲线的副法向量，$\boldsymbol{B}$ 则称为单位副法向量。对于一般参数 t，可以推导出：

$$\frac{\mathrm{d}\boldsymbol{P}}{\mathrm{d}s}=\frac{\mathrm{d}\boldsymbol{P}}{\mathrm{d}t}\cdot\frac{\mathrm{d}t}{\mathrm{d}s}=\frac{\boldsymbol{P}'(t)}{|\boldsymbol{P}'(t)|}=\boldsymbol{T} \tag{5.20a}$$

$$\boldsymbol{B}=\frac{\boldsymbol{P}'(t)\times\boldsymbol{P}''(t)}{|\boldsymbol{P}'(t)\times\boldsymbol{P}''(t)|} \tag{5.20b}$$

$$\boldsymbol{N}=\boldsymbol{B}\times\boldsymbol{T}=\frac{\boldsymbol{P}'(t)\times\boldsymbol{P}''(t)\times\boldsymbol{P}'(t)}{|\boldsymbol{P}'(t)\times\boldsymbol{P}''(t)|\cdot\boldsymbol{P}'(t)} \tag{5.20c}$$

这里如图5.7所示，$\boldsymbol{T}$（切向量）、$\boldsymbol{N}$（主法向量）和$\boldsymbol{B}$（副法向量）构成了曲线上的活动坐标架，称为Frenet标架。$\boldsymbol{N}$、$\boldsymbol{B}$构成的平面称为法平面，$\boldsymbol{N}$、$\boldsymbol{T}$构成的平面称为密切平面，$\boldsymbol{B}$、$\boldsymbol{T}$构成的平面称为从切平面。

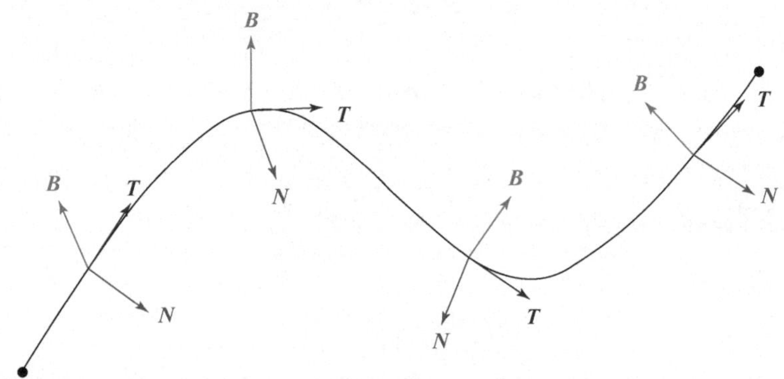

图5.7　曲线4个点处的Frenet标架

假设$\frac{\mathrm{d}\boldsymbol{T}}{\mathrm{d}s}$与$\boldsymbol{N}$平行，若令$\boldsymbol{T}'=\kappa\boldsymbol{N}$，则$\kappa=|\boldsymbol{T}'|=\lim\limits_{\Delta s\to 0}\left|\frac{\Delta\boldsymbol{T}}{\Delta s}\right|=\lim\limits_{\Delta s\to 0}\left|\frac{\Delta\boldsymbol{T}}{\Delta\theta}\right|\left|\frac{\Delta\boldsymbol{\theta}}{\Delta s}\right|$，即

$$\kappa=\lim_{\Delta s\to 0}\left|\frac{\Delta\theta}{\Delta s}\right| \tag{5.21}$$

κ称为曲率，其几何意义是曲线的单位切矢对弧长的转动率与主法矢同向。曲率的倒数$\rho=1/\kappa$，称为曲率半径。若$\boldsymbol{B}(s)\cdot\boldsymbol{T}(s)=0$，两边对$s$求导使得

$$\boldsymbol{B}'(s)\cdot\boldsymbol{T}(s)+\boldsymbol{B}(s)\cdot\boldsymbol{T}'(s)=0 \tag{5.22}$$

将$\boldsymbol{T}'=\kappa N$代入上式，并注意到$\boldsymbol{B}(s)\cdot\boldsymbol{T}(s)=0$，得到

$$\boldsymbol{B}'(s)\cdot\boldsymbol{T}(s)=0 \tag{5.23}$$

当$\|\boldsymbol{B}(s)\|^2=1$时，两边对$s$求导得$\boldsymbol{B}'(s)\cdot\boldsymbol{B}(s)=0$。可见，$\boldsymbol{B}'(s)$既垂直于$\boldsymbol{T}(s)$，又垂直于$\boldsymbol{B}(s)$，故有$\boldsymbol{B}'(s)$平行于$\boldsymbol{N}(s)$，再令$\boldsymbol{B}'(s)=-\tau\boldsymbol{N}(s)$，$\tau$称为挠率。当$|\tau|=\left|\frac{\mathrm{d}\boldsymbol{B}}{\mathrm{d}s}\right|=\lim\limits_{\Delta s\to 0}\left|\frac{\Delta\boldsymbol{B}}{\Delta s}\right|=\lim\limits_{\Delta s\to 0}\left|\frac{\Delta\boldsymbol{B}}{\Delta\phi}\right|\left|\frac{\Delta\phi}{\Delta s}\right|$，即

$$|\tau|=\lim_{\Delta s\to 0}\left|\frac{\Delta\phi}{\Delta s}\right| \tag{5.24}$$

所以挠率的绝对值等于副法线方向（或密切平面）对于弧长的转动率。挠率τ大于0、等于0和小于0分别表示曲线为右旋空间曲线、平面曲线和左旋空间曲线。

同样，对$\boldsymbol{N}(s)=\boldsymbol{B}(s)\times\boldsymbol{T}(s)$两边求导，可以得到

$$\boldsymbol{N}'(s)=-\kappa\boldsymbol{T}(s)+\tau\boldsymbol{B}(s) \tag{5.25}$$

将$\boldsymbol{T}'$、$\boldsymbol{N}'$、$\boldsymbol{B}'$和$\boldsymbol{T}$、$\boldsymbol{N}$、$\boldsymbol{B}$的关系写成矩阵的形式为

$$\begin{bmatrix} \boldsymbol{T}' \\ \boldsymbol{N}' \\ \boldsymbol{B}' \end{bmatrix} = \begin{bmatrix} 0 & \kappa & 0 \\ -\kappa & 0 & \tau \\ 0 & -\tau & 0 \end{bmatrix} \begin{bmatrix} \boldsymbol{T} \\ \boldsymbol{N} \\ \boldsymbol{B} \end{bmatrix} \tag{5.26}$$

对于一般参数 t，可以推导出曲率 κ 和挠率 τ 的计算公式如下：

$$\kappa = \frac{|\boldsymbol{P}'(t) \times \boldsymbol{P}''(t)|}{|\boldsymbol{P}'(t)|^3} \tag{5.27a}$$

$$\tau = \frac{[\boldsymbol{P}'(t) \times \boldsymbol{P}''(t)] \cdot \boldsymbol{P}''(t)}{[\boldsymbol{P}'(t) \times \boldsymbol{P}''(t)]^2} \tag{5.27b}$$

综合上面讨论，地质线的走向可依赖于式（5.20）给出的切向量、主法向量和副法向量进行严格描述，地质线局部形态变化大小可依赖式（5.27）给出的曲率和挠率进行表达。但在实际工作中，地质线通常依赖于三维多段线（polyline）的方式进行表达和存储，对于上述地质线形态分析中所涉及的求导运算，需要针对离散存储的多段线采用专门的计算方法。给定多段线的顶点 $\boldsymbol{v}_i$，其导数 $\boldsymbol{v}_i'$(即切向量 $\boldsymbol{T}_i$）的计算可通过如下向前差商运算实现：

$$\boldsymbol{T}_i = \boldsymbol{v}_i' = \frac{\boldsymbol{v}_{i+1} - \boldsymbol{v}_i}{\|\boldsymbol{v}_{i+1} - \boldsymbol{v}_i\|} \tag{5.28}$$

其中，$\boldsymbol{v}_{i+1}$ 表示顶点 $\boldsymbol{v}_i$ 在多段线上的下一个邻接顶点。基于同样思想，多段线顶点 $\boldsymbol{v}_i$ 的二阶导数 $\boldsymbol{v}_i''$可基于向后差商的方法计算得到：

$$\boldsymbol{v}_i'' = \frac{\boldsymbol{v}_i' - \boldsymbol{v}_{i-1}'}{\|\boldsymbol{v}_i' - \boldsymbol{v}_{i-1}'\|} = a\boldsymbol{v}_{i+1} + b\boldsymbol{v}_i + c\boldsymbol{v}_{i-1} \tag{5.29}$$

其中，$\boldsymbol{v}_{i-1}'$ 表示顶点 $\boldsymbol{v}_i$ 在多段线上的上一个邻接顶点 $\boldsymbol{v}_{i-1}$ 处的导数，系数 $a = 1/\|\boldsymbol{v}_{i+1} - \boldsymbol{v}_i\|$，$b = (\|\boldsymbol{v}_i - \boldsymbol{v}_{i-1}\| - \|\boldsymbol{v}_{i+1} - \boldsymbol{v}_i\|) / (\|\boldsymbol{v}_{i+1} - \boldsymbol{v}_i\| \|\boldsymbol{v}_i - \boldsymbol{v}_{i-1}\|)$，$c = 1/\|\boldsymbol{v}_i - \boldsymbol{v}_{i-1}\|$。

5.3.2　地质面的曲率分析

层面、间断面、不整合面、接触面、流面及断层、节理、劈理、片理等地质面可以以平面和曲面形式进行描述。因为平面可视为曲面的特殊形式，针对曲面的曲率分析可作为不失一般性的地质面形态分析手段。

类似于曲线，空间中的曲面亦可以用参数形式表示，曲面 S 上的任意一点 $\boldsymbol{P} = (x, y, z) \in \mathbb{R}^3$ 可被视为参数 u、v 的函数：

$$\begin{cases} x = x(u, v) \\ y = y(u, v) \\ z = z(u, v) \end{cases} \tag{5.30}$$

随着参数 u、v 在定义域上的变化，便能够描述曲面 S 上所有的点。因此空间中的曲面可表示为 $\boldsymbol{P}(u, v) = (x(u, v), y(u, v), z(u, v))$。

对曲面 S 上一点 P，其切向量分别为 $\boldsymbol{P}_u = \dfrac{\partial \boldsymbol{P}}{\partial u}$和 $\boldsymbol{P}_v = \dfrac{\partial \boldsymbol{P}}{\partial v}$，过点 P，且由切向量 $\boldsymbol{P}_u$ 和 $\boldsymbol{P}_v$ 所决定的平面，则为曲面 S 上点 P 处的切平面。切平面的法向量即为曲面在点 P 处的法向量。过点 P 和点 P 的法向量所在直线，可以作点 P 的法平面，且点 P 的法平面有无数个。

每个法平面与曲面 S 的有交线 C，交线 C 在 P 点处的曲率就是点 P 的法曲率。因为点 P 的法平面有无数个，所以点 P 处有无数个法曲率。在无数个法曲率中，最大和最小的两个曲率 k_1 和 k_2 是曲面的两个主曲率，而获得主曲率的两个方向为曲面的两个主方向。

两个主曲率的乘积为曲面在点 P 的高斯曲率 k_G：

$$k_G = k_1 k_2 \tag{5.31}$$

高斯曲率 k_G 的绝对值反映了曲面的弯曲程度，其符号反映了曲面的形态特征。如图 5.8 所示，当 $k_G>0$ 时，曲面为球面，几何为球面几何；当 $k_G=0$ 时，曲面为可展曲面，几何为欧氏几何；当 $k_G<0$ 时，曲面为伪球面，几何为双曲几何。

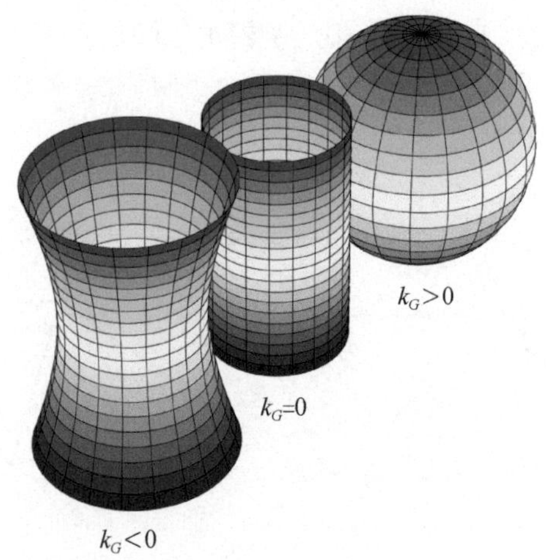

图 5.8　高斯曲率的符号特征

两个主曲率的平均数为曲面在点 P 的平均曲率 k_H：

$$k_H = \frac{k_1 + k_2}{2} \tag{5.32}$$

通过高斯曲率 k_G 和平均曲率 k_H，可以描述曲面上各点形变和弯曲的大小及方向，对地质面不同区域的形态特征进行描述。

对于三维地学建模获得的离散化网格面，其曲率计算需要建立专门的离散方法。对于网格的平均曲率的离散计算，可以首先通过 Gauss 定理实现转换为曲面的 Laplace-Beltrami 算子操作（Meyer et al.，2003）：

$$\int_{\mathcal{A}} k_H(\boldsymbol{x}) \cdot \boldsymbol{n} \mathrm{d}A = -\int_{\mathcal{A}} \Delta_{u,v} \boldsymbol{x} \mathrm{d}u \mathrm{d}v \tag{5.33}$$

其中，$\boldsymbol{n}$ 表示 $\boldsymbol{x}$ 处曲面法向量，$\Delta_{u,v}$ 表示 Laplace-Beltrami 算子。

在此基础上，利用离散化的 Laplace-Beltrami 算子可实现曲面平均曲率的离散计算。给定如图 5.9（a）所示的三角网格上的顶点 $\boldsymbol{x}_i$，其平均曲率 $k_G(\boldsymbol{x}_i)$，可通过下式计算获得：

$$k_H(\boldsymbol{x}_i) \cdot \boldsymbol{n}_i = \frac{1}{2A} \sum_{j \in \mathcal{N}_i} (\cot \alpha_{ij} + \cot \beta_{ij})(\boldsymbol{x}_i - \boldsymbol{x}_j) \tag{5.34}$$

其中，A 表示顶点 $\boldsymbol{x}_i$ 的 Voronoi 区域 $\mathcal{A}$ 的面积；$\mathcal{N}_i$ 是与顶点 $\boldsymbol{x}_i$ 相邻顶点的集合；$\boldsymbol{x}_j$ 是 $\mathcal{N}_i$

中的相邻顶点；α_{ij}和β_{ij}分别是边 $\boldsymbol{x}_i$-$\boldsymbol{x}_j$ 的两个对角。

对于网格的高斯曲率，可以基于 Gauss- Bonnet 定理将高斯曲率的积分转换为外角计算：

$$\int_{\mathcal{A}} k_G \mathrm{d}A = 2\pi - \sum_j \varepsilon_j \tag{5.35}$$

其中 ε_j 为顶点 $\boldsymbol{x}_i$ 的 Voronoi 区域的外角［图 5.9（b）］。在此基础上，将（$\boldsymbol{x}$）中积分离散化实现得到（Meyer et al., 2003）

$$k_G(\boldsymbol{x}_i) = \left(2\pi - \sum_{j=1}^{\#f} \theta_j\right) / A \tag{5.36}$$

其中，θ_j 是在顶点 $\boldsymbol{x}_i$ 处第 j 个面片的角度，#f 表示包围顶点 $\boldsymbol{x}_i$ 面片的个数。

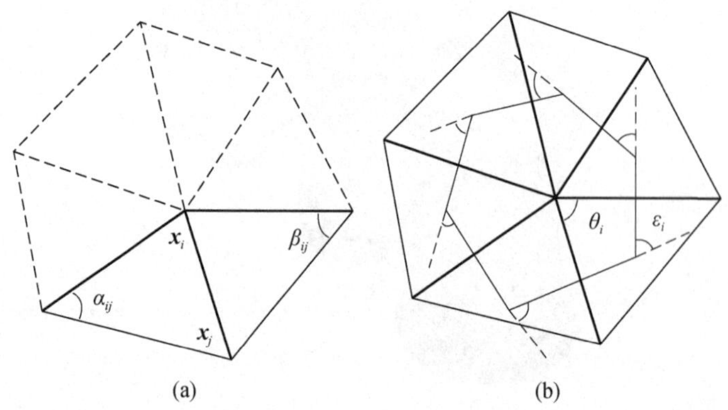

图 5.9　高斯曲率和平均曲率的离散计算

（a）格网顶点的邻域及边的对角；（b）格网顶点的 Voronoi 区域及其外角

以上平均曲率 k_H 和高斯曲率 k_G 的计算均涉及点 $\boldsymbol{x}_i$ 的 Voronoi 区域 $\mathcal{A}$ 面积 A 的计算，格网上的 Voronoi 区域面积可通过如图 5.10 所示的伪代码近似计算获得。

```
A=0
for each x 的邻接三角形 T
if T 为非钝角三角形,
    A+=x 在 T 内的三角形面积
else
    if 在T 上顶点 x 处的角度为钝角
        A+=area(T)/2
    else
        A+=area(T)/4
```

图 5.10　Voronoi 区域 $\mathcal{A}$ 面积 A 计算伪代码

图 5.11 给出了澳大利亚 Cloncurry 地区深部构造的高斯曲率与矿床分布，容易发现矿床普遍产出于具有较大高斯曲率的构造面附近，表明具有较大形态起伏的构造面对矿床形成具有控制作用。

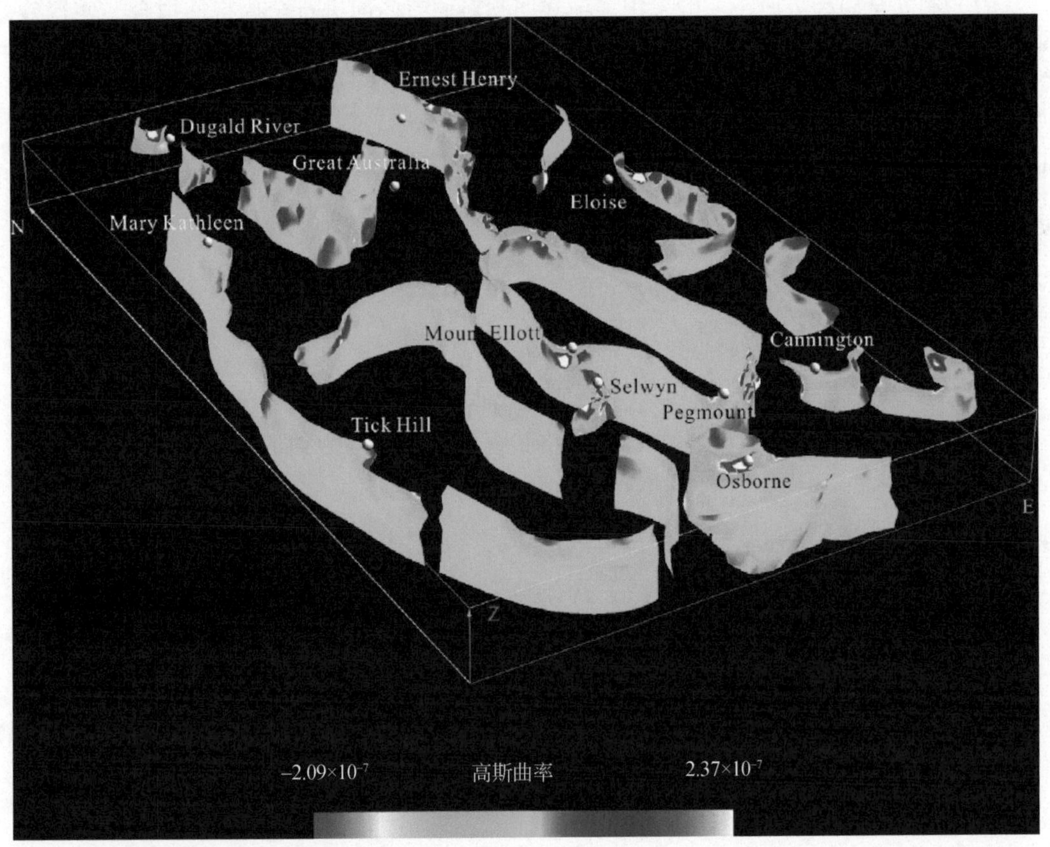

图 5.11　澳大利亚 Cloncurry 地区深部构造的高斯曲率与矿床分布（据 Lu et al., 2016）

5.3.3　地质面的趋势-剩余分析

地质面的趋势-剩余分析中将一个曲面 $F(x, y)$ 分解成三个部分：①全局趋势 $\hat{F}(x, y)$，即全区的、规模较大曲面形态变化，变化一般较慢；②局部变异 $D(x, y)$，即规模较小的局部形态变化，变化一般较快；③随机干扰 ε，抽样误差或观测误差，不含系统误差。趋势面即回归值 $\hat{F}(x, y)$，表示地质面的整体形态和产状，由于空间数据不具备重复抽样条件，所以通常将局部变异 $D(x, y)$ 和随机干扰 ε 合并到剩余异常 $R(x, y)$ 中，表示曲面的局部起伏。综合上述讨论，地质面的趋势-剩余分析可表达为

$$F(x,y)=\hat{F}(x,y)+R(x,y) \tag{5.37}$$

对于地质界面上的任一个点 $F(x, y)$，通过 $R(x, y)$ 的符号描述地质体面在此处的状态为外凸、平坦或是内凹，有

$$R(x,y)\begin{cases}>0, \text{外凸} \\ =0, \text{平坦} \\ <0, \text{内凹}\end{cases} \tag{5.38}$$

为了建立全局趋势面，一般采用多项式回归对原有曲面进行全局特征拟合，使得残差平方和趋于最小，即：

$$\min_{\boldsymbol{\theta}} \sum_{i=0}^{n} \left(F(x_i, y_i) - \hat{F}(x_i, y_i) \right)^2 \tag{5.39}$$

其中，$\boldsymbol{\theta}$ 是 $\hat{F}$ 的多项式系数的向量；（x_i，y_i）为曲面上的拟合点；n 为拟合点的个数。此处，$\hat{F}$ 一般用常用的线性、二次或三次多项式表达：

$$\begin{cases} \hat{F}_1(x,y) = b_0+b_1x+b_2y \\ \hat{F}_2(x,y) = b_0+b_1x+b_2y+b_3x^2+b_4xy+b_5y^2 \\ \hat{F}_2(x,y) = b_0+b_1x+b_2y+b_3x^2+b_4xy+b_5y^2+b_6x^3+b_7x^2y+b_8xy^2+b_9y^3 \end{cases} \tag{5.40}$$

为了求解式（5.40）中的系数，不妨将式（5.40）改写为如下形式：

$$\min_{\boldsymbol{\theta}} \|\boldsymbol{f}-\boldsymbol{F\theta}\|^2 \tag{5.41}$$

其中，以线性表示 $\hat{F}$（x_i，y_i）为例，向量 $\boldsymbol{f}$ 和 $\boldsymbol{\theta}$，以及矩阵 $\boldsymbol{F}$ 具体写作：

$$\boldsymbol{f} = \left(F(x_1,y_1), \cdots, F(x_n,y_n) \right)^{\mathrm{T}}$$

$$\boldsymbol{\theta} = (b_0, b_1, b_2)^{\mathrm{T}}$$

$$\boldsymbol{F} = \begin{pmatrix} 1 & x_1 & y_1 \\ \cdots & \cdots & \cdots \\ 1 & x_n & y_n \end{pmatrix} \tag{5.42}$$

对 $\|\boldsymbol{f}-\boldsymbol{F\theta}\|^2$ 求导，并令导数为 0 得到

$$2(-\boldsymbol{F}^{\mathrm{T}}\boldsymbol{f}+\boldsymbol{F}^{\mathrm{T}}\boldsymbol{F\theta}) = 0 \tag{5.43}$$

化简后得到趋势面分析中的法方程

$$\boldsymbol{F}^{\mathrm{T}}\boldsymbol{F\theta} = \boldsymbol{F}^{\mathrm{T}}\boldsymbol{f} \tag{5.44}$$

即求解：

$$\begin{pmatrix} n & \sum_{i=1}^{n} x_i & \sum_{i=1}^{n} y_i \\ \sum_{i=1}^{n} x_i & \sum_{i=1}^{n} x_i^2 & \sum_{i=1}^{n} x_i y_i \\ \sum_{i=1}^{n} y_i & \sum_{i=1}^{n} x_i y_i & \sum_{i=1}^{n} y_i^2 \end{pmatrix} \begin{pmatrix} b_0 \\ b_1 \\ b_2 \end{pmatrix} = \begin{pmatrix} \sum_{i=1}^{n} F(x_i, y_i) \\ \sum_{i=1}^{n} x_i F(x_i, y_i) \\ \sum_{i=1}^{n} y_i F(x_i, y_i) \end{pmatrix} \tag{5.45}$$

求解出式（5.45）中的回归系数，即获得趋势面 $\hat{F}$（x，y）的具体表达，进而可根据式（5.37）计算获得趋势面的剩余部分 R（x，y）。

在实际工作中，地质面通常以不规则三角网（triangular irregular network，TIN）形式进行表达和存储。对于这种离散的地质面表达，可通过格网高程滤波的思想，采用地质界面的 TIN 模型，利用距离平方反比法提取趋势面。实际上就是利用估测点周围一定距离之内的样品点对估测点的高程值重新赋值，然后利用计算的新的高程值生成地质界面的趋势面及形态起伏，具体过程如下：

（1）设定一个固定的搜索距离 r，只有与估测点在 XY 平面上的相对距离小于 d 的三角形顶点才能参与计算。

（2）采用距离平方反比法，用满足要求的所有三角形顶点来计算估测点的拟合值 $\hat{z}$：

$$\hat{z} = \sum_{i=1}^{n} \frac{zi}{d_i^2} \Big/ \sum_{i=1}^{n} \frac{1}{d_i^2} \tag{5.46}$$

如图 5.12 所示，估测点的高程拟合值可以以它为圆心，搜索半径 r 内的 a、b、c、d、e、f、g、h 这 8 个点的高程值来估计。

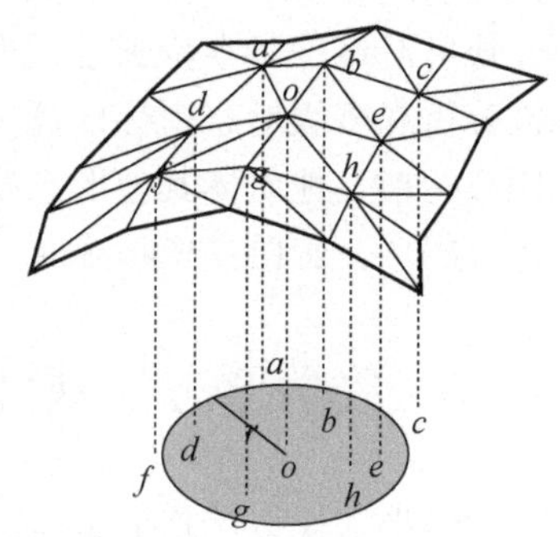

图 5.12　TIN 模型某点高程拟合值计算示意图

（3）利用（2）所得到的高程值，建立新的 TIN 模型，从而提取出地质界面的趋势面 $\hat{F}(x, y)$。

（4）根据（3）得到的趋势面，计算曲面的形态起伏 $R(x, y)$。

5.4　地质体形态分析

地质体形态分析是指对几何形态为体状、具有一定体积的地质体的形态特征进行定量分析。体状地质体可以采用包围地质体的曲面即地质界面来表达，因此，我们可以采用上节的地质面的形态分析方法，对体状地质体进行形态分析。但是，目前较成熟的地质面形态分析方法主要为基于多项式模型或 TIN 模型的趋势-剩余分析（毛先成和陈国珖，1993；毛先成等，2013a；汤国安等，2010），但是，这些方法尚不能适应于存在超覆等现象的复杂地质体。针对该问题，毛先成和邓浩提出了一种通用的基于数学形态学的地质体三维形态分析方法（邓浩，2008；毛先成等，2012，2020；Mao et al.，2016；Deng et al.，2021），可适应于形态简单或复杂的任何体状地质体。

该分析方法的基本思路是，利用数学形态学的腐蚀和膨胀运算及其组合的滤波运算（开运算和闭运算），对地质体的三维栅格模型（体素模型）进行滤波处理，并结合三维欧氏距离场计算，获得地质体的形态趋势体、外凸部分与内凹部分、起伏程度等形态特征和形态指标。主要步骤包括：

（1）地质体体素模型建立。首先，利用三维地质建模软件，建立体状地质体的三维实体模型，然后，对三维实体模型进行栅格化获得地质体的体元模型（也称为体素模型）。

（2）地质体形态趋势分析。利用数学形态学对地质体的体素模型进行形态滤波运算处理，获得地质体的形态趋势体。

（3）地质体外凸内凹提取。通过原始地质体与其趋势体的集合运算，提取得到原始地质体相对于趋势体的外凸部分与内凹部分。

（4）地质体形态起伏程度计算。采用欧氏距离场模型，计算得到原始地质体表面相对于趋势体表面的起伏程度。

（5）地质体其他形态指标计算。在上述步骤基础上，可根据应用需要，进一步构建和计算符合要求的形态指标，例如，地质体表面与形态趋势面的法向量、地质体表面与形态趋势面间的夹角、地质体表面与区域应力场方向的夹角。

上面的五个步骤是开展地质体形态分析的基本步骤，若考虑地质体形态特征的尺度效应，还可对这些基本步骤进行组合与迭代，用不同尺度的结构元素对地质体进行多级形态滤波分析和多级形态指标计算。由于篇幅所限，本节只介绍形态分析的基础部分，三维欧氏距离变换、地质体其他形态指标计算、多级形态滤波分析等内容可参考相关文献（毛先成等，2011，2012；Mao et al.，2016）。

5.4.1　数学形态学基础

数学形态学以严格的集合理论为基础，用具有一定形态的结构元素去量度和提取图像中的对应形状以达到对图像分析和识别的目的。数学形态学中的所有运算都由集合来定义，因此，数学形态学可以适用于任何维度的复杂形体的形态分析问题。针对具有广泛超覆和弯曲现象的复杂地质体，将数学形态学引入形态分析，为地质形态分析奠定了必备且完备的数学基础。

数学形态学是由 G. Matheron 和 J. Serra 于 20 世纪 60 年代中建立的，最初用于洛林铁矿的矿相学定量描述和云母页岩的气孔网络描述，现被广泛应用于计算机视觉、计算机绘图及数字图像处理领域。数学形态学是一门建立在严格数学理论基础上的学科，其基本思想和方法对图像处理的理论与技术产生了重大影响（Serra and Soille，1994；龚炜等，1997；唐常青等，1990）。许多非常成功的理论模型和视觉检测系统都采用了数学形态学算法作为其理论基础或组成部分。事实上，数学形态学构成一种新型的图像处理方法和理论，形态学图像处理已成为计算机数字图像处理的一个主要研究领域（刘志敏和杨杰，1999；王树文等，2004）。

数学形态学着重分析图像的几何结构，这种结构表示的可以是分析对象的宏观性质，也可以是微观性质。数学形态学分析图像几何结构的基本思想，是利用一个结构元素去探测一个目标图像，看是否能够将这个结构元素很好地填放在目标图像的内部，同时验证填放结构元素的方法是否有效。图 5.13 给出了一个目标图像 A（二值图像或灰度图像）和一个圆形结构元素 B。结构元素放在目标图像的两个不同的位置，其中一个位置可以很好地放入结构元素，而在另一个位置，则无法放入结构元素。通过对图像内适合放入结构元

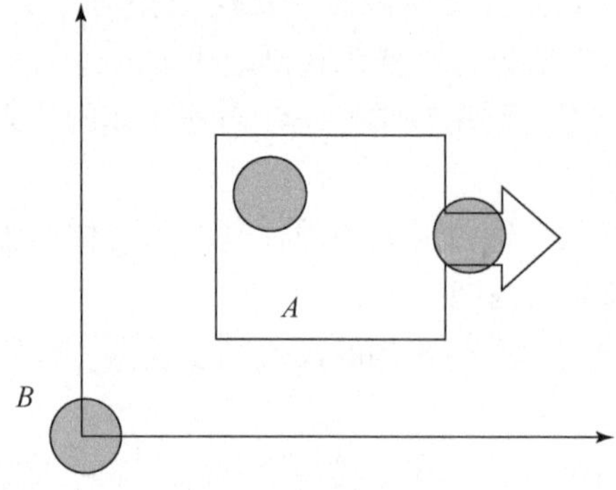

图 5.13　数学形态学中的目标图像（A）和结构元素（B）

素的位置作标记，便可得到关于图像结构的信息。这些信息与结构元素的尺寸和形状都有关，因而，这些信息的性质取决于结构元素的选择。也就是说，结构元素的选择与从图像中抽取何种信息有密切的关系，构造不同的结构元素，便可完成不同的图像分析，得到不同的分析结果。

在数学形态学中，利用结构元素去分析图像的几何结构，是由腐蚀、膨胀、开、闭四种基本运算及其组合运算来完成的。

1. 膨胀与腐蚀运算

数学形态学中定义了两个基本运算：膨胀（dilation）和腐蚀（erosion）。为了讨论膨胀和腐蚀运算，给出3个假设条件：

（1）处理的对象是离散信号；

（2）讨论的信号是二值的，即为“1”（目标）或“0”（背景）；

（3）A 为待处理信号，B 为结构元素。

现以空间 Z^n（$n=2$，3）为例，给出膨胀的定义。假设 A 和 B 是 Z 中的集合，A 被 B 膨胀的定义为

$$A \oplus B = \{z \mid (\breve{B})_Z \cap A \neq \varnothing\} \tag{5.47}$$

式中，$\breve{B}$ 表示 B 的反射，定义为

$$\breve{B} = \{w \mid w = -b, b \in B\} \tag{5.48}$$

$(\breve{B})_Z$ 表示集合 $\breve{B}$ 平移到点 z，定义为

$$(\breve{B})_z = \{w \mid w = b+z, b \in \breve{B}\} \tag{5.49}$$

按式（5.47），A 被 B 膨胀，是所有位移 z 的集合，这个集合必须满足 $(\breve{B})_Z$ 和 A 的交集是非空的条件。式（5.47）还可写为

$$A \oplus B = \{z \mid [(\breve{B})_Z \cap A] \subseteq A\} \tag{5.50}$$

结构元素 B 可理解为卷积模板，这时式（5.47）将更为直观。尽管膨胀运算是以集合运算为基础，模板卷积运算是以算术运算为基础，但两者的处理过程仍十分相似。首先相对于 B 的原点进行翻转，然后逐步移动 B，令 B 逐步滑过集合 A，若 B 与 A 有交集，则 B 的原点为膨胀后结果的一个元素 z。一个二维膨胀运算的例子如图5.14所示。

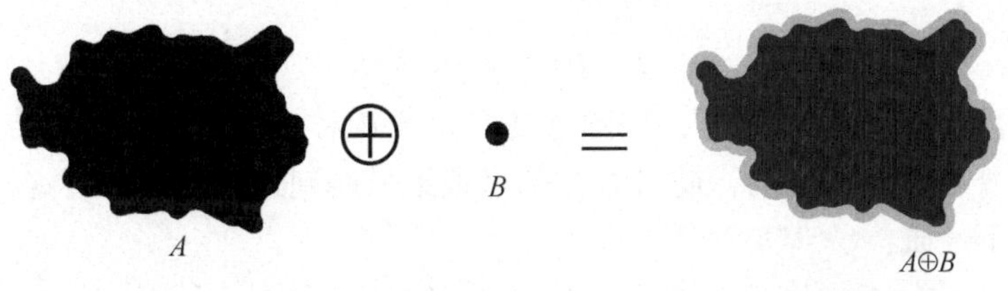

图5.14 一个二维膨胀的例子（$A \oplus B$ 为右侧黑色和灰色图像的整体）

由图5.14可知，膨胀可使集合 A 扩大。

下面给出腐蚀运算的定义：

对 Z^n（$n=2, 3$）中的集合 A 和 B，使用 B 对 A 进行腐蚀，记作 A！B，定义为

$$A \ominus B=\{z \mid (B)_Z \subseteq A\} \tag{5.51}$$

按式（5.51），A 被 B 腐蚀，是所有位移 z 的集合，这个集合必须满足 $(B)_Z \subseteq A$ 的条件。一个二维腐蚀运算的例子由图 5.15 给出。

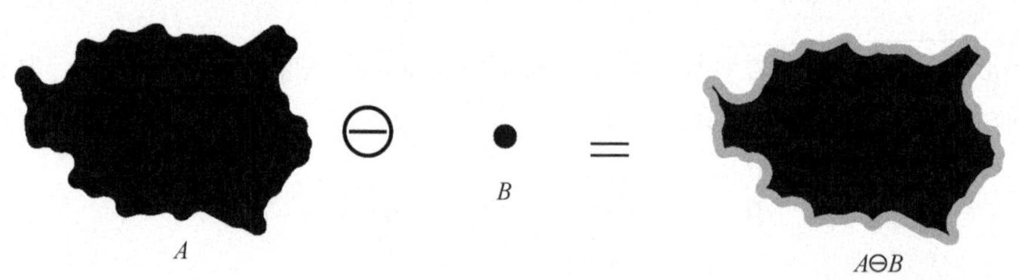

图 5.15　一个二维腐蚀运算的例子（A！B 为右侧黑色图像，不包括灰色图像）

由图 5.15 可知，腐蚀运算可使集合 A 缩小。

膨胀运算与腐蚀运算互为对偶运算。

2. 开运算与闭运算

在上述两个基本运算的基础上，我们可以构造出形态学运算簇，它由上述两个运算的复合和集合操作（交、并、补等）所组合成的所有运算构成。在形态学运算簇中，两个最为重要的组合运算是形态学开运算和形态学闭运算。与腐蚀和膨胀一样，形态学开运算与形态学闭运算也互为对偶运算。

使用结构元素 B 对集合 A 进行开运算，表示为 $A \circ B$，定义为

$$A \circ B=(A \ominus B) \oplus B \tag{5.52}$$

从腐蚀与膨胀运算的描述可知，腐蚀使集合 A 缩小，膨胀使集合 A 扩大，从式（5.52）可以看出，开运算先利用结构元素 B 对集合 A 腐蚀缩小，然后对腐蚀之后的结果进行膨胀恢复，从而达到形态滤波的效果。

而闭运算则恰恰相反，是先利用结构元素 B 对集合 A 膨胀扩大，然后对膨胀之后的结果再利用结构元素 B 腐蚀恢复。使用结构元素 B 对集合 A 的闭运算，表示为 $A \cdot B$，定义为

$$A \cdot B=(A \oplus B) \ominus B \tag{5.53}$$

图 5.16 给出了在二维空间下，用圆盘结构元素 B 对 A 进行开运算的结果。如图所示，开运算相当于 B 在 A 内部滑动，此时 B 中的点最远只能到达 A 的边界。这种运算具有拟合特性，并有如下性质：

$$A \circ B \subseteq A \tag{5.54}$$

这种运算一般使对象的轮廓更加光滑，切断狭窄的间断，消除尖锐的突出物。因此，一次开运算可将 A 分割成 $A \circ B$ 和 $A-(A \circ B)$ 两部分，前者为拟合部分，后者为凸部分。由此可知，开运算平滑目标集合上的凸峰，即具有削峰的作用。

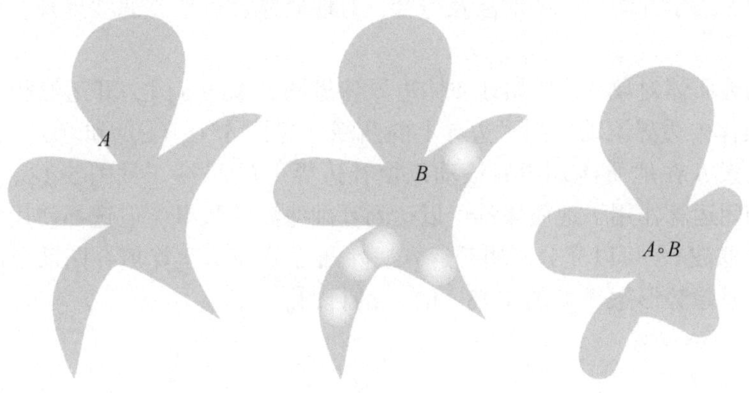

图 5.16　二维空间下的开运算

图 5.17 给出了在二维空间下，用圆盘结构元素 B 对 A 进行闭运算的结果。如图所示，闭运算相当于 B 在 A 的外部滑动，闭运算可以填充图像凹部分来平滑对象的轮廓。这种运算同样具有拟合特性，并有如下性质：

$$A \subseteq A \cdot B \tag{5.55}$$

$A \cdot B$ 可表示为 A 和 $A \cdot B - A$ 两部分的并集，前者是原始集合，后者是凹部分。由此可知，闭运算平滑目标集合上的凹谷，即具有填谷的作用。

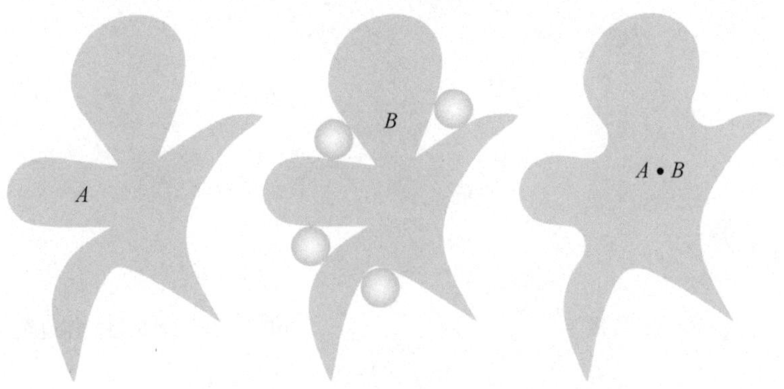

图 5.17　二维空间下的闭运算

5.4.2　地质体形态趋势分析

1. 基于数学形态学的形态趋势提取方法

地质体形态趋势分析，采用基于数学形态学的形态滤波器对地质体进行滤波运算，从而获得地质体的形态趋势体。形态趋势体的表面称为形态趋势面。地质体的形态趋势体和趋势面，对应于传统的趋势面分析的趋势部分和趋势面。

在数学形态学基础一节，我们已经知道，通过数学形态学腐蚀与膨胀运算的组合，可以得到基本的形态滤波器，即形态学开滤波与闭滤波。因此，我们可以采用数学形态学的形态滤波器即形态学开滤波、闭滤波及组合，对地质体进行形态滤波处理，实现地质形态趋势分析。

对于三维地质体对象 A［原始地质体边界参见图 5.18（a）］，开运算相当于使用结构元素 B 在地质体内边界滚动以削平边界上的凸峰［见图 5.18（c）和（d）］，闭运算相当于使用结构元素 B 在地质体外边界滚动以填补边界上的凹谷［见图 5.18（e）和（f）］。虽然开运算和闭运算作用于地质体都可以达到基础滤波的效果，但选择使用形态学开闭组合运算（级联滤波），可以充分利用开运算滤除凸部分和闭运算填补凹部分的优点，达到求取地质体平滑趋势形态［见图 5.18（b）］的目的。

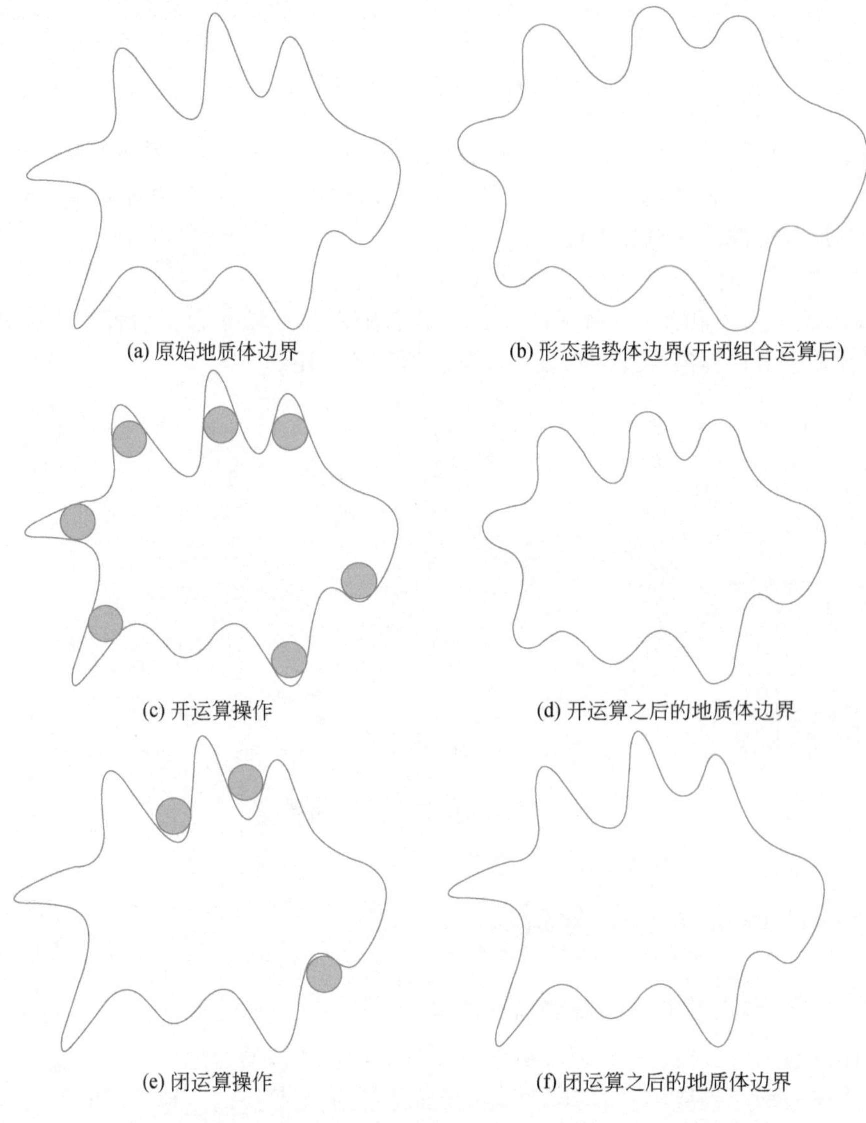

(a) 原始地质体边界
(b) 形态趋势体边界(开闭组合运算后)
(c) 开运算操作
(d) 开运算之后的地质体边界
(e) 闭运算操作
(f) 闭运算之后的地质体边界

图 5.18　三维地质体对象开运算、闭运算以及综合形态滤波效果

使用球形结构元素 B 对三维地质体对象 A 的开闭滤波变换，表示为 $\psi_{oc}(A, B)$，定

义为

$$\psi_{oc}(A,B)=A\circ B\cdot B \tag{5.56}$$

类似地，使用球形结构元素 B 对三维地质体对象 A 的闭开变换，表示为 $\psi_{co}(A, B)$，定义为

$$\psi_{co}(A,B)=A\cdot B\circ B \tag{5.57}$$

下面给出地质体形态趋势分析算法的具体实现步骤：

（1）准备地质体模型。建立要进行形态学滤波运算的地质体的三维二值图像，即在内存中加载体素模型 *rock*。

（2）准备球形结构元素。生成指定直径的球形结构元素 *strucele*，该直径决定可滤除波形的幅度。

（3）开始形态学滤波运算。根据式（5.56）或式（5.57）进行形态学开闭或闭开滤波变换，运算完成之后，得到地质体的形态趋势体集合 *morph*。此运算过程参见图 5.18。

（4）写进文件。将运算得到的形态趋势体集合写进块体文件。

（5）结束工作。关闭文件，回收内存。

地质体形态趋势分析算法的基础是三维地质体模型的腐蚀与膨胀运算。腐蚀与膨胀运算是定义在地质体集合与结构元素集合之间的集合运算，最简单的实现方法是，通过对地质体模型中的每一体元与结构元素之间重叠区域的体元进行集合运算，来决定地质体的体元是纳入腐蚀集合还是膨胀集合。这实际上是一种暴力算法实现，其处理过程如图 5.19 所示，图中球体表示选用的球形结构元素。

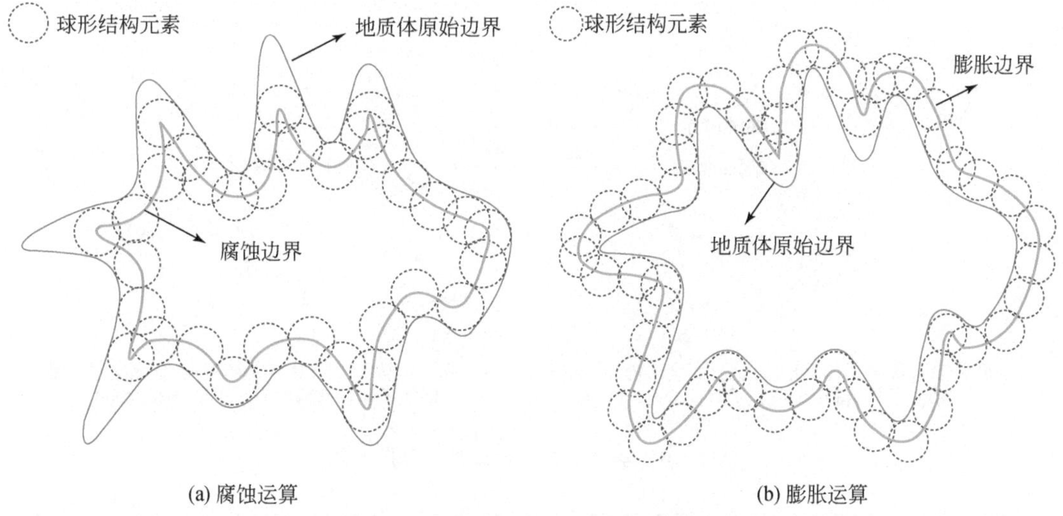

图 5.19　基于数学形态学的腐蚀与膨胀运算

这种暴力实现的腐蚀与膨胀需要对地质体集合与结构元素集合重叠区域的每一体元做集合运算，经过 4 次腐蚀与膨胀运算，势必导致滤波运算变得异常耗时。这里，如果选用球形结构元素，则可以采用一种更快速的基于距离场的滤波方法。基于距离场的滤波基本思想，与数学形态学滤波完全一样，也是采用腐蚀与膨胀组合构成的滤波器。

2. 基于欧氏距离变换的形态趋势提取方法

根据欧氏距离的定义可知，利用球形结构元素对地质体展开的腐蚀运算等同于在地质体内部负距离场中找出距离值大于球体半径的部分作为腐蚀结果集，膨胀运算等同于在地质体外部正距离场找出距离值小于球体半径的部分作为膨胀结果集，因此对地质体的形态滤波运算又可以通过三维欧氏距离变换（蔺宏伟和王国瑾，2003）操作生成内外欧氏距离场，然后根据滤波球体半径提取指定距离值部分作为滤波结果。因此，对于球形结构元素的情况，我们可以将数学形态学中的腐蚀与膨胀等价变换到基于距离场的腐蚀与膨胀（Jones and Satherley，2001）。

基于距离场的腐蚀定义为

$$A\ominus B=\{a,E_{\text{inner}}(a)>r\} \tag{5.58}$$

基于距离场的膨胀定义为

$$A\oplus B=\{a,E_{\text{outer}}(a)<r\} \tag{5.59}$$

式中，r 为球形结构元素的半径。

从式（5.58）和式（5.59）中可以看出，基于距离场的腐蚀与膨胀运算的时间耗费取决于地质体内外欧氏距离场的计算，而与球形结构元素（球体）的半径无关，球体半径只是决定了提取范围，这样将大大缩短滤波运算时间。图 5.20 给出了基于距离场的腐蚀与膨胀原理。

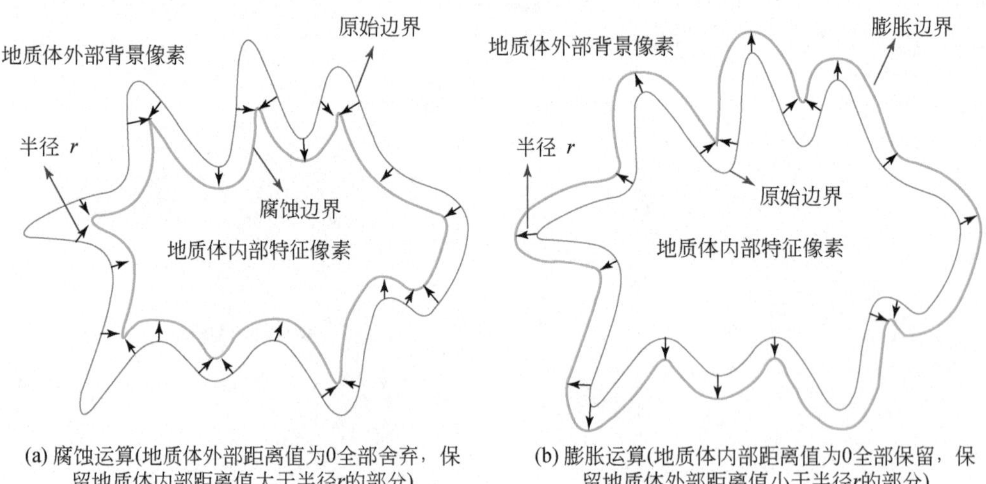

(a) 腐蚀运算(地质体外部距离值为0全部舍弃，保留地质体内部距离值大于半径r的部分)　(b) 膨胀运算(地质体内部距离值为0全部保留，保留地质体外部距离值小于半径r的部分)

图 5.20　基于距离场的腐蚀与膨胀运算

图 5.20 中通过距离值计算提取的腐蚀与膨胀集合，其结果与数学形态学中利用等大小的球形结构元素进行的腐蚀与膨胀集合运算是一致的或等价的。下面给出基于距离场的形态滤波运算（以闭开滤波为例）的具体步骤：

（1）准备地质体模型，建立要进行形态学滤波运算的地质体的三维二值图像，即在内存中加载体素模型 *rock*。

（2）基于距离场的膨胀。对地质体集合进行一次正欧氏距离变换，生成外部欧氏距离场，从中提取出距离值小于给定球体半径的部分作为膨胀结果集。

（3）基于距离场的腐蚀。对上一步产生的膨胀结果集进行一次负欧氏距离变换，生成内部欧氏距离场，从中提取出距离值大于给定球体半径的部分作为腐蚀结果集。

（4）基于距离场的腐蚀。对（3）产生的腐蚀结果集再进行一次（3）操作，产生新的腐蚀结果集。

（5）基于距离场的膨胀。对（4）产生的腐蚀结果集再进行一次（2）操作，产生新的膨胀结果集，即为最终的形态滤波结果 *morph*。

（6）写滤波结果文件，将运算得到的形态趋势集合写进块体文件。

（7）结束工作，关闭文件，回收内存。

5.4.3　地质体外凸内凹提取

地质体外凸内凹，是指地质体相对其形态趋势体的外凸的部分和内凹的部分。地质体的外凸和内凹，对应于传统的趋势面分析的剩余部分（正剩余和负剩余）。

由前述可知，地质体形态趋势分析可以获得地质体的形态趋势体，因此，我们可以利用形态滤波获得的形态趋势体集合和原始地质体集合进行全局集合运算（称为求凹与求凸运算），便可得到地质体的内凹部分集合和外凸部分集合，其集合运算原理如图 5.21 所示。

地质体内凹部分集合表示为 $D_{\text{valley}}(A)$，定义为

$$D_{\text{valley}}(A)=\overline{A}\cap\psi_{\text{co}}(A,B) \tag{5.60}$$

地质体外凸部分集合表示为 $D_{\text{peak}}(A)$，定义为

$$D_{\text{peak}}(A)=A\cap\overline{\psi_{\text{co}}(A,B)} \tag{5.61}$$

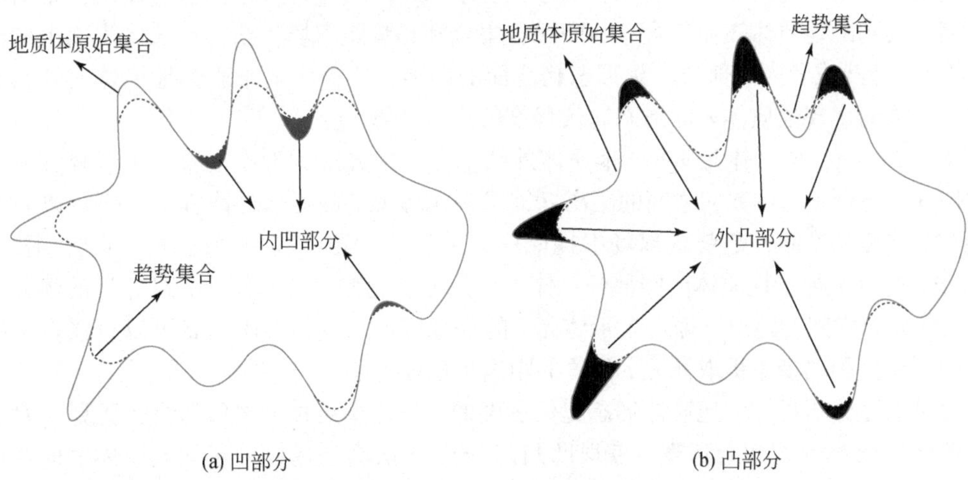

图 5.21　地质体的求凹与求凸集合运算原理示意图

下面给出地质体的求凹与求凸集合运算的具体算法（步骤）：

（1）准备地质体集合。建立要进行形态学滤波运算的地质体的三维二值图像，即在内存中加载原始地质体集合的体素模型 *rock*。

（2）准备地质体的形态趋势体集合。在内存中加载通过形态趋势分析获得的形态趋势体集合的体素模型 *morph*。

（3）开始形态学求凹与求凸运算。根据表达式（5.60）和式（5.61）进行形态学求凹与求凸运算，运算完成之后，得到地质体内凹部分集合 *valley* 与岩体外凸部分集合 *peak*。

（4）写进文件。将运算得到的地质体内凹部分集合与外凸部分集合写进块体文件。

（5）结束工作。关闭文件，回收内存。

5.4.4　地质体形态起伏程度计算

地质体形态起伏程度，是指地质体表面相对于其形态趋势体表面的起伏幅度或起伏大小。我们用地质体表面到趋势体表面的距离来度量地质体形态起伏程度，并规定：地质体外凸部分表面的起伏程度（称为外凸程度）为正，即起伏程度>0；地质体内凹部分表面的起伏程度（称为内凹程度）为负，即起伏程度<0。

这里介绍一种基于数学形态学与欧氏距离变换技术相结合的地质体形态起伏程度计算方法（毛先成等，2012；Mao et al.，2016）。方法的基本思路是：先构造一定直径的球形结构元素，对原始地质体进行形态滤波运算以获得地质体的形态趋势体；然后对原始地质体和形态趋势体利用全局集合运算获得地质体的外凸部分集合和内凹部分集合，并将外凸部分集合和内凹部分集合融合为一个集合（称为凸凹融合集合）表示。利用直径为 3 个体元边长的球形结构元素对原始地质体集合和形态趋势体集合分别执行一次腐蚀操作获取地质体表面集合和趋势体表面（形态趋势面）集合；在三维栅格空间内建立形态趋势面的欧氏距离场（简称为趋势距离场），并约定：趋势体外，距离场为正；趋势体内，距离场为负。利用得到的地质体表面集合、凸凹融合集合和趋势距离场，获得地质体表面上的体元（可能属于外凸或者内凹部分）到形态趋势面的距离；用该距离来表达地质体的外凸和内凹程度，从而实现地质体表面形态起伏程度的定量计算。

图 5.22（a）中，体元 v 处于地质体外凸部分，体元 v' 为形态趋势面上与体元 v 最邻近的体元，体元 v 与体元 v' 之间的距离 d 即可表示体元 v 的局部外凸程度，而距离 d 可以直接在三维栅格空间下趋势距离场中提取体元 v 位置的距离场值而得到。同理，图 5.22（b）中，体元 v 处于地质体内凹部分，体元 v' 为形态趋势面上与体元 v 最邻近的体元，体元 v 与体元 v' 之间的距离 d 即可表示体元 v 的局部外凸程度，而距离 d 可以直接在三维栅格空间下趋势距离场中提取体元 v 位置的距离场值而得到。

通过上述分析可知，地质体形态起伏程度的计算需要通过 1 次形态滤波运算（获取形态趋势体），2 次全局集合运算（获取凹凸部分），2 次腐蚀运算（获取地质体表面与形态趋势面）和 1 次欧氏距离变换运算（生成趋势形态距离场）完成。具体步骤如下：

（1）准备地质体模型。建立要进行形态学滤波运算的地质体的三维二值图像，即在内存中加载体素模型 *rock*。

（2）准备球形结构元素。生成指定直径的球形结构元素 *strucele*，该直径决定可滤除起

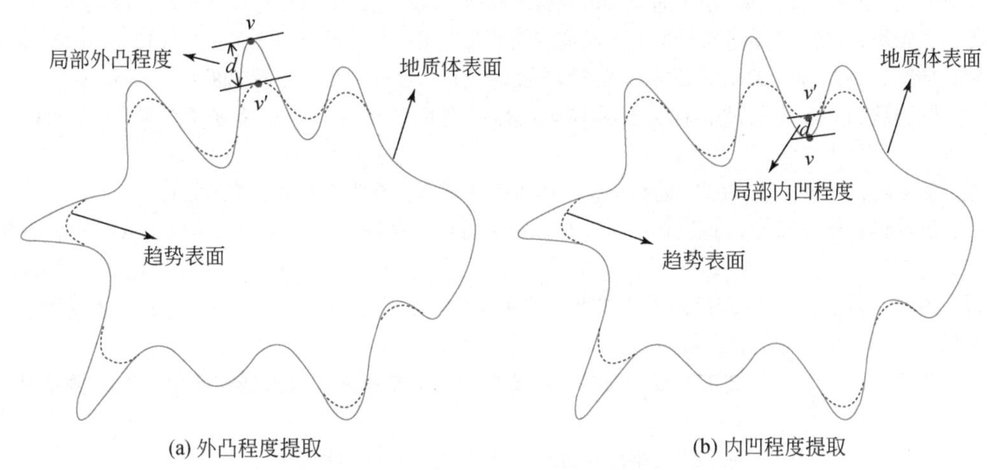

图 5.22　地质体形态起伏程度计算原理图

伏的幅度。

（3）形态趋势体提取。开始形态学滤波运算以获得形态趋势体集合 *morph*，此运算过程参见 5.4.2 节。

（4）外凸内凹提取。开始形态学求凹与求凸运算以获得地质体外凸部分集合 *peak* 和内凹部分集合 *valley*，此运算过程参见 5.4.3 节。

（5）凹凸融合。将（4）得到的外凸部分集合和内凹部分集合融合为一个集合（凸凹融合集合），凸凹融合集合的存储约定为：外凸部分体元赋值为 1，凹部分体元赋值为–1，其余部分赋值为 0。

（6）表面提取。构造直径为 3 个体元边长的球形结构元素，分别对原始地质体与形态趋势体进行一次腐蚀运算，获得地质体表面集合 *srock* 和趋势表面集合 *smorph*。

（7）趋势形态距离场计算。对形态趋势体表面集合 *smorph* 展开 3-SEDT 操作（带符号的三维欧氏距离变换），获得趋势形态距离场 E_{fusion}。

（8）形态起伏程度计算。对地质体表面集合中的某一体元 v，进行下述处理：

①体元 v 在凸凹融合集合中的属性值为 1 表示其属于外凸部分，得到趋势形态距离场中对应位置体元的距离值（>0），该距离值即为该体元的形态起伏程度，这时，为外凸程度。

②体元 v 在凸凹融合集合中的属性值不为 1 表示其属于内凹部分，同样地，得到趋势形态距离场中对应位置体元的距离值（≤0），该距离值即为该体元的起伏程度：该距离值 <0，表示体元 v 属于内凹部分，这时，为内凹程度；该距离值=0，这时，体元 v 同时属于形态趋势面部分（平坦部分）。

参 考 文 献

邓浩 . 2008. 面向隐伏矿体预测的三维地质建模与空间分析若干技术研究 [D]. 长沙：中南大学 .

龚炜，石青云，程民德 . 1997. 数字空间中的数学形态学——理论及应用 [M]. 北京：科学出版社：1-12.

郭科，胥泽银，倪根生 . 1998. 用主曲率法研究裂缝性油气藏［J］. 物探化探计算技术，(4)：47-49.
蔺宏伟，王国瑾 . 2003. 三维带符号的欧氏距离变换及其应用［J］. 计算机学报，26（12）：1645-1651.
刘志敏，杨杰 . 1999. 基于数学形态学的图像形态滤波［J］. 红外与激光工程 . 28（4）：10-15.
毛先成，陈国珖 . 1993. 断层波状构造及其控矿规律的定量研究［J］. 中南矿冶学院学报，24（1）：8-13.
毛先成，邹艳红，陈进，等 . 2011. 隐伏矿体三维可视化预测 . 长沙：中南大学出版社 .
毛先成，唐艳华，邓浩 . 2012. 地质体的三维形态分析方法与应用［J］. 中南大学学报（自然科学版），43（2）：588-595.
毛先成，赵莹，唐艳华，等 . 2013a. 基于 TIN 的地质界面三维形态分析方法与应用［J］. 中南大学学报（自然科学版），44（4）：1493-1499.
毛先成，邹品娟，曹芳，等 . 2013b. GIS 支持下的线性回归证据权法扩展及成矿预测［J］. 测绘科学，38（3）：18-21.
毛先成，邓浩，张彬 . 2020. 地质体三维形态分析［M］. 北京：科学出版社 .
彭省临，樊俊昌，邵拥军，等 . 2012. 矿山深部隐伏矿定位预测关键技术新突破［J］. 中国有色金属学报，22（3）：844-853.
宋鸿林，张长厚，王根厚 . 2013. 构造地质学［M］. 北京：地质出版社 .
汤国安，李发源，刘学军 . 2010. 数字高程模型教程［M］. 2 版 . 北京：科学出版社 .
唐常青，吕宏伯，黄铮，等 . 1990. 数学形态学方法及应用［M］. 北京：科学出版社：4-9.
王树文，闫成新，张天序，等 . 2004. 数学形态学在图像处理中的应用［J］. 计算机工程与应用，32（1）：89-92.
袁峰，李晓辉，张明明，等 . 2014. 隐伏矿体三维综合信息成矿预测方法［J］. 地质学报，88（4）：630-643.
翟裕生 . 1993. 矿田构造学［M］. 北京：地质出版社 .
Carranza E J M. 2009. Controls on mineral deposit occurrence inferred from analysis of their spatial pattern and spatial association with geological features［J］. Ore Geology Reviews，35（3-4）：383-400.
Chi G，Savard M M. 1998. Basinal fluid flow models related to Zn-Pb mineralization in the southern margin of the Maritimes basin，eastern Canada［J］. Economic Geology & the Bulletin of the Society of Economic Geologists，93（6）：896-910.
Deng H，Huang X，Mao X，et al. 2022. Generalized mathematical morphological method for 3D shape analysis of geological boundaries：application in identifying mineralization-associated shape features［J］. Natural Resources Research，31：2103-2127.
Fischer M P，Wilkerson M S. 2000. Predicting the orientation of joints from fold shape：results of pseudo—three-dimensional modeling and curvature analysis［J］. Geology，28（1）：15-18.
Houlding S W. 1994. 3D Geoscience Modeling：Computer Techniques for Geological Characterization［M］. New York & Heidelburg：Springer-Verlag.
Jones M W，Satherley R A. 2001. Shape representation using space filled sub-voxel distance fields［C］// Proceedings International Conference on Shape Modeling and Applications，Genova，Italy：316-325. DOI：10. 1109/SMA. 2001. 923403.
Lisle R J. 1994. Detection of zones of abnormal strains in structures using Gaussian curvature analysis［J］. AAPG Bulletin，78（12）：1811-1819.
Liu L M，Zhao Y L，Sun T. 2012. 3D computational shape- and cooling process-modeling of magmatic intrusion and it simplication for genesis and exploration of intrusion-related ore deposits：an example from the Yueshan in-

trusion in Anqing，China［J］. Tectonophysics，526-529：110-123.

Lu Y，Liu L，Xu G. 2016. Constraints of deep crustal structures on large deposits in the Cloncurry district，Australia：evidence from spatial analysis［J］. Ore Geology Reviews，79：316-331.

Mao X，Zhang B，Deng H，et al. 2016. Three-dimensional morphological analysis method for geologic bodies and its parallel implementation［J］. Computers & Geosciences，96：11-22.

Matheron G. 1975. Random Sets and Integral Geometry［M］. New York：Wiley.

Meyer M，Desbrun M，Schröder P，et al. 2002. Discrete differential－geometry operators for triangulated 2-manifolds［C］//3rd International Workshop on Visualization and Mathematics，Berlin，Germany：35-57.

Sams M S，Thomas-Betts A. 1988. Models of convective fluid flow and mineralization in south-west England［J］. Journal of the Geological Society，145（5）：809-817.

Samson P，Mallet J L. 1997. Curvature analysis of triangulated surfaces in structural geology［J］. Mathematical Geology，29：391-412.

Serra J，Soille P. 1994. Mathematical Morphology and Its Applications to Image Processing［M］. Dordrecht，Boston，London：Kluwer Academic Publishers：369-374.

第 6 章　空间滤波分析

数字信号处理是一个新的学科领域，它是把数字或符号表示的序列，通过计算机或专用处理设备，用数字的方式去处理这些序列，以达到更符合人们要求的信号形式。例如，对信号的滤波，提取和增强信号的有用分量，削弱无用的分量；或是估计信号的某些特征参数。总之，凡是用数字方式对信号进行滤波、变换、增强、压缩、估计、识别等都是数字信号处理的研究对象。

6.1　数字滤波基本概念

在日常生活中我们经常会遇到这样的情况，在夜晚光线不足的时候所拍摄照片往往会有很多麻麻点点的随机干扰，在地学信息领域也常常存在随机干扰信息，常称为“白噪声”，如遥感图像中常常存在“胡椒面现象”麻麻点点的干扰，如地球物理数据中也常常因为仪器测量精度或地表随机原因而导致类似的随机干扰（图 6.1），为了获得清晰的照片或稳定的地球物理异常就需要采用滤波的方法来消除这些随机干扰。此外，实际测量所获得的地球物理异常及地球化学异常往往是多种地质过程或地质作用的综合结果，即综合

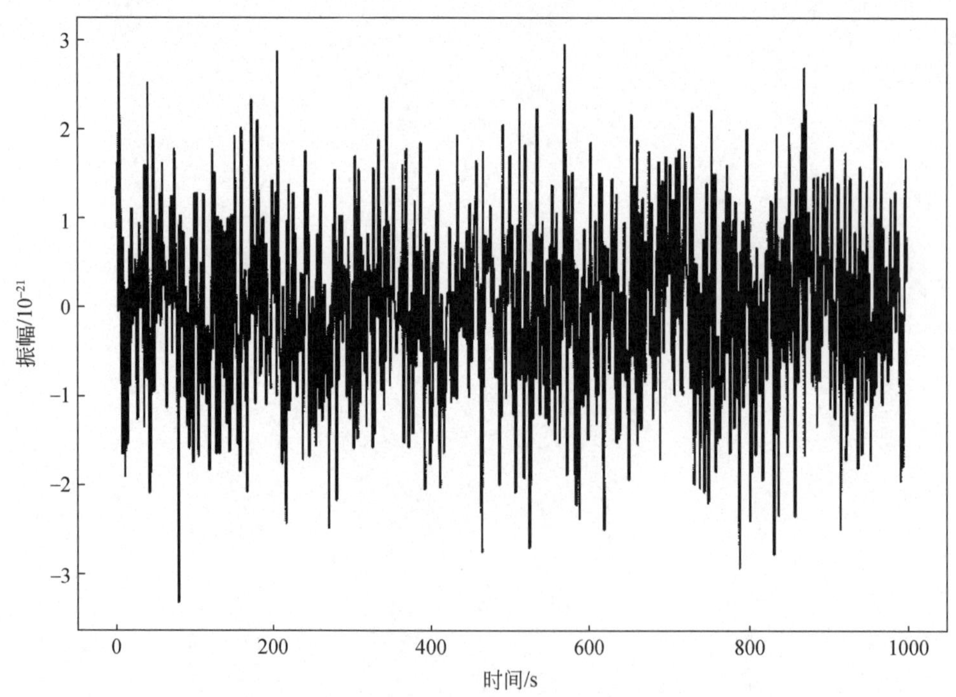

图 6.1　噪声（随机干扰）图

异常，当我们想研究具体某一个地质过程或地质作用的特点时，需要从综合异常中分离出具体反映这一地质过程或地质作用的地球物理异常及地球化学异常（图6.2），这个分离过程在广义上也是数字滤波过程。当我们想增强遥感图像中的道路信息或根据地形高程提取坡度坡向信息时，也会采用滤波的方法，因此数字滤波方法在地学领域中十分常用，也非常重要。

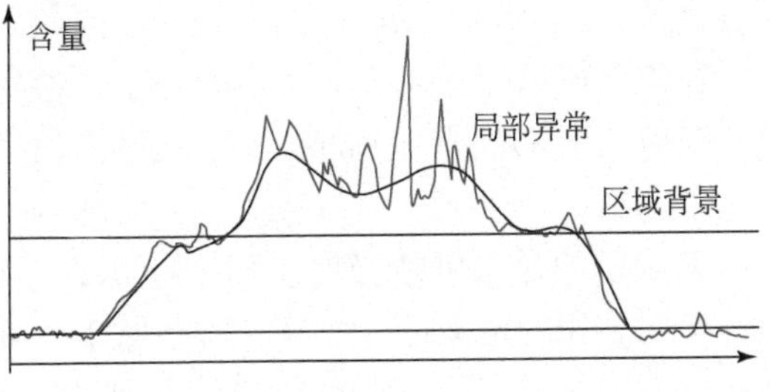

图6.2　局部异常与区域异常

数字滤波是通过一定的算法，对信号进行处理，将某个频段的信号进行滤除，得到新的信号的这一过程。

数字滤波可以分为两大部分：经典滤波器和现代滤波器。经典滤波器就是假定输入信号 $x(n)$ 中的有用成分和希望滤除成分分别位于不同的频带，因而我们通过一个线性系统就可以对噪声进行滤除，如果噪声和信号的频谱相互混叠，则经典滤波器得不到滤波的要求。通常有高通滤波器、低通滤波器、带通滤波器、带阻滤波器。现代滤波器是从含有噪声的信号中估计出有用的信号和噪声信号，这种方法是把信号和噪声本身都视为随机信号，利用其统计特征，如自相关函数、互相关函数、自功率谱、互功率谱等引导出信号的估计算法，然后利用数字设备实现，目前主要有维纳滤波、卡尔曼滤波、自适应滤波、小波变换（wavelet transformation）、经验模态分解（EMD）等数字滤波器。

数字滤波器可以是时不变的或时变的、因果的或非因果的、线性的或非线性的。应用最广的是线性、时不变数字滤波器。

数字滤波按滤波域的不同，又可分为时间域或空间域滤波、频率域滤波、小波域滤波等。

6.2　卷积与卷积定理

卷积是分析数学中一种重要的运算。设 $f(x)$，$g(x)$ 是两个可积函数，作积分：

$$\int_{-\infty}^{\infty} f(\tau)g(x-\tau)\mathrm{d}\tau \tag{6.1}$$

可以证明，关于几乎所有的实数 x，上述积分是存在的。这样，随着 x 的不同取值，这个积分就定义了一个新函数 $h(x)$，称为函数 f 与 g 的卷积，记为 $h(x)=f(x)*g(x)=(f*g)(x)$。

对于两个离散变量序列 $x(n)$ 和 $h(n)$，其卷积是两个变量在某范围内相乘后求和的结果，即：

$$y(n)=\sum_{i=-\infty}^{\infty} x(i)h(n-i)=x(n)*h(n) \tag{6.2}$$

其中星号 $*$ 表示卷积。当时序 $n=0$ 时，序列 $h(-i)$ 是 $h(i)$ 的时序 i 取反的结果；时序取反使得 $h(i)$ 以纵轴为中心翻转180°，所以这种相乘后求和的计算法称为卷积和，简称卷积。另外，n 是使 $h(-i)$ 位移的量，不同的 n 对应不同的卷积结果。

卷积与傅里叶变换有着密切的关系。卷积定理指出，函数卷积的傅里叶变换是函数傅里叶变换的乘积。即一个时空域中的卷积相当于频率域中的乘积：

$$F(g(x)*f(x))=F(g(x))F(f(x)) \tag{6.3}$$

其中 F 表示的是傅里叶变换。利用卷积定理可以简化卷积的运算量，对于长度为 n 的序列，按照卷积的定义进行计算，需要做 $2n-1$ 组对位乘法；而利用傅里叶变换将序列变换到频域上后，只需要一组对位乘法。利用这一性质，傅里叶分析使许多问题的处理得到简化。

卷积在工程和数学上都有很多应用。统计学中，加权的滑动平均是一种卷积；概率论中，两个统计独立变量 X 与 Y 的和的概率密度函数是 X 与 Y 的概率密度函数的卷积；声学中，回声可以用源声与一个反映各种反射效应的函数的卷积表示；电子工程与信号处理中，任一个线性系统的输出都可以通过将输入信号与系统函数（系统的冲激响应）做卷积获得；物理学中，任何一个线性系统（符合叠加原理）都存在卷积；在勘探地球物理学中，重磁位场的延拓、求导等也是一种卷积。

例 6.1 磁场向上延拓：设场源位于 $z=H$ 平面以下（$H>0$），则磁场在 $z=H$ 平面以上对 x、y、z 的连续函数，具有一阶和二阶连续可微的导数。若 $z=0$ 观测平面上的磁场 $T(x, y, 0)$ 为已知，可以得向上延拓公式为

$$T(x,y,z)=\frac{-z}{2\pi}\int_{-\infty}^{\infty}\int_{-\infty}^{\infty}\frac{T(\xi,\eta,0)}{[(x-\xi)^2+(y-\eta)^2+z^2]^{\frac{3}{2}}}\mathrm{d}\xi\mathrm{d}\eta \tag{6.4}$$

由褶积积分公式可知，上式为 $T(x, y, 0)$ 与 $\frac{1}{2\pi}\cdot\frac{-z}{(x^2+y^2+z^2)^{\frac{3}{2}}}$ 关于变量 (x, y) 的二维褶积。

设 $T(x, y, z)$ 对于变量 (x, y) 的傅里叶变换为 $S_T(u, v, z)$，根据褶积定理有

$$S_T(u,v,z)=S_T(u,v,0)\,\mathrm{e}^{2\pi(u^2+v^2)\frac{1}{2}z} \tag{6.5}$$

$T(x, y, z)$ 是 $T(u, v, z)$ 的反傅里叶变换，即

$$T(x,y,z)=\int_{-\infty}^{\infty}\int_{-\infty}^{\infty}S_T(u,v,0)\,\mathrm{e}^{2\pi(u^2+v^2)\frac{1}{2}z}\,\mathrm{e}^{2\pi i(ux+vy)}\mathrm{d}u\mathrm{d}v \tag{6.6}$$

式（6.6）即为向上延拓的频谱表达式。

6.3 空间域滤波

空间域滤波是一种邻域处理技术，是通过一定尺寸的模板（矩阵）对原图像进行卷积运算来实现的。

运算方法：从图像左上角开始开一与模板同样大小的活动窗口，图像窗口与模板像元的亮度值对应相乘再相加（图 6.3）。假定模板大小为 $M*N$，窗口为 $\phi(m, n)$，模板为 $t(m, n)$，则模板运算为

$$r(i,j)=\sum_{m=1}^{M}\sum_{n=1}^{N}\phi(m,n)t(m,n) \tag{6.7}$$

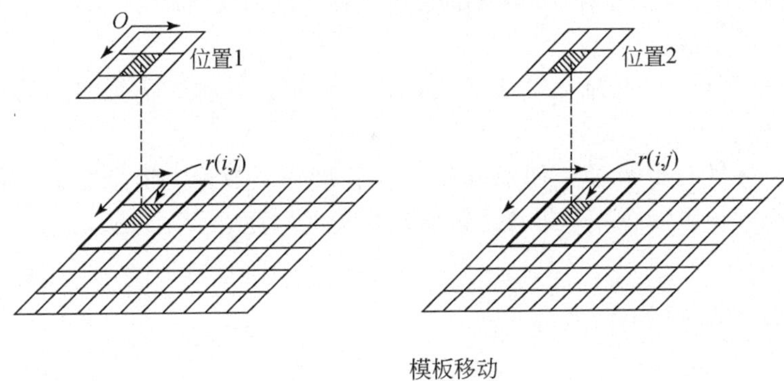

图 6.3　图像卷积运算

将计算结果 $r(i, j)$ 放在窗口中心的像元位置，成为新像元的灰度值。然后活动窗口向右移动一个像元，再按同样的运算，仍旧把计算结果放在移动后的窗口中心位置上，依次进行，逐行扫描，直到全幅图像扫描一遍结束，则新图像生成。

6.4　傅里叶变换

傅里叶变换涉及很多的数据理论与数学推导，本书仅从应用角度，阐述傅里叶变换的来由、意义及其地学应用。

6.4.1　傅里叶变换的概念

傅里叶变换（Fourier transform）是数字信号处理领域一种很重要的算法。因其基本思想首先由法国学者傅里叶系统地提出，所以以其名字来命名以示纪念。傅里叶原理表明：任何连续测量的时序信号，都可以表示为不同频率的正弦波（或余弦波）信号的无限叠加。根据该原理创立的傅里叶变换算法就是把测量到的原始信号，以累加方式来计算该信号中不同频率、振幅和相位的正弦波信号。与傅里叶变换算法对应的就是反傅里叶变换算法，它也是一种累加处理，将一系列不同频率、振幅和相位的正弦波信号转换成一个时序信号。因此，可以说，傅里叶变换将原来难以处理的时域信号转换成了易于分析的频域信号（信号的频谱），可以利用一些工具对这些频域信号进行处理、加工，最后还可以利用傅里叶反变换将这些频域信号转换成时域信号。

从现代数学的视角来看，傅里叶变换是一种特殊的积分变换。它能将满足一定条件的某个函数表示成正弦基函数的线性组合或者积分，而正弦函数是一种被充分研究而相对简单的函数类，这就决定了傅里叶变换有以下良好的性质：

（1）傅里叶变换是线性算子，若赋予适当的范数，它还是酉算子。

（2）傅里叶变换的逆变换容易求出，而且形式与正变换非常类似。

（3）正弦基函数是微分运算的本征函数，从而使得线性微分方程的求解可以转化为常系数的代数方程的求解。将线性时不变的卷积运算转化为简单的乘积运算，从而提供了计算卷积的一种简单手段。

(4) 傅里叶变换可以通过化复变换实现快速计算，其算法称为快速傅里叶变换算法(FFT)。

正是由于上述的良好性质，傅里叶变换在物理学、数论、组合数学、信号处理、概率、统计、密码学、声学、光学等领域都有着广泛的应用。

6.4.2 信号的傅里叶变换

本节要讲述的是信号的傅里叶变换，所谓傅里叶变换有以下积分定义：

$$F(\Omega)=F[f(t)]=\int_{-\infty}^{\infty}f(t)\mathrm{e}^{-\mathrm{j}\Omega t}\mathrm{d}t \tag{6.8}$$

$$f(t)=F^{-1}[F(\Omega)]=\frac{1}{2\pi}\int_{-\infty}^{\infty}F(\Omega)\mathrm{e}^{\mathrm{j}\Omega t}\mathrm{d}\Omega \tag{6.9}$$

通常称式（6.8）为傅里叶正变换公式，式（6.9）为傅里叶反变换公式。式中 Ω 为模拟角频率，它与实际频率有如下关系：$\Omega=2\pi f$，于是傅里叶变换也可以写成：

$$F(f)=F[f(t)]=\int_{-\infty}^{\infty}f(t)\mathrm{e}^{-\mathrm{j}2\pi ft}\mathrm{d}t \tag{6.10}$$

$$f(t)=F^{-1}[F(f)]=\int_{-\infty}^{\infty}F(f)\ \mathrm{e}^{\mathrm{j}2\pi t}\mathrm{d}f \tag{6.11}$$

$F(\Omega)$ 通常为复函数，可以写成：

$$F(\Omega)=|F(\Omega)|\mathrm{e}^{\mathrm{j}\phi(\Omega)} \tag{6.12}$$

其中，$|F(\Omega)|$ 是 $F(\Omega)$ 的幅度函数，它表示信号中各频率下的谱密度的相对大小；$\phi(\Omega)$ 是 $F(\Omega)$ 的相位函数，它表示了信号中各频率成分的相位关系。在工程技术中通常也称 $|F(\Omega)|$ 为幅度频谱，$\phi(\Omega)$ 为相位频谱，它们都是频率 Ω 的连续函数。

应该指出并非所有信号函数都能用式（6.8）或式（6.10）进行傅里叶变换，一般来讲，信号函数满足绝对可积条件，即

$$\int_{-\infty}^{\infty}|f(t)|\mathrm{d}t<\infty \tag{6.13}$$

则信号可以用式（6.8）或式（6.10）进行傅里叶变换。然而式（6.13）表示的仅仅是信号函数进行傅里叶变换的充分条件，并不是必要条件。在引入广义函数后，有些不满足式（6.13）的信号函数也可以进行傅里叶变换。

现在我们研究傅里叶变换与傅里叶级数的关系，我们知道周期函数可以展开为傅里叶级数（注意傅里叶级数不等于傅里叶变换）。

设有周期性矩形脉冲信号 $f(t)$，在主值区间内有

$$f(t)=\begin{cases}E & |t|<\dfrac{\tau}{2}\\[2ex] 0 & \tau<|t|<\dfrac{T}{2}\end{cases} \tag{6.14}$$

脉冲宽度为 τ ，幅度为 E ，重复周期为 T ，如图 6.4 所示。

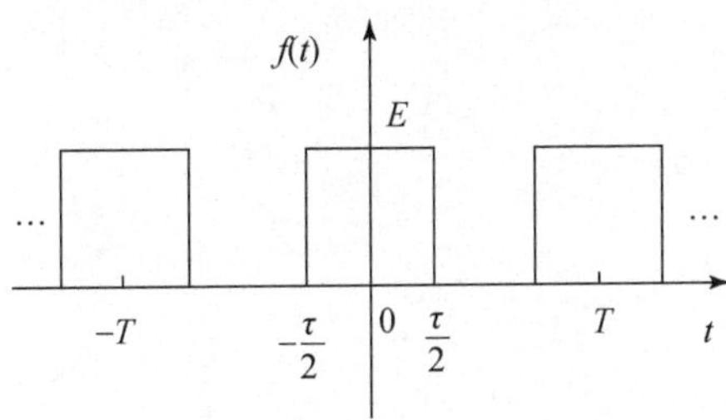

图 6.4　周期脉冲函数

这个周期性脉冲函数可以展开成傅里叶级数

$$f(t)=\sum_{n=-\infty}^{\infty}F_n e^{jn(2\pi/T)t} \tag{6.15}$$

式中，傅里叶系数为

$$F_n=\frac{1}{T}\int_{-\frac{T}{2}}^{\frac{T}{2}}x(t)\ e^{-jn(2\pi/T)t}dt=\frac{2E}{T}\frac{\sin\dfrac{n(2\pi/T)\tau}{2}}{n(2\pi/T)} \tag{6.16}$$

令 $\Omega_0=2\pi/T$ ，通常称为基波角频率，则上式可以简化为

$$F_n=\frac{E\tau}{T}\frac{\sin\dfrac{n\Omega_0\tau}{2}}{\dfrac{n\Omega_0\tau}{2}}=\frac{E\tau}{T}Sa\left(\frac{n\Omega_0\tau}{2}\right) \tag{6.17}$$

式中，$Sa(t)$ 为抽样信号，显然 F_n 是 $n\Omega_0$ 的“函数”，只不过这里的频率变量取基波角频率的整倍数，可以理解为在离散频率上定义的频域信号，如图 6.5 所示。

由以上分析可知，当周期信号的周期变大（趋于非周期）时，基波角频率 Ω_0 就越小，如图 6.5 所示例子中离散谱线的密度增大，同时谱线的高度也趋于零。如果用周期 T 乘以式（6.17）表示的傅里叶系数，并令周期 T 趋于无穷大（这时函数为非周期的），谱线间隔（基波角频率）Ω_0 也趋于零，于是图 6.5 中的谱线密度无限加密，$n\Omega_0$ 趋于连续 Ω，离散频谱趋于谱线的包络线，即有

$$F(\Omega)=\lim_{T\to\infty}TF_n=\lim_{\Omega_0\to 0}E\tau Sa\left(\frac{n\Omega_0\tau}{2}\right)=E\tau Sa\left(\frac{\Omega\tau}{2}\right) \tag{6.18}$$

式（6.18）就是矩形脉冲信号的傅里叶变换。现在我们按式（6.8）对图 6.4 所示周期信号中的主值区间信号（矩形脉冲信号）进行傅里叶变换，因主值区间信号为

$$f(t)=\begin{cases}E & |t|<\dfrac{\tau}{2}\\[2ex] 0 & |t|>\dfrac{\tau}{2}\end{cases} \tag{6.19}$$

其傅里叶变换为

$$F(\Omega)=\int_{-\infty}^{\infty}f(t)e^{-j\Omega t}dt$$

$$= \int_{-\frac{\tau}{2}}^{\frac{\tau}{2}} E e^{-j\Omega t} dt = \frac{2E}{\Omega}\sin\left(\frac{\Omega\tau}{2}\right) = E\tau \frac{\sin\left(\frac{\Omega\tau}{2}\right)}{\frac{\Omega\tau}{2}} = E\tau Sa\left(\frac{\Omega\tau}{2}\right) \tag{6.20}$$

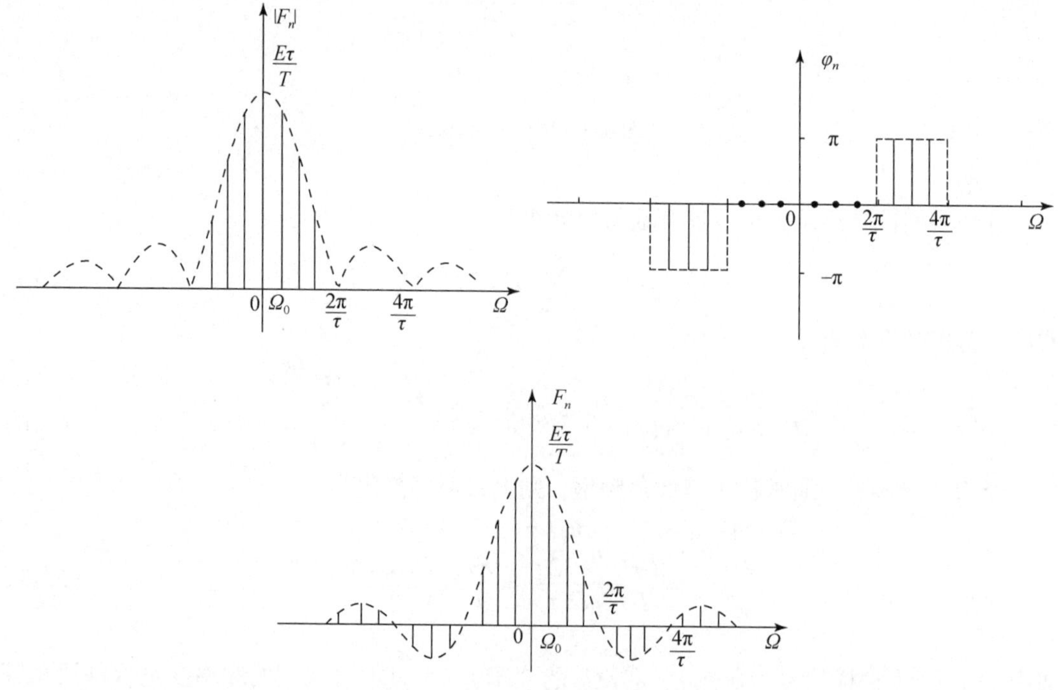

图 6.5　周期脉冲函数的频谱

上式结果与式（6.18）结果完全一致。比较式（6.17），可以看出傅里叶变换与傅里叶系数有如下关系

$$F(\Omega) = TF_n \tag{6.21}$$

以上分析表明：傅里叶变换表示的是傅里叶系数乘以周期 T 后的包络线，而傅里叶系数就是在此包络线上等间隔取得的样本。此外，当 τ 一定，则包络线 TF_n 与周期 T 无关。另外一种解释是，当周期信号的周期 T 趋于无穷大时，周期信号就变成非周期信号（周期为无穷大），原周期信号的傅里叶系数（频谱分量）的幅值变成无穷小（趋于零），而谱线密度无限加密，以至于连续，在乘以周期 T（无穷大值）后，就变成傅里叶变换，因此傅里叶变换反映的是信号频谱的“相对”大小。

上述例子说明了对非周期信号建立傅里叶表示的基本思想。这就是在建立非周期信号的傅里叶变换时，可以把非周期信号当作一个周期为无穷大的“周期”信号，并且将这个“周期”信号用傅里叶级数来表示。当这个“周期”信号的傅里叶系数乘以周期时，傅里叶系数就是非周期信号的傅里叶变换。

傅里叶级数和傅里叶变换都是把信号表示为一组复指数信号的线性组合，对于周期信号（用的是傅里叶级数），这些复指数信号的幅度为 $|F_n|$，在成谐波关系的一组离散点上 $n\Omega_0$，$n=0$，$n=\pm1$，$n=\pm2$，… 上出现。对于非周期信号（用的是傅里叶变换），这些复指数出现在连续的频率上，其“幅值”为一个微量 $F(\Omega)(d\Omega/2\pi)$，因为 $F(\Omega)$ 实际上给了我们组成信号所需要的不同复指数函数的“大小”（幅值）信息，所以通常一个信号的傅里叶变换 $F(\Omega)$ 也称为信号 $f(t)$ 的频谱。

在给出傅里叶变换公式时，我们并没有对信号做出任何限制，在实际工程中绝大多数信号确实能用傅里叶变换来分析，但从数学上来说是不严谨的。从上面对傅里叶变换概念的论述中可以看出，傅里叶变换的条件应该与傅里叶级数存在的条件类似，事实也是如此。这里给出傅里叶变换的条件，这个条件也称为狄里赫利条件（是傅里叶变换的充分条件）：

(1) $f(t)$ 绝对可积，即

$$\int_{-\infty}^{\infty} |f(t)| \mathrm{d}t < \infty \tag{6.22}$$

(2) 在任何有限区间内，$f(t)$ 只有有限个最大值和最小值。

(3) 在任何有限区间内，$f(t)$ 只有有限个不连续点，并且在每个不连续点上信号都必须取有限值，这时傅里叶变换收敛于间断点两边函数值的平均值。

现在介绍常见非周期信号的傅里叶变换。

1. 矩形脉冲信号

$$f(t)=\begin{cases} E & |t|<\dfrac{\tau}{2} \\ 0 & |t|>\dfrac{\tau}{2} \end{cases} \tag{6.23}$$

式中，E 为脉冲幅度，τ 为脉冲宽度（图6.6）。这个信号的傅里叶变换在前面已经做了介绍，即为

$$F(\Omega)=\frac{2E}{\Omega}\sin\left(\frac{\Omega\tau}{2}\right)=E\tau Sa\left(\frac{\Omega\tau}{2}\right) \tag{6.24}$$

其幅度谱和相位谱分别为

$$|F(\Omega)|=E\tau\left|Sa\left(\frac{\Omega\tau}{2}\right)\right| \tag{6.25}$$

$$\phi(\Omega)=\begin{cases} 0 & \dfrac{4n\pi}{\tau}<|\Omega|<\dfrac{2(2n+1)\pi}{\tau} \\ \pi & \dfrac{2(2n+1)\pi}{\tau}<|\Omega|<\dfrac{2(2n+2)\pi}{\tau} \end{cases} \quad n=0,1,2,\cdots \tag{6.26}$$

2. 单边指数信号

单边指数信号可以表示为

$$f(t)=\begin{cases} \mathrm{e}^{-\alpha t} & t>0,\alpha>0 \\ 0 & t<0 \end{cases} \tag{6.27}$$

或为

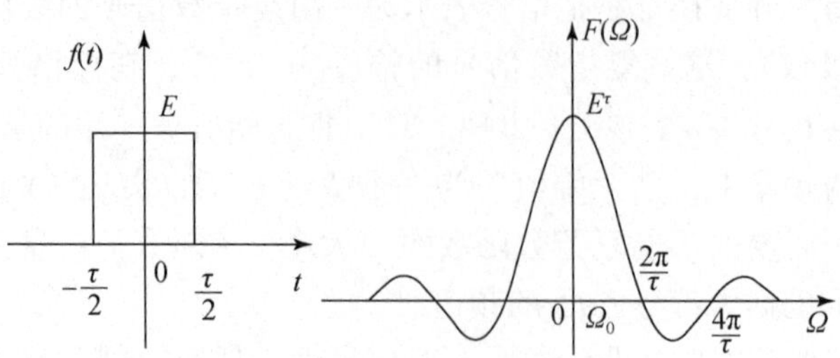

图 6.6　矩形脉冲信号及其频谱

$$f(t) = \mathrm{e}^{-\alpha t}u(t) \quad \alpha > 0 \tag{6.28}$$

于是有傅里叶变换

$$\begin{aligned} F(\Omega) &= \int_{-\infty}^{\infty} f(t)\ \mathrm{e}^{-\mathrm{j}\Omega t}\mathrm{d}t = \int_{0}^{\infty}\ \mathrm{e}^{-\alpha t}\ \mathrm{e}^{-\mathrm{j}\Omega t}\mathrm{d}t \\ &= \int_{0}^{\infty}\ \mathrm{e}^{-(\alpha+\mathrm{j}\Omega)t}\mathrm{d}t = -\left.\frac{\mathrm{e}^{-(\alpha+\mathrm{j}\Omega)t}}{\alpha+\mathrm{j}\Omega}\right|_{0}^{\infty} = \frac{1}{\alpha+\mathrm{j}\Omega} \end{aligned} \tag{6.29}$$

单边指数信号的幅度谱和相位谱（图 6.7）为

$$|F(\Omega)| = \frac{1}{\sqrt{\alpha^2+\Omega^2}} \tag{6.30}$$

$$\phi(\Omega) = -\arctan\left(\frac{\Omega}{\alpha}\right) \tag{6.31}$$

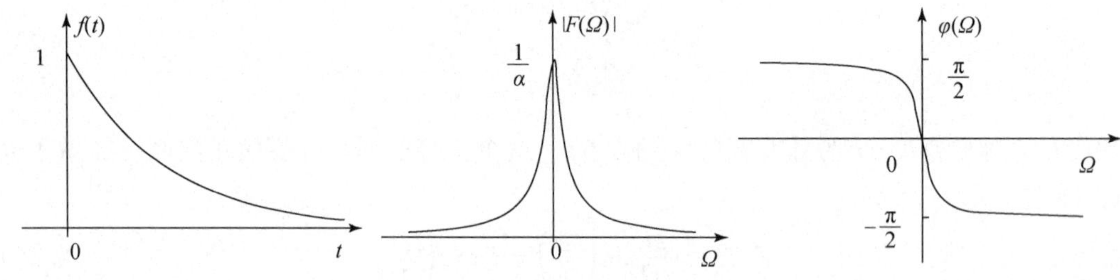

图 6.7　单边指数函数及其频谱

3. 双边奇指数信号

双边奇指数信号表示为

$$f(t) = \begin{cases} -\mathrm{e}^{\alpha t} & t < 0 \\ \mathrm{e}^{-\alpha t} & t > 0 \end{cases} \tag{6.32}$$

其中 $\alpha > 0$，它的傅里叶变换为

$$\begin{aligned} F(\Omega) &= \int_{-\infty}^{\infty} f(t)\ \mathrm{e}^{-\mathrm{j}\Omega t}\mathrm{d}t = \int_{-\infty}^{0}\ -\mathrm{e}^{\alpha t}\ \mathrm{e}^{-\mathrm{j}\Omega t}\mathrm{d}t + \int_{0}^{\infty}\ \mathrm{e}^{-\alpha t}\ \mathrm{e}^{-\mathrm{j}\Omega t}\mathrm{d}t \\ &= -\frac{1}{\alpha-\mathrm{j}\Omega} + \frac{1}{\alpha+\mathrm{j}\Omega} = -\mathrm{j}\frac{2\Omega}{\alpha^2+\Omega^2} \end{aligned} \tag{6.33}$$

其幅度频谱和相位频谱（图 6.8）为

$$|F(\Omega)|=\frac{2|\Omega|}{\alpha^2+\Omega^2} \tag{6.34}$$

$$\phi(\Omega)=\begin{cases}\dfrac{\pi}{2} & \Omega<0\\ -\dfrac{\pi}{2} & \Omega>0\end{cases} \tag{6.35}$$

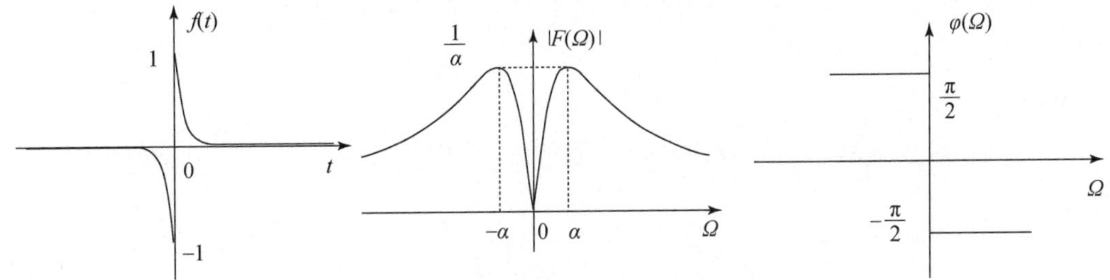

图6.8　双边奇指数信号及其频谱

4. 单位冲激函数

单位冲激函数的傅里叶变换为

$$F(\Omega)=\int_{-\infty}^{\infty}\delta(t)\,\mathrm{e}^{-\mathrm{j}\Omega t}\mathrm{d}t \tag{6.36}$$

根据冲激函数的性质，上式的积分等于1，即

$$F[\delta(t)]=1 \tag{6.37}$$

上式说明，单位冲激函数是无限带宽的信号，在整个频域内频谱是均匀分布的，这个频谱通常称为“均匀谱”或“白色谱”。

5. 单位直流信号

单位直流信号可以表示为

$$f(t)=1 \quad -\infty<t<\infty \tag{6.38}$$

显然单位直流信号不满足狄里赫利条件，故不能直接用积分求出其傅里叶变换。为此我们可以把单位直流信号看成脉冲幅度为1，脉冲宽度τ趋于无穷大的矩形脉冲信号。前面已经求得矩形脉冲信号的傅里叶变换为$F(\Omega)=\tau Sa\left(\frac{\Omega\tau}{2}\right)$，于是单位直流信号的傅里叶变换为

$$F[1]=\lim_{\tau\to\infty}\left[\tau Sa\left(\frac{\Omega\tau}{2}\right)\right]=2\pi\lim_{\tau\to\infty}\left[\frac{\tau}{2\pi}Sa\left(\frac{\Omega\tau}{2}\right)\right] \tag{6.39}$$

注意到单位冲激函数的一种定义形式：

$$\delta(t)=\lim_{k\to\infty}\left[\frac{k}{\pi}Sa(kt)\right] \tag{6.40}$$

所以单位直流信号（图6.9）的傅里叶变换为

$$F[1]=2\pi\delta(\Omega) \tag{6.41}$$

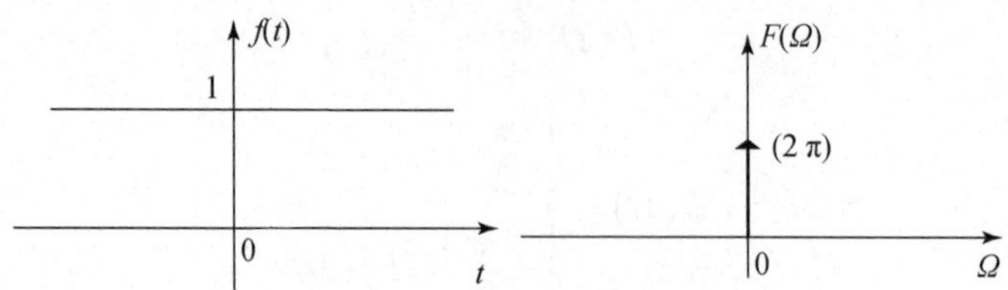

图 6.9　单位直流信号及其频谱

6. 符号函数

若将符号函数 sgn(t) 看成双边指数信号当 $\alpha \to 0$ 时的极限，那么符号函数的傅里叶变换为

$$F[\operatorname{sgn}(t)] = \lim_{\alpha \to 0} \frac{-\mathrm{j}2\Omega}{\alpha^2 + \Omega^2} = -\mathrm{j}\frac{2}{\Omega} \tag{6.42}$$

所以符号函数的幅度频谱和相位频谱（图 6.10）为

$$|F(\Omega)| = \frac{2}{|\Omega|} \tag{6.43}$$

$$\phi(\Omega) = \begin{cases} -\dfrac{\pi}{2} & \Omega > 0 \\ \dfrac{\pi}{2} & \Omega < 0 \end{cases} \tag{6.44}$$

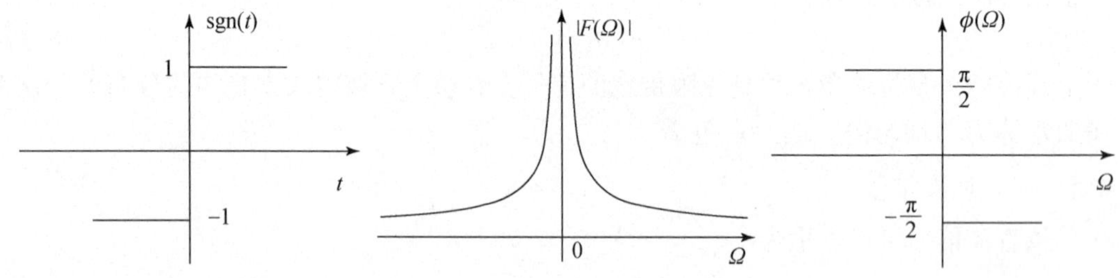

图 6.10　符号函数及其频谱

7. 单位阶跃函数

单位阶跃函数可以看成是直流信号与符号函数的叠加，即

$$u(t) = \frac{1}{2} + \frac{1}{2}\operatorname{sgn}(t) \tag{6.45}$$

上式两边进行傅里叶变换，则有

$$F[u(t)] = F\left[\frac{1}{2}\right] + F\left[\frac{1}{2}\operatorname{sgn}(t)\right] \tag{6.46}$$

代入直流信号的傅里叶变换和符号函数的傅里叶变换，得

$$F[u(t)] = \pi\delta(\Omega) + \frac{1}{\mathrm{j}\Omega} \tag{6.47}$$

单位阶跃函数的幅度频谱和相位频谱（图 6. 11）为

$$|F(\Omega)| = \pi\delta(\Omega) + \frac{1}{|\Omega|} \tag{6.48}$$

$$\phi(\Omega) = \begin{cases} -\dfrac{\pi}{2} & \Omega > 0 \\ \dfrac{\pi}{2} & \Omega < 0 \end{cases} \tag{6.49}$$

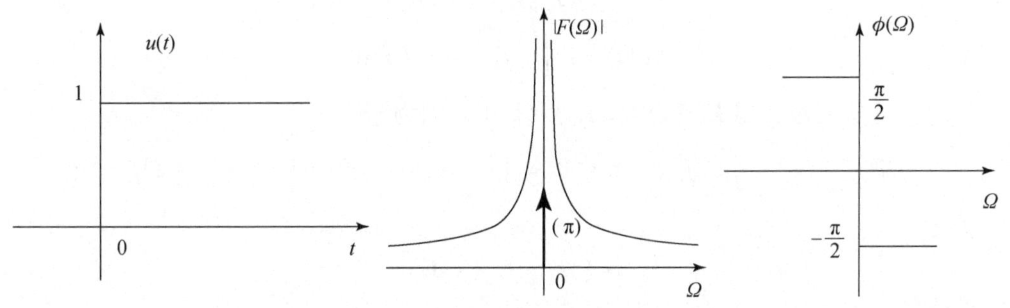

图 6. 11　单位阶跃函数及其频谱

6. 4. 3　傅里叶变换的性质

研究傅里叶变换的性质是为了便于了解信号时-频域特性的内在关系，以及进行傅里叶变换或傅里叶反变换时简化计算方法。为了方便起见，在讨论傅里叶变换性质时采用一些简化符号表示信号与其变换之间的关系，即一个信号 $f(t)$ 与它的傅里叶变换 $F(\Omega)$ 由下式给出

$$F(\Omega) = \int_{-\infty}^{\infty} f(t)\mathrm{e}^{-\mathrm{j}\Omega t}\mathrm{d}t \tag{6.50}$$

$$f(t) = \frac{1}{2\pi}\int_{-\infty}^{\infty} F(\Omega)\mathrm{e}^{\mathrm{j}\Omega t}\mathrm{d}t \tag{6.51}$$

有时为了方便，$F(\Omega)$ 用 $F[f(t)]$，$f(t)$ 用 $F^{-1}[F(\Omega)]$ 表示；也将 $f(t)$ 与 $F(\Omega)$ 之间的傅里叶变换关系表示成 $f(t) \overset{F}{\longleftrightarrow} F(\Omega)$。限于篇幅，以下性质本书略去证明。

1. 线性特性

若

$$f_1(t) \overset{F}{\longleftrightarrow} F_1(\Omega)$$

和

$$f_2(t) \overset{F}{\longleftrightarrow} F_2(\Omega)$$

则

$$af_1(t) + bf_2(t) \overset{F}{\longleftrightarrow} aF_1(\Omega) + bF_2(\Omega) \tag{6.52}$$

式中，a 和 b 为任意常数（可以是复数）。

2. 奇偶性

若 $$f(t) \overset{F}{\longleftrightarrow} F(\Omega)$$

通常 $F(\Omega)$ 为复函数可以表示成

$$F(\Omega) = R(\Omega) + \mathrm{j}X(\Omega)$$

式中，$R(\Omega)$ 和 $X(\Omega)$ 分别为 $F(\Omega)$ 的实部和虚部，根据傅里叶变换的定义可知

$$R(\Omega) = \int_{-\infty}^{\infty} f(t)\cos(\Omega t)\,\mathrm{d}t \tag{6.53}$$

$$X(\Omega) = -\int_{-\infty}^{\infty} f(t)\sin(\Omega t)\,\mathrm{d}t \tag{6.54}$$

若 $f(t)$ 为实函数，则 $F[f(t)] = F[f^*(t)]$，因为

$$F[f^*(t)] = \int_{-\infty}^{\infty} f^*(t)\,\mathrm{e}^{-\mathrm{j}\Omega t}\mathrm{d}t = \left[\int_{-\infty}^{\infty} f(t)\,\mathrm{e}^{-\mathrm{j}(-\Omega)t}\mathrm{d}t\right]^* = F^*(-\Omega)$$

既有

$$F(\Omega) = F^*(-\Omega) \tag{6.55}$$

于是有

$$R(\Omega) = R(-\Omega) \tag{6.56}$$

$$X(\Omega) = -X(-\Omega) \tag{6.57}$$

由式（6.55）得

$$|F(\Omega)| = |F(-\Omega)| \tag{6.58}$$

$$\phi(\Omega) = -\phi(-\Omega) \tag{6.59}$$

上式说明 $|F(\Omega)|$ 和 $R(\Omega)$ 为 Ω 的偶函数，$\phi(\Omega)$ 和 $X(\Omega)$ 为 Ω 的奇函数。

若 $f(t)$ 是实偶函数，则 $f(t)\sin(\Omega t)$ 是 t 的奇函数，式（6.54）积分为零，所以 $X(\Omega) = 0$，则

$$F(\Omega) = R(\Omega) = 2\int_{0}^{\infty} f(t)\cos(\Omega t)\,\mathrm{d}t \tag{6.60}$$

若 $f(t)$ 是实奇函数，则 $f(t)\cos(\Omega t)$ 是 t 的奇函数，式（6.53）的积分为零，所以 $R(\Omega) = 0$，则

$$F(\Omega) = \mathrm{j}X(\Omega) = -\mathrm{j}2\int_{0}^{\infty} f(t)\sin(\Omega t)\,\mathrm{d}t \tag{6.61}$$

根据以上讨论方法，我们可以对 $f(t)$ 为虚奇函数和复函数时，$F(\Omega)$ 的奇偶性进行研究。

3. 对称性

若 $$F(\Omega) = F[f(t)]$$

则

$$F[F(t)] = 2\pi f(-\Omega) \tag{6.62}$$

这是因为

$$f(t) = \frac{1}{2\pi}\int_{-\infty}^{\infty} F(\Omega)\,\mathrm{e}^{\mathrm{j}\Omega t}\mathrm{d}\Omega$$

于是

$$f(-t)=\frac{1}{2\pi}\int_{-\infty}^{\infty}F(\Omega)\mathrm{e}^{-\mathrm{j}\Omega t}\mathrm{d}\Omega$$

将上式中的 t 与 Ω 互换得

$$f(-\Omega)=\frac{1}{2\pi}\int_{-\infty}^{\infty}F(t)\mathrm{e}^{-\mathrm{j}\Omega t}\mathrm{d}t$$

即有

$$F[F(t)]=\int_{-\infty}^{\infty}F(t)\ \mathrm{e}^{-\mathrm{j}\Omega t}\mathrm{d}t=2\pi f(-\Omega)$$

式（6.62）说明，信号的傅里叶变换等于这个信号函数的反函数乘以 2π，在前面讨论的单位冲激函数与单位直流信号之间就满足这种关系。即

$$F[\delta(t)]=1$$
$$F[1]=2\pi\delta(-\Omega)=2\pi\delta(\Omega)$$

又如求抽样函数 $Sa(t)=\frac{\sin t}{t}$ 的傅里叶变换。若直接按傅里叶变换定义来求很麻烦，利用傅里叶变换的对称性质可以通过矩形脉冲傅里叶变换求解。因为

$$f(t)=\begin{cases}E & |t|<\frac{\tau}{2}\\ 0 & |t|>\frac{\tau}{2}\end{cases}\quad\overset{F}{\longleftrightarrow}\quad F(\Omega)=E\tau Sa\left(\frac{\Omega\tau}{2}\right)$$

令 $E=1$，$\tau=2$，则有

$$f(t)=\begin{cases}1 & |t|<1\\ 0 & |t|>1\end{cases}\quad\overset{F}{\longleftrightarrow}\quad F(\Omega)=2Sa(\Omega)$$

根据傅里叶变换的对称性质，有

$$F[Sa(t)]=\frac{1}{2}2\pi f(-\Omega)=\begin{cases}\pi & |\Omega|<1\\ 0 & |\Omega|>1\end{cases}\tag{6.63}$$

从以上两例我们可以看到，除了在幅值上差个比例常数外，时域中的单位冲激函数的傅里叶变换为频域中的直流函数，而时域中的直流函数的傅里叶变换为频域中的冲激函数；时域中的矩形脉冲函数的傅里叶变换为频域中的抽样函数，而时域中的抽样函数的傅里叶变换为频域中的矩形脉冲函数。傅里叶变换的对称性质是由傅里叶变换公式的对称性所决定的，有时我们也称对称性为傅里叶变换的对偶性。

4. 尺度变换特性

若

$$f(t)\overset{F}{\longleftrightarrow}F(\Omega)$$

则

$$f(at)\overset{F}{\longleftrightarrow}\frac{1}{|a|}F\left(\frac{\Omega}{a}\right)\tag{6.64}$$

尺度变换特性是傅里叶分析理论中的一个重要特性，它表明时间的伸缩必将导致频率的伸缩，但是时间的伸缩与频率的伸缩是相反的，即当 $a>1$ 时，$f(at)$ 是 $f(t)$ 的压缩图形（相当于时间的扩展），而 $F\left(\frac{\Omega}{a}\right)$ 则是 $F(\Omega)$ 图形的扩展（相当于频率压缩），另外要注

意，在频率图形扩展的同时，频谱的幅度也成比例减小，如图 6.12 所示。特别是当 $a = -1$ 时，有

$$f(-t) \overset{F}{\longleftrightarrow} F(-\Omega) \tag{6.65}$$

上式说明，在时间上反转一个信号，它的傅里叶变换也反转。

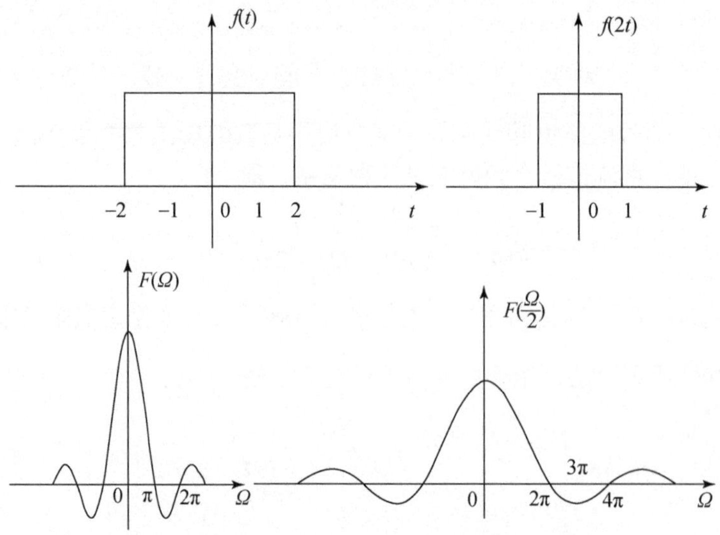

图 6.12　函数的尺度变换及其傅里叶变换

5. 时移特性

若

$$f(t) \overset{F}{\longleftrightarrow} F(\Omega)$$

则

$$f(t-t_0) \overset{F}{\longleftrightarrow} e^{-j\Omega t_0}F(\Omega) \tag{6.66}$$

式中 t_0 是可正可负的常数。式（6.66）关系可以这样来得到，因为

$$f(t-t_0) = \frac{1}{2\pi}\int_{-\infty}^{\infty} F(\Omega)\, e^{j\Omega(t-t_0)} d\Omega = \frac{1}{2\pi}\int_{-\infty}^{\infty} \left[e^{-j\Omega t_0}F(\Omega)\right] e^{j\Omega t} d\Omega$$

即有

$$F[f(t-t_0)] = e^{-j\Omega t_0}F(\Omega)$$

这个性质说明，信号在时间上的移位，并不改变它的傅里叶变换的模（信号的幅度频谱），而仅仅引入了一个相移 $-\Omega t_0$，这个相移与频率成线性关系。

6. 频移特性

若

$$f(t) \overset{F}{\longleftrightarrow} F(\Omega)$$

则

$$e^{j\Omega_0 t}f(t) \overset{F}{\longleftrightarrow} F(\Omega-\Omega_0) \tag{6.67}$$

式中 Ω_0 是可正可负的常数。式（6.67）可以这样来证明

$$F^{-1}[F(\Omega-\Omega_0)]=\frac{1}{2\pi}\int_{-\infty}^{\infty}F(\Omega-\Omega_0)\,\mathrm{e}^{\mathrm{j}\Omega t}\mathrm{d}\Omega$$

$$=\frac{\mathrm{e}^{\mathrm{j}\Omega_0 t}}{2\pi}\int_{-\infty}^{\infty}F(\Omega-\Omega_0)\,\mathrm{e}^{\mathrm{j}(\Omega-\Omega_0)t}\mathrm{d}\Omega=\mathrm{e}^{\mathrm{j}\Omega_0 t}f(t)$$

注意与时移特性比较，在时域中信号平移 t_0 ，在频域中就乘以 $\mathrm{e}^{-\mathrm{j}\Omega t_0}$ 因子，而在频域中平移 Ω_0 ，则在时域中也乘以 $\mathrm{e}^{\mathrm{j}\Omega_0 t}$ 因子，所不同的是所乘因子的指数符号有所不同。通常在通信理论中把时间信号 $f(t)$ 乘以 $\mathrm{e}^{\mathrm{j}\Omega_0 t}$ 因子称为信号的调制。由此可见信号调制的本质是将某一频带内的信号移至另一个频带（即信号的频移）。

利用频域平移特性很容易得到正弦信号的傅里叶变换，因为

$$\sin(\Omega_0 t)=\frac{1}{2\mathrm{j}}(\mathrm{e}^{\mathrm{j}\Omega_0 t}-\mathrm{e}^{-\mathrm{j}\Omega_0 t})$$

$$\cos(\Omega_0 t)=\frac{1}{2}(\mathrm{e}^{\mathrm{j}\Omega_0 t}+\mathrm{e}^{-\mathrm{j}\Omega_0 t})$$

于是

$$F[\sin(\Omega_0 t)]=\frac{1}{2\mathrm{j}}\{F[\mathrm{e}^{\mathrm{j}\Omega_0 t}]-F[\mathrm{e}^{-\mathrm{j}\Omega_0 t}]\}$$

$$F[\cos(\Omega_0 t)]=\frac{1}{2}\{F[\mathrm{e}^{\mathrm{j}\Omega_0 t}]+F[\mathrm{e}^{-\mathrm{j}\Omega_0 t}]\}$$

而 $F[\mathrm{e}^{\mathrm{j}\Omega_0 t}]$ 和 $F[\mathrm{e}^{-\mathrm{j}\Omega_0 t}]$ 可以看成直流信号受 $\mathrm{e}^{\mathrm{j}\Omega_0 t}$ 和 $\mathrm{e}^{-\mathrm{j}\Omega_0 t}$ 的调制，已知直流信号的傅里叶变换为

$$F[1]=2\pi\delta(\Omega)$$

所以

$$F[\sin(\Omega_0 t)]=\frac{1}{2\mathrm{j}}\{2\pi\delta(\Omega-\Omega_0)-2\pi\delta(\Omega+\Omega_0)\}=j\pi[\delta(\Omega+\Omega_0)-\delta(\Omega-\Omega_0)] \tag{6.68}$$

$$F[\cos(\Omega_0 t)]=\frac{1}{2}\{2\pi\delta(\Omega-\Omega_0)+2\pi\delta(\Omega+\Omega_0)\}=\pi[\delta(\Omega+\Omega_0)+\delta(\Omega-\Omega_0)] \tag{6.69}$$

注意这个例子同时也说明了正弦信号的频谱是两根冲激谱线，如图 6. 13 所示。

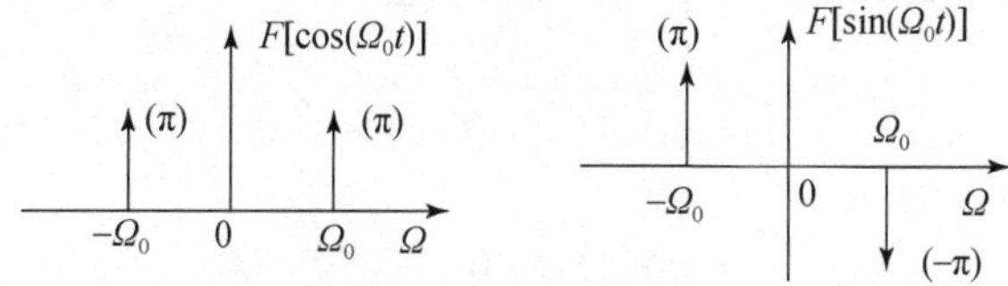

图 6. 13　正弦信号的频谱

7. 微分特性

若

$$f(t)\xleftrightarrow{F}F(\Omega)$$

则

$$f(t)=\frac{1}{2\pi}\int_{-\infty}^{\infty}F(\Omega)\ \mathrm{e}^{\mathrm{j}\Omega t}\mathrm{d}\Omega \tag{6.70}$$

上式两边求导有

$$\frac{\mathrm{d}f(t)}{\mathrm{d}t}=\frac{1}{2\pi}\int_{-\infty}^{\infty}\mathrm{j}\Omega F(\Omega)\ \mathrm{e}^{\mathrm{j}\Omega t}\mathrm{d}\Omega$$

即

$$\frac{\mathrm{d}f(t)}{\mathrm{d}t}\xleftrightarrow{F}\mathrm{j}\Omega F(\Omega) \tag{6.71}$$

这是一个重要特性，它将时域中的求导数变成频域中的频谱与 $\mathrm{j}\Omega$ 的乘积。

8. 积分特性

若 $$f(t)\xleftrightarrow{F}F(\Omega)$$

则

$$\int_{-\infty}^{t}f(x)\mathrm{d}x\xleftrightarrow{F}\frac{1}{\mathrm{j}\Omega}F(\Omega)+\pi F(0)\delta(\Omega) \tag{6.72}$$

上式右边的冲激函数项反映了由积分产生的直流（均值）。

证明：

$$F\left[\int_{-\infty}^{t}f(x)\mathrm{d}x\right]=\int_{-\infty}^{\infty}\left[\int_{-\infty}^{t}f(x)\mathrm{d}x\right]\mathrm{e}^{-\mathrm{j}\Omega t}\mathrm{d}t=\int_{-\infty}^{\infty}\left[\int_{-\infty}^{\infty}f(x)u(t-x)\mathrm{d}x\right]\mathrm{e}^{-\mathrm{j}\Omega t}\mathrm{d}t$$

交换上式中的积分次序有

$$F\left[\int_{-\infty}^{t}f(x)\mathrm{d}x\right]=\int_{-\infty}^{\infty}f(x)\left[\int_{-\infty}^{\infty}u(t-x)\ \mathrm{e}^{-\mathrm{j}\Omega t}\mathrm{d}t\right]\mathrm{d}x$$

上式中方括号中的积分为阶跃函数 $u(t-x)$ 的傅里叶变换，因为

$$u(t)\xleftrightarrow{F}\pi\delta(\Omega)+\frac{1}{\mathrm{j}\Omega}$$

则 $$u(t-x)\xleftrightarrow{F}\pi\delta(\Omega)\ \mathrm{e}^{-\mathrm{j}\Omega x}+\frac{1}{\mathrm{j}\Omega}\mathrm{e}^{-\mathrm{j}\Omega x}$$

于是

$$\begin{aligned}F\left[\int_{-\infty}^{t}f(x)\mathrm{d}x\right]&=\int_{-\infty}^{\infty}f(x)\left[\pi\delta(\Omega)\ \mathrm{e}^{-\mathrm{j}\Omega x}+\frac{1}{\mathrm{j}\Omega}\mathrm{e}^{-\mathrm{j}\Omega x}\right]\mathrm{d}x\\&=\pi\delta(\Omega)\int_{-\infty}^{\infty}f(x)\ \mathrm{e}^{-\mathrm{j}\Omega x}\mathrm{d}x+\frac{1}{\mathrm{j}\Omega}\int_{-\infty}^{\infty}f(t)\ \mathrm{e}^{-\mathrm{j}\Omega x}\mathrm{d}x\\&=\pi\delta(\Omega)F(0)+\frac{1}{\mathrm{j}\Omega}F(\Omega)\end{aligned}$$

证毕。

6.4.4 卷积定理

若 $$f_1(t)\xleftrightarrow{F}F_1(\Omega)$$

$$f_2(t) \stackrel{F}{\longleftrightarrow} F_2(\Omega)$$

则

$$f_1(t) * f_2(t) \stackrel{F}{\longleftrightarrow} F_1(\Omega)\ F_2(\Omega) \tag{6.73}$$

上式说明时域卷积信号的傅里叶变换等于信号傅里叶变换的乘积，式（6.73）称为时域卷积定理。

证明：

因为
$$f_1(t) * f_2(t) = \int_{-\infty}^{\infty} f_1(\tau) f_2(t-\tau)\mathrm{d}\tau$$

对上式两边进行傅里叶变换，有

$$F[f_1(t) * f_2(t)] = \int_{-\infty}^{\infty}\left[\int_{-\infty}^{\infty} f_1(\tau) f_2(t-\tau)\mathrm{d}\tau\right]\mathrm{e}^{-\mathrm{j}\Omega t}\mathrm{d}t$$

交换积分次序

$$F[f_1(t) * f_2(t)] = \int_{-\infty}^{\infty} f_1(\tau)\left[\int_{-\infty}^{\infty} f_2(t-\tau)\ \mathrm{e}^{-\mathrm{j}\Omega t}\mathrm{d}t\right]\mathrm{d}\tau$$
$$= \int_{-\infty}^{\infty} f_1(\tau)\ \mathrm{e}^{-\mathrm{j}\Omega\tau}\left[\int_{-\infty}^{\infty} f_2(t-\tau)\ \mathrm{e}^{-\mathrm{j}\Omega(t-\tau)}\mathrm{d}(t-\tau)\right]\mathrm{d}\tau$$

上式中方括号中的积分就是$f_2(t)$ 的傅里叶变换，即

$$F[f_1(t) * f_2(t)] = \int_{-\infty}^{\infty} f_1(\tau)\ \mathrm{e}^{-\mathrm{j}\Omega t}\ F_2[\Omega]\mathrm{d}\tau = F_2[\Omega]\int_{-\infty}^{\infty} f_1(\tau)\ \mathrm{e}^{-\mathrm{j}\Omega t}\mathrm{d}\tau$$

上式中的积分就是$f_1(t)$ 的傅里叶变换，即

$$F[f_1(t) * f_2(t)] = F_2[\Omega]\ F_1[\Omega] = F_1(\Omega)\ F_2(\Omega)$$

证毕。

类似于式（6.73）关系，还有频域卷积定理，即

若
$$f_1(t) \stackrel{F}{\longleftrightarrow} F_1(\Omega)$$
$$f_2(t) \stackrel{F}{\longleftrightarrow} F_2(\Omega)$$

则

$$f_1(t) f_2(t) \stackrel{F}{\longleftrightarrow} \frac{1}{2\pi}F_1(\Omega) * F_2(\Omega) \tag{6.74}$$

上式说明，时域中两个信号乘积的傅里叶变换等于这两个信号傅里叶变换的卷积并乘以 $\frac{1}{2\pi}$。

证明：

因为

$$\frac{1}{2\pi}F_1(\Omega) * F_2(\Omega) = \frac{1}{2\pi}\int_{-\infty}^{\infty} F_1(\lambda)\ F_2(\Omega-\lambda)\mathrm{d}\lambda$$

上式两边求傅里叶逆变换，有

$$F^{-1}\left[\frac{1}{2\pi}F_1(\Omega) * F_2(\Omega)\right] = \frac{1}{2\pi}\int_{-\infty}^{\infty}\left[\frac{1}{2\pi}\int_{-\infty}^{\infty} F_1(\lambda)\ F_2(\Omega-\lambda)\mathrm{d}\lambda\right]\mathrm{e}^{\mathrm{j}\Omega t}\mathrm{d}\Omega$$

交换上式中的积分次序

$$F^{-1}\left[\frac{1}{2\pi}F_1(\Omega) * F_2(\Omega)\right]=\frac{1}{2\pi}\int_{-\infty}^{\infty}F_1(\lambda)\left[\frac{1}{2\pi}\int_{-\infty}^{\infty}F_2(\Omega-\lambda)\,\mathrm{e}^{\mathrm{j}\Omega t}\mathrm{d}\Omega\right]\mathrm{d}\lambda$$
$$=\frac{1}{2\pi}\int_{-\infty}^{\infty}F_1(\lambda)\,\mathrm{e}^{\mathrm{j}\lambda t}\left[\frac{1}{2\pi}\int_{-\infty}^{\infty}F_2(\Omega-\lambda)\,\mathrm{e}^{\mathrm{j}(\Omega-\lambda)t}\mathrm{d}(\Omega-\lambda)\right]\mathrm{d}\lambda$$

上式中方括号中的积分就是 $F_2(\Omega)$ 的逆傅里叶变换，既有

$$F^{-1}\left[\frac{1}{2\pi}F_1(\Omega) * F_2(\Omega)\right]=\frac{1}{2\pi}\int_{-\infty}^{\infty}F_1(\lambda)\,\mathrm{e}^{\mathrm{j}\lambda t}f_2(t)\mathrm{d}\lambda$$
$$=f_2(t)\left[\frac{1}{2\pi}\int_{-\infty}^{\infty}F_1(\lambda)\,\mathrm{e}^{\mathrm{j}\lambda t}\mathrm{d}\lambda\right]$$

上式中方括号中的积分就是 $F_1(\Omega)$ 的逆傅里叶变换，所以

$$F^{-1}\left[\frac{1}{2\pi}F_1(\Omega) * F_2(\Omega)\right]=f_2(t)f_1(t)=f_1(t)f_2(t)$$

证毕。

对于一个线性非时变系统，在已知系统的单位冲激响应 $h(t)$ 时，系统对于任何输入 $x(t)$ 的响应 $y(t)$ 可以用卷积求出，即

$$y(t)=x(t) * h(t)$$

运用傅里叶变换的时域卷积定理，有

$$Y(\Omega)=X(\Omega)H(\Omega) \tag{6.75}$$

式中

$$y(t)\overset{F}{\longleftrightarrow}Y(\Omega)$$
$$x(t)\overset{F}{\longleftrightarrow}X(\Omega)$$
$$h(t)\overset{F}{\longleftrightarrow}H(\Omega)$$

式（6.75）说明，线性时不变系统对任意输入的响应的傅里叶变换等于输入信号的傅里叶变换与系统单位冲激响应傅里叶变换的乘积。注意到式（6.75）中系统的单位冲激响应 $h(t)$ 与输入信号无关，给定线性时不变系统 $h(t)$ 只取决于系统的结构和参数，因此它的傅里叶变换 $H(\Omega)$ 也是一定的，即只与系统的结构和参数有关，而与输入毫无关系，这就是说 $H(\Omega)$ 从频域反映了线性时不变系统的固有特性，我们称之为系统的频率特性或系统的频率响应。

为了进一步认识系统频率响应的重要性，我们来研究系统输入为复指数信号 $\mathrm{e}^{\mathrm{j}k\Omega_0 t}$ 时，系统的输出响应 $y(t)$，这里 k 为整常数，Ω_0 为任意常数，假定线性时不变系统的单位冲激响应为 $h(t)$，系统的频率响应为 $H(\Omega)$，即有 $F[h(t)]=H(\Omega)$。

求解系统的输出可以用输入信号与系统的单位冲激响应卷积的方法，也可以用前面介绍的傅里叶变换的时域卷积定理，这里选用后一种方法。先求出输入信号的傅里叶变换，因为

$$x(t)=\mathrm{e}^{\mathrm{j}k\Omega_0 t}$$

输入信号 $x(t)$ 可以看成 $\mathrm{e}^{\mathrm{j}k\Omega_0 t}$ 与直流信号的乘积，根据傅里叶变换的频移特性，有

$$1\overset{F}{\longleftrightarrow}2\pi\delta(\Omega)$$

则
$$e^{jk\Omega_0 t} \stackrel{F}{\longleftrightarrow} 2\pi\delta(\Omega - k\Omega_0)$$
因此
$$Y(\Omega) = 2\pi\delta(\Omega - k\Omega_0)H(\Omega)$$

根据冲激函数的取样特性 $f(t)\delta(t-t_0)=f(t_0)\delta(t-t_0)$，上式可以写成
$$Y(\Omega) = 2\pi H(k\Omega_0)\delta(\Omega - k\Omega_0)$$

所以
$$\begin{aligned} y(t) &= F^{-1}[Y(\Omega)] \\ &= H(k\Omega_0)\, F^{-1}[2\pi\delta(\Omega - k\Omega_0)] \\ &= H(k\Omega_0)\, e^{jk\Omega_0 t} \end{aligned}$$

以上分析表明，对于输入 $e^{jk\Omega_0 t}$ 线性时不变系统的响应为 $H(k\Omega_0)\,e^{jk\Omega_0 t}$，这里 $H(k\Omega_0)$ 为复常数，因此指数函数通常称为线性时不变系统的特征函数。如果将 $H(k\Omega_0)$ 写成指数形式
$$H(k\Omega_0) = |H(k\Omega_0)|e^{j\arg[H(k\Omega_0)]}$$

于是
$$y(t) = |H(k\Omega_0)|e^{jk\Omega_0 t + \arg[H(k\Omega_0)]}$$

与输入比较可见输入输出具有相同的形式，只是输出幅值比输入扩大（实际可能是缩小）了 $|H(k\Omega_0)|$ 倍，相位增加了 $\arg[H(k\Omega_0)]$ 弧度，所以 $H(k\Omega_0)$ 实际上反映了线性时不变系统对频率为 $k\Omega_0$ 复指数信号的传输能力，当 k 取不同值时，对应的 $|H(k\Omega_0)|$ 和 $\arg[H(k\Omega_0)]$ 也取相应的值，也就是说在知道了线性时不变系统的频率响应后，系统对各次谐波 $e^{jk\Omega_0 t}$ 的传输能力也就确定了。

> **特征函数**
>
> 一个信号，若系统对该信号的输出响应仅是一个常数（可以是复数）乘以输入，则称该信号为系统的**特征函数**，而幅度因子称为系统的**特征值**。
>
> 线性时不变系统的特征函数是复指数函数。

对于任意给定的周期为 T 的周期信号可以展开成傅里叶级数，即
$$x(t) = \sum_{k=-\infty}^{\infty} X_k e^{jk\Omega_0 t}$$
式中，$\Omega_0 = \dfrac{2\pi}{T}$ 为基波角频率；X_k 为傅里叶系数，可以是复数，由下式确定
$$X_k = \frac{1}{T}\int_T x(t)\,e^{-jk\Omega_0 t}\,dt$$

根据前面分析的结果，一个线性时不变系统对这个周期信号的每个分量 $X_k e^{jk\Omega_0 t}$ 的响应为
$$X_k H(k\Omega_0)\,e^{jk\Omega_0 t}$$
于是系统的输出为
$$y(t) = \sum_{k=-\infty}^{\infty} X_k H(k\Omega_0)\,e^{jk\Omega_0 t}$$

对于非周期信号，上式中的 $k\Omega_0$ 趋于连续变量 Ω，信号的傅里叶系数 X_k 就趋于信号的傅里叶变换 $X(\Omega)$，求和就变成积分，即有
$$y(t) = \frac{1}{2\pi}\int_{-\infty}^{\infty} X(\Omega)H(\Omega)\,e^{j\Omega t}\,d\Omega$$

因为 $$y(t)=x(t)*h(t)$$

所以 $$x(t)*h(t)\stackrel{F}{\longleftrightarrow}X(\Omega)H(\Omega)$$

实际上，上式关系就是傅里叶变换的时域卷积定理所表明的结果。

现在再来讨论一个例子，设有一个线性时不变系统，它的单位冲激响应为

$$h(t)=\delta(t-t_0)$$

这个系统对任何输入 $x(t)$ 的响应可以由卷积求出，即

$$y(t)=x(t)*h(t)=\int_{-\infty}^{\infty}x(\tau)\delta(t-\tau-t_0)\mathrm{d}\tau$$

因为 $$f(t)\delta(t-t_0)=f(t_0)\delta(t-t_0)$$

所以

$$y(t)=\int_{-\infty}^{\infty}x(\tau)\delta[(t-t_0)-\tau]\mathrm{d}\tau=\int_{-\infty}^{\infty}x(\tau)\delta[\tau-(t-t_0)]\mathrm{d}\tau$$

$$=x(t-t_0)\int_{-\infty}^{\infty}\delta[\tau-(t-t_0)]\mathrm{d}\tau=x(t-t_0)$$

可见该系统是个延时系统（仅对输入信号产生一个延时）。而系统单位冲激响应的傅里叶变换为

$$H(\Omega)=F[\delta(t-t_0)]=\mathrm{e}^{-\mathrm{j}\Omega t_0}$$

由上式可知，系统频率响应的模为 1，而相频特性为 $-\Omega t_0$，即相位与频率 Ω 成线性关系，这个结论很重要，具有普遍意义。

考察一个微分系统，即线性时不变系统的输入输出关系由下式给出

$$y(t)=\frac{\mathrm{d}x(t)}{\mathrm{d}t}$$

上式两边取傅里叶变换，由傅里叶变换的微分性质得

$$Y(\Omega)=\mathrm{j}\Omega X(\Omega)$$

所以微分系统的频率响应为 $$H(\Omega)=\frac{Y(\Omega)}{X(\Omega)}=\mathrm{j}\Omega$$

考察一个积分系统，即线性时不变系统的输入输出关系由下式给出：

$$y(t)=\int_{-\infty}^{t}x(\tau)\mathrm{d}\tau$$

上式两边取傅里叶变换，由傅里叶变换的积分性质得

$$Y(\Omega)=\frac{1}{\mathrm{j}\Omega}X(\Omega)+\pi X(0)\delta(\Omega)=\frac{1}{\mathrm{j}\Omega}X(\Omega)+\pi X(\Omega)\delta(\Omega)$$

所以积分系统的频率响应为 $$H(\Omega)=\frac{1}{\mathrm{j}\Omega}+\pi\delta(\Omega)$$ 。

延时器、微分器和积分器是控制系统中常见的基本单元，我们讨论它们的频率响应有着极为重要的理论意义和实践价值。

6.4.5 周期信号的傅里叶变换

对于周期信号不能直接用傅里叶积分求傅里叶变换，但周期信号可以展开成傅里叶级

数，即有

$$f(t) = \sum_{k=-\infty}^{\infty} F_k e^{jk\Omega_0 t}$$

式中，$\Omega_0 = \frac{2\pi}{T}$，$T$ 为周期信号的周期。上式两边求傅里叶变换，

$$F(\Omega) = F\left[\sum_{k=-\infty}^{\infty} F_k e^{jk\Omega_0 t}\right] = \sum_{k=-\infty}^{\infty} F_k F[e^{jk\Omega_0 t}]$$

因为 $F[e^{jk\Omega_0 t}] = 2\pi\delta(\Omega - k\Omega_0)$，所以

$$F(\Omega) = 2\pi \sum_{k=-\infty}^{\infty} F_k \delta(\Omega - k\Omega_0)$$

上式说明，周期信号在频域上是由一串冲激所组成，各冲激的面积正比于傅里叶级数系数。换言之，一个傅里叶级数系数为 $\{F_k\}$ 的周期信号的傅里叶变换，可以看成是出现在谐波关系的频率上的一串冲激函数，发生于第 k 次谐波频率 $k\Omega_0$ 上的冲激函数的面积是第 k 个傅里叶级数系数 F_k 的 2π 倍。

现在讨论一个有用的例子，已知一个周期为 T 的周期性冲激串，如图 6.14 所示：

$$s(t) = \sum_{k=-\infty}^{\infty} \delta(t - kT) \tag{6.76}$$

这个周期信号的傅里叶级数系数为

$$S_k = \frac{1}{T}\int_{-\frac{T}{2}}^{\frac{T}{2}} \delta(t)\, e^{-jk\Omega_0 t} dt = \frac{1}{T}$$

所以它的傅里叶变换为

$$S(\Omega) = \frac{2\pi}{T} \sum_{k=-\infty}^{\infty} \delta(\Omega - k\Omega_0)$$

由此可见，在时域周期为 T 的周期冲激串的傅里叶变换在频域是一个周期为 $\Omega_0 = \frac{2\pi}{T}$ 的周期冲激串，如图 6.15 所示，注意到当 T 增大时，Ω_0 减小，即时域中冲激密度（也就是周期）增大时，频域中冲激密度（即基波频率）就减小，这再一次表明了时域与频域间存在的相反关系。

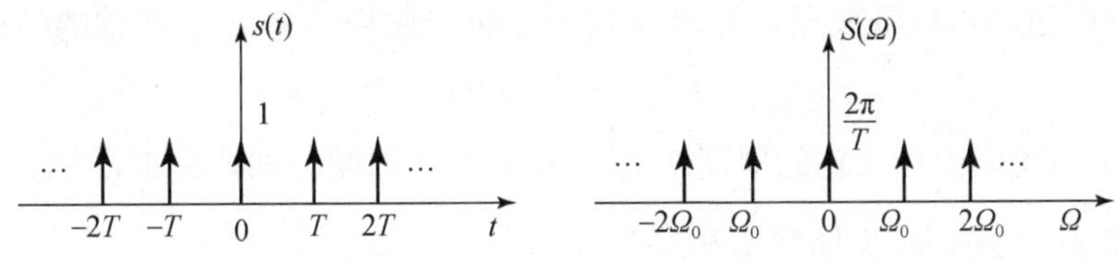

图 6.14　周期性冲激串　　　图 6.15　周期性冲激串的频谱

6.4.6　抽样信号的傅里叶变换与抽样定理

由于数字信号处理技术具有许多模拟信号处理技术所无法得到的优点，现代科学技术

中数字信号处理技术的运用极为普遍，然而我们并不能用数字技术实现所有模拟技术所能做的所有事（尽管有这样的趋势），所以在高科技领域中我们采用数字和模拟技术相结合方式处理信号，图 6. 16 给出了典型的数字信号处理系统的基本框架。

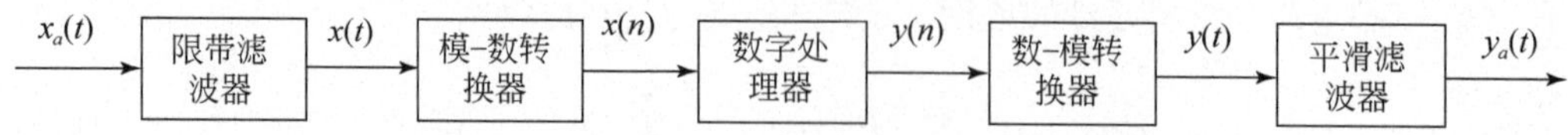

图 6. 16　典型数字信号处理系统基本框架

图 6. 16 中限带滤波器的作用是滤除模拟信号的高频成分、调整信号电平至合适的范围，这时输出的信号还是连续时间信号；模-数转换器的作用是将模拟信号转换（抽样）为数字信号，这时得到的是离散信号（准确地说是数字信号）；数字处理器对信号进行处理（加工），这时信号仍然是离散的；数-模转换器将离散信号（准确地说是数字信号）转换为连续信号，这时信号又变为连续；平滑滤波器将连续信号中多余的高频分量滤除，并进行信号电平调整，这时信号为模拟信号。

根据上述系统的介绍不禁会产生这样的问题：信号是传载信息的，一个模拟信号经上述处理后会不会丢失信息呢？这个问题又有两个内涵，第一是将模拟信号转变成离散信号（数字信号）会不会丢失信息？第二是将离散信号（数字信号）恢复为模拟信号后，能不能从恢复模拟信号中得到需要的信息？观察信号中是否丢失信息，通常通过两个方面来判别，一是观察这两个信号的频谱是否一致，二是能否从一个信号恢复出另一个信号。下面我们研究信号的采样过程及其数学描述。

1. 时域抽样

在一定条件下，一个连续信号完全可以用该信号在等间隔点上的样值或样本来表示，并且可以用这些样本值把原连续信号全部恢复出来，这就是抽样定理所要表述的意思。抽样定理给我们用离散信号（或数字信号）表示连续信号提供了理论依据。

设有连续信号 $f(t)$ ，每间隔时间 T 抽取一个样本值，所得的一系列样本值构成一个序列 $f(n)$ ，即

$$f(n)=f(t)\big|_{t=nT} \tag{6.77}$$

信号的抽样过程可以看成原信号 $f(t)$ 与一个抽样脉冲序列 $s(t)$ 相乘的结果，即

$$f_s(t)=f(t)s(t) \tag{6.78}$$

如果 $s(t)$ 为周期信号，它的周期 T_s 通常称为抽样周期，抽样周期的倒数 $f_s=\dfrac{1}{T_s}$ 称为抽样频率，而 $\Omega_s=2\pi f_s$ 称为抽样角频率。

由于 $s(t)$ 为周期信号，其傅里叶变换为

$$S(\Omega)=2\pi\sum_{n=-\infty}^{\infty}S_n\delta(\Omega-n\Omega_s) \tag{6.79}$$

其中，S_n 为 $s(t)$ 的傅里叶系数，即

$$S_n=\frac{1}{T_s}\int_{-\frac{T_s}{2}}^{\frac{T_s}{2}}s(t)\mathrm{e}^{-\mathrm{j}n\Omega_s t}\mathrm{d}t \tag{6.80}$$

当抽样函数 $s(t)$ 为矩形脉冲序列时（图6.4），每个矩形高度为 E，宽度为 τ，则矩形脉冲的傅里叶级数系数为

$$S_n = \frac{E\tau}{T_s} Sa\left(\frac{n\Omega_s\tau}{2}\right)$$

若取 $E = \frac{T_s}{\tau}$，则

$$S_n = Sa\left(\frac{n\Omega_s\tau}{2}\right) \tag{6.81}$$

于是

$$S(\Omega) = 2\pi \sum_{n=-\infty}^{\infty} Sa\left(\frac{n\Omega_s\tau}{2}\right)\delta(\Omega - n\Omega_s) \tag{6.82}$$

因为

$$f_s(t) = f(t)s(t)$$

根据频域卷积定理有

$$F_s(\Omega) = \frac{1}{2\pi} F(\Omega) * S(\Omega)$$

式中

$$f_s(t) \overset{F}{\longleftrightarrow} F_s(\Omega)$$

$$f(t) \overset{F}{\longleftrightarrow} F(\Omega)$$

$$s(t) \overset{F}{\longleftrightarrow} S(\Omega)$$

将式（6.82）代入上式得

$$\begin{aligned} F_s(\Omega) &= \frac{1}{2\pi} F(\Omega) * [2\pi \sum_{n=-\infty}^{\infty} Sa\left(\frac{n\Omega_s\tau}{2}\right)\delta(\Omega - n\Omega_s) = \sum_{n=-\infty}^{\infty} Sa\left(\frac{n\Omega_s\tau}{2}\right) F(\Omega) * \delta(\Omega - n\Omega_s) \\ &= \sum_{n=-\infty}^{\infty} Sa\left(\frac{n\Omega_s\tau}{2}\right) F(\Omega - n\Omega_s) \end{aligned}$$

现在介绍限带信号的概念，如果一个信号 $f(t)$ 的频谱仅在有限频域区间上取非零值，即

$$f(t) \overset{F}{\longleftrightarrow} F(\Omega) = 0 \quad \Omega > |\Omega_M| \tag{6.83}$$

则这个信号称为限带信号，有时候也称为带限信号。

假设被抽样信号 $f(t)$ 是个限带信号，具有如图6.17所示频谱（这里仅考虑幅度频谱），则抽样信号的频谱为

$$F_s(\Omega) = \sum_{n=-\infty}^{\infty} Sa\left(\frac{n\Omega_s\tau}{2}\right) F(\Omega - n\Omega_s)$$

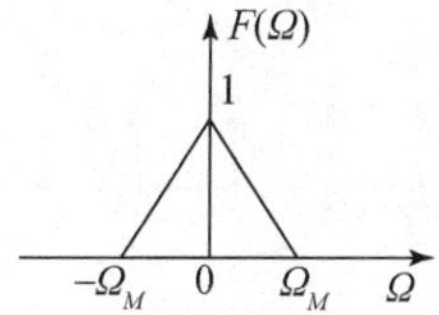

图6.17　限带信号频谱

式中，τ 为抽样矩形脉冲宽度，为了简便起见设 $\tau = 2$，即有

$$F_s(\Omega) = \sum_{n=-\infty}^{\infty} Sa(n\Omega_s) F(\Omega - n\Omega_s)$$

式中，$Sa(n\Omega_s)$ 具有图6.18所示图形。假定 $\Omega_s > 2\Omega_M$，则可以画出抽样信号的频谱如图6.19所示。从图6.19可以看出，用矩形脉冲抽样时（这时最接近工程实际情况），

$F_s(\Omega)$ 在以 Ω_s 为间隔的离散点上重复原信号频谱 $F(\Omega)$，其幅度以抽样函数 $Sa(n\Omega_s)$ 的规律变化。

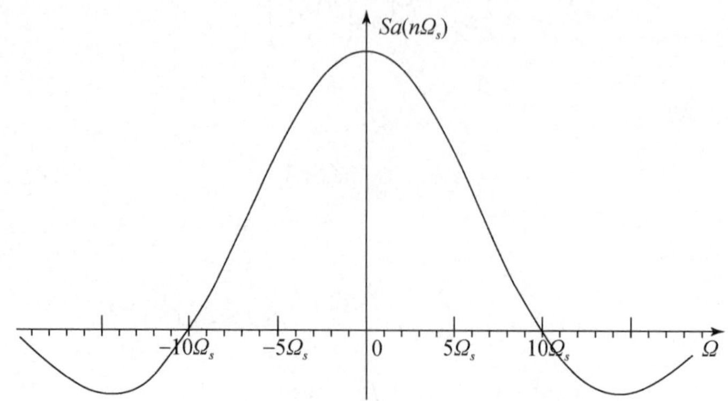

图 6.18　抽样信号 $Sa(n\Omega_s)$ 波形

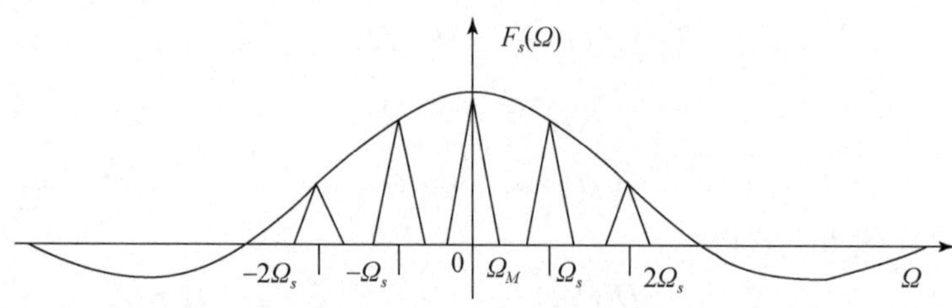

图 6.19　矩形抽样信号的频谱

当抽样函数 $s(t)$ 为冲激函数序列时（图 6.14），即

$$s(t)=\delta_{T_s}(t)=\sum_{n=-\infty}^{\infty}\delta(t-nT_s) \tag{6.84}$$

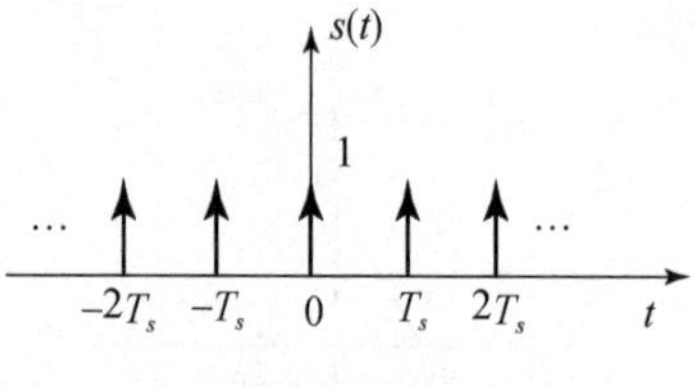

图 6.20 给出了冲激函数序列的图形，显然冲激函数序列也是个周期函数，周期为 T_s（抽样周期），傅里叶级数系数为

$$S_n=\frac{1}{T_s}$$

图 6.20　冲激函数序列

所以

$$F_s(\Omega)=\sum_{n=-\infty}^{\infty}\frac{1}{T_s}F(\Omega-n\Omega_s)$$

这里我们仍假设 $\Omega_s>2\Omega_M$，这时抽样信号的频谱如图 6.21 所示。

由于冲激函数的频谱为直流函数，所以信号在冲激函数序列的调制下，原信号的频谱在以 Ω_s 为间隔的离散点上重复原信号频谱 $F(\Omega)$，但其形状不变，幅值乘以一个常数（与抽样周期有关）$\frac{1}{T_s}$。

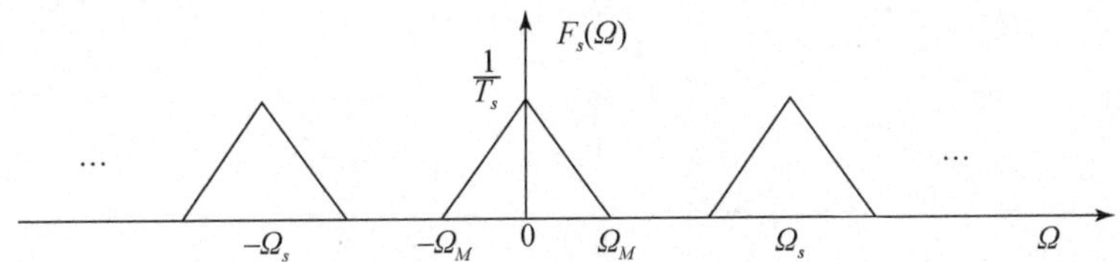

图 6.21　冲激函数抽样信号的频谱

2. 频域抽样

现在讨论一个对称的问题：信号的频域抽样。运用数字信号处理理论处理信号有时不仅要对时域信号进行处理，而且也要对频域信号进行处理，为了能用数字信号表示连续频域信号，需要对连续的频域信号进行抽样。

设
$$f(t) \overset{F}{\longleftrightarrow} F(\Omega)$$
这里 Ω 是连续频域变量，现以间隔为 Ω_1 的频域冲激序列 $\delta_{\Omega_1}(\Omega)$ 进行抽样，即

$$\delta_{\Omega_1}(\Omega) = \sum_{k=-\infty}^{\infty} \delta(\Omega - k\Omega_1)$$

频域抽样信号为

$$F_s(\Omega) = F(\Omega)\,\delta_{\Omega_1}(\Omega) \tag{6.85}$$

因为

$$F^{-1}\left[\sum_{k=-\infty}^{\infty} \delta(\Omega - k\Omega_1)\right] = \frac{1}{\Omega_1}\sum_{k=-\infty}^{\infty} \delta(t - kT_1) \tag{6.86}$$

式中，$T_1 = \frac{2\pi}{\Omega_1}$。根据频域卷积定理有

$$\begin{aligned} f_s(t) &= F^{-1}[F_s(\Omega)] = F^{-1}[F(\Omega)\,\delta_{\Omega_1}(\Omega)] \\ &= f(t) * \left[\frac{1}{\Omega_1}\sum_{k=-\infty}^{\infty} \delta(t - kT_1)\right] = \frac{1}{\Omega_1}\sum_{k=-\infty}^{\infty} f(t - kT_1) \end{aligned} \tag{6.87}$$

上式表明，连续信号 $f(t)$ 的频谱 $F(\Omega)$ 在频域进行冲激抽样（理想抽样）后，其所对应的时间函数 $f_s(t)$ 是 $f(t)$ 以 $T_1 = \frac{2\pi}{\Omega_1}$ 为间隔的周期性函数。如果 $f(t)$ 为时间受限信号（在有限时间区间上取非零值），即

$$f(t) = 0 \quad |t| > t_M$$

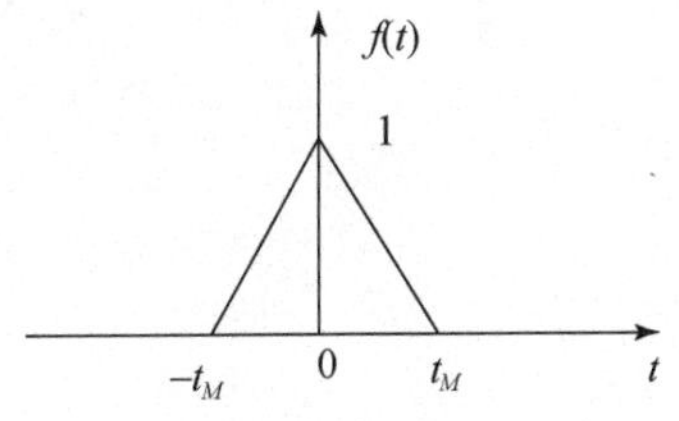

图 6.22　时限信号

设 $f(t)$ 为时限信号，具有如图 6.22 所示图形。根据式（6.87），频域抽样信号的时域波形如图 6.23 所示。

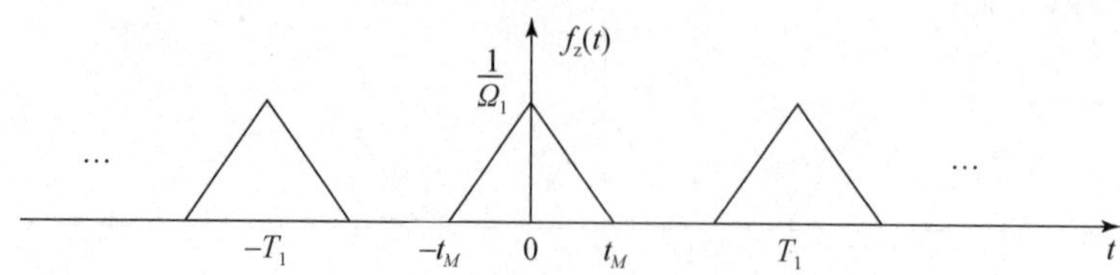

图 6.23　频域抽样信号的时域波形

3. 抽样定理

时域抽样定理：设 $f(t)$ 是个带限信号，在 $|\Omega| > \Omega_M$ 时，$F(\Omega) = 0$。如果抽样频率 $\Omega_s > 2\Omega_M$，其中 $\Omega_s = \frac{2\pi}{T_s}$，那么 $f(t)$ 就唯一地由其样本 $f(nT_s)$，$n=0$，±1，±2，$\pm3\cdots$ 所确定。已知这样的样本值，我们能用如下的办法重建 $f(t)$：产生一个周期冲激串，其冲激幅度就是这些依次而来的样本值；然后将该冲激串通过一个增益为 T_s，截止频率为大于 Ω_M，而小于 $(\Omega_s - \Omega_M)$ 的理想低通滤波器，该滤波器的输出就是 $f(t)$。

在抽样定理中，抽样频率必须大于 $2\,\Omega_M$，该频率 $2\,\Omega_M$ 通常称为奈奎斯特率，1/2 奈奎斯特率的频率 Ω_M 称为奈奎斯特频率。

现在我们来讨论信号的恢复，设信号 $f(t)$ 是带限信号，信号的最高频率（角频率）为 Ω_M，假定 $f(t)$ 有图 6.24 所示的频谱，抽样频率 Ω_s 大于 $2\Omega_M$。现在已知抽样信号 $f_s(t)$，如何恢复出原信号 $f(t)$？注意到在理想抽样情况下，抽样信号 $f_s(t)$ 的频谱具有如图 6.25 所示的图形。

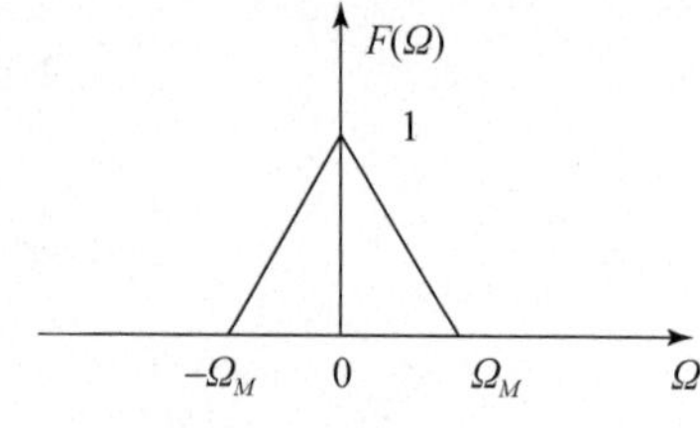

图 6.24　带限信号的频谱

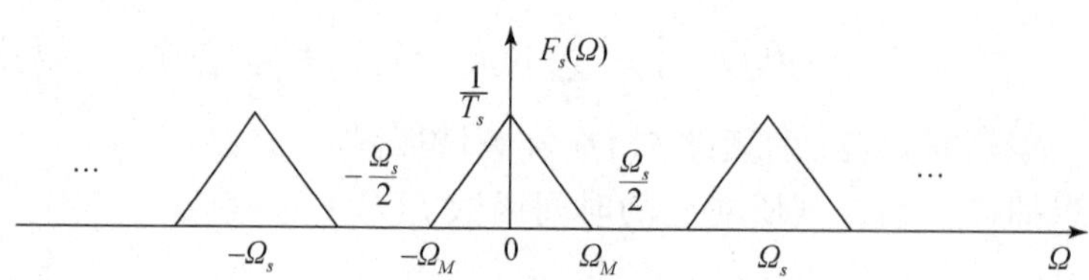

图 6.25　抽样信号的频谱

抽样信号频谱 $F_s(\Omega)$ 与原信号频谱 $F(\Omega)$ 有如下关系：

$$F(\Omega) = \begin{cases} T_s\,F_s(\Omega) & |\Omega| < \dfrac{\Omega_s}{2} \\ 0 & |\Omega| \geqslant \dfrac{\Omega_s}{2} \end{cases}$$

设有一个函数 $h(t)$，它具有如图 6.26 所示的频谱，即

$$H(\Omega)=\begin{cases}T_s & |\Omega|<\dfrac{\Omega_s}{2}\\ 0 & |\Omega|>\dfrac{\Omega_s}{2}\end{cases}$$

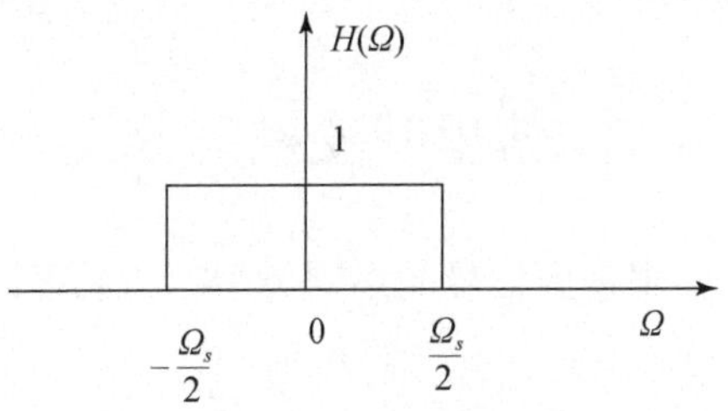

图 6.26　理想低通滤波器的频谱

实际上这是个理想低通滤波器的频谱，于是有

$$F(\Omega)=F_s(\Omega)H(\Omega)$$

根据时域卷积定理有

$$f(t)=f_s(t)*h(t)$$

式中，$h(t)=F^{-1}[H(\Omega)]=\dfrac{1}{2\pi}\displaystyle\int_{-\frac{\Omega_s}{2}}^{\frac{\Omega_s}{2}}T_s\,e^{j\Omega t}d\Omega=Sa\left(\dfrac{\Omega_s t}{2}\right)$

注：

$$\frac{1}{2\pi}\int_{-\frac{\Omega_s}{2}}^{\frac{\Omega_s}{2}}T_s\,e^{j\Omega t}d\Omega=\frac{T_s}{2\pi}\frac{1}{t}e^{j\Omega t}\Big|_{-\frac{\Omega_s}{2}}^{\frac{\Omega_s}{2}}$$
$$=\frac{1}{\Omega_s t}\left(e^{j\frac{\Omega_s t}{2}}-e^{-j\frac{\Omega_s t}{2}}\right)$$
$$=\frac{2}{\Omega_s t}\sin\left(\frac{\Omega_s t}{2}\right)=Sa\left(\frac{\Omega_s t}{2}\right)$$

$$\begin{aligned}f_s(t)&=f(t)s(t)=f(t)\sum_{n=-\infty}^{\infty}\delta(t-nT_s)\\&=\sum_{n=-\infty}^{\infty}f(t)\delta(t-nT_s)\\&=\sum_{n=-\infty}^{\infty}f(nT_s)\delta(t-nT_s)\end{aligned}$$

所以

$$\begin{aligned}f(t)&=\left[\sum_{n=-\infty}^{\infty}f(nT_s)\delta(t-nT_s)\right]*Sa\left(\frac{\Omega_s t}{2}\right)\\&=\sum_{n=-\infty}^{\infty}f(nT_s)\delta(t-nT_s)*Sa\left(\frac{\Omega_s t}{2}\right)\\&=\sum_{n=-\infty}^{\infty}f(nT_s)Sa\left[\frac{\Omega_s(t-nT_s)}{2}\right]\end{aligned}\tag{6.88}$$

$$f(t)=\sum_{n=-\infty}^{\infty}f(nT_s)Sa\left(\frac{\Omega_s t}{2}-n\pi\right)\tag{6.89}$$

式（6.88）或式（6.89）给出了由信号的样本值 $f(nT_s)$ 恢复出原信号 $f(t)$ 的公式，注意到当信号的抽样频率一定时抽样函数 $Sa\left[\dfrac{\Omega_s(t-nT_s)}{2}\right]$ 或 $Sa\left(\dfrac{\Omega_s t}{2}-n\pi\right)$ 也就确定了，也就是说抽样函数的取值与信号无关，而且在推导这两个公式的过程中没有做任何近似，所以说根据公式可以精确地由样本值恢复出原信号，这就是抽样定理所表述的含义。

由于时域与频域之间存在着对称性，所以不难得出频域抽样定理：若 $f(t)$ 是时限信号，即有

$$f(t)=0\quad |t|>t_M\tag{6.90}$$

如果在频域中以不大于 $\dfrac{1}{2t_M}$ 的频率间隔 f_1 $\left(即 f_1<\dfrac{1}{2t_M}\right)$ 对 $f(t)$ 的频谱 $F(\Omega)$ 进行抽样，

则抽样频谱 $F_1(\Omega)$ 可以唯一地表示原信号。

6.4.7　傅里叶变换的分类

根据原信号的不同类型，我们可以把傅里叶变换分为四种类别（图 6.27）。

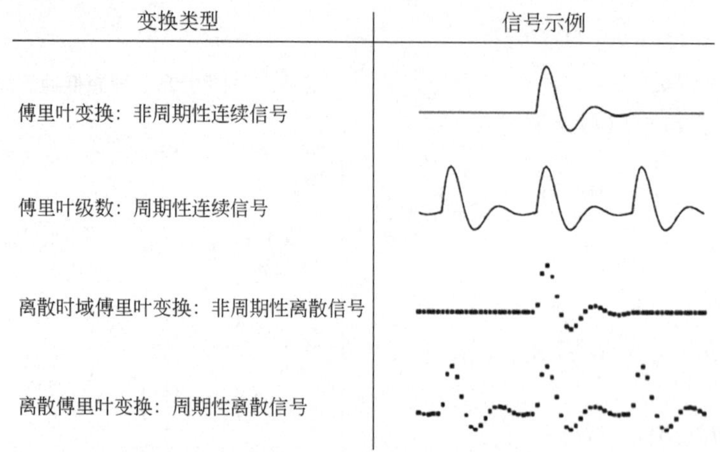

变换类型
信号示例
傅里叶变换：非周期性连续信号
傅里叶级数：周期性连续信号
离散时域傅里叶变换：非周期性离散信号
离散傅里叶变换：周期性离散信号

图 6.27　傅里叶变换的四种类别（从上到下，依次是 FT，FS，DTFT，DFT）

1. 非周期性连续信号：傅里叶变换

一般情况下，若“傅里叶变换”（Fourier transform）词不加任何限定语，则指的是“连续傅里叶变换”。连续傅里叶变换将平方可积的函数 $f(t)$ 表示成复指数函数的积分或级数形式：

$$F(\omega)=F[f(t)]=\int_{-\infty}^{\infty}f(t)\ \mathrm{e}^{-\mathrm{i}\omega t}\mathrm{d}t \tag{6.91}$$

这是将频率域的函数 $F(\omega)$ 表示为时间域的函数 $f(t)$ 的积分形式。

傅里叶逆变换（inverse Fourier transform）为

$$f(t)=F^{-1}[F(\omega)]=\frac{1}{2\pi}\int_{-\infty}^{\infty}F(\omega)\ \mathrm{e}^{\mathrm{i}\omega t}\mathrm{d}\omega \tag{6.92}$$

即将时间域的函数 $f(t)$ 表示为频率域的函数 $F(\omega)$ 的积分。

一般可称函数 $f(t)$ 为原函数，而称函数 $F(\omega)$ 为傅里叶变换的像函数，原函数和像函数构成一个傅里叶变换对（transform pair）。

2. 周期性连续信号：傅里叶级数

连续形式的傅里叶变换其实是傅里叶级数（Fourier series）的推广，因为积分其实是一种极限形式的求和算子而已。对于周期函数，其傅里叶级数是存在的：

$$f(x)=\sum_{n=-\infty}^{\infty}F_n\mathrm{e}^{\mathrm{i}nx} \tag{6.93}$$

其中，F_n 为复幅度。对于实值函数，函数的傅里叶级数可以写成：

$$f(x) = a_0 + \sum_{n=1}^{\infty} [a_n \cos(nx) + b_n \sin(nx)] \tag{6.94}$$

其中，a_n 和 b_n 是实频率分量的幅度。

3. 非周期性离散信号：离散时域傅里叶变换

离散傅里叶变换（discrete Fourier transform，DFT）是离散时域傅里叶变换（discrete time Fourier transform，DTFT）的特例（有时作为后者的近似）。DTFT 在时域上离散，在频域上则是周期的。DTFT 可以被看作是傅里叶级数的逆变换。

4. 周期性离散信号：离散傅里叶变换

离散傅里叶变换是 DTFT 在时域上离散，在频域上则是周期的。DTFT 可以被看作是傅里叶级数的逆变换。离散傅里叶变换（DFT）是连续傅里叶变换在时域和频域上都离散的形式，将时域信号的采样变换为在离散时域傅里叶变换（DTFT）频域的采样。在形式上，变换两端（时域和频域上）的序列是有限长的，而实际上这两组序列都应当被认为是离散周期信号的主值序列。即使对有限长的离散信号作 DFT，也应当将其看作经过周期延拓成为周期信号再作变换。在实际应用中通常采用快速傅里叶变换以高效计算 DFT。

这四种傅里叶变换都是针对正无穷大和负无穷大的信号，即信号的长度是无穷大的，我们知道这对于计算机处理来说是不可能的，那么有没有针对长度有限的傅里叶变换呢?没有。因为正余弦波被定义成从负无穷小到正无穷大，我们无法把一个长度无限的信号组合成长度有限的信号。

面对这种困难，方法是：把长度有限的信号表示成长度无限的信号。如，可以把信号无限地从左右进行延伸，延伸的部分用零来表示，这样，这个信号就可以被看成是非周期性离散信号，我们可以用离散时域傅里叶变换（DTFT）方法进行变换；也可以把信号用复制的方法进行延伸，这样信号就变成了周期性离散信号，这时我们就可以用离散傅里叶变换（DFT）方法进行变换。本章我们要讲的是离散信号，对于连续信号我们不作讨论，因为计算机只能处理离散的数值信号，我们的最终目的也是运用计算机来处理信号。

但是对于非周期性的信号，我们需要用无穷多不同频率的正弦曲线来表示，这对于计算机来说是不可能实现的。所以对于离散信号的变换只有离散傅里叶变换（DFT）才能适用，对于计算机来说只有离散的和有限长度的数据才能被处理，其他的变换类型只有在数学演算中才能用到，在计算机面前我们只能用 DFT 方法，后面我们要理解的也正是 DFT 方法。

这里要理解的是我们使用周期性的信号目的是能够用数学方法来解决问题，至于考虑周期性信号是从哪里得到或怎样得到是无意义的。

每种傅里叶变换都分成实数和复数两种方法，实数方法是最好理解的，但是复数方法就相对复杂得多了，需要懂得有关复数的理论知识，不过，如果理解了实数离散傅里叶变换（real DFT），再去理解复数傅里叶变换就更容易了，所以我们先把复数的傅里叶变换放到一边去，先来理解实数傅里叶变换，在后面我们会先讲讲关于复数的基本理论，然后在理解了实数傅里叶变换的基础上再来理解复数傅里叶变换。

6.4.8 DFT 离散傅里叶变换

为了在科学计算和数字信号处理等领域使用计算机进行傅里叶变换，必须将函数 $X(k)$ 定义在离散点而非连续域内，且须满足有限性或周期性条件。这种情况下，使用离散傅里叶变换（DFT），将函数 $X(k)$ 表示为下面的求和形式：

$$X(k) = \sum_{n=0}^{N-1} x(n)\ \mathrm{e}^{-\mathrm{i}\frac{2\pi}{N}kn} \tag{6.95}$$

其中，$x(n)$ 是傅里叶幅度。直接使用这个公式计算的计算复杂度为 $O(n \times n)$，而快速傅里叶变换（FFT）可以将复杂度改进为 $O(n \times \lg n)$。

先来看一个变换实例，图 6.28 是一个原始信号图像。

这个信号的长度是 16，于是可以把这个信号分解为 8 个余弦波和 8 个正弦波及 1 个常数（一个长度为 N 的信号可以分解成 $N/2+1$ 个正余弦信号），如图 6.29 ~ 图 6.31 所示。

1 个常数项（可理解为周期为无穷大的正余弦信号）见图 6.29。

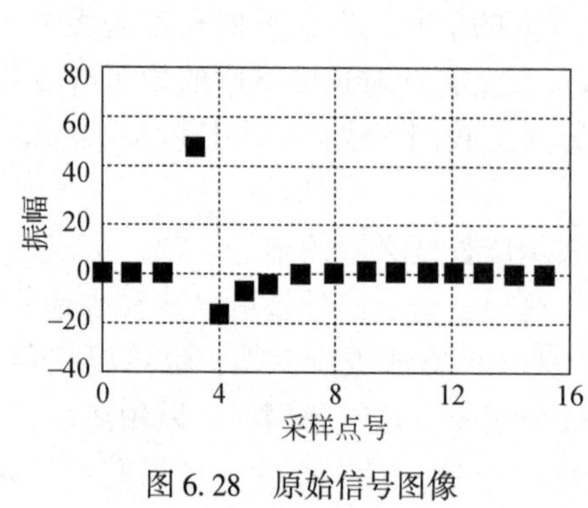

图 6.28 原始信号图像

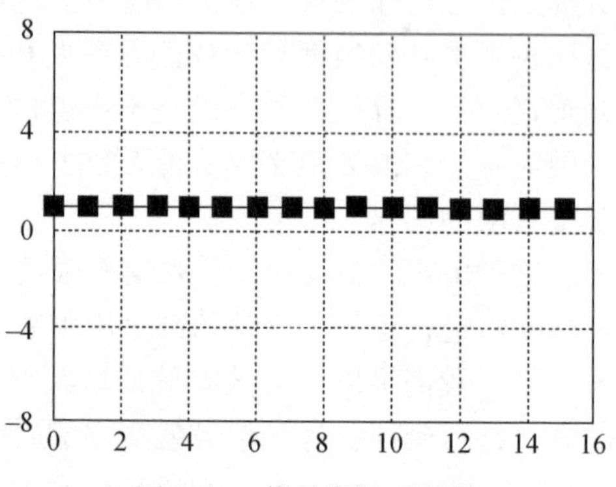

图 6.29 信号常数项图像

8 个余弦信号见图 6.30。

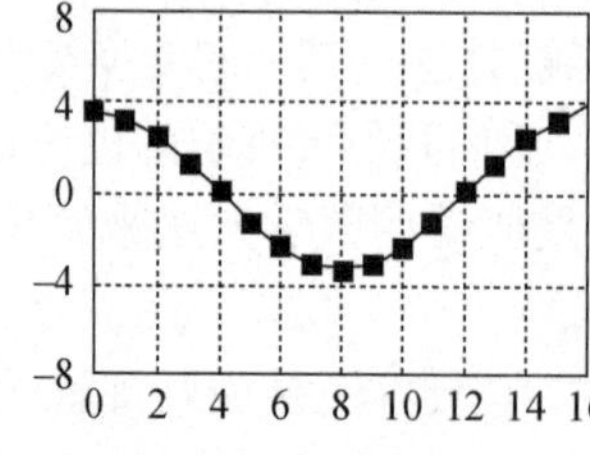

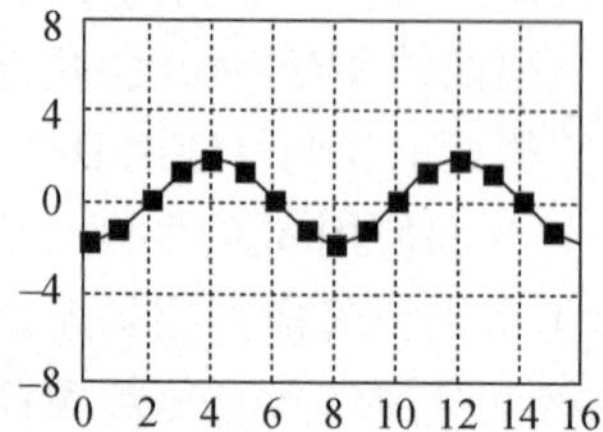

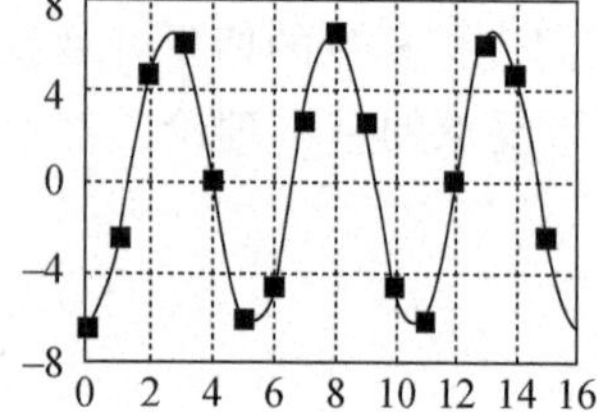

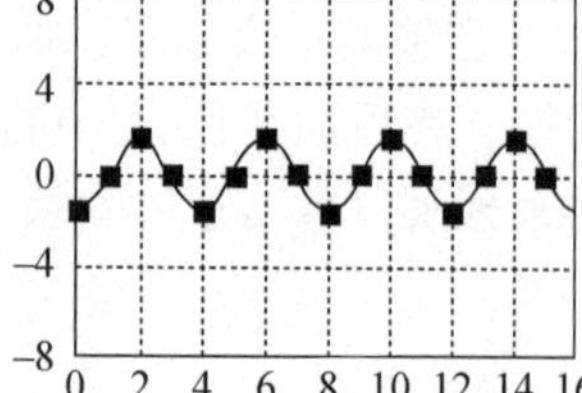

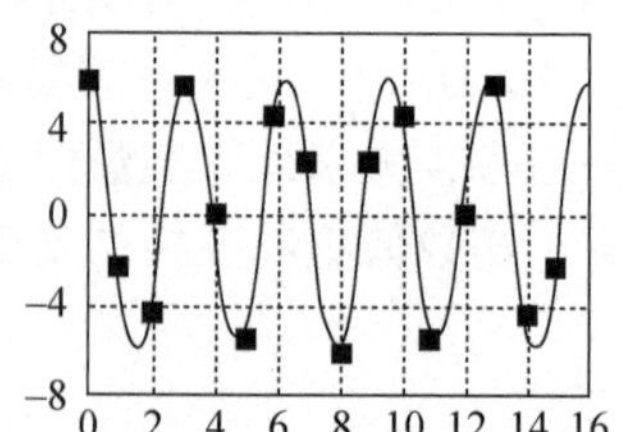

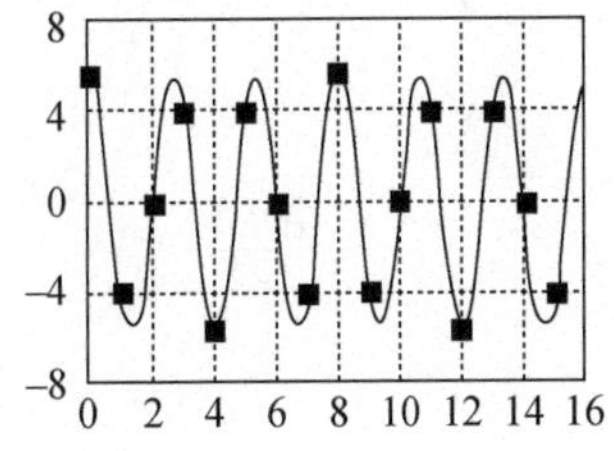
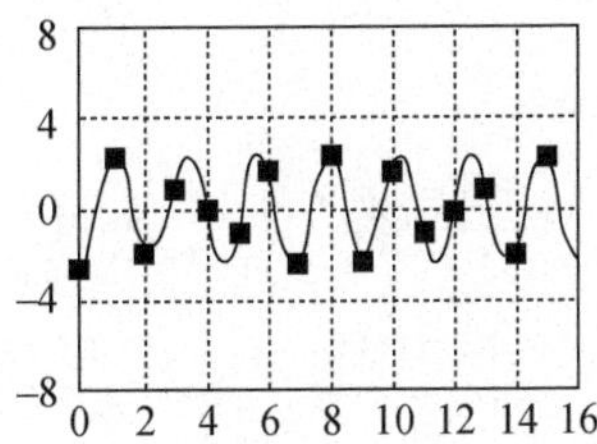
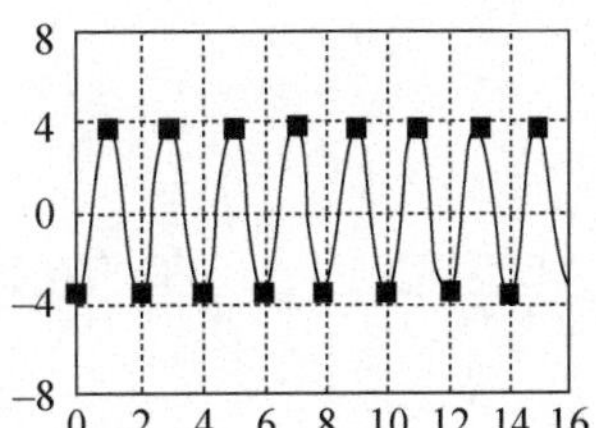

图 6.30　余弦图像

8 个正弦信号见图 6.31。

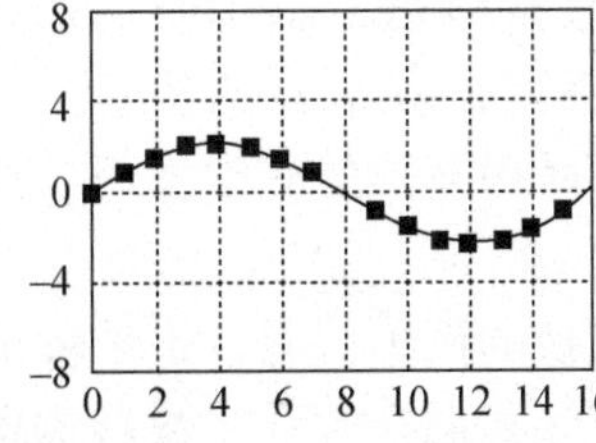
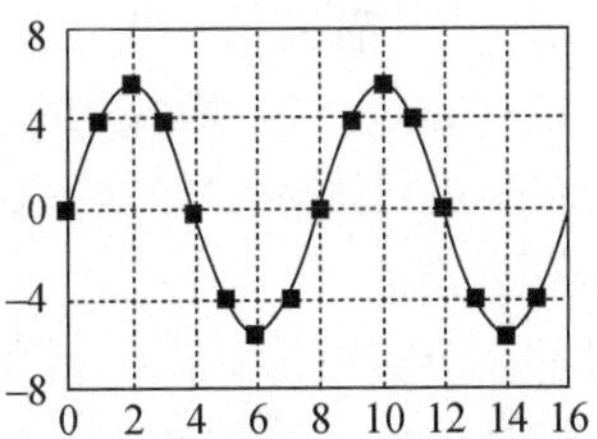
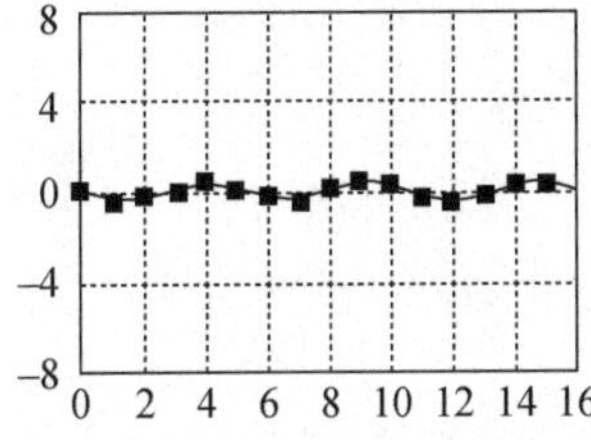
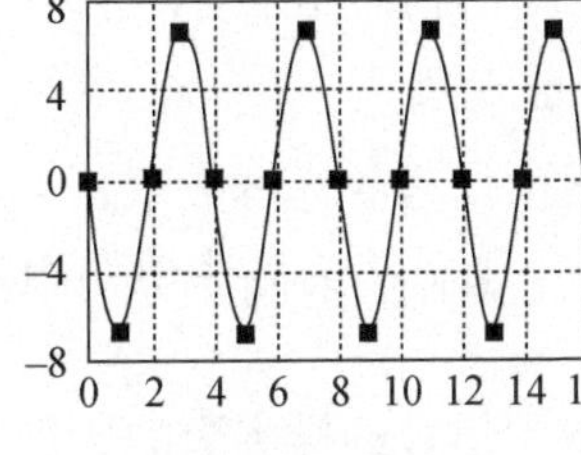
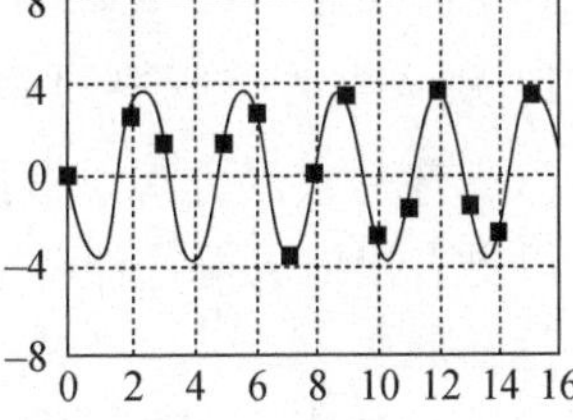
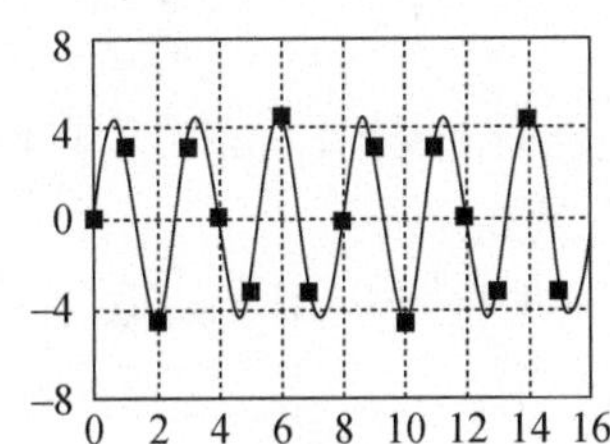
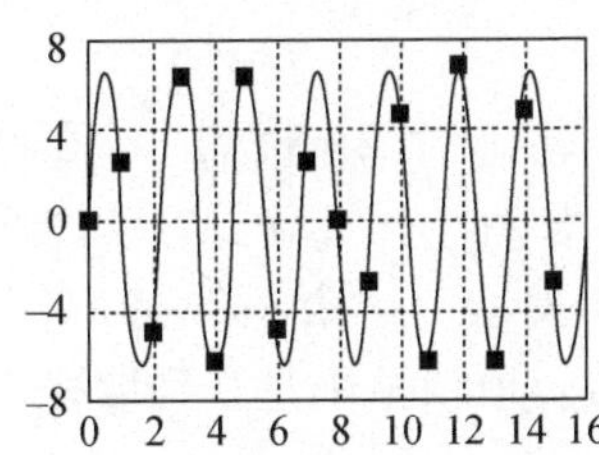
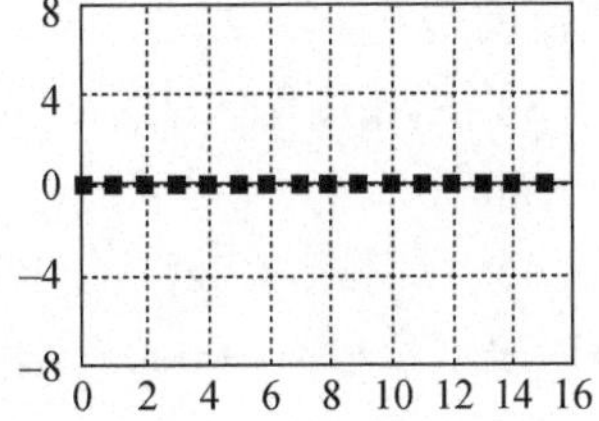

图 6.31　正弦图像

把以上所有信号相加即可得到原始信号：

$$f(x) = \frac{a_0}{2} + \sum_{k=1}^{\infty} (a_k \cos kx + b_k \sin kx)$$

图 6.32 展示了上述变换在计算程序中的表示情况。

图 6.32 中左边表示时域中的信号，右边是频域信号表示方法，从左向右，→，表示正向转换（forward DFT），从右向左，←，表示逆向转换（inverse DFT），用小写 $x[\ ]$ 表示信号在每个时间点上的幅度值数组，用大写 $X[\ ]$ 表示每种频率的幅度值数组（即时间 $x \rightarrow$ 频率 X），因为有 $N/2+1$ 种频率，所以该数组长度为 $N/2+1$，$X[\ ]$ 数组又分两种，一种

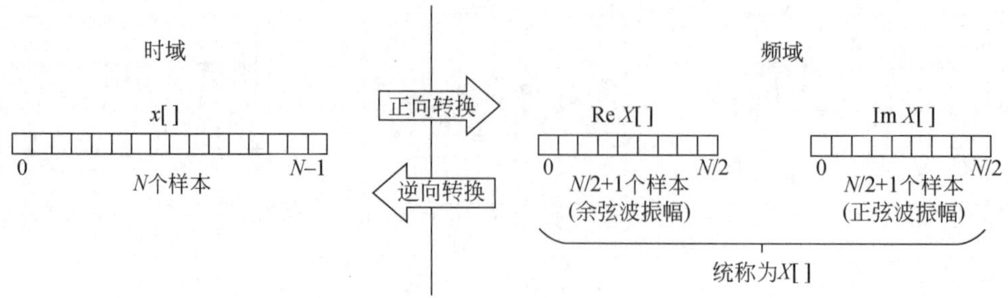

图 6.32　变换示意图

是表示余弦波的不同频率幅度值：Re $X[\ ]$，另一种是表示正弦波的不同频率幅度值：Im X $[\ ]$，Re 是实数（Real）的意思，Im 是虚数（Imagine）的意思，采用复数的表示方法把正余弦波组合起来进行表示，但这里我们不考虑复数的其他作用，只记住是一种组合方法而已，目的是便于表达。

上面我们看到了一个实数形式离散傅里叶变换的例子，通过这个例子能够让我们先对傅里叶变换有一个较为形象的感性认识，现在就让我们来看看实数形式离散傅里叶变换的正向和逆向是怎么进行变换的。在此，我们先来看一下频率的多种表示方法。

1. *频域中关于频率的四种表示方法*

（1）序号表示方法，根据时域中信号的样本数取 0 ~ $N/2$，这种方法在程序中使用起来可以更直接地取得每种频率的幅度值，因为频率值跟数组的序号是一一对应的：$X[k]$，取值范围是 0 ~ $N/2$。

（2）分数表示方法，根据时域中信号的样本数的比例值取 0 ~ 0.5：$X[?]$，$? = k/N$，取值范围是 0 ~ 1/2。

（3）用弧度值来表示，把？乘以一个 2π 得到一个弧度值，这种表示方法叫作自然频率（natural frequency）：$X[\omega]$，$\omega = 2\pi ?\ = 2\pi k/N$，取值范围是 0 ~ π 。

（4）以赫兹（Hz）为单位来表示，这个一般是应用于一些特殊应用，如取样率为 10kHz 表示每秒有 10000 个样本数：取值范围是 0 到取样率的一半。

2. DFT *基本函数*

$$c_k[i] = \cos(2\pi ki/N)$$

$$s_k[i] = \sin(2\pi ki/N)$$

其中 k 表示每个正余弦波的频率，如为 2 表示在 0 到 N 长度中存在两个完整的周期，10 即有 10 个周期，如图 6.33 所示。

DFT 合成等式（合成原始时间信号，频率 → 时间，逆向变换）：

$$x[i] = \sum_{k=0}^{N/2} \mathrm{Re}\ \bar{X}[k]\cos\left(\frac{2\pi ki}{N}\right) + \sum_{k=0}^{N/2} \mathrm{Im}\ \bar{X}[k]\sin\left(\frac{2\pi ki}{N}\right)$$

其中，N 是时域中的点数；K 为 0 到 $N/2$ 的序号。

$$\mathrm{Re}\ \bar{X}[k] = \frac{\mathrm{Re}\ X[k]}{N/2}$$

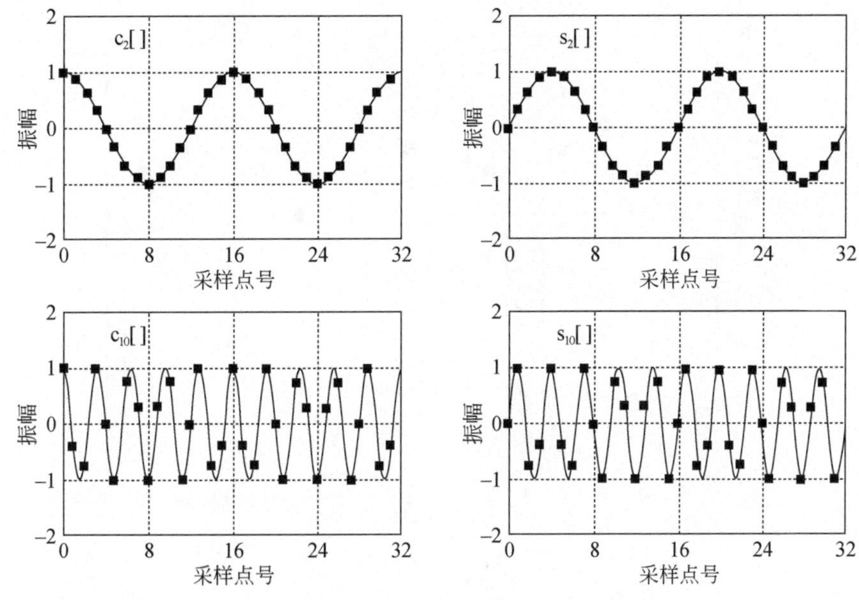

图 6.33　DFT 基本函数示意图

$$\operatorname{Im}\bar{X}[k]=-\frac{\operatorname{Im}X[k]}{N/2}$$

当 k 等于 0 和 $N/2$ 时，实数部分的计算要用下面的等式：

$$\operatorname{Re}\bar{X}[0]=\frac{\operatorname{Re}X[0]}{N}$$

$$\operatorname{Re}\bar{X}[N/2]=\frac{\operatorname{Re}X[N/2]}{N}$$

那为什么要这样进行转换呢？这个可以从频谱密度（spectral density）得到理解，如图 6.34 就是个频谱图。

这是一个频谱图，横坐标表示频率大小，纵坐标表示振幅大小，原始信号长度为 N（这里是 32），经 DFT 转换后得到 17 个频率的频谱，频谱密度表示每单位带宽中为多大的振幅，那么带宽是怎么计算出来的呢？看上图，除了头尾两个，其余点所占的宽度是 $2/N$，这个宽度便是每个点的带宽，头尾两个点的带宽是 $1/N$，而 $\operatorname{Im}X[k]$ 和 $\operatorname{Re}X[k]$ 表示的是频谱密度，即每一个单位带宽的振幅大小，但 $\operatorname{Re}\bar{X}[k]$ 和 $\operatorname{Im}\bar{X}[k]$ 表示 $2/N$（或 $1/N$）带宽的振幅大小，所以分别应当是 $\operatorname{Im}X[k]$ 和 $\operatorname{Re}X[k]$ 的 $2/N$（或 $1/N$）。

频谱密度就像物理中物质密度，原始信号中的每一个点就像是一个混合物，这个混合物是由不同密度的物质组成的，混合物中含有的每种物质的质量是一样的，除了最大和最小两个密度的物质外，这样我们只要把每种物质的密度加起来就可以得到该混合物的密度了，又该混合物的质量是单位质量，所以得到的密度值跟该混合物的质量值是一样的。

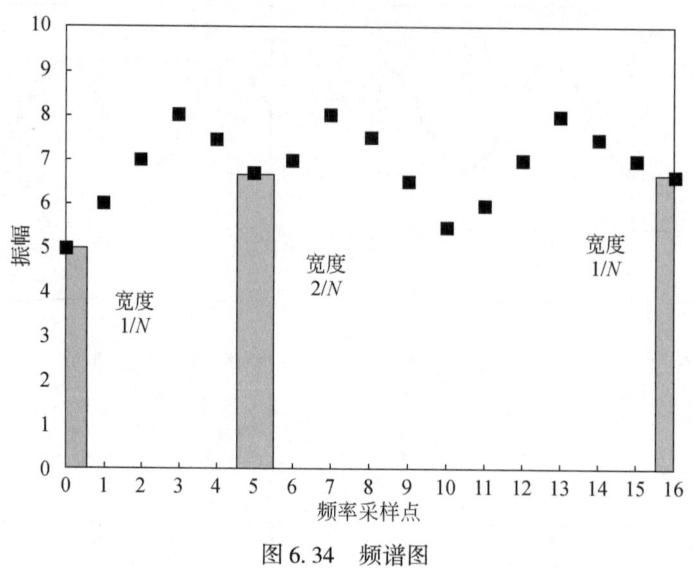

图 6.34 频谱图

6.4.9 FFT 快速傅里叶变换

快速傅里叶变换（fast Fourier transform），即利用计算机计算离散傅里叶变换（DFT）的高效、快速计算方法的统称，简称 FFT。快速傅里叶变换是 1965 年由 J. W. 库利和 T. W. 图基提出的。采用这种算法能使计算机计算离散傅里叶变换所需要的乘法次数大为减少，特别是被变换的抽样点数 N 越多，FFT 算法计算量的节省就越显著。

6.5 傅里叶变换的地学应用模型

6.5.1 遥感图像去噪滤波

图像的频率是表征图像中灰度变化剧烈程度的指标，是灰度在平面空间上的梯度。如：大面积的沙漠在图像中是一片灰度变化缓慢的区域，对应的频率值很低；而地表属性变化剧烈的区域在图像中是一片灰度变化剧烈的区域，对应的频率值较高。

傅里叶变换在实际中有非常明显的物理意义，设 f 是一个能量有限的模拟信号，则其傅里叶变换就表示 f 的谱。从纯粹的数学意义上看，傅里叶变换是将一个函数转换为一系列周期函数来处理的。从物理效果看，傅里叶变换是将图像从空间域转换到频率域，其逆变换是将图像从频率域转换到空间域。换句话说，傅里叶变换的物理意义是将图像的灰度分布函数变换为图像的频率分布函数，傅里叶逆变换是将图像的频率分布函数变换为灰度分布函数。

傅里叶变换以前，图像是在连续空间上采样而得到的一系列点的集合，我们习惯用一个二维矩阵表示空间上各点，则图像可由 $z=f(x,\ y)$ 来表示。对图像进行二维傅里叶变换得到频谱图，也叫功率图，我们首先就可以看出图像的能量分布，如果频谱图中暗的点数更多，那么实际图像是比较柔和的，反之，如果频谱图中亮的点数多，那么实际图像一定是尖锐的、边界分明且边界两边像素差异较大的。除了可以清晰地看出图像频率分布以外，还有一个好处，它可以分离出有周期性规律的干扰信号。

6.5.2　地球物理重磁位场转换

重磁异常的转换处理是重磁法勘探解释理论的一个重要组成部分，目前重磁异常的转换处理主要有圆滑、划分异常（如区域场和局部场的分离，深源场与浅源场的分离等）、磁异常的空间转换（由实测异常换算其他无源空间部分的磁场，也称解析延拓）；分量换算（由实测异常进行 ΔT、Z_a、H_a 及 T_a 之间的分量换算）、导数换算（由实测异常计算垂向导数、水平方向导数等）、不同磁化方向之间的换算（如化磁极等）以及曲面上磁异常转换等等。

重磁异常转换处理的方法包括空间域和频率域两类。频率域方法由于速度快，方法简单等优点，已成为重磁异常转换处理的主要方法。

重磁位场的各种转换（延拓、求导及参量转化等）可以写为褶积形式：

$$f_b(x,y)=\int_{-\infty}^{\infty}\int_{-\infty}^{\infty}f_a(\xi,\eta)\varphi(x-\xi,y-\eta)\mathrm{d}\xi\mathrm{d}\eta=f_a(x,y)*\varphi(x,y) \tag{6.96}$$

根据傅里叶变换的褶积定理，在频率域可表达为

$$F_b(u,v)=F_a(u,v)\cdot\varphi(u,v) \tag{6.97}$$

式中，$F_a(u,\ v)$、$F_b(u,\ v)$ 和 $\varphi(u,\ v)$ 分别为 $f_a(x,\ y)$、$f_b(x,\ y)$ 和 $\varphi(x,\ y)$ 的频谱；u、v 分别为 x 和 y 方向上的圆频率；$\varphi(u,\ v)$ 称为权函数频谱，亦称为滤波器的频率响应函数。

1. 延拓

将观测平面或剖面上已知的重磁异常换算出高于它的平面或剖面上的异常值的过程称为向上延拓，反之称为向下延拓。向上、向下延拓转换计算的频率响应函数 $\varphi(u,\ v)$ 为（其中 h 为延拓高度，向上为负，向下为正）

$$\varphi(u,v)=\mathrm{e}^{h\sqrt{u^2+v^2}} \tag{6.98}$$

式（6.97）与式（6.98）表明，由 $z=0$ 平面上的磁场值，求出它的傅里叶变换 $F_a(u,\ v)$，由它乘以延拓因子 $\mathrm{e}^{h\sqrt{u^2+v^2}}$（$-\infty<z<H$，$z>0$ 时向下延拓，$z<0$ 时向上延拓），然后通过反傅里叶变换，即可求出 $z<H$ 空间磁场的表示式。

向上延拓的应用是：①分离异常（局域场与区域场、提取局部异常）；②揭示深部地质构造信息，如基底特征、深部构造、壳幔起伏等。向上延拓主要作用是突出区域性的或大规模的或深部的异常特征，而压制局部的或小规模的浅部地质体的异常。有时可用几个不同延拓高度上的异常联合分析，为定性解释提供更多的异常特征，进而增加解释的可靠程度。

向下延拓用来揭示目标地质体深度、形态特征等。对于平面异常，沿不同方向进行的方向导数，可以突出垂直该方向的构造与地质体特征。因而，人们常用方向导数来研究隐

伏构造的走向。

图 6.35 是我国某地的 1∶20 万比例尺布格重力异常及其上延 6km 的异常图。

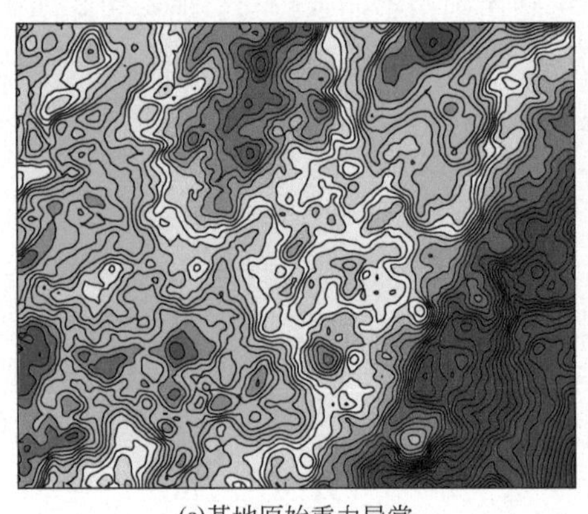
(a)某地原始重力异常

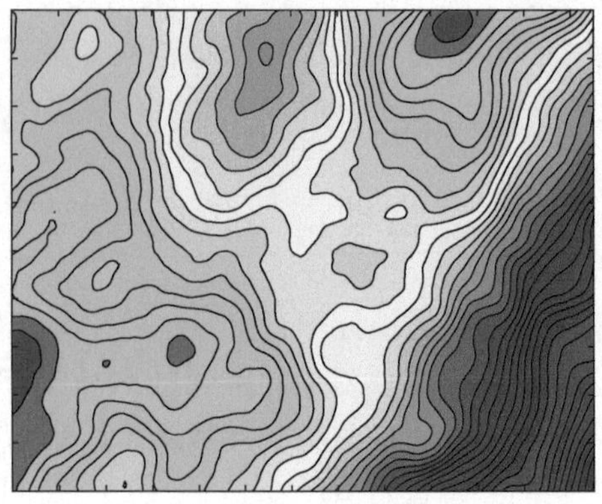
(b)上延6km重力异常

图 6.35　某地重力向上延拓图

2. 求导

导数计算的频率响应函数 $\varphi(u,\ v)$ 为

$$\varphi(u,v)=q=\mathrm{i}(\alpha u+\beta v)+\gamma\sqrt{u^2+v^2} \tag{6.99}$$

式中，α、β、γ 分别代表与 x、y、z 轴夹角的余弦值。也就是说，求重磁场的 1 阶垂向导数的频谱，应乘上的导数因子为 $\sqrt{u^2+v^2}$ ，求重磁场沿 x 方向或 y 方向的 1 阶水平导数的频谱，应乘上的导数因子为 iu 或 iv 。

重磁异常的导数有较高的分辨率，可以用来从复杂的叠加异常中提取目的异常，了解异常体（断裂带、构造线、隐伏地层等）的走向。具体来说，导数异常与求导之前的原始异常相比，具有：①突出异常体边部影响；②突出浅部异常体特征与影响；③提高相邻异常体异常叠加分辨率等特点，但较原始异常复杂、零乱，受噪声干扰较大。

图 6.36 是我国某地的 1∶20 万比例尺布格重力异常及其方向导数图。

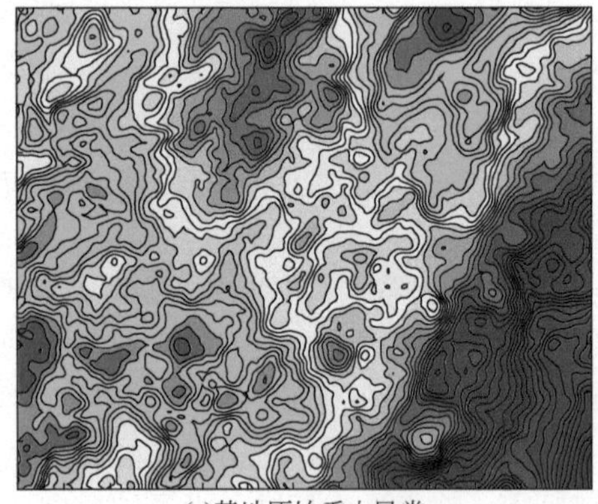
(a)某地原始重力异常

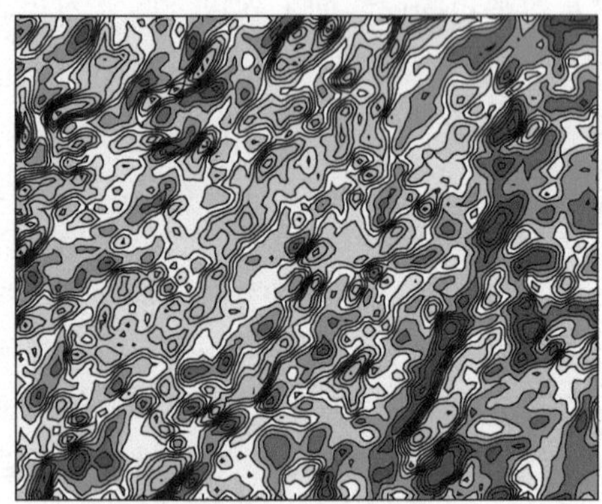
(b)135°方向水平导数

图 6.36　某地重力异常水平导数图

6.5.3　维纳滤波器与匹配滤波器–重磁异常分离方法

在重磁地球物理勘探中，通常浅部地质体所产生的重磁异常比深部地质体产生的重磁异常要尖锐得多。一个尖锐的异常其幅值从异常中心向外快速下降，以具有很大的高频成分为特征，而宽缓的异常从中心向外是缓慢地衰减，具有集中于低频段的谱，异常频谱特征的这种差异，提供了分离浅部场和深部场的可能性。1966 年，Bhattacharyya 详细研究了矩形棱柱体总磁异常的连续谱，1970 年，Spector 与 Grant 运用统计结构的基本假设，引入“总体平均”的概念，推导分析了航磁图的能谱公式，把关于矩形棱柱体的谱的某些性质推广到块状体，讨论了块状体的水平尺寸、深度和厚度对谱的影响，提出了用能谱分析来粗略估计块状体的埋深、延深的方法。1975 年，Spector 运用上述方法，提出了“匹配滤波”方法，并用此方法处理科迪勒拉山区的航磁图，消除了火山岩覆盖的干扰，从而得到与成矿有关的火成岩引起的异常图。

6.5.3.1　最小均方差滤波器与维纳滤波器

设 $g(x)$ 为 $f(x)$ 滤波后的输出函数，$s(x)$ 为期望输出，$h(x)$ 为脉冲响应，如使方差

$$Q = \int_{-\infty}^{\infty} [s(x) - g(x)]^2 \mathrm{d}x = \min \tag{6.100}$$

则相应的滤波器称为最小均方差滤波器，由式（6.90）积分后可得

$$Q = \int_{-\infty}^{\infty} s^2(x) + \int_{-\infty}^{\infty}\int_{-\infty}^{\infty} h^2(\tau) R_{ff}(\tau - \zeta) \mathrm{d}\tau \mathrm{d}\zeta - 2\int_{-\infty}^{\infty} h(\tau) R_{fe}(\tau) \mathrm{d}\tau$$

选择合适的脉冲响应 $h(x)$ 使 Q 最小，也就是求等式右方泛函的极值。由变分法知道，$h(x)$ 应满足欧拉方程

$$\frac{\partial}{\partial h(\tau)}\left[\int_{-\infty}^{\infty} h^2(\tau) R_{ff}(\tau - \zeta) \mathrm{d}\tau - 2R_{fs}(\tau) h(\tau)\right] = 0$$

即应满足

$$R_{fs}(\tau) = \int_{-\infty}^{\infty} h(\tau) R_{ff}(\tau - \zeta) \mathrm{d}\tau$$

上式即 Wiener-Hopf 积分方程。对上式作傅里叶变换得到

$$H(\omega) = \frac{P_{fs}(\omega)}{P_f(\omega)} \tag{6.101}$$

其中，$H(\omega)$ 是维纳滤波器的频率响应；$P_{fs}(\omega)$ 为输入函数 $f(x)$ 与期望输出信号 $s(x)$ 的互功率谱。若假定信号 $s(x)$ 与干扰 $n(x)$ 彼此不相关，即 $R_{ns}(x) = 0$，$P_{ns}(\omega) = 0$ 则

$$P_{fs}(\omega) = P_s(\omega) + P_{ns}(\omega) = P_s(\omega)$$
$$P_f(\omega) = P_s(\omega) + P_n(\omega)$$

则式（6.101）变为

$$H(\omega) = \frac{p_s(\omega)}{p_s(\omega) + p_n(\omega)}$$

因为 $P_s(\omega) = S*(\omega) \cdot S(\omega)$，$P_n(\omega) = N*(\omega) \cdot N(\omega)$，其中 $*$ 表示共轭。得

$$H(\omega)=\frac{|S(\omega)|^2}{|S(\omega)|^2+|N(\omega)|^2} \tag{6.102}$$

这样就从一般形式的维纳滤波器得到特殊形式的维纳滤波器。

6.5.3.2　分离浅源场和深源场

1. 维纳滤波器

对于式（6.102），为了求出 $|S(\omega)|$ 和 $|N(\omega)|$ ，我们不妨假设：

$$|S(\omega)|=AF_1(\omega)\,\mathrm{e}^{-\omega h_1}$$

$$|N(\omega)|=BF_2(\omega)\,\mathrm{e}^{-\omega h_2}$$

即有用信号及干扰（或称区域场及局部场）分别由埋深 h_1 和 $h_2(h_1>h_2)$ 的地质体引起，当地质体形态相近时，

$$F_1(\omega)=F_2(\omega)$$

由此可得

$$H(\omega)=\frac{A^2F_1^2(\omega)\mathrm{e}^{-2\omega h_1}}{A^2F_1^2(\omega)\mathrm{e}^{-2\omega h_1}+B^2F_2^2(\omega)\mathrm{e}^{-2\omega h_2}}=\frac{1}{1+\frac{B^2}{A^2}\mathrm{e}^{2\omega(h_1-h_2)}} \tag{6.103}$$

式中的 A 、B 、h_1 、h_2 四个值由实测数据的对数功率谱曲线上求得。

根据实测数据的对数功率谱曲线 $\ln E(\omega)$ ，取低频段斜率绝对值较大的直线段作为深部场源的反映，并且这段直线的纵轴截距为 A^2 ，斜率一半的负数为 h_1 ，中高频段斜率较小的直线段为浅部场源的反映，并用其截距求出 B^2 ，用斜率之半的负数求 h_2 ，如图 6.37 所示。

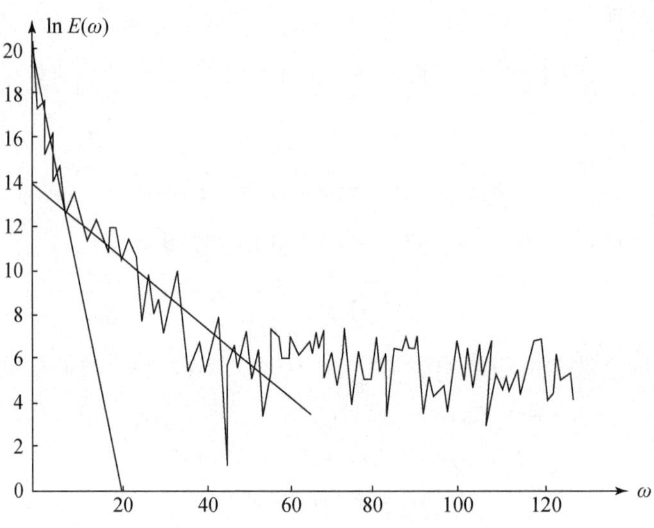

图 6.37　对数功率谱曲线

2. 匹配滤波器

如果令 $S(\omega)$ 与 $N(\omega)$ 相同相位（水平位置重合，深度不同的物体相位可以相同），则由式（6.102）可以得到另一种特殊形式的滤波器

$$H(\omega)=\frac{|S(\omega)|}{|S(\omega)|+|N(\omega)|} \tag{6.104}$$

即有分离深源场（区域场）的频率响应：

$$H_{区}(\omega)=\frac{1}{1+\dfrac{B}{A}e^{\omega(h_1-h_2)}}$$

即有分离浅源场（局部场）的频率响应：

$$H_{局}(\omega)=\frac{1}{1+\dfrac{A}{B}e^{\omega(h_2-h_1)}}$$

6.5.3.3　实现方法

（1）利用傅里叶变换，由实测异常求频谱：

$$S_T(f)=\int_{\infty}^{-\infty}\Delta T(x,0)\ e^{-2\pi ifx}dx$$

（2）由傅里叶变换的实部与虚部求对数功率谱 $\ln E(\omega)$。

$$E(\omega)=\mathrm{Re}^2(\omega)+\mathrm{Im}^2(\omega)$$

（3）根据对数功率谱曲线 $\ln E(\omega)-\omega$ 求 h_1、h_2、B/A 等参数，构制匹配滤波因子。

（4）把实测异常频谱乘以相应滤波因子，得到浅源场（或深源场）的频谱。

（5）反傅里叶变换得到分离的浅源场与深源场。

上述过程可以一次在计算机上实现：对于算出的功率谱，利用可视化技术显示对数功率谱曲线并用鼠标画出深源场与浅源场的回归直线，自动计算其斜率和纵轴截距，即可构制出匹配滤波因子，进行滤波分离不同深度的场源。

6.5.3.4　应用效果分析

为了检验匹配滤波方法的有效性，我们设计了水平圆柱体理论模型，剖面长 256 个测点，点距 10km，浅部场源的水平圆柱体中心埋深 100km，截面有效磁矩 $500\cdot10^{-3}\mathrm{A}\cdot\mathrm{m}^2$，深部场源的水平圆柱体中心埋深 300km，截面有效磁矩 $10000\cdot10^{-3}\mathrm{A}\cdot\mathrm{m}^2$，分别正演计算后再相加作为检验该方法的观测值。计算出对数功率谱后，人工用鼠标在屏幕上选择深源场（即低频段）和浅源场（即中高频段）的斜率和截距之比，得 $h=75.85\mathrm{km}$，$H=147.48\mathrm{km}$，$B/b=10.0$，由这些参数构制的匹配滤波器分离出的浅源场和深源场如图 6.38 所示，不难看出，匹配滤波法在一定条件下，能较好地分离出深浅不同地质体产生的场。

图 6.39 是 MORPAS 软件中匹配滤波运行界面及某地重力异常分离效果。

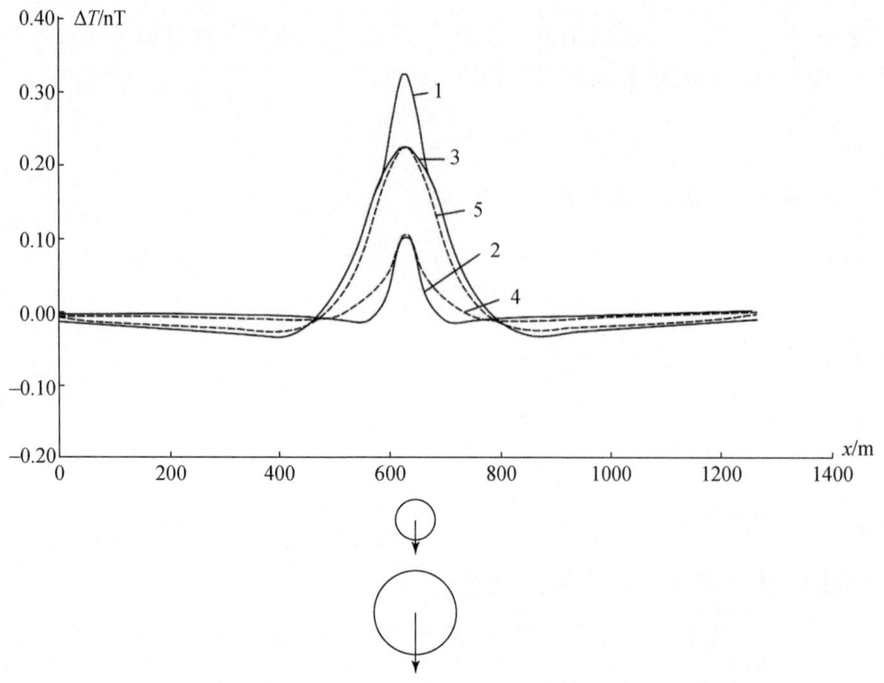

图 6.38　匹配滤波法分离水平圆柱体理论模型的场

1. 深、浅两个水平圆柱体的场；2. 浅部水平圆柱体的场；3. 深部水平圆柱体的场；4. 分离后浅源场；5. 分离后的深源场

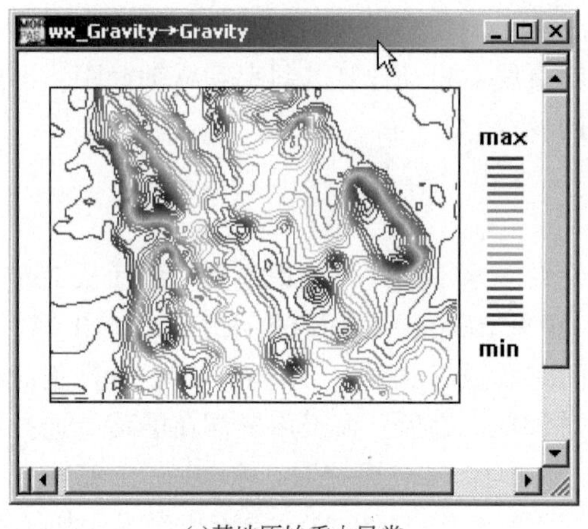

(a)某地原始重力异常

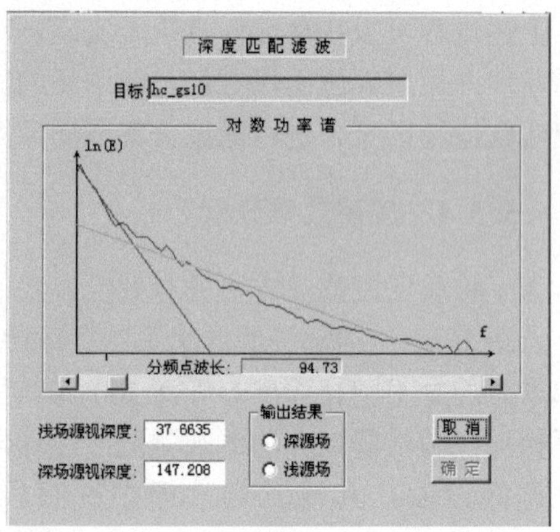

(b)功率谱

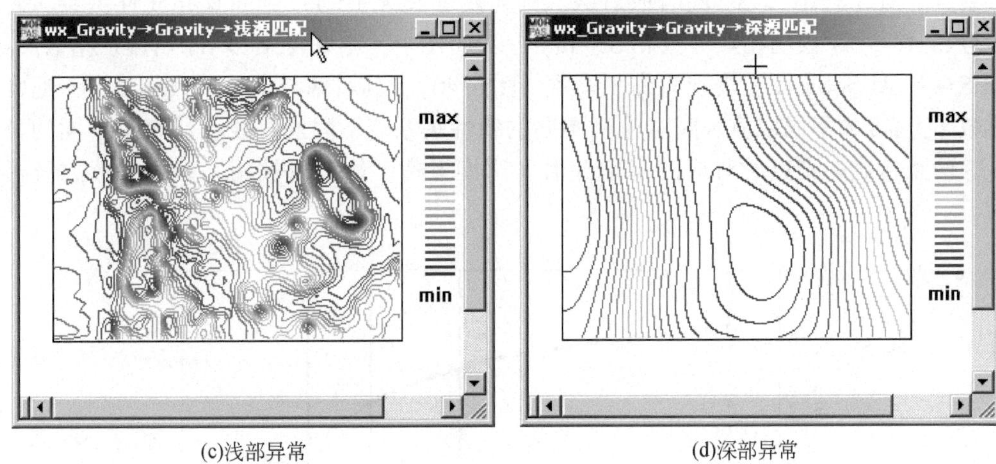

(c)浅部异常　(d)深部异常

图 6.39　MORPAS 软件匹配滤波运行界面

6.5.4　SA 分形滤波——一种化探异常分离方法

分形滤波技术是近年来为了提取地球化学异常和图像处理而提出的综合利用频率统计和空间统计分析技术的方法（Cheng et al.，2000）。这个方法的基本假设是一定的地质过程所产生的地球化学场或图像在分形意义下是可区分的。地球化学场的分布与其尺度之间服从一定的指数关系，即其分布具有尺度不变性。大量的研究已经证明，大多数地质过程所产生的分布具有尺度不变性，如地表的风化和侵蚀作用、地壳的磁场（Turcotte，1996）、地震和火山喷发的分布（Cheng et al.，1996；Turcotte，1996）、地表地球化学元素的赋存和金的矿产分布（Agterberg et al.，1993；Cheng et al.，1994）。尺度不变性也被称为自相似性，这些特性可在空间域和频率域度量（Turcotte，1996）。在频率空间，这种尺度不变性主要通过能谱密度的分布来反映（Cheng，2000，2004；Cheng et al.，2000）。分形滤波技术通过在频率域上定义分形能谱密度滤波器将能谱空间进行分解，使得在每一部分上其能谱密度具有自相似性。

6.5.4.1　分形滤波模型

成秋明等于2000 年所提出的分形滤波（$S-A$）模型能够在傅里叶能谱空间度量物化异常所对应的各向异性的广义自相似性，通过识别不同的广义自相似性并借助设计适当的分形滤波器将能谱密度进行滤波，进而利用傅里叶逆变换对物化异常和背景进行分解。这样所圈定的物化异常不仅具有形式的多样性（比如，不同的异常强度、不同的范围、处于不同的背景等），而且它们在频率域具有与背景场表现不同的自相似性。这种自相似性可以由以下指数模型所刻画（Cheng，2000，2003）：

$$A(>S) \propto S^{-\beta} \tag{6.105}$$

式中，S 为能谱密度；$A(>S)$ 为在能谱密度空间上能谱密度大于 S 的面积；β 为分形模型的指数系数。对 S 与 $A(>S)$ 同时取对数，则显然 S 和 A $(>S)$ 之间存在线性关系。若将 $\ln S$ 与 $\ln A(>S)$ 绘制在双对数 $\ln S-\ln A(>S)$ 图上，则 S 与 $A(>S)$ 所服从指数关系，在 $\ln S-\ln A(>S)$ 图上表现为线性关系（图 6.40），其斜率与指数系数相对应。通常在双对数图上，S 的不同取值区间对应于不同的线性关系。不同的直线段代表了不同的分形关系，两条直线的交点所对应的横坐标值（谱能量密度值）可被用来确定分形滤波器的阈值。

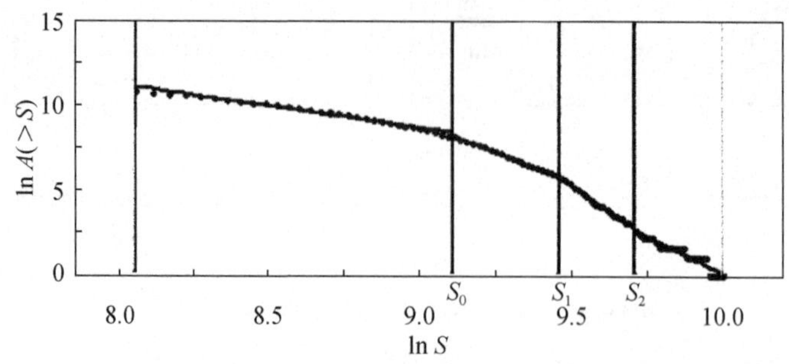

图 6.40　能谱密度 S 与累积面积 $A(>S)$ 双对数图

6.5.4.2　分形滤波器的构造

借助 $\ln S-\ln A(>S)$ 图，三种类型的分形滤波器可被构造：低通、高通和带通谱能量密度滤波器。

在 $\ln S-\ln A(>S)$ 图（图 6.40）上，两条线段相交，取交点横坐标 S_0 作为阈值，在 S_0 两边的两条线段具有不同的斜率，反映了满足不同的分形规律，定义两类滤波器

$$G_A(\omega)=\begin{cases}1 & S(\omega)\leqslant S_0\\0 & S(\omega)>S_0\end{cases}\text{ 和 }G_B(\omega)=\begin{cases}1 & S(\omega)\geqslant S_0\\0 & S(\omega)<S_0\end{cases}$$

据 $G_B(\omega)$ 和 $G_A(\omega)$ 的定义，滤波器在频率域上的形状是不规则的，这取决于谱能量密度的复杂性。滤波器 $G_A(\omega)$ 是一个低通能谱滤波器，而 $G_B(\omega)$ 是一个高通能谱滤波器，对应这两种滤波器，其对应的谱能量密度分布满足截然不同的指数关系，或能谱密度反映了不同的分形规律。业已证明，谱能量密度与波谱频率成反比关系（李庆谋和成秋明，2004），而 $G_A(\omega)$ 中的谱能量密度低于 $G_B(\omega)$，所以，$G_A(\omega)$ 中的波数 ω 大于滤波器 $G_B(\omega)$ 的波数。在这个意义上，$G_A(\omega)$ 对应于高频部分，$G_B(\omega)$ 对应于低频部分。所以，$G_A(\omega)$ 是一个高频低能谱密度滤波器，而 $G_B(\omega)$ 则是低频高能谱密度滤波器，通常 $G_A(\omega)$ 被称为异常滤波器，$G_B(\omega)$ 被称为背景滤波器。

在 $\ln S-\ln A(>S)$ 图上取某直线段的两端为 S_1 和 S_2 阈值，构造能谱带通滤波器

$$G_C(\omega)=\begin{cases}1 & S_1\leqslant S(\omega)\leqslant S_2\\0 & \text{其他}\end{cases}$$

该滤波器将滤掉能谱密度小于 S_1 或者大于 S_2 的能谱成分，只保留在区间 $[S_1,\ S_2]$ 的能谱成分，所以，$G_C(\omega)$ 可以看作是具有特定分形特征的分形滤波器。

应用傅里叶逆变换，把在频率域滤波后的结果变回到空间域：

$$B = F^{-1}(F(T)\ G_B(\omega))$$

$$A = F^{-1}(F(T)\ G_A(\omega))$$

$$C = F^{-1}(F(T)\ G_C(\omega))$$

这里 F 和 F^{-1} 分别表示傅里叶变换和傅里叶逆变换（Cheng et al.，2000）。

参考文献

陈永清，陈建国，汪新庆 . 2008. 基于 GIS 矿产资源综合定量评价技术［M］. 北京：地质出版社 .

程佩青 . 1990. 数字滤波与快速傅里叶变换［M］. 北京：清华大学出版社 .

李庆谋，成秋明 . 2004. 分形奇异（特征）值分解方法与地球物理和地球化学异常重建［J］. 地球科学——中国地质大学学报，29（1）：109-118.

刘天佑 . 2007. 地球物理勘探概论［M］. 北京：地质出版社 .

孙延奎 . 2018. 小波变换与图像、图形处理技术［M］. 2 版 . 北京：清华大学出版社 .

Agterberg F P，Cheng Q，Wright D F. 1993. Fractal modeling of mineral deposits［C］//Elbrond J，Tang X. Application of Computers and Operations Research in the Mineral Industry. Proc 24th APCOM Symposium，V1：Canadian Institute of Mining，Metallurgy and Petroleum Eng (Montreal)，43-53.

Cheng Q. 2003. Fractal and multifractal modeling of hydrothermal mineral deposit spectrum：application to gold deposits in Abitibi Area，Ontario，Canada［J］. Journal of Earth Science，14（3）：199-206.

Cheng Q. 2004. A new model for quantifying anisotropic scale invariance and decomposing of complex patterns［J］. Mathematical Geology，36（3）：345-360.

Cheng Q，Agterberg F P，Ballantyne S B. 1994. The separation of geochemical anomalies from background by fractal methods［J］. Journal of Geochemical Exploration，51（2）：109-130.

Cheng Q，Agterberg F P，Bonham-Cater G F. 1996. A spatial analysis method for geochemical anomaly separation［J］. Journal of Geochemical Exploration，56（3）：183-195.

Cheng Q M. 2000. Multifractal theory and geochemical element distribution pattern［J］. Earth Science—Journal of China University of Geosciences，25（3）：311-318.

Cheng Q M，Xu Y G，Grunsky E. 2000. Integrated spatial and spectrum method for geochemical anomaly separation［J］. Natural Resources Research，9（1）：43-52.

Crockett R. 2019. A Primer on Fourier Analysis for the Geosciences［M］. Cambridge，UK：Cambridge University Press.

Turcotte D L. 1996. Fractals and Chaos in Geophysics［M］. Cambridge，UK：Cambridge University Press.

第 7 章　综合信息评价方法

7.1　综合评价的基本框架

在对某一事物进行评价时（如资源潜力评价、地灾易发性评价、区域承载力评价等），由于待评价事物通常是由多方面的因素所决定的，因而需要考虑所有因素做出综合评判，这就是一个综合评价问题。

7.1.1　综合评价的目的与模型分类

综合评价的目标可基本分为两种类型，一是分类问题，二是排序问题，三是得分问题。如评判目标是不同矿床成因类型、不同地质灾害类型等，则属于分类问题；如评判目标是地灾易发性、成矿有利度等，则属于得分问题。

无论是分类问题还是得分问题，存在各种各样的综合评判模型，按不同的分类方式大致可归结为：

（1）按目标与各因素之间的线性关系与非线性关系，可分为线性综合模型、非线性综合模型。

（2）按目标与各因素之间层次关系，可分为单层次模型、多层次模型（如层次分析法等）。

（3）按目标与各因素之间是显式关系表达还是隐式关系表达，可分为显式关系型与隐式关系型（如人工神经网络等）。

（4）按有模型的与无模型的建模方式，可分为有模型的评判模型（如监督分类、信息量法、特征分析法等）与无模型的评判模型（如非监督分类）。

（5）按数据驱动与知识驱动来分，可分为数据驱动型与知识驱动型。

（6）按数据类型来分，可分为定量数据处理型与定性数据处理型（如数量化理论、逻辑信息法等）；也可分为离散变量的与连续变量的。

（7）按数学方式分，可分为确定函数型、经典统计型、分形统计型、模糊数学型、灰色系统型、云理论型等。

7.1.2　综合评价的基本要素

综合评价模型中的五个基本要素：被评价对象、评价指标、权重系数、综合评价模型和评价者及解释。

1. 被评价对象

被评价对象就是综合评价问题中所研究的对象。这里将被评价对象记为

$$S_1, S_2, \cdots, S_n (n > 1)$$

2. 评价指标

评价指标的选取对系统的综合评价起着至关重要的作用。可以说根据不同的评价指标评价出来的结论之间可能大相径庭。评价指标的选取应该遵循以下几个原则：

(1) 独立性。尽量减少每一个评价指标之间的耦合关系，即每个评价指标中包含的绝大部分信息在其他评价指标中应该不存在。比如评价两地之间的交通状况，如果选择了汽车的平均行驶速度和公路距离为评价指标，就不要再选取汽车平均使用时间作为评价指标了。因为它包含的信息在其他的评价指标中能反映出来。

(2) 全面性。所有评价指标包含的信息总和应该等于被评价模型的所有信息。独立性和全面性可以类比古典概型中样本点和样本空间的概念。

(3) 量子性。如果一个评价指标可以使用两个或者多个评价指标表示，那么将评价指标的进一步细化有助于我们实现指标之间的解耦和对问题的分析。在分析清楚问题之后，在构建评价模型的时候我们可以通过合适的算法将相关的评价指标进行聚合。

(4) 可测性。保证选择的评价指标能直接或者间接地测量也非常重要。

3. 权重系数

不同的评价指标的不同重要程度我们可以使用权重系数进行表示。每一个评价指标都应该对应一个权重系数。

4. 综合评价模型

有了评价指标和其对应的权重之后，我们就可以建立合适的综合评价模型了。一般的做法就是对所有系统的各个评价指标测量值进行加权平均。假设我们已经得到了所有系统的测量矩阵。

5. 评价者及解释

得分临界值的确定方法概括起来可有以下几种（赵鹏大等，1983）：

(1) 类比法。根据研究区内已知有矿单元信息量大小的对比，对已知在矿单元信息量由大到小排序给出一定可靠系数，确定临界值。

(2) 作得分值的频数曲线，找出拐点，如图7.1所示。拐点的横坐标即为临界值。

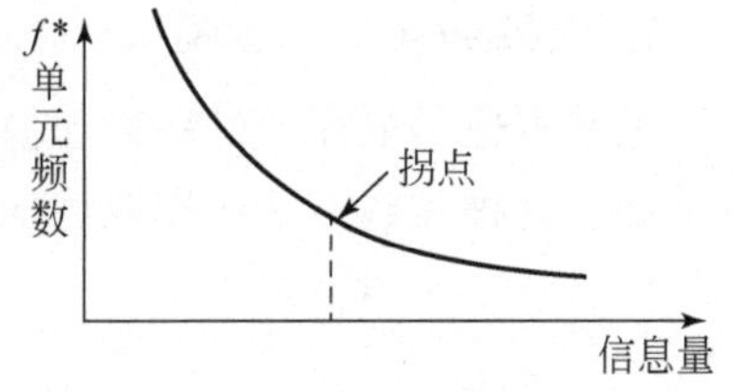

图7.1　得分值的频数曲线

(3) 计算概率法。先利用1、2确定临界值的方法定临界为1，即单元信息量和≥1为找矿远景区。以≥1为分界线进行统计，结果是161个单元中有26个单元信息量≥1，其中15个单元为已知含矿单元，有3个为已知无矿单元，全区共有22个已知含矿单元。故若以信息量总和≥1为临界值，则22个单元中有15/22×100%≈68%与已知含矿单元重合，有3/22×100%=14%有误。另

外，在信息总量小于 1 的 135 个单元中，有 7 个为含矿单元，占 7/135×100% =5.2%。这意味着在信息量大于 1 的单元中，找到含矿单元（即找到铁矿体）的概率约为 0.68，而在信息总量小于 1 的单元中找到矿体的概率为 0.052，故该区用信息量总和≥1 作为临界值是可行的。

（4）作图法。将各单元的信息量总和投于各单元中心，绘制信息量等值线图，然后将已知矿点投于等值线图上，找出有利于找矿的信息量范围。

7.1.3　综合评价的一般步骤

（1）确定综合评价目的（分类、排序、实现程度）。

（2）选取评价指标。通常需要注意指标的独立性和全面性。

（3）对评价指标进行量化提取及定性数据的定量化，建立评价指标量化矩阵。

（4）对量化矩阵进行预处理（一致化、无量纲化）。

对指标进行一致化处理。一般都转换成极大型。可以使用极小到极大、居中到极大、区间化极大、建立隶属函数等方法。

进行无量纲化处理。常用方法有标准差方法、极值差方法、功效系数法等。

（5）选择模型形式，确定权重。是固定权值还是动态加权？动态加权函数有分段变幂函数、偏大型正态分布函数、S 型分布函数等。

（6）确定评价模型。是线性加权还是非线性加权？

（7）给出结论。如果对多个对象进行评价则需要对它们进行分类或排序，如果对单个对象进行评价则给出实现程度或当前等级。

7.1.4　综合评价模型

前面我们说过综合评价模型的建立其实就是建立规范化后的测量矩阵 $\boldsymbol{X}$ 和权重向量 $\boldsymbol{w}$ 的关系，即

$$y=f(\boldsymbol{w},\boldsymbol{X})$$

1. 线性加权综合模型

最基本也是最简单的一种建模方法就是将权重直接和对应的规范化后的测量值相乘然后求和。这种建模方法叫作线性加权函数。

$$y=\sum_{j=1}^{m} w_j x_j$$

这种线性加权的方法在各个评价指标之间为相互独立时效果比较好。但是如果各个评价指标之间存在着信息的耦合的话，这种评价指标往往不能客观地反映实际情况。

线性加权有如下特点：

（1）该方法能使得各个评价指标之间作用得到线性补偿，保证综合评价指标的公平性。

（2）该方法中权重系数对评价结果的影响明显。

(3) 当权重系数预先给定时，该方法使评价结果对应各备选方案之间的差异表现不敏感。

(4) 该方法计算简便，可操作性强，便于推广使用。

2. 非线性加权综合模型

用非线性函数作为综合评价模型，比如

$$y = \prod_{j=1}^{m} x_j^{w_j}$$

非线性加权综合法适用于各指标间有较强关联的情况。

主要特点：

(1) 对数据要求较高，指标数值不能为 0、负数。

(2) 乘除法容易拉开评价档次，对较小数值的变动更敏感。

(3) 适用于各个指标有较强关联的情况。

3. 动态加权综合评价模型

上面两种方法中，权重向量 w 都是常数。我们知道有时候一个指标的重要程度可能和指标的取值有关。比如我们在评价一个人的时候，如果他有某种特长远超常人，那么我们可能就不太关心其他的评价指标，而将这个权重相应地增加。

7.2 信息量法

7.2.1 信息量法基本原理

信息量计算法属于单变量统计分析方法。某种地质因素及标志对象的作用，可通过对这些因素和标志所提供研究对象的信息量的计算来评价，即用信息量的大小来评价地质因素、标志与研究对象的关系密切程度，信息量用条件概率计算（赵鹏大等，1983）：

$$I_{A_j \to B} = \lg \frac{P(B \mid A_j)}{P(B)} \tag{7.1}$$

式中，$I_{A_j \to B}$ 为 A 标志 j 状态提供事件 B 发生的信息量。$P(B \mid A_j)$ 为 A 标志 j 状态存在条件下，事件 B 实现的概率。$P(B)$ 为事件 B 发生的概率。

实际应用时，因 $P(B)$ 在工作初期不易估计，根据概率乘法定理，上式可变为

$$I_{A_j \to B} = \lg \frac{P(A_j \mid B)}{P(A_j)} \tag{7.2}$$

式中，$P(A_j \mid B)$ 为已知事件 B 发生的条件下出现 A_j 的概率。$P(A_j)$ 为研究区中标志值 A_j 出现的概率。

具体运算时，总体概率用样本频率来估计：

$$I_{A_j \to B} = \lg \frac{P(A_j \mid B)}{P(A_j)} = \lg \frac{N_j/N}{S_j/S} \tag{7.3}$$

例如在矿床预测中，式中 $I_{A_j \to B}$ 为 A 标志 j 状态指示有矿（B）的信息量；N_j 为具有标志值 A_j 的含矿单元数；N 为研究区中含矿单元总数；S_j 为有标志 A_j 的单元数；S 为研究区单元总数。由上式，若 $P(A_j|B)=P(A_j)$，则 $I_{A_j \to B}=0$，这表示标志 A_j 不提供任何找矿信息，即标志 A_j 存在与否对找矿无影响；若 $P(A_j|B)<P(A_j)$，则 $I_{A_j \to B}$ 为负值，这表示在标志 A_j 存在条件下对找矿更为不利；若 $P(A_j|B)>P(A_j)$，则 $I_{A_j \to B}$ 为正值，表示标志 A_j 能提供找矿信息，且 $I_{A_j \to B}$ 越大提供找矿信息越多。按所有标志状态计算所得的找矿信息量，由大到小将各标志状态进行排序，计算正信息量的总和 $\sum_{i=1}^{n} I_j$。给定有用信息水平 k（或称保留信息），一般取 $k=0.75$，计算有用信息 $\Delta I^+=k\sum_{i=1}^{n} I_j$（$n$ 为正值的信息数）。然后对比信息量由大到小的累计数，累计到 ΔI^+ 值，则累计的若干个地质标志状态即为有利找矿因素。

7.2.2 应用实例

在矿产资源定量预测、地下水综合评价及地质灾害易发性评价中常常会应用到信息量法。

信息量法应用于区域或矿产预测，是由 E. B. 维索科奥斯特罗夫斯卡娅及 И. И. 恰金先后提出的（肖克炎等，1999）。进行预测的基本步骤分为两步：首先，计算各地质因素、找矿标志所提供找矿信息量，定量地评价各因素和标志对指导找矿的作用，借以选择与矿化关系密切的变量。其次，计算每个单元中各标志信息量的总和，其大小反映了该单元相对的找矿意义，用以评价找矿远景区进行预测。

1. 合理确定地质标志及划分标志状态

根据本区成矿地质条件及找矿标志的研究，选择了与矿化关系密切的因素和标志共 12 个，经逐步回归筛选后为 6 个标志，每个标志又分为若干个状态，其划分结果见表 7.1。值得提出的是标志状态的划分问题。按地质标志的性质大体有两种情况：一是状态为离散性的，如断裂标志分东西向、南北向等状态，岩性标志也属此类型，这类标志各状态间没有明显的内在联系，划分状态时主要考虑成矿、找矿地质理论，划分时比较简单。另一种是连续状态的标志，如片理倾角、磁异常对数和等，状态划分比较复杂。因划分时不是单纯考虑数量级，更重要的是找出反映标志与矿化联系本质的分界点。若状态划分不适当，就不能提供固有的找矿信息。好的状态划分应是使各不同状态信息量的差距足够大（越大越好），且不同状态的信息量呈现规律性变化，这种规律变化能反映一定的地质意义。故标志状态的划分有时需要经过多方案的试验，紧密结合地质分析研究来进行。

2. 计算各标志状态的信息量，确定有利找矿的标志状态，并分析其地质意义

本区统计时，矿带划分单元总数 $S=161$，凡单元内地表矿体出露累积宽度≥5m 者规定为含矿单元，其有矿单元数 $N=70$。各标志状态的找矿信息量计算结果如表 7.1 所示。

表 7.1 中找矿信息量较大的标志状态为有利找矿的标志状态。该区各标志状态所提供找矿信息量较大者依次为：

① 磁异常对数标准差 $S_{\ln(x/10)}$ > 1　　信息量为 0.270

② 磁异常对数和 $\sum\ln$（$x/10$）>100　　信息量为 0.223

③ 含石榴子石、透辉石片麻岩混合岩类岩性组合　　信息量为 0.193

④ 基性残留体　　信息量为 0.164

⑤ 北西向片理平均倾角>70°　　信息量为 0.161

⑥ 成矿后断裂　　信息量为 0.137 ~0.146

表 7.1　各标志状态信息计算

标志（A）	标志状态（j）	信息量计算			$I_{A_j\to B}=\lg\left(\frac{N_j/N}{S_j/S}\right)$
		（N=70）N_j	（S=161）S_j	$\frac{N_j/N}{S_j/S}$	
Ⅰ岩性	1　黑云混合岩片麻岩类	64	128	1.15	0.061
	2　含紫苏辉石的 1 类	21	43	1.12	0.049
	3　含石榴子石的 1，2 类	36	53	1.56	0.193
Ⅱ残留体	1　基性残留体	14	22	1.46	0.164
	2　麻粒岩残留体	51	86	1.36	0.134
Ⅲ北西向片理平均倾角	1　≤50°	10	32	0.72	0.143
	2　50° ~60°	19	56	0.78	0.108
	3　60° ~70°	29	54	1.23	0.090
	4　>70°	12	19	1.45	0.161
Ⅳ断裂	1　北东向	61	102	1.38	0.140
	2　东西向	50	94	1.22	0.086
	3　北西向	22	37	1.37	0.137
	4　南北向	34	56	1.40	0.146
Ⅴ磁异常对数和	1　≤10	3	27	0.25	-0.602
	2　10 ~30	11	39	0.65	-0.187
	3　30 ~50	10	21	1.09	0.037
	4　50 ~100	22	41	1.23	0.090
	5　>100	24	33	1.67	0.223
Ⅵ磁异常均方差	1　≤0.5	1	35	0.07	-1.181
	2　0.5 ~1	22	68	0.74	-0.129
	3　>1	47	58	1.86	0.270

从地质意义上分析：本区矿化以磁铁矿为主，整个含矿层虽较稳定，反映为大面积的磁异常，但含矿层内部矿体多呈大小不等的透镜体，因而磁异常值高且变化大（方差较大）指示找矿有利。矿体和富铝层关系密切，野外观察也表明矿层上下层位岩性常为含石

榴子石、夕线石的富铝层。东矿带为一轴面倾向北西的复式向斜。一般情况下，靠近轴部时片理倾角应缓且矿体加厚。但本区主期褶皱具反扇形劈理，所以倾角越陡反映该部位矿化较好。同时，这也指示在野外填图中要区分片理的成因及其与层理的关系。至于断裂发育与矿的关系，尚有待进一步研究，可能由于磁铁石英岩本身是刚性体，透镜化过程中易产生且容易显示断裂，故断裂本身与矿化并无成因联系，而是反映了磁铁石英岩的分布。

3. 求各单元的信息量总和。此值大小可直接反映各单元相对找矿远景大小

计算是对单元内有利及不利标志都进行的，所以总和较能客观地反映该单元地质条件和标志对找矿的有利程度。迁安东矿带 116 个单元找矿信息量计算结果表从略。

各单元信息量总和计算公式：

$$(\sum I)_i = \sum_{K=1}^{P} (I_{A_j \to B})_{K_i}$$

式中，$(\sum I)_i$ 是第 i 单元信息量总和，$i = 1, 2, \cdots, n$；$I_{A_j \to B}$ 是第 i 单元 A 标志 j 状态提供的找矿信息量；K 是第 i 单元中所出现标志状态数，$K = 1, 2, \cdots, P$。

4. 确定预测单元的找矿信息量临界值，进一步提出找矿远景区

确定预测单元的找矿信息量临界值，凡是大于此值的单元为含矿远景单元，其中尚未找到矿者为预测单元。本例临界值≥1 的单元共 26 个，除 15 个已知有矿及 3 个已知无矿单元外，预测有利找矿单元 8 个，从单元所在的空间位置看，它们均位于已知有矿单元的邻近。

7.3　证据权法

证据权法（weights of evidence）是一种数据驱动的定量评价方法，20 世纪 80 年代末，加拿大地质调查所 Frits Agterberg（弗里茨·阿格特伯格）和 Graeme Bonham-Carter（格雷姆·博纳姆-卡特）将该方法引入到 GIS 支持下的矿产资源潜力评价中。

其基本过程是：将每一种地学信息视为成矿预测的一个证据因子；通过分析，计算出每一个证据因子对成矿贡献的权重值；最终对各证据因子加权求和，得出成矿有利度值，从而对矿产远景区进行定位预测。

假设研究区被划分成面积相等的 T 个单元，其中有 D 个单元为有矿单元（若单元足够小，使单元内最多只有一个矿），则随机选取一个单元有矿的先验概率（prior probability）是

$$P(D) = D/T$$

则先验概率：

$$O(D) = \frac{P(D)}{1 - P(D)} = \frac{D}{T - D}$$

对于任意一个二值证据因子图层，设 B 为证据存在的单元数；B_- 为证据不存在的单元数，D 为有矿的单元数，D_- 为无矿的单元数，其权重定义为

$$W_{+} = \ln \frac{P(B \mid D)}{P(B \mid D_{-})}$$

$$W_{-} = \ln \frac{P(B_{-} \mid D)}{P(B_{-} \mid D_{-})}$$

W_{+}、W_{-} 分别为证据因子存在单元和证据因子不存在单元的权重值（即成矿关联度），对于原始数据缺失区域权重值为 0。

定义关联度显著性指标 C 为

$$C = W_{+} - W_{-}$$

对于 n 个证据因子，若它们都关于矿点条件独立，则研究区内任一 k 单元为有矿的后验概率为

$$\ln\left(\frac{O}{D(B_1^k B_2^k \cdots B_n^k)}\right) = \sum_{j=1}^{n} W_j^k + \ln O(D)$$

$$W_j^k \begin{cases} W_{+} & \text{证据因子存在} \\ W_{-} & \text{证据因子不存在} \\ 0 & \text{数据缺失} \end{cases}$$

由此可得出研究区内任一 k 单元为有矿单元的后验概率为

$$P = O/(1 + O)$$

最后根据后验概率圈出找矿远景区。

为了更好地理解证据权法，我们用以下简单算例进行说明。

（1）证据图层—权重计算示例如图 7.2 所示。

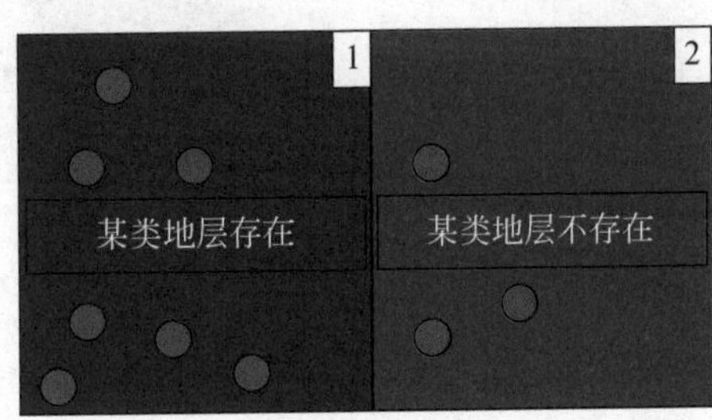

类别	面积	矿点数	矿点/面积	权重
1	50	7	0.7/0.5=1.4	1n(0.5)= +0.33
2	50	3	0.3/0.5=0.5	1n(0.6)= −0.51
总计	100	10		

图 7.2　证据图层—权重计算

（2）证据图层二权重计算示例如图 7.3 所示。

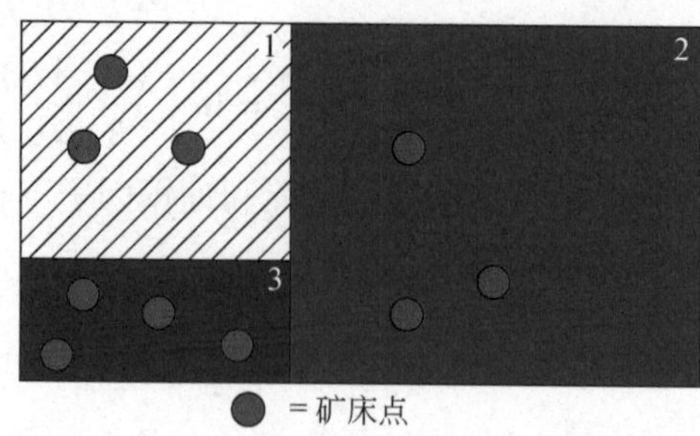

类别	面积	矿点数	矿点/面积	权重
1	缺失数据(25)	3	–	0.0
2	60	3	0.3/0.60=0.5	1n(0.5)= –0.69
3	15	4	0.4/0.15=2.7	1n(2.7)= +0.98
总计	75	10		

图 7.3　证据图层二权重计算

（3）证据加权求和示例如图 7.4 所示。因此就有后验概率的大小排序为：C>A>B>D。

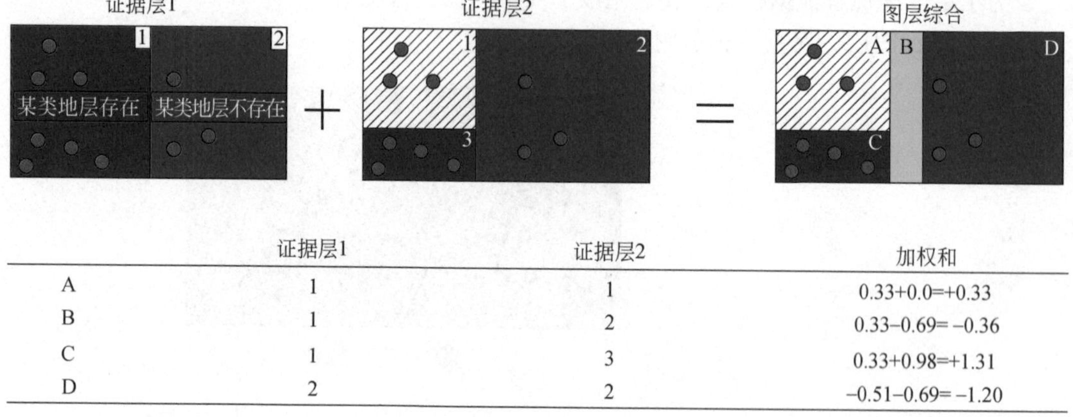

	证据层1	证据层2	加权和
A	1	1	0.33+0.0=+0.33
B	1	2	0.33–0.69= –0.36
C	1	3	0.33+0.98=+1.31
D	2	2	–0.51–0.69= –1.20

图 7.4　证据图层加权计算

7.4　层次分析法

7.4.1　层次分析法原理

层次分析法（analytic hierarchy process，AHP）是将与决策有关的元素分解成目标、因素、方案等层次，在此基础之上进行定性和定量分析的决策方法。该方法是美国运筹学家匹兹堡大学教授萨蒂（T. L. Saaty）于 20 世纪 70 年代初，在为美国国防部研究“根据各个工业部门对国家福利的贡献大小而进行电力分配”课题时，应用网络系统理论和多目标综合评价方法，提出的一种层次权重决策分析方法。应用这种方法，决策者通过将复杂问题分解为若干层次和若干因素，在各因素之间进行简单的比较和计算，就可以得出不同方案的权重，为最佳方案的选择提供依据。

层次分析法的特点是在对复杂的决策问题的本质、影响因素及其内在关系等进行深入分析的基础上，利用较少的定量信息使决策的思维过程数学化，从而为多目标、多准则或无结构特性的复杂决策问题提供简便的决策方法。尤其适合于对决策结果难以直接准确计量的场合。

层次分析法的核心思想可归纳为“先分解后综合”，应用层次分析法进行决策包括如下基本步骤：① 建立层次结构；② 建立方案因素决策表；③ 标量化形成判断矩阵；④ 判断矩阵的一致性校验；⑤ 判断矩阵权重求解；⑥ 综合权重计算和排序。

下面按决策步骤来介绍层次分析法解决复杂决策问题的理论以及应用层次分析法进行决策的过程。

1. 建立层次结构

应用层次分析法进行综合评判决策时，首先建立决策问题的层次结构。层次结构是应用层次分析法把复杂问题分解简化的关键，必须建立在对决策问题深刻分析和对决策目标以及决策主体意图的充分理解之上。层次结构的建立过程是首先确定决策目标，其次罗列出与该目标相关的各种因素，然后分析这些因素间的逻辑关系，最后绘制决策的层次结构图，最简单的层次结构如图 7.5 所示。

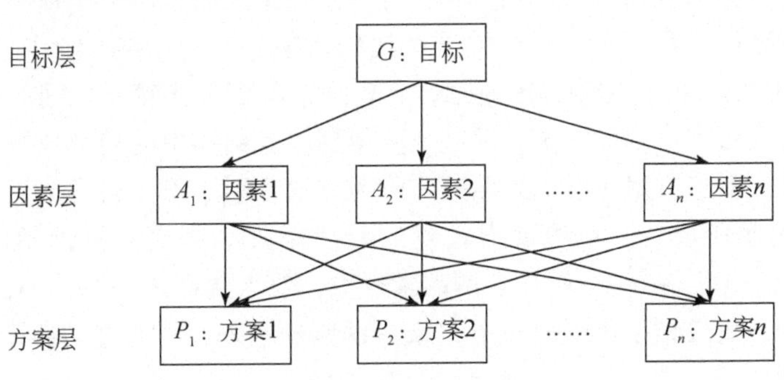

图 7.5　最简单的层次结构

以上层次结构分为目标层、因素层和方案层三部分，其中因素层根据问题的复杂程度又可由多层构成。层次分析法的最终目标 G 是考虑所有相关因素，对各方案综合评判比较并选择最优方案。各方案对于总目标 G 的优越性评分，称为方案的综合权重。求综合权重前，必须求解层次结构中的局部权重。局部权重分为两类，一类是同层的因素对于上一层因素的相对重要性，称为因素权重，例如图 7.5 中因素 A_1，A_2，…，A_n 相对的重要性；另一类是各方案就某一因素而言的相对优越性，称为方案权重，例如图 7.5 中方案 P_1，P_2，…

P_n 为因素的相对优越性。权重反映了多个比较量间的相对重要性关系，采用归一化的向量来表示。权重的大小反映了该比较量相对其他比较量重要性的高低。假设有两个量参与比较，二者若具有同等重要性，则可用向量（5，5）来表示其权重，若前者较后者重要性较弱，则前者权重值比后者权重值小，例如权重向量为（4，5）。整个层次分析法计算过程都是围绕层次结构图展开的，首先需要获得方案关于层次结构中最底层因素的权重，其次再求得因素间的权重，然后逐层向上计算各方案关于上一层因素的权重，直至得到各方案的综合权重。在计算权重之前需要首先获得各方案关于最底层因素的数据，即方案因素决策表。

2. 建立方案因素决策表

在图 7.5 的层次结构中，各方案与最底层因素间的连线可构成一个二维表，称为方案因素决策表，简称决策表。该表中数据称为因素数据，记录待选方案关于各决策因素的信息。决策表是综合评判决策中的基础数据，既用于层次分析法，也用于其他综合评判方法。因素数据可以分为定量数据和定性数据两类。定量数据是通过采集、统计或计算得到的量化数据。定性数据指难以量化只能采用自然语言定性表述的特性。

3. 标量化形成判断矩阵

建立决策表后，需要根据决策表中数据求得各方案关于最底层因素的方案权重，既可采用绝对评价方法对所有方案同时进行评价打分，也可采用相对评价方法对方案进行两两比较。绝对评价可采用专家直接打分的方法，但专家打分在需要同时比较多个量时，往往难以考虑比较量间的差异，不易得到准确的判断。长期的心理学研究表明，决策者对事物两两比较的判断要比对多个事物同时比较的判断容易和准确得多。因此，层次分析法在确定权重时一般都采用两两比较的方式。若有 n 个比较量，则让每一个量与其他量分别进行共 $n-1$ 次两两比较，第 i 个量与第 j 个量的比较结果记为 a_{ij}，再加上与自身的比较结果，可形成一个 $n \times n$ 的方阵，称为判断矩阵。该矩阵中蕴含了比较量之间的权重关系，通过一些权重求解算法可求出权重向量。因此，要得到层次结构中的局部权重，就必须首先逐层建立判断矩阵，对应方案权重的判断矩阵称为方案判断矩阵，它是关于某个因素对各方案进行两两比较而形成的。对应因素权重的判断矩阵称为因素判断矩阵。例如要得到图 7.5 中因素 A_1，A_2，…，A_m 相对 G 的因素权重，就需要将 A_1，A_2，…，A_m 对 G 的重要性进行两两比较，比较结果可形成一个 $m \times m$ 的判断矩阵，再通过某种算法求得这个因素相对于 G 的权重。

形成判断矩阵的过程也是数据标量化（或测度）的过程。标量化是指通过一定的标度体系，将各种原始数据转换为可直接比较的规范化格式的过程。在决策表中的数据还无法直接比较，表中的定性描述必须通过标量化手段转换为规范化的定量数据。表中的定量数据虽已量化，但其量纲和数量级还不统一，仍须规范化后才能比较。定量数据既可采用直接相比的办法进行处理，也可让专家进行两两比较得到定性评价后按定性数据处理。定性数据可用点值打分来表示。决策者在用层次分析法对各种因素进行测度过程中，提出了一系列标度。根据所得判断矩阵的性质差异，可归纳为两大类互反性标度和互补性标度。互反性标度判断矩阵中关于对角线对称元素之积为 1。互补性标度判断矩阵中关于对角线对称元素之和为1、2或0。虽然这两类标度的性质不同，但二者之间可相互转换。

在传统的层次分析法中，1～9标度是最常用的标量化方法，决策者通常都会选择互反性1～9标度判断矩阵作为标量化方法。互反性1～9标度如表7.2所示。

表7.2　互反性标度准则

等级	语言描述程度	1～9标度
1	同等	$a_{ij}=1$
2	稍微	$a_{ij}=3$
3	明显	$a_{ij}=5$
4	强烈	$a_{ij}=7$
5	极端	$a_{ij}=9$

注：a_{ij} 取值也可取上述各值的中值2、4、6、8及其倒数。此外，若因数 i 与因数 j 比较得 a_{ij}，则 j 与 i 比较得 $a_{ji}=1/a_{ij}$。

下面举例说明使用表7.2完成标量化的过程，假设有2个待选方案，分别为方案1、方案2。专家认为方案1相对方案2的优势程度为“明显”。通过查阅1～9标度表，可将专家的语言描述标量化，结果为5；相反，方案1对方案2的比较结果则是5的倒数1/5，这种倒数关系称为标度的互反性。对这2个方案两两比较建立的判断矩阵如表7.3所示。

表7.3　两两比较判断矩阵

	方案1	方案2
方案1	1	1/5
方案2	5	1

在表7.3矩阵中，对角线元素 a_{ij} 代表方案 i 与自身的比较，其结果显然为“同等”，即 $a_{ij}=1$；同时，关于对角线对称元素互为倒数，满足互反性，即 $a_{ij}=1/a_{ji}$。

4. 判断矩阵的一致性校验

在专家两两比较判断的过程中，若比较量超过两个，就可能出现不一致的判断。例如有3个方案参与比较，专家认为方案3明显优于方案1，方案2稍微优于方案1，按这种推理方案3应该优于方案2，而专家在实际比较方案3与方案2时，也可能做出二者同等的判断。这种不一致的情况在参与比较的量较多时更容易出现，有时甚至得到完全矛盾的判断。由于被比较对象的复杂性和决策者主观判断的模糊性，出现不一致的情况也是正常的。因此，需要进行一致性检验，以排除这种矛盾。

对点值构成1～9标度互反性判断矩阵，Satty给出了完全一致的定义：

设 $\boldsymbol{A}=(a_{ij})_{n\times m}$，若满足

$$a_{ik}\times a_{kj}=a_{ij}\qquad i,j,k=1,2\cdots,n$$

则称判断矩阵是完全一致的。

以上定义反映了一致性比较判断的传递性。当在实际中出现判断矩阵不满足完全一致

的情况时，进行一致性检验可通过计算随机一致性比率 CR 来决定，CR = CI/RI，其中 CI =(T_{max} − n)/(n − 1) 称为一致性指标，RI 称为平均随机一致性指标。T_{max} 为特征方程 ($AW = TW$) 的最大特征根。n 为比较判断方阵 $\boldsymbol{A}$ 的阶数（也是该层次所含的因素个数）。RI 取值规则如表 7.4 所示。

表 7.4　RI 取值规则

N	1	2	3	4	5	6	7	8	9
RI	0	0	0.58	0.90	1.12	1.24	1.32	1.41	1.45

若 CR<0.1，则认为有满意的一致性，否则需要调整 $\boldsymbol{A}$ 的元素取值。1 阶和 2 阶判断矩阵具有完全一致性，RI 值为 0，不需计算。

众所周知，求矩阵的特征值与特征向量在较大时是比较麻烦的，需要求解高次代数方程及高阶线性方程组。工程上往往采用近似算法——和积法，具体步骤如下所示。

（1）将判断矩阵 $\boldsymbol{A}$ 的每一列标准化，即令

$$b_{ij} = \frac{a_{ij}}{\sum_{i=1}^{n} a_{ij}} \qquad j = 1,2,\cdots,n$$

（2）将 $\boldsymbol{A}$ 中元素按行相加得到向量 $\boldsymbol{Y}$，其分量

$$Y_i = \sum_{j=1}^{n} b_{ij} \qquad i = 1,2,\cdots,n$$

（3）将 $\boldsymbol{Y}$ 标准化，得到$\boldsymbol{W}_i$，即

$$\boldsymbol{W}_i = \frac{\boldsymbol{Y}_i}{\sum_{j=1}^{n} \boldsymbol{Y}_j} \qquad i = 1,2,\cdots,n$$

$\boldsymbol{W}$ 即为 $\boldsymbol{A}$ 近似特征向量。

（4）求最大特征值近似值：

$$\boldsymbol{T}_{max} = \frac{1}{n}\sum_{j=1}^{n} \frac{\boldsymbol{AW}_i}{\boldsymbol{W}_i} \qquad i = 1,2,\cdots,n$$

5. 判断矩阵权重求解

判断矩阵一致性校验合格后，层次分析法的下一步是求解判断矩阵的权重。常用的方法如下：

（1）分别对判断矩阵的每行元素求和作 $W_i^{k+1} = \sum_{j=1}^{m} W_{ij}^k W_j^k$ 分量，得到一个向量。对这个向量进行归一化，即对各行和求总和去除每个行的和。这样得到的权重向量各分量之和为 1。

（2）分别对各列求和作为分量得到一个向量。将此向量每个分量均取倒数即得到一个新的向量，对这个新的向量进行规一化，即以它的各分量的总和去除每个分量得到一个规一化权重向量。

（3）用每列元素的和分别去除该列各元素（即对每列进行规一化），然后对所得各行

元素分别求和并除以该行元素个数，得到一个权重向量。这种方法对规一化后的各列进行了平均。

在这三种方法中，第一种最为粗略，第三种最好，第二种居中。由比较判断出发通过计算，决策者可以建立递阶层次结构中某一层元素对相邻上一层某一元素的排序。

6. 综合权重计算和排序

得到关于层次结构中最底层因素的方案权重和各层的因素权重后，采用以下公式计算方案对上一层因素的权重：

$$W_i^{k+1} = \sum_{j=1}^{m} W_{ij}^k W_j^k \qquad i = 1,2,\cdots,m \tag{7.4}$$

式中，m 表示方案个数；W_i^{k+1} 代表方案 i 对 $k+1$ 层某因素 A_{k+1} 的方案权重；m 表示因素 A_{k+1} 的子因素个数；W_j 表示 $A_{((k)k+1)}$ 在 k 层的子因素 j 的因素权重；W_{ij} 表示方案 i 关于子因素 j 的方案权重。按照式（7.4）从最底层开始逐层（k）向上计算，最终可求得各方案关于总目标 G 的综合权重。综合权重的分量大小就表示了与之相对应的方案间的优势强弱，从而通过综合权重分量的排序得到方案的排序。层次分析法流程图如图 7.6 所示。

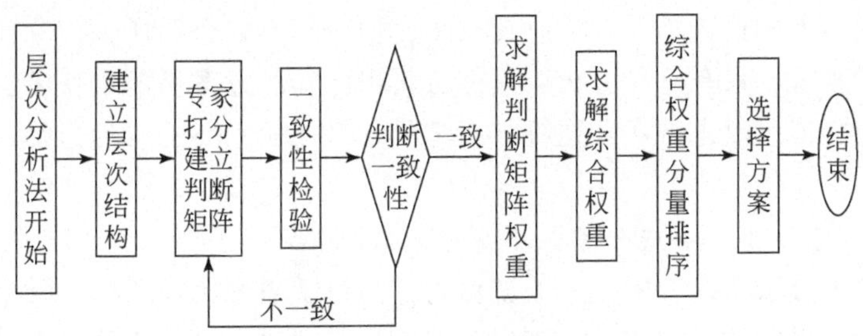

图 7.6　层次分析法流程图

7.4.2　层次分析法的优缺点及应用中的注意事项

1. 层次分析法的优势

1）系统性的分析方法

层次分析法把研究对象作为一个系统，按照分解、比较判断、综合的思维方式进行决策，成为继机理分析、统计分析之后发展起来的系统分析的重要工具。系统的思想在于不割断各个因素对结果的影响，而层次分析法中每一层的权重设置最后都会直接或间接影响到结果，而且每个层次中的每个因素对结果的影响程度都是量化的，非常清晰、明确。这种方法尤其可用于对无结构特性的系统评价以及多目标、多准则、多时期等的系统评价。

2）简洁实用的决策方法

这种方法既不单纯追求高深数学，又不片面地注重行为、逻辑、推理，而是把定性方法与定量方法有机地结合起来，使复杂的系统分解，能将人们的思维过程数学化、系统化，便于人们接受，且能把多目标、多准则又难以全部量化处理的决策问题化为多层次单目标问题，通过两两比较确定同一层次元素相对上一层次元素的数量关系后，最后进行简单的数学运算。即使是具有中等文化程度的人也可了解层次分析的基本原理和掌握它的基本步骤，计算也简便，并且所得结果简单明确，容易让决策者了解和掌握。

3）所需定量数据信息较少

层次分析法主要是从评价者对评价问题的本质、要素的理解出发，比一般的定量方法更讲求定性的分析和判断。由于层次分析法是一种模拟人们决策过程的思维方式的一种方法，层次分析法把判断各要素的相对重要性的步骤留给了大脑，只保留人脑对要素的印象，化为简单的权重进行计算。这种思想能处理许多用传统的最优化技术无法着手的实际问题。

2. 层次分析法的劣势

1）不能为决策提供新方案

层次分析法的作用是从备选方案中选择较优者。这个作用正好说明了层次分析法只能从原有方案中进行选取，而不能为决策者提供解决问题的新方案。这样，我们在应用层次分析法的时候，可能就会有这样一个情况，就是我们自身的创造能力不够，造成了尽管我们在想出来的众多方案里选了一个最好的出来，但仍然不如企业所做出来的效果好。而对于大部分决策者来说，只有一种分析工具能分析出已知的方案里的最优者，并指出已知方案的不足，甚至再提出改进方案，这种分析工具才是比较完美的。但显然，层次分析法还没能做到这点。

2）定量数据较少，定性成分多，不易令人信服

在如今对科学方法的评价中，一般都认为一门科学需要比较严格的数学论证和完善的定量方法。但现实世界的问题和人脑考虑问题的过程很多时候并不能简单地用数字来说明一切。层次分析法是一种带有模拟人脑的决策方式的方法，因此必然带有较多的定性色彩。这样，当一个人应用层次分析法来做决策时，其他人就会说：为什么会是这样？能不能用数学方法来解释？如果不可以的话，你凭什么认为你的这个结果是对的？你说你在这个问题上认识比较深，但我也认为我的认识也比较深，可我和你的意见是不一致的，以我的观点做出来的结果也和你的不一致，这个时候该如何解决？

比如说，对于一件衣服，我认为评价的指标是舒适度、耐用度，这样的指标对于女士们来说，估计是比较难接受的，因为女士们对衣服的评价一般是美观度是最主要的，对耐用度的要求比较低，甚至可以忽略不计，因为一件便宜又好看的衣服，就穿一次也值了，根本不用考虑它是否耐穿。这样，一个我原本分析的“购买衣服时的选择方法”的题目，充其量也就只是“男士购买衣服的选择方法”了。也就是说，定性成分较多的时候，可能这个研究最后能解决的问题就比较少了。

对于上述这样一个问题，其实也是有办法解决的。如果说我的评价指标太少了，那把美观度加进去，就能解决比较多的问题了。指标还不够？我再加嘛！还不够？再加！还不够?！不会吧？你分析一个问题的时候考虑那么多指标，不觉得辛苦吗？大家都知道，对于一个问题，指标太多了，反而会更难确定方案了。这就引出了层次分析法的第三个不足之处。

3）指标过多时数据统计量大，且权重难以确定

当我们希望能解决较普遍的问题时，指标的选取数量很可能也就随之增加。这就像系统结构理论里，我们要分析一般系统的结构，要搞清楚关系环，就要分析到基层次，而要分析到基层次上的相互关系时，我们要确定的关系就非常多了。指标的增加就意味着我们要构造层次更深、数量更多、规模更庞大的判断矩阵。那么我们就需要对许多的指标进行两两比较的工作。由于一般情况下我们对层次分析法的两两比较是用 1 至 9 来说明其相对重要性，如果有越来越多的指标，我们对每两个指标之间的重要程度的判断可能会出现困难，甚至会对层次单排序和总排序的一致性产生影响，使一致性检验不能通过；也就是说，由于客观事物的复杂性或对事物认识的片面性，通过所构造的判断矩阵求出的特征向量（权值）不一定是合理的。不能通过，就需要调整，在指标数量多的时候这是个很痛苦的过程。一旦对指标的重要性有所认识，形成了思维定式，就会比较难调整对重要性的排序。这可能导致我们无法准确认识到目前重要性排序的问题，使我们花了很多时间仍然无法通过一致性检验。

3. 应用中的注意事项

所选的要素不合理，其含义混淆不清，或要素间的关系不正确，都会降低 AHP 的结果质量，甚至导致 AHP 决策失败。

为保证递阶层次结构的合理性，需把握以下原则：

（1）分解简化问题时把握主要因素，不漏不多；

（2）注意相比较元素之间的强度关系，相差太大的要素不能在同一层次比较。

7.4.3　应用实例

本节阐述层次分析法在深基坑支护方案优选中的应用（李相国，2011）。

在深基坑支护工程中，根据该工程的工程地质与水文地质条件、周围环境特点和基坑本身的一些特性指标，在对该地区常用的可能支护方案进行初步筛选后，取土钉墙支护、桩锚支护和地下连续墙支护等三种支护方案作为该基坑支护的备选方案。

1. 建立评价层次结构模型

（1）确定总目标。以“选择最佳支护方案”为目标层。

（2）根据对该深基坑工程支护方案的细分，确定三种方案作为实施方案层，具体方案如下：土钉墙支护；桩锚支护；地下连续墙支护。

（3）建立准则层。建立评价指标体系时，不是从具体的影响因素出发，而是以评价标准为出发点，先建立一级评价标准，再把一级评价标准进行细分，建立相应的二级评价标准，其指标输入值是专家综合打分的结果。

在层次分析法中，首先根据评价目标最佳深基坑支护方案建立一级评价指标——工程进度、工程造价、安全与质量和施工因素，在各一级评价指标的基础上建立相应的二级指标。指标体系如图 7.7 所示。

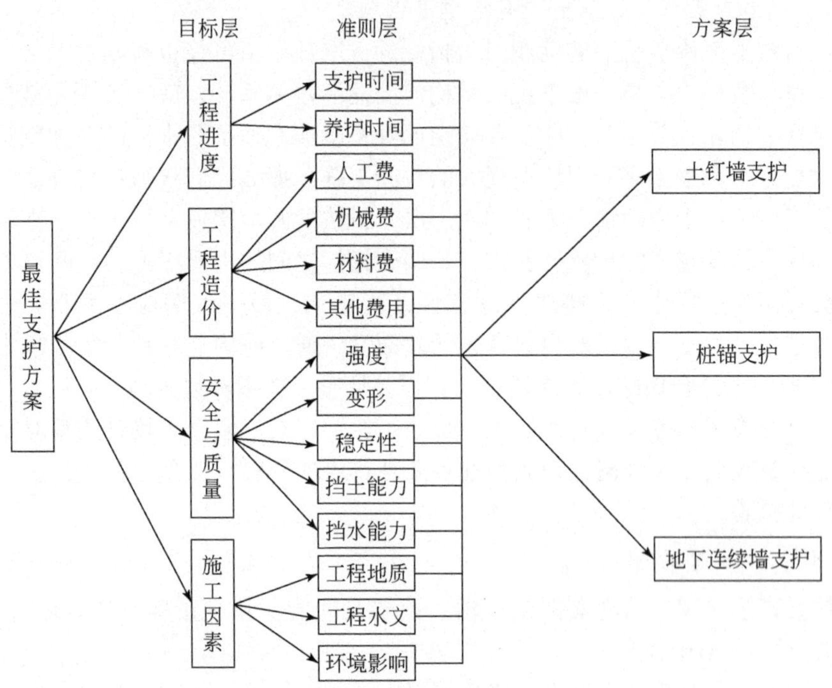

图 7.7　深基坑支护评价指标体系

2. 确定指标权重向量

在最终确定指标构成以后，就要确定各指标的权重。在这里采用了改进的权重确定方法。首先由专家们对指标进行层次单排序，得到排序值，然后，结合排序结果进行指标间的两两比较，并用指数指标赋值。经过对赋值的整理和计算就得到指标相对权重。要说明的是，以上做法仅针对定性指标。定量指标不设定相对权重，分目标层除外。专家调查结果汇总如下。

1）层次单排序结果

层次单排序结果见表 7.5 ~ 表 7.8。

表 7.5　子目标重要性排序

专家编号	排序及排序向量 β
1	安全与质量（0.5）>工程造价（0.25）>施工因素（0.15）>工程进度（0.1）
2	施工因素（0.9）>安全与质量（0.8）>工程造价（0.23）>工程进度（0.15）
3	安全与质量（0.84）>工程造价（0.77）>施工因素（0.5）>工程进度（0.11）
4	工程造价（0.5）>安全与质量（0.45）>施工因素（0.32）>工程进度（0.115）
5	安全与质量（0.8）>工程造价（0.65）>施工因素（0.4）= 工程进度（0.15）
6	安全与质量（0.9）>工程造价（0.42）>施工因素（0.25）>工程进度（0.1）

表 7.6　安全与质量子目标重要性排序

专家编号	排序及排序向量 β
1	稳定性（0.95）>挡土能力（0.75）>挡水能力（0.65）>变形（0.4）>强度（0.18）
2	挡土能力（0.99）>稳定性（0.95）>挡水能力（0.85）>强度（0.25）>变形（0.1）
3	变形（0.9）>稳定性（0.5）>挡土能力（0.45）= 挡水能力（0.45）>强度（0.2）
4	稳定性（0.6）>挡土能力（0.5）>变形（0.4）= 强度（0.1）>挡水能力（0.12）
5	稳定性（0.7）>挡土能力（0.3）= 挡水能力（0.3）>变形（0.115）>强度（0.11）
6	挡土能力（0.9）>稳定性（0.6）>挡水能力（0.3）>变形（0.15）>强度（0.115）

表 7.7　施工因素子目标重要性排序

专家编号	排序及排序向量 β
1	对周围环境影响（0.5）>工程地质条件（0.15）>工程水文条件（0.115）
2	对周围环境影响（0.75）>工程水文条件（0.35）>工程地质条件（0.19）
3	对周围环境影响（0.9）>工程地质条件（0.25）>工程水文条件（0.1）
4	工程地质条件（0.5）= 对周围环境影响（0.5）>工程水文条件（0.1）
5	对周围环境影响（0.5）>工程地质条件（0.15）= 工程水文条件（0.15）
6	对周围环境影响（0.95）>工程地质条件（0.5）>工程水文条件（0.15）

表 7.8　子目标层权重赋值

专家编号	第一指标	权重 T_i^k	第二指标	权重 T_i^k	第三指标	权重 T_i^k	第四指标	权重 T_i^k
1	安全与质量	a^6	工程造价	a^4	施工因素	a^2	工程进度	a^0
2	施工因素	a^8	安全与质量	a^6	工程造价	a^4	工程进度	a^0
3	安全与质量	a^6	工程造价	a^6	施工因素	a^4	工程进度	a^0
4	工程造价	a^6	安全与质量	a^4	施工因素	a^2	工程进度	a^0
5	安全与质量	a^8	工程造价	a^6	施工因素	a^4	工程进度	a^0
6	安全与质量	a^8	施工因素	a^4	工程造价	a^2	工程进度	a^0

2）两两对比赋值

将每一个指标对应的值 $a^0=1$，$a^2=1.7321$，$a^4=3$，$a^6=5.1966$，$a^8=9$ 代入，对权重向量作归一化处理，就得到每一位专家指标权重判断值，然后将专家的判断结果再一次归一化就得到最终的结果（表 7.9）。

如第一位专家的赋值（上标表示专家编号）：

$$\text{工程进度}:\alpha_1^l=\frac{T_1^l}{\sum_{i=1}^{4}T_i^l}=\frac{a^0}{a^6+a^4+a^2+a^0}=\frac{1}{5.1966+3+1.7321+1}=0.0915$$

$$\text{工程造价}: \alpha_2^l = \frac{T_2^l}{\sum_{i=1}^{4} T_i^l} = \frac{a^4}{a^6 + a^4 + a^2 + a^0} = \frac{3}{5.1966 + 3 + 1.7321 + 1} = 0.2745$$

$$\text{安全与质量}: \alpha_3^l = \frac{T_3^l}{\sum_{i=1}^{4} T_i^l} = \frac{a^6}{a^6 + a^4 + a^2 + a^0} = \frac{5.1966}{5.1966 + 3 + 1.7321 + 1} = 0.4755$$

$$\text{施工因素}: \alpha_4^l = \frac{T_4^l}{\sum_{i=1}^{4} T_i^l} = \frac{a^2}{a^6 + a^4 + a^2 + a^0} = \frac{1.7321}{5.1966 + 3 + 1.7321 + 1} = 0.1584$$

表 7.9　各专家子目标层权重赋值表

专家	工程进度	工程造价	安全与质量	施工因素
1	0.0915	0.2745	0.4755	0.1584
2	0.0550	0.1649	0.2856	0.4946
3	0.0695	0.3610	0.3610	0.2084
4	0.0915	0.4755	0.2745	0.1585
5	0.0550	0.2856	0.4946	0.1649
6	0.0679	0.1176	0.6109	0.2036

得到每一位专家的意见后，对全部专家的结果再次归一化。例如，工程进度：

$$\alpha_1 = \frac{\sum_{i=1}^{6} \alpha_1^i}{n} = \frac{\sum_{i=1}^{6} \alpha_1^i}{6} = \frac{0.0915 + 0.0550 + 0.0695 + 0.0915 + 0.0550 + 0.0697}{6} = 0.0717$$

最后得到各目标层权重如表 7.10 ~ 表 7.12 所示。

表 7.10　子目标层权重

指标	工程进度	工程造价	安全与质量	施工因素
相对权重	0.0717	0.2799	0.4170	0.2314

表 7.11　安全与质量子目标指标权重赋值

专家编号	第一指标	权重 T_i^k	第二指标	权重 T_i^k	第三指标	权重 T_i^k	第四指标	权重 T_i^k	第五指标	权重 T_i^k
1	稳定性	a^8	挡土能力	a^6	挡水能力	a^4	变形	a^2	强度	a^0
2	挡土能力	a^8	稳定性	a^8	挡水能力	a^6	强度	a^2	变形	a^0
3	变形	a^8	稳定性	a^4	挡土能力	a^2	挡水能力	a^2	强度	a^0

续表

专家编号	第一指标	权重 T_i^k	第二指标	权重 T_i^k	第三指标	权重 T_i^k	第四指标	权重 T_i^k	第五指标	权重 T_i^k
4	稳定性	a^6	挡土能力	a^4	变形	a^2	强度	a^2	挡水能力	a^0
5	稳定性	a^6	挡土能力	a^4	挡水能力	a^4	变形	a^2	强度	a^0
6	挡土能力	a^8	稳定性	a^6	挡水能力	a^4	变形	a^2	强度	a^0

表 7.12　各专家安全与质量子目标指标权重赋值

专家	强度	变形	稳定性	挡土能力	挡水能力
1	0.0502	0.0869	0.4516	0.2608	0.1505
2	0.0668	0.0386	0.3471	0.3471	0.2004
3	0.0607	0.5466	0.1822	0.1052	0.1052
4	0.1368	0.1368	0.4104	0.2370	0.0790
5	0.0718	0.1244	0.3731	0.2154	0.2154
6	0.0502	0.0869	0.4516	0.2608	0.1505

经过归一化和取平均值后得到结果如表 7.13 ~ 表 7.15 所示。

表 7.13　安全与质量子目标指标权重

指标	强度	变形	稳定性	挡土能力	挡水能力
相对权重	0.0728	0.1700	0.3693	0.2377	0.1502

表 7.14　施工因素子目标指标权重赋值

专家编号	第一指标	权重 T_i^k	第二指标	权重 T_i^k	第三指标	权重 T_i^k
1	对周围环境影响	a^4	工程地质条件	a^2	工程水文条件	a^0
2	对周围环境影响	a^6	安全与质量	a^2	工程地质条件	a^0
3	对周围环境影响	a^8	工程地质条件	a^2	工程水文条件	a^0
4	工程地质条件	a^4	对周围环境影响	a^4	工程水文条件	a^0
5	对周围环境影响	a^4	工程地质条件	a^0	工程水文条件	a^0
6	对周围环境影响	a^8	工程地质条件	a^4	工程水文条件	a^2

表 7.15　各专家施工因素子目标指标权重赋值

专家	工程地质条件	工程水文条件	对周围环境影响
1	0.3022	0.1745	0.5234

续表

专家	工程地质条件	工程水文条件	对周围环境影响
2	0.1261	0.2185	0.6554
3	0.1476	0.0852	0.7671
4	0.4286	0.1429	0.4286
5	0.2000	0.2000	0.6000
6	0.2185	0.1261	0.6554

经过归一化和取平均值后得到结果如表 7.16 所示。

表 7.16 施工因素子目标指标权重

指标	工程地质条件	工程水文条件	对周围环境影响
相对权重	0.2372	0.1578	0.6050

3. 方案各指标评价值的确定

指标评价值的确定是在方案详细设计完成以后进行。这个时候各方案的信息已经比较充分，可以进行全面细致的比选。如果说指标权重的确定是针对整个项目，那么隶属度的确定就主要是针对每一个方案。专家要根据指标评价体系对各个方案进行逐项的评价。结合指标体系与各项指标评价值就可以得到每一个方案最终的评价值。

定量指标评价值的确定则采用主客观组合赋值法，定性指标评价值的确定采用专家调查法。方案评价时不管是对定量指标的评价还是对定性指标的评价都要考虑专家的意见。

表 7.17 是专家对备选方案指标评价结果的汇总。

表 7.17 方案评价表

分目标			工程进度	工程造价	安全与质量					施工因素		
序号			1	2	3.1	3.2	3.3	3.4	3.5	4.1	4.2	4.3
指标					强度	变形	稳定性	挡土能力	挡水能力	工程地质	工程水文	周围环境
专家意见	①土钉墙支护	差					3		4			
		较差			3	4			2	1		3
		一般	3		3	2	3			5		3
		良好	3	3				4			4	
		好		3				2			2	
	②桩锚支护	差										
		较差	1				2		5	2		2
		一般	2	4	4	1	2		1	4		4
		良好	4	2	2		2	1			1	
		好				5		5			5	

续表

分目标			工程进度	工程造价	安全与质量					施工因素		
专家意见	③地下连续墙支护	差										
		较差							2			
		一般	4		2	2			4	3	5	
		良好	2	5	4		4	2		3	1	3
		好		1		4	2	4				3

前面已经提到定性指标评价值的确定和定量指标评价值中的主观评价值的确定方法是完全一致的，不同的是定量指标除了要计算主观评价值以外还要计算客观评价值，并将主、客观值组合得到最终的结果。现以安全与质量子目标下的稳定性指标为例计算定性指标的评价值：

根据专家的不同评价得到评价矩阵 $\boldsymbol{U}=\begin{bmatrix}3&0&0\\0&2&0\\3&2&0\\0&2&4\\0&0&2\end{bmatrix}$

评价矩阵
$$\boldsymbol{A}=(1\quad 1.7321\quad 3\quad 5.1966\quad 9)$$
$$\boldsymbol{A}\cdot\boldsymbol{U}=(12\quad 19.8574\quad 38.7864)$$

这表示方案①、②、③的专家评分分别为 12、19.8574、38.7864。

归一化，得方案 1 的评分 $w_{33}=\dfrac{12}{12+19.8574+38.7864}=0.1699$。

依次类推可以确定其他指标值。

1）定量指标评价值的确定

定量指标评价值如表 7.18 ~ 表 7.21 所示。

表 7.18　工程进度子目标客观评价值

指标名称	土钉墙支护	桩锚支护	地下连续墙支护
支护时间/d	40	65	56
养护时间/d	36	32	48
总计/d	76	97	104
初始评价值 y_i	1	0.25	0
归一化后评价值 $w_i^{客}$	0.8	0.2	0

定量指标客观评价值的赋值方法如下：

越小越好指标：$\bar{y}_l=\dfrac{y_{\max}-y_i}{y_{\max}-y_{\min}}$

则方案一（土钉墙支护）：$y_1=\dfrac{104-76}{104-76}=1$

方案二（桩锚支护）: $y_2=\dfrac{104-97}{104-76}=0.25$

方案三（地下连续墙支护）: $y_3=\dfrac{104-104}{104-76}=0$

$$w_i=\varepsilon w_i^{主}+(1-\varepsilon)w_i^{客}$$

表 7.19　工程进度子目标综合评价值

工程进度	主观评价值 $w_1^{主}$	客观评价值 $w_1^{客}$	主观偏好系数 ε	综合评价值 w_1
方案一	0.2915	0.8	0.35	0.6220
方案二	0.3421	0.2	0.35	0.2500
方案三	0.3664	0	0.35	0.1282

表 7.20　工程造价子目标客观评价值

指标名称	土钉墙支护	桩锚支护	地下连续墙支护
人工费/元	256450	310124	200451
机械费/元	341560	456125	421354
材料费/元	1084975	1245820	1584031
其他费用/元	225647	204578	157214
合计/元	1908632	2216647	2363050
初始评价值 y_i	1	0.3222	0
归一化后评价值 $w_i^{客}$	0.7563	0.2437	0

方案一: $y_1=\dfrac{2363050-1908632}{2363050-1908632}=1$

方案二: $y_2=\dfrac{2363050-2216647}{2363050-1908632}=0.3222$

方案三: $y_3=\dfrac{2363050-2363050}{2363050-1908632}=0$

表 7.21　工程造价子目标综合评价值

工程造价	主观评价值 $w_2^{主}$	客观评价值 $w_2^{客}$	主观偏好系数 ε	综合评价值 w_2
方案一	0.1302	0.7563	0.35	0.5372
方案二	0.2236	0.2437	0.35	0.2367
方案三	0.6462	0	0.35	0.2262

2）定性指标评价值的确定

定性指标评价值如表 7.22 和表 7.23 所示。

表 7.22　安全与质量子目标层综合评价值

方案	强度 w_{31}	变形 w_{32}	稳定性 w_{33}	挡土能力 w_{34}	挡水能力 w_{35}	评价值 w_3
方案一	0.2240	0.1256	0.1699	0.2865	0.2158	0.2009

续表

方案	强度 w_{31}	变形 w_{32}	稳定性 w_{33}	挡土能力 w_{34}	挡水能力 w_{35}	评价值 w_3
方案二	0. 3533	0. 4663	0. 2811	0. 3708	0. 3371	0. 3476
方案三	0. 4226	0. 4081	0. 5490	0. 3427	0. 4471	0. 4515

表 7. 23　施工因素子目标层综合评价值

方案	工程地质 w_{41}	工程水文 w_{42}	环境影响 w_{43}	评价值 w_4
方案一	0. 2947	0. 3553	0. 1965	0. 2449
方案二	0. 2723	0. 4598	0. 1240	0. 2038
方案三	0. 4330	0. 1850	0. 5895	0. 5513

4. 方案总评价值的确定

1）计算子目标层的评价值

子目标层的评价值计算公式如下，其中 α_{ij} 为第 i 个子目标层第 j 个准则层的权重值，w_{ij} 为第 i 个子目标层第 j 个准则层的综合评价值。

$$w_i = \alpha_{ij} \cdot w_{ij}$$

以方案一为例：

对安全与质量子目标层的评价值进行计算：

$$w_3 = (\alpha_{31}, \alpha_{32}, \alpha_{33}, \alpha_{34}, \alpha_{35}) \cdot \begin{bmatrix} w_{31} \\ w_{32} \\ w_{33} \\ w_{34} \\ w_{35} \end{bmatrix}$$

$$= (0.0728, 0.17, 0.3693, 0.2377, 0.1502) \cdot \begin{bmatrix} 0.2240 \\ 0.1256 \\ 0.1699 \\ 0.2865 \\ 0.2158 \end{bmatrix}$$

$$= 0.2009$$

以此类推得到结果如表 7. 24 所示。

表 7. 24　各方案子目标层评价值表

方案	工程进度	工程造价	安全与质量	施工因素
方案一	0. 6220	0. 5372	0. 2009	0. 2449
方案二	0. 2500	0. 2367	0. 3476	0. 2038
方案三	0. 1282	0. 2232	0. 4515	0. 5513

2）方案总评价值 w 的确定

方案总评价值的计算公式如下，其中 α_i 为第 i 个子目标层的权重值，w_i 为第 i 个子目标层的综合评价值。

$$w = \alpha_i \cdot w_i$$

以方案一为例：

对土钉墙支护方案的评价值进行计算：

$$w = (\alpha_1, \alpha_2, \alpha_3, \alpha_4) \cdot \begin{bmatrix} w_1 \\ w_2 \\ w_3 \\ w_4 \end{bmatrix} = (0.0717.\ 0.2799.\ 0.4170.\ 0.2314) \cdot \begin{bmatrix} 0.6220 \\ 0.5372 \\ 0.2009 \\ 0.2449 \end{bmatrix} = 0.3354$$

最终得到各方案总的评价值 w 如表 7.25 所示。

表 7.25　方案总评价值表

方案	评价值 w
土钉墙支护	0.3354
桩锚支护	0.2763
地下连续墙支护	0.3883

可见地下连续墙支护评价值较高，该深基坑工程可选用地下连续墙支护形式。

7.5　特征分析法

特征分析（characteristic analysis）又称决策模拟或决策分析，最早由 J. M. 波特波尔等人于 1971 年提出，是作为解释地质、地球物理等区域性多元数据的一种方法而产生。以后，R. B. 麦克卡门、J. M. 波特波尔、R. 辛丁-拉尔森等于 1978 ~ 1981 年先后对此方法做过较详细的研究，作为一种多元统计方法应用于暴露很小或某种程度的隐伏矿的预测，圈定不同类型矿床的勘查靶区。如对挪威中部格朗地区块状硫化物矿床，以及美国内华达州罗威（Rowe）峡谷地区隐伏斑岩铜矿，通过特征分析方法，定量评价远景区寻找新的矿床。自 1981 年以来，在各种比例尺的矿产资源定量预测中，该方法已被我国广大地质工作者普遍采用（赵鹏大等，1983）。

7.5.1　特征分析法基本原理

特征分析法基本原理，总的来说属于“矿床模型法”，其假设前提是相似的地质条件有相似的矿床分布，其实质是成矿地质环境的定量类比法，这种定量类比概括起来主要有两方面的研究内容。

首先，从研究已知矿床或已知有矿单元的主要特征标志（包括地质、地球化学、地球物理、遥感等变量提供的矿化信息）出发，通过考察标志（变量）间的匹配关系，研究变量间的相关性，从而筛选出对成矿有指示意义的重要控矿因素和找矿标志 $x_i(i=1, 2, \cdots, p)$，并按其对找矿作用的大小，对变量赋予不同权 $b_i(i=1, 2, \cdots, p)$，从而建立起某种矿床类型的定量化模型，该模型示于式（7.5）中：

$$y = \sum_{i=1}^{p} b_i x_i \tag{7.5}$$

式中，y 为关联度或称关联指数；x_i 为特征标志（变量），即控矿地质因素和找矿标志；b_i 为各特征标志（变量）的权系数。

所以，该模型的实质是一组特征标志的加权线性组合。建立模型的关键是求解变量（x_i）的权系数（b_i）。

其次，考察评价区未知单元的一组特征标志和矿床模型的该组特征标志的关联程度，即将评价区未知单元的 $x_i(i=1, 2, \cdots, p)$ 值代入式（7.5）得关联度 y 值，y 值的大小表示了未知单元找矿的有利程度。显然，y 值越大，说明评价区未知单元的地质特征越接近已知模型矿床的地质特征，越利于找矿，从而圈定有利找矿远景区。当关联度 y 值与资源量间存在相关关系时，还可将远景区 y 值转换为资源量。

特征分析的基本步骤，概括为框图 7.8。

（1）在全面收集、分析研究资料的基础上，建立不同尺度的地质概念模型。如区域的、矿田的、矿床、矿体的各种控矿地质条件分析及找矿标志的研究，作为类比求异及变量构置的基础。

（2）选择建立矿床模型的控制区。控制区选择条件、方法及应注意问题已在 3.1 中论述，这是只强调特征分析的矿床模型建立，可用少数控制单元先建立模型，将 y 值高得分的单元与控制单元一起建立新的推广（扩充）模型，经过筛选后的“推广模型”用于预测。其具体方法见后面实例。

（3）变量的研究，主要指原始数据的取值及构置预测变量的方法。

根据地质概念模型对各控制单元获取的数据，可以是定性、定量甚至是图表形式的数据。应用特征分析时，必须通过适当的方法将各类数据转换为三态或二态变量值，三态值即+1，0，−1，它们表示：某种地质特征在单元中出现情况对矿化有利取值为+1；不利为−1；性质不明者为 0。二态值即 1、0 条件有利取 1，不利及性质不明者取 0。

转换为三态或二态变量值的方法，视数据类型、性质及研究目的而定，通常采用：

（1）对定性数据一般采用直观判定的方法，如某种斑岩对成矿找矿有利，则在单元中有该斑岩存在取值为+1，单元中缺失该斑岩取值为−1，尚不能确定是否存在时取值为 0。

（2）对离散型或某些连续定量数据，转换为三态变量的方法，可通过其他统计分析方法的计算确定转换区间（或点），如对一批连续变量的数据可作其统计分布特征的研究，选择合适的拐点值或峰值或平均值区间（或点）作为转换区间（或点），高于转换区间的值取+1，低于此区间的值取−1，区间内值取 0；再如，可利用信息分析法、秩相关、判别、回归分析所确定的有利成矿的临界值作为转换点，高于临界值的数据取值为+1，低者赋予−1，临界值附近的值赋值为 0。确定转换区间（点）是很重要的研究内容，常常通过大量的统计工作，按统计规律性所反映的具有明确地质意义的界线方能作为转换区间。

（3）对于在平面上分布的连续性数据，如化探物探等值线图，转换原则是不考虑单元

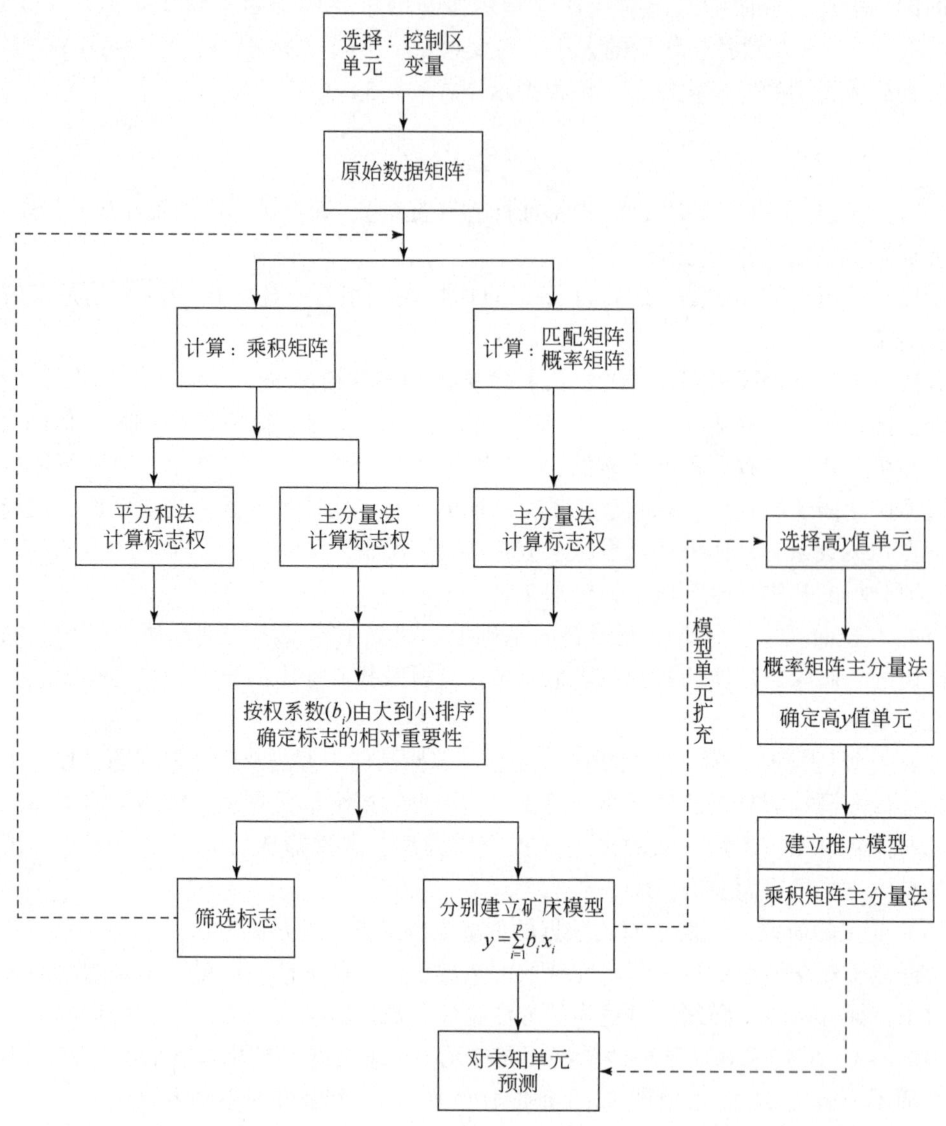

图 7.8　特征分析计算基本步骤框图

内数据的真实观测值，而是比较该单元和周围相邻单元观测值的相对高低来确定单元的赋值。这对于隐伏矿床的预测是非常有用的，因为隐伏矿的物化探异常一般较弱，根据低缓矿致异常的相对高低来定义变量值的大小。

其方法是通过垂直平面等值线方向的剖面，计算剖面切过单元中点数据的二阶方向导数，二阶方向导数为负值的是相对高异常赋值+1；二阶方向导数为正值的为相对低异常取值-1；二阶方向导数为 0 的取值为 0。现举例说明如下：假设已知数据等值线图 7.9（a）。划分网格单元 78 个，过 1 ~ 13 号单元中点作剖面 $A-A'$［图 7.9（b）］，得剖面观测值 y 记于图 7.9（c）内，计算 y 的二价导数 y''，作图 7.9（d），得 1 ~ 13 号单元赋值记于图 7.9

(c) 内。同样方法可得 14 ~ 26 号单元，27 ~ 39 号单元……78 个单元的该变量的取值。

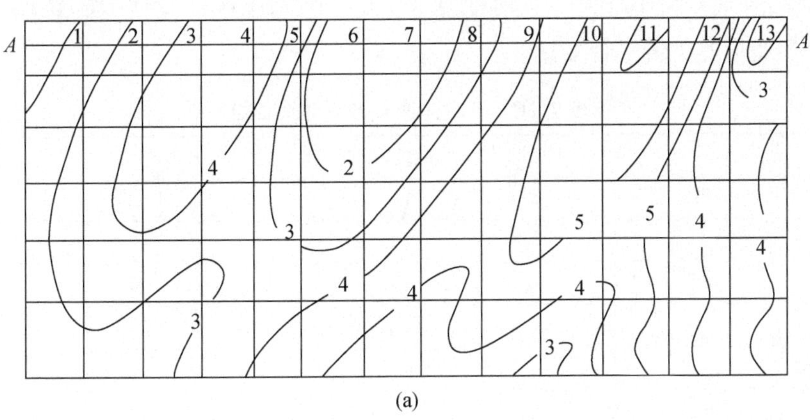

(a)

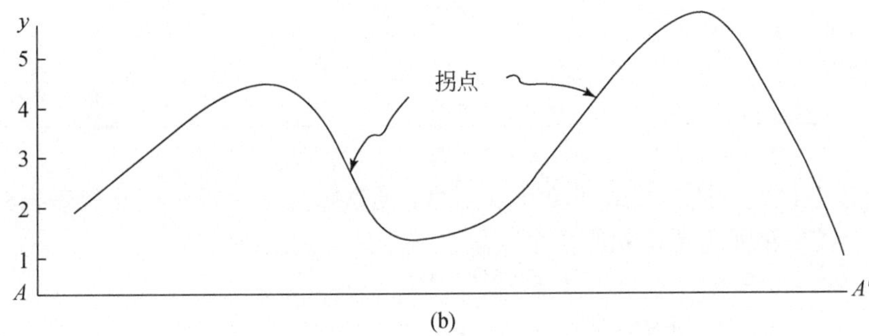

(b)

单元量	1	2	3	4	5	6	7	8	9	10	11	12	13
单元中心取值y	2	3	4	4.5	4	1.5	1.5	2	3.5	5	6	5	1.6
二阶导数y''			−0.5	−1.1	0.6	0.88	0.13	0.63	0.13	−0.75	−1.73	−0.25	1.95
单元取值	−1	−1	1	1	1	−1	−1	−1	−1	1	1	1	−1

(c)

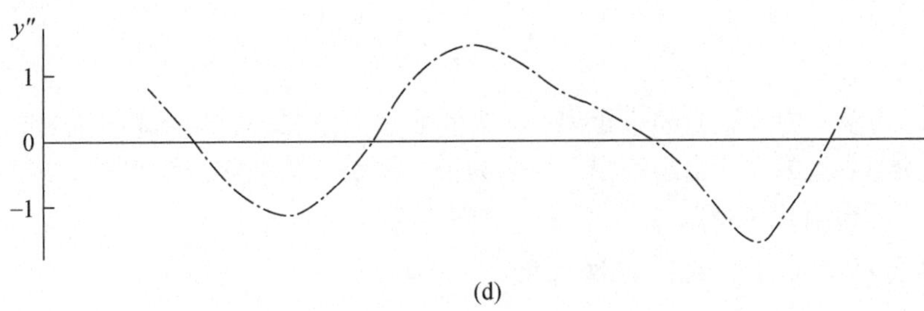

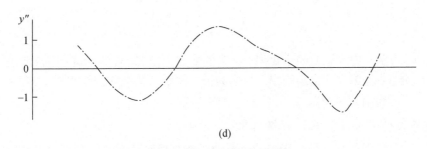

(d)

图 7.9　平面连续型数据二阶方向导数计算方法

拐点二侧邻单元，亦可赋予 0 值

(4) 转换变量的逻辑组合。将原始数据转换为三态（或二态）的变量值后，可以将这些变量直接用于建立矿床模型，也可以将三态变量再构置综合变量参加建立模型，通常是构置三态转换变量的逻辑组合，即“和”、“或”及“非”组合，例如，对于两个三态变量可有表 7.26 的逻辑组合值。一般情况下，矿床模型中既可包括三态转换变量，也可包括三态转换变量的逻辑组合变量。

表 7.26　三态变量 A 和 B 逻辑组合

A	B	A 或 B	A 和 B	非 A
1	1	1	1	−1
1	0	1	0	−1
1	−1	1	−1	−1
0	1	1	0	0
0	0	0	0	0
0	−1	0	−1	0
−1	1	1	−1	1
−1	0	0	−1	1
−1	−1	−1	−1	1

通过上述变量的转换，可得到控制单元的原始数据矩阵。以宁芜北段玢岩铁矿特征分析为例，8 个控制单元每个单元取 8 个变量，得原始数据矩阵 Z 。

变量号

$\mathbf{Z}=$

单元号	x_1	x_2	x_3	x_4	x_5	x_6	x_7	x_8
53	−1	0	0	0	1	0	0	0
26	1	0	1	0	1	1	1	1
24	1	0	1	1	0	1	1	1
16	1	1	1	1	1	1	1	1
27	−1	−1	0	0	1	0	−1	−1
45	1	0	1	0	1	0	0	0
54	1	1	1	1	1	1	1	1
36	1	0	1	1	0	1	1	1

变量：x_1 为单元中心距断喷带距离；x_2 为北北东向断裂；x_3 为岩体与围岩接触带；x_4 为含辉石闪长玢岩；x_5 为大王山组喷出岩；x_6 为钾、钠长石化蚀变逻辑组合“或”；x_7 为透辉石、绿泥石、绿帘石化逻辑组合“和”；x_8 为磁异常。

1. 计算特征标志（变量）的权系数

为了表示各变量在该类型矿床中的重要性，要对变量赋权，各变量权系数的确定是特征分析的一个重要内容，是建立矿床模型的核心。权系数的大小可用来筛选变量，用筛选出的特征标志建立矿床模型。R. B. 麦克卡门博士等所介绍的确定变量的权系数的方法有三种。

1）平方和法（又称矢量长度计算法）

由三态变量表达的原始数据矩阵 $\mathbf{Z}$ 左乘其转置矩阵 $\mathbf{Z}'$ 得乘积矩阵 $\boldsymbol{R}$：

$$R = r_{ij} = Z'Z \tag{7.6}$$

其中，i，$j = 1$，2，…，为变量号。

第 i 个变量的权系数 b_i 为

$$b_i = \frac{\sqrt{\sum_{j=1}^{p} r_{ij}^2}}{\sum_{i=1}^{p} \sqrt{\sum_{j=1}^{p} r_{ij}^2}} \tag{7.7}$$

其具体求法，仍以前面所提及的宁芜北段玢岩铁矿特征分析的原始数据矩阵 **Z** 为例，则

$$R = Z'Z = \begin{pmatrix} -1 & 1 & 1 & 1 & -1 & 1 & 1 & 1 \\ 0 & 0 & 0 & 1 & -1 & 0 & 1 & 0 \\ 0 & 1 & 1 & 1 & 0 & 1 & 1 & 1 \\ 0 & 0 & 1 & 1 & 0 & 0 & 1 & 1 \\ 1 & 1 & 0 & 1 & 1 & 1 & 1 & 0 \\ 0 & 1 & 1 & 1 & 0 & 0 & 1 & 1 \\ 0 & 1 & 1 & 1 & -1 & 0 & 1 & 1 \\ 0 & 1 & 1 & 1 & -1 & 0 & 0 & 1 \end{pmatrix} \begin{pmatrix} -1 & 0 & 0 & 0 & 1 & 0 & 0 & 0 \\ 1 & 0 & 1 & 0 & 1 & 1 & 1 & 1 \\ 1 & 0 & 1 & 1 & 0 & 1 & 1 & 1 \\ 1 & 1 & 1 & 1 & 1 & 1 & 1 & 1 \\ -1 & -1 & 0 & 0 & 1 & 0 & -1 & -1 \\ 1 & 0 & 1 & 0 & 1 & 0 & 0 & 0 \\ 1 & 1 & 1 & 1 & 1 & 1 & 1 & 0 \\ 1 & 0 & 1 & 1 & 0 & 1 & 1 & 1 \end{pmatrix}$$

$$= \begin{pmatrix} 8 & 3 & 6 & 4 & 2 & 5 & 6 & 5 \\ 3 & 3 & 2 & 2 & 1 & 2 & 3 & 2 \\ 6 & 2 & 6 & 4 & 4 & 5 & 5 & 4 \\ 4 & 2 & 4 & 4 & 2 & 4 & 4 & 3 \\ 2 & 1 & 4 & 2 & 6 & 3 & 2 & 1 \\ 5 & 2 & 5 & 4 & 3 & 5 & 5 & 4 \\ 6 & 3 & 5 & 4 & 2 & 5 & 6 & 5 \\ 5 & 2 & 4 & 3 & 1 & 4 & 5 & 5 \end{pmatrix}$$

乘积矩阵 **R** 表示在 n 个单元中，第 i、j 变量间的匹配关系。主对角线元素为第 i 变量在 n 个单元中取值为非零的个数，即出现“1”“−1”的单元数；上下三角对称，r_{ij} 为第 i 变量和第 j 变量 ($i \neq j$) 的匹配单元数与不匹配单元数之差（0 不计算匹配）。显然，r_{ij} 有正负之分，当 $r_{ij} > 0$ 时，r_{ij} 越大表示，i、j 两个变量在 n 个单元中出现正匹配（“1，1”）或负匹配（“−1，−1”）情况越多，相当于两变量正相关关系越强；当 $r_{ij} < 0$ 时，$|r_{ij}|$ 越大，表示两变量出现不匹配（“1，−1”或“−1，1”）的情况越多，相当于两变量负相关性越大。而这种相关关系的可信度，与 n 个单元中变量取值为 0 的个数有关，0 的个数越少可信度越高，其可信度大小可反映在 **R** 矩阵的主对角线上元素 r_{ii} 的大小，r_{ii} 越大可信度越大，反之亦然。

由上述分析，对计算变量权系数公式（7.7）有人提出异议，认为平方和法计算权系数 b_i 时将 r_{ij} 平方，实际上是把变量间的“不匹配”和“匹配”关系混为一谈，将造成对成矿起正作用的变量与对成矿起反作用的地质变量不加区分，致使权系数大小的含义模糊。因为匹配的单元数越多或不匹配的单元数越多，r_{ji}^0 平方后都可以产生较大的 b_i 值，只

有当“不匹配”与“匹配”单元数差不多时，b_i 值才较小。所以，针对变量权系数的计算公式，提出如下修正意见。

（1）用代数和代替平方和：

$$b_i = \frac{\sum_{j=1}^{p} r_{ij}}{\sum_{i=1}^{p} (\sum_{j=1}^{p} r_{ij})} \qquad i,j = 1,2,\cdots,p \tag{7.8}$$

（2）当大部分变量为正作用变量而少数变量为反作用变量时采用“和乘积法”代替平方和：

$$b_i = r_{ii} \sum_{\substack{j=1 \\ j \neq i}}^{p} r_{ij} \tag{7.9}$$

我们认为，上述讨论仅有数学意义，而在实际工作中不会出现影响。因为，选变量的过程一般先通过地质分析筛选与成矿关系密切的变量，通常是选对成矿起正作用的变量，即使出现起反作用的变量，由于定义三态变量时，严格按照对矿有利取“1”，对成矿不利取“-1”，而不是简单按变量存在取“1”、缺失取“-1”，所以不会出现不匹配单元数大于匹配单元数，即乘积矩阵 $\boldsymbol{R}$ 中各元素 r_{ij} 一般均为正值。因此，计算变量权系数公式(7.7)，能反映变量的相对重要性。

以前述宁芜北段玢岩铁矿原始数据（$\boldsymbol{Z}$）及所计算的乘积矩阵（$\boldsymbol{R}$）为例，用平方和法［式（7.7）］、代数和法［式（7.8）］及和乘积法［式（7.9）］，计算变量（特征标志）权系数 b_i 。

平方和法与代数和法所求出的权系数（特征标志权）值大小近于一致，而和乘积法所计算的值（ b_i ）的大小虽与平方和法有差异，但变量的相对重要性三种方法所得结果是一致的，将权系数值由大到小排序反映了变量的相对重要性，由大到小，变量号依次为 x_1— x_7— x_3— x_6— x_4— x_5— x_2 。

2）乘积矩阵主分量法

乘积矩阵主分量法是将上述乘积矩阵 $\boldsymbol{R}$ 视为 p 个三态变量的关联矩阵，当所考虑的各变量间存在非常密切的相关关系时，可对三态变量进行主成分分析，以寻找具有密切相关关系的典型变量组合。这时乘积矩阵 $\boldsymbol{R}$ 之第一主成分的贡献几乎占所有主成分总贡献的绝大部分，因此在第一主成分上载荷较大的变量是所要寻找的典型变量组合，这就是乘积矩阵主分量法的实质。可见各变量间相关关系越密切，乘积矩阵主分量法效果越好。

其计算方法是求乘积矩阵 $\boldsymbol{R}$ 的最大特征值（λ_1）所对应的特征向量，该向量即为各变量的权系数（特征标志权 b_i ），权系数的大小反映了所对应变量的相对重要性。换句话说，权系数越大，该变量在典型组合中贡献越大。

3）概率矩阵主分量法

该方法是从控制单元中各变量之间的匹配概率出发，研究模型中变量与变量之间的依存关系。先由三态变量的原始数据矩阵 $\boldsymbol{Z}$ 计算概率矩阵，然后求概率矩阵的最大特征值所对应的特征向量，该向量即为变量的权系数（特征标志权）。

第 i 与第 j 个变量之间的匹配概率 p_{ij} ，其意义是在 n 个控制单元中，当变量 i 与 j 各自出现“1”、“-1”总数固定不变时，则 i 与 j 出现正匹配（“1、1”）和负匹配（“-1、-1”）的观测匹配数是个随机变量，p_{ij} 则为变量 i、j 匹配数≤观测匹配数的累积概率，其计算公式为

$$p_{ij}\{m=\gamma\}=\frac{\sum_{\nu=0}^{r}\binom{p_i}{\nu}\binom{q_i}{\gamma-\nu}\sum_{\alpha=0}^{p_j-\nu}\binom{n-p_i-q_i}{\alpha}\binom{q_i-\gamma-\nu}{p_i-v-\alpha}\sum_{\beta=0}^{q_j-\gamma+\nu}\binom{n-p_i-q_i-\alpha}{\beta}\binom{p_i-\nu}{p_i-\gamma+\nu-\beta}}{n!\ /p_j!\ q_i!\ (n-p_j-q_j)!} \tag{7.10}$$

式中，n 为单元数；p_i 为 i 变量在 n 个单元中取“1”的个数；p_j 为 j 变量在 n 个单元中取“1”的个数；q_i 为 i 变量在 n 个单元中取“-1”的个数；q_j 为 j 变量在 n 个单元中取“-1”的个数；m 为在 $p_i\,p_j\,q_i\,q_j$ 固定条件下，变量 i、j 二序列随机排列时，i、j 变量在 n 个单元中出现的最大的匹配数，$m\leqslant\{\min(p_i\cdot p_j)+\min(q_i\cdot q_j)\}$；$p_{ij}\{m=\gamma\}$ 为变量 i、j 各自取“1”、“-1”固定条件下，匹配数 $m=\gamma$ 的概率。

实际运算中，当 n 很大时，通常采用近似式为

$$p_{ij}\{m=\gamma\}=\binom{n}{\gamma}\left(\frac{p_i\,p_j+q_i\,q_j}{n^2}\right)^{\gamma}\left(1-\frac{p_i\,p_j+p_i\,p_j}{n^2}\right)^{n-\gamma} \tag{7.11}$$

式中，$p_i\,p_j$ 为第 i 和 j 变量为“1”的单元数；$q_i\,q_j$ 为第 i 和 j 变量为“-1”的单元数；n 为单元数；γ 为 n 个单元中，第 i 和 j 变量取“1、1”和“-1、-1”的观测匹配数。

显然，如第 i 和第 j 变量在 n 个单元中，若观测匹配数（正匹配数+负匹配数）$\gamma=4$，计算的匹配概率 $p_{ij}=79\%$，其含义为 i、j 两变量在观测序列中观测匹配数为4的累积概率（即 $m=0$、1、2、3、4）。与乘积矩阵 $\boldsymbol{R}$ 一样，概率矩阵也是某种意义上的一种关联矩阵，反映了变量间的相关程度，因此，同样可以利用主分量分析方法，求该矩阵的最大特征值及其所对应的特征向量，作为变量的权系数。但是，概率矩阵的计算只考虑变量间的匹配关系（正相关性）而没考虑变量间的不匹配情况（负相关性），所以，用概率矩阵主分量法计算的变量权系数所反映变量的相对重要性往往与乘积矩阵主分量法有较大的出入，但对预测结果影响不大。

2. 筛选标志，建立矿床模型

利用上述三种计算特征标志权的方法，即平方和法、乘积矩阵主分量法、概率矩阵主分量法所得权系数（b_i）由大到小排序，确定特征标志的相对重要性，对贡献小的标志可以进行筛选，筛选后的特征标志要重新计算权系数，对采用不同方法计算的权系数，分别建立矿床预测模型：

$$y=\sum_{i=1}^{p}b_i\,x_i$$

3. 评价研究区的含矿远景，圈定远景区

将研究区未知单元各特征标志 x_i 代入预测模型，求得关联度 y 值，y 值越大说明该单元的地质条件与矿床模型单元的地质条件越接近，因而找矿远景越好，根据 y 值预测临界值，圈定不同级别有利找矿远景区。

临界值的确定方法，可参照多元回归分析中回归估值临界值的确定。当评价区单元数目较多，所求的 γ 值渐变界线不甚明显时，这时，可将控制区和预测区单元 γ 值进行标准化变换，变换后所有 γ 值大小在-1 与 1 之间，然后进行分组、统计，作频率分布图，定出分组区间临界值，分级表示远景大小，再据评价区与模型区的相似程度，将高值 γ 单元圈定为远景区。

有时，如模型单元的 γ 值与模型单元的已知资源量值之间存在相关关系时，经检验符合预测要求，可以将预测远景区单元的 γ 值转换为资源量，对预测远景区做出资源量估计。主要方法是利用模型单元的关联度 γ 值与资源量之间建立数学模型，如一元线性回归模型及非线性回归模型，将预测远景单元 γ 值代入模型，估计潜在资源量。

7.5.2　特征分析在成矿预测中的应用

R. B. 麦克卡门等对挪威中部格朗地区块状硫化物矿床应用特征分析法进行了预测。

该区主体构造为查尔斯维克推覆体，主要由砂质、含砾的复理石类岩石所覆盖的厚层绿岩系组成。绿岩主要为岛弧型岩石，大部分为伴有硫化物透镜体的枕状熔岩。硫化物矿化与酸性的角斑凝灰岩和熔岩、集块岩和碧玉或含有磁铁矿的燧石等关系密切。

格朗矿业公司已在该区进行了十多年的勘探工作，提供资料有：14000 多个河流沉积物样品痕迹金属元素的分析数据，1∶20000 比例尺区域 1350km^2 航空电磁和航磁测量结果，及 1∶50000 区域地质图。任务是应用特征分析，试图圈出对块状硫化物矿床有利的新区。

（1）对全区划分 500m×500m 大小的单元共 5000 个。根据地质环境相似性分析以及已知矿床分布，选择推覆体南部斯基夫特斯迈尔（Skiftesmyr）矿床所在地区（包括 1400 个单元），设为 A 区，作为建立模型的研究区，然后将推覆体北部查尔斯维克（Gjersvik）矿床所在地区（包括 1400 个单元）设为 B 区，作为应用模型的预测评价区。考虑到已知矿床与绿岩及石英角斑岩关系密切，所以又在 A 区 1400 个单元中选择出现该两类有利岩石的单元 249 个作为建立模型的研究单元，而在 B 区 1400 个单元中挑选出出现有利岩石的单元 951 个作为预测评价单元。

（2）变量选取。每个单元最初选用 150 多个变量，根据地质分析筛选出 27 个变量用于特征分析，其中有地球物理变量 11 个，地质变量 3 个，地球化学变量 13 个，变量名称列于表 7.27 中。按变量对矿化有利、不利、尚不能判定等三种情况，定义及转换为三态取值。

表 7.27　变量名称

变量序号	变量类型	变量代码	描述
1	磁变量	MA1	区域磁力梯度
2		MA2	区域磁力梯度中局部降低
3		MA3	区域磁力梯度中局部增高
4		MA4	局部磁力峰值
5		MA5	MA1 和 MA3 或 MA4 或 MA3 以及 MA4 同时存在 （MA1—MA3、MA1—MA4、MA3—MA4）

续表

变量序号	变量类型	变量代码	描述
6	电磁变量	IM6	假异常
7		IM7	局部假异常或区域异常带上的异常峰值
8		LE8	适当的传导系数估计
9		RE9	本单元及毗邻单元没有正或负的有效异常
10		RE10	本单元及毗邻单元中有负异常
11		RE11	本单元及毗邻单元中有正异常
12	地质变量	FIN	由绿片岩、钙质片岩、千枚岩、薄层熔岩、角斑岩、石英岩及灰岩组成的凝灰质沉积系列
13		KER	石英角斑岩
14		GRO	由较老到新的若干绿岩带
15	地球化学变量	Cu、Pb、Zu Ni、Cd、Ag	异常
16			
17			
18			
19			
20			
21		Cu/Ni∩Cu	异常元素与比值元素逻辑变量
22		Pb/Ni∩Pb	
23		Zn/Ni∩Zn	
24		Cu/Zn∩Cu	
25		Pb/Zn∩Pb	
26		Zn/Mn∩Zn	
27		Zn/V∩Zn	

（3）预测模型的建立。*A* 区已知有矿床单元两个，先用两个单元27个变量（表7.27）用乘积矩阵主分量法筛选出23个变量计算的变量权系数，建立矿化模型 *M*1。然后用 *M*1 模型计算 *A* 区249个单元的关联度 y 值，并经标准化后分组统计，结果列于表7.28中。由表7.28可以看出，关联度分级数为1～6，1表示最低的关联度，6表示关联度最高，取关联度≥4级的单元区58个（包括2个已知有矿床单元），用 *M*1 模型中的23个变量，用概率矩阵主分量法求变量的权系数列于表7.29中，建立一般化矿化模型 *M*2（称推广模型），将249个单元的变量代入 *M*2，得249个单元的关联度 y 值，同样将 y 标准化后分组统计，由频数分布将 y 分为1至4级。取 $y \geqslant 4$ 级的单元9个（包括2个已知有矿床单元）用 *M*1、*M*2 的23个变量，用乘积矩阵主分量法求变量权系数列于表7.29中，建立一般化矿化模型 *M*3，*M*3 为最终的预测模型，该模型又称为推广（或扩充）模型。

表 7.28 由矿化模型 $M1$ 特征权计算的 249 个单元关联度 y 的频数分布

分组数	y 分组区间		模型单元频数	非模型单元频数	分级
1	−0. 66	−0. 59	0	2	1
2	−0. 59	−0. 51	0	1	
3	−0. 51	−0. 44	0	3	
4	−0. 44	−0. 37	0	9	
5	−0. 37	−0. 30	0	12	
6	−0. 30	−0. 23	0	20	
7	−0. 23	−0. 15	0	17	
8	−0. 15	−0. 08	0	37	2
9	−0. 08	−0. 01	0	19	
10	−0. 01	0. 06	0	33	3
11	0. 06	0. 13	0	16	
12	0. 13	0. 21	0	22	
13	0. 21	0. 28	0	17	4
14	0. 28	0. 35	0	12	
15	0. 35	0. 42	0	11	
16	0. 42	0. 50	0	5	5
17	0. 50	0. 57	0	7	
18	0. 57	0. 64	0	1	
19	0. 64	0. 71	0	2	6
20	0. 71	0. 78	0	1	
21	0. 78	0. 86	0	0	
22	0. 86	0. 93	1	0	
23	0. 93	1. 00	1	0	
合计			2	247	

表 7.29 A 区矿化模型中各变量的权系数

变量		矿化模型		
		$M1$	$M2$	$M3$
序号	变量代码	2	58	9
1	MA1	0. 23	0. 17	0. 28
2	MA2	0. 23	0. 18	0. 28
3	MA3	0. 23	0. 17	0. 22
4	MA4	0. 23	0. 15	0. 16
5	MA5	0. 23	0. 17	0. 03
6	IM6	0. 23	0. 18	0. 28

续表

变量		矿化模型		
		*M*1	*M*2	*M*3
7	IM7	0. 23	0. 19	0. 28
8	LE8	0. 23	0. 15	0. 09
9	RE9	0. 23	0. 20	0. 28
10	RE10	0. 23	0. 18	0. 28
11	RE11	0. 23	0. 16	0. 28
12	KER	0. 23	0. 19	—
13	GRO	0. 23	0. 18	0. 28
14	Ni	-0. 12	0. 25	0. 12
15	Cd	-0. 12	0. 26	0. 06
16	Ag	0. 23	0. 24	0. 13
17	Cu/Ni∩Cu	0. 23	0. 26	0. 28
18	Cn/Zn∩Cu	0. 23	0. 25	0. 22
19	Pb/Ni∩Pb	0. 23	0. 22	0. 09
20	Pb/Zn∩Pb	0. 23	0. 21	0. 12
21	Zn/Ni∩Zn	0. 12	0. 24	0. 19
22	Zn/Mn∩Zn	0. 12	0. 25	0. 22
23	Zn/V∩Zn	0. 12	0. 25	0. 19

注：表中 *M*1、*M*3 的变量权系数由乘积矩阵主分量法计算；*M*2 的权系数由概率矩阵主分量法计算；变量代码的含义见表 7. 27。

（4）对查尔斯维克地区（*B* 区）951 个单元进行预测。同样，将各单元变量代入 *M*3，计算出关联度 y ，并经标准化分组统计分级，找出分级高的单元作为预测单元，圈定了两个进一步找矿远景区。经后来工作验证，在有利区内发现了一个硫化物脉系，可能为潜在的块状硫化物矿床的“支脉带”，取得了较好的找矿效果。

特征分析法应用于定量预测，其原理是利用匹配关系所表示的变量间的相关性，进行研究区与模型区地质环境相似程度的类比，所以原理较为简单；建立模型的数学方法是利用乘积矩阵、概率矩阵，求解最大特征值及所对应的特征向量，所以比较容易掌握；所使用的原始数据可以是定性数据也可以是定量数据，可以用地质、物化探、遥感数据综合建立模型，也可以按照不同类型数据分别建立模型，所以能最大限度地利用信息；数据所构置的变量，可以是三态也可以是二态，可通过逻辑运算合成赋有明确地质意义或找矿意义的综合变量，所以取值转换构置方法简便易行。因而，该方法在定量预测中受到普遍重视，应用广泛，现有国内外的研究实例，其效果均较好，易为广大地质工作者接受。

但是，该方法在应用中与其他矿床模型法一样有许多问题值得进一步研究。如单元划分的大小、形状及边界条件，怎样提高地质环境类比的可靠性；模型区要求选择研究程度高的同类型的矿床，由于在同一地区矿床的勘探研究程度的差异，所掌握的矿化信息有很大局限性，因而对矿床类型的认识很难统一，而且由于成矿的多期性及复杂性，同一地区在三维空间可能存在非单一类型的矿床，所以要保证模型的代表性；资源的增长相当多地依赖于新的矿床类型的发现，而模型法对新类型矿床的发现是无能为力的；计算特征标志权系数时，采用主分量法取最大特征值所对应的特征向量，所以最大特征值的大小影响其可靠性，有时最大特征值的方差贡献并不占绝对优势，但在具体应用中并不考虑这一点。另外，一般情况下由于控制单元中都有矿床，所以第一主成分（最大特征值）一般代表矿化因子，但并不排斥第一主成分并不一定总是代表与主要评价的矿床类型矿化有关的因子，若存在多期矿化时矿化因子可能出现多个；有时第一主因子并不代表主期成矿作用，当然与变量的选择有关，乘积矩阵主分量法与概率矩阵主分量法由于公式的物理意义不同，同一批数据计算的变量权系数的大小顺序有差异，影响了对变量的相对重要性及单元远景的评价，什么条件下采用什么方法，应研究相应的准则或检验方法。一般情况下，乘积矩阵主分量法应用于筛选变量及建立预测的模型，而建立扩充（推广）模型时，常采用概率矩阵主分量法对扩充模型中与变量无关的单元进行筛选，即去掉无关单元，然后再用乘积矩阵主分量法建立预测模型。

7.6 数量化理论

对于定性数据及其变量，按某种合理的原则，实现向定量方面的转化，进行定量预测或分类的研究方法，除前面介绍的特征分析法、逻辑信息法外，还有数量化理论，实际上逻辑信息法也属于广义的数量化理论的一种（赵鹏大等，1983）。

通常所说的数量化理论是由日本学者林知己夫等提出的，是一种处理定性数据的多元统计分析方法。与处理定量数据的多元统计分析方法相类比，目前应用最广泛的数量化理论Ⅰ相当于回归分析；数量化理论Ⅱ相当于判别分析；数量化理论Ⅲ相当于因子分析和对应分析；数量化理论Ⅳ相当于聚类分析。数量化理论Ⅴ、Ⅵ、Ⅶ、Ⅷ，是在数量化理论Ⅳ基础上，研究多维标度方法。

关于数量化理论，已有很多专著进行了介绍，我们这里仅将与成矿远景区定量预测有关的，并与前面所论述的多元统计分析方法相对应的数量化理论Ⅰ、Ⅱ、Ⅲ、Ⅳ的基本原理及计算方法与步骤简单介绍如下。

在数量化理论中，将自变量称为“说明变量”，将因变量称为“基准变量”；将一系列同类的变量称为“项目”，而把单个的定性变量或定性变量的不同取值称为“类目”，如古生代地层为项目，则寒武、奥陶、志留、泥盆、石炭及二叠等称为类目，如把构造列为项目，则不同方向或不同性质的构造则为类目。项目与类目的划分视研究目的而定，随研究尺度的不同而改变。对于每个类目均以0、1赋值，存在为1，不存在为0，每个类目的具体值称为“反应”。反应可表示为

$$\delta_i(j,k)=\begin{cases}1 & \text{当第 } i \text{ 样品中 } j \text{ 项目的定性数据为 } k \text{ 类目时}\\ 0 & \text{否则}\end{cases}$$

反应 $\delta_i(j,\ k)$ 有个重要性质，即对每个固定的 i 和 j 有

$$\sum_{k=1}^{r_j} \delta_i(j,k) = 1$$

也就是说，任一样品在每个项目中只有一个类目的反应是 1，其余类目的反应皆为 0。那么，最简单的项目中可以只有两个类目即“存在”与“不存在”。这一性质，对划分项目与类目是十分重要的，尤其对数量化理论 I 。

一般情况下，样品数 n 要求大于 $2p$（ p 为类目数）。

7.6.1　数量化理论 I

数量化理论 I 主要用于预测及评价项目（变量）在预测模型中的作用。

其数学模型：

$$y_i = \sum_{j=1}^{m} \sum_{k=1}^{r_j} \delta_i(j,k)\ b_{jk} + \varepsilon_i \quad (i = 1,2,\cdots,n) \tag{7.12}$$

称为基准变量 y_i 与各项目、类目的反应间的线性模型。b_{jk} 是依赖于 j 项目之 k 类目的系数项，ε_i 是第 i 次抽样中的随机误差。所以，建立模型的关键仍是求系数 b_{jk} ，同回归分析一样，用最小二乘原理寻求系数 b_{jk} 的估计值 $\hat{b}_{jk}$ ，需建立正规方程组求解，解出 $\hat{b}_{jk}$ 后得预测方程：

$$\hat{y}_i = \sum_{j=1}^{m} \sum_{k=1}^{r_j} \delta_i(j,k)\ \hat{b}_{ik} \tag{7.13}$$

取任一样品 i ，可由其反应 $\delta_i(j,\ k)$ ，求出 $\hat{y}_i$ ，作为对基准变量 y_i 的预测值。

为了得到数量化理论 I 与回归分析的统一性，在实际应用中通常使用上述式（7.12）及式（7.13）的等效模型。

$$y_i = a_0 + \sum_{j=1}^{m} \sum_{k=1}^{r_j} \delta_i(j,k)\ a_{jk} + \varepsilon_i \quad (i = 1,2,\cdots,n) \tag{7.14}$$

$$\hat{y}_i = \hat{a}_0 + \sum_{j=1}^{m} \sum_{k=1}^{r_j} \delta_i(j,k)\ \hat{a}_{jk} \tag{7.15}$$

其计算步骤如下。

1. 建立反映矩阵，即原始数据矩阵

如令样品数为 n ，项目为 p ，y_i 为第 i 样品的测定值（定量变量），得原始数据表 7.30 及其反应矩阵 $\boldsymbol{X}$。

表 7.30　原始数据表

样品号	基准变量	x_1		x_2		
		x_{11} (δ_{11})	x_{12} (δ_{12})	x_{21} (δ_{21})	x_{22} (δ_{22})	x_{23} (δ_{23})
1	1	0	1	0	1	0
2	2	0	1	0	1	0

续表

样品号	基准变量	x_1		x_2		
		x_{11} (δ_{11})	x_{12} (δ_{12})	x_{21} (δ_{21})	x_{22} (δ_{22})	x_{23} (δ_{23})
3	2	1	0	0	0	1
4	3	1	0	1	0	0
5	3	1	0	0	1	0
6	4	1	0	0	0	1
7	4	1	0	1	0	0
8	5	1	0	1	0	0
9	5	1	0	1	0	0

$$\boldsymbol{X} = \begin{pmatrix} 0 & 1 & 0 & 1 & 0 \\ 0 & 1 & 0 & 1 & 0 \\ 1 & 0 & 0 & 0 & 1 \\ 1 & 0 & 1 & 0 & 0 \\ 1 & 0 & 0 & 1 & 0 \\ 1 & 0 & 0 & 0 & 1 \\ 1 & 0 & 1 & 0 & 0 \\ 1 & 0 & 1 & 0 & 0 \\ 1 & 0 & 1 & 0 & 0 \end{pmatrix}_{9\times 5}$$

2. 建立预测模型

关键是建立正规方程组，求解常数项 $\hat{a}_0$ 及系数 $\hat{a}_{jk}$ 。为此，①为了降低维数，可将每一项目的第一类目删去，可以证明计算的结果与删去前一致。本例即去掉 x_{11} 及 x_{21} 两例数据，得新的反应矩阵 $\boldsymbol{X_0} = [x_0]_{9\times 3}$ ；②将 X 矩阵增广，在第一列加伪变量 1，得矩阵 $[\boldsymbol{ex_0}]_{9\times 4}$ ，称 $[\boldsymbol{ex_0}]_{9\times 4}$ 矩阵为分块矩阵；③建立正规方程组，求解常项及系数。

$$[\boldsymbol{ex_0}]'[\boldsymbol{ex_0}] = [\boldsymbol{ex_0}]'\boldsymbol{y}$$

式中，$[\boldsymbol{ex_0}]'$ 为 $[\boldsymbol{ex_0}]$ 的转置矩阵，为系数矩阵（列向量）；$\boldsymbol{y}$ 为基准变量列向量。根据表 7.30 数据，则

$$\begin{pmatrix} 1 & 1 & 1 & 1 & 1 & 1 & 1 & 1 & 1 \\ 1 & 1 & 0 & 0 & 0 & 0 & 0 & 0 & 0 \\ 1 & 1 & 0 & 0 & 1 & 0 & 0 & 0 & 0 \\ 0 & 0 & 1 & 0 & 0 & 1 & 0 & 0 & 0 \end{pmatrix} \begin{pmatrix} 1 & 1 & 1 & 0 \\ 1 & 1 & 1 & 0 \\ 1 & 0 & 0 & 1 \\ 1 & 0 & 0 & 0 \\ 1 & 0 & 1 & 0 \\ 1 & 0 & 0 & 1 \\ 1 & 0 & 0 & 0 \\ 1 & 0 & 0 & 0 \\ 1 & 0 & 0 & 0 \end{pmatrix} \begin{pmatrix} \hat{a}_0 \\ \hat{a}_{12} \\ \hat{a}_{22} \\ \hat{a}_{23} \end{pmatrix} = \begin{pmatrix} 1 & 1 & 1 & 1 & 1 & 1 & 1 & 1 & 1 \\ 1 & 1 & 0 & 0 & 0 & 0 & 0 & 0 & 0 \\ 1 & 1 & 0 & 0 & 1 & 0 & 0 & 0 & 0 \\ 0 & 0 & 1 & 0 & 0 & 1 & 0 & 0 & 0 \end{pmatrix} \begin{pmatrix} 1 \\ 2 \\ 2 \\ 3 \\ 3 \\ 4 \\ 4 \\ 5 \\ 5 \end{pmatrix}$$

即

$$\begin{cases}9\hat{a}_0+2\hat{a}_{12}+3\hat{a}_{22}+2\hat{a}_{23}=29\\2\hat{a}_0+2\hat{a}_{12}+2\hat{a}_{22}=3\\3\hat{a}_0+2\hat{a}_{12}+3\hat{a}_{22}=6\\2\hat{a}_0+2\hat{a}_{23}=6\end{cases}$$

求解线性方程组，得 $\hat{a}_0=4.25$，$\hat{a}_{12}=-1.5$，$\hat{a}_{22}=-1,25$，$\hat{a}_{23}=-1.25$。

建立预测模型：

$$\hat{y}_i=4.25-1.5\,\delta_i(1,2)-1.25\,\delta_i(2,2)-1.25\,\delta_i(2,3)$$

由于去掉了各项目的第一类目，式中 $\hat{a}_{j1}=0(j=1,2)$。

3. 计算每个样品的预测值及剩余值

将每个样品的类目反应代入预测模型得 $\hat{y}_i$，基准变量观测值与估值的差值为剩余值 $\varepsilon_i=y_i-\hat{y}_i$。

4. 评价各项目在预测模型中的贡献

通过计算转换变量的复相关系数衡量预测模型的精度，以偏相关系数、方差比及范围等衡量各项目对预测模型的贡献。具体计算方法，仍以上述数据为例说明如下。

首先，计算转换变量 $x_i^{(j)}$（i 为样品号，j 为项目号）

$$x_i^{(j)}=\sum_{k=1}^{r_j}\delta_i(j,k)\,\hat{b}_{jk}\tag{7.16}$$

式中，k 为类目号 $k=1,2,\cdots,r_j$；$\hat{b}_{jk}$ 为第 j 项目第 k 类目常系数；$\delta_i(j,k)$ 为第 i 样品第 j 项目第 k 类目上的反应。

数学上可以证明，

$$\begin{cases}\hat{b}_{11}=\hat{a}_0\\\hat{b}_{1k}=\hat{a}_{1k}+\hat{a}_0\\\hat{b}_{jk}=\hat{a}_{jk}\end{cases}$$

故上例

$$\begin{cases}\hat{b}_{11}=\hat{a}_0=4.25\\\hat{b}_{12}=a_{12}+a_0=-1.5+4.25=2.75\\\hat{b}_{21}=0\\\hat{b}_{22}=\hat{a}_{22}=-1.25\\\hat{b}_{23}=\hat{a}_{23}=-1.25\end{cases}$$

代入式（7.16）可得 $x_i^{(j)}$ 列表 7.31。

表 7.31　转换变量计算结果 $x_i^{(j)}$

样品号 i	1	2	3	4	5	6	7	8	9
第一个项目各样品的 $x_i^{(1)}$	2.75	2.75	4.25	4.25	4.25	4.25	4.25	4.25	4.25
第二个项目各样品的 $x_i^{(2)}$	-1.25	-1.25	-1.25	0	-1.25	-1.25	0	0	0
基准变量 y_i（$x_i^{(3)}$）	1	2	2	3	3	4	4	5	5

其次，由表 7.31 计算相关系数、偏相关系数、方差比及范围。

$$\text{复相关系数 } R = \sqrt{1 - \frac{1}{r^{m+1,m+1}}} \tag{7.17}$$

式中，$r^{m+1,\ m+1}$ 为包括基准变量、各项目各样品转换变量（表 7.31 数据）的相关矩阵的逆矩阵中对应元素。$-1 \leqslant R \leqslant 1$，$R$ 越大越好。

本例，m 为项目数，$m = 2$，故

$$R = \sqrt{1 - \frac{1}{r^{33}}} = \sqrt{1 - \frac{1}{2.9622}} = 0.8139$$

表明预测精度较高。

基准变量 y 与第 j 个项目间样本偏相关系数 p_j：

$$p_j = \frac{-r^{j,m+1}}{\sqrt{r^{jj}\ r^{m+1,m+1}}} \tag{7.18}$$

偏相关系数 p_j 用来衡量各个项目对基准变量预测贡献的大小，p_j 越大对应项目贡献越大。

式中，j 为项目号，$j = 1, 2, \cdots, m$；m 为项目数；r 为相关矩阵逆矩阵对应项元素。

本例

$$p_1 = \frac{-r^{13}}{\sqrt{r^{11}\ r^{33}}} = \frac{1.4050}{\sqrt{1.9627 \times 2.9622}} = 0.5827$$

$$p_2 = \frac{-r^{23}}{\sqrt{r^{22}\ r^{33}}} = \frac{1.3993}{\sqrt{1.4573 \times 2.9622}} = 0.5811$$

对比 p_1 与 p_2 大小接近，故项目 1 与项目 2 对预测方程 $\hat{y}$ 的贡献基本相同。

计算每个项目的转换变量的方差（σ_j^2）与基准变量 y 的方差（σ_y^2）比（FV_j）

$$FV_j = \frac{\sigma_j^2}{\sigma_y^2} \tag{7.19}$$

方差比是衡量项目对预测方程贡献的另一个指标，一般方差比大者贡献较大。

上例，$FV_1 = \dfrac{\sigma_1^2}{\sigma_y^2} = 0.225$，$FV_2 = \dfrac{\sigma_2^2}{\sigma_y^2} = 0.223$

亦表明两个项目的方差比相关很小，贡献基本相同。

项目的范围也是衡量项目对预测方程贡献的参数，每个项目系数的 $\hat{b}$ 中的最大值减去最小值就是该项目的范围，表示为：项目范围 $= \max \hat{b}_{jk} - \min \hat{b}_{jk}$。

本例中，

$$项目1 范围 = 4.25 - 2.75 = 1.5$$
$$项目2 范围 = 0 - (-1.25) = 1.25$$

一般范围越大的项目其贡献越大。

实际工作中，常常同时计算偏相关系数、方差比和范围综合评价各个项目的贡献，一般认为，在这三个参数中，方差比较好。

7.6.2　数量化理论Ⅱ

数量化理论Ⅱ同判别分析类似，用于解决样品分类问题。其特点为先由已知分类样品建立判别函数，然后判断未知样品属于已知分类的哪一类。由于预测中主要解决有矿及无矿样品的判别问题，所以在这里只简要介绍两组线性判别计算方法。

数量化理论Ⅱ的数学模型

$$y_i^{(t)} = \sum_{j=1}^{m} \sum_{k=1}^{r_j} \delta_i^{(t)}(j,k)\, b_{jk} \quad \begin{matrix} i = 1,2,\cdots,n \\ t = 1,2,\cdots,g \end{matrix} \tag{7.20}$$

式中，$y_i^{(t)}$是第 i 样品属于第 t 类的得分值；n 为样品数；m 为项目数；r_j为第 j 个项目的类目数；g 为已知样品的类别数；b_{jk}为权系数；$\delta_i^{(t)}(j,\ k)$ 为第 i 样品在第 t 类中第 j 项目 k 类目的取值。

两类样品分类概括地说，其方法是从已知样品出发，求出权系数 b_{jk} 建立方程，确定每个样品的得分，根据判别得分大于或小于判据的情况，以确定每个样品的归属。基本计算步骤简述如下：

（1）据已知分类样品建立各类样品的项目、类目反应表，即原始数据表。删去表中每个项目中的第一类目，得原始计算矩阵 $\boldsymbol{X}$。

（2）计算 $\boldsymbol{X}$ 矩阵各类目的组内平均值（$\bar{x}$）及总平均值（$\bar{\bar{x}}$）。

（3）计算组间离差及总离差矩阵：

组间离差=（$\bar{x} - \bar{\bar{x}}$）

总离差=（$x - \bar{\bar{x}}$）

令组间离差矩阵 $\boldsymbol{C} = (\bar{x} - \bar{\bar{x}})'(\bar{x} - \bar{\bar{x}})$）

总离差矩阵 $\boldsymbol{D} = (\bar{\bar{x}} - x)'(\bar{\bar{x}} - x)$

（4）用雅可比法计算 $\boldsymbol{D}$ 矩阵的特征值和特征向量。

令其相应的标准化特征向量矩阵为$\boldsymbol{L}^{-1}$，转置矩阵为$\boldsymbol{L}^{-1}{}'$，则得乘积矩阵$\boldsymbol{L}^{-1}{}'\boldsymbol{C}\,\boldsymbol{L}^{-1}$。

（5）建立判别方程。对$\boldsymbol{L}^{-1}{}'\boldsymbol{C}\,\boldsymbol{L}^{-1}$矩阵用雅可比法计算，有一个非 0 特征根 $\lambda_1 = 1.00$，相应的特征向量 $\boldsymbol{\alpha}$，$\boldsymbol{\alpha}$ 右乘矩阵 $\boldsymbol{L}^{-1}$，即得到判别系数向量 $\boldsymbol{b_{jk}}$，从而列出判别方程。

（6）计算判据（判别分界值）。将已知分类样品代入方程得出每个样品的判别得分值，求出两类样品的判别得分的平均值 $\bar{y}_1$、$\bar{y}_2$，及方差 σ_1、σ_2，判断

$$y_0 = \frac{\sigma_1 \bar{y}_1}{\sigma_1 + \sigma_2} + \frac{\sigma_2 \bar{y}_2}{\sigma_1 + \sigma_2} \tag{7.21}$$

（7）未知样品的判别。未知样品判别得分值凡大于判据 y_0 的样品判为 1 类，小于或等于 y_0 者判为 2 类。

7.6.3 数量化理论Ⅲ

数量化理论Ⅲ和因子分析方法类似，都是用于分析样品或变量中起支配作用的主要因素和成分，并据以实现对样品或变量的分类及成因解释。

数量化理论Ⅲ进行分类的基本原理是：对原始数据只着眼于类目，项目可不作区分。对每个类目赋予适当的数值 $b_j=(j=1, 2, \cdots, m)$，称为类目的得分，使得反应情况接近的类目有相近的得分（R 型得分）；同时对每个样品也相应赋予适当的数值 $y_i=(i=1, 2, \cdots, n)$，称为样品得分（Q 型得分），使得反应情况接近的样品有相近的得分。这样，得分 b_j（或 y_i）作为类目（或样品）的一种数量表示具有内在意义，它可以全部地表现类目（或样品）之间的关系，可以据此对类目（或样品）进行分类。

为此，按照方差分析，总方差可以分解为组内方差与组间方差两部分。可以按照使得组间方差与总方差之间相关比最大的原则来选择 $b_j=(j=1, 2, \cdots, m)$，并把 $y_i=(i=1, 2, \cdots, n)$ 取各组的平均得分，这样便可达到最大限度地体现出不同样品间的差异。

按上述基本原理，主要计算步骤如下。

1. 建立原始数据矩阵

设 n 个样品，每个样品有 m 个类目，得 $\boldsymbol{X}_{n\times m}$ 矩阵

$$\boldsymbol{X}=\begin{pmatrix}\delta_1(1) & \delta_1(2) & \cdots & \delta_1(m)\\ \delta_2(1) & \delta_2(2) & \cdots & \delta_2(m)\\ \vdots & \vdots & & \vdots\\ \delta_n(1) & \delta_n(2) & \cdots & \delta_n(m)\end{pmatrix}$$

其中，$\delta_i(j)$ 表示第 i 样品在第 j 类目上的反应，取值

$$\delta_i(j)=\begin{cases}1 & \text{有反应}\\ 0 & \text{无反应}\end{cases}\qquad i=1,2,\cdots,n; j=1,2,\cdots,m$$

2. 计算总方差、组间方差和相关比

令样品 i 在各类目上的反应总数为

$$f_i=\sum_{j=1}^{m}\delta_i(j)\qquad \text{矩阵形式}\ \boldsymbol{f}=\begin{pmatrix}f_1\\ f_2\\ \vdots\\ f_n\end{pmatrix}\tag{7.22}$$

令各样品在类目 j 上的反应总数为

$$g_i=\sum_{i=1}^{n}\delta_i(j)\qquad \text{矩阵形式}\ \boldsymbol{g}=\begin{pmatrix}g_1\\ g_2\\ \vdots\\ g_m\end{pmatrix}\tag{7.23}$$

记全体反应总方差为

$$t = \sum_{i=1}^{n} (f_i) = \sum_{j=1}^{m} g_j = \sum_{i=1}^{n} \sum_{j=1}^{m} \delta_i(j) \tag{7.24}$$

由于各样品在各类目上的得分总和为

$$\sum_{i=1}^{n} \sum_{j=1}^{m} b_j \delta_i(j) = \sum_{j=1}^{m} b_j g_j$$

除以反应总数 t 便得到总平均得分为

$$\frac{1}{t} \sum_{j=1}^{m} b_j g_j$$

因而，得分的总方差为

$$\sigma^2 = \frac{1}{t} \sum_{j=1}^{m} b_j^2 g_j - \left(\frac{1}{t} \sum_{j=1}^{m} b_j g_j \right)^2 \tag{7.25}$$

由于样品 i 在各类目上的得分总和为 $\sum_{j=1}^{m} b_j \delta_i(j)$，除以相应的反应总数 f_i，得平均得分，以此作为样品 i 的得分

$$y_i = \frac{1}{f_i} \sum_{j=1}^{m} b_j \delta_i(j) \tag{7.26}$$

因而，组间（样品间）方差为

$$\sigma_b^2 = \frac{1}{t} \sum_{i=1}^{n} \frac{1}{f_i} \left(\sum_{j=1}^{m} b_j \delta_i(j) \right)^2 - \left(\frac{1}{t} \sum_{j=1}^{m} b_j g_j \right)^2 \tag{7.27}$$

组间方差与总方差之间的相关比为

$$\eta^2 = \frac{\sigma_b^2}{\sigma^2} \tag{7.28}$$

3. 从相关比最大的准则出发，导出数量化理论Ⅲ的数学模型

$$\boldsymbol{F} = \begin{pmatrix} f_1 & & & 0 \\ & f_2 & & \\ & & \ddots & \\ 0 & & & f_n \end{pmatrix} \qquad \boldsymbol{G} = \begin{pmatrix} g_1 & & & 0 \\ & g_2 & & \\ & & \ddots & \\ 0 & & & g_m \end{pmatrix}$$

$$\boldsymbol{b} = \begin{pmatrix} b_1 \\ b_2 \\ \vdots \\ b_m \end{pmatrix} \qquad \boldsymbol{y} = \begin{pmatrix} y_1 \\ y_2 \\ \vdots \\ y_n \end{pmatrix}$$

由式（7.25）及式（7.27）可将相关比表示为

$$\eta^2 = \frac{\sigma_b^2}{\sigma^2} = \frac{b'Hb}{b'Lb}$$

式中，$L = \boldsymbol{G} - \frac{1}{t}gg$，$H = \boldsymbol{X}'\boldsymbol{F}^{-1}\boldsymbol{X} - \frac{1}{t}gg'$。

为使 $\boldsymbol{\eta}^2$ 达到最大值，有无穷多解，因我们所关心的是各得分 b_j 之间的相对关系，所以为使解确定起见，增加两个约束条件：

$$\begin{cases} b'\boldsymbol{L}b = 1 & \text{总方差为 } 1 \\ g'b = 0 & \text{总平均得分等于 } 0 \end{cases} \tag{7.29}$$

相当于坐标尺度及原点的一种选定，于是将问题归结为条件极值求解，为此，利用拉格朗日乘数法，对

$$q = b'\boldsymbol{H}b - \lambda(b'\boldsymbol{L}b - 1) - \mu b'g(\lambda \text{、} \mu \text{ 为拉格朗日乘数})$$

求偏导数 $\frac{\partial q}{\partial b}$ 并令其等于 0。

得

$$2\boldsymbol{H}b - 2\lambda\boldsymbol{L}b - \mu q = 0 \tag{7.30}$$

即

$$2(\boldsymbol{X}'\boldsymbol{F}^{-1}\boldsymbol{X} - \frac{1}{t}gg')b - 2\lambda(\boldsymbol{G} - \frac{1}{t}gg')b - \mu g = 0$$

这是一个包含 m 个方程式的方程组，将所有各方程求和，得

$$2(g' - g')b - 2\lambda(g' - g')b - \mu t = 0$$

因此 $\mu = 0$，于是式（7.30）变为

$$\boldsymbol{H}b = \lambda\boldsymbol{L}b \tag{7.31}$$

左乘 b'，式（7.31）变为

$$b'\boldsymbol{H}b = \lambda b'\boldsymbol{L}b$$

可见 λ 即是相关比 η^2，于是问题归结为寻求式（7.31）的最大特征值所对应满足条件（7.29）的特征向量。由式（7.29），可换算为

$$b'\boldsymbol{G}b = 1 \tag{7.32}$$

可以求出方程（7.31）满足条件（7.32）的若干较大特征值：

$$\lambda_1 \geqslant \lambda_2 \geqslant \cdots \lambda_k > 0$$

和所对应的特征向量 $\boldsymbol{b}_j (j = 1, 2, \cdots, k)$，代入方程

$$y = \boldsymbol{F}^{-1}\boldsymbol{X}b$$

调整后上式可改写为

$$y_L = \frac{1}{\sqrt{\lambda_L}}\boldsymbol{F}^{-1}\boldsymbol{X}b_L \quad (L = 1, 2, \cdots, k) \tag{7.33}$$

y_L 为样品得分。

分量形式：

$$y_{iL} = \frac{1}{f_i}\frac{1}{\sqrt{\lambda_L}}\sum_{j=1}^{m}\delta_i(j)\, b_{jL}$$

7.6.4 数量化理论Ⅳ

数量化理论Ⅳ与聚类分析类似，是解决在事先不存在已知分类的条件下，样品（或变量）的分类问题。

为了解决分类问题，首先需要给出一种综合评定样品（或变量）间的亲近程度的指

标，称为亲近度，亲近度越大，认为样品（或变量）越亲近，将其较亲近的样品（或变量）分在同一类。其次，以样品分类为例，由于亲近度只刻画样品两两之间的关系，而不是样品本身内在的刻画，因而不能全面表现所有样品相互间的关系。为了对样品进行分类，需要以已给定的亲近度数据为依据，对每个样品合理给定空间中的一个位置，视样品为空间中的点，按点间距离之远近，实现对样品的分类。为此，要建立一个多维空间，用空间中的点表示样品，并满足于使亲近度较大的两样品所对应的点间距离较近、亲近度小的两样品对应的点间距离较远。

对于定性数据存在以下几种常用于样品分类的亲近度指标。

1. 匹配系数（π_{il}）

定义为

$$\pi_{il}=\frac{1}{m}\sum_{j=1}^{m}\sum_{k=1}^{rj}\delta_i(j,k)\,\delta_i(j,k) \tag{7.34}$$

式中，i、l 为样品号（i、$l=1,\ 2,\ \cdots,\ n,\ i\neq 1$）；$m$ 为项目数（$j=1,\ 2,\ \cdots,\ m$）；k 为类目号（$k=1,\ 2,\ \cdots,\ r_j$），即每个项目有 r_j 个类目；$\delta_i(j,\ k)$ 为第 i 样品在第 j 项目的 k 类目的反应。

匹配系数 π_{il} 表示 i、l 两样品中有相同反应的项目在总项目数 m 中所占的比例，其变化范围 $0\leqslant\pi_{il}\leqslant 1$，$\pi_{il}$ 越大两样品越相似。

2. 一致度 $e(i,\ l)$

$$e_{kk}(i,l)=\frac{f_{kk}(i,l)-\dfrac{f_k(i)\,f_k(l)}{m}}{\sqrt{m\dfrac{f_k(i)f_k(l)}{m^2}\left(1-\dfrac{f_k(i)\,f_k(l)}{m^2}\right)}}$$

式中，m 为项目数；$f_{kk}(i,\ l)$ 为样品 i、l 同时在 k 类目上有反应的项目数；$f_k(i)$ 为样品 i 在 k 类目上有反应的项目数。

$$e(i,l)=\sum_{k=1}^{r_j}e_{kk}(i,l) \tag{7.35}$$

一致度 $e(i,\ l)$ 越大，样品 i 和 l 越相似。

设 n 个样品，并给定亲近度 $e(i,\ l)$，我们希望对每个样品 i 给定 $m(<n)$ 维空间中的一点（$x_{i1},\ x_{i2},\ \cdots,\ x_{im}$）与之对应，使得亲近度较大的两个样品所对应的点间距离较近，可归结为在 $\overline{x_k}=\frac{1}{n}\sum_{i=1}^{n}x_{ik}=0(k=1,\ 2,\ \cdots,\ m)$ 条件下，求使 $G=-\sum_{i\neq j}^{n}\sum_{i\neq j}^{n}e_{ij}\times\sum_{k=1}^{m}\frac{(x_{ik}-x_{jk})^2}{\sum_{i=1}^{n}x_{ik}^2}G=-\sum_{i\neq j}^{n}\sum_{i\neq j}^{n}e_{ij}\sum_{k=1}^{m}\frac{(x_{ik}-x_{jk})^2}{\sum_{i=1}^{n}x_{ik}^2}$ 达到最大的问题。

令 $a_{ij}=e_{il}+e_{ji}(i\neq j,\ ij=1,\ 2,\ \cdots,\ n)$

$$A=(a_{ij})$$

可以证明，

$$G = \sum_{k=1}^{m} \frac{X_k{}'A\,X_k}{X_k{}'\,X_k}$$

达到最大。

可以证明，我们需要的解 $x_k(k=1,2,\cdots,m)$ 的问题可转变为求矩阵 $\boldsymbol{A}$ 的从大到小次序的前 m 个特征值所对应的正交单元特征向量。与因子分析相类似，列出每个样品在 m 个特征值上的特征向量，分析或作图而得出样品分类结果。将数据结果展示于表 7.32 及图 7.10 中，表明 1、2、4、5、6 号样品分为一类，而 3、7 号样品较特殊。

表 7.32　数据结果列表

样品号	X_k	
	1	2
1	−0.054	−0.070
2	−0.007	−0.004
3	0.901	−0.023
4	−0.009	0.043
5	−0.232	−0.702
6	−0.285	0.043
7	−0.202	0.696

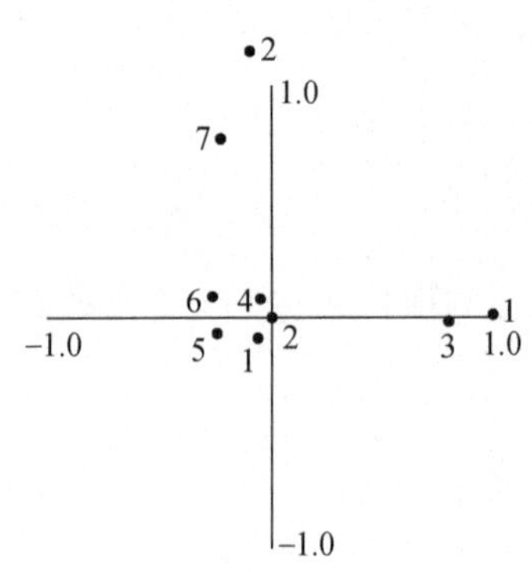

图 7.10　数据结果示意图

本章所介绍的成矿远景区定量预测方法，一般在中比例尺矿床统计预测中较为常用。综合使用上述预测方法，能够提供的成果形式，可以做到六定：① 定资源空间位置；② 定资源个数（类型），即能提供找矿远景区（靶区）的空间位置；③ 定资源数量，一般提供在远景区内 F 级及 G 级资源量估计；④ 定找矿概率，可以提供找矿优度的分级排序；⑤ 定控矿因素定量组合；⑥定找矿标志和有利找矿区间。

上述定量预测方法的选择，要根据研究区预测目的及任务、已有研究程度及工作阶段、研究区地质情况复杂程度、能够获取的数据水平和数据质量，以及地理经济技术条件等因素综合考虑，选择合理方法组合。由于不同方法的物理意义及应用条件不同，所以不同的定量预测方法及同一方法的不同实施方案的预测结果，只能是从不同侧面提供有利于找矿的远景单元，因而单一定量预测方法提供的靶区是有条件性和局限性的。所以，从预测效果出发，应该尽量采用多种统计分析方法的综合预测，以便最大限度地利用研究区内不同精度的资料，以及尽可能多地提供找矿信息。但是，多种定量预测方法的综合预测，不是单纯地以方法的多少简单而论，而要求预测方法的合理组合，即优化组合，还包括各种方法之间实施的最佳顺序。这样，既能注意不同方法的内在联系，又注意其差异，有助于提高预测的精度和可靠程度。

本章所提及的统计预测方法，有的适合于定量变量的预测，有的适合于定性变量的预测，所以对于定性、定量变量建立预测模型可以分别单独使用。但是也可以混合使用定性定量变量，将定量数据转换为二态或三态变量，与定性数据参加同一个定量预测模型。反之亦然，可以把定性数据转换为定量变量，参加定量变量的预测模型。建立混合定量预测模型时，关键问题是要搞好定性、定量数据的相互转换，要研究数据的合成及优化处理。

目前，成矿远景区定量预测方法的研究，正沿着两个方向发展，出现很多新的预测方法：①多元统计分析方法本身的改进及方法之间的结合，演变出很多交叉性方法，如正交逐步回归判别法、自回归判别分析法、因子趋势分析法、因子聚类分析法、帽矩阵差值趋势分析法、势函数法等用于成矿远景区预测。②多元统计分析方法与其他数学方法相结合，出现一系列新的定量预测方法。如多元统计分析与地质统计学相结合，贝叶斯克里金法，地质统计学与自回归方程相结合对二阶平稳随机函数建模的新方法。多元统计分析方法与模糊数学相结合产生模糊多元分析理论，而出现模糊回归、模糊判别、模糊聚类等等。模糊数学与数量化理论结合，产生模糊数量化理论等一系列有关方法。

参 考 文 献

李相国 . 2011. 基于改进的层次分析法的深基坑支护方案优选［D］. 济南：山东大学 .

肖克炎，张晓华，陈郑辉，等 . 1999. 成矿预测中证据权重法与信息量法及其比较［J］. 物探化探计算技术，21（3）：223-227.

赵鹏大，胡旺亮，李紫金 . 1983. 矿床统计预测［M］. 北京：地质出版社 .

第 8 章　模糊数学、灰色系统和非线性理论

20 世纪 70 年代以来，出现了各种非线性方法和模型并得到广泛应用。许多地质现象在本质上是非线性的，基于完全的决定论和纯粹的随机论所建立的数学模型都不能反映大多数地质演化的实质，只有运用相应的思想与工具才能从根本上理解和认识它们。

8.1　模糊数学分析

由于地质体、地质作用和地质过程的多样性、变异性和复杂性，地学信息存在大量非确定性、不精确性成分。自 1965 年 L. A. Zadeh 教授提出模糊集理论后，模糊数学在地球科学中得到广泛的应用。

考虑到地学研究的特点与需要，这里只对模糊数学中的基本概念及理论上最成熟、应用也最广泛的几种模糊数学方法进行介绍。

8.1.1　模糊集合

8.1.1.1　模糊集合的基本知识

定义　给定论域（指研究对象的全体）U，模糊集合 A 指对任意 $x \in U$，x 以某个程度 $\mu_A(x)$（$\in [0, 1]$）属于 A。

对一切 $x \in U$，有唯一确定的数 $\mu_A(x)$，且 $0 \leqslant \mu_A(x) \leqslant 1$。$\mu_A(x)$ 表示 x 属于 A 的程度；其中函数 $\mu_A(x)$ 称为 A 的隶属函数，而对于元素 x，函数值 $\mu_A(x)$ 称为元素 x 关于 A 的隶属度。

$\mu_A(x) \equiv 0$ 表示模糊集合 $A = \varnothing$；而 $\mu_A(x) \equiv 1$ 表示模糊集合 $A = U$。

当隶属函数值仅取 0 或 1 时，模糊集合就是普通的集合。

8.1.1.2　模糊集合的表示方法

如果 $U = \{x_1, x_2, \cdots, x_n\}$ 是有限论域，模糊集合 A 可以用如下几种方法表示：

（1）扎德表示法：$A = \mu_A(x_1)/x_1 + \mu_A(x_2)/x_2 + \cdots + \mu_A(x_n)/x_n$，其中“+”“/”仅是一种记号，并不表示加与除。

（2）序偶表示法：$A = \{(\mu_A(x_1), x_1), (\mu_A(x_2), x_2), \cdots, (\mu_A(x_n), x_n)\}$，其中每一有序对的前者为隶属度，后者为元素。

（3）向量表示法：$A = \{\mu_A(x_1), \mu_A(x_2), \cdots, \mu_A(x_n)\}$。

一般情况下，一个每一分量都在 [0, 1] 区间上取值的 n 维向量 $\{\mu_1, \mu_2, \cdots, \mu_n\}$

称为模糊向量，此处 $0 \leqslant \mu_i \leqslant 1(i=1, \cdots, n)$ 。

设论域为 U , U 的所有模糊集合作为元素构成的普通集合为 U 的模糊幂集，记作 $P(U)$ 。若 $A \in P(U)$, $B \in P(U)$ ，如果对一切 $x \in U$ ，有 $\mu_A(x) \leqslant \mu_B(x)$ ，则称模糊集合 B 包含模糊集合 A ，记作 $A \subseteq B$ ；如果对一切 $x \in U$ ，有 $\mu_A(x) = \mu_B(x)$ ，称模糊集合 A 与模糊集合 B 相等，记作 $A = B$ 。

模糊集合的包含关系与普通集合具有同样的性质。

8.1.1.3　模糊集合的运算

定义　设 A 、B 是论域 U 的两个模糊集合，则 A 与 B 的并集是一个 U 的模糊集合，记作 $A \cup B$ ，其隶属函数为 $\mu_{A\cup B}(x) = \mu_A(x) \vee \mu_B(x)$ 。

A 与 B 的交集是一个 U 的模糊集合，记作 $A \cap B$，其隶属函数为 $\mu_{A\cap B}(x) = \mu_A(x) \wedge \mu_B(x)$。

A 的余集是一个 U 的模糊集合，记作 A^c ，其隶属函数为 $\mu_{A^c}(x) = 1 - \mu_A(x)$ 。

模糊集合具有普通集合常有的运算性质，如交换律、结合律、分配律、幂等律、吸收律、对偶律等。

除扎德算子（ $\vee$， $\wedge$ ）外，模糊集合运算中常用算子有：

(1)（ $\vee$， $\cdot$ ）表示 $a \vee b = \max\{a, b\}$, $a \cdot b = ab$ ；

(2)（ $\oplus$， $\cdot$ ）表示 $a \oplus b = \min\{a, b\}$, $a \cdot b = ab$ ；

(3)（ $\hat{+}$， $\cdot$ ）表示 $a \hat{+} b = a + b - ab$, $a \cdot b = ab$ ；

(4)（ $\oplus$， $\wedge$ ）表示 $a \oplus b = \min\{a+b, 1\}$, $a \wedge b = \min\{a, b\}$ 。

例如用算子（ $\hat{+}$， $\cdot$ ）来定义模糊集合的并集，则 $A \cup B$ 的隶属函数为

$$\mu_{A\cup B}(x) = \mu_A(x) \hat{+} \mu_B(x) = \mu_A(x) + \mu_B(x) - \mu_A(x)\mu_B(x)$$

8.1.1.4　模糊集合的截集

模糊集合表示外延不分明的概念，但在处理实际问题时，对某个具体的对象，模糊概念也需要有一个明确的判断，即对每一个元素来说其对模糊集合应有明确的归属。这就需要建立一种从普通集合刻画模糊集合的方法。

定义：设论域 U , A 是 U 的模糊集合, λ 是一个实数, $0 < \lambda < 1$，令 $A_\lambda = \{x \mid x \in U, \mu_A(x) \geqslant \lambda\}$ ，则称 A_λ 为 A 的一个 λ - 截集，其中 λ 称为阈值或置信水平。

其实，A 的 λ-截集 A_λ 就是 U 中所有对 A 的隶属度大于或等于 λ 的全体元素组成的普通集合。显然 $(A \cup B)_\lambda = A_\lambda \cup B_\lambda$，$(A \cap B)_\lambda = A_\lambda \cap B_\lambda$。若 $0<\lambda_1<\lambda_2<1$，则 $A_{\lambda_1} \supseteq A_{\lambda_2}$。

8.1.2　模糊关系与模糊矩阵

8.1.2.1　模糊关系与模糊矩阵的概念

设 U 和 V 是两个非空集合，以乘积 $U \times V$ 为论域的模糊集合 R 确定 U 到 V 的一个模糊关系，记作：$U \xrightarrow{R} V$，其中任意 $(u, v) \in U \times V$，(u, v) 关于模糊集合 R 的隶属度

μ_R（u，v）表示 u 与 v 关于模糊关系的相关程度，记作 $R(u, v)$。特别当 $R(u, v)$ 的值取0或1时，R 就是 U 到 V 的普通关系。

由于模糊关系就是乘积空间 $U \times V$ 上的一个模糊子集，因此，模糊关系同样具有模糊集合的运算及性质。

设 $U = \{x_1, x_2, \cdots, x_m\}$，$V = \{y_1, y_2, \cdots, y_n\}$，$R$ 是由 U 到 V 的模糊关系，其隶属函数为 $\mu_R(x, y)$，对任意的（x_i，y_j）$\in U \times V$ 有 $\mu_R(x_i, y_j) = r_{ij} \in [0, 1]$（$i=1, 2, \cdots, m$；$j=1, 2, \cdots, n$），记 $R^0 = (r_{ij})_{m \times n}$，则 R^0 就是模糊关系 R 的矩阵表示，称 R^0 为 R 对应的模糊矩阵。当 r_{ij} 仅取0或1时，则矩阵 R^0 为布尔矩阵。

8.1.2.2 截关系与模糊关系的合成

若 U 和 V 是两个非空集合，U 到 V 的一个模糊关系 $U \xrightarrow{R} V$，对任意 $0 \leqslant \lambda \leqslant 1$ 可以唯一确定 U 到 V 的普通关系 R_λ，其中对一切（u，v）$\in U \times V$，当且仅当 $R(u, \nu) \geqslant \lambda$ 时有（u，v）$\in R_\lambda$，称 R_λ 为 R 的 λ-截关系。

普通关系的合成运算可以推广到模糊关系：设 U、V、W 是三个非空集合，U 到 V 的一个模糊关系 R 与 V 到 W 的模糊关系 S 的合成是一个 U 到 W 的模糊关系 T，记作 $T = R \times S$，其中对一切 $u, \omega \in U \times W$，有 $T(u, \omega) = \bigvee_{\nu \in V} [R(u, \nu) \wedge S(\nu, \omega)]$。

定理：设 $U = \{u_1, u_2, \cdots, u_n\}$、$V = \{\nu_1, \nu_2, \cdots, \nu_m\}$ 和 $W = \{\omega_1, \omega_2, \cdots, \omega_1\}$ 是三个有限论域模糊关系 $U \xrightarrow{R} V$，$V \xrightarrow{R} W$ 的矩阵分别表示为 $R = (r_{ij})_{n \times m}$，$S = (s_{jk})_{m \times i}$，则模糊关系 $U \xrightarrow{R \times S} W$ 的矩阵表示就是模糊矩阵 $(r_{ij})_{n \times m}$ 与 $(s_{jk})_{m \times i}$ 的合成。

8.1.3 模糊关系与模糊矩阵

模糊模式识别是指已知若干相互之间边界不分明的模糊概念，需要判定某个确定的对象用哪个模糊概念来刻画更为合理。用模糊集合描述就是已知论域 U 的若干个模糊集合 A_1，A_2，…，A_n，对于 U 的某一待判对象 X，判断 X 隶属于（或接近）哪一个模糊集合。例如，确定某特定铜矿床的规模等级是属于“规模巨大”、“规模大到巨大”、“规模中等到大”、“规模小到中等”还是“规模小”就是一个模糊模式识别的问题。常见的有基于最大隶属原则和基于最大贴近度的两种模糊模式识别方法。

8.1.3.1 基于最大隶属原则的模糊模式识别

最大隶属原则：设论域 U，A_1，A_2，…，A_n，是 U 的 n 个模糊集合，对于 $x_0 \in U$，如果 $\mu_{A_k}(x_0) = \max\{\mu_{A_1}(x_0), \mu_{A_2}(x_0), \cdots, \mu_{A_n}(x_0)\}$，则可以认为 x_0 相对隶属于 A_k。

在实际识别问题中碰到隶属度都很低或都很高的时候需考虑引入阈值原则。如果待识别对象 x_0 关于模糊集合 A_1，A_2，…，A_n 中每一个的隶属程度都低于设定的阈值（或置信水平）a，这时说明模糊集合 A_1，A_2，…，A_n 对元素 x_0 不能识别。如果待识别对象 x_0 关于模糊集合 A_1，A_2，…，A_n 中若干个的隶属程度都高于设定的阈值（或置信水平）a，这时可将 x_0 的识别范围缩小到隶属程度都高于 a 的这些模糊集合的交集中。这就是阈值原则。

8.1.3.2　基于最大贴近度原则的模糊模式识别

1. 模糊集合的内积、外积定义

设论域 U，A、B 是 U 的模糊集合，称数值 $\bigvee_{x\in\mu}[\mu_A(x)\wedge\mu_B(x)]$ 为 A 与 B 的内积，记作 $A\odot B$；称数值 $\bigwedge_{x\in\mu}[\mu_A(x)\vee\mu_B(x)]$ 为 A 与 B 的外积，记作 $A\otimes B$。

当 $A=(a_1,a_2,\cdots,a_n)$ 和 $B=(b_1,b_2,\cdots,b_n)$ 是两个模糊向量时，A 与 B 的内积、外积分别为：$A\odot B=\bigvee_{i=1}^{n}(a_i\wedge b_i)$，$A\otimes B=\bigwedge_{i=1}^{m}(a_i\vee b_i)$。

模糊集合的内积与外积具有如下性质：

(1) $A\odot B=1-A^c\otimes B^c$，$A\otimes B=1-A^c\odot B^c$；

(2) $A\odot A^c\leqslant 0.5$，$A\otimes A^c\geqslant 0.5$；

(3) 若 $A\subseteq B\subseteq C$ 则 $A\odot B\leqslant B\odot C$，$A\otimes C\geqslant A\otimes B$。

2. 贴近度

定义　设论域 U，A、B 是 U 的模糊集合，称 $\sigma(A,B)=\frac{1}{2}[(A\odot B)+(1-A\otimes B)]$ 为 A 与 B 的贴近度。

贴近度有如下性质：

(1) $\sigma(A,B)=\sigma(B,A)$；

(2) $0\leqslant\sigma(A,B)\leqslant 1$，且 $\sigma(A,A)=1$；

(3) $A\subseteq B\subseteq C$，则 $\sigma(A,C)\leqslant\sigma(A,B)\wedge\sigma(B,C)$。

显然，如果 A 与 B 的贴近度 $\sigma(A,B)$ 越大，说明 A 与 B 越贴近。

在实际应用中，根据所研究问题的性质，还可以给出其他形式的贴近度定义。

3. 最大贴近度原则

设论域 U，已知 U 的 n 个模糊集合 $A_1,A_2,\cdots,A_n$，B 是 U 的另一个模糊集合，要判定 B 与 $A_1,A_2,\cdots,A_n$ 中的哪一个最接近。这类识别问题的特点是：模型是模糊的，待识别对象也是模糊的。这需用到最大贴近度原则，也叫择近原则。

最大贴近度原则：设论域 U，已知模糊集合 $A_1,A_2,\cdots,A_n$ 和模糊集合 B，σ 是 U 的模糊集合的贴近度。如果

$\sigma(B,A_k)=\max\limits_{1\leqslant j\leqslant n}\{\sigma(B,A_j)\}=\max\{\sigma(B,A_1),\sigma(B,A_2),\cdots,\sigma(B,A_n)\}$，则可以认为模糊集合 B 与模糊集合 A_k 最接近。

8.1.4　模糊聚类分析

8.1.4.1　等价关系与集合的分类

定义　设 R 是集合 U 到 U 的一个普通关系，如果 R 满足如下条件：① 自反性，对一切 $x\in U$，有 $R(x,x)=1$；② 对称性，$R(x,y)=R(y,x)$；③ 传递性，若 $R(x,y)=$

$R(y, z)=1$，则 $R(x, z)=1$。则称 R 为集合 U 上的一个等价关系。

等价关系中的传递性还可用合成运算表示为：$R \times R \subseteq R$ 。

定义 设集合 $U=\bigcup_{i=1}^{m} A_i$ ，对任意的 i, j 有 $A_i \cap A_j=\varnothing$ ，则称 $\{A_i\}$ 为 U 的一个划分。

集合的划分中每一个 A_i 为一个类。对同一个集合可以有不同的分类方法。如地层的划分与对比的主要方法有生物地层学、岩石地层学、地壳运动学、古地磁学等，每一种分类方法都可以将地层作一划分，形成一组分类。

定理 集合 U 的一个等价关系可以确定 U 的一个分类；反之，U 的一个分类也可以决定 U 的一个等价关系。

8.1.4.2 模糊等价关系与模糊分类

定义：设 R 是集合 U 到 U 的模糊关系 $U \xrightarrow{R} U$ ，如果 R 能满足自反性、对称性及传递性，则称 R 是 U 上的一个模糊等价关系。

定理：设论域 U，R 是集合 U 到 U 的模糊关系 $U \xrightarrow{R} U$ ，则 R 是 U 上模糊等价关系的充分必要条件是：对任意 $0 \leqslant \lambda \leqslant 1$，$R$ 的 λ - 截关系 R_λ 是 U 上的一个普通等价关系。

定理：设 R 是集合 U 到 U 的模糊关系，对任意 $0 \leqslant \lambda_1 \leqslant \lambda_2 \leqslant 1$，$U$ 上的普通等价关系 $R_{\lambda 1}$ 和 $R_{\lambda 2}$ 决定了 U 的两个分类，则 $R_{\lambda 2}$ 将 U 分成的每一类必定是 $R_{\lambda 1}$ 将 U 分成的某一类的子集合。

由上面两个定理可知，一个模糊等价关系 R 的 λ - 截关系可以对 U 进行分类，并且当 λ 由 1 逐渐下降到 0 时，这样的分类也由细变粗，即 R 决定了 U 的一个动态分类——模糊分类，当 λ 变化时，将模糊分类变化过程形成的动态图叫作聚类图。

设 $U=\{x_1, x_2, \cdots, x_n\}$ 是有限论域，R 是 U 的模糊等价关系，则 R 的矩阵表示 $\boldsymbol{R}=(r_{ij})_{n \times n}$ 满足如下条件：① 自反性，$r_{ij}=1$；② 对称性，$r_{ij}=r_{ji}$ ；③ 传递性，$\bigvee_{k=1}^{n}(r_{ik} \wedge r_{kj})=r_{ij}$ ，则称该模糊矩阵为模糊等价矩阵。

由此可知，在有限论域上模糊等价关系与模糊等价矩阵是互相对应的。

8.1.4.3 模糊相似关系与传递闭包

定义：设 R 是集合 U 到 U 的模糊关系 $U \xrightarrow{R} U$ ，如果 R 能满足自反性、对称性，则称 R 是 U 上的一个模糊等价关系。其中任意 $(x, y) \in U \times U$ ，隶属度 $R(x, y)$ 表示 U 中元素 x 与 y 关于 R 的相似程度。

如果 $U=\{x_1, x_2, \cdots, x_n\}$ 是有限论域，U 的模糊等价关系 R 的矩阵表示 $\boldsymbol{R}=(r_{ij})_{n \times n}$ 满足如下条件：① 自反性，$r_{ii}=1$；② 对称性，$r_{ij}=r_{ji}$ ，则称该模糊矩阵为模糊相似矩阵。因而，在有限论域中模糊相似关系与模糊相似矩阵互相对应。

定理 设 $\boldsymbol{R}=(r_{ij})_{n \times n}$ 是模糊相似矩阵，则对于任意自然数 m ，模糊矩阵 $\boldsymbol{R}^m=\boldsymbol{R} \times \boldsymbol{R} \times \boldsymbol{R} \times \cdots \times \boldsymbol{R}$（共 m 个）也是模糊相似矩阵。

设 $\boldsymbol{R}=(r_{ij})_{n \times n}$ 是一个模糊矩阵，如果 $\boldsymbol{R}$ 满足 $\boldsymbol{R}^2=\boldsymbol{R} \times \boldsymbol{R} \subseteq \boldsymbol{R}$ ，则称 $\boldsymbol{R}$ 为模糊传递矩阵，包含 $\boldsymbol{R}$ 的最小模糊传递矩阵称为 $\boldsymbol{R}$ 的传递闭包，记作 $t(\boldsymbol{R})$ 。显然 $t(\boldsymbol{R})$ 满足：

① $t(\boldsymbol{R}) \times t(\boldsymbol{R}) \subseteq t(\boldsymbol{R})$；② $\boldsymbol{R} \subseteq t(\boldsymbol{R})$；③若 $\boldsymbol{R} \subseteq \boldsymbol{S}$，且 $\boldsymbol{S} \times \boldsymbol{S} \subseteq \boldsymbol{S}$，则必有 $t(\boldsymbol{R}) \subseteq \boldsymbol{S}$。

定理　设 $\boldsymbol{R} = (r_{ij})_{n \times n}$ 是任意模糊相似矩阵，则存在自然数 $k \leqslant n$，使得 $t(\boldsymbol{R}) = \boldsymbol{R}^k$，并且对一切 $l \geqslant k$，有 $\boldsymbol{R}^l = \boldsymbol{R}^k$。

上面两个定理给出了计算模糊相似矩阵 $\boldsymbol{R}$ 的传递闭包 $t(\boldsymbol{R})$ 的方法，即存在自然数 $l = 1, 2, 3, \cdots$ 使得 $t(\boldsymbol{R}) = \boldsymbol{R}^{2l+1} = \boldsymbol{R}^{2l} \times \boldsymbol{R}^{2l} = \boldsymbol{R}^{2l}$。$t(\boldsymbol{R})$ 就是包含 $\boldsymbol{R}$ 的模糊等价矩阵。这种方法称为最小平方法。

8.1.4.4　模糊聚类分析

在一定范围内对事物按照某种属性进行分类是地学研究的一项重要内容，聚类分析就是按照确定的标准对研究对象进行分类的数学方法，其中利用模糊等价关系进行分类的方法称为模糊聚类分析。

将待分类对象的全体作为论域 $U = \{x_1, x_2, \cdots, x_n\}$，每一对象 $x_i (i = 1, 2, \cdots, n)$ 用一组数据 $\{x_{i1}, x_{i2}, \cdots, x_{in}\}$ 表示其特征。模糊聚类分析的实质就是按某种标准鉴别对象间的接近程度，把彼此接近的对象归为一类。

1. 模糊聚类分析方法

模糊聚类分析方法总体上分为两步。

第一步：建立模糊相似矩阵。

用 r_{ij} 表示分类对象 x_i 与 x_j 间的相似程度，由此建立模糊相似矩阵 $\boldsymbol{R} = (r_{ij})_{n \times n}$，其中 r_{ij} 可用如下方法之一确定。共 12 种方法可以建立模糊相似矩阵，其中完全客观的有 8 种方法（表 8.1），带有主观成分的有 4 种。

表 8.1　模糊相似矩阵客观构造方法

序号	方法名称	计算公式	序号	方法名称	计算公式
1	最大最小法	$r_{ij} = \dfrac{\sum_{k=1}^{m} \min(x_{ik}, x_{jk})}{\sum_{k=1}^{m} \max(x_{ik}, x_{jk})}$	5	夹角余弦法	$r_{ij} = \dfrac{\sum_{k=1}^{m} x_{ik} x_{jk}}{\sqrt{\sum_{k=1}^{m} x_{ik}^2} \sqrt{\sum_{k=1}^{m} x_{jk}^2}}$
2	算术平均法	$r_{ij} = \dfrac{\sum_{k=1}^{m} \min(x_{ik}, x_{jk})}{0.5 \sum_{k=1}^{m} (x_{ik} + x_{jk})}$	6	欧氏距离法	$r_{ij} = \sqrt{\dfrac{1}{m} \sum_{k=1}^{m} (x_{ik} - x_{jk})^2}$
3	几何平均法	$r_{ij} = \dfrac{\sum_{k=1}^{m} \min(x_{ik}, x_{jk})}{0.5 \sum_{k=1}^{m} \sqrt{(x_{ik} x_{jk})}}$	7	非参数法	$r_{ij} = 0.5\left(1 + \dfrac{n^+ - n^-}{n^+ + n^-}\right)$
4	相关乘数法	$r_{ij} = \dfrac{\sum_{k=1}^{m} (x_{ik} - \bar{x}_i)(x_{jk} - \bar{x}_j)}{\sqrt{\sum_{k=1}^{m} (x_{ik} - \bar{x}_i)^2} \sqrt{\sum_{k=1}^{m} (x_{jk} - \bar{x}_j)^2}}$	8	绝对值指数法	$r_{ij} = \mathrm{e}^{-\sum_{k=1}^{m} (x_{ik} - x_{jk})}$

表 8.1 中 $\bar{x}_i = \frac{1}{m}\sum_{k=1}^{m} x_{ik}$，$\bar{x}_j = \frac{1}{m}\sum_{k=1}^{m} x_{jk}$，$n^+$ 和 n^- 为数据 x_{ik}，$x_{jk}(k=1, 2, \cdots, m)$ 中大于对应的 $\bar{x}_i$、$\bar{x}_j$ 和小于对应的 $\bar{x}_i$、$\bar{x}_j$ 的数据个数。

建立模糊相似矩阵的主观方法有：

（1）数量积法：在 $i \neq j$ 时，$r_{ij} = \frac{1}{M}\sum_{k=1}^{m} x_{ik}x_{jk}$，否则 $r_{ij}=1$，其中 M 是适当选择的正数，满足 $M \geqslant \max(\sum_{k=1}^{m} x_{ik}x_{jk})$。

（2）绝对值倒数法：在 $i \neq j$ 时，$r_{ij} = \frac{M}{\sum_{k=1}^{m} |x_{ik} - x_{jk}|}$；否则 $r_{ij}=1$，其中 M 是适当选择的正数，满足 $M \leqslant \min(\sum_{k=1}^{m} |x_{ik} - x_{jk}|)$。

（3）绝对值减数法：在 $i \neq j$ 时，$r_{ij} = 1 - C\sum_{k=1}^{m} |x_{ik} - x_{jk}|$；否则 $r_{ij}=1$，其中 C 是适当选择的正数，满足 $0 \leqslant r_{ij} \leqslant 1$。

（4）主观评分法：请有关专家根据经验打分确定 r_{ij} 的值。

第二步：建立模糊等价矩阵。

如果第一步建立的模糊相似矩阵 $\boldsymbol{R}=(r_{ij})_{n\times n}$ 满足传递性的条件 $\boldsymbol{R}\times\boldsymbol{R}\subseteq\boldsymbol{R}$，那么 $\boldsymbol{R}$ 就是模糊等价矩阵，利用 $\boldsymbol{R}$ 可以对 U 进行分类；如果 $\boldsymbol{R}$ 不满足传递性的条件，那么先用平方法求出 $\boldsymbol{R}$ 的传递闭包 $t(\boldsymbol{R})$，则 $t(\boldsymbol{R})$ 是一个模糊等价矩阵，可以利用 $t(\boldsymbol{R})$ 对 U 进行分类。

2. 直接聚类法

在模糊聚类分析法中，如果模糊相似矩阵 $\boldsymbol{R}=(r_{ij})_{n\times n}$ 不满足传递性的条件，则需要利用最小平方法求出传递闭包 $t(\boldsymbol{R})$。一般来说，这种计算比较复杂，下面介绍一种由模糊相似矩阵 $\boldsymbol{R}$ 对 U 进行直接分类的方法。直接聚类法的具体步骤为：

（1）先取 $\lambda_1=1$ 为最大值，对每一 x_i 作相似类 $[x_i]_R=\{x_j | r_{ij=1}\}$，由于 $\boldsymbol{R}=(r_{ij})_{n\times n}$ 不满足传递性，因而可能出现 $[x_i]_R \neq [x_j]_R$ 但 $[x_i]_R \cap [x_j]_R \neq \varnothing$ 的情况，这时将所有具有公共元素的类合并在一起构成一类，由此得到 U 的一个分类，这个分类恰好就是 $t(U)$ 在水平 $\lambda_1=1$ 下的分类。

（2）再取 λ_2，$0<\lambda_2<1$ 为次大值，对于每一个元素 x_i，通过 R 找出 x_i 相似程度大于或等于 λ_2 的元素构成一类，即 $[x_i]_R=\{x_j | r_{ij} \geqslant \lambda_2\}$，再将公共元素的类合并得到 U 的一个分类，该分类就是 $t(U)$ 在 λ_2 下对 U 的分类。

（3）再取 λ_3，$0<\lambda_3<\lambda_2<1$ 为第三大值，重复（2）的过程，得到 $t(U)$ 在 λ_3 下对 U 的分类。

（4）依次类推，当 λ 逐渐下降到 0 时，就可以得到 $t(U)$ 对 U 的模糊分类。

8.1.5　模糊综合评判

8.1.5.1　模糊映射与模糊变换

定义　设 U、V 是两个非空集合，如果存在 U 到 V 的模糊幂集 $P(V)$ 的对应法则 f，通过 f 对 U 中每一元素 x，有 V 的唯一确定的模糊集合 B 与之对应，则称 f 是 U 到 V 的模糊映射，记作 f：$U \rightarrow P(V)$，$x \rightarrow f(x) = B \in P(V)$。

定义　设 U、V 是两个非空集合，如果存在 U 的模糊幂集 $P(U)$ 到 V 的模糊幂集 $P(V)$ 的对应法则 T，通过 T 对于 U 的任意模糊集合 A，有 V 的唯一确定的模糊集合 B 与之对应，则称 T 是 U 到 V 的模糊变换，记作 T：$P(U) \rightarrow P(V)$，$A \rightarrow T(A) = B \rightarrow P(V)$。

给定集合 U 到 V 的模糊映射 f，f：$x \rightarrow f(x) \in P(V)$，由 f 可以通过 $U \xrightarrow{R_f} V$ 诱导出 U 到 V 模糊关系 R_f，使得一切 $(x, y) \in U \times V$，x 与 y 关于模糊关系 R_f 的相关程度 $R_f(x, y) = \mu_{f(x)}(y)$，其中 $0 \leqslant \mu_{f(x)}(y) \leqslant 1$ 是指 V 中元素 y 关于模糊集合 $f(x)$ 的隶属度。

一般情况下，$U = \{x_1, x_2, \cdots, x_n\}$ 和 $V = \{y_1, y_2, \cdots, y_n\}$ 是有限论域，f 是 U 到 V 的模糊映射，使得：f：$x_i \rightarrow f(x_i) = r_{i1}/y_1 + r_{i2}/y_2 + \cdots + r_{im}/y_m (i = 1, 2, \cdots, n)$，则有

$$R_f(x_i, y_j) = \mu_{f(x_i)}(y_j) = r_{ij}(i = 1,2,\cdots,n; j = 1,2,\cdots,m)$$

因此 R_f 的矩阵表示为 $\boldsymbol{R}_f = (r_{ij})_{n\times m}$。此外，利用 R_f 还可唯一确定 U 到 V 的一个模糊变换 T_f 使得对 U 的任意模糊集合 A：$A = a_1/x_1 + a_2/x_2 + \cdots + a_n/x_n$，有

$$T_f(A) = B = b_1/y_1 + b_2/y_2 + \cdots + b_m/y_m$$

其中 $b_j = \bigvee_{i=1}^{n}(a_i \wedge r_{ij}) = (a_1 \wedge r_{1j}) \vee (a_2 \wedge r_{2j}) \vee \cdots (a_n \wedge r_{nj}) (j = 1, 2, \cdots, m)$，即 $(b_1, b_2, \cdots, b_m) = (a_1, a_2, \cdots, a_n) \times R_f$，称 T_f 为由模糊映射 f 诱导的模糊变换。

8.1.5.2　综合评价模型

研究对象的性质受多因素控制，因而在评价研究对象的某种属性时，应该考虑多因素的影响进行综合评价。如矿石质量受多因素制约，在对某矿床的矿石质量进行评价时，应该综合考虑矿石的品位、埋深、产状、规模及共伴生元素的可利用程度等多种影响矿石质量的因素，在单因素评价的基础上进行综合评价，建立矿石质量综合评价模型。

模糊综合评判可以大致分为以下几步：

（1）确定评价对象的因素集：$U = \{x_1, x_2, \cdots, x_n\}$。

（2）确定评价结论集（即评语集）：$V = \{y_1, y_2, \cdots, y_m\}$。

（3）做出单因素评价。建立一个因素集 U 到评价结论集 V 的模糊映射 f，再由 f 诱导出一个模糊关系 R_f，其矩阵表示记作 $\boldsymbol{R} = (r_{ij})_{n\times n}$，即

$$f: x_i \rightarrow f(x_i) = r_{i1}/y_1 + r_{i2}/y_2 + \cdots + r_{im}/y_m (i = 1,2,\cdots,n)$$

称 $\boldsymbol{R}$ 为单因素评价矩阵。这里 r_{ij} 表示因素 x_i 对评语 y_i 的隶属程度。

在实际应用中，建立单因素评价矩阵最简便、最实用的方法是“抽样调查法”。下面结合实例来介绍“抽样调查法”。

例如，在对某矿山的矿石质量评价中，评价对象的因素集有品位、埋深、产状、规模及共伴生元素的可利用程度5个元素，即 $U=\{x_1, x_2, x_3, x_4, x_5\}$；评价结论集有4个元素：很好、好、一般和差，即 $Y=\{y_1, y_2, y_3, y_4\}$。注意：评价结论集中品位好是指矿石品位高，产状好是指矿体形态变化小等。

先对品位因素进行单因素评价，结果表明，60%的专家认为矿石品位很好，20%认为好，15%认为一般，5%认为差，则品位单因素隶属程度矩阵为

$$f(x_1)=0.6/y_1+0.2/y_2+0.15/y_3+0.05/y_4$$

即因素 x_1（品位）对评价结论集的元素 y_1（很好）、y_2（好）、y_3（一般）、y_4（差）的隶属度依次为0.6、0.2、0.15、0.05。同样也可以得出 $f(x_2)$、$f(x_3)$、$f(x_4)$，现在就可以建立该矿山质量单因素评价矩阵：

$$\boldsymbol{R}=\begin{bmatrix}0.6 & 0.2 & 0.15 & 0.05\\ 0.8 & 0.1 & 0.05 & 0.05\\ 0.6 & 0.2 & 0.1 & 0.1\\ 0.5 & 0.4 & 0.05 & 0.05\\ 0.7 & 0.15 & 0.1 & 0.05\end{bmatrix}$$

（4）综合评价。由于各个因素在综合评价中的作用不同，为此给出一个 U 的模糊集合 $A=\{a_1, a_2, \cdots, a_n\}$，满足条件 $\sum_{i=1}^{n} a_i=a_1+a_2+\cdots+a_n=1$，其中元素 x_i 关于 A 的隶属度 $\mu_A(x_i)=a_i$ 表示第 i 个因素 x_i 在综合评价中的作用，将 A 称为综合评价的权值向量（或权重），对于给定的权重 A，综合评价就是因素集 U 到评价结论集 V 的一个模糊变换 T_f: $A \to B=T_f(A)=A\times R$。综合结论是评价结论集 V 的一个模糊集合。

8.1.5.3　改进的综合评价模型

实际使用综合评价模型时常会遇到这样两类问题：一类是因素较多使得权重不易分配，且权重普遍太小，因而评价结论不易区分；另一类是在合成运算得出评价结论集 $B=T_f(A)=A\times R$ 时用的是扎德算子"∧"和"∨"，这种算子仅考虑了主要因素，因而会丢失一些重要信息，使得评价结果失真或不准确。为了减少这两个问题带来的影响，可以采用多层次评价模型或广义模糊算子评价模型对综合评价方法进行改进。

1. 多层次评价模型

多层次评价模型的主要步骤有：先将因素集 U 按某种属性划分成 s 个子集合，分别记作 $U_1, U_2, \cdots, U_s$，其中 $\bigcup_{j=1}^{s} U_j=U$，$U_i\cap U_j=\varnothing(i\neq j)$，并且设 $U_j=\{x_{j1}, x_{j2}, \cdots, x_{jn}\}(j=1, 2, \cdots, s)$，这里 $\sum_{j=1}^{s} n_j=n$。

再确定评价结论集 $V=\{y_1, y_2, \cdots, y_m\}$，对于每一个 U_j 进行单因素评价得出单因素评价矩阵 R_j，给出 U_j 中各因素的权重 $A_j=\{a_{j1}, a_{j2}, \cdots, a_{jn}\}$，满足 $\sum_{j=1}^{s} a_{jk}=1$；于是得出 U_j 的综合评价结论：$B_j=A_j\times R_j=\{b_{j1}, b_{j2}, \cdots, b_{jm}\}$。

此后，将 U_j 视为一个单独元素，用 B_j 作为 U_j 的单因素评价，由此提出因素集 $\{U_1,$

U_2，…，U_s｝的单因素评价矩阵

$$\boldsymbol{R}=\begin{bmatrix} b_{11} & b_{12} & \cdots & b_{1m} \\ b_{21} & b_{22} & \cdots & b_{2m} \\ \vdots & \vdots & & \vdots \\ b_{s1} & b_{s2} & \cdots & b_{sm} \end{bmatrix}$$

根据每一 U_j 在 U 中所起作用的重要程度给出权重 $A=\{a_{1*},\ a_{2*},\ \cdots,\ a_{s*}\}$。

最后，得出综合评价结论：$B=A\times\boldsymbol{R}$。

这个过程称为二级综合评价模型，同样也可以建立多级综合评价模型，所有这些统称为多层次评价模型。

2. 广义模糊算子的综合评价模型

假定一个综合评价模型包括：因素集 U、评价结论集 V 和单因素评价矩阵 $\boldsymbol{R}=(r_{ij})_{n\times m}$；对于权重 $A=\{a_1,\ a_2,\ \cdots,\ a_n\}$，得出综合评价结论：$B=A\times\boldsymbol{R}=\{b_1,\ b_2,\ \cdots,\ b_m\}$，如果合成算子采用扎德算子"∧"和"∨"就得到前面的评价模型。也可采用其他模型算子得出其相应的综合评价模型。常用模型有：

模型 1：模糊算子采用扎德算子的称为主因素决定模型，记作 $M(\wedge,\ \vee)$。

模型 2：模糊算子采用"实验乘数"与"取大"运算，即

$$b_j=\bigvee_{i=1}^{n}(a_i\cdot r_{ij})=(a_1\cdot r_{1j})\vee(a_2\cdot r_{nj})\vee\cdots\vee(a_n\cdot r_{nj})(j=1,2,\cdots,m)$$

称为主因素突出型模型，记作 $M(\cdot,\ \vee)$。

模型 3：模糊算子采用"实验乘数"与"有界和"运算，即

$$b_j=\bigoplus_{i=1}^{n}(a_i\cdot r_{ij})=(a_1\cdot r_{1j})\oplus(a_2\cdot r_{2j})\oplus\cdots\oplus(a_n\cdot r_{nj})(j=1,2,\cdots,m)$$

称为加权平均型模型，记作 $M(\cdot\oplus)$，其中 $a\oplus b$ 表示 $\min\{a+b,\ 1\}$。

在具体运用中，如果权重最大的因子起主导作用，多选用模型 1 或 2，如果各因子权值均匀，则可选择模型 3，一般情况可同时选用多个模型进行比较。

3. 综合评价的逆问题

由因素集 U、评价结论集 V 和单因素评价矩阵 $\boldsymbol{R}$ 构成综合评价模型，对于给定的权重 A 可以得出综合评价结论：$B=A\times\boldsymbol{R}$，这是综合评价的正问题。实际中还会遇到这种情况：综合评价结论 B 已知，要确定 B 所依赖的权重 A，这就是综合评价的逆问题。

如某矿山的矿石质量经专家评定后认为质量很好，这时就应该调查质量很好的原因，制定相应的工作方案，以便科学地指导下一步勘探、开采、冶炼及综合利用等工作。

4. 综合评价逆问题的近似解

综合评价逆问题的实质是求解模糊关系方程 $X\times\boldsymbol{R}=B$。在实际工作中可采用下面方法求得综合评价逆问题的近似解。

请有经验的专家根据经验给出一组不同的权重，称为权重备选集，再根据择近原则从权重备选集中找出一个相对最理想的权重分配方案。

设 $J=\{A_1,\ A_2,\ \cdots,\ A_S\}$ 是权重备选集，如果 $(A_k\times\boldsymbol{R},\ B)=\max\limits_{1\leqslant j\leqslant s}\{(A_j\times\boldsymbol{R},\ B)\}$，则

可以认为 A_k 是 J 中最佳权重分配方案，其中 $(A_j\times \boldsymbol{R},\ B)$ 表示 $A_j\times \boldsymbol{R}$ 与 B 的贴近度或格贴近度。

8.2 灰色系统分析

部分信息已知、部分信息未知的系统称为灰色系统。灰色系统理论是研究灰色系统分析、建模、预测、决策和控制的理论，在 20 世纪 80 年代初由邓聚龙教授提出并发展起来。它把一般系统论、信息论、控制论的观点和方法延伸到社会、环境、生态等抽象系统，结合运用数学方法，发展了一套解决信息不完备系统即灰色系统的理论与方法。地学研究中的对象大多属于灰色系统的范畴，因为已知的信息只有资料、经验及样品，其他未知信息需要通过已知信息的推断，如对于一个勘探区域，坑钻资料、区域物化探资料属于已知信息，其余信息都是未知的，整个勘探区域就是一个灰色系统。应用灰色系统理论解决实际问题时，总是通过分析、建模、预测、决策和控制等手段来实现的。灰色系统理论发展较快，这里只对灰色系统理论的基本方法进行简单介绍，以期起到抛砖引玉的作用。

8.2.1 灰色关联分析

灰色关联分析是定量地比较或描述系统之间或系统内部各要素之间特征曲线的几何形状，根据特征曲线的变化大小、方向和速度等指标的接近程度来衡量它们之间的关联性。如果比较序列的变化态势基本一致或相似，其同步变化管理方式较高，则可认为两者关联度较大；反之则两者关联度较小。这种用于度量系统之间或因素之间关联性大小的标准，称为关联度。

下面用实例来说明灰色关联分析的计算方法和步骤。

某油田需对含油层进行关联分析，以便确定油层开采次序。设有三个油层，其中一个是已知效益好的油层，称为已知油层（用油层 0 表示），另外两个则是需比较优劣的油层，依次为油层 1、2。共观察 9 个指标（如孔、渗、饱等），根据资料建立表 8.2（表中数据只有象征意义）。

表 8.2 油层数据资料表

指标	1	2	3	4	5	6	7	8	9
油层 1	0.30	0.05	0.05	0.20	0.05	0.14	0.23	0.05	0.03
油层 2	0.20	0.12	0.08	0.10	0.12	0.07	0.12	0.10	0.05
油层 0	0.26	0.01	0.08	0.30	0.01	0.15	0.25	0.03	0.03

则灰色关联分析进行量化研究的计算方法与计算步骤如下：

第一步，设 $X_0(k)$ 代表已知油层的各项指标序列，为母序列；$X_1(k)$ 代表油层 1 的各项指标序列，为第一子序列；$X_2(k)$ 代表油层 2 的各项指标序列，为第二子序列。

第二步，计算各子序列与母序列的同一指标值的差的绝对值数列，简称差数列：

$$\Delta_{01} = [0.04, 0.04, 0.03, 0.10, 0.04, 0.01, 0.02, 0.02, 0.00]$$

$$\Delta_{02} = [0.04, 0.04, 0.03, 0.10, 0.04, 0.01, 0.02, 0.02, 0.00]$$

第三步：找出差数列中最大差值 $\Delta_{max} = 0.20$ 和最小差值 $\Delta_{min} = 0.00$。

第四步：按下式计算母序列与各子序列在各点的灰色关联系数

$$L_{0i}(k) = \frac{\Delta_{min} + \rho\,\Delta_{max}}{\Delta_{0i}(k) + \rho\,\Delta_{max}}$$

其中 $\rho \in [0,\ 1]$ 为分辨率系数。当 ρ 越大时，分辨率越大；当 ρ 越小时，分辨率越小，一般情况取 $\rho = 0.5$。本例中取 $\rho = 1$，结果为

$$L_{01}(k) = [0.833, 0.833, 0.870, 0.667, 0.833, 0.952, 0.909, 0.909, 1.000]$$

$$L_{02}(k) = [0.769, 0.645, 1.000, 0.500, 0.645, 0.714, 0.606, 0.741, 0.909]$$

第五步：计算母序列与子序列之间的关联度

$$\gamma_{0i} = \frac{\sum_{k=1}^{n} L_{0i}(k)}{n}$$

本例中 $n = 9$，结果分别为

$$\gamma_{01} = 0.8674\ ,\ \gamma_{02} = 0.7255\ 。$$

从关联度大小可以看出 $\gamma_{01} > \gamma_{02}$，说明油层 1 的效益好于油层 2。通过关联分析，可以确定油层的效益级别，为油田开采决策提供依据。

8.2.2　灰色动态模型

灰色系统理论与方法的核心是灰色动态模型，由于地学信息处在一种系统的、开放的和动态的环境，因而灰色动态模型在地学研究中应用较广。

灰色系统建模思想是直接将时间序列转化为微分方程，从而建立起抽象系统发展变化的动态模型，记为 *GM*。灰色系统建立的 $GM(n,\ h)$ 模型是微分方程的时间连续函数模型，括号中的 n 表示微分方程的阶数，h 表示变量的个数。常用的灰色动态模型为 $GM(1,\ 1)$，即单序列一阶线性动态模型。

设原始数据为 $X^{(0)}(k)$（$k = 1,\ 2,\ 3,\ \cdots,\ n$），一次累加数据为 $X^{(1)}(t) = \sum_{k=1}^{t} X^{(0)}(k)$。$GM(1,\ 1)$ 模型的微分方程为 $\frac{dX^{(1)}}{dt} + aX^{(1)} = u$，系数向量为 $\boldsymbol{\mu} = [a,\ u]^{T}$。

记

$$\boldsymbol{B} = \begin{bmatrix} -0.5[X_1^{(1)}(1) + X_1^{(1)}(2)] & 1 \\ -0.5[X_1^{(1)}(2) + X_1^{(1)}(3)] & 1 \\ \vdots & \vdots \\ -0.5[X_1^{(1)}(n-1) + X_1^{(1)}(n)] & 1 \end{bmatrix}$$

$$\boldsymbol{Y}_n = [X_1^{(0)}(2) \quad X_1^{(0)}(3) \quad \cdots \quad X_1^{(0)}(n)]^{T}$$

则用最小二乘法求解系数 $\hat{\mu} = (\boldsymbol{B}^{T}\boldsymbol{B})^{-1}\boldsymbol{B}]^{T}\boldsymbol{Y}_n$。代入微分方程的解，得到时间函数

$$\hat{X}^{(1)}(t+1)=\left(X^{(1)}(0)-\frac{u}{a}\right)\mathrm{e}^{-at}+\frac{u}{a}$$

若令 $X^{(1)}(0)=X^{(0)}(1)$，则：$\hat{X}^{(1)}(t+1)=\left(X^{(0)}(1)-\frac{u}{a}\right)\mathrm{e}^{-at}+\frac{u}{a}$。

再还原，便得到

$$\hat{X}^{(1)}(t)=\hat{X}^{(0)}(t+1)-\hat{X}^{(0)}(t)$$

这两个方程即为 $GM(1,\ 1)$ 模型进行灰色预测的基本计算公式。

需要说明的是，不是任意的数据都可以进行灰色预测，需要对已知数据列做必要的检验处理。计算数列的级比

$$\lambda(k)=\frac{X^{(0)}(k-1)}{X^{(0)}(k)}\quad(k=2,3,\cdots,n)$$

如果所有的级比 $\lambda(k)$ 都落在可容覆盖 $X=(\mathrm{e}^{-\frac{2}{n+1}},\ e^{\frac{2}{n+1}})$ 内，则数列 $X^{(0)}$ 可以作为模型 $GM(1,\ 1)$ 和进行数据灰色预测。否则，需要对数列 $X^{(0)}$ 做必要的变换处理，使其落入可容覆盖内。即取适当的常数 c，作平移变换：

$$Y^{(0)}(k)=X^{(0)}(k)+c\quad(k=1,2,\cdots,n)$$

则使数列 $Y^{(0)}=(Y^{(0)}(1),\ Y^{(0)}(2),\ \cdots,\ Y^{(0)}(n))$ 的级比

$$\lambda_Y(k)=\frac{Y^{(0)}(k-1)}{Y^{(0)}(k)}\in X\quad(k=2,3,\cdots,n)$$

例：某油层的某指标原始数据列为

$$X^{(0)}=\{2.874,3.278,3.337,3.39,3.679\}$$

需建立 $GM(1,\ 1)$ 模型进行预测，并对其检验。

第一步：根据 $X^{(1)}(k)=\sum_{i=1}^{k}X^{(0)}(i)$，得生成数列如下

t	1	2	3	4	5
$X^{(1)}(i)$	2.874	6.152	9.498	12.879	16.558

第二步：确定系数矩阵 $\boldsymbol{A}$、$\boldsymbol{B}$、$\boldsymbol{Y}_n$

$$\boldsymbol{A}=\begin{bmatrix}-a^{(1)}(X^{(1)}(2))\\-a^{(1)}(X^{(1)}(3))\\-a^{(1)}(X^{(1)}(4))\\-a^{(1)}(X^{(1)}(5))\end{bmatrix}=\begin{bmatrix}-3.278\\-3.346\\-3.39\\-3.679\end{bmatrix}$$

$$\boldsymbol{B}=\begin{bmatrix}-0.5(X^{(1)}(1)+X^{(1)}(2)) & 1\\-0.5(X^{(1)}(2)+X^{(1)}(3)) & 1\\-0.5(X^{(1)}(3)+X^{(1)}(4)) & 1\\-0.5(X^{(1)}(4)+X^{(1)}(5)) & 1\end{bmatrix}=\begin{bmatrix}-4.513 & 1\\-7.82 & 1\\-11.184 & 1\\-14.719 & 1\end{bmatrix}$$

$$\boldsymbol{Y}_n=[X^{(0)}(2)\quad X^{(0)}(3)\quad X^{(0)}(4)\quad X^{(0)}(5)]^{\mathrm{T}}=[3.278\quad 3.346\quad 3.39\quad 3.679]^{\mathrm{T}}$$

第三步：求系数向量 $\hat{\boldsymbol{a}}=(\boldsymbol{B}^{\mathrm{T}}\boldsymbol{B})^{-1}\boldsymbol{B}^{\mathrm{T}}\boldsymbol{Y}_n$

$$\hat{\boldsymbol{a}}=\begin{bmatrix}0.134\,17 & 0.165\,54\\0.165\,54 & 1.832\,96\end{bmatrix}\times\begin{bmatrix}-4.513 & -7.82 & -11.84 & -14.719\\1 & 1 & 1 & 1\end{bmatrix}\times\begin{bmatrix}3.278\\3.346\\3.39\\3.679\end{bmatrix}$$

$$=\begin{bmatrix}-0.0372\\3.06536\end{bmatrix}$$

第四步：确定模型

$$\frac{dX^{(1)}}{dt}-0.0372\,X^{(1)}=3.06536$$

$$\hat{X}^{(1)}(k+1)=(X^{(0)}(1)-u/a)\,\mathrm{e}^{-ak}+u/a$$

其中 $X^{(0)}(1)=2.874$，$u/a=3.06536/(-0.00372)=-82.3925351$，因此，$\hat{X}^{(1)}(k+1)=85.2665\mathrm{e}^{-0.0372k}-82.3925351$。

第五步：精度检验——残差检验

令残差为 $\varepsilon(k)$ ，计算

$$\varepsilon(k)=\frac{x^{(0)}(k)-\hat{x}^{(0)}(k)}{x^{(0)}(k)}(k=1,2,\cdots,n)$$

如果 $\varepsilon(k)<0.2$，则可认为达到一般要求；如果 $\varepsilon(k)<0.1$，则认为达到较高的要求。从表 8.3 可以看出预测效果较好。

表 8.3　残差检验结果

生成模型计算数据	实际数据	误差	误差百分数/%
$X(0)(2)=3.236$	3.278	0.042	1.402
$X(0)(3)=3.354\,5$	3.337	-0.175	-0.525
$X(0)(4)=3.481\,7$	3.39	-0.091 7	-2.705
$X(0)(5)=3.613\,6$	3.679	0.0654	1.7755

8.3　非线性理论分析

非线性科学是正在蓬勃发展的前沿科学，孤立子、混沌和分形是非线性科学当前研究得最多的三个普适类，它们讨论了许多非线性现象普遍存在的共性。本书主要对在地学研究中用得较多的分形与混沌进行介绍。

8.3.1　分形理论

8.3.1.1　分形概述

分形理论是关于复杂系统自相似性（或标度不变性）的一般概念，是描述混乱无序、

不规则、不光滑却具有相似结构的复杂现象的有效工具。分形理论创立于20世纪70年代中期，80年代末开始引入地质学研究。

自然界的许多客体如山脉、水系、海岸线等都具有复杂的形状，很难对它们进行定量的描述。根据分形的观点，却可以从中找到自相似结构，并用分维对其形状进行描述。具有分形特征的系统，在用不同的标度进行观测时，得到的观测结果通常具有幂指数型的统计关系，这种幂指数型的统计关系的指数值称为分维数。如海岸线的长度本身是固定的，但其测量长度随测量所用直尺长度的不同而发生变化，海岸线的这种现象表明其具有标度不变性（也可以说海岸线不具有特征长度）。随着测量用直尺长度的减少，所得到的海岸线长度按照一种幂指数规律增加，这个指数值就可确定海岸线的分维数。通常说来，对于一个具分形特征的系统，在一定条件下，分维数是固定的，它反映了系统的自相似程度。

许多地质现象具有标度不变性，如岩石破碎、断层、地震、火山喷发及矿产分布等，它们的频度和大小的分布具有标度不变性。分形分布要求大于（或小于）某一尺度的数目，与物体大小之间存在幂指数关系。如统计地震频度与震级关系的 Gutenberg-Richter 关系式（Gutenberg and Richter，1954）就表明地震数目与其特征破裂大小之间具有分形关系，根据分形的幂指数规律得出，分维数 $D=1.8$ 对广泛的地震活动都成立。

幂指数分布不是地质现象统计分布的唯一分布，地质现象的统计分布还有正态分布和对数正态分布等其他类型。但幂指数分布是唯一的不含特征长度的分布，因而幂指数分布可以应用于那些具有标度不变性的地质现象，标度不变性提供了应用幂指数模拟分形分布的基础。

分形理论也适合研究连续分布的地质现象，如分析像地形这样的连续函数的标准方法是对地形的某一线迹进行傅里叶分析，求出对应于波长 λ_n 的系数 A_n 来，如果 A_n 与 λ_n 之间的关系是幂指数关系，则地形就具有分形结构。

非线性是标度不变性和分形统计学的必要条件。分形按照其结构的差异分为统计自相似分形（下面简称分形）和统计自仿射分形。统计自相似分形具各向同性；而统计自仿射分形不具各向同性。

8.3.1.2　自相似分形

自相似分形集合的常用表达式为 $N_n=\dfrac{C}{r_n^D}$，式中 N_n 是特征线度为 r_n 的物体（fragments，也称碎片）的数目，C 是比例常数，D 称作分维数。

分维数可能是整数，这时它与欧几里得空间的维数一致，如点的维数是0，线段的维数为1，正方形的维数是2，立方体的维数是3等；但分维数多为分数，如1.5维等。

现在用一单位长度的线段来说明分维数 D 的求解过程。

若单位长度的线段被分成两段，于是 $r_1=1/2$，只保留其中的一段，这样 $N_1=1$。保留的一段再分为两段，$r_2=1/4$，再保留其中的一段，$N_2=1$。为了确定 D，将定义式改写为

$$D=\frac{\ln(N_{n+1}/N_n)}{\ln(r_n/r_{n+1})} \tag{8.1}$$

式中，ln 是以 e 为底数的自然对数。在这里，$\ln(N_2/N_1)=\ln1=0$，$\ln(r_1/r_2)=\ln2$，$D=0$，

这是点的欧几里得维数。将上述分割重复 n 次，每次都有 $N_n=1$，$\ln(N_{n+1}/N_n)=\ln1=0$。当 n 无穷大时，保留的线段长度就趋于 0，称为一个点。

也可以对线段进行 3 等分，此时就出现分维数不等于整数的情况。将单位长度的线段分成 3 等份，$r_1=1/3$，保留其中的 2 部分，$N_1=2$；该过程继续等分下去，可得 $r_2=1/9$，$N_2=4$，因而 $D=\dfrac{\ln2}{\ln3}=0.6309$，这就是 Cantor 集合，它一直被数学家认为是病理学的典型结构。建造方法还可以变化，可以得到 0～1 间的任何分维数。

这种等分（迭代）过程可以根据需要一直进行下去，所保留的线段越来越短。迭代 n 次后，第 n 级的线段长度 r_n 与第 1 级迭代时的线段长度 r_1 之间存在关系：$r_n/r_0=(r_1/r_0)^n$。于是当 $n\to\infty$ 时，$r_n\to0$。Cantot 集合的极限情况是 Cantor 灰尘，是由一个保留点组成的无穷集合，造成灰尘形成的迭代过程叫作凝结。这种建造的标度不变性是显而易见的。通常把第 n 次迭代过程称为第 n 级，第 n 级时长度为 r_{n-1} 的线段是标度不变的。分形集合定义式的必要条件是标度不变性，因为在幂指数关系中不出现特征（或自然）长度。

对于一条线段的分形概念也适合于正方形。若对单位正方形进行 3 等分，每次划分保留 2 个正方形，在第 2 级划分中 $r_2=1/9$，$N_2=4$，因而 $D=\dfrac{\ln2}{\ln3}=0.6309$。$n\to\infty$ 时，保留下来的正方形就变成了一条线，因而这是一条线的欧几里得维数。若只去掉中心处的正方形，则在 2 级划分时，$r_2=1/9$，$N_2=64$，因而 $D=\ln8/\ln3=1.8928$。$n\to\infty$ 时，保留下来的图形叫作 Sierpinski 地毯。若所有的正方形都保留，则构成正方形的欧几里得维数。在所有的划分中，其图形始终保持正方形的形状。通过迭代，可以得到 0～2 间的任何分维数，所有的图形都保持标度不变性。

上面的讨论也可延伸到三维，都可以通过几何的方法得到非整数和非欧几里得维数。虽然这里每种建造方法中图形的结构都不是连续的，但同样可以建造连续的分形。

图 8.1 是一个连续分形的例子，该图表示三角形的 Koch 岛。

图 8.1　Koch 岛（据李诩神等，1994）

从边长为 1 的等边三角形开始，$N_0=3$，$r_0=1$。将边长 $r_1=1/3$ 的一个小等边三角形放到大三角形每条边的中部，在第 1 级可以得到 12 条边，$N_1=12$。再把 $r_2=1/9$ 的更小的三角形加到 1 级图形每条边的中部，结果 2 级图形共有 48 条边。此时 $D=\dfrac{\ln4}{\ln3}=1.26186$。分维数介于 1（线性欧几里得维数）和 2（面欧几里得维数）之间。这种建造方法可以无限继续，得到的所有的边都是标度不变的，在所有尺度下，每条边的形状都是一样的。

分形岛的周长 P_n 是

$$P_n=r_nN_n \tag{8.2}$$

r_n 为第 n 级时边的长度，N_n 为边的数目，根据分形表达式可得

$$P_n=\frac{C^1}{r_n^{D-1}} \tag{8.3}$$

对于三角形的 Koch 岛，有 $P_0=3$，$P_1=4$，$P_3=5.333$。将式（8.2）取对数，得

$$D = 1 + \frac{\ln(P_{n+1}/P_n)}{\ln(r_n/r_{n+1})} = 1 + \frac{\ln(4/3)}{\ln(3)} = \frac{\ln 4}{\ln 3}$$

这和用式（8.1）得到的结果一样。当 n 增加时，Koch 岛的周长也随之增加。当 $n \to \infty$ 时，由于 D 大于 1，因而其周长也趋于无穷大。在 $n \to \infty$ 时的极限情况下，Koch 岛的周长是连续但不可微的函数。

三角形 Koch 岛被认为是测量岩岸长度的一种模型。Mandelbrot（1967）为了求出英国西海岸的分维数，利用式（8.3）引入了分形的概念。Mandelbrot 利用了以前 Richardson（1961）关于海岸线长度的测量结果，海岸线长度用长度为 r_n 的测量尺度来测量。在海岸地图上，用长度为 r_n 的分规可以求出海岸线长度。根据地图的比例尺，在双对数纸上找出海岸线长度与所用的分规长度间的关系。如果资料点在图上可以连成一条直线，则说明两者具统计分形的关系，曲线的斜率就是海岸线的分维。Mandelbrot 经研究发现，当 $D = 1.25$ 时，双对数纸上的曲线与资料点符合得很好。Mandelbrot 证明了在所采用的标度范围内，海岸线有分形特征，具有统计上的标度不变性。

确定海岸线分维数的技术可以推广到任何地形测量。沿某一等高线用不同长度 r_n 的分规去测量其长度 P_n，可以发现式（8.3）所代表的分形关系式是测量结果的很好的逼近，据此可以求出地形的分维数来。据 Turcotte（1992）研究，不管构造环境和生成年龄，利用改变尺子长度的方法测出地形的分维数范围在 $D = 1.20 \pm 0.05$。然而并不是所有的地形都具有分形特征（Goodchild，1980），如年轻的火山体，但大多数地貌和地质体深部形态具有标度不变性，都可以利用统计分形来进行模拟。

在获取研究对象的分维数的方法中，尽管利用不同尺度来得到分维数是最早采用的方法，但数盒子法（box-counring method）是目前应用更为普遍的方法（Pfeifer et al.，1989）。数盒子法的原理与不同尺度法一样，只是数盒子法是根据盒子的多少来测量长度。

在地学研究中，大部分研究对象的个数与大小之间也可能存在分形特征，如一定区域内的矿床分布。为了保证该分布具分形特征，矿床的储量大于 r 的矿床数 N 与储量级别 r 之间应满足下列关系 $N = \frac{C}{r^D}$，式中 D 为分维数。

自相似分形的例子很多，如碎形、地震的活动性、矿床的分布、矿石的品位和储量及样品丛集等许多方面都具有自相似分形特征。

8.3.1.3 自仿射分形

统计自相似分形是各向同性的，在由 x 和 y 坐标所确定的二维坐标系中，分维数与 x 和 y 轴的几何取向无关。统计自仿射是各向异性，在二维空间中自仿射的正规定义是：$f(rx, r^H y)$ 与 $f(x, y)$ 是统计自相似的，其中 H 叫作 Hausdorff 测度。

一般用频谱技术来定量地处理自仿射分形，如测量地球磁场随时间的变化，虽然地球磁场是一个时间的单值随机函数 $x(t)$，但却有确定的频谱。这种时间序列完全等价于沿某方向研究高度随距离的变化，对于时间序列就是要研究 $x(t+\tau)$ 与 $x(t)$ 间的相关关系。时间间隔 τ 越长，则两者之间的相关性越弱。为了证明时间序列具有自仿射性，必须证明时间序列的差值满足概率条件

$$p\left[\frac{x(t+\tau)-x(t)}{\tau^{H}}<x'\right]=F(x') \tag{8.4}$$

其中 Hausdorff 测度 H 是一个常数。x 的取值尽管是随机的，但它们与相邻值之间的差值应该满足式（8.4）。如果所有的相邻点都是不相关的，则 $H=0$，相当于白噪声的情况。H 值越大，则 x 对 t 的依赖程度越大。在许多情况下，$F(x')$ 是高斯分布函数，即 $F(x')=\frac{1}{2\pi}\int_0^{x'}\exp\left(-\frac{x_2}{2}\right)\mathrm{d}x$。$x$ 的值在 $x=0$ 附近具有高斯分布，即与 H 值无关。如果是高斯分布，而且 $0<H<1$，那么这种随机行走叫作分形的布朗噪声，当 $H=1/2$ 时，得到布朗噪声。

随机行走的原理可用如下过程来描述：向西行走一步并抛一次硬币，如硬币头像向上则向左（南）跨一步，若头像向下就向右（北）移一步；不断向西移动并重复该过程就得到随机行走。

随机时间序列中 x 与 t 的关系与 Koch 岛的形状相似。在时间序列的所有尺度都存在变化（无论是由时间序列轨迹确定的长度，还是局部的导数都不是固定的），因而可以认为 $x(t)$ 具分形特征。三角形的 Koch 岛或者其他的分形图案，其分维数都介于 1 和 2 之间，而平面图形的欧几里得维数是 2。欧几里得维数的概率表达式为 $pi=r_i^{d-D}$，将 $d=2$ 代入，有

$$\frac{p}{\tau^{2-D}}=\text{常数} \tag{8.5}$$

式中，对于时间序列的标度因子是 τ。在式（8.4）中，时间序列随时间 τ 发散是按照幂指数律 τ^H 进行的。通过式（8.4）和式（8.5），可以定义时间序列的分维数 $H=2-D$。

时间序列在物理域中可用 $x(t)$ 来描述，而在频谱域用谱振幅 $X(f, T)$ 来描述，其中 f 是频率。$X(f, T)$ 通常是复数，代表信号的相位。对于时间域 $0<t<T$ 中的 $x(t)$，可通过 Fourier 变换求出谱振幅

$$X(f,T)=\int_0^T x(t)\,\mathrm{e}^{2\pi i f t}\mathrm{d}t$$

式中 $\mathrm{i}=\sqrt{-1}$。把 $x(t)$ 与 $X(f, T)$ 联系起来的是 Fourier 反变换

$$x(t)=\int_{-\infty}^{\infty}X(f,\ T)\,\mathrm{e}^{-2\pi i f t}\mathrm{d}f$$

$|X(f,\ T)|^2$ 是 $x(t)$ 中频率在 f 与 $f+\mathrm{d}f$ 之间的那些分量对总能量的贡献，将贡献除 T 后可得到功率。$x(t)$ 的功率谱的定义为（当 $T\to\infty$ 时）

$$S(f)=\frac{1}{T}|X(f,T)|^2$$

$S(f)$ 与 $\mathrm{d}f$ 的乘积表示时间序列中频率范围在 f 与 $f+\mathrm{d}f$ 之间的功率。

对于分形的时间序列，其功率谱密度与频率之间应存在幂指数关系 $S(f)\sim f^{-\beta}$，其中 β 为幂指数。通过推导可求出 β 与分维数 D 存在如下关系

$$\beta=2H+1=5-2D$$

对于分数布朗噪声（$0<H<1;0<D<2$），有 $1<\beta<3$；而对于布朗噪声（$H=1/2$; $D=2/3$），有 $\beta=2$。

能够产生连续的幂指数频谱的自然现象，将不具有特征频率，而且在很宽的范围内是

标度不变的，通常说这些现象具有分形特征。

自仿射分形的例子很多，如沿某线迹进行测量的地形和地下深部构造的形状就具有分形特征，另外在地貌、测井、气候等方面都适用自仿射分形理论。

8.3.2　混沌理论

8.3.2.1　混沌概述

越来越多的系统显示了混沌行为，人们的注意力开始转向某些在地球科学中具有应用意义的确定性混沌现象。确定性混沌解必须满足两个条件：求解的方程必须是确定的，而不是统计的，即该方程具有确定的初值和（或）边值条件；方程的解要具有无限相近的初始值和此后呈指数发散的演化特征。

确定性混沌的概念在稳定的确定性解和不稳定的确定性解之间架起连接的桥梁。混沌解也必须从统计学上进行处理，混沌解在时间演化上以指数方式敏感于初始条件。一个确定解当其在时间上演化时，如果初始相差很小的两个解以指数方式发散，则定义为混沌解，同时演化中解的可预测性仅有统计学意义。方程具有混沌解的必要条件是支配方程是非线性方程。

Lorenz（1963）研究流体热对流时，经简化得到一组非线性的偏微分方程，这组方程显示了混沌行为：初始条件很小的变化，会引起方程解的巨大差别。微分方程是完全确定的，但由于初始条件具指数型的敏感性，混沌解的演化是不能预测的。这种解必须从统计角度来研究，而且可以应用的统计学往往是分形的。

最常见的混沌例子是流体的湍流，湍流谱的统计分析具有分形特征。力武常次于1958年提出的发电机方程的解显示了自发的倒转，被称为是确定性混沌的经典例子（Cook and Robert，1970，转引自申维，1996）。迭代方程也能表现出混沌行为，典型的例子是 May（1971）所研究的逻辑斯蒂方程，逻辑斯蒂方程也能产生分形集合。Lyapunov 指数是混沌行为的定量检验，它是相邻轨道在演化过程中收敛还是发散的度量：如果 Lyapunov 指数是正的，则相邻轨道发散，混沌行为将会出现；否则，混沌行为不会出现。

通过考察著名的 Van der Pol 方程，可以得到混沌解。Van der Pol 方程模型如下

$$M\frac{\mathrm{d}^2x}{\mathrm{d}t^2}-a\frac{\mathrm{d}x}{\mathrm{d}t}+\frac{\beta}{3}\left(\frac{\mathrm{d}x}{\mathrm{d}t}\right)^3+kx=0$$

如果 $a=\beta=0$，该方程就是由弹簧和质量块组成的振子系统运动方程，这时 M 是质量，k 是弹簧系数，x 是弹簧的拉伸量。

非线性方程的解通常会在它趋近混沌运动特征时出现一系列分岔，这些分岔是由系统的参数变化引起的。有不少方程组，当某些参数取一定范围的值时产生确定性混沌，而当参数取另外范围的值时，却产生极限环。

地球科学工作者面对的是复杂的、变化无穷的客观世界，从群体的观点研究复杂的地学现象是地学研究的基本任务。

在标度不变的情况下，一个小的相互作用的系统通过标度放大的方法可以得到一个大

型相互作用的系统，这种方法通常用于研究具有临界点的现象。研究具有临界点现象的方法主要有两种：重整化群方法和自组织临界性方法。

8.3.2.2　重整化群方法

热力学提供了研究群体现象的标准方法：确定温度、压力、密度、熵等作为研究群体系统的变量，根据能量守恒定律和熵变定律来研究变量的演化规律。但一般来说，无论热力学还是统计学，都不能产生分形统计和混沌行为，但对于临界点和相变例外。重整化群方法可以成功地解决各种相变和临界点问题（Wilson and Kogut，1974），这个方法经常产生分形统计结果，而且清晰地利用了标度不变性。具体操作过程是：先在最小的标度上研究一个比较简单的系统，然后将问题重整化（重新标度），以便在更大的标度下利用前面的系统；过程在越来越大的标度下不断重复。

下面以建立形成断裂的分形树模型为例来介绍如何应用重整化群方法。

断层的产生在许多方面都像是一种临界现象，当突发性事件的应力达到临界值时，岩层破裂，断层产生，甚至可能诱发地震。

为了模拟断层破裂，Smalley 等（1985）应用重整化群方法研究了一个分形树的破坏，其基本模型如图 8.2 所示。

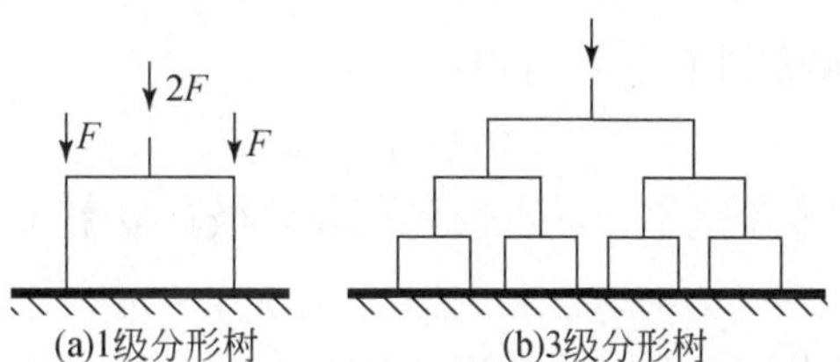

图 8.2　重整化群方法建立断层破裂的分形树模型（据 Smalley et al.，1985）

图 8.2（a）是分形树基本模型，力 F 分别作用在组成 1 级原胞（cell）的两个 1 级单元上。如果其中的一个单元破裂，则该单元上的受力 F 将转移到另一个单元，它将受到 $2F$ 的力。图 8.2（b）是 3 个层次的分形树，它包括 4 个 1 级原胞，每个原胞受到 $2F$ 的作用力，2 个 2 级原胞受到 $4F$ 的力，3 级原胞则受力 $8F$。

现在需要根据单元的破坏概率求出原胞的破坏概率。假定每个单元的破坏概率由二次 Weibull 分布给出

$$p_0(F) = 1 - \exp\left[-\left(\frac{F}{F_0}\right)^2\right] \tag{8.6}$$

式中，F_0 为参考强度。

每个原胞由 2 个单元组成，每个单元可能被破坏（用 d 表示），也可能保持原状（用 u 表示），因而原胞的状态就可能有 4 种情形：$[bb]$，$[bu]$，$[ub]$，$[uu]$，其中 $[bu]$ 和 $[ub]$ 属于同一种类型。原胞的状态概率可用单元的破坏概率来表示

$$[bb]: p_0^2$$

$$[bu]: 2p_0(1 - p_0)$$

$$[uu]:(1-p_0)^2 \tag{8.7}$$

上面公式中未考虑由一个单元被破坏而引起的应力转移的情况。若要考虑应力转移，需要引入条件概率。若第一个单元被破坏，则其力 F 转移到第二个单元上，则条件概率 p_{21} 表示此时第二个单元在受力 $2F$ 时的破坏概率。

在应力转移时 $[\mu b]$ 状态受到破坏和保持原状的概率分别为

$$[\mu b]\rightarrow[bb]:2p_0(1-p_0)p_{21}$$

$$[\mu b]\rightarrow[\mu b]:2p_0(1-p_0)(1-p_{21})$$

根据式（8.6）和式（8.7），则 1 级原胞的破坏概率 p_1 为

$$p_1=p_0^2+2p_0(1-p_0)p_{21}$$

根据条件概率计算式，可求得条件概率 p_{21}

$$p_{21}=\frac{p_0(2F)-p_0(F)}{1-p_0(F)}$$

其中 $p_0(2F)$ 是在 $2F$ 力作用下单元被破坏的概率，此时二次 Weibull 分布变为

$$p_0(2F)=1-\exp\left[-\left(\frac{2F}{F_0}\right)^2\right]$$

结合式（8.6）有

$$p_0(2F)=1-[1-p_0(F)^4]$$

将 $p_0(2F)$ 代入条件概率计算式，可得

$$p_{21}=1-(1-p_0)^3$$

将条件概率代入原胞破坏概率，就可得到用单元破坏概率 p_0 表示的原胞破坏概率 p_1

$$p_1=2p_0[1-(1-p_0)^4]-p_0^2$$

重整化后，同样可以得到 2 级原胞的破坏概率 p_2

$$p_2=2p_1[1-(1-p_1)^4]-p_1^2$$

推广到第 $n+1$ 级原胞的破坏概率 p_{n+1}

$$p_{n+1}=2p_n[1-(1-p_n)^4]-p_n^2$$

图 8.3 反映了第 $n+1$ 级破坏概率 p_{n+1} 与第 n 级破坏概率 p_n 的相互关系。

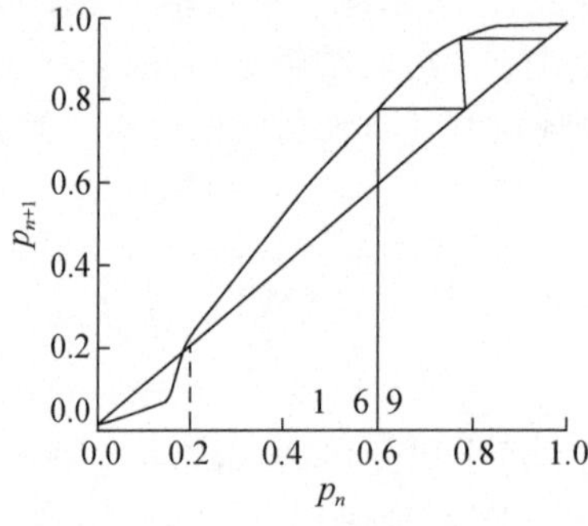

图 8.3　第 $n+1$ 级破坏概率 p_{n+1} 与第 n 级破坏概率 p_n 的关系图（据李诩神等，1994）

为了求得不动点，对第 $n+1$ 级原胞的破坏概率 p_{n+1} 进行变换

$$f(x) = 2x[1-(1-x)^4]-x^2$$

令 $f(x)=x$，则得方程组

$$x = 2x[1-(1-x)^4]-x^2$$

解此方程组，在 $0<x<1$ 的范围内，存在3个不动点 $x=0$，$x=0.2063$，$x=1$。相应地 $\lambda=\frac{\mathrm{d}f}{\mathrm{d}x}$ 的值分别为0，1.619，0。因为 $|\lambda|<1$，所以 $x=0$，$x=1$ 的不动点是稳定的，但 $x=0.2603$ 时不动点不稳定（Turcotte，1992）。

不稳定的不动点 $p^*=0.2603$ 是一个临界点。当概率小于临界值时迭代趋近于不发生破坏的极限 $p_\infty=0$；当概率大于临界值时迭代趋近于必定发生破坏的极限 $p_\infty=1$，因而 $p^*=0.2603$ 是分形树发生突变的临界点。

当一个单独单元的破坏概率只有 0.2063 时，由于应力的转移，所有的单元都会受到破坏。根据二次 Weibull 分布可知，$F/F_0=0.4807$。如果只考虑由一半单元组成的模型，当 $p_0=0.5$ 时，模型就会被破坏，此时 $F/F_0=0.8326$，此时应力转移较只考虑一个单元时低。

8.3.2.3　自组织临界性方法

一个系统如果总是处在临界点附近，则称该系统处于自组织状态（Bak et al.，1988）。如果某系统处于稳定态的边缘，一旦偏离这个状态，系统自然会演化到边缘稳定的状态。由于系统处在临界状态时不存在自然（特征）长度，因而分形几何学成立。

自组织临界性的最简单的模型是一个沙堆。关于沙堆性状总有这样的假设：在沙堆各处都未达到临界角以前，总还可以向沙堆上添加其他的沙粒；各处都达到临界角以后，多余的沙粒将从沙堆上掉下来。但实际情况并不是这样，沙堆从来也不会达到假定临界状态。当临界状态达到之后，再加的沙粒可能会引起各种滑坡，且滑坡的大小与次数之间的分布具有分形特征，沙堆被认为处于自组织临界状态。加进沙堆的沙粒数目与从沙堆上滑下来的沙粒数目原则上应保持平衡，但沙粒实际总体数目总是在不断地变化。

下面用一个简单的细胞自动机模型来说明自组织临界性的原理。自动机模型采用 n 个盒子组成的正方形网格，网格是加入沙粒还是失去沙粒由下面的规则决定：

（1）随机地将一沙粒加入网格中的一个盒子。预先指定网格中每个盒子沙粒的数层，使用随机计数器来决定这一沙粒该加到哪个盒子。

（2）当一个盒子中有 4 颗沙粒时，它是不稳定的，这 4 颗沙粒要重新分配到相邻的 4 个盒子中去。如果该盒子邻近没有别的盒子，则沙粒将从网格中失掉。这样，在边缘处的盒子中的沙粒重新分配将使网格减少一颗沙粒，而处在网格角部的盒子的重新分配，将使网格减少 2 颗沙粒。

（3）如果 1 个盒子中的沙粒重新分配后，造成邻近盒子中有 4 颗沙粒，则该盒子变成不稳定，于是需要再次或多次重新分配。当网格很大时，多重分配事件经常发生。

（4）当系统处于边缘稳定状态时，加到网格中的沙粒数等于从网格边角处失去的沙粒数。

这种模型是一种邻近模型，任何时候盒子只与其相邻的 4 个盒子发生相互作用。但由于多重（连锁反应）事件的相互作用，落入 1 颗沙粒产生的影响可能会波及网格的大部分盒子。

该系统的特点表现在事件的频度与大小分布的统计关系。多重事件的大小可以用多种方法来度量：可用落入 1 粒沙后引起多重事件的不稳定盒子的数目来表示；也可以用多重事件中网格损失的沙粒数来表示。

当第 1 颗沙粒加到网格中的时候，不存在重新分配问题，也没有沙粒从网格边角上失掉，不断增加沙粒系统最终达到准平衡态。在准平衡态时，多重事件的频度和大小的分布具有分形特征，这就是自组织临界状态。这与重整化群方法相似，在重整化群方法中，频度与大小的分形统计关系仅在临界点时成立，而在细胞自动机模型中，频度与大小的分形统计关系只有在自组织临界状态才成立。

沙堆模型和细胞自动机模型与构造活动地区的地震活动性有惊人的相似之处：向网格中添加沙粒类似于向构造活动地区施加应力；沙堆模型的多重事件（沙粒的转移与消失）相当于地震中积累应力的转移与消耗；沙堆中多重事件频度与大小服从分形统计关系也与地震学中的 Gutenberg-Richter 关系极为相似。

我们也可以通过建造滑块模型来显示自组织临界性，同时可以证明一对相互作用的滑块能够显示确定性的混沌，这种模型很容易推广到大量滑块组成的模型（Carlson and Langer，1989；Nakanishi，1990；Ito and Matsuzaki，1990）。滑块只与其邻近的滑块相互作用，当一个滑块滑动时，其储存的能量一部分由于摩擦损失掉，另一部分转移到邻近的滑块上，这种能量转移可能会引起许多滑块的运动。多重滑块运动的频率-大小关系，与细胞自动机模型中的频度-大小关系以及与地震学中的 Gutenberg-Richter 关系都极为相似。但细胞自动机模型与多重滑块模型之间存在重要的差别：细胞自动机模型是统计模型，而多重滑块模型是确定性模型。

由于与自组织临界性联系在一起的频度-大小分布和构造活动区的地震区域分布存在某种相似，因而可以通过对某地区的自组织临界性的研究来预测地震活动。

参考文献

邓聚龙 . 2002. 灰理论基础［M］. 武汉：华中科技大学出版社 .

韩中庚 . 2009. 数学建模方法及其应用［M］. 2 版 . 北京：高等教育出版社 .

李士勇 . 2011. 非线性科学及其应用［M］. 哈尔滨：哈尔滨工业大学出版社 .

李诩神，汪克林，郭光灿 . 1994. 非线性科学选讲 . 合肥：中国科学技术大学出版社 .

申维 . 1996. 分形与混沌在地质学中的应用［J］. 地质科技情报，15（2）：103-109.

杨纶标 . 2011. 模糊数学原理及应用［M］. 5 版 . 广州：华南理工大学出版社 .

张济忠 . 2011. 分形［M］. 2 版 . 北京：清华大学出版社 .

赵鹏大 . 2004. 定量地学方法及应用［M］. 北京：高等教育出版社 .

Bak P，Tang Chao，Wiesenfield K. 1988. Self-organized Criticality［J］. Physical Review A，(1)：364-374.

Carlson J M，Langer J S. 1989. Properties of earthquakes generated by fault dynamics［J］. Physical Review Letters，62（22）：2632-2635.

Goodchild M F. 1980. Fractals and the accuracy of geographical measures［J］. Mathematical Geology，12（2）：

85-98.

Gutenberg B, Richter C F. 1954. Seismicity of the Earth and Associated Phenomena [M]. Princeton: Princeton University Press.

Ito K, Matsuzaki M. 1990. Earthquakes as self- organized critical phenomena [J]. Journal of Geophysical Research: Solid Earth, 95 (B5): 6853-6860.

Lorenz E N. 1963. The mechanics of vacillation [J]. Journal of the Atmospheric Sciences, 20 (5): 448-465.

Mandelbrot B. 1967. How long is the coast of Britain? Statistical self- similarity and fractional dimension [J]. Science, 156 (3775): 636-638.

May R M. 1971. Stability in multispecies community models [J]. Mathematical Biosciences, 12: 59-79.

Nakanishi H. 1990. Cellular- automaton model of earthquakes with deterministic dynamics [J]. Physical Review A, 41 (12): 7086-7089.

Pfeifer P, Obert M, Cole M W. 1989. Fractal bet and FHH theories of adsorption: a comparative study [J]. Proceedings of the Royal Society A: Mathematical, Physical and Engineering Science, 423 (1864): 169-188.

Richardson L F. 1961. The problem of contiguity: an appendix to statistics of deadly quarrels [J]. General Systems Yearbook, 6: 139-187.

Smalley R F, Turcotte D L, Solla S A. 1985. A renormalization group approach to the stick-slip behavior of faults [J]. Journal of Geophysical Research: Solid Earth, 90 (B2): 1894-1900.

Turcotte D L. 1992. Fractals, chaos, self-organized criticality and tectonics [J]. Terra Nova, 4 (1): 4-12.

Wilson K G, Kogut J. 1974. The renormalization group and the epsilon expansion [J]. Physics Reports, 12 (2): 75-199.

第9章　地质过程模拟

9.1　马尔可夫过程

假定自然界中地质对象的形成来自两种不同方式，第一种称为确定性方式，即以对象实测数据集之中某些量，建立确定性模型来描述。比如通过用正态概率曲线表示的流体搬运方式与粒度分布总体的线性关系图，建立沉积物粒度与累积频率二者之间的定量关系式，来识别搬运流体的类型。第二种称为随机性方式，当研究对象无法建立确定性模型时，只能建立某些相关关系来描述，这类研究对象的体系内部存在统计学特征。比如，质点的布朗运动，地层沉积过程中不同岩性的出现等。如此，我们在研究过程中假定，所研究的任何一种地质对象（过程），都可认为是某些确定性地质因素和某些随机性地质因素相互作用的产物。也就是说，地质现象（过程）都应是确定性和随机性地质因素在时间上和空间上叠加的结果，因此地质研究工作中，应重视上述两种方式的分析方法。

由于地球上各种地质现象在地质历史上都经历过漫长的演变过程，其中除了遵循某些确定性的物理与化学的规律影响外，还受各种随机性因素的支配。但是产生随机地质过程的机理十分复杂，甚至连随机性地质因素也不容易或不可能观察到，这就给用数学模型来描述随机型地质过程带来了极大的挑战。1949年，维斯捷列乌斯在研究复式沉积层形成问题时，首先应用了马尔可夫链。

马尔可夫链（Markov chain）是俄国数学家Markov于1907年用数学方法研究布朗运动过程时发现的一种随机运动规律，经几代数学家的努力，它已成为研究随机过程的专门的数学分支。作为一种数学分析工具，目前马尔可夫链在市场决策销售分析、农业估产、基因遗传、生态环境演化、土地利用及评价、灾害预警预报、信息处理、环境评价、地质研究等社会经济和自然科学各领域的预测和评价中得以广泛应用。1984年，在莫斯科举行的第27届国际地质会议上，维斯捷列乌斯、阿格特伯格（F. P. Agterbers）等数学地质学家发表了莫斯科宣言，其基本思想是：随机性模型应作为数学地质模型的基础，其中马尔可夫过程（特别是马尔可夫链）在地质学中应占有重要地位。

马尔可夫过程分析方法在我国地学研究中的应用始于20世纪70年代，至今已广泛应用于火山岩相变化、沉积作用和火山喷发过程的模拟及对比、水文地质与工程地质中的地层对比、油气勘探等方面。如研究地层沉积过程的时空结构方面，包括分析沉积旋回、进行地层划分、查明火山岩系的喷出顺序和侵入体形成的先后顺序等；如揭示各个成矿阶段的空间分布方面，包括划分矿床的成矿期和成矿阶段等。

9.1.1 马尔可夫模型

在研究地质过程时，有时能直接识别出该过程时间上的先后顺序，有时则只能间接地以空间上的上下、前后、左右关系来代替先后顺序。即地质过程研究中，有时可以找到确定的时间序列，有时只能间接地用距离（或间距）来代替时间参数。然而，只要空间序列存在类似于马尔可夫性质的关系，就可以应用马尔可夫链对这种序列进行研究。在此，将既适用于时间序列又适用于空间序列的马尔可夫概率模型统称为马尔可夫模型。

9.1.1.1 马尔可夫链

对于一个随机性的过程，如果它将来的发展完全取决于现在的状态而不依赖于以前的状态，这种随机过程即称为马尔可夫过程。

如果将这个过程的状态按照时间顺序离散化，于是该马尔可夫过程称作马尔可夫链，该过程为

$$\{x_t, t = 0,1,2,\cdots\} \tag{9.1}$$

它可以看作在时间集 $\{t = 0, 1, 2, \cdots\}$ 上对离散状态的马尔可夫过程连续观察的结果。这个状态的数目可以是有限的或是可列无穷的。

马尔可夫链适用于表示时间离散、状态离散的时间序列。

我们也可以把马尔可夫链简记为 $X_n = X(n)$，$n = 0, 1, 2, \cdots$，马尔可夫链是随机变量 X_0，X_1，X_2，…的一个数列。

这种离散的情况其实才是我们要讨论的重点，很多时候我们就直接说这样的离散情况就是一个马尔可夫模型。

1. 状态空间

马尔可夫链是随机变量 X_1，X_2，X_3，…，X_n 所组成的一个数列，每一个变量 X_i 都有几种不同的可能取值，即它们所有可能取值的集合，被称为“状态空间”，而 X_n 的值则是在时间 n 的状态。

2. 转移概率（transition probability）

马尔可夫链可以用条件概率模型来描述。我们把在前一时刻某取值下当前时刻取值的条件概率称作转移概率。

$$P(x_i \mid x_{i-1}, x_{i-2}, \cdots, x_1) = P(x_i \mid x_{i-1})$$

$$p_{st} = P(x_i = t \mid x_{i-1} = s) \tag{9.2}$$

式（9.2）是一个条件概率，表示在前一个状态为 s 的条件下，当前状态为 t 的概率是多少。

3. 转移概率矩阵

到某一截止时刻 i，对公式（9.2），由于在每一个不同的时刻其所处的状态不止一种，所以由前一个时刻的状态转移到当前的某一个状态时就存在几种情况，那么这些所有的条件概率会组成一个矩阵，这个矩阵就称为“转移概率矩阵”。比如每一个时刻的状态有 n

种，前一时刻的每一种状态都有可能转移到当前时刻的任意一种状态，所以一共有 $n\times n$ 种情况，组织成一个概率的矩阵形式如下：

$$\boldsymbol{P}=\begin{bmatrix} p_{11} & p_{12} & \cdots & p_{1j} & \cdots & p_{1n} \\ p_{21} & p_{22} & \cdots & p_{2j} & \cdots & p_{2n} \\ \vdots & \vdots & & \vdots & & \\ p_{i1} & p_{i2} & \cdots & p_{ij} & \cdots & p_{in} \\ \vdots & \vdots & & \vdots & & \vdots \\ p_{n1} & p_{n2} & \cdots & p_{nj} & \cdots & p_{nn} \end{bmatrix}$$

若马尔可夫过程的转移概率随着时间的推移而发生变化，则称其为非齐次或非平稳马尔可夫过程；若马尔可夫过程转移概率只与状态和时间间距有关不随时间推移而发生变化，则称其为齐次或平稳马尔可夫过程。目前在地质研究中，主要是研究平稳马尔可夫过程。

9.1.1.2　马尔可夫链特点

（1）过程的离散性：在时间上可离散化为有限或可列个状态。

（2）过程的随机性：从一个状态转移到另一个状态是随机的，转变的可能由系统内部历史情况的概率值表示。

（3）过程的无后效性：转移概率只与当前状态有关，而与以前的状态无关。

凡是满足以上 3 个特点的系统，均可用马尔可夫链研究其过程，并可预测其未来。用马尔可夫链对过程进行分析和预测时，分以下几步：①构造状态并确定相应的状态概率；②由状态转移写出状态转移概率矩阵；③由转移概率矩阵推导各状态的状态向量；④在稳定条件下，进行分析、预测、决策。

9.1.1.3　马尔可夫链性质

其每个状态值取决于前面有限个状态。运用马尔可夫链只需要最近或现在的知识便可预测将来。

根据概率的基本理论，我们可以得知，马尔可夫链必定存在以下特征：

（1）正定性：状态转移矩阵中的每一个元素被称为状态转移概率，所以每个状态的每个转移概率一定为正数。

$$P(x_i|x_{i-1},x_{i-2},\cdots,x_1)=P(x_i|x_{i-1})\qquad p_{ij}(k)\geqslant 0$$

（2）有限性：由于马尔可夫链中包含一个状态到其余状态的所有可能，由概率论知识可知，一个事件的概率总和必为 1，即一个状态向外转移的所有状态的概率和值为 1。

这体现在转移矩阵中，就是每一行的概率相加的总和为 1。

$$\boldsymbol{P}=\begin{pmatrix} 0.9 & 0.075 & 0.025 \\ 0.15 & 0.8 & 0.05 \\ 0.25 & 0.25 & 0.5 \end{pmatrix}$$

9.1.2　马尔可夫链的转移概率

9.1.2.1　一阶转移概率

设马尔可夫链中可列出多个发生状态，转移的时刻为 t_1，t_2，…，t_n，…，在已知时刻 $t=t_n$时随机过程 x_i而所处状态为 i 的条件下，把经过一步转移即在时刻 $t=t_{n+l}$（$t_{n+l}>t_n$）转移到状态 j 上的概率记为 p_{ij}，相应于式（9.2）则有

$$p_{ij} = P\{x_{t_{n+1}} = j \mid x_{t_n} = i\} \tag{9.3}$$

这个概率称为马尔可夫链的一阶转移概率。

为了明确起见，把从状态 i 到状态 j 的一阶转移概率记为 $p_{ij}^{(1)}$，二阶转移概率记为 $p_{ij}^{(2)}$，…，$p_{ij}^{(k)}$则是从状态 i 出发经 k 步转移到状态 j 上的转移概率。如果 $p_{ij}^{(k)}$只与状态 i、j 及转移步数 k 有关，而与具体时刻无关，这时马尔可夫链就是平稳的或齐次的。严格地讲，这种仅与最后状态有直接关系的马尔可夫链称为一重马尔可夫链。如果一个状态转移的条件概率不仅与前面一个状态有关，而且与前面两个甚至是 n 个状态有关，则称这样的马尔可夫链为二重或 n 重马尔可夫链。下面主要讨论一重马尔可夫链。

对于马尔可夫链来说，转移概率完全描述了它的概率统计特征，因此，如何确定转移概率则成为研究马尔可夫链的一个重要问题。转移概率在理论上是条件概率，而实际应用时则是以转移频率 $n_{ij}/n_{i.}$ 作为条件概率的估计值：

$$p_{ij} = \frac{n_{ij}}{n_{i.}}$$

式中，$n_{i.}$ 为状态 i 出现的次数；n_{ij}为从状态 i 一步转移到状态 j 的次数。

例 9.1　若在某个地层剖面中岩性随机变量只能取砂岩（E_1）、粉砂岩（E_2）和泥岩（E_3）3 种状态，对剖面中的岩性变化从底到顶观测记录如下：$E_1E_1E_2E_1E_3E_2E_2E_1E_1E_2E_3E_3E_1E_2E_3E_1$，试分析在某次观测状态为 E_i的条件下，下次观测为 E_j的条件概率。

解：在某次观测状态为 E_i的条件下，下次观测为 E_j的条件概率记为 $p_{ij}^{(1)}$，其中 i、j 分别表示起始状态和终止状态。在上面列出的地层剖面中，砂岩（E_1）出现了 7 次，最后一次出现砂岩的后面已无资料，所以以砂岩为起始状态来统计下次出现什么状态只能统计 6 次，即 $n_{1.}=6$。经统计得出：

$$\boldsymbol{P}^{(1)} = \begin{bmatrix} p_{11}^{(1)} & p_{12}^{(1)} & p_{13}^{(1)} \\ p_{21}^{(1)} & p_{22}^{(1)} & p_{23}^{(1)} \\ p_{31}^{(1)} & p_{32}^{(1)} & p_{33}^{(1)} \end{bmatrix} = \begin{bmatrix} \frac{2}{6} & \frac{3}{6} & \frac{1}{6} \\ \frac{2}{5} & \frac{1}{5} & \frac{2}{5} \\ \frac{2}{4} & \frac{1}{4} & \frac{1}{4} \end{bmatrix}$$

其中，$\boldsymbol{P}^{(1)}$称为马尔可夫链的一阶转移概率矩阵。它的元素为非负的，且行元素之和等于 1。

如果过程的状态不是 3 种，而是 m 种，即 E_1，E_2，…，E_m，那么由状态 E_i经过一步

转移到状态 E_j 的一阶转移概率矩阵为

$$
\boldsymbol{P}^{(1)}=\begin{bmatrix} p_{11}^{(1)} & p_{12}^{(1)} & \cdots & p_{1m}^{(1)} \\ p_{21}^{(1)} & p_{22}^{(1)} & \cdots & p_{2m}^{(1)} \\ \vdots & \vdots & \vdots & \vdots \\ p_{m1}^{(1)} & p_{m2}^{(1)} & \vdots & p_{mm}^{(1)} \end{bmatrix}
$$

由条件分布概率的性质可知，转移概率有如下性质：

$$
0 \leqslant p_{ij}^{(1)} \leqslant 1,\sum_{j=1}^{m} p_{ij}^{(1)}=1 \qquad (i=1,2,\cdots,m)
$$

9.1.2.2 高阶转移概率

如果马尔可夫链有 m 种状态 E_1，E_2，…，E_m，从状态 E_i 出发经两步转移到状态 E_j 的概率（不管第一步是什么状态）称为二阶转移概率，记为 $p_{ij}{}^{(2)}$，二阶转移概率矩阵为

$$
\boldsymbol{P}^{(2)}=[p_{ij}^{(2)}]_{m\times m}=\begin{bmatrix} p_{11}^{(2)} & p_{12}^{(2)} & \cdots & p_{1m}^{(2)} \\ p_{21}^{(2)} & p_{22}^{(2)} & \cdots & p_{2m}^{(2)} \\ \vdots & \vdots & \vdots & \vdots \\ p_{m1}^{(2)} & p_{m2}^{(2)} & \vdots & p_{mm}^{(2)} \end{bmatrix}
$$

其中元素 p_{ij} 可以由实际资料统计出来，即

$$
p_{ij}^{(2)}=\frac{E_i\text{ 后的第 2 步是}E_j\text{ 的次数}}{E_i\text{ 出现的次数}}
$$

由此，由状态 E_i 经 k 步转移到状态 E_j 的 k 阶转移概率矩阵为

$$
\boldsymbol{P}^{(k)}=[p_{ij}^{(k)}]_{m\times m}=\begin{bmatrix} p_{11}^{(k)} & p_{12}^{(k)} & \cdots & p_{1m}^{(k)} \\ p_{21}^{(k)} & p_{22}^{(k)} & \cdots & p_{2m}^{(k)} \\ \vdots & \vdots & \vdots & \vdots \\ p_{m1}^{(k)} & p_{m2}^{(k)} & \vdots & p_{mm}^{(k)} \end{bmatrix}
$$

$$
p_{ij}^{(k)}=\frac{E_i\text{ 后的第 }k\text{ 步是}E_j\text{ 的次数}}{E_i\text{ 出现的次数}}
$$

且有性质：$0 \leqslant p_{ij}^{(k)} \leqslant 1$，$\sum_{j-1}^{m} p_{ij}^{(k)}=1$。

对于高阶转移概率的计算，事实上可以利用一阶转移概率根据马尔可夫链的无后效性而得到，如对于二阶转移概率而言：

$$
\begin{aligned}
p_{ij}^{(2)} &= P\{x_2=j \mid x_0=i\} = P\{x_1=1,x_2=j \mid x_0=i\}+P\{x_1=2,x_2=j \mid x_0=i\}+\cdots+ \\
&\quad P\{x_1=m,x_2=j \mid x_0=i\} = \frac{P\{x_0=1,x_1=j \mid x_2=j\}}{P\{x_0=i\}}+\frac{P\{x_0=i,x_1=2 \mid x_2=j\}}{P\{x_0=i\}}+\cdots+ \\
&\quad \frac{P\{x_0=i,x_1=m \mid x_2=j\}}{P\{x_0=i\}} = \frac{P\{x_0=i,x_1=1\}}{P\{x_0=i\}}P\{x_2=j \mid x_0=i,x_1=1\}+
\end{aligned}
$$

$$\frac{P\{x_0=i,x_1=2\}}{P\{x_0=i\}}P\{x_2=j|x_0=i,x_1=2\}+\cdots+\frac{P\{x_0=i,x_1=m\}}{P\{x_0=i\}}$$

$$P\{x_2=j|x_0=i,x_1=m\}=p_{i1}^{(1)}p_{1j}^{(1)}+p_{i2}^{(1)}p_{2j}^{(1)}+\cdots+p_{im}^{(1)}p_{mj}^{(1)}=\sum_{k=1}^{m}p_{ik}^{(1)}p_{kj}^{(1)} \quad (9.4)$$

因而有

$$\boldsymbol{P}^{(2)}=\begin{bmatrix} p_{11}^{(2)} & p_{12}^{(2)} & \cdots & p_{1m}^{(2)} \\ p_{21}^{(2)} & p_{22}^{(2)} & \cdots & p_{2m}^{(2)} \\ \vdots & \vdots & & \vdots \\ p_{m1}^{(2)} & p_{m2}^{(2)} & \cdots & p_{mm}^{(2)} \end{bmatrix}=\begin{bmatrix} \sum_{k=1}^{m}p_{1k}^{(1)}p_{k1}^{(1)} & \sum_{k=1}^{m}p_{1k}^{(1)}p_{k2}^{(1)} & \cdots & \sum_{k=1}^{m}p_{1k}^{(1)}p_{km}^{(1)} \\ \sum_{k=1}^{m}p_{2k}^{(1)}p_{k1}^{(1)} & \sum_{k=1}^{m}p_{2k}^{(1)}p_{k2}^{(1)} & \cdots & \sum_{k=1}^{m}p_{2k}^{(1)}p_{km}^{(1)} \\ \vdots & \vdots & & \vdots \\ \sum_{k=1}^{m}p_{mk}^{(1)}p_{k1}^{(1)} & \sum_{k=1}^{m}p_{mk}^{(1)}p_{k2}^{(1)} & \cdots & \sum_{k=1}^{m}p_{mk}^{(1)}p_{km}^{(1)} \end{bmatrix}$$

$$=\begin{bmatrix} p_{11}^{(1)} & p_{12}^{(1)} & \cdots & p_{1m}^{(1)} \\ p_{21}^{(1)} & p_{22}^{(1)} & \cdots & p_{2m}^{(1)} \\ \vdots & \vdots & & \vdots \\ p_{m1}^{(1)} & p_{m2}^{(1)} & \cdots & p_{mm}^{(1)} \end{bmatrix}\begin{bmatrix} p_{11}^{(1)} & p_{12}^{(1)} & \cdots & p_{1m}^{(1)} \\ p_{21}^{(1)} & p_{22}^{(1)} & \cdots & p_{2m}^{(1)} \\ \vdots & \vdots & & \vdots \\ p_{m1}^{(1)} & p_{m2}^{(1)} & \cdots & p_{mm}^{(1)} \end{bmatrix}=P^{(1)}P^{(1)}=(P^{(1)})^2$$

从而，对于高阶转移概率矩阵有 $\boldsymbol{P}^{(k)}=(\boldsymbol{P}^{(1)})^k$。

对于任何 r，可以导出：

$$p_{ij}^{(k)}=\sum_{i=1}^{m}p_{il}^{(r)}p_{lj}^{(k-r)} \quad (9.5)$$

也就是说，从状态 E_i 出发经过 k 步到达状态 E_j 这一过程，可以看作它是先经过 r（$0<r<k$）步转移到某一状态 E_l（$l=1, 2, \cdots, m$），再由 E_i 经过 $k-r$ 步转移到达状态 E_j。

例 9.2　对于一个包含砂岩（E_1）、粉砂岩（E_2）和页岩（E_3）的剖面，由图 9.1 可见，从 E_2 出发经过两步转移到 E_3 有三条不同的途径，计算它们的二阶转移概率。

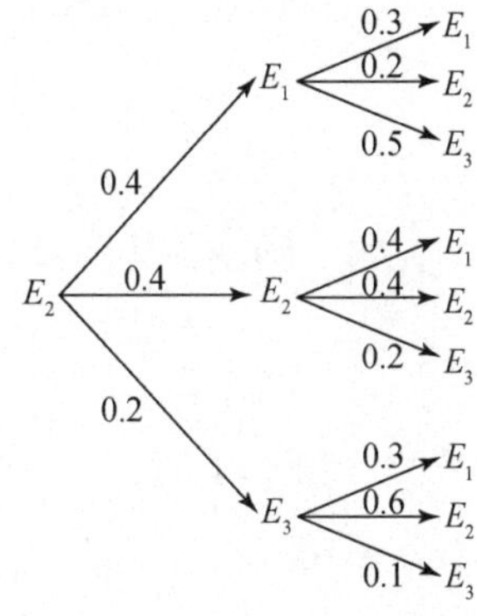

图 9.1　三种状态二阶转移概率示意图

解：根据式（9.5），计算可得

$$p_{23}^{(2)}=\sum_{j=1}^{3}p_{2j}^{(1)}p_{j3}^{(1)}=p_{21}^{(1)}p_{13}^{(1)}+p_{22}^{(1)}p_{23}^{(1)}+p_{23}^{(1)}p_{33}^{(1)}$$
$$=0.4\times0.5+0.4\times0.2+0.2\times0.1$$
$$=0.30$$

它是从 E_2 出发由三条不同途径经过两步转移到 E_3 的概率之和。同样，可以计算：

$$p_{22}^{(2)}=\sum_{j=1}^{3}p_{2j}^{(1)}p_{j2}^{(1)}=p_{21}^{(1)}p_{12}^{(1)}+p_{22}^{(1)}p_{22}^{(1)}+p_{23}^{(1)}p_{32}^{(1)}$$
$$=0.4\times0.2+0.4\times0.4+0.2\times0.6=0.36$$

$$p_{21}^{(2)} = \sum_{j=1}^{3} p_{2j}^{(1)} p_{j1}^{(1)} = p_{21}^{(1)} p_{11}^{(1)} + p_{22}^{(1)} p_{21}^{(1)} + p_{23}^{(1)} p_{31}^{(1)}$$
$$= 0.4 \times 0.3 + 0.4 \times 0.4 + 0.2 \times 0.3 = 0.34$$

9.1.3 遍历定理与极限分布

马尔可夫链遍历性的直观意义是：不论从哪个初始状态 E_i 出发，当转移步数 k 充分大后，它达到状态 E_j 的概率是一个不随时间变化的常数 p_{ij}。也就是说，无论初始状态如何，经过若干步转移之后，系统将处于平衡状态，因而当 k 充分大时，可用 P_j 作为 ${p_{ij}}^{(k)}$ 的近似值。这样，便可以解决当 k 很大时高阶转移概率的计算问题。P_j 称为马尔可夫链的极限概率，而遍历性的中心问题是：要确定在什么样的条件下转移概率的极限才是存在的？极限概率是否构成一个概率分布？以及如何计算极限概率 P_j？

马尔可夫链遍历性定理，是指对于有限状态的马尔可夫链，若存在一个正整数 s，使得 ${p_{ij}}^{(s)}>0$ 对任何 i，j=1，2，…，m 成立，那么极限

$$\lim_{n\to\infty} {p_{ij}}^{(n)} = P_j \tag{9.6}$$

存在，并且与 i 无关；而式（9.6）中的 $\{P_1, P_2, \cdots, P_m\}$ 是方程组 $P_j = \sum_{i=1}^{m} P_i {p_{ij}}^{(1)} (j = 1, 2, \cdots, m)$ 在满足条件 $P_j>0$，$\sum P_j=1$ 时的唯一解。

例如，有一马尔可夫链，其转移状态有两种：E_1、E_2。经计算得出它的一阶转移概率矩阵为

$$\boldsymbol{P}^{(1)} = \begin{bmatrix} 0.79 & 0.21 \\ 0.59 & 0.41 \end{bmatrix}$$

当 $s=1$ 时，对一切 i、j、${p_{ij}}^{(1)}$ 满足遍历性定理，故有 $\lim\limits_{n\to\infty} {p_{ij}}^{(n)} = P_j>0$。而 P_j 可由方程组求出。对于本例为

$$\begin{cases} P_1 = 0.79\,P_1 + 0.59\,P_2 \\ P_2 = 0.21\,P_1 + 0.41\,P_2 \qquad (P_1, P_2 > 0) \\ P_1 + P_2 = 1 \end{cases}$$

$P_1=0.74$。所以，其极限概率矩阵为

$$\widetilde{\boldsymbol{P}} = \begin{bmatrix} 0.74 & 0.26 \\ 0.74 & 0.26 \end{bmatrix}$$

推广之，当 $s=1$ 时，对一切 i、j、${p_{ij}}^{(1)}$ 满足遍历性定理，故有 $\lim\limits_{n\to\infty} {p_{ij}}^{(n)} = P_j > 0$。而 P_j 可由方程组求得

$$\begin{cases} P_j = \sum_{i=1}^{m} P_i\, p_{ij}^{(1)} \qquad (j = 1, 2, \cdots, m) \\ \sum_{i=1}^{m} P_j = 1 \qquad (P_j > 0) \end{cases}$$

如果从公式 $P^{(k)} = (P^{(1)})^k$ 出发，计算其高阶转移概率有

$$P^{(2)} = P^{(1)} P^{(1)} = \begin{bmatrix} 0.75 & 0.25 \\ 0.71 & 0.29 \end{bmatrix}$$

$$P^{(3)} = P^{(2)} P^{(1)} = \begin{bmatrix} 0.74 & 0.26 \\ 0.74 & 0.26 \end{bmatrix}$$

$$P^{(4)} = P^{(3)} P^{(1)} = \begin{bmatrix} 0.74 & 0.26 \\ 0.74 & 0.26 \end{bmatrix}$$

从各阶转移概率可以看出，其前三阶有所不同，随着阶数增加，3、4 阶转移概率矩阵相等，等于极限概率矩阵，而且矩阵中每一列内各元素均相等，即经过若干步转移后，终止状态 E_j 的概率是一个常数 P_j，这就是状态 E_j 的极限概率。

例 9.3　某马尔可夫链的一阶转移概率矩阵为

$$\boldsymbol{P}^{(1)} = \begin{vmatrix} 0 & 0.5 & 0 & 0.5 \\ 0.5 & 0 & 0.5 & 0 \\ 0 & 0.5 & 0 & 0.5 \\ 0.5 & 0 & 0.5 & 0 \end{vmatrix}$$

试讨论它的遍历性。

解：先算得

$$\boldsymbol{P}^{(2)} = (\boldsymbol{P}^{(1)})^2 = \begin{vmatrix} 0.5 & 0 & 0.5 & 0 \\ 0 & 0.5 & 0 & 0.5 \\ 0.5 & 0 & 0.5 & 0 \\ 0 & 0.5 & 0 & 0.5 \end{vmatrix}$$

进一步可验证：当 n 为奇数时，$\boldsymbol{P}^{(n)} = \boldsymbol{P}^{(1)}$；当 n 为偶数时，$\boldsymbol{P}^{(n)} = \boldsymbol{P}^{(2)}$。这表明对于任意 j（=1，2，3，…），极限 $\lim\limits_{n\to\infty} p_{ij}{}^{(n)}$ 都不存在。可见此链不具遍历性。

9.1.4　马尔可夫模型检验

在 9.1.1.2 节介绍了马尔可夫链具有三个特点：过程的离散性、过程的随机性和过程的马尔可夫性。即过程内部的转移概率只与当前状态有关，而与以前状态无关。只要当事物的现在状态为已知时，人们就可以预测其未来的状态，而不需要知道事物的过去状态，即马尔可夫链具有无后效性的特性，这也被称为马尔可夫性。马尔可夫性这一特性避开了其他预测方法在搜集历史资料时所遇到的一系列难题，使得它无论是理论上还是应用上都占有很重要的地位。因此，检验随机过程是否具有马尔可夫性是应用马尔可夫模型分析的必要前提。下面给出马尔可夫性的检验定理。

定理 1　设所讨论的指标值序列包含 m 个可能的状态，用 f 表示指标值序列 x_1，x_2，…，x_n 中从状态 i 经过一步转移到达状态 j 的频数，i，$j \in E$。将转移频数矩阵的第 j 列之和除以各行各列的总和所得的值称为“边际概率”，记为 $p_{.j}$，即 $p_{.j} = \sum\limits_{i=1}^{m} f_{ij} \Big/ \sum\limits_{i=1}^{m}\sum\limits_{j=1}^{m} f_{ij}$。则统计量 $x^2 = 2\sum\limits_{i=1}^{m}\sum\limits_{j=1}^{m} f_{ij} \left| \log \dfrac{p_{ij}}{p_{.j}} \right|$ 以自由度为 $(m-1)^2$ 的 χ^2 分布为极限分布。其中 p_{ij} =

$f_{ij} \Big/ \sum_{j=1}^{m} f_{ij}$。且给定显著性水平 α，若 $x^2 > x_{\alpha}^2((m-1)^2)$，则认为 $\{x_i\}$ 符合马尔可夫性，否则该序列不可作为马尔可夫链来处理。

或计算如下

$$x^2 = \sum_{i=1}^{m} \sum_{j=1}^{m} \left(n_{ij} - \frac{n_i\, n_j}{n}\right)^2 \Big/ \frac{n_i\, n_j}{n} \tag{9.7}$$

$$n_i = \sum_{j=1}^{m} n_{ij}\; n_{.j} = \sum_{i=1}^{m} n_{ij}$$

$$n = \sum_{j=1}^{m} n_i = \sum_{i=1}^{m} n_{.j}$$

在独立假设下，当 n 很大时，服从自由度 $(m-1)^2$ 的 χ^2 分布为极限分布。其中，m 为过程状态的种数，n_{ij} 为转移频数（由状态 E_i 经过一步转移到 E_j 上的次数）。

例 9.4 设有一过程，其转移状态有两种：E_1、E_2。经统计的状态转移频数，见表 9.1。试检验其是否为马尔可夫链。

表 9.1 状态转移频数

x_i	x_j n_{ij} E_1	 E_2	$n_{i.}$
E_1	7	3	10
E_2	3	2	5
$n_{.j}$	10	5	15

由于统计量 x^2 只是在 n 很大时服从自由度为 $m-1$ 的 χ^2 分布，而本例中 $m=2$，即自由度为 1，必须修正 $m_{i.}\, n_{.j}/n$ 的值，设定为 0.5，则：

$$x^2 = \frac{\left(7 - \frac{20}{3} - 0.5\right)^2}{\frac{20}{3}} + \frac{\left(3 - \frac{10}{3} - 0.5\right)^2}{\frac{10}{3}} + \frac{\left(3 - \frac{10}{3} - 0.5\right)^2}{\frac{20}{3}} + \frac{\left(2 - \frac{5}{3} - 0.5\right)^2}{\frac{5}{3}}$$

$$x_2^2 = \sum_{i=1}^{2} \sum_{j=2}^{2} \left(n_{ij} - \frac{n_i n_j}{n}\right) \Big/ \frac{n_i n_j}{n} = \frac{\left(7 - \frac{10\times 10}{15}\right)^2}{\frac{10\times 10}{15}} + \frac{\left(3 - \frac{10\times 5}{15}\right)^2}{\frac{10\times 5}{15}} + \frac{\left(3 - \frac{5\times 10}{15}\right)^2}{\frac{5\times 10}{15}} + \frac{\left(2 - \frac{5\times 5}{15}\right)^2}{\frac{5\times 5}{15}}$$

而 $(m-1)^2 = (2-1)^2 = 1$，自由度为 1 时，$x_{0.05}^2 = 3.841$。

因 $x^2 = 0.438 < 3.841$，故接受 Ho 假设，认为 t_1 时刻过程处于什么状态与 t 时刻过程所处状态无关，故该过程并非马尔可夫链。

9.1.5 三维马尔可夫链模型

将马尔可夫链应用到二维甚至三维空间一直是随机模拟中的热点，但是运用马尔可夫链模拟三维空间属性结构的变化是困难的。国内外有学者应用连续步长的马尔可夫链模型进行三维模拟，但其统计过程烦琐，公式复杂，而且需要借助其他模拟方法共同实现三维模拟，所以在实际建模过程中因实测数据资料的限制常采用离散型和嵌入型马尔可夫链。Elfek 等将两个一维的离散马尔可夫链结合应用联合概率分布去模拟二维的岩相剖面，取得了不小的进展。以三维马尔可夫链随机建模为目的，在其研究的基础上提出了三维离散马尔可夫链联合概率分布模型。

1. 一维马尔可夫链模型

马尔可夫链模型的主要思想是认为系统在现在时刻 t_0 状态已知的情况下，其在时刻 $t>t_0$ 状态的条件分布与在 t_0 之前的状态无关。在解决空间问题时时间参数可为距离参数，其数学表达为 $P_r=\{X_n=k\mid X_0=h,\cdots,X_{n-1}=j\}=P_r\{X_n=k\mid X_{n-1}=j\}$ 。式中：P_r 为概率；X_0、X_{n-1}、X_n 为马尔可夫链上第 1、第 n 以及第 $n+1$ 个位置的状态，h、j、k 为其状态取值。

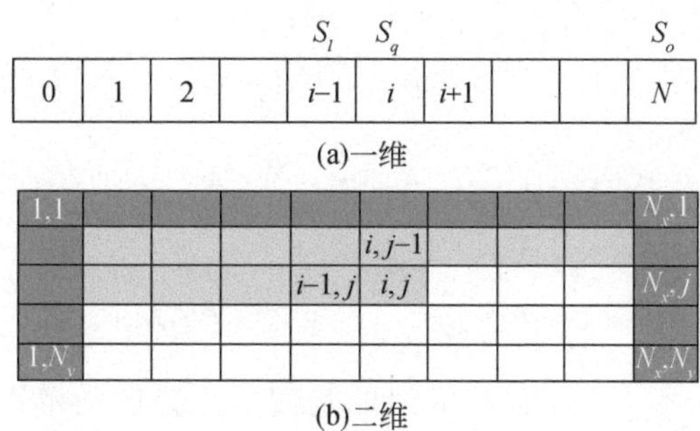

图 9.2　条件化的一维和二维马尔可夫链

对于条件化的一维马尔可夫链，如图 9.2（a）所示，其中网格结点 0 到 $i-1$ 为已知数据，i 为待模拟结点，N 为条件数据，若网格结点 $i-1$ 的状态 Z_{i-1} 为 S_l，网格结点 N 的状态 Z_N 为 S_o，则网格结点 i 的状态 Z_i 为 S_q 的概率为

$$P_r(Z_i=S_q\mid Z_{i-1}=S_l,Z_N=S_o)=\frac{p_{lq}\,p_{qo}^{(N-i)}}{p_{lo}^{(N-i+1)}} \tag{9.8}$$

式中，p_{lq} 表示状态 l 到状态 q 的转移概率；$(N-i)$ 为转移步数。

2. 二维马尔可夫链模型

Elfeki 等对二维剖面上具有右边界的网格结点的状态概率用两个方向的马尔可夫链联合概率进行了公式表达，如图 9.2（b）所示，深绿色表示已知的条件数据，浅绿色表示已经模拟的网格结点，若网格（$i-1$，j）的状态 $Z_{i-1,j}$ 为 S_l，网格（i，$j-1$）的状态 $Z_{i,j-1}$ 为 S_m，网格（N_x，j）的状态 $Z_{N_x,j}$ 为 S_o，则待模拟网格结点的（i，j）的状态 $Z_{i,j}$ 为 S_q 的概率为

$$P_r(Z_{i,j}=S_q\mid Z_{i-1,j}=S_l,Z_{i,j-1}=S_m,Z_{N_x,j}=S_o)=$$

$$C' P_r(Z_{i,j} = S_q \mid Z_{i-1,j} = S_l, Z_{N_x,j} = S_o) P_r(Z_{i,j} = S_q \mid Z_{i,j-1} = S_m) = \frac{p_{lq}^{\mathrm{h}} p_{qo}^{\mathrm{h}(N_x-i)} p_{mq}^{\mathrm{v}}}{\sum_f p_{lf}^{\mathrm{h}} p_{fo}^{\mathrm{h}(N_x-i)} p_{mf}^{\mathrm{v}}} \tag{9.9}$$

式中，C'为归一化系数；h 表示从左到右的水平方向；v 表示从上向下的垂直方向；(N_x-i) 为转移步数；$q=1, \cdots, n$。

3. 三维马尔可夫链模型

非条件化的三维马尔可夫链模型，即在两个方向结合的马尔可夫链的基础上，构造 3 个方向结合的马尔可夫链，可以认为空间上任意一个网格结点都受到 3 个相互垂直方向的马尔可夫链的作用，这些周围网格结点的组合相当于马尔可夫场中的一阶邻域系统，如果从已知网格结点出发依次对未知网格结点进行模拟，那么则实现了三维空间的模拟。方向的选择可与沉积过程相对应，即 z 为垂直方向，x、y 为侧向的两个方向，如图 9.3（a）所示。

若网格（i，j，$k-1$）的状态 $Z_{i,j,k-1}$为 S_l，网格（$i-1$，j，k）的状态 $Z_{i-1,j,k}$为 S_m，网格（i，$j-1$，k）的状态 $Z_{i,j-1,k}$为 S_n，则待模拟网格结点的（$i-1$，j，k）的状态 $Z_{i,j,k}$为 S_q的概率为

$$\begin{aligned} &P_r(Z_{i,j,k} = S_q \mid Z_{i,j,k-1} = S_l, Z_{i-1,j,k} = S_m, Z_{i,j-1,k} = S_n) = \\ &C' P_r(Z_{i,j,k} = S_q \mid Z_{i,j,k-1} = S_l) = P_r(Z_{i,j,k} = S_q \mid Z_{i-1,j,k} = S_m) \\ &P_r(Z_{i,j,k} = S_q \mid Z_{i,j-1,k} = S_n) = C' p_{lq}^{z} p_{mq}^{x} p_{nq}^{y} \end{aligned} \tag{9.10}$$

其中，$C' = [\sum_f p_{lf}^{z} p_{mf}^{x} p_{nf}^{y}]^{-1}$，$C'$存在的目的是使 3 个方向的链在待模拟网格结点的状态都一样。

条件化的三维马尔可夫链模型，即如果在待模拟点的水平方向有条件数据，如存在钻井数据的话，则对待模拟网格点产生影响，成为条件化的马尔可夫链。如图 9.3（b）所示，网格结点受 3 个方向的马尔可夫链作用，而其中 x 和 y 方向的链为条件化的马尔可夫链。待模拟网格点（i，j，k）在 x 和 y 方向的网格点（N_x，j，k）与（x，N_j，k）为条件数据，若网格（i，j，$k-1$）的状态 $Z_{i,j,k-1}$为 S_l，网格（$i-1$，j，k）的状态 $Z_{i-1,j,k}$为 S_m，网格（i，$j-1$，k）的状态 $Z_{i,j-1,k}$为 S_n，网格（N_x，j，k）的状态 $Z_{Nx,j,k}$为 S_o，网格（i，N_j，k）的状态 $Z_{x,Nj,k}$为 S_p，则待模拟网格结点的（i，j，k）的状态 $Z_{i,j,k}$为 S_q的概率为

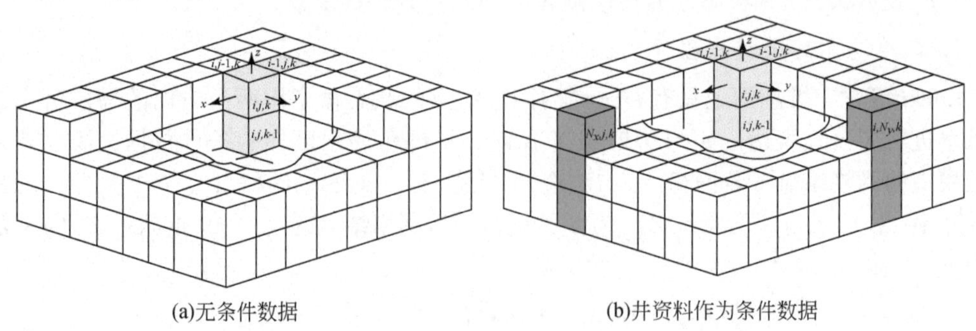

(a)无条件数据　　(b)井资料作为条件数据

图 9.3　3 个方向结合的马尔可夫链

$$P_r(Z_{i,j,k}=S_q\,|\,Z_{i,j,k-1}=S_l,Z_{i-1,j,k}=S_m,Z_{i,j-1,k}=S_n,Z_{N_x,j,k}=S_o,Z_{i,N_y,k}=S_p)=$$
$$C'\,P_r(Z_{i,j,k}=S_q\,|\,Z_{i,j,k-1}=S_l)\,P_r(Z_{i,j,k}=S_q\,|\,Z_{i-1,j,k}=S_m,Z_{N_x,j,k}=S_o)$$
$$P_r(Z_{i,j,k}=S_q\,|\,Z_{i,j-1,k}=S_n,Z_{i,N_y,k}=S_p) \tag{9.11}$$

根据式（9.8）可知：

$$P_r(Z_{i,j,k}=S_q\,|\,Z_{i-1,j,k}=S_m,Z_{N_x,j,k}=S_o)=\frac{p^x_{mq}p^{x(N_x-i)}_{qp}}{p^{x(N_x-i+1)}_{mo}} \tag{9.12}$$

$$P_r(Z_{i,j,k}=S_q\,|\,Z_{i,j-1,k}=S_m,Z_{i,N_y,k}=S_p)=\frac{p^y_{nq}p^{y(N_y-j)}_{qp}}{p^{y(N_y-j+1)}_{np}} \tag{9.13}$$

式中，$p^{x(N_x-i)}_{qp}$ 表示在 x 方向上状态 q 到状态 o 的 N_x-i 步的转移概率。

而

$$P_r(Z_{i,j,k}=S_q\,|\,Z_{i,j,k-1}=S_l)=p^z_{lq} \tag{9.14}$$

而式（9.11）为

$$P_r(Z_{i,j,k}=S_q\,|\,Z_{i,j,k-1}=S_l,Z_{i-1,j,k}=S_m,Z_{i,j-1,k}=S_n,Z_{N_x,j,k}=S_o,Z_{i,N_y,k}=S_p)=$$
$$C'\frac{p^z_{lq}p^x_{mq}p^{x(N_x-i)}_{qp}\;p^y_{nq}p^{y(N_y-j)}_{qp}}{p^{x(N_x-i+1)}_{mo}\;p^{y(N_y\mp1)}_{np}} \tag{9.15}$$

其中

$$C'=\left(\sum_f\frac{p^z_{1f}p^x_{mf}p^{x(N_x-i)}_{fo}\;p^y_{nf}p^{y(N_y-j)}_{fp}}{p^{x(N_x-i+1)}_{mo}\;p^{y(N_y\mp1)}_{np}}\right)^{-1} \tag{9.16}$$

将式（9.16）代入式（9.15）整理，则得到最终的联合分布概率公式为

$$P_r(Z_{i,j,k}=S_q\,|\,Z_{i,j,k-1}=S_l,Z_{i-1,j,k}=S_m,Z_{i,j-1,k}=S_n,Z_{N_x,j,k}=S_o,Z_{i,N_y,k}=S_p)=$$
$$\frac{p^z_{lq}p^x_{mq}p^{x(N_x-i)}_{qp}\;p^y_{nq}p^{y(N_y-j)}_{qp}}{\sum_f p^z_{lf}p^x_{mf}p^{x(N_x-i)}_{fo}\;p^y_{nf}p^{y(N_y-j)}_{fp}} \tag{9.17}$$

如果使用不同方向转移概率矩阵求取某地区已知的钻井岩性资料，其垂直转移概率矩阵较容易被求得。岩性 S_l 到岩性 S_k 垂直转移概率为

$$p_{lk}=\frac{T_{lk}}{\sum_{j-1}^{n}T_{lj}} \tag{9.18}$$

式中，T_{lk} 为岩性 S_l 到岩性 S_k 的转移计数。在缺少地区露头资料的情况下，水平方向的转移概率矩阵就需用垂直转移概率矩阵求取。Doveton 指出，“在任何一种情况下，由垂向层序计算得到的转移概率矩阵将对侧向变换的性质有较强的预测能力。这个论断是对瓦尔特相序定律和沉积单元重复性很自然的推论”。由于按岩性组织剖面得到的转移概率矩阵对于二维和三维的模拟很难应用，笔者尝试从等步长组织剖面得到的转移概率矩阵中找到解决问题的方法。按照瓦尔特相序定律，不同方向的转移计数矩阵中，不同岩性之间的转移计数是相同的。差别就在于不同方向转移计数矩阵中对角线元素的不同（同一岩性的转移计数），这是由不同方向的延伸度不同造成的。把垂向的转移计数矩阵中的对角线元素加以数学变换，可得到侧向上任意方向的转移计数矩阵。如果某地层的岩性垂向转移计数矩阵为 $\boldsymbol{N}_z$，地层在由西到东垂直剖面上的视倾角为 θ，由南到北垂直剖面上的视倾角为 α，如图 9.4 所示，则由垂向转移计数矩阵可以推导出水平方向由西到东的转移计数矩阵 $\boldsymbol{N}_x$ 以

及由南到北方向上的转移计数矩阵 $\boldsymbol{N}_y$，见式（9.18）所示。

$$\boldsymbol{N}_z = \begin{bmatrix} n_{11} & n_{12} & \cdots & n_{1n} \\ n_{21} & n_{22} & \cdots & n_{2n} \\ \vdots & \vdots & & \vdots \\ n_{n1} & n_{n2} & \cdots & n_{nn} \end{bmatrix}$$

$$\boldsymbol{N}_x = \begin{bmatrix} \dfrac{(n_{11}+n_1)\,l_z\cot\theta}{l_x} - n_1 & n_{12} & \cdots & n_{1n} \\ n_{21} & \dfrac{(n_{22}+n_2)\,l_z\cot\theta}{l_x} - n_2 & \cdots & n_{2n} \\ \vdots & \vdots & \cdots & \vdots \\ n_{n1} & n_{n2} & \cdots & \dfrac{(n_{nn}+n_n)\,l_z\cot\theta}{l_x} - n_n \end{bmatrix}$$

$$\boldsymbol{N}_y = \begin{bmatrix} \dfrac{(n_{11}+n_1)\,l_z\cot\alpha}{l_y} - n_1 & n_{12} & \cdots & n_{1n} \\ n_{21} & \dfrac{(n_{22}+n_2)\,l_z\cot\alpha}{l_y} - n_2 & \cdots & n_{2n} \\ \vdots & \vdots & \cdots & \vdots \\ n_{n1} & n_{n2} & \cdots & \dfrac{(n_{nn}+n_n)\,l_z\cot\alpha}{l_y} - n_n \end{bmatrix} \tag{9.19}$$

式中，n_{ij}表示岩性 i 到岩性 j 的转移计数；n_i为岩性 i 在钻井岩心柱子上大于一个步长出现的次数；l_z为垂直向下方向的步长；l_x为由西到东方向的步长；l_y为由南到北方向的步长。

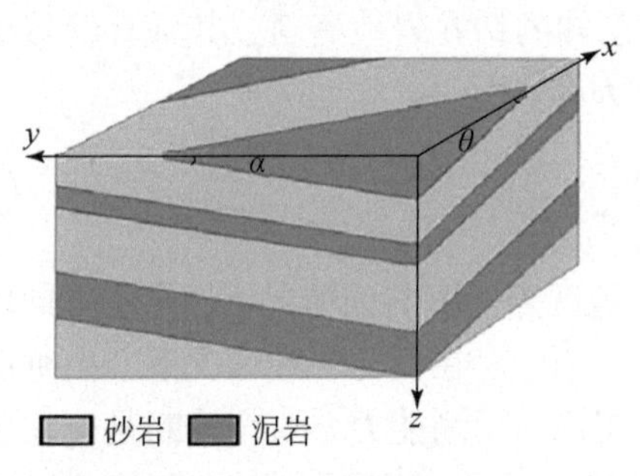

图 9.4　地层三维示意图

基于以上讨论，可以得出基于条件化的三维马尔可夫链模型的储层岩性模拟的算法流程如下：①选择合适的步长，对三维空间进行网格化；②将单井岩性数据进行网格化，并计算垂向的转移概率矩阵以及其他两个方向的转移概率矩阵；③从最下面一层开始，对未知点各种岩性可能出现的概率进行计算，并在此基础上进行蒙特卡罗抽样，对各未知网格依次进行赋值；④完成所有未知网格的赋值之后，给不同的岩性赋予不同的颜色并显示模拟图像，即一次实现完成；⑤进行下一次模拟，重复步骤③和步骤④。

9.1.6　应用算例

例 9.5　马尔可夫链一阶转移概率矩阵研究沉积旋回的简例

剖面采自某地区钻孔资料，岩性为紫红色粉砂岩夹长石砂岩透镜体，地层层数共 90 层（$n=90$）。状态分为 5 种（$m=5$）：E_1（砂砾岩）、E_2（粉砂岩）、E_3（泥岩、页岩、菱铁质泥岩）、E_4（根土、砂岩、粉砂页岩）、E_5（煤、碳质页岩）。

（1）转移频数矩阵为

$$
\boldsymbol{Q}=[q_{ij}]=\left|\begin{array}{cccccc} & E_1 & E_2 & E_3 & E_4 & E_5 \\ E_1 & 0 & 7 & 2 & 6 & 2 \\ E_2 & 7 & 0 & 2 & 12 & 1 \\ E_3 & 2 & 1 & 0 & 1 & 3 \\ E_4 & 1 & 6 & 1 & 0 & 15 \\ E_5 & 6 & 8 & 2 & 4 & 0 \end{array}\right|
$$

（2）由 n_{ij} 可以求得频率转移概率，计算公式为 $p_{ij}=n_{ij}/n_{i.}$，用它作为理论概率估计值而得一阶转移概率矩阵：

$$
\boldsymbol{P}^{(1)}=[p_{ij}]=\begin{bmatrix} & E_1 & E_2 & E_3 & E_4 & E_5 \\ E_1 & 0 & 0.41 & 0.12 & 0.35 & 0.12 \\ E_2 & 0.32 & 0 & 0.09 & 0.54 & 0.04 \\ E_3 & 0.28 & 0.14 & 0 & 0.14 & 0.43 \\ E_4 & 0.04 & 0.26 & 0.04 & 0 & 0.65 \\ E_5 & 0.30 & 0.40 & 0.10 & 0.20 & 0 \end{bmatrix}
$$

（3）由 $\boldsymbol{P}^{(1)}$ 求其极限概率：

$$
\boldsymbol{P}^{(1)}=[p_{ij}]=\begin{bmatrix} & E_1 & E_2 & E_3 & E_4 & E_5 \\ E_1 & 0.1826 & 0.2471 & 0.0786 & 0.2576 & 0.2340 \\ E_2 & 0.1826 & 0.2471 & 0.0786 & 0.2576 & 0.2340 \\ E_3 & 0.1826 & 0.2471 & 0.0786 & 0.2576 & 0.2340 \\ E_4 & 0.1826 & 0.2471 & 0.0786 & 0.2576 & 0.2340 \\ E_5 & 0.1826 & 0.2471 & 0.0786 & 0.2576 & 0.2340 \end{bmatrix}
$$

（4）简化旋回模式。先取出固定向量为 [0.1826，0.2471，0.0786，0.2576，0.2340]。由其中具有最大概率的状态作为旋回的开始，故可取 E_4 作为开始，直接利用 $\boldsymbol{P}^{(1)}$ 来画出旋回模式，并以其中较大的值表示方向，如图 9.5 所示。

如果加以简化，可以得到主要旋回模式为

$$E_4\to E_5\to E_2\to E_4$$

或

$$E_4\to E_5\to E_1\to E_2\to E_4$$

例 9.6　根据火山岩岩相和亚相划分的地质基础，通过分析测井曲线特征，对松辽盆

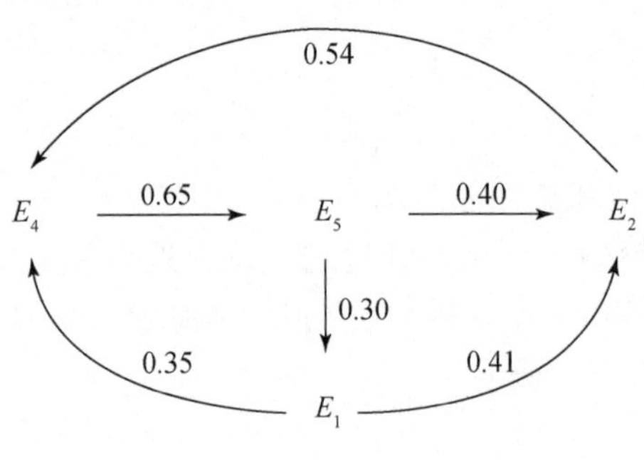

图 9.5　旋回模式

地南部某区块深层火山岩岩相和亚相进行了划分。利用马尔可夫链对研究区深层火山岩油气藏的岩相以及亚相的二维展布进行了井间预测。

火山岩岩相划分为 5 个相：爆发相、喷溢相、火山通道相、侵出相和火山沉积相，松辽盆地以爆发相和喷溢相为主。爆发相分为热碎屑流亚相、热基浪亚相和空落亚相；喷溢相分为上部亚相、中部亚相和下部亚相。该区火山岩岩相主要有 2 种：爆发相和喷溢相，且爆发相略多于喷溢相。若按井中厚度 10m 为 1 个统计单位，实际统计表明，爆发相占 49.2%，喷溢相占 50.8%。热碎屑流亚相占 9.4%、热基浪亚相占 17.7%、空落亚相占 15.9%、上部亚相占 15.5%、中部亚相占 12.3% 和下部亚相占 29.2%。

假设火山岩的喷发过程满足无后效性，故可应用马尔可夫链预测火山岩岩相的空间分布。马尔可夫链中发生状态转移的时刻为 t_1，t_2，$\cdots t_n\cdots$，如果过程的状态有 m 种，即 E_1，E_2，$\cdots E_m$，在已知时刻 $t=t_n$ 时随机过程 x_t 所处状态为 E_i 条件下，经过一步转移，转移到状态 E_j 上的概率为 $p_{ij}=P\{x_{t_{n+1}}=E_j\mid x_{t_n}=E_i\}$，称为一阶转移概率，可以表示为

$$\boldsymbol{P}^{(1)}=\begin{bmatrix} p_{11}^{(1)} & p_{12}^{(1)} & p_{13}^{(1)} & \cdots & p_{1m}^{(1)} \\ p_{21}^{(1)} & p_{22}^{(1)} & p_{23}^{(1)} & \cdots & p_{2m}^{(1)} \\ \vdots & \vdots & \vdots & & \vdots \\ p_{m1}^{(1)} & p_{m2}^{(1)} & p_{m3}^{(1)} & \cdots & p_{mn}^{(1)} \end{bmatrix} \tag{9.20}$$

$$\sum_{j=1}^{m} p_{ij}^{(1)}=1 \quad 0 \leqslant p_{ij}^{(1)} \leqslant 1(i=1,2,\cdots,m)$$

在按等距离间隔划分岩相剖面计算转移概率时，须统计出转移计数矩阵。按照瓦尔特相序定律，不同方向的计数矩阵中，不同岩相之间的转移计数是相同的，其差别只是不同方向的计数矩阵中的对角线元素（即同一岩相的转移计数）不同，这是由不同方向的延伸度不同造成的。如果已知某个层序不同方向上的倾角（视倾角）θ 或者某个沉积体系的各个方向的延伸度之比 $\cot\theta$，将垂向转移计数矩阵 $\boldsymbol{N}_{垂向}$ 的对角线元素乘以侧向（水平）与垂向的延伸度比值 $\cot\theta$，从而得到侧向转移计数矩阵 $\boldsymbol{N}_{水平}$。再由每个元素除以所在行元素之和，则可得到侧向转移概率矩阵。

$$\boldsymbol{N}_{垂向}=\begin{bmatrix} n_{11} & n_{12} & \cdots & n_{1n} \\ n_{12} & n_{22} & \cdots & n_{2n} \\ \vdots & \vdots & & \vdots \\ n_{n1} & n_{n2} & \cdots & n_{nn} \end{bmatrix} \qquad \boldsymbol{N}_{水平}=\begin{bmatrix} n_{11\cot\theta} & n_{12} & \cdots & n_{1n} \\ n_{12} & n_{22\cot\theta} & \cdots & n_{2n} \\ \vdots & \vdots & & \vdots \\ n_{n1} & n_{n21} & \cdots & n_{nn\cot\theta} \end{bmatrix}$$

如果 A 代表爆发相，B 代表喷溢相，计算得研究区火山岩岩相的垂直计数矩阵和垂直转移概率为

$$
\begin{array}{c} \\ A \\ B \end{array}
\begin{array}{c} \begin{array}{cc} A & B \end{array} \\ \begin{bmatrix} 160 & 19 \\ 21 & 169 \end{bmatrix} \end{array}
\qquad
\begin{array}{c} \\ A \\ B \end{array}
\begin{array}{c} \begin{array}{cc} A & B \end{array} \\ \begin{bmatrix} 0.894 & 0.106 \\ 0.111 & 0.889 \end{bmatrix} \end{array}
$$

火山岩岩相的侧向转移计数矩阵和转移概率矩阵为

$$
\begin{array}{c} \\ A \\ B \end{array}
\begin{array}{c} \begin{array}{cc} A & B \end{array} \\ \begin{bmatrix} 1200 & 19 \\ 21 & 1267.5 \end{bmatrix} \end{array}
\qquad
\begin{array}{c} \\ A \\ B \end{array}
\begin{array}{c} \begin{array}{cc} A & B \end{array} \\ \begin{bmatrix} 0.984 & 0.106 \\ 0.116 & 0.984 \end{bmatrix} \end{array}
$$

从火山岩岩相的计数矩阵和转移矩阵可以看出，矩阵的对角线概率比较大，即单一岩相厚度较大，不同岩相之间转移的次数较少。

如果亚相中 A 代表爆发相中的热碎屑流亚相，B 代表热基浪亚相，C 代表空落亚相，D 代表喷溢相的上部亚相，E 代表中部亚相，F 代表下部亚相，火山岩亚相的垂直计数矩阵和转移概率矩阵为

$$
\begin{array}{c} \\ A \\ B \\ C \\ D \\ E \\ F \end{array}
\begin{array}{c} \begin{array}{cccccc} A & B & C & D & E & F \end{array} \\ \begin{bmatrix} 39 & 9 & 6 & 2 & 1 & 5 \\ 10 & 94 & 6 & 1 & 2 & 5 \\ 6 & 7 & 94 & 0 & 2 & 4 \\ 5 & 6 & 2 & 81 & 7 & 13 \\ 3 & 0 & 0 & 8 & 67 & 7 \\ 2 & 3 & 3 & 19 & 9 & 85 \end{bmatrix} \end{array}
$$

例 9.7 （据李军等，2012）研究区 Y 油田主要目的层为低位域三角洲前缘相带沉积，物源方向为北西向，砂体类型以水下分流河道砂、河口坝和前缘席状砂为主，一般为 1 ~ 3m 的薄层粉砂岩，工区主要岩性有泥岩、粉砂岩、泥质粉砂岩、粉砂质泥岩等。

该区具有构造幅度平缓、断层距小且延伸距离短、砂体发育呈薄互层形式存在等特点。由于常规地震主频为 50 ~ 60Hz，满足不了薄储层刻画的要求，因此笔者尝试应用三维马尔可夫链方法对本区的储层岩性进行随机模拟，来达到揭示本区薄砂体的空间分布规律的目的，模拟过程由 MATLAB 编程实现。工区东西长 6000m，南北长 8000m，共钻井 4 口，分别为 Y1 井、Y2 井、Y8 井以及 Y9 井（图 9.6）。

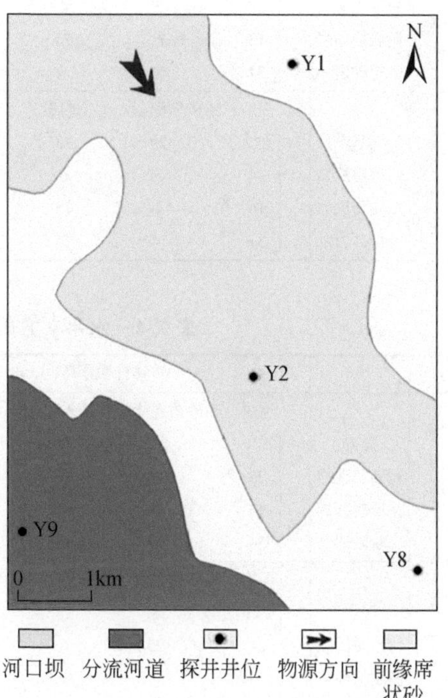

图 9.6　手工绘制的 Y 油田沉积微相图

取主要目的层段深度为 1700 ~ 1800m 作为模拟井段，垂直方向取步长 1m，南北以及东西方向取步长为 100m，由 4 口钻井统计得到垂直方向的转移计数矩阵以及转移概率矩阵（表 9.2），

经检验统计量$\chi^2 \approx 46.9$，大于χ^2分布检验临界值$\chi^2_{0.01,9}=21.666$，表明此岩性序列具有马尔可夫性。工区地层为北东倾向，根据钻井的地质分层计算得到地层在东西方向的倾角平均为0.09°，南北方向的倾角平均为0.11°。由式（9.18）计算得到水平方向上的转移计数矩阵和转移概率矩阵（表9.3、表9.4）。

表9.2 垂直方向的转移计数矩阵及转移概率矩阵

方向		转移计数矩阵					转移概率矩阵			
垂直向上		泥岩	粉砂质泥岩	泥质粉砂岩	粉砂岩		泥岩	粉砂质泥岩	泥质粉砂岩	粉砂岩
	泥岩	111	24	16	37	泥岩	0.5904	0.1277	0.0851	0.1968
	粉砂质泥岩	28	16	4	14	粉砂质泥岩	0.4516	0.2581	0.0645	0.2258
	泥质粉砂岩	13	6	7	7	泥质粉砂岩	0.3939	0.1819	0.2121	0.2121
	粉砂岩	34	16	6	53	粉砂岩	0.3911	0.1468	0.0550	0.4863
垂直向下		泥岩	粉砂质泥岩	泥质粉砂岩	粉砂岩		泥岩	粉砂质泥岩	泥质粉砂岩	粉砂岩
	泥岩	111	28	13	34	泥岩	0.5968	0.1505	0.0699	0.1968
	粉砂质泥岩	24	16	6	16	粉砂质泥岩	0.3870	0.2581	0.0968	0.2581
	泥质粉砂岩	16	4	7	6	泥质粉砂岩	0.4848	0.1212	0.2121	0.1819
	粉砂岩	37	14	7	53	粉砂岩	0.3333	0.1261	0.0631	0.4775

表9.3 水平x方向的转移计数矩阵及转移概率矩阵

方向		转移计数矩阵					转移概率矩阵			
由西向东		泥岩	粉砂质泥岩	泥质粉砂岩	粉砂岩		泥岩	粉砂质泥岩	泥质粉砂岩	粉砂岩
	泥岩	872	24	16	37	泥岩	0.9188	0.0253	0.0169	0.0390
	粉砂质泥岩	28	152	4	14	粉砂质泥岩	0.1414	0.7677	0.0202	0.0707
	泥质粉砂岩	13	6	75	7	泥质粉砂岩	0.1287	0.0594	0.7426	0.0693
	粉砂岩	34	16	6	478	粉砂岩	0.0637	0.0300	0.0112	0.8951
由东向西		泥岩	粉砂质泥岩	泥质粉砂岩	粉砂岩		泥岩	粉砂质泥岩	泥质粉砂岩	粉砂岩
	泥岩	872	28	13	34	泥岩	0.9208	0.0296	0.0137	0.0359
	粉砂质泥岩	24	152	6	16	粉砂质泥岩	0.1212	0.7677	0.0303	0.0808
	泥质粉砂岩	16	4	75	6	泥质粉砂岩	0.1584	0.0396	0.7426	0.0594
	粉砂岩	37	14	7	478	粉砂岩	0.0690	0.0261	0.0131	0.8918

表9.4 水平y方向的转移计数矩阵及转移概率矩阵

方向		转移计数矩阵					转移概率矩阵			
由南向北		泥岩	粉砂质泥岩	泥质粉砂岩	粉砂岩		泥岩	粉砂质泥岩	泥质粉砂岩	粉砂岩
	泥岩	721	24	16	37	泥岩	0.9035	0.0301	0.0201	0.0427
	粉砂质泥岩	28	125	4	14	粉砂质泥岩	0.1637	0.7310	0.0234	0.0935
	泥质粉砂岩	13	6	61	7	泥质粉砂岩	0.1494	0.0690	0.7011	0.0690
	粉砂岩	34	16	6	394	粉砂岩	0.0756	0.0356	0.0133	0.8755
由北向南		泥岩	粉砂质泥岩	泥质粉砂岩	粉砂岩		泥岩	粉砂质泥岩	泥质粉砂岩	粉砂岩
	泥岩	721	28	13	34	泥岩	0.9058	0.0352	0.0163	0.0427
	粉砂质泥岩	24	125	6	16	粉砂质泥岩	0.1404	0.7310	0.0351	0.0935
	泥质粉砂岩	16	4	61	6	泥质粉砂岩	0.1839	0.0460	0.7011	0.0690
	粉砂岩	37	14	7	478	粉砂岩	0.0819	0.0310	0.0155	0.8716

按照选择的步长，对三维空间进行网格化，工区为60×80×100的长方体网格系统，将单井岩性数据进行网格化，待模拟的空间如图9.7所示，从最下面一层开始，对未知点岩性概率进行计算，并进行蒙特卡罗抽样，对各未知网格依次进行赋值，得到岩性随机模拟的多个实现，其中4个实现如图9.8所示。这4个实现大致反映出本区砂体发育的基本规律，即粉砂岩厚度大多在1～3m，呈薄层产出，横向上较连续，可延伸上千米；而泥岩为背景岩性，在工区广泛分布；泥质粉砂岩和粉砂质泥岩在工区不太发育，在垂向和横向上都不连续，横向上一般只延伸200～300m，厚度不超过2m（图9.9）。泥岩、粉砂岩较泥质粉砂岩和粉砂质泥岩在横向上连续，以及垂向上泥岩出现的频率明显大于其他岩性，这种表现与各个方向的转移概率矩阵是一致的。

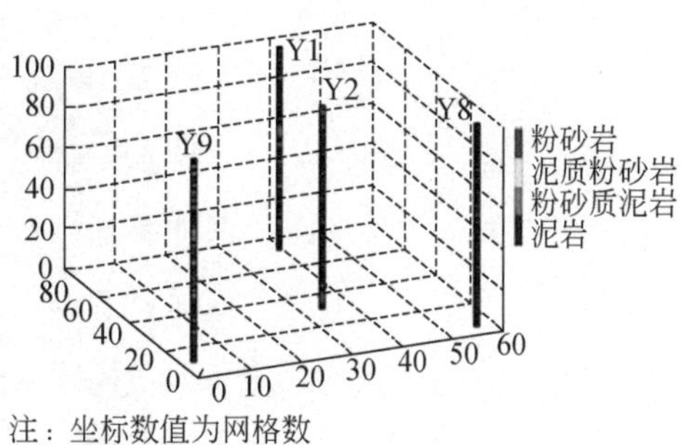

注：坐标数值为网格数

图9.7 具有4口井的待模拟三维工区

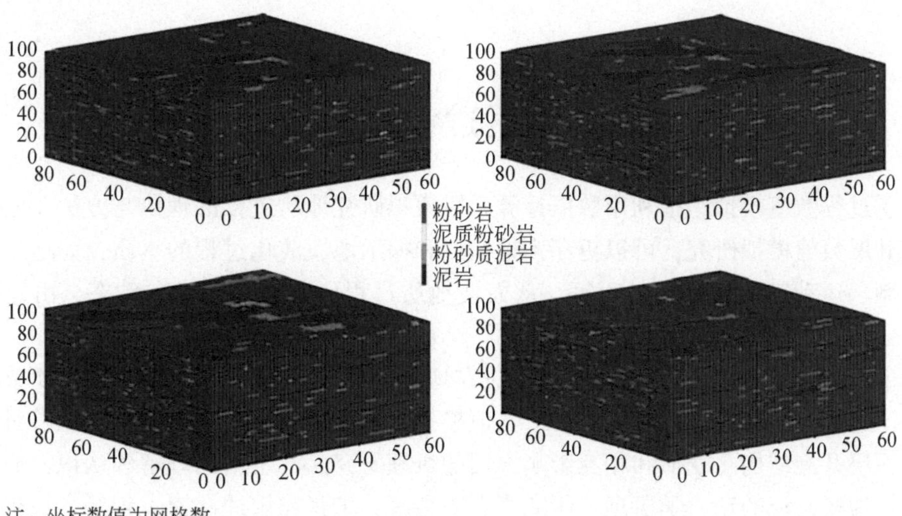

注：坐标数值为网格数

图9.8 马尔可夫链模型岩性随机模拟的4个实现

结论：

（1）三维马尔可夫链模型将3个方向的链结合起来预测未知点属性，其结果能反映复杂空间的连续性，简化了各向异性的处理过程，具有实现简单、计算快速的优点。

（2）当资料有限时，水平方向的岩性转移概率矩阵可以从垂直方向的岩性转移计数矩阵求取，即从钻井的岩性资料出发，运用瓦尔特相律来推测其他方向岩性转移概率矩阵。

（3）在模拟过程中，根据模拟方向可选择相应方向的垂向和水平方向的转移概率矩阵，使模拟过程符合沉积过程。

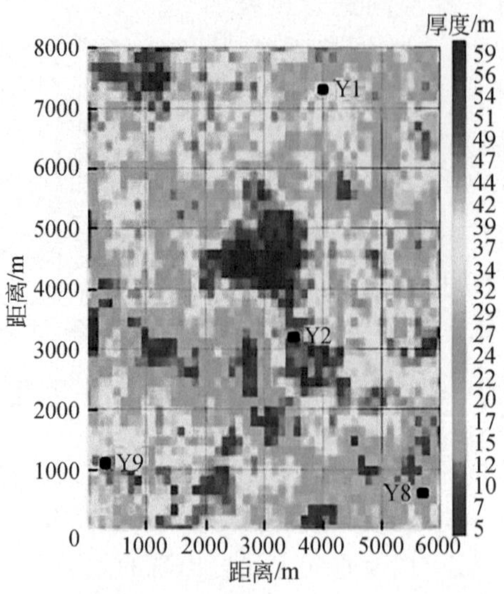

图 9.9 马尔可夫模拟结果统计的砂体厚度

9.2 地质过程数值模拟

地质过程数值模拟是指利用数值计算手段模拟研究地质过程的理论与方法。通过对地质过程开展数值模拟研究，可以更深入地描述和揭示地质演化过程的本质，如地质过程的驱动机制、运动速率和持续时间等，从而使地质过程研究从静态走向动态，由定性走向定量。

21 世纪以来，地质过程数值模拟方法在地球动力学、矿床学、地下水等领域的研究中被广泛运用。在地球动力学研究中，数值模拟方法通过大规模数值计算，能够对地球内部多个圈层开展结构、变形和相互影响方面的机理研究，产生新的理解和认识，如探讨板块运动和地幔对流的动力学机理，研究岩石圈裂解、扩张和俯冲碰撞过程等。在矿床学研究中，数值模拟方法能够更好地认识力、热和流体乃至化学反应对矿床的规模、矿体形态及品位空间分布的影响，并可以进一步为成矿预测提供数据支持。

地质过程数值模拟常常综合运用数学、物理、化学等领域的相关知识，将实际问题抽象为地质过程应遵循的物理化学控制方程组，结合相应的边界条件，采用数值方法在时间和空间维度上对控制方程组进行求解。数值模拟研究可在无空间维或是在一维环境下开展，随着计算能力的进步，近年来地质过程数值模拟研究已能够结合地质模型在二维或是三维环境下开展，从而更为具体地描述地质现象、解答地质问题。

控制方程组多由一系列常微分或偏微分方程组成，由于大多数控制方程难以求解解析解，同时地质模型的几何形状和荷载作用方式复杂，因此，通常采用数值解法对控制方程组进行求解。数值解法通常可以分为两大类：一类称为连续介质方法，包括有限单元法（finite element method）、有限差分方法（define element method）、边界单元法（boundary element method)、无单元法（element-free Galerkin method）等；另一类称为非连续介质方法，包括离散元方法（discrete element method)、流形元方法（manifold method）等。上述方法数学原理不同，适用环境各异，目前已经被广泛应用于构造分析、成矿作用、沉积过程、地下水（流体）运移等多领域地质过程的数值模拟研究。

地质过程数值模拟通常由以下多个步骤组成：①提出实际地质问题；②创建地质模型并离散化；③建立控制方程组；④设定模型单元物理化学参数；⑤设置边界条件和初始条件；⑥利用数值解法进行求解。为了便于学习，本章内容主要从基本理论及方程、数值求解方法和研究实例三个方面，介绍地质过程数值模拟方法的理论方法及实际应用。

9.2.1　基本理论及方程

求解不同的地质问题，需要采用相应的物理化学方程或模型来描述地质过程发生时的物理化学行为或状态。可用于地质过程数值模拟的物理化学方程或模型众多，本节仅针对部分常用的物理化学方程及模型进行介绍。

9.2.1.1　岩石力学

1. *岩石力学模型和本构关系*

岩石介质是地质过程数值模拟的重要研究对象。岩石具有黏性材料、弹性材料及塑性材料的综合变形特性，因此通常采用流变学中的基本力学模拟元件来组合岩石材料的力学模型，以表征岩石受力后产生的变形过程（张振营，2000)。常用的基本力学模拟元件主要有弹簧原件、摩擦原件和阻尼原件。

(1）弹簧元件：又称胡克体原件，是一种理想的服从胡克定律的弹性体。胡克体材料所受的应力与其应变成正比，即 $\sigma = E\varepsilon$，式中，E 为弹性模量；σ 为弹性体承载的应力；ε 为弹性体所产生的应变。由于弹性模量 E 为常量，应变速度和应力施加速度服从以下公式：

$$\frac{\mathrm{d}\sigma}{\mathrm{d}t} = E\frac{\mathrm{d}\varepsilon}{\mathrm{d}t}$$

(2）摩擦元件：又称库仑体，是一种理想的塑性体。当材料所受的应力小于其屈服极限 σ_0 时，物体内不产生变形；当应力达到屈服极限 σ_0 时，产生塑性变形；此时，即使应力不再增加，变形仍会不断增长。其应变与应力的关系如下式：

$$\varepsilon\begin{cases} = 0(\sigma < \sigma_0) \\ \to \infty\ (\sigma \geqslant \sigma_0) \end{cases}$$

式中，ε 为岩石产生的应变；σ_0 为岩石应力的屈服极限。

(3）阻尼元件：又称牛顿体，是一种理想的黏性流体，其力学性质服从牛顿黏性定律——应变速度与应力成比例关系，如下式：

$$\sigma = \eta\frac{\mathrm{d}\varepsilon}{\mathrm{d}t}$$

式中，ε 为材料产生的应变；σ 为材料承载的应力；η 为黏性系数。

以上基本元件的任何一种元件单独表示岩石的性质时，只能描述弹性、塑性和黏性三种性质中的一种性质，但是客观来说，岩石性质都不是单一的，通常表现出复杂的特性，为此须对上述三种元件进行组合，才能准确地描述岩石的特性。目前针对不同的岩石性质，有数十种组合模型被相继提出，如圣维南（Saint-Venant）体、麦克斯韦（Maxwell）体、开尔文（Kelvin）体等。

在试验工作的基础上，众多学者通过观察材料的宏观应力应变曲线关系来进一步描述岩石应力张量与应变张量的关系（本构关系），常用的反映岩石力学性质的本构关系有弹塑性模型（如剑桥模型和莫尔-库仑模型）、黏弹塑性模型（如修正的索费尔德-斯科特-布内尔模型）等（曾彬，2018）。

2. *岩石的强度理论*

在外力作用之下，岩石会以断裂和流动的形式发生破坏。在对地质过程的数值模拟研究中，对于岩石的破坏格外关注。岩石产生破坏的原因和条件是岩石力学中最为重要的科学问题之一。对于上述问题，根据生产实践、科学实验和理论分析，形成了多种不同的科学假说，这些假说通常称为强度理论。强度理论中最为核心的部分即强度准则，常用于岩石力学研究的强度准则包括莫尔-库仑准则、德鲁克-普拉格强度准则、格里菲斯强度准则等。

1）莫尔-库仑强度理论

莫尔-库仑公式（Mohr-Coulomb）是岩土力学的基本理论之一。最初在1776年，法国科学家库仑根据砂土实验得到了以下关系：

$$\tau \geqslant S_s = c + \sigma \tan \varphi$$

对上式统称为库仑定律，也称为总应力抗剪强度公式，τ 为斜截面上的剪应力，S_s 为材料的抗剪强度。抗剪强度与斜截面上的正应力（σ）、材料的黏聚力（c）和材料的内摩擦角（φ）相关，因此材料的抗剪强度由斜面上内摩擦力（$\sigma\tan\varphi$）和黏聚力 c 构成。

将上式绘入 $\sigma-\tau$ 坐标系可以看出（图9.10），直线 $\tau=c+\sigma\tan\varphi$ 将图9.13分为上下两部分，如果材料斜截面受到的应力处于直线以下，则材料不会在此斜截面上破裂；若材料斜截面受到的应力处于直线以上，则材料将沿此斜截面破裂。

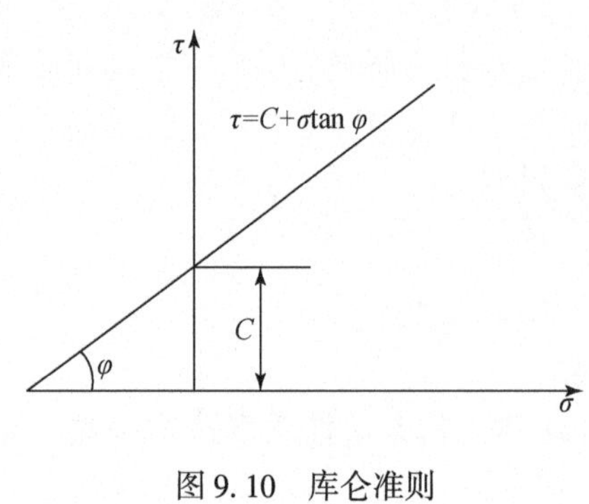

图9.10　库仑准则

18世纪后期，莫尔在库仑早期研究的基础上，提出莫尔理论。其认为材料在复杂应力状态下发生破坏，不只因为受到剪应力的作用，同时与剪切面上的正应力相关。因此，作用在平面上的剪应力不但要克服材料固有的内聚力，还要克服剪切面上由于正应力所形成的摩擦力。根据以上假设，斜截面上的抗剪强度被定义为该面上正应力的函数，即

$$\tau \geqslant S_s = f(\sigma)$$

当剪应力 τ 大于抗剪强度 S_s 时，材料才会发生破坏。

2）格里菲斯强度理论

1920 年，格里菲斯提出如岩石等脆性材料破坏的起因是分布在材料中微小裂纹尖端的拉应力集中，即认为岩体中存在许多细微裂隙，当处于复杂的应力状态下，裂隙端部就会出现很大的拉应力集中，当某点处某一拉应力值超过该处材料的抗拉强度时，就会导致裂隙扩展，岩体发生脆性破坏（刘宝琛，1982）。

格里菲斯强度理论主要被用于研究脆性岩石的破坏。格里菲斯强度理论认为岩体内裂隙的形状近似一个扁平的椭圆孔，如图 9.11 所示。该椭圆孔可用以下方程表示：

$$\frac{x^2}{a^2} + \frac{y^2}{b^2} = 1$$

式中，$x = a\cos\alpha$，$y = b\sin\alpha$，α 为偏心角。

同时将扁平椭圆作为半无限弹性介质的单孔处理，并认为相邻裂隙间互不影响（图 9.14）。在此条件下依照平面应力问题进行分析。

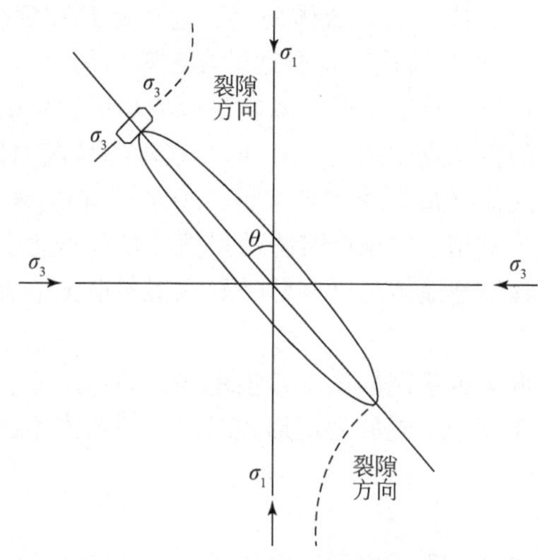

图 9.11　椭圆裂隙周边上的最大主应力与裂隙发展方向（张振营，2000）

在上述条件下，可以得到不同的应力作用下的格里菲斯强度条件：

（1）当 $\sigma_1 + 3\sigma_3 \geqslant 0$ 时，裂隙周边的最大切应力向量为 $(\sigma_\theta)_{\max}$，有

单向受拉条件下：$(\sigma_\theta)_{\max} = \dfrac{2\sigma_3}{m}$；

复杂应力下：$(\sigma_\theta)_{\max} = -\dfrac{(\sigma_1 - \sigma_3)^2}{4m(\sigma_1 + \sigma_3)}$；

单向受拉破坏的条件为：$[\sigma_\theta] = \dfrac{2S_t}{m}$，$S_t$ 为岩石单向抗拉强度。

复杂应力下破坏条件与单向受拉状态一致，为 $(\sigma_\theta)_{\max} \geqslant [\sigma_\theta]$，或 $(\sigma_1 - \sigma_3)^2 + 8S_t(\sigma_1 + \sigma_3) = 0$。

上式认为材料的单轴抗压强度是抗拉强度的 8 倍，反映了脆性材料的基本力学特征。

（2）当 $\sigma_1 + 3\sigma_3 < 0$ 时，强度条件为 $\sigma_3 \geqslant S_t$ 。

（3）单向压缩时，$\sigma_1 = S_c$（岩石单向抗压强度），$\sigma_0 = 0$，得到 $(\sigma_1 - \sigma_3)^2 + S_c(\sigma_1 + \sigma_3) = 0$。

9.2.1.2 流体动力学及渗流

1. 流体动力学

流体动力学假设流体为连续介质，对流体运动的速度、加速度、压强等物理量可以用空间坐标和时间的连续函数表示，并进一步对流场中流体运动参数的分布规律和相互之间的关系进行研究（周云龙和洪文鹏，2004）。地质过程中通常都会有流体参与，因此流体动力学在地质过程数值模拟研究中十分重要。

流体动力学中，通常采用拉格朗日（Lagrange）方法和欧拉（Euler）方法对流体运动进行研究（魏亚东，1989）。拉格朗日法以流体质点为研究对象，在流场（流体质点运动的全部空间）中选定一些具有代表性的流体质点，通过跟踪和观察流体质点的运动情况，建立流体质点 $M_0(x_0, y_0, z_0)$ 的轨迹方程和运动参数随时间（t）的变化关系，从而得到整个流场的运动规律。与拉格朗日法不同，欧拉法以流场中固定的空间点为研究对象，研究流体质点流过这些固定的空间点（x, y, z）时，运动参数随时间（t）的变化规律，进而研究整个流场中的运动规律（周云龙和洪文鹏，2004）。相对来说，欧拉方法相对简便，目前在流体力学研究中更为常用。拉格朗日方法虽然在物理概念上较为清晰，但由于通常采用一阶或二阶偏微分方程描述流体运动参数，导致很多情况下难以给出流体中速度的空间变化。

流体运动极其复杂，但是也遵循如质量守恒定律、动量定律、能量守恒定律、热力学定律等内在规律。这些规律基于不同的表达形式组成了制约流体运动的基本方程（徐国宾等，2011）。

1）连续方程

物质守恒定律可以用连续方程式表示。对于不可压缩流体，在直角坐标系中，基于欧拉方法，微分形式的连续方程式如下，表明在单位时间流经单位体积空间时，流出与流入的质量差与其内部质量变化的代数和为零：

$$\frac{\partial \rho}{\partial t} + \frac{\partial(\rho u)}{\partial x} + \frac{\partial(\rho v)}{\partial y} + \frac{\partial(\rho \omega)}{\partial z} = 0$$

式中，ρ 为流体密度；u、v、ω 为空间点（x, y, z）处的流体质点的速度分量。

上述微分方程适用于可压缩流体非恒定流，表明在单位时间流经单位体积空间时，流出与流入的质量差与其内部质量变化的代数和为零。

2）动力学方程

对于流体运动，还需从动力学的角度对流体必须满足的条件进行描述。基于运动方程才能组建求解流动的基本方程组。如动量守恒定律可用以下方程表示：

$$\rho \frac{d\bar{v}}{\partial t} = \rho \bar{F} + \mathrm{div}P$$

式中，$\rho \frac{d\bar{v}}{\partial t}$ 表示单位体积上的惯性力；$\rho \bar{F}$ 表示单位体积上的质量力；$\mathrm{div}P$ 表示单位体积上

应力张量的散度。

如果流体为不可压缩的牛顿流体，则基于动量守恒定律，可以得到以下运动方程，被称为纳维–斯托克斯（Navier–Stokes）方程，简称 N–S 方程。

$$\frac{\mathrm{d}u_i}{\partial t} = F_i - \frac{1}{\rho}\frac{\partial P}{\partial x_i} + \mu \nabla^2 u_i$$

式中，ρ 为流体密度；u_i 为在 t 时刻的速度分量；F_i 为流体受到的外力分量；P 为压力；μ 为运动黏滞系数；∇^2 为拉普拉斯算子。

通常，如果需要考虑温度和能量变化，还需通过能量守恒定律建立能量方程，加入求解流动的基本方程组。

对于流体，能量守恒定律可以由如下公式表达（於崇文，1993）：

$$\frac{\mathrm{d}E}{\partial t} = Q_H + W_i$$

式中，E 为体积 V 内流体的总能量；$\frac{\mathrm{d}E}{\partial t}$ 为流体总能量的变化率；Q_H 为单位时间内由外界传入流体的热量；W_i 为同一时间内外力对流体所做的功。

对于不可压缩的理想流体，能量方程的微分形式如下：

$$\frac{\mathrm{d}T}{\mathrm{d}t} = \alpha \nabla^2 T + \frac{\mu}{\rho c}\varnothing$$

式中，$\frac{\mathrm{d}T}{\mathrm{d}t}$ 为流体的温度变化率；α 为导热系数，又称热传导率；T 为外界流体温度；μ 为运动黏滞系数；$\varnothing$ 为耗散函数；c 为比热；ρ 为流体密度；∇^2 为拉普拉斯算子。

2. 渗流

岩石在地质过程数值模拟研究中常被近似认为是一种理想的多孔介质，流体会在多孔介质内发生渗流（渗透）作用。因此渗流模型在地质过程数值模拟研究中的应用尤为广泛，被广泛应用于油气运移、地下水运动、热液成矿过程等方面的数值模拟研究。

法国水利学家达西（H. Darcy）基于大量实验提出的达西定律是目前最为常见的渗流模型，表达的是一种线性渗透规律，其表达式如下：

$$Q = K\omega \frac{h}{L} = K\omega I$$

式中，Q 为渗透流量；ω 为过水断面；h 为水头差；L 为渗透距离；I 为水力梯度；K 为渗透系数。

对于达西定律，还需具体了解渗透流速、水力梯度、渗透系数、雷诺数等基本概念。

1）渗透流速

渗透流速可用达西定律的另外一种表达形式表示：

$$V = KI,\ V = Q/\omega$$

式中，V 称作渗透流速。达西公式中 ω 为过水断面面积，包含矿物颗粒占据的面积以及孔隙所占据的面积。渗流过程中，水流实际流过的面积可由以下公式描述：

$$\omega' = \omega n_e$$

式中，n_e 为有效孔隙度。为孔隙体积（扣除结合水所占据范围）与岩石体积之比，其数值

小于孔隙度 s。

2）水力梯度

由于流体在岩石孔隙中运动时，需要克服流体与孔隙壁以及流体质点之间的摩擦阻力，会消耗机械能。水力梯度 I 则被定义为渗透路径中克服摩擦阻力所消耗的机械能。

3）渗透系数

从达西定律可知，渗透系数越大，渗透流速就越大。一些实验中发现，当渗透流速一定时，渗透系数越大，水力梯度就越小。渗透系数可以用来定量表征岩石的渗透性能，其值越大，表明岩石的透水性越强（王大纯等，1986）。

4）雷诺数

雷诺数 Re 是流体力学中表征黏性影响的相似准则数。1883 年英国人雷诺（O. Reynolds）观察了流体在圆管内的流动，提出流体的流动形态除了与流速 v 有关外，还与流场的特征长度 L、流体的黏度 μ 、流体的密度 ρ 这 3 个因素有关，其关系可由下式表示：

$$Re = \frac{\rho v L}{\mu}$$

式中，雷诺数越小表示流体黏滞力影响越显著，越大则意味着惯性影响越明显。

大多数情况下，地下水、油气以及部分热液流体的运动都符合线性渗透定律，也就是达西定律。但是近年诸多实验表明，流体只有在雷诺数 Re 小于 1 ~ 10 之间某一数值，状态为层流运动时才能服从达西定律，当雷诺数 Re 超出此范围后，V 与 I 已不再具有线性关系。

9.2.1.3 热力学及传热学

热力学是研究热能和其他形式能量（如机械能、化学能）相关转换规律以及有关物质结构热性质规律的学科。岩浆侵入、板块运动等地质活动均伴随热事件发生，热量会通过传导、对流等形式传播。因此，需要利用热力学和传热学协同进行分析和描述。

1. 热力学定律

热力学研究中，应用最为广泛，也是最重要的定律是热力学第一定律和第二定律。

1）热力学第一定律

热力学第一定律是热力学系统中能量转换和能量守恒定律的具体应用，表明各种形式的能量可以相互转换，并在转换时能量守恒。封闭体系条件下，热力学第一定律可由下式表达（李岳林，1999）：

$$\Delta U = Q - W$$

ΔU 为内能增量；Q 为系统吸收的热量，如 $Q>0$，系统吸热而外界放热，$Q<0$，系统吸热；W 为系统对外做的绝热功。

热力学通常借助热容量来描述热量。设在某一过程中系统吸收热量 Q 使温度升高 ΔT ，那么在该过程中热容量 C 定义为

$$C = \lim_{\Delta t \to 0} \frac{Q}{\Delta T} = \frac{\mathrm{d}Q}{\mathrm{d}T}$$

设 m 与 n 分别是系统的质量和物质的量，则 $\frac{C}{m}$ 与 $\frac{C}{n}$ 分别称为比热容和摩尔热容。

对于定容过程（$w=0$，$Q=\Delta U$）有 $C_v=\left(\lim_{\Delta t\to 0}\frac{\Delta U}{\Delta T}\right)_v=\left(\frac{\partial U}{\partial T}\right)_v$；

对于定压过程有 $C_p=\left(\lim_{\Delta t\to 0}\frac{Q}{\Delta T}\right)_p=\left(\frac{\partial Q}{\partial T}\right)_p$。

由于定压过程 p 是常数，功 $W=p\Delta V=\Delta(pV)$，于是得

$$Q=\Delta U+\Delta(pV)=\Delta H$$

式中 H 称为焓。表示在定压过程中，焓的增加等于吸收的热量。

2）热力学第二定律

热力学第一定律所允许的能量转换过程并不是全都能够实现，例如热能转换为机械能就是有条件的、有限度的。热力学第二定律就是研究热能和其他形式能量相互转换时的方向、条件和限度（李岳林，1999）。

针对各类具体问题，热力学第二定律有多种形式的表述，公认的比较有代表性的说法有从功热转化的角度出发的开尔文说法：不可能制成一种只从一个热源取得热量、使之完全变成机械能而不引起其他任何变化的热力发动机；以及从传热的角度出发的克劳修斯说法：热量不能自发地、不付任何代价地从低温物体传向高温物体。从实质上看，开尔文说法指出了功转化为热的不可逆性，而克劳修斯说法指出了热传导过程的不可逆性（王淑兰，2013）。

热力学第二定律中最重要的概念即为熵（entropy），是判别实际过程的方向及可逆与否的判据。对于绝热过程，熵永不减少。熵描述的是微观粒子无规则运动的混乱程度，孤立系统总是朝着混乱度增加的方向进行，即熵增加的方向进行，这又称为熵增加原理（方超，2018）。

2. 传热学

传热学是研究热量传递规律的科学。传热是一个非常复杂的过程，一般将其分为热传导、热对流、热辐射 3 种形式（杨祖荣，2014），地质学研究中，通常热传导和热对流是传热的主要形式。传热过程可分为稳态过程与非稳态过程，研究对象中各点温度不随时间改变的传热过程均称为稳态过程，反之则称为非稳态传热过程。

1）热传导

热传导是指热量从系统的一部分传到另一部分或由一个系统传到另一系统的现象。傅里叶定律是描述热传导基本规律的重要理论之一。傅里叶定律指出，热传导现象中单位时间内通过给定导热面的热量与垂直于该截面方向上的温度变化率和截面面积成正比：

$$Q=-\lambda A\frac{\partial t}{\partial x}$$

式中，Q 为单位时间内通过给定面积的热量；t 为温度；x 为截面法向方向的坐标轴；λ 为导热系数；A 为传热面积。对于流体、固体间热传导，导热系数 λ 可定义为

$$\lambda=(1-\phi)\lambda_m+\phi\lambda_f$$

式中，λ_m、λ_f 分别为固体介质（如岩石）和流体（如水）的热传导系数；ϕ 为热流量；负号表示热流从高温往低温流，即温度升高的方向与热量传递的方向相反。

2）热对流

热对流是指流动的流体或气体与其他物质直接接触的过程中，当温度不同时物质相互之间发生热传递的过程。热对流过程中既有微观的流体分子间的导热作用，又有宏观位移的流体的热对流作用（李岳林，1999）。因此，热对流过程可用下述公式描述：

$$Q = \alpha(t_{\mathrm{f}} - t_{\mathrm{w}}), \ \alpha = \frac{q}{\Delta t}$$

式中，Q 为单位时间内通过给定面积的热量；α 为对流换热系数，表示物质间温差为1℃时，单位时间内通过单位面积的热量，表征对流换热强度。从上式可见，热对流过程受到导热规律和流体流动规律的双重制约。

9.2.2 数值解法

9.2.2.1 有限单元方法

有限单元方法起源于20世纪50年代航空工程中飞机结构的矩阵分析。1960年美国的克拉夫（W. Clough）将该方法命名为有限单元方法。有限单元方法目前已被广泛应用在力学、热力学、流体力学、化学动力学等领域的数值分析计算研究中。有限单元法的分析思想主要由以下几点构成：首先将一个表示结构和连续体的求解域离散为若干单元，通过边界节点相互连接成为组合体；之后用每个单元内所假设的近似函数来分片求解域内待求的未知场变量，即将原先求解待求场函数的无穷自由度问题转换为求解场函数节点值的有限自由度问题；最后通过变分原理或加权余量法，建立求解基本未知量（场函数的节点值）的方程组，并通过数值方法求解得到问题答案。

以最为常见的力学分析为例，对简单连续地质体形变进行模拟。模拟过程可由地质模型离散化、单元分析、整体分析和应力计算四个步骤完成。

1. 地质模型离散化（网格划分），建立计算模型

对于二维地质模型，最简单也是最常用的离散化模型即三角形单元模型，如图9.12所示。其由若干个尺寸有限的三角形单元组成，并在有限节点上相互连接。根据不同的地质问题，单元的形状、大小、数目、布设及节点的连接条件均需进行相应的调整，以满足问题求解的需要。通常单元数量越多，对于地质体的近似度越好，分析结果越精确，但同时也会带来计算量的大幅增长。因此，离散化的地质模型是有限单元分析的重要基础，相关离散化方法也是有限单元方法的重要技术之一。

2. 单元分析

单元分析是有限单元分析的最主要任务，目的是要建立单元节点力–节点位移之间的关系（也称单元刚度方程）。单元分析主要由以下四个步骤组成。

1）选择位移模式

基于离散化模型进行典型单元特性分析时，为了能用结点位移来表示单元内任意一点处的位移、应变和应力等，需要假设位移是坐标的某种函数，即位移函数（彭卫和王银辉，2013）。

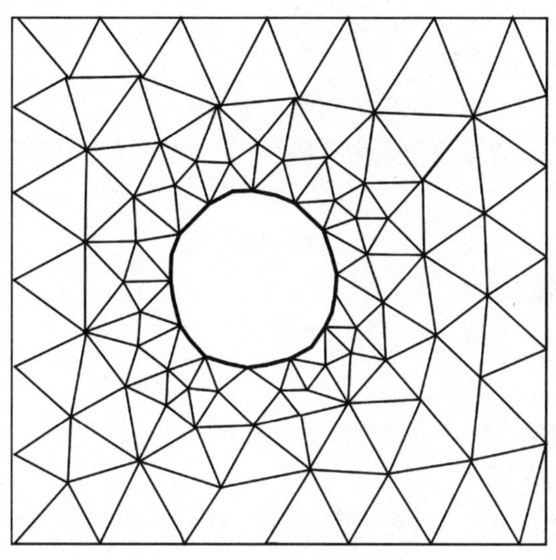

图 9.12　有限单元网格划分

位移函数的定义是有限单元方法的关键。在有限单元方法的应用中，最为常用的是以多项式作为位移模式。根据该位移模式，可以基于结点位移导出表示单元内任意一点位移的关系式，即：

$$f = \boldsymbol{N}\delta^e$$

式中，f 为单元内任一点的位移列阵；δ^e 为单元结点位移列阵；$\boldsymbol{N}$ 为形函数矩阵，它的元素是位置坐标的函数。

2）单元力学特征分析

单元力学特征分析首先可基于几何方程和物理方程，建立用节点位移表达式表示的单元应变关系式和单元应力关系式：

$$\boldsymbol{\varepsilon} = \boldsymbol{B}\delta^e \qquad \boldsymbol{\sigma} = \boldsymbol{S}\delta^e$$

式中，$\boldsymbol{\varepsilon}$ 是单元内任一点的应变列阵；$\boldsymbol{\sigma}$ 是单元内任一点的应力列阵；$\boldsymbol{B}$ 是应变矩阵；$\boldsymbol{S}$ 为应力矩阵；对于弹性材料，$\boldsymbol{S}=\boldsymbol{DB}$，$\boldsymbol{D}$ 为与材料相关的弹性矩阵。

进一步，可利用虚功原理建立作用在单元上的节点力和节点位移间的关系式，即单元的刚度方程：

$$R^e = \boldsymbol{k}\delta^e$$

其中，$\boldsymbol{k}$ 称为刚度矩阵，对于弹性材料，$\boldsymbol{k} = \iiint \boldsymbol{B}^{\mathrm{T}}\boldsymbol{DB}\,\mathrm{d}x\mathrm{d}y\mathrm{d}z$ 。

3）等效节点力计算

对于离散化后的弹性体模型，可以假定力能够通过结点从一个单元传递到另一个单元，而作为连续体，力是从单元的公共边界传递到另一个单元的。因此，需要将作用在单元边界上的表面力以及在单元上的体积力、集中力等等效地移置到节点上，即用等效的结点力表达所有作用在单元上的力。移置的方法通常依照虚功等效原则进行（丁皓江等，1981）。

3. 整体分析

整体分析包含以下三个步骤：

（1）由单元刚度矩阵 $\boldsymbol{k}$ 集合成整体刚度矩阵 $\boldsymbol{K}$；

（2）将作用于各单元的等效结点力列阵 R^e 集合成总的载荷列 $\boldsymbol{R}$。最后得到整个结构的刚度方程

$$\boldsymbol{R} = \boldsymbol{k}\delta$$

式中，δ 为整个结构的结点位移列阵。

（3）通过上述方程即可解出未知结点的位移。

4. 应力计算

从上述分析求取的整体结点位移列阵 δ，逐个单元获取该单元结点位移列阵 δ^e，进而求出各个单元的任意点应力。

有限单元法具有很多优点，首先有限单元法理论基础简明，物理概念清晰，可基于不同比例尺、不同维度环境开展数值模拟研究；其次，有限单元法不仅能够处理地质运动中的非线性应力-应变关系、解决复杂边界条件等难题，还能对如热传导、流体力学等领域的许多问题进行求解；另外，有限单元法可广泛采用矩阵形式进行表达，因此非常适合于电子计算机程序设计和自动化应用（王新荣和初旭宏，2011）。

9.2.2.2 有限差分方法

有限差分方法是一种通用的求解偏微分（常微分）方程和方程组数值解的方法。由于方法理论简单，至今仍被广泛运用。该方法将求解域划分为差分网格，用有限个网格节点代替连续的求解域。有限差分法以 Taylor 级数展开方法等为手段，把控制方程以及边界条件微分方程中的导数用网格节点上函数值的差商代替，即把偏微分方程离散成有限个代数方程，再去求解代数方程在离散网格节点上的未知函数值，因此有限差分方法也可以被看作是一种把微分方程式转换为代数方程的近似求解方法（武焕焕，2016）。

采用泰勒级数展开方法形成的基本差分表达式主要有四种形式，分别为一阶向前差分、一阶向后差分、一阶中心差分和二阶中心差分等。

其中，一阶偏导数的差分形式如下式和图 9.13 所示：

$$\begin{cases} \left(\dfrac{\partial\phi}{\partial x}\right)_0 \approx \dfrac{\phi_1 - \phi_0}{h_1} + 0(h^2) \\ \left(\dfrac{\partial\phi}{\partial x}\right)_0 \approx \dfrac{\phi_0 - \phi_3}{h_3} + 0(h^2) \end{cases}$$

从差分的空间形式来区分，差分格式可分为中心格式和逆风格式。当考虑时间因子影响时，差分格式可分为显格式、隐格式和显隐交替格式等。目前常见的差分格式主要是上述几种形式的组合。

本小节以某二元平板间黏性不可压缩流体力学分析为例，对有限差分方法的求解过程进行简单介绍。设定为一个层流二元流动模型，由压力差 p 驱动，x 轴方向有流动速度为 u 的流体注入，y 轴方向速度为零，如图 9.14 所示。

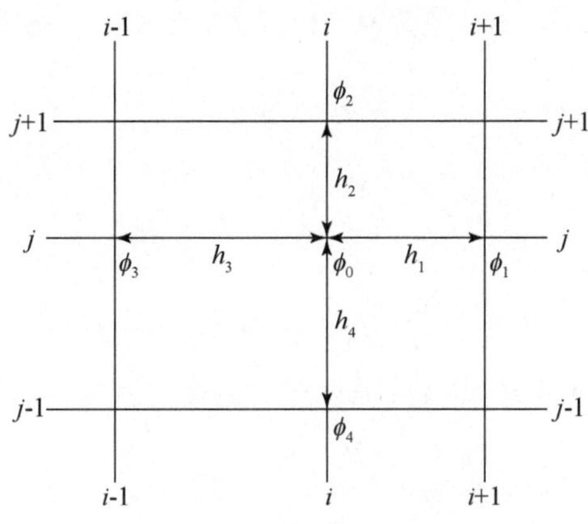

图 9.13　有限差分示意图

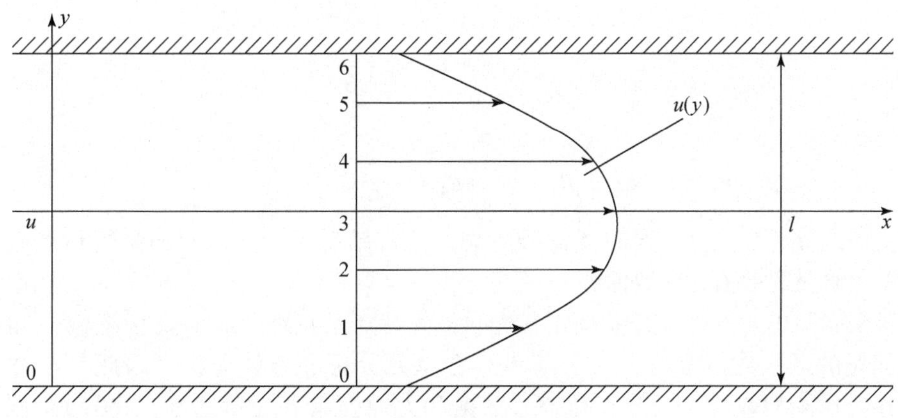

图 9.14　层流平面流动模型

首先定义微分方程和定解条件。可由 Navier-Stokes 方程获得速度 u 的微分方程：

$$\frac{\mathrm{d}^2 u}{\mathrm{d}y^2} = \frac{1}{\mu}\frac{\partial p}{\partial x}$$

式中，μ 为运动黏滞系数。

上式左侧为 y 的函数，右侧为 x 的函数，因此两侧相等的条件为两边均为常数，故有

$$\frac{\mathrm{d}^2 u}{\mathrm{d}y^2} = f(x)$$

并有边界条件 $u(0)=u(l)=0$，所以流动速度的解析解为一对称的抛物线函数（顾尔祚，1988）：

$$u = \frac{fl^2}{2}\left(\frac{y^2}{l^2} - \frac{y}{l}\right)$$

有限差分方法则首先需对微分方程差分化，如图 9.14 所示，可将网格沿 y 轴等分为 6

格。则 $\Delta y = \frac{l}{6}$，各节点的编号顺序为 0，1，2，…，6。在各节点 $i=1$，2，…，5 处将 $\frac{\mathrm{d}^2 u}{\mathrm{d}y^2}$ 用中心差商代替，则可以把微分方程离散为差分方程：

$$u_{i-1} - 2u_i + u_{i-1} = \frac{fl^2}{36} \qquad i = 1, 2, \cdots, 5$$

边界条件可写为

$$u_i = 0, \ i = 0, \ 6$$

求解代数方程组。由于上述流函数是对称的抛物线函数，所以有

$$u_0 = u_6, \ u_1 = u_5, \ u_2 = u_4$$

故实际变量只有 3 个，其方程为

$$\begin{cases} u_0 - 2u_1 + u_2 = f\left(\frac{l}{6}\right)^2 \\ u_1 - 2u_2 + u_3 = f\left(\frac{l}{6}\right)^2 \\ u_2 - 2u_3 + u_4 = f\left(\frac{l}{6}\right)^2 \end{cases}$$

解得

$$u_1 = u_5 = -\frac{5}{72}fl^2, \ u_2 = u_4 = -\frac{1}{9}fl^2, \ u_3 = -\frac{1}{8}fl^2$$

对比该差分解和微分方程的解析解可见，两者结果相同。不同的是解析解是连续函数，而差分解是离散值，即数值解。

相对于有限单元方法，有限差分方法的最大特点是直观，能够直接将微分问题转化为代数问题的近似数值解法，由于其不存在单元分析和整体分析，因此易于并行化编程，内存需求相对较少，十分有利于大数据和大规模运算（傅建等，2009）；但有限差分方法也有自身缺点，比如不适合处理复杂边界的地质问题，对区域的连续性也具有较强要求。

9.2.2.3 其他数值分析方法

除了常用的有限单元方法和有限差分方法以外，边界单元方法、无单元法、离散单元法也常被用于地质过程数值模拟的相关计算研究。

1. 边界单元法

边界单元法是把区域问题转化为边界问题求解的一种离散解法。边界单元法采用求解区域的边界变量表达内部变量，因此通常只需对求解区域的外表边界进行离散化（雷亮亮，2012）。因此，边界单元法的最大特点是降低了求解问题的维数。由于边界单元方法采用的基本解是无限域（或半无限域）内的满足微分方程和无限域（或半无限域）边界条件的解析解，因此在求解内部物理量的过程中引入的误差较小，具有较高的精度。

2. 无单元法

无单元法是有限单元方法的推广，其通常采用滑动最小二乘法产生光滑函数，来逼近

场函数，并对形函数进行计算。因此在数值计算中摆脱了单元限制，只需进行集合边界和计算点计算，大幅简化了前处理工作。在针对地质过程的数值模拟研究中，无单元法提供了场函数的连续可导近似解，因此对于位移、应力和应变的计算结果都表现良好的连续性。由于无单元法生成节点容易，相比其他数值分析方法更容易处理网格重构等问题，因此常被用于岩体断裂特征分析研究（张彬等，2017）。

3. 离散单元法

离散单元法通常被专门用来解决不连续介质问题。离散单元法可将岩体视作离散岩块和岩块间的节理面的组合体，并允许岩块平移、转动和变形，同时节理面可被压缩、滑动乃至分离，因此离散单元法能够针对节理岩体中的非线性大变形特征进行数值模拟分析（张彬等，2017）。离散单元方法的求解过程一般为：将求解空间离散为离散元单元阵，并将相邻两单元根据实际问题用合理的连接元件连接；由力与单元间相对位移的关系得到单元间法向和切向的作用力；综合单元在各个方向上的作用力、与其他单元间的作用力以及其他物理场对单元的作用力，求合力和合力矩，并计算单元的加速度；进行时间积分，得到单元的速度和位移，最终得到所有单元在任意时刻的速度、加速度、角速度等物理量。

9.2.3　研究实例

9.2.3.1　地质构造运动数值模拟

当前，在以往研究的基础上，数值模拟方法已成为地质构造运动研究的重要手段（Burg and Gerya，2005；Yamato et al.，2012）。数值模拟方法基于“正演”的思路，可以“假设过去，预测现在和将来”（Li and Gerya，2009；Li and Ribe，2012）。数值模拟方法可以对地学观测数据得到的各种概念模型进行定量化的验证，从而更好地研究和理解地质构造运动的基本动力学特征和驱动机制，从地球整体运动、地球内部和表面的构造运动探讨其动力演化过程，并同时分析特定构造运动过程的重要物理参数的影响和控制作用（王仁，1997；李忠海，2014）。

地质构造运动研究中的大陆会聚动力学研究包含多个不同的而又相互联系的地质过程，例如大陆深俯冲、高压-超高压变质作用、变质岩石折返、大陆碰撞以及造山作用（李忠海，2014）。

针对大陆俯冲碰撞问题，李忠海（2014）建立了概念化的构造地质模型和初始条件，对单向高角度大陆俯冲碰撞模型、单向低角度大陆俯冲碰撞模型以及双向俯冲碰撞模型分别进行了研究和验证。数值计算采用了有限差分方法对斯托克斯流体动力学方程、物质守恒方程以及热量守恒方程等控制方程进行离散化和近似求解。数值模拟结果与西喜马拉雅的岩石-构造特征在多个方面存在一致性，同时为研究西喜马拉雅造山带的动力学特征提供了重要的启示，模拟结果显示印度大陆物质俯冲至大于 100km 的深度，而后折返到地表（李忠海，2014）。

9.2.3.2　成矿过程数值模拟

月山矿田位于长江中下游成矿带内的安庆–贵池矿集区，矿田发育有多处大中型夕卡岩型铁铜矿床。矿田内出露的地层主要为二叠系龙潭组碳质板岩，中、下三叠统月山组和南陵湖组灰岩及含膏盐地层，以及上三叠统铜头尖组砂页岩；矿田发育有褶皱构造，以及以北东向、北西向和东西方向为主的断裂构造；矿田内岩浆活动强烈，其中月山岩体与铜成矿作用最为密切，其岩性为闪长岩、石英二长闪长岩、石英闪长岩等（周涛发等，2002）。

该研究针对月山矿田，通过数值模拟方法对与成矿密切相关的扩容空间进行模拟分析，以期为该区进一步找矿勘探提供指示和帮助。

研究首先通过融合地质钻孔、平面、剖面和地球物理数据，建立了现今的矿田三维地质模型，之后基于矿床学研究成果，总体恢复了成矿期地层和岩体的埋深，并对模型进行了离散化处理。

基于离散化的三维地质模型，研究对岩浆侵位结束后的热液成矿过程建立了耦合力–热–流多物理场控制方程组。控制方程组由弹塑性岩石力学模型、达西渗流模型、傅里叶定律等组成。针对上述控制方程组，研究进一步利用三维有限差分方法进行了求解计算，即对热液成矿过程进行了数值模拟。

数值模拟结果显示（图 9.15），岩体的体应变增量与热液成矿作用具有十分密切的关系，较高的体应变增量会形成有效的扩容空间，促进流体聚集和矿质沉淀。区内已发现的安庆铜矿、朱冲铁铜矿均位于体应变增量的高值区域；同时，在岩体的周边还显示存在部分高体应变增量区域即扩容空间，指示可能为成矿的潜在有利部位（Li et al.，2019）。

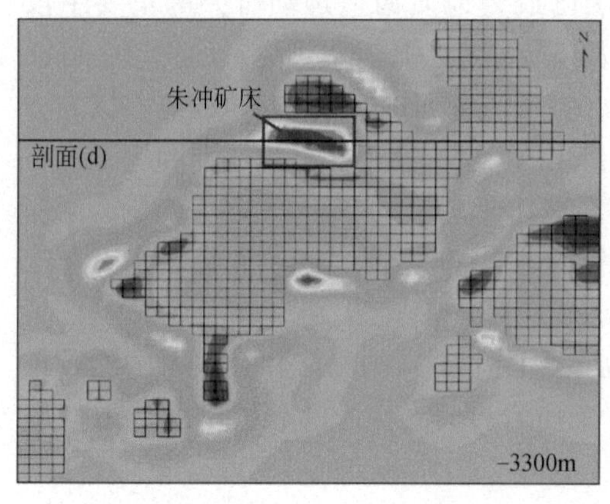

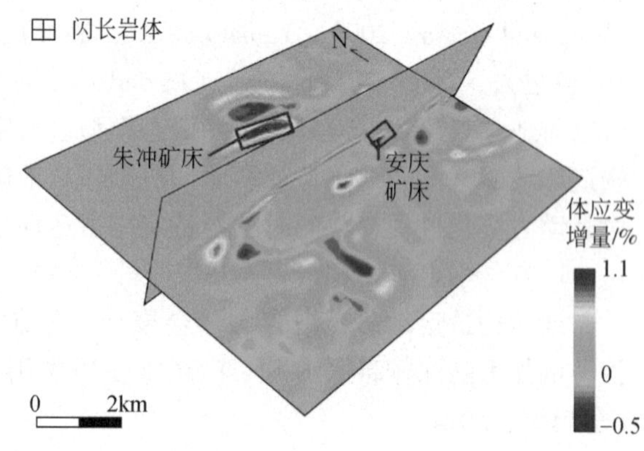

图 9.15　热液成矿过程数值模拟结果（Li et al.，2019）

热液成矿过程通常伴随有化学反应过程，但上述研究忽略了化学反应所导致的吸热、放热、物质驱替等因素。未来成矿过程数值模拟研究的重要发展方向即是基于开放流动系统，在充分耦合力、热、流体、化学反应等物理化学场的基础上开展数值模拟分析，以期更加真实地模拟热液成矿过程，为成矿理论研究提供重要的、定量化的启示和帮助。

9.2.3.3　地下水数值模拟

除了地质构造运动以及成矿过程数值模拟以外，数值模拟方法也广泛被应用于地下水、油气藏等地下流体的数值模拟研究。

如可利用有限单元方法对地下水流动进行数值模拟研究，对地下水开发对地下水位的影响进行分析和预测。相关研究首先对研究区进行三角剖分，之后对研究区水文地质条件进行概化，即将地下水系统概化为非均质、各向同性、三维、非稳定地下水流系统，并建立相应的地下水渗流控制方程组；之后，赋予单元模型渗透系数、给水度、大气降水入渗系数、灌溉回渗系数、潜水蒸发系数、渗透系数、释水系数等参数；最后通过有限单元方法，计算得到研究区地下水补给资源量，并对地下水开发对地下水位的影响进行分析和预测（邵景力等，2003）。

参 考 文 献

丁皓江，谢贻权，何福保，等 . 1981. 弹性和塑性力学中的有限单元法［M］. 2 版 . 北京：机械工业出版社 .

方超 . 2018. 反德西特时空下的 Bardeen 黑洞的热力学［D］. 兰州：兰州大学 .

傅建，彭必友，曹建国 . 2009. 材料成形过程数值模拟［M］. 北京：化学工业出版社 .

顾尔祚 . 1988. 流体力学中的有限差分法基础［D］. 上海：上海交通大学 .

雷亮亮 . 2012. PHC 管桩应用于基坑支护的模拟分析［D］. 合肥：合肥工业大学 .

李军，杨晓娟，张晓龙，等 . 2012. 基于三维马尔可夫链模型的岩性随机模拟［J］. 石油学报，33（5）：846-853.

李岳林 . 1999. 工程热力学与传热学［M］. 北京：人民交通出版社 .

李忠海 . 2014. 大陆俯冲-碰撞-折返的动力学数值模拟研究综述［J］. 中国科学：地球科学，44（5）：817-843.

刘宝琛 . 1982. 矿山岩体力学［M］. 长沙：湖南科学技术出版社 .

彭卫，王银辉 . 2013. 桥梁结构电算原理与软件应用［M］. 杭州：浙江大学出版社 .

邵景力，崔亚莉，赵云章，等 . 2003. 黄河下游影响带（河南段）三维地下水流数值模拟模型及其应用［J］. 吉林大学学报（地球科学版），33（1）：51-55.

王大纯，张人权，史毅虹 . 1986. 水文地质学基础［M］. 北京：地质出版社 .

王仁 . 1997. 我国地球动力学的研究进展与展望［J］. 地球物理学报，40（S1）：50-59.

王淑兰 . 2013. 物理化学［M］. 4 版 . 北京：冶金工业出版社 .

王新荣，初旭宏 . 2011. ANSYS 有限元基础教程［M］. 北京：电子工业出版社 .

魏亚东 . 1989. 工程流体力学［M］. 北京：中国建筑工业出版社 .

武焕焕 . 2016. 预应力锚杆（索）格构梁在边坡工程中的应用研究［D］. 重庆：重庆交通大学 .

徐国宾，王永鹏，高仕赵，等 . 2011. 基于 SPH 方法的两平行平板间层流的数值模拟及验证［J］. 水资源与水工程学报，22（6）：103-106+109.

杨祖荣 . 2014. 化工原理实验［M］. 2 版 . 北京：化学工业出版社 .

於崇文 . 1993. 热液成矿作用动力学［M］. 武汉：中国地质大学出版社 .

曾彬 . 2018. 围压作用下红砂岩轴向卸荷-拉伸力学特性及本构模型研究［D］. 重庆：重庆大学 .

张彬，耿招，葛克水，等 . 2017. 地下轨道交通围岩稳定模拟方法与工程应用［M］. 北京：冶金工业出版社 .

张振营 . 2000. 岩土力学［M］. 北京：中国水利水电出版社 .

周涛发，袁峰，岳书仓，等 . 2002. 安徽月山矿田夕卡岩型矿床形成的水岩作用［J］. 矿床地质，21（1）：1-9.

周云龙，洪文鹏 . 2004. 工程流体力学［M］. 北京：中国电力出版社 .

Burg J P，Gerya T V. 2005. The role of viscous heating in Barrovian metamorphism of collisional orogens：thermo-mechanical models and application to the Lepontine Dome in the Central Alps［J］. Journal of Metamorphic Geology，23（2）：75-95.

Li X H，Yuan F，Zhang M M，et al. 2019. 3D computational simulation-based mineral prospectivity modeling for exploration for concealed Fe-Cu skarn-type mineralization within the Yueshan orefield，Anqing district，Anhui Province，China［J］. Ore Geology Reviews，105：1-17.

Li Z H，Gerya T V. 2009. Polyphase formation and exhumation of high to ultrahigh-pressure rocks in continental subduction zone：numerical modeling and application to the Sulu ultrahigh-pressure terrane in eastern China［J］. Journal of Geophysical Research：Solid Earth，114（B9）：396-411.

Li Z H，Ribe N M. 2012. Dynamics of free subduction from 3-D boundary element modeling［J］. Journal of Geophysical Research：Solid Earth，117（B6）：1-18.

Yamato P，Tartèse R，Duretz T，et al. 2012. Numerical modelling of magma transport in dykes［J］. Tectonophysics，526-529（2）：97-109.

第 10 章　地质大数据与人工智能

10.1　地质大数据与云计算

地质数据具有 5V 特征（volume、velocity、variety、value 和 veracity），其存储、管理、分析与大数据、云计算的关系密不可分。其中大数据需要特殊技术有效处理大量的复杂数据，包括大规模的并行数据处理、数据挖掘、分布式文件系统、互联网和可扩展的存储系统等。而云计算是一种商业计算模型，它将计算任务分布在大量计算机构成的资源池上，使用户能够按需获取计算力、存储空间和信息服务。简单来说，大数据是海量数据的高效处理，云计算是硬件资源的虚拟化，云计算因大数据问题而生，大数据驱动了云计算的发展，共同成为数字地质信息技术的重要组成部分。

本节介绍大数据及地质大数据的基本概念，地质大数据应用技术与平台及云计算的相关知识。

10.1.1　地质大数据

10.1.1.1　基本概念与特征

1. 大数据

大数据（big data），指一种规模大到在获取、存储、管理、分析方面大大超出了传统数据库软件工具能力范围的数据集合，需要新处理模式才能具有更强的决策力、洞察发现力和流程优化能力的海量、高增长率和多样化的信息资产。最早在 2008 年，维克托·迈尔-舍恩伯格（Viktor Mayer-Schönberger）和肯尼斯·库克耶（Cukier Kenneth）首先提出"大数据"概念，但该词语的出现和使用早于此时间，1981 年著名的未来学家阿尔文·托夫勒（Alvin Toffler）便在 *The Third Wave* 一书中，将"大数据"热情地赞颂为"第三次浪潮的华彩乐章"。*Nature* 在 2008 年就推出了"Big Data "专刊，*Science* 在 2011 年 2 月也推出"Dealing with Data"专刊。在中国，牛文杰等在 2001 年发表了《超大数据体泛克里金插值的研究》一文；在更早的 1982 年，〇〇二八九部队的马光中等发表了《数学地质在禄曲—平武一带作成矿远景预测的应用》一文，简要介绍了在 DJS-121 计算机上自编程序对 53200km^2 范围进行"大数据"成矿预测的做法（王登红等，2015）。

大数据具有海量的数据规模（volume）、快速的数据流转（velocity）、多样的数据类型（variety）、价值密度低（value）和数据来源真实（veracity）五大特征。随着云时代的来临，大数据更是为云技术的发展提供了较强的支持，已经形成了新一代的技术革命，对于解决传统科学中难以处理的问题具备较强的实用效果，开始在很多领域中迅速得到推广运用。

大数据是一种自下而上的知识发现过程，是在没有理论假设的前提下去预知趋势和规律。大数据技术的战略意义不在于掌握庞大的数据信息，而在于对这些含有意义的数据进行专业化处理，即对于大数据的分析，不用抽样调查法这样的捷径，而采用所有数据进行分析处理。大数据分析更关注数据的相关性及其隐含的价值，往往挖掘的是那些不能直接发现的信息和知识，甚至是违背直觉的、有时甚至是出乎意料的价值，注重预测与发现，关注的是全体数据以及数据的相关性（张旗和周永章，2017）。

2. 地质大数据

大数据系统通常涉及多个不同的阶段，最广为接受的是 4 个连续阶段，包括数据生成、获取、存储和分析。地质工作旨在采用 7 种主要手段，包括野外调查、钻探槽探、地球物理探测、地球化学探测、遥感、分析测试和综合研究，研究探索地球表层及内部的物质构成、结构及演化。基于以上的工作手段，大范围长时间采集巨量地质数据，利用项目汇聚、资料汇交等方法，形成稳定数据集。因此，地质工作是一个巨量数据采集、汇聚存储管理、分析利用与成果综合的大数据完整生态过程。

地质大数据是信息时代背景下大数据的理念、技术和方法在地学领域的应用与实践。地质大数据涉及地球的各个圈层，涉及地球形成与演化的历史，涉及地球的物质组成及其变化，涉及矿产资源的形成、勘查与开发利用，涉及人类环境的破坏与修复等。在当前地质工作中，各种复杂类型数据的采集、挖掘、处理、分析与应用都与信息社会的“大数据”不谋而合，或者说，地质大数据是“大数据”的重要组成部分（谭永杰等，2017）。

地质大数据是一种时空大数据，应用“大数据”理念来研究成矿系列和成矿规律，实际上就是在充分利用与“矿”有关的各种数据来厘定矿床的成矿系列，总结成矿规律并以各种适当的方式表达出来（包括声音、图像）。这种“全息”式的研究有别于传统的“抽样调查”，故也可称为“大数据成矿规律”“大数据成矿系列”等（王登红等，2015；吴冲龙等，2016）。

3. 地质大数据特征

地质大数据除了符合大数据的基本特征外，由于地质对象演化的时间漫长、空间庞大，各种地质作用影响因素众多，过程曲折反复等原因，数据结构复杂，主要特征包括：

（1）数据来源丰富。多手段、多平台、多仪器，处理与管理方式、数据模态、数据描述方式及结构等多样。

（2）高度时空性。地质数据都有特定空间位置和时间点，不同地质时代的岩石、地层、矿床具有不同的分布特征和规律，具有时间和空间属性。

（3）大容量高相关、低价值密度。由于观测对象广阔、手段多样、探测历史悠久，形成巨量数据；数据描述的对象相对稳定，数据间相关性高；但对于大量的物化探异常信息，真正验证取得找矿突破的较少。

（4）复杂性与模糊不确定性。数据是客观的、量化的，但是对观测对象的认识是无穷尽的逼近，描述客观对象的数据复杂，大多具有模糊不确定性。

4. 地质大数据的机遇和挑战

大数据处理要求将多源、异构、动态、海量的非（半）结构化数据快速有效地转化为能被分析决策利用的结构化信息（周永章等，2017）。地质、钻探、物探等数据反馈功能不够，无法很好地监控并预测未来；基础性研究数据积累不够，难以达到大数据的要求；由于条块分割、部门分割，导致开放、公开、易获得数据源难以实现。

上述原因决定了地质大数据在采集、存储、管理和处理技术应用上存在一定的困难。数据描述与建模困难，缺乏科学有效的特征描述与对象建模基础，类型繁杂，影响数据组织与分析；多源异构大容量导致的数据组织管理困难，多样化碎片化海量地质数据存储管理模型、集成共享问题；数据挖掘分析处理难度大，多模态时空对象分析、地质大数据知识获取等技术需要突破；有效决策支撑与可视化，复杂性及结果模糊性为有效决策与可视化带来困难。

大数据技术的意义不在于掌握规模庞大的数据信息，而在于对这些数据进行智能处理，从中分析和挖掘出有价值的结构化信息。数据、信息、知识、财富、服务、再数据，从数据到财富是一个过程复杂的完整数据链。大数据已成为社会热门话题，并成功应用于互联网、物流、金融、医药、传媒等领域，在监控系统、商业模式、智慧城市等方面也取得了令人惊叹的成果。

基于大数据理念，充分利用现代数学地质理论与方法，云计算、物联网、移动通信等新一代信息技术，加强两者交叉融合，为加快实现地质找矿突破等方面提供了前所未有的机遇。未来地质大数据发展机遇在于云计算、资源的虚拟化管理及应用，重点关注数据的质量、数据的集成与数据的时效性，以及由此带来的数据公开与隐私保护的问题（孟小峰和慈祥，2013）。

10.1.1.2　地质大数据技术

目前，地质大数据研究与应用主要存在数据来源有限（公开数据少）、数据类型混杂、数据来源分散、数据质量存疑、数据应用方法不清晰、数据应用工具缺乏等诸多困难，导致缺乏最终解决方案的指引，大数据产品匮乏。数据的资源化、与云计算的深度结合、高效的数据管理以及数据生态系统复合化程度的加强将是大数据研究的趋势。任何完整的大数据平台，一般包括以下的几个过程。

1. 数据采集

数据采集是所有数据系统必不可少的，在大数据的生命周期中，数据采集处于第一个环节。根据产生数据的应用系统分类，大数据的采集主要有4种来源：管理信息系统、Web信息系统、物理信息系统、科学实验系统。对于不同的数据集，可能存在不同的结构和模式，如文件、XML树、关系表等，表现为数据的异构性。数据源多样化、数据量大且变化快、保证数据采集的可靠性、避免重复数据、保证数据的质量，随着大数据越来越被重视，数据采集的挑战也变得尤为突出。

2. 数据管理

在地质时空大数据模型构建中，数据的管理与融合是基础性的研究课题，它贯穿于矿床与地质研究对象认知模型、矿床与地质时空数据感知模型、矿床与地质时空数据分析模型、矿床与地质时空数据挖掘模型、矿床与地质时空数据预测模型及地质时空数据决策模型的研究中（周永章等，2017）。

传统的数据存储和管理以结构化数据为主，关系数据库系统可以满足基本应用需求。大数据往往是以半结构化和非结构化数据为主，结构化数据为辅，而且各种大数据应用通常是对不同类型的数据内容检索、交叉比对、深度挖掘与综合分析。面对这类应用需求，传统数据库无论在技术上还是功能上都难以为继。因此，近几年数据库行业出现互为补充的三大阵营，适用于事务处理应用的 OldSQL、适用于数据分析应用的 NewSQL 和适用于互联网应用的 NoSQL。

3. 数据挖掘

数据挖掘是指从大量的资料中自动搜索隐藏于其中的有着特殊关联性的信息的过程。大数据分析的理论核心就是针对不同的数据类型和格式，需要不同的数据挖掘的算法，以更加科学地呈现数据本身具备的特点。各种多元统计方法，由于能通过相关关系挖掘出深度价值，因此是重要的数据挖掘分析工具。

预测分析是一种数据挖掘方案，可在结构化和非结构化数据中使用算法和技术，进行预测、预报和模拟。大数据表征的是过去，但可以用来预测未来的变化。预测性分析是大数据分析最终应用的重要领域之一，是大数据最核心的功能，它从大数据中挖掘出特点，通过科学建模型，代入新数据，即可预测未来。许多公司利用大数据技术来收集海量数据、训练模型并发布预测模型来提高业务水平或者避免风险。当前最流行的预测分析工具当数 IBM 公司的 SPSS，它集数据录入、整理、分析功能于一身，分析结果清晰、直观。

大数据挖掘的大多数时间都在于清洗数据。对多个异构的数据集，需要做进一步集成处理或整合处理，将来自不同数据集的数据收集、整理、清洗、转换后，生成到一个新的数据集，为后续查询和分析处理提供统一的数据视图。数据清洗的作用主要包括：纠正错误、删除重复项、统一规格、修正逻辑、转换构造、数据压缩、补足残缺/空值、丢弃数据/变量等。目前已经推出了多种数据清洗和质量控制工具，例如，美国 SAS 公司的 Data Flux、美国 IBM 公司的 Data Stage、美国 Informatica 公司的 Informatica Power Center。

4. 数据可视化分析

数据可视化是指将数据以合乎逻辑、易于理解的视觉形式来呈现，如图表或地图，以帮助人们了解这些数据的意义。人类的大脑对视觉信息的处理优于对文本的处理，因此使用图表、图形可以更容易地解释趋势和统计数据。大数据可视化是大数据分析的基本要求，它可以直观地呈现大数据特点，同时能够非常容易被人类所接受。常见的可视化技术包括基于图像的技术、面向像素的技术和分布式技术等。

数据可视化是研究数据展示、数据处理、决策分析等一系列问题的综合技术。目前正在飞速发展的虚拟现实技术也是以图形图像的可视化技术为依托的数据可视化技术。可视化能够把大数据变为直观的、以图形图像信息表示的、随时间和空间变化的物理现象或物理量呈现在研究者面前，帮助数据挖掘模拟和计算。

大数据价值的完整体现需要多种技术的协同，文件系统提供了最底层存储能力的支持。为了便于数据管理，需要在文件系统之上建立数据库系统，通过索引等的构建，对外提供高效的数据查询等常用功能，最终通过数据分析技术从数据库中的大数据提取有益的知识。

10.1.1.3　地质大数据平台

传统的 GIS 数据存储，大多依托于各种关系型数据库，但是数据库在海量数据管理、高并发读写、难以扩展等方面，已经开始制约了 GIS 的发展。Hadoop 以其高可靠性、高扩展性、高效性和高容错性，特别是在海量的非结构化或者半结构化数据上的分析处理优势，给我们提供了另外一种思路。Hadoop 的核心算法就是"分而治之"，海量影像数据存储和分析，在 Hadoop 的分布式存储和分布式运算架构上，更是能够体现出 Hadoop 在 GIS 应用上的优势。另外，ArcGIS for Server 提供了补丁包，以实现 64 位后台地理处理，并且增加了新的"并行处理因子"环境，可以分跨多个进程来划分和执行处理操作，集中于软件的质量和性能增强。

1. Hadoop

Hadoop 由 HDFS、MapReduce、HBase、Hive 和 ZooKeeper 等成员组成，其中最基础最重要元素为底层用于存储集群中所有存储节点文件的文件系统 HDFS（Hadoop Distributed File System）来执行 MapReduce 程序的 MapReduce 引擎。Hadoop 分布式文件系统（HDFS）的海量存储与 HBase 的高效检索优势，实现了结构化数据与非结构化数据的统一管理，从而完成了海量地质数据的组织与管理工作。

Hadoop 是一个开源的框架，可编写和运行分布式应用处理大规模数据。分布式计算如今已经应用领域很宽泛并且变化，但 Hadoop 优势更加明显：使用方便，在一般商用机器构成的大型集群上，或者云计算服务上，Hadoop 都能支持运行；代码健壮，在一般商用硬件上运行，硬件可能会出错，从而影响程序运行，但是 Hadoop 很好地避免了这类故障的发生；可扩展性高，通过不断地增加计算节点可以很方便地扩展 Hadoop 集群，因此也能更好地处理大规模数据集；编写有效率的并行代码，在 Hadoop 上变得方便快捷（王亮，2014）。

2. OracleSpatial

OracleSpatial 是甲骨文推出的支持 GIS 空间数据存储的处理系统，是 Oracle 数据库强大的核心组件，包含了用于存储矢量数据类型、栅格数据类型和持续拓扑数据的原始数据类型，OracleSpatial 让我们能够在一个多用户环境中部署 GIS 应用，而且能与其他属性数据有机结合起来，Oracle 本身支持自定义的数据类型，在关系数据库中也可用标准的 SQL 查询、管理空间数据。我们可以用结构体，数组或者带有构造函数、功能函数的类来定义自己的对象类型。

3. ArcGIS for Server

ArcGIS for Server 是 ESRI 公司推出的，用来构建企业级 GIS 应用的平台。所有 GIS 的功能在服务端统一实现和管理，支持多用户负载均衡，支持高级 GIS 功能。同时，ArcGIS for Server 是一个服务器管理器，通过 Web 页面可以直接管理各种地理资源。比如地图、

GPS 定位器以及在应用中运行的各种软件工具组件。

4. 地质大数据平台实例

地质学属于数据密集型学科之一，地质大数据是信息时代背景下大数据的理念、技术和方法在地质领域的应用与实践（严光生等，2015）。从广义角度来讲，地质大数据可以是定性、定量数据，也可以包括文字说明，甚至可以是地质图件、地质工作者在工作中留下的视频、音频文件等多源、多元、异构资料。因此，以这些数据为主，结合因特网的相关数据，甚至包括看似不是“数据”的数据和不断增加的数据，就构成了“地质云”的总体框架。

在中国地质调查局发展研究中心、西安地质调查中心和中国地质大学（武汉）组成的地质调查信息云平台团队完成的“地质调查信息网格试点建设”和“西安结点非结构化地质数据集成建设”项目研究中，对内容复杂异构、文件小碎多、数据形态碎片化、数据格式五花八门的地质非结构化数据，采用大数据技术，基于 Hadoop 大数据平台，基本解决了非结构化地质数据的组织、存储、快速发现和使用问题（图 10. 1）。改变了长期按目录文件存储、不利于使用的模式，将非结构化的地质数据聚集以面向数据发现和数据挖掘的“新模式”形成一个整体，构成抽象的 Hadoop 数据挖掘和处理的“大文件”。目前已在内容复杂的非结构化数据快速组织、存储、智能化与面向数据挖掘组织、数据快速发现等方面取得重大进展，为我国智能地质调查信息快速挖掘与发现服务翻开了新的一页。

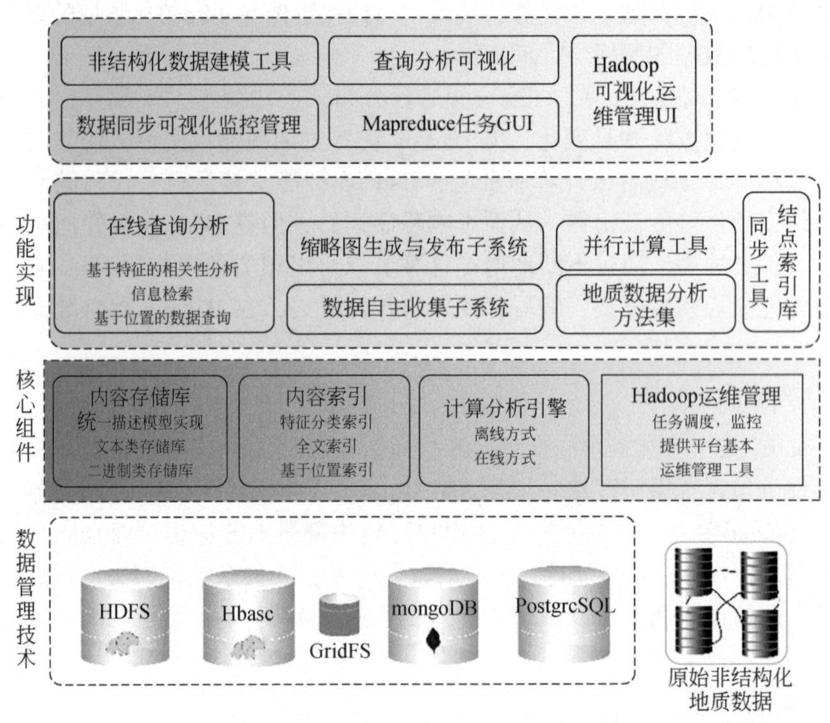

图 10. 1　基于 Hadoop 大数据平台的非结构化地质数据处理总体框架

地质大数据应用研究是国家大数据战略的组成部分，《国土资源“十二五”科学和技术发展规划》指出，要加强 3S 技术、网络技术、云计算、物联网、数字地球等技术的跟踪和应用研究，加强地质资料信息的开发利用技术研究，开展地质资料分级分类的服务和互联共享机制研究，研发面向重点成矿区带、重点经济区、生态环境脆弱区、重大工程建设区和重大地质问题区的地质资料信息整合、深度加工、服务产品开发技术。信息网络领域的发展使大数据存储取得突破，云计算、物联网、工业互联网等技术的兴起，使信息技术渗透方式与处理方法及应用模式发生变革、地质研究中多系统联合与结合成为可能，从而实现由“数字地质”向“智慧地质”的转变（陈建平等，2017）。

10.1.2　云计算

10.1.2.1　基本概念与特征

1. 云计算概念

随着物联网、互联网的迅速发展，网络上流动着海量数据时刻需要处理。而传统的技术已无法满足当前的需要。云计算作为新一轮的信息技术革命，2004 年在美国萌芽，随后在欧洲、日本、韩国等得到迅速传播，在 2008 年左右传入中国（陈康和郑纬民，2009）。

现阶段广为接受的是美国国家标准与技术研究院（NIST）的定义：云计算（cloud computing）是一种按使用量付费的模式，这种模式提供可用的、便捷的、按需的网络访问，进入可配置的计算资源共享池（资源包括网络、服务器、存储、应用软件、服务），这些资源能够被快速提供，只需投入很少的管理工作，或与服务供应商进行很少的交互。

从技术上看，大数据与云计算的关系就像一枚硬币的正反面一样密不可分。大数据的特色在于对海量数据的挖掘，但它必须采用分布式计算架构，必须依托云计算的分布式处理、分布式数据库、云存储和虚拟化技术。云计算是一种商业计算模型，它将计算任务分布在大量计算机构成的资源池上，使用户能够按需获取计算力、存储空间和信息服务，具有时间灵活性和空间灵活性，即想什么时候要就什么时候要，想要多少就要多少。

2. 云计算模式

简单的云计算技术在网络服务中已经随处可见，例如搜索引擎、网络信箱等，使用者只要输入简单指令即能得到大量信息。未来如手机、GPS 等移动设备都可以通过云计算技术，发展出更多的应用服务。进一步的云计算不仅只做资料搜寻、分析的功能，未来如分析 DNA 结构、基因图谱定序、解析癌症细胞等，都可以通过这项技术轻易达成（朱洁和罗华霖，2016）。

云计算可以提供以下几个层次的服务：

（1）基础构架服务 IaaS 模式：程序员对虚拟机操作系统的配置有全部的访问权限，用户通过 Internet 可从完善的计算机基础设施获得服务。

（2）平台服务 PaaS 模式：提供了用户可访问的完整应用程序，把开发环境作为一种服务，提供更高级的编程模型和数据库服务。

（3）软件服务 SaaS 模式：提供了完整的可直接使用的应用程序，通过浏览器将程序发送给用户。

3. 云计算特征

云计算具有以下特点（结合美国国家标准与技术研究院提出了云计算的基本特性）：

按需分配的自助服务。消费者在需要的时候，不必与服务提供商接触，单方面地自动获取计算能力，比如服务器时间、网络和存储。

宽带网络访问。用户通过基于网络的标准机制访问计算能力，这些标准机制提倡使用各种异构的胖/瘦客户端（移动电话、平板电脑、笔记本和个人工作站）。

资源池化。服务提供商的资源使用多租户模式，服务多个消费者，依据用户的需求，不同的物理和虚拟资源被动态地分配和再分配。同时还有位置无关的特性，用户通常不能掌控或者了解资源的具体位置，不过用户可以在更高层次的抽象层指定位置。典型的资源包括存储、处理、内存和网络带宽。

快速弹性。弹性地提供或者释放计算能力，以快速伸缩匹配等量的需求，在某些情况下，这种伸缩是自动的。对消费者来说，这种可分配的计算能力通常显得几乎无限，并且可以在任何时候获取任何数量，满足应用和用户规模增长的需要。

可评测的服务。通过利用与服务匹配的抽象层次的计算能力（比如存储、处理、带宽和活跃用户账号数），云系统自动控制和优化资源的使用。资源使用可以被监视、控制报告，提供透明度给服务提供商和服务使用者。

超大规模。"云计算管理系统"具有相当大的规模，Google 云计算已经拥有 100 多万台服务器，Amazon、IBM、微软、Yahoo 等的"云"均拥有几十万台服务器。企业私有云一般拥有数百上千台服务器，"云"能赋予用户前所未有的计算能力。

虚拟化。云计算支持用户在任意位置、使用各种终端获取应用服务。所请求的资源来自"云"，而不是固定的有形的实体。应用在"云"中某处运行，但实际上用户无须了解也不用担心应用运行的具体位置。

高可靠性。"云"使用了数据多副本容错、计算节点同构可互换等措施来保障服务的高可靠性，使用云计算比使用本地计算机可靠。

通用性。云计算不针对特定的应用，在"云"的支撑下可以构造出千变万化的应用，同一个"云"可以同时支撑不同的应用运行。

极其廉价。由于"云"的特殊容错措施可以采用极其廉价的节点来构成云，"云"的自动化集中式管理使大量企业无需负担日益高昂的数据中心管理成本，"云"的通用性使资源的利用率较之传统系统大幅提升。

10.1.2.2 核心技术

云计算系统运用了许多技术，其中以编程模型、海量数据分布存储技术、海量数据管理技术、虚拟化技术、云计算平台管理技术最为关键。

1. 编程模型

MapReduce 是 Google 开发的 Java、Python、C++编程模型，它是一种简化的分布式编程模型和高效的任务调度模型，用于大规模数据集（大于1TB）的并行运算。严格的编程模型使云计算环境下的编程十分简单。MapReduce模式的思想是将要执行的问题分解成Map（映射）和Reduce（化简）的方式，先通过Map程序将数据切割成不相关的区块，分配给大量计算机处理，达到分布式运算的效果，再通过Reduce程序将结果汇整输出。

2. 海量数据分布存储技术

云计算系统由大量服务器组成，同时为大量用户服务，因此云计算系统采用分布式存储的方式存储数据，用冗余存储的方式保证数据的可靠性。云计算系统中广泛使用的数据存储系统是Google的GFS和Hadoop团队开发的GFS的开源实现HDFS。

3. 海量数据管理技术

云计算需要对分布的、海量的数据进行处理、分析，因此，数据管理技术必须能够高效地管理大量的数据。云计算系统中的数据管理技术主要是Google的BT（BigTable）数据管理技术和Hadoop团队开发的开源数据管理模块HBase。

4. 虚拟化技术

通过虚拟化技术可实现软件应用与底层硬件相隔离，它包括将单个资源划分成多个虚拟资源的裂分模式，也包括将多个资源整合成一个虚拟资源的聚合模式。虚拟化技术根据对象可分成存储虚拟化、计算虚拟化、网络虚拟化等，计算虚拟化又分为系统级虚拟化、应用级虚拟化和桌面虚拟化。

5. 云计算平台管理技术

云计算资源规模庞大，服务器数量众多并分布在不同的地点，同时运行着数百种应用，如何有效地管理这些服务器，保证整个系统提供不间断的服务是巨大的挑战。云计算系统的平台管理技术能够使大量的服务器协同工作，方便地进行业务部署和开通，快速发现和恢复系统故障，通过自动化、智能化的手段实现大规模系统的可靠运营（肖洁，2013）。

10.1.2.3　云计算平台

1. Google的云计算平台

Google的硬件条件优势，大型的数据中心、搜索引擎的支柱应用，促进了Google云计算迅速发展。Google的云计算主要由MapReduce、Google文件系统（GFS）、BigTable组成。它们是Google内部云计算基础平台的3个主要部分。Google还构建其他云计算组件，包括一个领域描述语言以及分布式锁服务机制等。Sawzall是一种建立在MapReduce基础上的领域语言，专门用于大规模的信息处理。Chubby是一个高可用、分布式数据锁服务，当有机器失效时，Chubby使用Paxos算法来保证备份（李联宁，2017）。

2. Amazon的弹性计算云

Amazon是互联网上最大的在线零售商，为了应对交易高峰，不得不购买了大量的服务器。而在大多数时间，大部分服务器闲置，造成了很大的浪费，为了合理利用空闲服务器，Amazon建立了自己的云计算平台弹性计算云EC2（Elastic Compute Cloud），并且是第一家将基础设施作为服务出售的公司。Amazon 将自己的弹性计算云建立在公司内部的大规模集群计算的平台上，而用户可以通过弹性计算云的网络界面去操作在云计算平台上运行的各个实例（instance）。用户使用实例的付费方式由用户的使用状况决定，即用户只需为自己所使用的计算平台实例付费，运行结束后计费也随之结束。这里所说的实例即是由用户控制的完整的虚拟机运行实例。通过这种方式，用户不必自己去建立云计算平台，节省了设备与维护费用。

Amazon 通过提供弹性计算云，满足了小规模软件开发人员对集群系统的需求，减小了维护负担。其收费方式相对简单明了：用户使用多少资源，只需为这一部分资源付费即可。为了弹性计算云的进一步发展，Amazon 规划了如何在云计算平台基础上帮助用户开发网络化的应用程序。除了网络零售业务以外，云计算也是 Amazon 公司的核心价值所在。Amazon 将来会在弹性计算云的平台基础上添加更多的网络服务组件模块，为用户构建云计算应用提供方便（陈康和郑纬民，2009）。

云计算可以彻底改变人们未来的生活，但同时也要重视环境问题，这样才能真正为人类做贡献，而不是简单的技术提升。云计算服务除了提供计算服务外，还必然提供了存储服务，云计算模式具有许多优点，但是也存在一些问题，如数据隐私问题、安全问题、软件许可证问题、网络传输问题等（徐光侠等，2012）。如何保证存放在云服务提供商的数据隐私，不仅需要技术的改进，也需要法律的进一步完善；云计算数据的安全性问题解决不了会影响云计算在企业中的应用；此外，云计算的普及依赖网络技术的发展，目前网速低且不稳定，使云应用的性能不高（何正玲，2013）。

10.1.3　地质云-地质大数据

“地质云”是中国地质调查局主持研发的一套综合性地质信息服务系统（图 10.2），面向社会公众、地质调查技术人员、地学科研机构、政府部门提供各类丰富地质信息服务，是云计算处理地质大数据的重要实例。采用经典的 4 层云架构，集成了地质调查、业务管理、数据共享及公开服务四个子系统，即面向地质调查技术人员提供云环境下智能地质调查工作平台，创新地质调查工作新模式；面向地质调查管理人员，提供云环境下“一站式”综合业务管理和大数据支持下辅助决策支持，实现地质调查项目、人事、财务、装备等的“一站式”服务；面向各类地质调查专业人员提供基础地质、矿产地质、水工环地质、海洋地质等多类专业数据共享服务；面向社会公众提供多类地质信息产品服务（王鑫等，2019）。

“地质云”基于云计算、大数据、人工智能等理念建设，采用 1 个主中心、6 个区域中心、12 个专业中心的数据采集分发模式，在整合了我国前期地质调查大数据的基础上，可与 30 余家单位及 70 多个国家核心地质数据库的数据进行实时共享。“地质云”实现了中国地质调查局各直属单位数据共享及服务系统集成，实现了云架构下的“大系统、大平台、大数据、大集成”，破除了各单位间数据鸿沟，集成了各单位各类地质信息服务，形成统一、有序、规模、权威的统一信息服务平台。

以分布式、云架构为基础，基于大数据处理模型实现将结构化数据与非结构化数据统

地质图(GIS)	地质图件	地学科普	地质资料库	出版物	技术方法与标准	软件	方法与设备
国家地质图	基础地质图	科普图书	区域地质调查	专题报告	技术方法	专业应用软件	地球物理
国家矿产资源	能源地质图	科普文章	海洋地质调查	地学文献	标准规范	综合分析软件	水工环
国家水工环	矿产地质图	多媒体	矿产勘查	地调专著	专利技术		遥感地质
国家物化遥勘察	水文地质图	其他形式	水工环地质勘查	地调期刊			海洋地质
地质科学研究	地质灾害图		物化遥勘查				实验测试
	环境地质图		地质科学研究				标准物质
	海洋地质图		技术方法研究				
	物化遥地质图		信息技术				
	全球地质图		其他				

图 10.2　“地质云”地学产品

一联动处理和展示，实现地质数据集成化、信息系统功能动态化及地质业务模式云化。由中地数码与中国地质调查局发展研究中心合作研发的“地质云”项目在阿尔金成矿带的实质应用，标志着我国第一朵“地质云”研发成功（图 10.3）。

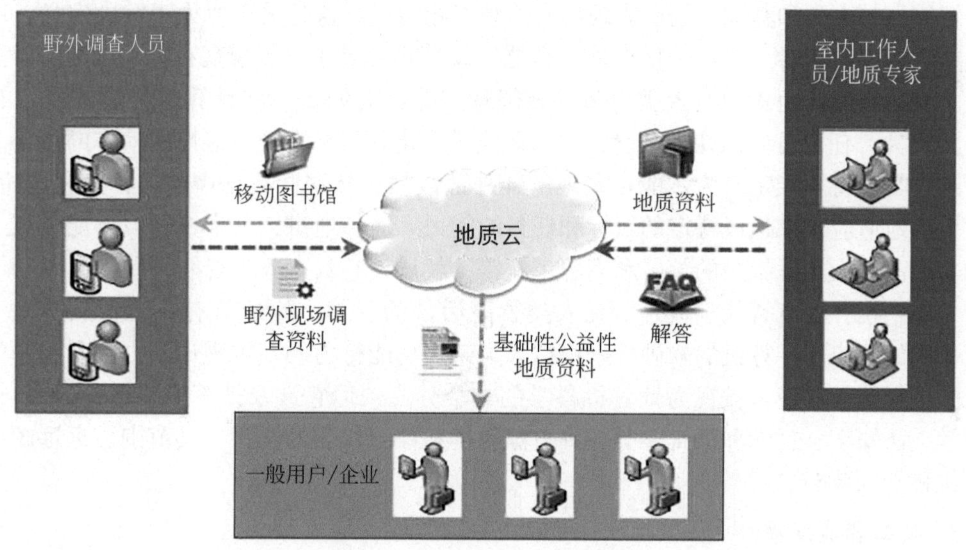

图 10.3　阿尔金成矿带“地质云”

2017 年 11 月 18 日 6 时 34 分，西藏林芝市米林县发生 6.9 级地震，震源深度 10km。为支撑抢险救灾工作，“地质云”平台首次启动了应急服务工作机制。基于互联网，面向社会推出了“11 · 18 林芝地震地质数据与专题产品服务”。包括“地质云”在线资源整合推出的震区 1 : 20 万区域地质图 1 幅、震区 1 : 25 万区域地质图 1 幅、1 : 50 万西藏自治区地质图、1 : 50 万青藏高原地质图、国家地质资料馆藏涉及震区的地质资料 60 档，以及中国国土资源航空物探遥感中心、实物地质资料中心和地学文献中心等“地质云”分数据节点新加工的林芝地区 GF1 16m 卫星遥感影像图 1 景、GF2 1m 卫星遥感影像图 6 景、震中 300km 范围地质钻孔 199 个、林芝专题地质文献库等。同时，基于地质调查业务网，首次在线受理了国土资源部地质灾害应急技术指导中心数据共享请求，按照数据分级服务和数据使用知识产权保护的规定，在 2 个小时之内线下完成了震区 2 幅 1：20 万地质图数据和 2 幅 1：25 万地质图数据的制作，签订使用协议后，即时提交使用。

10.2 机器学习与人工智能

10.2.1 概述

10.2.1.1 人工智能概述

1. 人工智能定义

人工智能（artificial intelligence，AI）的定义包含两部分，即“人工”和“智能”。

维基百科上的定义是：人工智能（又称机器智能，machine intelligence）是由机器表现的智能，与人类和其他动物所表现的自然智能相对应。这是关于“人工”的定义，即和人类或自然智能相对。但对于什么是“智能”却莫衷一是了。大家现在唯一认同的智能就是人本身的智能，而我们对人类自身的智能理解非常有限。一些计算机科学家将“智能体”定义为：任何可以感知其环境，并采取能最大化其目标实现可能性的动作的设备。一些管理科学家将智能定义为：能正确地解释外部数据，从这些数据中学习，并利用所学，通过灵活地适应，来达成特定的目标和任务的能力。通俗地讲，一个机器只要能模拟人的认知功能，如人类思维中的学习和问题求解等，就认为它具有人工智能。

总的来说，人工智能学科是研究人类智能活动的规律，构造具有一定智能的人工系统，研究如何应用计算机的软硬件来模拟人类某些智能行为的基本理论、方法和技术的学科。人工智能学科通常被视为计算机科学的一个分支，但它涉及计算机科学、神经科学、心理学、认知学、哲学和语言学等各种自然科学和社会科学的学科，其范围已远远超出了计算机科学的范畴。

2. 人工智能发展

对人工智能的研究始于 20 世纪 50 年代。1950 年，图灵在《计算机器与智能》当中提出了如何判断机器是否有智能的方法，此方法指测试者与被测试者（一个人和一台机器）隔开的情况下，通过一些装置（如键盘）向被测试者随意提问。进行多次测试后，如果有超过 30% 的测试者不能确定出被测试者是人还是机器，那么这台机器就通过了测试，并被认为具有人类智能。1956 年，以麦卡锡、明斯基、罗切斯特和香农等为首的一批有远见卓识的年轻科学家在一起聚会，共同研究和探讨用机器模拟智能的一系列有关问题，并首次提出了“人工智能”这一术语，它标志着“人工智能”这门新兴学科的正式诞生。IBM 公司“深蓝”电脑击败了人类的世界国际象棋冠军更是人工智能技术的一个完美表现。

进入 21 世纪，随着互联网的发展和计算机系统的普及，产生了与日俱增的数据，为人工智能提供了大量的训练数据。另外，计算机硬件技术的飞速发展，更快的 CPU、通用 GPU 的出现、更快的网络连接和更好的分布式计算的软件基础设施，为运行复杂的人工智能算法提供了足够的计算力。2006 年，杰弗里·欣顿和他的学生提出一种可以有效训练称为“深度信念网络”的神经网络的策略，正式提出了深度学习的概念。随后的研究很快表明，同样的策略可以用来训练许多其他类型的深度网络。和浅层神经网络相比，多隐层的深度神经网络具有优异的特征学习能力，学习得到的特征对数据有更本质的刻画，从而有利于可视化或分类。在实际应用中，深度神经网络能获得比浅层网络更好的对复杂函数逼近的效果。

2012 年，在著名的 ImageNet 图像识别大赛中，杰弗里·欣顿领导的小组采用深度学习模型 AlexNet 一举夺冠，以 15% 的错误率远低于第二名 26% 的错误率，吸引了学术界和工业界对深度学习领域的关注。同年，杰夫·迪安（Jeff Dean）与吴恩达的团队通过深度学习技术，成功让 1600 个中央处理器核心在学习 1000 万张图片后，在 YouTube 视频中认出了猫的图像。

2014 年，脸书（Facebook）基于深度学习技术的 DeepFace 项目，在人脸识别方面的准确率已经能达到 97% 以上，跟人类识别的准确率几乎没有差别。这样的结果再一次证明了深度学习算法在图像识别方面的一骑绝尘。

2016 年，谷歌 Deepmind 基于深度学习开发的 AlphaGo 以 4：1 战胜了国际顶尖围棋高手李世石，深度学习的热度一时无两。后来，AlphaGo 又接连和众多世界级围棋高手过招，均取得了胜利。在围棋领域，基于深度学习技术的机器已经超越了人类。

2017 年，基于深度强化学习算法的 AlphaGo 升级版 AlphaGo Zero 横空出世。其采用“从零开始”“无师自通”的学习模式，以 100：0 的比分轻而易举打败了 AlphaGo。此外在这一年，深度学习的相关算法在医疗、金融、艺术、无人驾驶等多个领域均取得显著成果。

深度学习引领了连接主义的复兴，同时，以强化学习为代表的行为主义也在兴起。目前，我们正处于以深度学习和强化学习为代表的第三次人工智能浪潮中。

10. 2. 1. 2　机器学习概述

机器学习作为人工智能的一个子领域，是一种实现人工智能的方法。主要研究如何模拟或实现人类智能中的学习功能，即让机器自动地从经验中获得新的知识或技能。20 世纪 80 年代，在以知识工程为主导的自顶向下的知识获取方式陷入瓶颈时，机器学习是一种自底向上获取知识的方法，获得日益广泛的研究，逐渐融入人工智能的各种基础问题中。现在，机器学习已得到广泛应用，如数据挖掘、计算机视觉、自然语言处理、生物特征识别、搜索引擎、医学诊断、检测信用卡欺诈、证券市场分析、DNA 序列测序、语音和手写识别、机器人和无人驾驶汽车等。

近年来，在大数据和更快更强的计算机硬件的条件下，基于深度神经网络模型的深度学习方法引领了第三次人工智能浪潮的兴起。

人工智能、机器学习和深度学习三者是相继包含的关系，如图 10. 4 所示。机器学习是人工智能的一个子领域，而深度学习是一种机器学习方法，机器学习还有很多其他模型和方法，例如逻辑回归、支持向量机、决策树等。

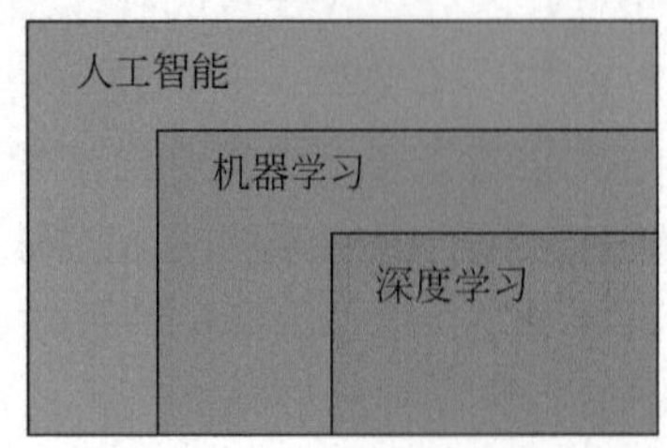

图 10.4　人工智能、机器学习和深度学习的关系

1. 机器学习的发展

20 世纪 80 年代末期，用于人工神经网络的反向传播算法（BP 算法）的发明，掀起了基于统计模型的机器学习热潮。利用 BP 算法可以让一个人工神经网络模型从大量训练样本中学习统计规律，从而对未知事件做预测。这种基于统计的机器学习方法比起过去基于人工规则的系统，在很多方面显出优越性。这个时候的人工神经网络，虽也被称作多层感知机，但实际是一种只含有一层隐层节点的浅层模型。

20 世纪 90 年代，各种各样的浅层机器学习模型相继被提出，例如，支撑向量机（SVM）、Boosting、LR 等。这些模型的结构基本上可以看成带有一层隐层节点（如 SVM、Boosting），或没有隐层节点（如 LR）。它们在理论分析和应用中都获得了巨大的成功，但由于理论分析难度大，训练方法需要很多经验和技巧，浅层人工神经网络在这个时期反而相对沉寂。

2006 年，加拿大多伦多大学教授、机器学习领域的泰斗 Geoffiey Hinton 和他的学生 Ruslan Salakhutdinov 在《科学》（*Science*）上发表论文，开启了深度学习在学术界和工业界的浪潮。

原有多数分类、回归等学习方法为浅层结构算法，其局限性在于有限样本和计算单元情况下对复杂函数的表示能力有限，针对复杂分类问题其泛化能力受到一定制约。深度学习可通过学习一种深层非线性网络结构，实现复杂函数逼近，表征输入数据分布式表示，并展现了强大的从少数样本集中学习数据集本质特征的能力。

2. 机器学习分类

机器学习所依赖的基础是数据，但核心是各种算法模型，只有通过这些算法，机器才能消化吸收各种数据，不断完善自身性能。机器学习的算法很多，根据学习方式的不同，常见的机器学习算法可分为监督学习算法、非监督学习算法、半监督学习算法和强化学习算法。

1）监督学习简介

监督学习是从给定的训练数据集中“学习”出一个函数，当新的数据到来时，可以根据这个函数预测结果。监督学习的训练集要求包括输入和输出，也可以说是特征和目标。训练集中的目标是由人标注的。

监督学习主要应用于分类（classify）和回归（regression）。常见的监督学习算法有 K-近邻算法、决策树、朴素贝叶斯、逻辑回归、支持向量机和 AdaBoost 算法、线性回归、局部加权线性回归等。

2）非监督学习简介

非监督学习是指在学习过程中，只提供事物的具体特征，但不提供事物的类别，让“学习者”自己总结归纳。所以非监督学习又称为归纳性学习（clustering），是指将数据集合分成由类似的对象组成的多个簇（或组）的过程。当然，在机器学习过程中，人类只提供每个样本的特征，使用这些数据，通过算法让机器学习，进行归纳，以达到同组内的事物特征接近，不同组的事物特征相距很远的结果。常见的非监督学习算法有 K-均值、Apriori 和 FP-Growth 等。

3）增强学习简介

增强学习（reinforcement learning，RL）又称为强化学习，是近年来机器学习和智能控制领域的主要方法之一。通过增强学习，人类或机器可以知道在什么状态下应该采取什么样的行为。增强学习是从环境状态到动作的映射的学习，我们把这个映射称为策略，最终增强学习是学习到一个合格的策略。另外，增强学习是试错学习（trail-and-error），由于没有直接的指导信息，参与学习的个体或者机器要不断与环境交互，通过试错的方式来获得最佳策略。另外，由于增强的指导信息很少，而且往往在最后一个状态才得到反馈信息，以及采取某个行动是获得正回报或者负回报，如何将回报分配给前面的状态以改进相应的策略，规划下一步的操作。增强学习算法主要有动态规划、马尔可夫决策过程等。

监督学习、非监督学习和增强学习这三种学习大致的关系如图 10.5 所示。

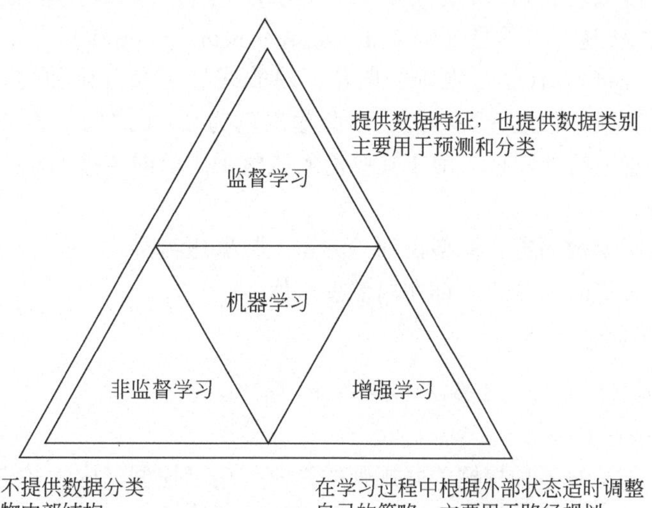

图 10.5　监督学习、非监督学习和增强学习关系图

10.2.2　常见算法

机器学习的算法有很多，这里从两个方面来介绍，一是学习方式，二是算法的类似性。

10.2.2.1　学习方式

依据数据类型的不同，对一个问题的建模有不同的方式。在机器学习或者人工智能领域，人们首先会考虑算法的学习方式。依据上一节机器学习分类，可知主要的学习方式有3种。

1. 监督学习

主要的算法有逻辑回归（logistic regression）、反向传递神经网络（back propagation neural network）。

1）逻辑回归（logistic regression）算法

逻辑回归算法是面对一个回归或者分类问题，建立代价函数（sigmoid），然后通过优化方法迭代求解出最优的模型参数，然后测试验证求解模型的好坏。它的名字虽然带有回归，但实际是一种分类方法，主要用于两分类问题。回归模型中，y 是一个定性变量（$y=0$ 或者 1），主要应用于研究某些事件发生的概率。

优点：速度快，适合二分类问题；简单易于理解，直接看到各个特征权重；能容易地更新模型吸收新的数据。

缺点：对数据和场景的适应能力有局限性，不如决策树算法适应性强。

2）反向传递神经网络（back propagation neural network）

该算法是将 W-H 学习规则一般化，对非线性可微分函数进行权值训练的多层网络。其神经元的变换函数是 S 型函数，因此输出量为 0 ~ 1 之间的连续量，它可以实现从输入到输出的任意非线性映射。由于其权值的调整采用反向传播的学习算法，因此称为反向传递神经网络。

主要用于函数逼近、模型识别、分类、数据压缩等。

缺点：训练时间较长，存在局部极小值。

2. 非监督式学习

常见的算法有 Apriori 算法、K-means 算法。

1）Apriori 算法

Apriori 算法是一种挖掘关联规则的算法，用于挖掘其内含的、未知的却又实际存在的数据关系，其核心是基于两阶段频集思想的递推算法。

Apriori 算法分为两个阶段：①寻找频繁项集；②由频繁项集找关联规则。

算法缺点：①在每一步产生候选项目集时循环产生的组合过多，没有排除不应该参与组合的元素；②每次计算项集的支持度时，都对数据库中的全部记录进行了一遍扫描比较，需要很大的 I/O 负载。

2）K-means 算法

K-means 算法是一个简单的聚类算法，把 n 的对象根据它们的属性分为 k 个分割，$k<n$。算法的核心就是要优化失真函数 J，使其收敛到局部最小值但不是全局最小值。

$$J = \sum_{n=1}^{N} \sum_{k=1}^{K} r_{nk} \|x_n - u_k\|^2$$

式中，N 为样本数；K 为簇数；r_{nk}表示 n 属于第 k 个簇；u_k是第 k 个中心点的值。然后求出最优的 u_k。

$$u_k = \frac{\sum r_{nk} x_n}{\sum_n r_{nk}}$$

优点：算法速度很快。

缺点：分组的数目 k 是一个输入参数，不合适的 k 可能返回较差的结果。

3. 强化学习

常见算法有 Q-Learning、时间差学习（temporal difference learning）。

1）Q-Learning

Q-Learning 算法中加入了 Q 表，Q-Learning 因此命名。Q 为动作效用函数（action-utility function），用于评价在特定状态下采取某个动作的优劣。它是 agent 的记忆。

算法流程可以表述为：①初始化 Q-table；②选择一个动作 A；③执行动作 A；④获得奖励。更新 Q，并循环执行步骤②。

2）时间差学习（temporal difference learning）

该算法是无模型强化学习方法，与动态规划方法（DP）和蒙特卡罗方法（MC）相比，不同在于值函数的估计。结合了蒙特卡罗的采样方法和动态规划方法的 bootstrapping（利用后继状态的值函数估计当前值函数）使得它可以适用于 model-free 的算法并且是单步更新，速度更快。

10.2.2.2　算法的类似性

依据算法的功能和形式的类似性，可以把算法分类（比如基于树的算法、基于神经网络的算法等）。当然，机器学习的范围很大，有些算法很难明确归为某一类，而对于有些分类来说，同一分类的算法可以针对不同类型的问题，这里我们尽量把常用的算法按照最易理解的方式分类。

1. 回归算法

该算法是采用对误差的衡量来探索变量之间关系。它是统计机器学习的利器。常见的回归算法有：最小二乘法（ordinary least square）、逐步式回归（stepwise regression）、多元自适应回归样条（multivariate adaptive regression splines）等。

1）最小二乘法

最小二乘法是勒让德（A. M. Legendre）于 1805 年在其著作《计算彗星轨道的新方法》中提出的。它的主要思想就是求解未知参数，使得理论值与观测值之差（即误差，或者说残差）的平方和达到最小：

$$E = \sum_{i=1}^{n} e_i^2 = \sum_{i=1}^{n} (y_i - \hat{y})^2$$

观测值 y_i 就是我们的多组样本，理论值 y 就是我们的假设拟合函数。目标函数也就是在机器学习中常说的损失函数 EE，我们的目标是得到使目标函数最小化时的参数。

简而言之，最小二乘法同梯度下降类似，都是一种求解无约束最优化问题的常用方法，并且也可以用于曲线拟合来解决回归问题。

2）逐步式回归

逐步式回归，是通过逐步将自变量输入模型，如果模型具统计学意义，将其纳入在回归模型中。同时移出不具有统计学意义的变量。最终得到一个自动拟合的回归模型。其本质上还是线性回归。

优点：可以很好地选择自变量。

缺点：该方法按一定顺序添加或删除变量，所以最终会得到由该顺序确定的自变量组合，由系统自动判断哪些变量应该保留，哪些需要移除，可能会出现核心研究变量被移除的情况。

逐步回归结果会受到样本量的影响，一般需要适当的大样本才能获得较为可靠的分析结果。

3）多元自适应回归样条

主要处理高维度（待回归项较多）回归问题。可将它视为一个对逐步线性回归的推广，或对 CART 的增强在回归问题中表现的改进。其主要思想类似小波拟合（用一系列小波基函数去拟合序列数据）。

优点：样条在实质上是一种具有一定光滑度的分段多项式，各相邻段上的多项式之间又具有某种连接性质，因而它既保持了多项式的简单性和逼近的可行性，又在各段之间保持了相对独立的局部性质。不需要人工确定基函数（张积的变量的个数以及变量的分割点）和基函数的个数，也不需要太多的数据预处理以及变量的筛选。适用于处理高维问题，而且能够捕捉变量之间的非线性和交互作用。

缺点：要求严格的假设，需要处理异常值。

2. 基于实例算法

基于实例的算法常常用来对决策问题建立模型，这样的模型常常先选取一批样本数据，然后根据某些近似性把新数据与样本数据进行比较。通过这种方式来寻找最佳的匹配。因此，基于实例的算法常常也被称为“赢家通吃”学习或者“基于记忆的学习”。常见的算法包括 K 最近邻分类算法（K-nearest neighbor，KNN）、学习矢量量化（learning vector quantization，LVQ）、自组织映射算法（self-organizing map，SOM）等。

1）K 最近邻分类算法（KNN）

分类思想比较简单，从训练样本中找出 K 个与其最相近的样本，然后看这 K 个样本中哪个类别的样本多，则待判定的值（或者说抽样）就属于这个类别。

缺点：①K 值需要预先设定，而不能自适应；②当样本不平衡时，如一个类的样本容量很大，而其他类样本容量很小时，有可能导致当输入一个新样本时，该样本的 K 个邻居中大容量类的样本占多数。

该算法适用于对样本容量比较大的类域进行自动分类。

2）学习向量量化（LVQ）

学习向量量化算法和K均值算法类似，是找到一组原型向量来聚类，每一个原型向量代表一个簇，将空间划分为若干个簇，从而对于任意的样本，可以将它划入到与它距离最近的簇中。特别的是LVQ假设数据样本带有类别标记，可以用这些类别标记来辅助聚类。

优点：自适应性强，结构简单、功能强大。

缺点：训练过程可能会不收敛，对于数据各个维的属性利用不够。

3）自组织映射算法（SOM）

它模拟人脑中处于不同区域的神经细胞分工不同的特点，即不同区域具有不同的响应特征，而且这一过程是自动完成的。自组织映射网络通过寻找最优参考向量集合来对输入模式集合进行分类。每个参考向量为一输出单元对应的连接权向量。与传统的模式聚类方法相比，它所形成的聚类中心能映射到一个曲面或平面上，而保持拓扑结构不变。对于未知聚类中心的判别问题可以用自组织映射来实现。本质上是一种只有输入层-隐藏层的神经网络。隐藏层中的一个节点代表一个需要聚成的类。训练时采用“竞争学习”的方式，每个输入的样例在隐藏层中找到一个和它最匹配的节点，称为它的激活节点，也叫“winning neuron”。紧接着用随机梯度下降法更新激活节点的参数。同时，和激活节点邻近的点也根据它们距离激活节点的远近而适当地更新参数。

优点：能够识别输入向量的拓扑结构，SOM的可视化比较好。

缺点：隐藏层神经元数目难以确定，因此隐藏层神经元往往未能充分利用，某些距离学习向量远的神经元不能获胜，从而成为死节点（牛丽红等，2003）。

聚类网络的学习速率需要人为设定，学习终止需要人为控制，影响学习进度；隐藏层的聚类结果与初始权值有关。

3. 正则化方法

该方法是其他算法（通常是回归算法）的延伸，根据算法的复杂度对算法进行调整。正则化方法通常对简单模型予以奖励而对复杂算法予以惩罚。常见的算法包括：脊回归（ridge regression），LASSO回归（least absolute shrinkage and selection operator）。

1）脊回归

脊回归是一种专用于共线性数据分析的有偏估计回归方法，实质上是一种改良的最小二乘估计法，通过放弃最小二乘法的无偏性，以损失部分信息、降低精度为代价获得回归系数更为符合实际、更可靠的回归方法，对病态数据的拟合要强于最小二乘法。

2）LASSO回归

该方法是一种压缩估计。它通过构造一个惩罚函数得到一个较为精练的模型，使得它压缩一些回归系数，即强制系数绝对值之和小于某个固定值；同时设定一些回归系数为零。因此保留了子集收缩的优点，是一种处理具有复共线性数据的有偏估计。

4. 决策树算法

根据数据的属性采用树状结构建立决策模型，决策树模型常常用来解决分类和回归问题。常见的算法包括：分类及回归树（classification and regression tree，CART）、C4.5等。

1）CART 分类与回归树

该算法是一种决策树分类方法，采用基于最小距离的基尼指数估计函数，用来决定由该子数据集生成的决策树的拓展形。如果目标变量是标称的，称为分类树；如果目标变量是连续的，称为回归树。分类树是使用树结构算法将数据分成离散类的方法。

优点：①非常灵活，可以允许有部分错分成本，还可指定先验概率分布，可使用自动的成本复杂性剪枝来得到归纳性更强的树；②在面对诸如存在缺失值、变量数多等问题时 CART 显得非常稳健。

2）C4.5 算法

ID3 算法是以信息论为基础，以信息熵和信息增益度为衡量标准，从而实现对数据的归纳分类。ID3 算法计算每个属性的信息增益，并选取具有最高增益的属性作为给定的测试属性。

算法核心思想是 ID3 算法，是 ID3 算法的改进，改进方面有：①用信息增益率来选择属性，克服了用信息增益选择属性时偏向选择取值多的属性的不足；②在树构造过程中进行剪枝；③能处理非离散的数据；④能处理不完整的数据。

优点：产生的分类规则易于理解，准确率较高。

缺点：①在构造树的过程中，需要对数据集进行多次的顺序扫描和排序，因而导致算法的低效。②C4.5 只适合于能够驻留于内存的数据集，当训练集大到无法在内存容纳时程序无法运行。

5. 贝叶斯方法算法

该算法是基于贝叶斯定理的一类算法，主要用来解决分类和回归问题。常见算法包括：朴素贝叶斯算法、平均单依赖估计（averaged one-dependence estimators，AODE）。

1）朴素贝叶斯算法

朴素贝叶斯算法是基于贝叶斯定理与特征条件独立假设的分类方法。算法的基础是概率问题，分类原理是通过某对象的先验概率，利用贝叶斯公式计算出其后验概率，即该对象属于某一类的概率，选择具有最大后验概率的类作为该对象所属的类。朴素贝叶斯假设是约束性很强的假设，假设特征条件独立，但朴素贝叶斯算法简单、快速，具有较小的出错率。

2）平均单依赖估计

该算法是通过放松朴素贝叶斯算法的假设条件得到的一种更加高效的分类算法，依据训练集中的数据，从测试实例的特征属性值中选出父属性值，将特征属性分为父属性和子属性。它还规定一个测试实例在给定类别属性值和父属性值的条件下，特征属性值之间是相互独立的。

缺点：将所有父属性对分类的贡献看成一样。

6. 基于核的算法

最著名的莫过于支持向量机（SVM）。基于核的算法把输入数据映射到一个高阶的向量空间，在这些高阶向量空间里，有些分类或者回归问题能够更容易地解决。常见的基于核的算法包括：支持向量机（support vector machine，SVM）、径向基函数（radial basis function，RBF)，以及线性判别分析（linear discriminate analysis，LDA）等。

1）支持向量机

支持向量机是一种基于分类边界的方法。其基本原理是（以二维数据为例）：如果训练数据分布在二维平面上的点，它们按照其分类聚集在不同的区域。基于分类边界的分类算法的目标是，通过训练，找到这些分类之间的边界（直线的称为线性划分，曲线的称为非线性划分）。对于多维数据（如 N 维），可以将它们视为 N 维空间中的点，而分类边界就是 N 维空间中的面，称为超面（超面比 N 维空间少一维）。线性分类器使用超平面类型的边界，非线性分类器使用超曲面。支持向量机是将低维空间的点映射到高维空间，使它们成为线性可分，再使用线性划分的原理来判断分类边界。在高维空间中是一种线性划分，而在原有的数据空间中，是一种非线性划分。

SVM 在解决小样本、非线性及高维模式识别问题中表现出许多特有的优势，并能够推广应用到函数拟合等其他机器学习问题中。

2）径向基函数

径向基函数是某种沿径向对称的标量函数，通常定义为样本到数据中心之间径向距离（通常是欧氏距离）的单调函数（由于距离是径向同性的）。RBF 核是一种常用的核函数。它是支持向量机分类中最为常用的核函数。径向基网络是一种单隐层前馈神经网络，它使用径向基函数作为隐层神经元激活函数，而输出层则是对隐层神经元输出的线性组合。径向基函数网络具有多种用途，包括函数近似法、时间序列预测、分类和系统控制。分为标准 RBF 网络（即隐藏层单元数等于输入样本数）和广义 RBF 网络（即隐藏层单元数小于输入样本数）。但广义 RBF 的隐藏层神经元个数大于输入层神经元个数，因为在标准 RBF 网络中，当样本数目很大时，就需要很多基函数，权值矩阵就会很大，计算复杂且容易产生病态问题。

基本思想：用 RBF 作为隐单元的“基”构成隐藏层空间，隐藏层对输入矢量进行变换，将低维的模式输入数据变换到高维空间内，使得在低维空间内的线性不可分问题在高维空间内线性可分。详细一点就是用 RBF 的隐单元的“基”构成隐藏层空间，这样就可以将输入矢量直接（不通过权连接）映射到隐空间。当 RBF 的中心点确定以后，这种映射关系也就确定了。而隐含层空间到输出空间的映射是线性的（注意这个地方区分一下线性映射和非线性映射的关系），即网络输出是隐单元输出的线性加权和，此处的权即为网络可调参数。

通常采用两步过程来训练 RBF 网络：第一步，确定神经元中心，常用的方式包括随机采样、聚类等；第二步，利用 BP 算法等来确定参数。

3）线性判别分析

思想：给定训练集样例，设法将样例投影到一条直线上，使得同类样例的投影尽可能接近，异类样例的投影点尽可能远离；在对新的样本进行分类时，将其投影到同样的这条直线上，再根据投影点的位置来确定新样本的类别。

假设：数据呈正态分布；各类别数据具有相同的协方差矩阵；样本的特征从统计上来说相互独立；事实上，即使违背上述假设，LDA 仍能正常工作。

LDA 关键步骤：

对 d 维数据进行标准化处理（d 为特征数量）；

对于每一类别，计算 d 维的均值向量；

构造类间的散布矩阵 $\boldsymbol{S}_B$ 以及类内散布矩阵 $\boldsymbol{S}_W$；

计算矩阵 $\boldsymbol{S}_W^{-1}\boldsymbol{S}_B$ 的特征值以及对应的特征向量。

选取前 k 个特征值所对应的特征向量，构造一个 $d\times k$ 维的转换矩阵 $\boldsymbol{W}$，其中特征向量以列的形式排列使用转换矩阵 $\boldsymbol{W}$ 将样本映射到新的特征子空间上。

7. 聚类

就像回归一样，有时候人们描述的是一类问题，有时候描述的是一类算法。聚类算法通常按照中心点或者分层的方式对输入数据进行归并。所有的聚类算法都试图找到数据的内在结构，以便按照最大的共同点将数据进行归类。常见的聚类算法包括 K-Means 算法以及最大期望（expectation maximization，EM）算法等。

其中，EM 算法是基于模型的聚类方法，是在概率模型中寻找参数最大似然估计的算法，其中概率模型依赖于无法观测的隐藏变量。E 步估计隐含变量，M 步估计其他参数，交替将极值推向最大。

EM 算法比 K-means 算法计算复杂，收敛也较慢，不适于大规模数据集和高维数据，但比 K-means 算法计算结果稳定、准确。EM 经常用在机器学习和计算机视觉的数据集聚（data clustering）领域。

8. 关联规则学习

通过寻找最能够解释数据变量之间关系的规则，来找出大量多元数据集中有用的关联规则。常见算法包括 Apriori 算法和 Eclat 算法等。Apriori 算法在上面已经进行阐述，在此简单介绍一下 Eclat 算法。

Eclat 算法是一种深度优先算法，采用垂直数据表示形式，在概念格理论的基础上利用基于前缀的等价关系将搜索空间（概念格）划分为较小的子空间（子概念格）。Eclat 算法加入了倒排的思想，具体就是将事务数据中的项作为 key，每个项对应的事务 ID 作为 value。只需对数据进行一次扫描，算法的运行效率会很高。

缺点：在 Eclat 算法中，它由 2 个集合的并集产生新的候选集，通过计算这 2 个项集 Tidset 的交集快速得到候选集的支持度，因此，当 Tidset 的规模庞大时将出现以下问题：①求 Tidset 的交集的操作将消耗大量时间，影响了算法的效率；②Tidset 的规模相当庞大，消耗系统大量的内存。

9. 人工神经网络算法

模拟生物神经网络，是一类模式匹配算法。通常用于解决分类和回归问题。人工神经网络是机器学习的一个庞大的分支，有几百种不同的算法。其中深度学习就是其中的一类算法，深度学习算法是对人工神经网络的发展，在近期赢得了很多关注，特别是百度也开始发力深度学习后，更是在国内引起了很多关注。在计算能力变得日益廉价的今天，深度学习试图建立大得多也复杂得多的神经网络。很多深度学习的算法是半监督式学习算法，用来处理存在少量未标识数据的大数据集。常见的深度学习算法包括：受限玻尔兹曼机（restricted Boltzmann machine，RBN）、深度信念网络（deep belief networks，DBN）、卷积网络（convolutional network）等。

1）受限玻尔兹曼机

该算法是由 Hinton 和 Sejnowski 于 1986 年提出的一种生成式随机神经网络（generative stochastic neural network），该网络由一些可见单元（visible unit，对应可见变量，亦即数据样本）和一些隐藏单元（hidden unit，对应隐藏变量）构成，可见变量和隐藏变量都是二元变量，亦即其状态取 {0，1}。整个网络是一个二部图，只有可见单元和隐藏单元之间才会存在边，可见单元之间以及隐藏单元之间都不会有边连接。

受限玻尔兹曼机的三个要点：

（1）随机性的神经网络，每个神经元以某种概率分布取值，只取 0 或 1，如取 1 概率 0.3，或 0 概率 0.7。

（2）由可见单元和隐藏单元组成二部图，即连接受限。

（3）所有神经元 v、h 的值（0 或 1）的取值概率服从玻尔兹曼分布（玻尔兹曼分布是统计物理中的一种概率分布，描述系统处于某种状态 x 的概率分布）。

2）深度信念网络

该算法是一类随机性深度神经网络，其可以用来对事物进行统计建模，表征事物的抽象特征或统计分布，在手写字识别和语音识别建模中，已被用于代替传统 GMM，建立统计型声学模型等，并显示出优越的效果。Hinton 的论文中，描述 DBNS 是一种堆叠式的 RBMs 网络架构，即将多个 RBMs 进行堆叠所形成的网络结构。

DBNs 的训练过程描述如下：

（1）以初始观测样本为输入 x 训练第一层 RBMs 网络。

（2）通过第一层训练后的 RBMs 获得初始观测样本 x 的一种抽象表示，即 RBMs 的输出。这一输出将作为数据进行后续训练过程。

（3）将第一层 RBMs 的输出数据作为新的观测 x_1，训练第二层 RBMs 网络。依次类推训练完成所有层 RBMs 网络。

（4）Fine-tune：通过一监督训练过程，对 DBNs 中所有的参数进行监督训练。

3）卷积网络

卷积神经网络是一种类似于人工神经网络的深度学习模型或多层感知机，常用于分析和处理视觉数据。主要包括输入层、卷积层、池化层（pooling）、全连接层。

输入层：整个网络的输入，一般代表了一张图片的像素矩阵。最左侧三维矩阵代表一张输入的图片，三维矩阵的长、宽代表了图像的大小，而三维矩阵的深度代表了图像的色彩通道（channel）。黑白图片的深度为 1，RGB 色彩模式下，图片的深度为 3。

卷积层：CNN 中最为重要的部分。与全连接层不同，卷积层中每一个节点的输入只是上一层神经网络中的一小块，这个小块常用的大小有 3×3 或者 5×5。一般来说，通过卷积层处理过的节点矩阵会变得更深。

池化层（pooling）：池化层不改变三维矩阵的深度，但是可以缩小矩阵的大小。池化操作可以认为是将一张分辨率高的图片转化为分辨率较低的图片。通过池化层，可以进一步缩小最后全连接层中节点的个数，从而达到减少整个神经网络参数的目的。池化层本身没有可以训练的参数。

全连接层，最后一层激活函数使用 softmax。经过多轮卷积层和池化层的处理后，在 CNN 的最后一般由 1 到 2 个全连接层来给出最后的分类结果。经过几轮卷积和池化操作，可以认为图像中的信息已经被抽象成了信息含量更高的特征。我们可以将卷积和池化看成自动图像提取的过程，在特征提取完成后，仍然需要使用全连接层来完成分类任务。

对于多分类问题，最后一层激活函数可以选择 softmax，这样我们可以得到样本属于各个类别的概率分布情况。

10. 降低维度算法

该类算法试图分析数据的内在结构，不过降低维度算法是以非监督学习的方式试图利用较少的信息来归纳或者解释数据。这类算法可以用于高维数据的可视化或者用来简化数据以便监督式学习使用。常见的算法包括：主成分分析（principle component analysis，PCA）、偏最小二乘回归（partial least square regression，PLS）等。

1）主成分分析

就是找出数据里最主要的方面，用数据里最主要的方面来代替原始数据，主要思想是将 n 维特征映射到 k 维上，这 k 维是全新的正交特征也被称为主成分，是在原有 n 维特征的基础上重新构造出来的 k 维特征。PCA 的工作就是从原始的空间中顺序地找一组相互正交的坐标轴，新的坐标轴的选择与数据本身是密切相关的。

2）偏最小二乘回归

偏最小二乘回归提供一种多对多线性回归建模的方法，特别当两组变量的个数很多，且都存在多重相关性，而观测数据的数量（样本量）又较少时，用偏最小二乘回归建立的模型具有传统的经典回归分析等方法所没有的优点。

在解决多对多线性回归问题时，多元线性回归会因为自变量之间存在的相关性导致过拟合。PLS 的方法先找到线性独立的替换自变量，这样它们之间相互独立且能最大限度地反映因变量之间的差异。

11. 集成算法

用一些相对较弱的学习模型独立地就同样的样本进行训练，然后把结果整合起来进行整体预测。集成算法的主要难点在于究竟集成哪些独立的较弱的学习模型以及如何把学习结果整合起来。这是一类非常强大的算法，同时也非常流行。常见的算法包括：Boosting、AdaBoost、堆叠泛化（stacked generalization，Blending）、梯度推进机（gradient boosting machine，GBM）、随机森林（random forest）。

1）Boosting

Boosting 是一种可将弱学习器提升为强学习器的算法，机制是：先从初始训练集训练出一个基学习器，再根据学习器的表现对样本分布进行调整，使得先前基学习器做错的样本在后续受到更多关注，然后基于调整后的样本分布来训练下一个基学习器；如此重复进行，直到基学习器数目达到事先指定的值 T，最终将这 T 个学习器进行加权结合。Boosting 算法中最著名的是 AdaBoost。

2）AdaBoost

AdaBoost 是一种迭代算法，其核心思想是针对同一个训练集训练不同的分类器（弱分类器），然后把这些弱分类器集合起来，构成一个更强的最终分类器（强分类器）。其算法本身是通过改变数据分布来实现的，它根据每次训练集之中每个样本的分类是否正确，以及上次的总体分类的准确率，来确定每个样本的权值。将修改过权值的新数据集送给下层分类器进行训练，最后将每次训练得到的分类器最后融合起来，作为最后的决策分类器。

整个过程如下所示：

（1）先通过对 N 个训练样本的学习得到第一个弱分类器；

（2）将分错的样本和其他的新数据一起构成一个新的 N 个的训练样本，通过对这个样本的学习得到第二个弱分类器；

（3）将（1）和（2）都分错了的样本加上其他的新样本构成另一个新的 N 个的训练样本，通过对这个样本的学习得到第三个弱分类器；

（4）如此反复，最终得到经过提升的强分类器。

目前 AdaBoost 算法广泛地应用于人脸检测、目标识别等领域。

3）随机森林

随机森林就是集成学习思想下的产物，将许多棵决策树整合成森林，并合起来用来预测最终结果。其有许多的分类树。要将一个输入样本进行分类，我们需要将输入样本输入到每棵树中进行分类。打个形象的比喻：森林中召开会议，讨论某个动物到底是老鼠还是松鼠，每棵树都要独立地发表自己对这个问题的看法，也就是每棵树都要投票。该动物到底是老鼠还是松鼠，要依据投票情况来确定，获得票数最多的类别就是森林的分类结果。森林中的每棵树都是独立的，99.9%不相关的树做出的预测结果涵盖所有的情况，这些预测结果将会彼此抵消。少数优秀的树的预测结果将会超脱于芸芸“噪声”，做出一个好的预测。将若干个弱分类器的分类结果进行投票选择，从而组成一个强分类器，这就是随机森林 bagging 的思想（关于 bagging 的一个有必要提及的问题：bagging 的代价是不用单棵决策树来做预测，具体哪个变量起到重要作用变得未知，所以 bagging 改进了预测准确率但损失了解释性。

10.2.3　应用研究

10.2.3.1　矿产资源定量预测

随着地质大数据指数形式增长以及人工智能、机器学习、深度学习的兴起，机器学习方法在矿产资源定量预测中的应用也更加广泛。机器学习可以自动识别数据模式和特征，而成矿定量预测可以作为一种特殊的模式识别过程，即对远景地段和非远景地段的识别问题。与传统方法相比，机器学习往往具有更高的预测精度，特别是针对数据量大、维数高并且输入变量之间存在复杂的非线性关系，或者输入变量有着较为复杂的统计分布特征，具有明显的优势。

机器学习在解决矿产资源预测问题中可以发挥如下3个方面的作用：①基于机器学习对复杂数据进行深层次分析，提取和挖掘传统方法技术难以识别的深层次矿化信息特征，而提取和挖掘深层次矿化信息是成功发现矿床的关键；②基于机器学习实现致矿异常信息关联与转换，发掘潜在的与矿床时空分布相关的空间模式，解决控矿因素的空间分布规律；③基于机器学习实现对来自多源地学数据的致矿异常信息综合和集成，建立地质、地球化学、地球物理与遥感异常与已知矿化关联，融合多源异构找矿信息，预测未发现矿床，并在此基础上进行决策。分别利用传统多元统计方法和机器学习方法开展化探致矿异常信息提取，机器学习模型获得的异常模式与已知矿化有很强的空间相关性。但是某些机器学习方法是采用“黑箱”技术，多元素的内部结构对地球科学家来说是未知的，因此，机器学习在地球科学中的应用要求其在数学和计算机方面拥有良好的知识背景。

10.2.3.2　高光谱遥感数据分类

近年来，神经网络方法理论不断发展提升，基于神经网络方法的遥感领域应用是其中的一大研究热点，许多研究者进行了基于神经网络的高光谱遥感分类。目前使用较多、研究较广的用于遥感领域的神经网络模型有五种：自编码（Autoencoder）神经网络、卷积神经网络（CNN）、循环神经网络（RNN）、长短期记忆网络（LSTM）、生成对抗网络（GAN）等。

自从2006年Hinton提出自编码神经网络概念后，自编码网络结构被广泛应用在数据降维、特征提取等方面。使用自编码网络进行特征提取并分类，并与传统基于光谱信息的方法进行对比，发现效果较好。卷积神经网络通过卷积层、池化层及全连接层构成，通过逐像素进行区域聚合识别。使用卷积神经网络方法，利用端到端的方式，使用平均池化层和较大dropout率，应用于高光谱影像分类，并验证表现良好。将高光谱数据作为序列数据而不是维度数据，基于RNN结构的网络，并结合改良型控制单元与新型激活函数，使用机载高光谱数据，在三幅影像上进行了分类，证明其效果较好。针对样本不足的问题，基于GAN网络训练光谱数据，充分利用标记数据与未标记数据，使用半监督分类同样可以实现高光谱样本生成与分类。

10.2.3.3　地球化学数据处理

地球化学异常是最重要的找矿信息之一。当前的矿产勘查重点是对现有的勘查地球化学数据进行二次开发利用，识别和提取传统方法无法识别的模式和异常。在这种背景下，各种新的高级算法，尤其是机器学习（包括深度学习）算法不需要对数据的分布模式做出假设，可用来分析复杂的、未知的勘查地球化学数据分布情况，已被引入到勘查地球化学领域。深度学习模型用于多元地球化学异常识别最初由我国学者陈永良教授提出，利用连续受限玻尔兹曼机方法有效识别了吉林南部的多元地球化学异常。之后，我国学者将深度自编码、卷积神经网络等算法应用于地球化学异常的识别与提取。目前基于机器学习和深度学习的勘查地球化学数据处理大都忽略了地球化学数据的空间特性。如何将大数据思维和深度学习方法结合，以充分考虑元素组合的复杂性和多样性，更好识别地球化学异常是研究的主流。

10.2.3.4　地球物理数据处理

机器学习算法在地球物理中的地震信号处理、数据重构、断层识别等方面广泛应用。

将人工神经网络用于环境地震噪声分类，以确定测区数据是否适合做噪声层析成像，实验证明机器学习分类方法优于人工手动分类。将小波神经网络用于去除直升机瞬变电磁数据中的高频运动噪声，通过对信号和噪声样本进行学习，预测并消除噪声干扰。将机器学习用于天然地震信号与噪声的实时识别，开发了具有可变结构深度的非线性分类器，包括全连通的、卷积的和递归的神经网络，以及一个将生成式对抗网络与随机森林相结合的模型，通过训练，对信号和噪声样本数据的识别准确率达到99%以上。将人工神经网络用于一维电测深数据反演，其设计两个网络，其中第一个网络识别曲线类型，然后使用第二个网络进行模型参数估计，新方法提高了对弱异常的分辨率。基于模糊均值聚类的多域岩石物理约束反演与地质分异方法，相比于传统反演方法，加强了岩石物性与反演结果的联系。通过一维正演生成时间域直升机的航空电磁响应样本集，通过人工神经网络反演层状介质电导率参数，理论模型表明新算法对高阻层的反应更加灵敏。将蚁群算法与神经网络相结合用于高密度电阻率二维反演，理论模型的测试结果表明新算法的效果优于传统拟线性算法和常规神经网络方法。分别利用遗传优化-神经网络和深度置信神经网络方法对二维大地电磁数据进行了反演研究，证明了其可行性与有效性。

10.2.3.5　岩石矿物识别

岩石及矿物的识别与分类是地质学研究中十分重要的内容，对岩石和矿物准确地分类，有助于对地层年代的划分，建立可靠的地质时间标尺。同时通过对重要矿物的发现和识别，可快速对区域矿产资源进行确认和评估，产生巨大的经济和战略价值。传统的岩石、矿物测试分类对人类专家的依赖性很强，对专业知识和长时间的经验积累要求很高。此外如果纯粹依靠人类专家进行识别，工作非常耗时，且工作人员在疲惫状态下，存在难以避免的误差。近年来人工智能领域取得重大突破，通过深度学习模型学习岩石矿物识别特征，模拟地质专业人员肉眼鉴定岩石矿物的经验，有效实现了岩石、矿物的智能识别，为一线地质工作者的肉眼鉴定提供了辅助，大大提高了识别的效率。

10.3　互联网、物联网与虚拟现实

10.3.1　概述

10.3.1.1　互联网

1. 互联网简介

中国互联网络信息中心在2023年发表的第51次《中国互联网络发展状况统计报告》中的数据显示，截至2022年12月，我国网民规模达10.67亿，较2021年12月增长3549万，互联网普及率达75.6%。可见，互联网已经深度融入人们的社会生活之中。

由于组成互联网的硬件、软件和服务器机器日趋复杂，并且随着时间不断进化，很难用一句话全面地定义互联网。不过我们可以从互联网的基本组成要素和服务关系这个角度

描述互联网的特征。在互联网中，各种终端互联互通的通道主要由通信链路和数据交换设备组成。通信链路承载数据传输，根据物理传播介质（如同轴电缆、铜线、光纤、无线电频谱）的不同，通信链路可以分为很多种类，不同通信链路的数据传输速率（bit/s，bps）和有效传输距离有显著的区别。单芯光纤每秒可传输数万兆比特数据，传输距离可达100km；家用 Wi-Fi 无线电信道每秒可传输数百兆比特数据，传输距离在100m之内。

当一个终端向另一个终端发送数据时，发送终端会将数据分割成多段，并对每个数据段添加数据头（header）形成数据包（packet）。当所有数据包通过互联网到达目的终端后，目的终端将重新整合形成完整数据。数据交换设备为每个传入的数据包分配与其目的终端相匹配的传出通信链路。数据包交换设备有很多形式，在当今互联网中，链路交换机和路由器是主要的两种类型。若将互联网与交通网络相比，通信链路就如同高速公路、铁路和飞机航线，数据交换设备就如同高速公路交叉口、车站和机场。在互联网数据包收发过程中，终端、链路交换机和路由器彼此之间通过协议进行传输和转发控制。传输控制协议（transmission control protocol，TCP）和互联网协议（internet protocol，IP）是当下互联网中两个最重要协议。类似于登机/起飞时间控制，TCP 保证了接收终端与发送终端之间的可靠数据收发；类似于登机牌信息，IP 规定了数据包格式以便于路由器为其指派正确的转发出口。这两个互联网基石般的协议的合称就是大家熟知的 TCP/IP。

终端通过不同的互联网服务商（internet service provider，ISP）进行互联网访问，覆盖我国全域的 ISP 有中国电信、中国联通、中国移动，部分区域覆盖的 ISP 有北京歌华有线宽带、方正宽带、电信通等。每个 ISP 都通过各自维护的通信链路和数据交换设备为网内终端提供网络服务，为了使世界范围内通过不同 ISP 接入互联网的终端可以相互访问，较低层级的区域 ISP 通过较高层级国家或国际 ISP 相连接。为保证服务质量，高层级的 ISP 使用数据包交换响应速度和传输速率更快的数据交换设备和通信链路，例如：连接我国与美国的泛太平洋海底光缆的带宽可达到5.12Tbps。

从互联网应用角度来讲，各行各业都在充分利用互联网提供服务，包括已经深度融入我们生活、工作的网页 Web、电子邮件、网络电话等，还有正在渐渐改变我们生活工作习惯的社交网络（微博、微信）、云计算（阿里云、Amazon）、移动支付（支付宝、微信支付）、可穿戴计算（Google Glass、iWatch）等。这些安装在不同终端上的应用软件是如何调用互联网资源来实现相互之间的数据传输的呢？每种访问互联网的终端会提供应用程序接口（application programming interface，API），通过 API，应用可以请求向其他终端上的指定软件传输数据。例如，C、C++、Java 都通过套接字（Socket）接口提供建立 TCP 连接和传输的 API。

2. 互联网发展

1）数据交换策略的演化

20世纪60年代，世界范围内占主导地位的通信网络是电话网络。电话网络通过电路交换进行模拟信号转发，也就是说声音信号的传输路径是事先约定好的，在通话结束后再释放占用的传输资源。与位置和数目相对固定的电话网络用户不同，网络终端间的数据流是突发性的，访问网络的终端数目和位置都是不断变化的，基于电路交换的数据交换策略变得捉襟见肘。

当时世界上有三个研究小组对此问题展开独立的研究，其中来自 MIT 的 Licklider 和 Roberts 建立了阿帕网（Advanced Research Project Agency network，ARPANET），这是世界上第一个基于数据交换策略网络系统，也是当今互联网的鼻祖。到 1972 年，约有 15 台终端节点连入 ARPANET。同年，第一个端到端网络控制协议（network- control protocol，NCP）问世。根据 NCP，Ray Tomlinson 编写了第一个电子邮件程序。

2）私有网络和互联技术的变革

从 20 世纪 70 年代早期到中期，很多类似 ARPANET 的私有网络陆续出现。如夏威夷的 ALOHAnet、BBN 的 Telenet、IBM 的 SNA 等，但是这些私有网络之间并没有相互连通。1974 年，在美国国防高级研究计划局（Defense Advanced Research Projects Agency，DARPA）项目的资助下，Vinton Cerf 等人提出了 TCP/IP 的原型，正式建立了互联网，为互联网的广泛应用奠定了基础。

3）互联网的扩张与爆炸

到了 20 世纪 80 年代，越来越多的终端接入了互联网中，电子邮件和文件共享服务被广泛地使用，与此同时，TCP/IP 在 1983 年 1 月 1 日正式取代 NCP 作为新的终端标准。1987 年，我国建立了首个与外界互联网的连接，接入点在德国卡尔斯鲁厄大学，并成功发送了首封电子邮件，内容为“越过长城，我们走向世界每个角落（Across the Great Wall，we can reach every corner in the world）”。

在 20 世纪 90 年代早期与中期，我国互联网运营商主要提供拨号上网网络接入方式，高额的费用并非人人都能负担得起。而 90 年代末以来，随着中国互联网运营商宽带价格和互联网终端价格的下降，我国互联网用户呈爆炸式增长，我国的互联网用户占总人口比率已达到约 75.6%。与此同时，百度、腾讯、阿里巴巴、网易、新浪等互联网企业大量涌现，各种各样的互联网应用完全融入我们的生活，互联网产业进入迅速发展阶段。

10.3.1.2　物联网

1. 物联网简介

网络深刻地改变着人们的生产和生活方式。从早期的电子邮件沟通地球两端的用户，到超文本置标语言（hypertext markup language，HTML）和万维网（world wide web，WWW）技术引发的信息爆炸，再到如今多媒体数据的丰富展现，互联网已不仅仅是一项通信技术，更成就了人类历史上最庞大的信息世界。

进入 21 世纪以来，随着感知识别技术的快速发展，信息从传统的人工生成的单通道模式转变为人工生成和自动生成的双通道模式。以传感器和智能识别终端为代表的信息自动生成设备可以实时准确地开展对物理世界的感知、测量和监控。

物理世界的联网需求和信息世界的扩展需求催生出了一类新型网络——物联网（internet of things，IoT）。在物联网的最初构想中，物品通过射频识别等信息传感设备与互联网连接起来，从而实现智能化识别和管理。换言之，物联网通过对物理世界信息化、网络化，对传统上分离的物理世界和信息世界实现互联和整合。物联网的核心在于物与物之间广泛而普遍地互联。这一概念已超越了传统互联网的应用范畴，并使物联网呈现出设备多样、多网融合、感控结合等特征。目前，物联网还没有一个精确且公认的定义。这主要归因于：第一，物联网的理论体系没有完全建立，人们对其认识还不够深入，还不能透过现象看出本质；第二，由于物联网与互联网、移动通信网、传感网等都有密切关系，不同领域的研究者对物联网思考所基于的出发点和落脚点各异，短期内还没达成共识。通过与传感网、互联网、泛在网等相关网络的比较分析，我们认为：物联网是一个基于互联网、传统电信网等信息承载体，让所有能够被独立寻址的普通物理对象实现互联互通的网络。它具有普通对象设备化、自治终端互联化和普适服务智能化三个重要特征。

在物联网时代，每一件物体均可寻址，每一件物体均可通信，每一件物体均可控制。国际电信联盟（International Telecommunication Union，TTU）2005 年的一份报告曾描绘物联网时代的图景：当司机出现操作失误时，汽车会自动报警；公文包会提醒主人忘带了什么东西；衣服会“告诉”洗衣机对颜色和水温的要求等。毫无疑问，物联网时代的来临将会使人们的日常生活发生翻天覆地的变化。

继计算机、互联网和移动通信之后，业界普遍认为物联网将引领信息产业革命的新一次浪潮，成为未来社会经济发展、社会进步和科技创新的最重要的基础设施，也关系到未来国家物理基础设施的安全利用。由于物联网融合了半导体、传感器、计算机、通信网络等多种技术，它即将成为电子信息产业发展的新制高点。

2. *物联网发展*

物联网理念最早出现于比尔·盖茨 1995 年《未来之路》（*The Road Ahead*）一书。在该书中，比尔·盖茨提及了物物互联，只是当时受限于无线网络、硬件及传感设备的发展，并未引起重视。1998 年，美国麻省理工学院（MIT）创造性地提出了当时被称作 EPC（electronic product code）系统的物联网构想。1999 年，建立在物品编码、无线射频识别技术和互联网的基础上，美国 Auto-ID 中心首先提出物联网概念。

物联网的基本思想出现于 20 世纪 90 年代，但近年来才真正引起人们的关注。2005 年 11 月 17 日，在信息社会世界峰会（WSIS）上，国际电信联盟发布了《ITU 互联网报告 2005：物联网》（*ITU Internet Report* 2005：*Things*）。报告指出，无所不在的“物联网”通信时代即将来临，世界上所有的物体从轮胎到牙刷、从房屋到纸巾都可以通过互联网主动进行交换。RFID 技术、传感器技术、纳米技术、智能嵌入技术将得到更加广泛的应用。

奥巴马就任美国总统后，于 2009 年 1 月 28 日与美国工商业领袖举行了一次“圆桌会议”。作为仅有的两名代表之一，IBM 首席执行官彭明盛首次提出“智慧地球”这一概念，建议新政府投资新一代的智慧型基础设施。奥巴马对此给予了积极的回应：“经济刺激资金将会投入宽带网络等新兴技术中去，毫无疑问，这就是美国在 21 世纪保持和夺回竞争优势的方式。”

2009 年，欧盟执委会发表题为《物联网——欧洲行动计划》（*Internet of Things—an Action Plan for Europe*）的物联网行动方案，描绘了物联网技术应用的前景，并提出要加强对物联网的管理、完善隐私和个人数据保护、提高物联网的可信度、推广标准化、建立开放式的创新环境、推广物联网应用等行动建议。韩国通信委员会于 2009 年出台了《物联网基础设施构建基本规划》，该规划是在韩国政府之前的一系列 RFID/USN（Ubiquitous Sensor Network）相关计划的基础上提出的，目标是在已有的 RFID/USN 应用和实验网条件下构建世界最先进的物联网基础设施、发展物联网服务、研发物联网技术、营造物联网推广环境等。2009 年，日本政府 IT 战略本部制定了日本新一代的信息化战略《i-Japan 战略 2015》，该战略旨在让数字信息技术如同空气和水一般融入每一个角落，聚焦电子政务、医疗保健和教育人才三大核心领域，激活产业和地域的活性并培育新产业，以及整顿数字化基础设施。

我国政府也高度重视物联网的研究和发展。2009 年 8 月 7 日，时任国务院总理温家宝在无锡视察时发表重要讲话，提出“感知中国”的战略构想，表示中国要抓住机遇，大力发展物联网技术。2009 年 11 月 3 日，温家宝向首都科技界发表了题为《让科技引领中国可持续发展》的讲话，再次强调科学选择新兴战略性产业非常重要，并指示要着力突破传感网、物联网关键技术。2012 年，工业和信息化部、科技部、住房和城乡建设部再次加大了支持物联网和智慧城市方面的力度。我国政府高层一系列的重要讲话、报告和相关政策措施表明：大力发展物联网产业将成为今后一项具有国家战略意义的重要决策。

我们还可以将目光放得更远一些，立足于物联网出现之前的几十年来探讨物联网的起源。自计算机问世以来，计算技术的发展大约经历了三个阶段。第一阶段人们解决的主要问题是“让人和计算机对话”，即操作人输入指令，计算机按照人的意图执行指令完成任务。计算机大规模普及后，人们又开始考虑“让计算机和计算机对话”，让处在不同地点的计算机可以协同工作。计算机网络应运而生，成为计算技术发展第二阶段的重要标志。互联网的飞速发展实现了世界范围内人与人、计算机与计算机的互联互通，构建了一个以人和计算机为基础的虚拟的数字世界。如果我们将联网终端从计算机扩展到“物”——物体、环境等，那么整个物理世界都可以在数字世界中得到反映。从这个角度看，物联网是将物理世界数字化并形成数字世界的重要途径。在第三阶段中，人们开始努力通过网络化的计算能力与物理世界对话。

10.3.1.3　虚拟现实

1. 虚拟现实简介

虚拟现实（virtual reality，VR）又称灵境技术，其概念最早是由美国 VPL 公司的创建者杰伦·拉尼尔（Jaron Lanier）于 20 世纪 80 年代提出的。作为一项综合性的信息技术，虚拟现实融合了数字图像处理、计算机图形学、多媒体技术、计算机仿真技术、传感器技术、显示技术和网络并行处理等多个信息技术分支，其技术目的是由计算机模拟生成一个三维虚拟环境，用户可以通过一些专业传感设备感触和融入该虚拟环境。

虚拟，有假的、构造的内涵。现实，有真实的、存在的意义。两个概念基本对立的词语联合起来，则表达了这样一种技术，即如何从真实存在的现实社会环境中采集必要的数据，经过计算机的计算处理，模拟生成符合人们心智认知的，具有逼真性的、新的现实环境。在虚拟现实环境中，用户看到的视觉环境是三维的，听到的音效是立体的，人机交互是自然的，从而产生身临其境的虚幻感。该技术改变了人与计算机之间枯燥、生硬和被动地通过鼠标、键盘进行交互的现状，大大促进了计算机科技的发展。因此，目前虚拟现实技术已经成为计算机相关领域中继多媒体技术、网络技术及人工智能之后备受人们关注及研究、开发与应用的热点，也是目前发展最快的一项多学科综合技术。

概括地说，虚拟现实是人们使用计算机对复杂数据进行可视化操作与交互的一种全新的方式。与传统的人机界面以及流行的视图操作相比，虚拟现实在技术思想上有了质的飞跃。虚拟现实中的“现实”，可以理解为自然社会物质构成的任何事物和环境，物质对象符合物理动力学的原理。而该“现实”又具有不确定性，即现实可能是真实世界的反映，也可能是世界上根本不存在的，而是由技术手段来“虚拟”的。虚拟现实中的“虚拟”就是指由计算机技术来生成一个特殊的仿真环境，人们处在这个特殊的虚拟环境里，可以通过多种特殊装置将自己“融入”这个环境中，并操作、控制环境，实现人们的某种特殊目的。在这里，人总是这种环境的主宰。

从本质上说，虚拟现实就是一种先进的计算机用户接口，它通过给用户同时提供诸如视觉、听觉、触觉等各种直观而又自然的实时交互手段，最大限度地方便用户的操作。根据虚拟现实技术所应用的对象不同、目的不同，其作用可表现为不同的形式，或者是侧重点不同。在虚拟现实系统中，人是起主导作用的，从技术的角度看，该系统具有以下特征：由过去人只能从计算机系统的外部去观测结果，到人能够沉浸到计算机系统所创造的环境中；由过去人只能通过键盘、鼠标与计算机环境中的一维数字信息发生作用，到人能够用多种传感器与多维信息的环境发生交互作用；由过去人只能从以定量计算为主的结果中受到启发，从而加深对客观事物的认知，到人有可能从定性和定量的综合环境中得到感性和理性的认识，从而深化概念和萌发新意。概括地表示，虚拟现实系统具有沉浸感、交互性、构想性、多感知性等基本特性。

2. 虚拟现实发展

与大多数新技术一样，虚拟现实也不是突然出现的，它是经过社会各界需求以及学术实验室相当长时间的研究后，逐步开发应用并进入公众视野的。同时，虚拟现实技术的发展也与其他技术的成熟密切相关，如三维跟踪定位、图像显示、语音交互及触觉反馈等，而计算机技术的快速进展更成为虚拟现实不断进步的直接动力。

虚拟现实技术的发展历史最早可以追溯到 18 世纪人们有意识地对图画画面逼真程度的探索。1788 年，荷兰画家罗伯特·巴克尔（Robert Barker）画了一幅爱丁堡（Edinburgh）城市的 360°全方位图，并将其挂在一个直径为 60ft（1ft = 0. 3048m）的圆形展室中。结果发现与普通图画相比，这种称为全景图的图画给人提供了一种强烈的逼真感。

19 世纪初，人们发明了照相技术。1833 年又发明了立体显示技术，使得人们借助一个简单的装置就可以看到实际场景的立体图像。1895 年，世界上第一台无声电影放映机出现。1923 年又出现了有声电影。之后，1932 年出现了彩色电影，1941 年又出现了电视技术。与电影相比，电视可以使观众看到实时现场情景，因此显得更加生动。同时，电视的出现引出了遥现（telepresence）概念，即通过摄像机获得人同时在另一个地方的感觉。这些萌芽的概念为后来人们追求更加逼真的环境效果提供了一种非常直接的原动力。然而，虚拟现实技术的发展进入快车道还是在计算机出现以后，加之其他技术的进展，以及社会市场需求的提高，人们追求逼真、交互等概念效果，于是经历了漫长的技术积累后，虚拟现实技术逐步成长起来，并日益显露出强大的社会效果。总结虚拟现实的发展过程，主要可分为以下 3 个阶段。

1）虚拟现实技术的探索阶段

1956 年，在全息电影技术的启发下，美国电影摄影师莫顿·海林（Morton Heiling）开发了 Sensorama。这是一个多通道体验的显示系统，用户可以感知到事先录制好的体验，包括景观、声音和气味等。

1960 年，Morton Heiling 研制的 Sensorama 立体电影系统获得了美国专利，此设备与 20 世纪 90 年代的 HMD（头盔显示器）非常相似，只能供一个人观看，是具有多种感官刺激的立体显示设备（图 10.6）。

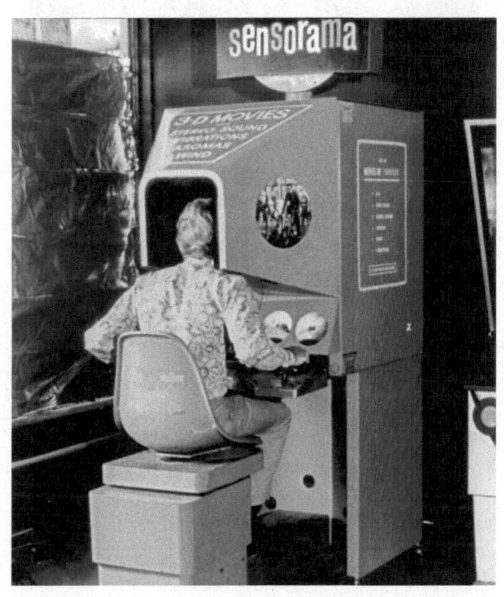

图 10.6　Sensorama 系统

1965 年，计算机图形学的奠基者美国科学家伊万·萨瑟兰（Ivan Sutherland）博士在国际信息处理联合会大会上提出了“The Ultimate Display（终极显示）”概念。首次提出了全新的、富有挑战性的图形显示技术，即不通过计算机屏幕这个窗口来观看计算机生成的虚拟世界，而是使观察者直接沉浸在计算机生成的虚拟世界中，就像生活在客观世界中。随着观察将随意转动头部与身体，其所看到的场景就会随之发生变化，也可以用手、脚等部位，以自然的方式与虚拟世界进行交互，虚拟世界会产生相应的反应，使观察者有一种身临其境的感觉。

1963 年，Ivan Sutherland 使用两个可以戴在眼睛上的阴极射线管研制出了第一个头盔式显示器（图 10.7）。

20 世纪 70 年代，Ivan Sutherland 在原来的基础上把模拟力量和触觉的力反馈装置加入到系统中，研制出一个功能较齐全的头盔式显示器系统。该显示器使用类似电视机显像管的微型阴极射线管（CRT）和光学器件，为每只眼睛显示独立的图像，并提供与机械或超声波跟踪器的接口。

1976 年，迈伦·克鲁格（Myron Kruger）完成了 Videoplace 原型，它使用摄像机和其

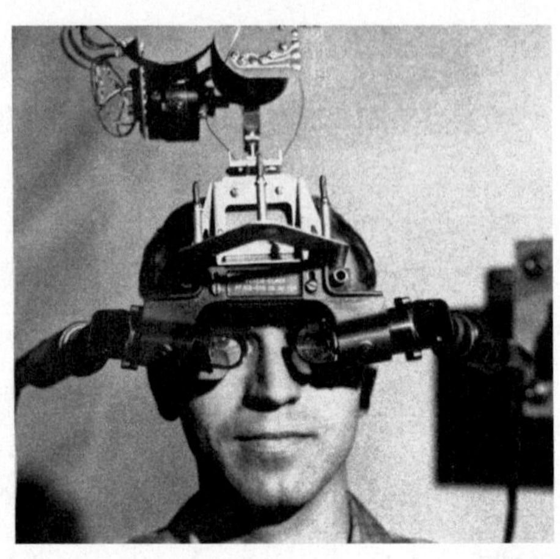

图 10.7　头盔式显示器

他输入设备，创建了一个由参与者动作控制的虚拟世界。

2）虚拟现实技术系统化，从实验室走向实用阶段

20 世纪 80 年代，美国 VPL 公司创始人 Jaron Lanier 正式提出了 virtual reality 的概念。当时研究此项技术的目的是提供一种比传统计算机模拟更好的方法。

1984 年，美国航空航天局（NASA）研究中心虚拟行星探测实验室开发了用于火星探测的虚拟世界视觉显示器，将火星探测器发回的数据输入计算机，为地面研究人员构造火星表面的三维虚拟世界。

3）虚拟现实技术高速发展的阶段

1996 年 10 月 31 日，世界上第一个虚拟现实技术博览会在伦敦开幕。全世界的人们可以通过因特网参观这个没有场地、没有工作人员、没有真实展品的虚拟博览会。

1996 年 12 月，世界上第一个虚拟现实环球网在英国投入运行。这样，因特网用户便可以在一个由立体虚拟现实世界组成的网络中遨游，身临其境般地欣赏各地风光、参观博览会和在大学课堂听讲座等。目前，迅速发展的计算机硬件技术与不断改进的计算机软件系统极大地推动了虚拟现实技术的发展，使基于大型数据集合的声音和图像的实时动画制作成为可能。人机交互系统的设计不断创新，很多新颖、实用的输入输出设备不断出现在市场上，为虚拟现实系统的发展打下良好的基础。

10.3.2　关键技术

10.3.2.1　移动通信与无线网络

近些年来，随着移动通信技术的发展，以智能手机为代表的移动终端设备摆脱了电缆的束缚，以此为基础融合了多种多样的互联网应用服务的移动互联网进一步改变了人们的生活方式。在旅行途中，即时通信应用让我们能随时和家人朋友进行语音和视频的通话。

社交应用让我们随时跟朋友们分享身在何处、发生了什么新鲜事。各种基于位置的服务让我们能方便地找到最近的餐厅、银行、商店等。

移动通信技术的发展为物联网时代的到来奠定了良好的通信基础，而物联网的广泛应用也将更加充分地发挥移动互联网的作用。一个完整的物联网系统由前端信息生成、中间传输网络以及后端的应用平台构成。如果信息终端——通常是 RFID、传感器以及各种智能信息设备被局限在固定网络中，我们期望中无处不在的感知识别将无法实现，而移动通信技术，特别是未来的第五代移动通信网络（5G）将成为物联网终端“全面、随时、随地”传输信息的有效平台。在移动互联网中随着用户需求由无线语音服务向无线多媒体服务转变，移动通信技术也经历了从模拟到数字、从 2G 到 5G 以及向未来的 xG 演进的过程。

1. 大规模多天线技术

5G 时代，终端设备越来越密集，对容量、耗能和相关业务的需求越来越高。面对高速发展的数据流量和用户对带宽的需求，现有 4G 蜂窝网络的多天线技术很难继续提升点到点链路的传输速率、扩展频谱资源、构建高密度部署的异构网络。在基站端采用超大规模天线阵列（比如数百个天线或更多）可以带来很多的性能优势。这种基站采用大规模天线阵列的多用户 MIMO（multi-user multiple-input multiple-output，MU-MIMO），被称为大规模天线阵列系统（large scale antenna system，LSAS）或大规模 MIMO（Massive MIMO）。

2. 高频段传输技术

5G 使用的是 28GHz 以上的频段，比 4G 所使用 1.8/2.6GHz 频段高出很多。高频信号能带来极高的带宽，但是其通信距离有限，需要更加密集的部署覆盖。

3. 密集网络接入技术

接入 5G 网络的终端数量将呈现爆发性增长，这对 5G 网络的终端接入机制提出了更高的要求。一方面从接入容量上进行质的提升，满足大规模终端入网并提供高带宽的流量，保证用户体验及满意度。另一方面，由于机器类终端各式各样的特性需求，包括业务特性（视频、语音、数据流）、优先级特性、移动性特性、实时性特性等，需要采取无线资源精细化控制，针对不同特性的终端进行差异化的无线资源控制与移动性管理，最大限度地高效使用网络资源。

10.3.2.2　无线射频识别

进入 21 世纪，条形码已经不能满足人们的需求。虽然条形码价格低廉，但它有过多的缺点，如读取速度慢、存储能力小、工作距离近、穿透能力弱、适应性不强以及不能进行写操作等。与此同时，另外一项逐步成熟的识别技术以近乎疯狂的速度一夜之间席卷全球，彻底改变了条形码一统天下的现状，这就是无线射频识别（radio frequency identification，RFID）技术。作为条形码的完美替代品，RFID 技术有许多独特优势：防水、防磁、穿透性强、读取速度快、识别距离远、存储数据能力大、数据可进行加密、可进行读写等。RFID 技术最大的特性是能够提供更细致、更精确的产品供货信息，并能实现货物供给过程的自动化。

当 RFID 与互联网相结合时，一场影响深远的革命就来临了。特别是，当赋予地球上所有物品以唯一 IP 地址的 IPv6 技术与承载着物品大量相关信息并有无线通信能力的 RFID 相结合时，双方的巨大潜能进一步释放出来，一个人与人、人与物、物与物相互联系的“物联网”诞生了。RFID 与互联网的结合带来了令人惊叹的能量。

一般而言，RFID 系统由五个组件构成，包括传送器、接收器、微处理器、天线和标签。传送器、接收器和微处理器通常都被封装在一起，又统称为阅读器，所以工业界经常将 RFID 系统分为阅读器、天线和标签三大组件。这三大组件一般都可由不同的生产商生产。RFID 源于雷达技术，所以其工作原理和雷达极为相似。如图 10.8 所示，首先阅读器通过天线发出电磁波；标签接收到信号后发射内部存储的标识信息；阅读器再通过天线接收并识别标签发回的信息；最后，阅读器将识别结果发送给主机。电子标签与阅读器之间通过耦合元件实现射频信号的空间（无接触）耦合。在耦合通道内，根据时序关系，可实现能量的传递与数据的交换。射频信号的耦合类型有两种：一种是电感耦合，变压器模型，通过空间高频交变磁场实现耦合，理论依据为电磁感应定律；另一种是电磁反向散射耦合，雷达模型，发射出去的电磁波碰到目标后反射，同时携带回目标信息，理论依据是电磁波在空间的传播特性。

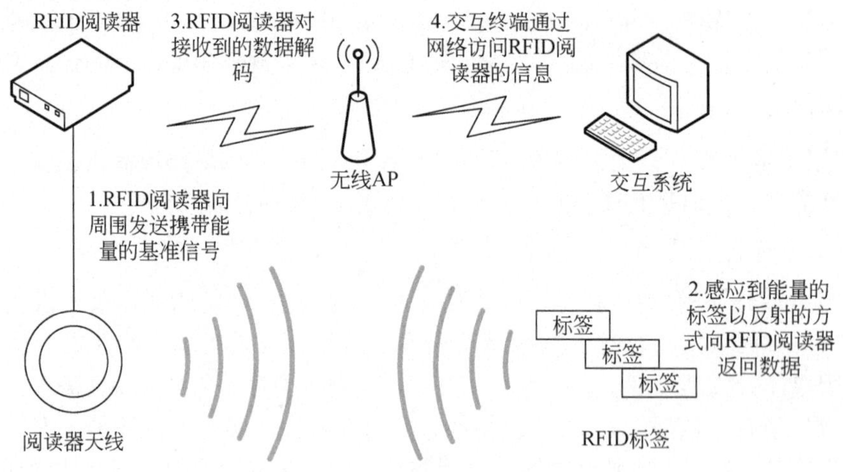

图 10.8　RFID 组成

RFID 标签对物体的唯一标识特性引发了人们对物联网研究的热潮。一些国家正在积极研究基于 RFID 的物联网应用，例如日本和韩国在未来的 IT 发展规划中均把 RFID 作为一项关键发展技术。虽然由于标准、成本、相关法律、技术成熟度等诸多因素，RFID 技术的大规模应用离实现物联网的终极目标还有一段距离，目前 RFID 技术在物流、物资管理、物品防伪、快速出入、动植物管理等诸多领域的应用已经如火如荼，显示出了其作为“革命性”技术的实力和威力。随着数字信息技术在各行业的广泛深入，RFID 一旦在零售、医疗等行业甚至在政府部门等应用领域普及开来，各厂商产品之间的标准化问题也会得到相应解决。随着 RFID 技术在安全性和成本方面的全面发展，其潜在的商用价值将被逐渐开发出来。物流、包装、零售、制造、交通等行业都会因为 RFID 技术全球化的推动引发翻天覆地的变化，最终一定会出现“百花齐放春满园”的繁荣景象。

10.3.2.3　全息技术

全息技术的理论源于光的物理性质，因为光具有波粒二象性，光既有波的属性，也有粒子的特点。当光照射在某种介质的物体表面时，会产生反射、折射和透射，这是光的粒子属性表现，而当两束光发生相干叠加效应时，会产生干涉和衍射的情况，这是光的波属性表现。

全息投影技术就是利用了光波的干涉和衍射原理记录并再现了物体真实的三维图像的技术。

（1）利用干涉原理记录物体光波信息。该过程也即拍摄过程。被摄物体在激光辐照下形成漫射式的物光束，另一部分激光作为参考光束射到全息底片上，和物光束叠加产生干涉，把物体光波上各点的位相和振幅转换成在空间上变化的强度，从而利用干涉条纹间的反差和间隔将物体光波的全部信息记录下来。记录着干涉条纹的底片经过显影定影等处理程序后，便成为一张诺利德全息图，或称全息照片。

（2）利用衍射原理再现物体光波信息。该过程即为成像过程。全息图犹如一个复杂的光栅，在相干激光照射下，一张线性记录的正弦波形全息图的衍射光波一般可给出两个像，即原始像（又称初始像）和共轭像。再现的图像立体感强，具有真实的视觉效应。全息图的每一部分都记录了物体上各点的光信息，故原则上它的每一部分都能再现原物的整个图像，通过多次曝光还可以在同一张底片上记录多个不同的图像，而且能互不干扰地分别显示出来。

近年来，随着计算机技术的发展和高分辨率电荷耦合成像器件（CCD）的出现，数字全息技术迅速发展。与传统全息不同的是，数字全息用CCD代替普通全息记录材料记录全息图，用计算机模拟取代光学衍射来实现物体再现，实现了全息图的记录、存储、处理和再现全过程的数字化，具有广阔的发展前景。3D全息投影技术的创新效果在于它改变了人们对那些传统展示艺术的表现模式，对于未来的全息数字地球及科技探索都具有划时代的促进意义。

10.3.2.4　虚拟现实引擎

虚拟现实引擎的实质就是以底层编程语言为基础的一种通用开发平台，它包括各种交互硬件接口、图形数据的管理和绘制模块、功能设计模块、消息响应机制、网络接口等功能。基于这种平台，程序人员只需专注于虚拟现实系统的功能设计和开发，无须考虑程序底层的细节。

从虚拟现实引擎的作用观察，其系统作为虚拟现实的核心，处于最重要的中心位置，组织和协调各个部分的运作，如图10.9所示。

目前，已经有很多虚拟现实引擎软件运作，它们的实现机制、功能特点、应用领域各不相同。但是从整体上讲，一个完善的虚拟现实引擎应该具有以下特点。

1. 可视化管理界面

基于可视化管理界面，程序人员可以通过“所见即所得”方式设计和调整虚拟场景。

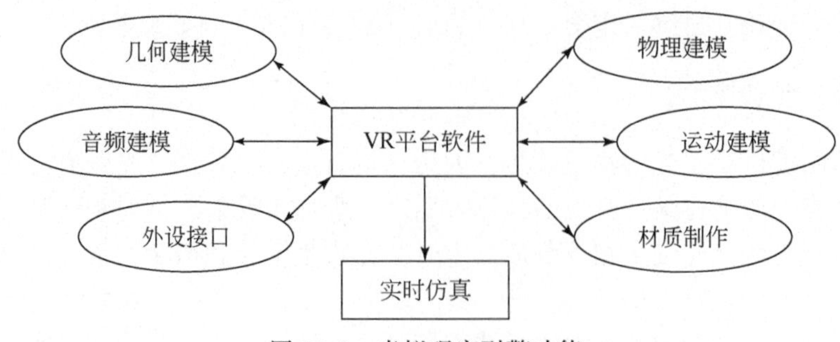

图 10.9　虚拟现实引擎功能

例如，在数字城市系统时，开发人员通过可视化管理界面就能够添加建筑物，并同时更新图形数据库系统中的位置、面积、高度等数据。

2. 二次开发能力

二次开发是指引擎系统必须能够提供管理系统中所有资源的程序接口。通过这些程序接口，开发人员可以进行特定功能的开发。因为虚拟现实引擎一般是通用型的，而虚拟现实的应用系统都是面向特定需求的，所以，虚拟现实引擎的功能并不能满足所有应用的需要。这就要求它提供一定的程序接口，允许开发人员能够针对特定需求设计和添加功能模块。没有二次开发能力的引擎系统的应用会有极大的局限性。

3. 数据兼容性

数据兼容性是指虚拟现实引擎管理各种媒体数据的能力，这一点对于虚拟现实引擎来说至关重要。因为虚拟现实系统涉及图形、图像、视频、音频等各种媒体数据，而这些数据可能以各种文件格式存在。这就要求虚拟现实引擎能够支持这些文件格式。

4. 更快的数据处理功能

VR 引擎首先读取依赖于任务的用户输入，然后访问依赖于任务的数据库以及计算相应的帧。由于不可能预测所有的用户动作，也不可能在内存存储所有的相应帧，同时有研究表明，在 12 帧/s 的帧速率以下，画面刷新速率会使用户产生较大的不舒服感，为了进行平滑仿真，至少需要每秒显示 24～30 帧的速率。因而虚拟世界只有 33ms 的生命周期（从生成到删除），这一过程导致需要由 VR 引擎处理更大的计算量。

对 VR 交互性来说，最重要的是整个仿真延迟（用户工作与 VR 引擎反馈之间的时间）。整个延迟包括传感器处理延迟、传送延迟，计算与显示一帧的时间。如果整个延迟超过 100ms，仿真质量便会急剧下降，使用户产生不舒服感。低延迟和快速刷新频率要求 VR 引擎有快速的 CPU 和强有力的图形加速能力。

10.3.3　应用研究

10.3.3.1　基于物联网的地质灾害监测系统

我国是世界上地质灾害最严重的国家之一，近十年来，地质灾害每年造成人员伤亡数以千计，经济损失逾百亿元，严重影响了我国社会经济可持续发展，为了避免人员伤亡和财产损失，我国采取了多种措施，如建立群测群防体系、开展汛期巡查、排查灾害隐患点等措施，但目前这些措施大多还主要靠人工方式，且监测技术也相对落后，存在数据采集和传输不及时、信息覆盖面不足、自动化程度低等缺陷，必须采用新的技术和方法对地质灾害进行实时监测。

传统的地质灾害监测系统，不能够有效保证数据监测的准确性和实时性，在浪费了大量成本的同时还增加了传感器通道，不方便其他功能应用的扩展，并且应用很难推广到水文监测、环境污染监测等自动化采集控制领域，不够安全可靠，实用性不强。

为解决上述问题，设计并建立了一种基于物联网的地质灾害监测系统，包括信息采集模块，所述信息采集模块包括雨量传感器、水位传感器、伸缩传感器、倾斜传感器，雨量传感器的输出端与降雨量采集模块的输入端连接，水位传感器的输出端与地下水位采集模块的输入端连接，伸缩传感器的输出端和倾斜传感器的输出端均与山体移位采集模块的输入端连接，采集模块的输出端与数据处理模块的输入端连接，并且数据处理模块的输出端与信号调理模块的输入端连接，信号调理模块的输出端与单片机的输入端连接，单片机和 GPS 定位模块之间实现双向连接，并且 GPS 定位模块和 GRPS 模块之间实现双向连接，GRPS 模块和因特网之间实现双向连接，并且因特网和远程监控中心之间实现双向连接。该系统能够有效保证数据监测的准确性和实时性，在节省大量成本的同时还增加了传感器通道，引出了部分功能接口，方便其他功能应用的扩展，因此，该系统的应用还可以推广到水文监测、环境污染监测等自动化采集控制领域，安全可靠，如图 10. 10 所示。

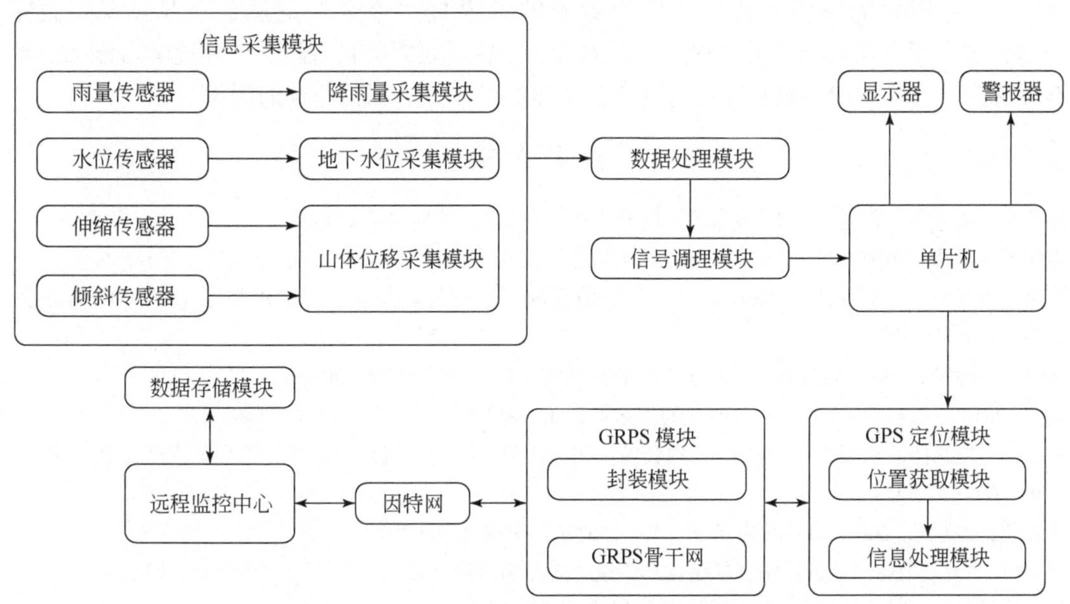

图 10. 10　一种基于物联网的地质灾害监测系统

10.3.3.2　全息数字地球

全息数字地球即利用全息数字技术和方法将地球及其上的空-天-地（陆、海）等全域信息、全时空变化数据，按照全球统一数据描述与组织框架加以采集、汇聚、存储，并在高速网络上进行快速流通，并使之最大限度地为人类的生存、可持续发展提供服务的数字地球模型。全息数字地球是新一代时空信息基础设施，它是以地球系统为理念，以揭示地球系统变化规律，以及人类活动与全球变化之间的相互作用关系为目标，围绕数字地球信息的采集、处理和应用而建设的基础环境的总称，是地球系统科学的组成部分和重要支撑，也是对现有国家空间数据基础设施的补充和完善。其核心是建设覆盖全球范围并真实反映全域时空现象的分布、特征属性及其变换的数据系统集，并使这些数据系统具备及时准确地收集、处理、存储和应用全球、全域时空信息的能力。

全息数字地球是采用可视化方式对陆地表层、固体地球、深部地球、海洋、陆地水等多个圈层的地球信息进行表达。目前可视化表达手段主要包括虚拟现实技术（VR）、增强现实技术（AR）及混合现实技术（MR）。虚拟现实技术（VR）就是利用现实生活中的数据，通过计算机技术产生的电子信号，将其与各种输出设备结合使其转化为能够让人们感受到的现象，这些现象可以是现实中真真切切的物体，也可以是我们肉眼所看不到的物质，通过三维模型表现出来，包括沉浸式虚拟现实和非沉浸式虚拟现实。增强现实（AR）技术是把画面叠加在用户看到的真实场景之上，而不遮挡用户视线的一种技术。佩戴上AR眼镜后，看到的是真实的场景，计算机设备所产生的“增强”的虚拟画面会在真实世界之上，让用户能够看到比以往肉眼看到的世界更“增强”的画面。混合现实技术（MR）融合了现实增强和虚拟现实，并加入了一些新元素，具有较强的环境学习能力，能够实现全息立体影像和真实环境的融合，从而产生了令人深信不疑的图像。

参考文献

陈怀友，张天驰，张青. 2012. 虚拟现实技术［M］. 北京：清华大学出版社.

陈建平，李靖，谢帅，等. 2017. 中国地质大数据研究现状［J］. 地质学刊，41（3）：353-366.

陈康，黄晓宇，王爱宝，等. 2013. 基于位置信息的用户行为轨迹分析与应用综述［J］. 电信科学，29（4）：118-124.

陈康，郑纬民. 2009. 云计算：系统实例与研究现状［J］. 软件学报，20（5）：1337-1348.

崔勇. 2016. 视界——“互联网”时代的创新与创业［M］. 北京：清华大学出版社.

董金义，史正涛，洪亮，等. 2014. 舟曲县城区灾后重建地质灾害监测预警及治理工程［J］. 测绘科学，39（6）：79-82.

龚声蓉，许承东. 2006. 计算机图形学［M］. 北京：中国林业出版社.

郭得科. 2016. 数据中心的网络互联结构和流量协同传输管理［M］. 北京：清华大学出版社.

何正玲. 2013. 浅谈云计算技术［J］. 科技视界，（14）：37+19.

黄昊蒙. 2019. 面向可穿戴式VR的虚拟地球可视化方法研究［D］. 武汉：武汉大学.

李波，杨江涛，李伯宣，等. 2019. 基于物联网的地质灾害自动化实时监测体系设计与实践［J］. 矿产勘查，10（9）：2429-2435.

李苍柏，肖克炎，李楠，等. 2020. 支持向量机、随机森林和人工神经网络机器学习算法在地球化学异常信息提取中的对比研究［J］. 地球学报, 41（2）: 309-319.
李联宁. 2017. 网络工程［M］. 2 版. 北京：清华大学出版社.
刘光然. 2012. 虚拟现实技术［M］. 北京：清华大学出版社.
刘向群, 吴彬. 2012. 虚拟现实案例教程［M］. 北京：中国铁道出版社.
刘云浩. 2017. 从互联到新工业革命［M］. 北京：清华大学出版社.
孟小峰, 慈祥. 2013. 大数据管理：概念、技术与挑战［J］. 计算机研究与发展, 50（1）: 146-169.
牛丽红, 倪国强, 苏秉华. 2003. 改进的对向传播网络及其在多传感器目标识别中的应用［J］. 光子学报,（2）: 244-248.
任伟. 2017. 虚拟现实技术在地质科普中的应用［J］. 地质论评, 63（S1）: 378-379.
谭永杰, 文敏, 朱月琴, 等. 2017. 地质数据的大数据特性研究［J］. 中国矿业, 26（9）: 67-71+84.
王登红, 刘新星, 刘丽君. 2015. 地质大数据的特点及其在成矿规律、成矿系列研究中的应用［J］. 矿床地质, 34（6）: 1143-1154.
王亮. 2014. 地质调查信息化中大数据平台研究［D］. 武汉：长江大学.
王鑫, 马翠凤, 蔡秀华, 等. 2019. 地学信息资源检索与利用［M］. 北京：地质出版社.
王语, 周永章, 肖凡, 等. 2020. 基于成矿条件数值模拟和支持向量机算法的深部成矿预测——以粤北凡口铅锌矿为例［J］. 大地构造与成矿学, 44（2）: 222-230.
吴冲龙, 刘刚, 张夏林, 等. 2016. 地质科学大数据及其利用的若干问题探讨［J］. 科学通报, 61（16）: 1797-1807.
向杰, 陈建平, 肖克炎, 等. 2019. 基于机器学习的三维矿产定量预测——以四川拉拉铜矿为例［J］. 地质通报, 38（12）: 2010-2021.
肖洁. 2013. 多网融合环境下网络管理技术的研究与实现［D］. 南京：南京邮电大学.
谢磊, 陆桑璐. 2016. 射频识别技术：原理、协议及系统设计［M］. 2 版. 北京：科学出版社.
谢志清, 彭桂辉. 2019. 煤炭地质单位建设“数字地球”综述［J］. 中国煤炭地质, 31（11）: 15-18.
徐光侠, 封雷, 涂演, 等. 2012. 基于 Android 和 Google Maps 的生活辅助系统的设计与实现［J］. 重庆邮电大学学报（自然科学版）, 24（2）: 242-247.
徐光侠, 肖云鹏, 刘宴兵. 2013. 物联网及其安全技术解析［M］. 北京：电子工业出版社.
严光生, 薛群威, 肖克炎, 等. 2015. 地质调查大数据研究的主要问题分析［J］. 地质通报, 34（7）: 1273-1279.
张旗, 周永章. 2017. 大数据正在引发地球科学领域一场深刻的革命——《地质科学》2017 年大数据专题代序［J］. 地质科学, 52（3）: 637-648.
周金文. 2019. 物联网技术在地质灾害防治中的应用研究［J］. 科技与创新, 14: 152-153.
周永章, 黎培兴, 王树功, 等. 2017. 矿床大数据及智能矿床模型研究背景与进展［J］. 矿物岩石地球化学通报, 36（2）: 327-331.
周永章, 王俊, 左仁广, 等. 2018. 地质领域机器学习、深度学习及实现语言［J］. 岩石学报, 34（11）: 3173-3178.
周永章, 左仁广, 刘刚, 等. 2021. 数学地球科学跨越发展的十年：大数据、人工智能算法正在改变地质学［J］. 矿物岩石地球化学通报, 40（3）: 556-573+777.
朱洁, 罗华霖. 2016. 大数据架构详解：从数据获取到深度学习［M］. 北京：电子工业出版社.
Bianco S, Buzzelli M, Mazzini D, et al. 2017. Deep learning for logo recognition［J］. Neurocomputing, 245: 23-30.
Chen Y, Wu W. 2017. Mapping mineral prospectivity using an extreme learning machine regression［J］. Ore Geology Reviews, 80: 200-213.

Hinton G E, Osindero S, Teh Y W. 2006. A fast learning algorithm for deep belief nets [J] . Neural Computation, 18 (7): 1527-1554.

Huangfu Z M, Chen M, Liu M T, et al. 2014. A monitoring system for mountain flood geological hazard based on internet of things [J] . Sensors & Transducers, 11: 1726-5479.

Iovine J . 1995. Step into Virtual Reality [M] . TAB Books.

Jayaram S, Yong W, Jayaram U, et al. 1999. A virtual assembly design environment [J] . IEEE Computer Graphics and Applications, 19 (6): 44-50.

Kalawsky R S . 1993. The Science of Virtual Reality and Virtual Environments [M] . Addison Wesley Longman Publishing Co. Inc.

Ming L, He Y, Wang J, et al. 2015. Hybrid intelligent algorithm and its application in geological hazard risk assessment [J] . Neurocomputing, 149: 847-853.

Qi Q, Ju Y W. 2015. Study on rainfall-induced loess geological hazards characteristics and preventive measures in Shanxi Province [J] . Applied Mechanics & Materials, 744-746: 1741-1744.

Rodriguez-Galiano V, Sanchez-Castillo M, Chica-Olmo M, et al. 2015. Machine learning predictive models for mineral prospectivity: an evaluation of neural networks, random forest, regression trees and support vector machines [J] . Ore Geology Reviews, 71: 804-818.

Schmidhuber J. 2015. Deep learning in neural networks: an overview [J] . Neural Networks, 61: 85-117.

第11章 综合应用

11.1 GIS技术地学应用

GIS技术是20世纪后半叶快速发展的新兴技术。在地质学领域，GIS技术通常被用于采集、测量、分析、存储、管理、显示、分析提取地学空间信息。数十年来，GIS技术已在地质学领域的各个方面得到广泛应用。近年来，地学三维可视化技术的飞速发展更加丰富了GIS技术的内涵，相关方法已被应用于地质结构透明化、城市地质调查、隐伏矿床找矿预测等领域。它们共同为深入开展数字地质学研究提供了有效方法和技术。

11.1.1 GIS技术及其发展

地理信息系统（geographical information system，GIS）是一门介于信息科学、空间科学与地球科学之间的交叉学科与新技术学科，它将地学空间数据处理与计算机技术相结合，对地学空间数据进行采集、存储、管理、计算、分析、显示和描述（吴信才等，2009）。GIS技术自20世纪60年代出现以来，已经得到迅速发展，成为现代地学的重要技术学科与定量化途径之一。

完整的地理信息系统主要由硬件系统、软件系统、空间数据库、空间分析模型等组成。其中，空间数据库是地理信息系统操作的对象，空间分析模型是分析和挖掘空间信息的主要手段和方式，也是当前GIS的主要研究领域，为GIS解决各种空间问题提供数学工具。

11.1.1.1 GIS的组成

1. 硬件系统

硬件系统是地理信息系统建立的重要保证。根据不同的任务和目的，其规模和组织形式多样。包括由单一计算机和相关外围设备构建的单机系统，能较好地处理空间数据的输入、输出、查询、检索、分析运算、制图等工作；在局域网内，以客户端/服务器（client/server，C/S）模式构建的多机、多节点系统，共享外围设备，协同进行基于网络的多机数据输入、查询分析等工作；以及在广域网内，以浏览器/服务器（browser/server，B/S）模式构建的远程、多用户系统，基于远程网络进行分布式数据采集、访问及分析工作。

2. 软件系统

组成地理信息系统的软件系统包括计算机系统软件、地理信息系统软件以及数据库软件三部分。计算机系统软件主要由操作系统及其他系统管理和辅助软件组成，目前常见操作系统包括 Microsoft Windows、Linux 等；地理信息系统软件主要开展数据的输入输出、校验管理、查询检索、分析运算等操作，是地理信息系统的功能核心，目前常见的地理信息系统软件包括 ArcGIS、MapInfo、MapGIS、Supermap 等；数据库软件主要用于存储海量数据，常见的商业数据库软件如 Oracle、SQLServer 等。

3. 空间数据

数据是描述空间对象的唯一工具，是地理信息系统的分析对象和研究基础。数据类型包括矢量数据、栅格数据、文本数据等。地质学领域，常见的空间数据包括地形图、各类型地质矿产图、遥感影像及解译结果、数字地面模型、GPS 观测数据、大地测量数据等。根据空间数据的内容和用途，可分为基础数据和专题数据，前者反映基础的地形地貌及地质信息，后者反映不同目的的专题信息，例如矿产分布数据、地震分布数据、地质灾害分布数据等。

4. 应用分析模型

应用分析模型是地理信息系统解决具体问题的重要基础和手段。在地质学领域，常用的应用分析模型包括诸多空间分析模型、地统计学模型、预测评价模型等。上述模型被广泛用于地质信息空间分析、成矿预测、储量计算、灾害评价等问题的分析和求解。

5. 人员

地理信息系统除了软硬件和数据，还需要大量系统开发、管理和使用人员，进行系统的组织管理、维护、模型及应用程序开发、基于空间数据进行分析和数据挖掘，从而保证系统的有效运行，实现系统建设使用目的。

11.1.1.2　GIS 的功能

1. 空间数据采集和输入

空间数据的采集和输入是地理信息系统的基本功能。相比其他信息系统，地理信息系统空间数据内蕴位置及拓扑信息。利用地理信息系统，可以快速地对多种形式、多种来源的数据进行输入，主要有图形数据输入，如地形图、地质图；栅格数据输入，如遥感图像、数字高程模型；测量数据，如全球定位系统（GPS）数据、野外填图数据、物化探测量数据等；属性数据输入，如文字和数字的输入。

2. 空间数据编辑与更新

针对采集输入后的数据，地理信息系统包含有图形编辑和属性编辑功能。图形编辑主要包括投影变换、拓扑关系构建、图形整饰、误差校正等操作，还可以对测量数据进行插值、填色等编辑操作。属性数据通常基于属性文件或数据库开展，通过位置信息与图形数据进行挂接，提高查询和检索能力。数据更新即采用新的数据项或记录来替换数据文件或数据库中的相应记录，可通过删除、修改、插入等操作实现。

3. 空间数据存储与查询

地理信息系统均包含有数据存储和管理功能，可以将空间和属性数据以不同方式保存在计算机内外部存储中。存储方式包括文件存储、数据库存储等。而空间查询是地理信息系统的核心功能，也是有别于其他信息系统的关键所在。空间查询功能可以便捷地从数据文件、数据库或其他存储方式中，查找和获取所需的空间数据，并可根据需要进行格式转换、坐标变换、图形裁剪、数据叠合等操作。目前，多数地理信息系统软件均提供有空间数据管理引擎，用户可简易地将空间及属性数据直接存储在关系型数据库系统中，并进行空间数据查询等操作。

4. 空间分析

空间分析是对空间数据进行深入理解和挖掘的方法和技术。基于空间分析模型，可以获得模型中蕴含的空间数据的潜在趋向和变化规律，由此得到新的数据信息。地理信息系统提供一系列的空间分析模型，总体可分为三个类别：拓扑分析，包括对空间数据进行拓扑运算，例如旋转变换、比例尺变化、几何元素计算等；属性分析，包括重分类、空间统计分析等；拓扑、属性联合分析，包括叠置分析、缓冲分析、邻域分析、网络分析、内插分析等。

5. 空间决策支持

空间决策支持是应用空间分析的各种手段对数据进行变换或深度挖掘，进而指出事实与数据的关系，并以图形和文字的形式进行表达，为现实世界提供科学和合理的决策支持。相对于管理学等学科的决策支持，地理信息系统能赋予决策系统以空间信息，提高对复杂空间问题决策的能力。目前在地质学领域，基于模型方法和人工智能技术，空间决策被广泛应用于成矿预测及资源评价、地下空间开发适宜性评价、地质灾害识别评价等研究。

6. 数据显示和输出

数据显示和输出是地理信息系统数据表达和成果展现的重要手段。地理信息系统提供自动化或人机交互的模式来显示研究对象和结果。数据的显示和输出具有多种模式，可根据用户需要输出各种类型图件、各种统计图表等。

11.1.1.3 GIS 发展趋势

三维可视化技术是目前计算机技术和图形学发展的热点之一，近年来也成为 GIS 的发展新方向。对于地质学来说，三维可视化技术是多维多源数据体的一种表征形式，是描绘和理解模型的一种手段，它能够基于海量多源、异构、异质的勘查数据，直观而形象地展现地质体和地质结构，极大地提高对地质现象、地质资源和地质环境的认知能力，并可基于高精度三维环境，提高地质工作精度。三维可视化技术中，三维地质建模是其核心的关键技术，已被广泛应用于地形、地质构造、矿床等地质信息的三维可视化工作。此外，虚拟现实（virtual reality，VR）及增强现实（augmented reality，AR）技术近年来也得到飞速发展，目前成为地学信息三维可视化研究的前沿和热点方向。

1. 三维地质建模

三维地质建模是指以地质数据为基础，在三维空间中运用计算机技术和数学方法对地质体、地质构造或者某种地质特征进行描述，并通过数据管理、地质解译、空间分析探索、地学统计和三维可视化等技术来实现地质体的计算机三维展示（吕鹏等，2011）。当前，三维地质建模技术已趋向成熟，并被广泛用于三维储量估算、三维成矿预测、三维城市地质调查等研究工作。目前可用于三维地质体建模的数据包括区域地形数据、地质填图数据、钻孔编录数据、地质剖面数据、重磁电反演数据、反射地震数据等。通过利用三维地质建模方法，可以依据已知的少量地质或地球物理数据对目标地质体进行推断和解释，在三维空间内定性和定量地表征地质体的产状和构造等信息。

目前众多三维地质建模方法可大致分为两类，一类是显式三维建模方法，一类是隐式三维建模方法。

1）显式三维建模方法

包括基于钻孔数据的建模方法（朱良峰等，2004）、基于剖面的建模方法（Lemon and Jones，2003；明镜等，2008）等。其建模方式如下：

（1）基于钻孔、剖面等数据源，通过交互式矢量化或是数值分析方法，提取不同地质界面分界信息。

（2）利用交互式方法或其他自动连接方法，对地质界面进行构建。相关方法包括基于三角剖分方法的曲线连接方法以及基于空间插值方法的曲面构建方法。

（3）利用交互式方法或是体封闭算法（Wu et al.，2005）将地质界面进行组合封闭并赋予地质意义，完成地质体模型的构建。

2）隐式三维建模方法

隐式三维建模方法能够以地质年代序列作为基础，以地质、地球物理推断界线和产状作为几何约束，以地质构造研究作为知识约束，利用克里金等空间插值方法对地质体界面进行分层计算，并进而构建三维地质模型（Jessell，2001；Calcagno et al.，2008）。

隐式三维建模方法的计算过程快速，在建模过程中可以充分利用各种地质观测数据和地球物理解译数据，不必拘束于地质数据的方向、尺度和方位。该建模方法不但能够融合大量多尺度、多元地质物探信息进行三维地质建模，也能够在少量地质观测数据约束下对三维地质模型进行构建。

2. 虚拟现实和增强现实

虚拟现实和增强现实技术是三维可视化技术的一种深度发展，它利用计算机生成一种模拟环境，实现多源信息融合的、交互式的三维动态视景和实体行为的系统仿真（田宜平等，2015）。

目前，在 GIS 方面，虚拟现实和增强现实技术已被应用于再现城市建筑及街区景观，支持用户通过模拟环境进行城市的漫游、浏览、查询，进而服务于三维数字城市及智慧城市建设；在地质学方面，虚拟现实和增强现实技术可被应用于建立岩土工程施工的预测系统、抗灾防灾的模拟仿真系统、矿床开采的模拟仿真系统等方面。

11.1.2 地学应用实例

11.1.2.1 岩石圈构造变形监测

大陆岩石圈构造变形与演化的地球动力学理论一直是国际地球科学研究的前缘领域(张培震等,2002)。地壳运动速度场可以用于对构造变形进行定量描述,揭示地球动力学问题。GIS 和 GPS 技术在过去 20 年中不断发展成熟,通过联合 GIS 和 GPS 技术,可以高效率、低成本、高时空分辨率地获取对地壳运动的观测数据,构建地壳运动速度场(熊熊等,2004)。因此,目前 GIS 和 GPS 技术在地壳运动、变形监测上得到了广泛应用,已成为监测地壳运动和地球动力学现象的主要手段。

王琪等(2002)基于我国及周边国家362个GPS观测站的原始资料,用统一的方法对其进行解算,获取了中国大陆地壳运动的速度图像(图11.1)。

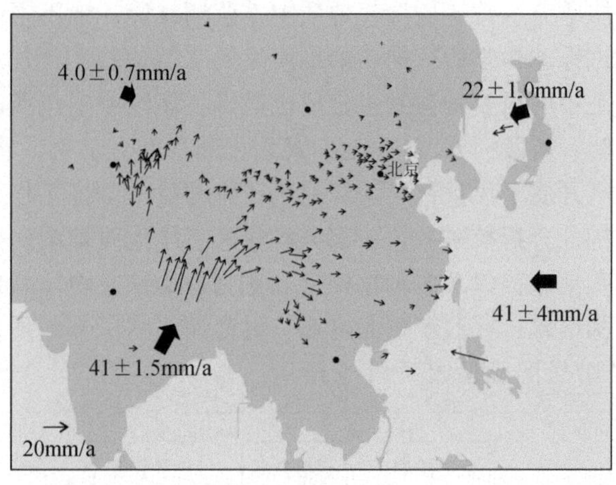

图 11.1 GPS 观测到的中国大陆现今构造变形背景场的水平分量(据王琪等,2002;张培震等,2002)

基于图11.1,张培震等(2002)对中国大陆及其内部不同地块相对于欧亚大陆的运动状态进行了研究,给出了中国大陆各主要活动地块的运动方向和速度。

研究显示中国大陆的内部构造变形以分块运动为主要特征。塔里木、鄂尔多斯、华南、阿拉善、东北等地块具有较好的整体性,内部不发生明显构造变形,相邻 GPS 站点不发生较大相对位移,地震活动性也比较弱。青藏高原内部的拉萨、羌塘、唐古拉、昆仑活动地块内部也不发生大规模的构造变形,虽然地块内部相邻站点可以发生相对运动,但其方向和速度的差异远远小于跨过不同地块的差异。天山、祁连山和华北活动地块内部发生相对变形,地块的完整性较差,内部各测站之间发生相对运动,地震活动发生在整个块体内部。深入研究认为,中国大陆以活动地块为单元的现今构造变形可能与大陆岩石圈的结构和性质有关,上地壳以脆性变形为主,下地壳和上地幔以黏塑性的流变为特征,从底部驱动着上覆脆性地块的整体运动(张培震等,2002)。

此外，GIS 和 GPS 技术还可以协同地被应用于地质灾害监测和预警，例如对泥石流、崩塌、边坡稳定性、断裂、地震等地质灾害进行监测，并对可能发生地质灾害的地区进行预测和评价。

11.1.2.2 三维地质填图

三维地质填图（three-dimensional geological mapping），又称为立体地质填图，它是指基于地表填图数据，综合利用各种钻探、物探（如重力、磁法、电法、地震勘探等）、遥感和地球化学等综合探测技术，获取地表及地下深部地质构造信息，并利用三维地质建模技术实现研究区三维“透明化”的方法和技术。

近年来，三维地质填图已逐渐成为融合多维、多元、多尺度地学数据、展示基础地质构造的主要手段。利用三维地质填图成果可以更加直观地在虚拟三维地质空间中分析地质体与构造之间的空间关系、构造成因和演化关系等，理解成矿系统，开展数值模拟，预测深部找矿靶区，并帮助更深层次理解区域 3D 结构框架、检验过去的地质模型或对区域地质的认识，从而为地质研究、找矿勘探、地质灾害监测预警、地下空间开发管理等工作提供深部地质信息，促进地球科学研究向新的维度发展（陈应军和严加永，2014）。

长江中下游地区是中国重要的铜铁多金属成矿带，该区中生代燕山期岩浆活动和成矿作用强烈，形成了宁镇、铜陵、安庆-贵池、九瑞、鄂东南、宁芜、繁昌、庐枞等矿集区。近年来，在上述矿集区开展了大量针对深部隐伏矿床的找矿勘探工作和研究。为了更为深入地了解深部地质结构，分析控矿构造，部分矿集区三维地质填图研究充分融合了平面地质填图信息、地质钻孔信息，以及多种物探（如重力、磁法、电法及地震勘探等）方法联合解译的深部地质结构信息，获取了更为可靠、更为深入的深部地质及构造信息。填图流程如图 11.2 所示，部分填图成果如图 11.3 所示。

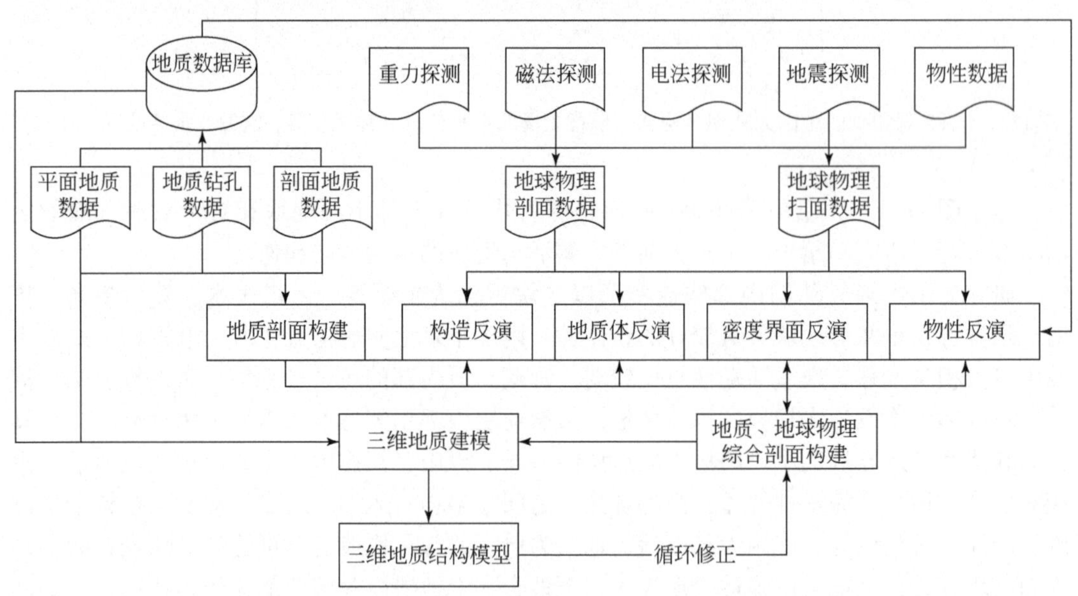

图 11.2 三维地质填图方法（袁峰等，2015）

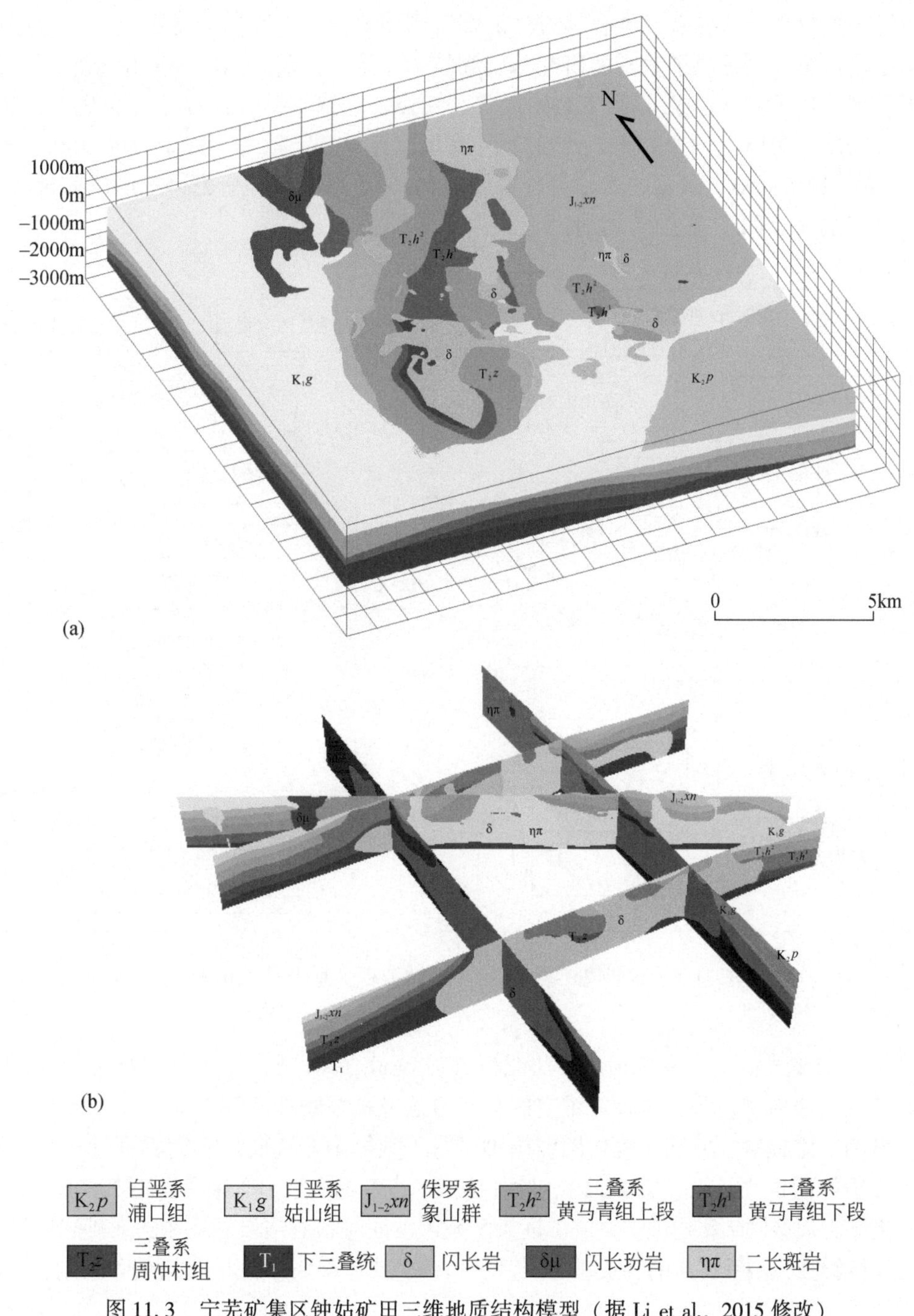

图 11.3 宁芜矿集区钟姑矿田三维地质结构模型（据 Li et al., 2015 修改）

11.1.2.3 三维成矿预测

为了更好地开展深部矿产资源的找矿预测研究，降低深部勘探风险，传统的成矿预测方法已然随着三维地质技术的突飞猛进，进入了新的阶段。三维地质建模、三维空间分析、三维地球物理、多维数据融合等方法的综合利用，为从三维的角度更为深入地进行隐伏矿体定位定量预测提供了坚实的研究基础和技术支持。目前，国内外多位专家学者相继提出了三维成矿预测方法及步骤（毛先成等，2016；陈建平等，2007；肖克炎等，2012；袁峰等，2014，2015），并取得了大量应用成果（毛先成等，2016；Payne et al.，2015；Wang et al.，2015；Xiao et al.，2015；Li et al.，2015）。综合以往研究，三维成矿预测方法可以综合归纳为“四步式”的方法流程（图 11.4）。

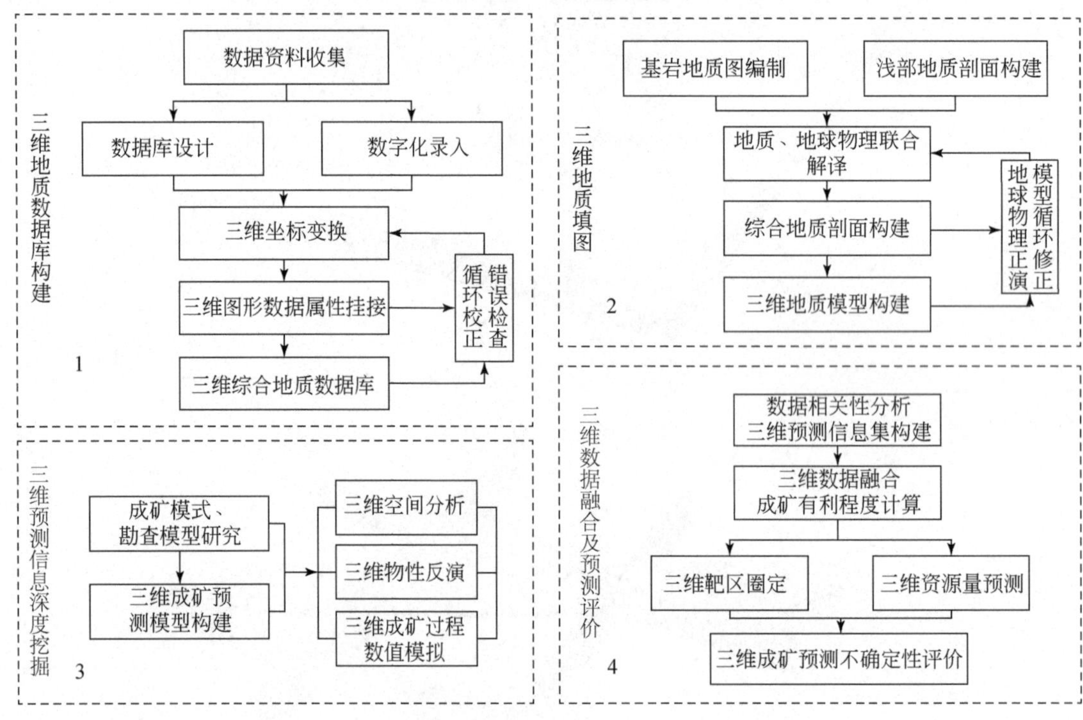

图 11.4 四步式三维成矿预测方法流程（袁峰等，2018）

基于“四步式”三维成矿预测方法流程（Li et al.，2015），相关研究基于三维地质数据库和三维地质模型，采用多种三维空间分析方法及地球物理反演方法开展了控矿及指示要素信息的三维提取，并利用逻辑回归模型进行了数据融合及成矿有利程度计算。预测结果显示出很好的预测效果（图 11.5），除作为成矿事实的白象山矿床及杨庄铁矿床外，区内已知的接触交代型铁矿床均位于高成矿远景区域内，同时预测结果显示在已知矿床外还存在多处寻找接触交代型铁矿床的高成矿远景区，可作为找矿靶区开展进一步的找矿勘探工作。

11.1.2.4 GIS、RS 技术地质应用

目前，RS（遥感）技术作为 GIS 技术的有力支撑，已被协同应用于地质学领域研究，为区域地质、矿产普查、水文地质、地质灾害等方面研究工作提供了有力的技术手段。

（1）区域地质。利用 RS 技术和 GIS 技术进行地质图编制和地质构造研究。例如利用影像的色调和纹理特征区分岩性和相，使用空间分析方法，基于线性体信息进行火山机构

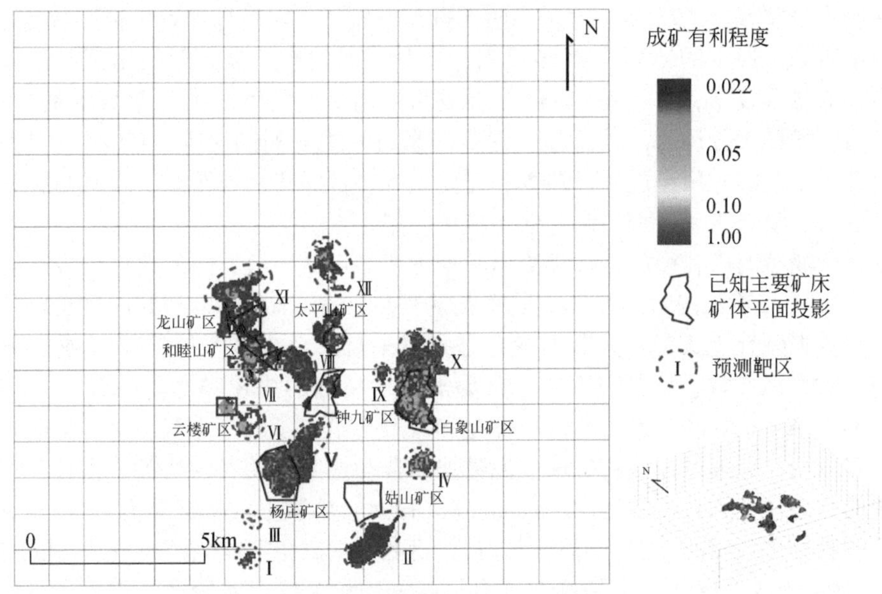

图 11.5 钟姑矿田接触交代型铁矿床三维成矿预测结果

及断裂构造判别等。

(2) 矿产普查。在矿产普查方面，通常利用遥感技术研究控矿构造，圈定与成矿有关的岩体或界线，并利用 GIS 技术开展空间分析、数据融合和靶区预测，以提高找矿效果。另外，还可基于高光谱遥感数据分析获取矿物蚀变信息，进行蚀变矿物填图，并利用 GIS 技术确定矿化中心，为热液矿床提供找矿方向。

(3) 水文地质。由于传感器对于水体的光谱特征较为敏感，因此可以很容易地分辨水体边界、深度、温度等。如利用遥感数据进行江河湖泊高精度测绘，利用对含水性敏感的红外扫描和红外摄影资料寻找裂隙水、泉眼、热泉等，利用 RS 和 GIS 技术动态监测海冰的破裂、冰块的运移规律等。

(4) 地质灾害。遥感数据具有高分辨率、实时、快速等特点。利用 GIS 技术对遥感信息进行快速获取，并开展空间分析和预测评价，可以广泛应用于对大型塌方、滑坡、泥石流、地震等灾害调查、分析和研究治理方案等工作；并可基于地质和构造信息，对大型工程的选址开展综合分析。

11.2 数据融合方法与遥感应用

11.2.1 数据融合概述

11.2.1.1 数据融合的概念

“数据融合”（data fusion）也称为信息融合、多传感器数据融合，产生于 20 世纪 70

年代初期的军事领域。1973 年，美国国防部资助开发了声呐信号理解系统，数据融合技术在该系统中得到了最早的体现。70 年代末，在公开的技术文献中开始出现基于多系统信息整合意义的融合技术，并于 80 年代发展成为一门专门技术。由于军事上的迫切需要，这方面的研究发展十分迅速，并引起了许多国家的关注（刘同明等，1998）。目前其应用已经从单纯军事上的应用渗透到机器人和智能系统、目标监测与跟踪、自动目标识别、图像分析与理解、复杂工业过程控制等众多应用领域。

数据融合涵盖的内容很广，很难给出一个确切的定义，从不同的角度出发就会得出不同的诠释。1991 年美国国防部喷气推进实验室（Jet Propulsion Laboratory，JPL）从军事应用的角度将数据融合定义为："数据融合是指对来自单个或多个传感器（或信源）的处理，以获取对目标参数、特征、事件、行为等更加精确的描述和身份估计。"（李娟等，2008）1993 年 Klein 对以上定义进行了补充和修改，给出了如下定义："数据融合是一种多层次、多方面的处理过程，它处理多源数据的自动检测、关联、相关、估计和复合，以达到精确的状态估计和身份估计。" Mangolini（1994）将数据融合定义为："一套利用具有不同性质的各种源数据的方法、工具、方式，目的是提高所需信息的质量。" Hall 和 Llinas（1997）认为："数据融合技术是将来自多传感器和相关数据库的有关信息进行综合，以得到精度上的改善和更加具体的推断，而这些也可以通过单个传感器来得到。" Wald（1999）采用了一个更加普遍的定义："数据融合是一个形式上的框架，在此框架下表达了融合的方式和工具，通过这些方式和工具将来自不同的源数据进行联合，其目的在于获取质量更好的信息，而质量的改善取决于应用。"

我国学者刘同明等（1998）将其定义为："利用计算机技术对按时序获得的若干传感器的观测信息在一定准则下加以自动分析、综合，以完成所需的决策和估计任务而进行的信息处理过程。" 龚元明等（2001）综合国内外的研究成果，将数据融合定义为："充分利用不同时间与空间的多传感器数据资源，采用计算机技术对按时间序列获得的多传感器观察数据，在一定准则下进行分析、综合、支配和使用，获得对被测对象的一致性解释与描述，进而实现相应的决策和估计，使系统获得比其他各个组成部分更充分的信息。" 地学领域里，谭海樵和余志伟（1995）认为："数据融合实质上就是运用一定手段和技术方法，将从研究对象获取的所有信息全部统一在时空体系内所进行的综合评价。" 王正海等（2004）认为，"数据融合是运用一定的手段或技术方法，对现有的各种数据，加以处理、整合、集成，做到一体化存储和处理，实现无缝连接；是从大量的数据中将有用的数据针对不同的应用进行整合、封装、处理的过程"。韩玲（2005）认为数据融合可以广义地定义为一个把来自多个传感器的数据和信息，根据既定的规则，分析、结合为一个全面的情报，并在此基础上为用户提供需求信息。

上述定义虽然侧重点不同，但其本质基本相同，即数据融合是一种多源信息综合和处理技术，都是以多源数据为对象，利用计算机技术在一定准则下对数据进行组织、关联和综合，目的是吸收各种数据源的优点，从中提取更加丰富的信息，获得最佳协同效果，得到更为准确、可靠的结论，进而实现相应的决策和估计。

11.2.1.2 数据融合的层次

数据融合按信息抽象程度从低到高分为数据级、特征级和决策级三个融合层次（Hall

and Llinas，1997）。融合的层次决定了对多源原始数据进行何种程度的预处理，以及在信息处理的哪一个层次上实施融合。

数据级融合也称像素级融合，是最低层次的融合。它是直接在采集到的原始数据层上进行的融合，融合过程中各个传感器得到的信息具有精确的像素配准精度。其主要优点是信息失真少、融合性能高。缺点是信息处理量大、抗干扰能力差、处理时间长、实时性差（张保梅，2005）。数据级融合的数据处理流程如图 11.6 所示。

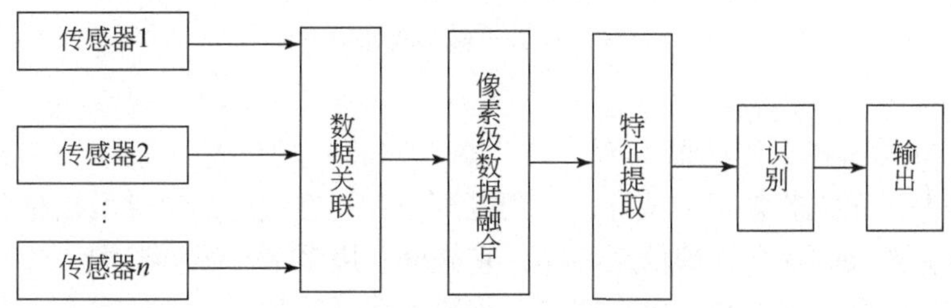

图 11.6　数据级融合的处理流程

特征级融合是一种中等水平的融合。它先是对来自传感器的原始信息进行特征提取，一般来说，提取的特征信息应是原始信息的充分表示量或充分统计量，然后对特征信息进行综合分析和处理。特征级融合的优点在于实现了可观的信息压缩，有利于实时处理，并且由于所提取的特征直接与决策分析有关，因而融合结果能最大限度地给出决策分析所需要的特征信息。特征级融合的数据处理流程如图 11.7 所示。

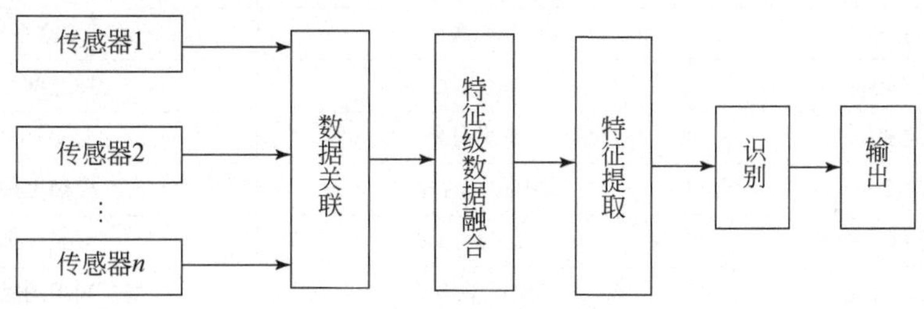

图 11.7　特征级融合的处理流程

决策级融合是最高水平的融合，融合的结果为指挥、控制、决策提供了依据。它首先对每一数据进行属性说明，然后根据一定准则和决策的可信度对各自传感器的属性决策结果进行融合，得到目标或环境的融合属性说明，做出全局最优决策。这种融合方式具有很强的容错性、很好的开放性，可以应用于异质传感器，即使在一个或多个传感器失效时也能正常工作，而且处理时间短、数据要求低、抗干扰能力强，但对预处理及特征提取有较高要求。决策级融合的数据处理流程如图 11.8 所示。

11.2.1.3　数据融合的原理与方法

多传感器信息融合是人类或其他生物系统中普遍存在的一种基本功能。人类通过应用

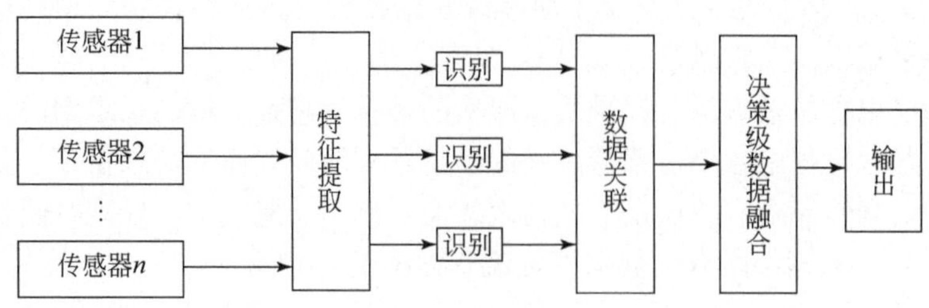

图 11.8　决策级融合的处理流程

这一能力把来自人体各个传感器（眼、耳、鼻、四肢）的信息（景物、声音、气味、触觉）组合起来并采用先验知识去统计，对周围环境和正在发生的事件做出估计。数据融合的基本原理也就像人脑综合处理信息一样，它充分利用多个传感器资源，通过对这些传感器及其观测信息的合理支配和使用，把多个传感器在时间和空间上的冗余或互补信息依据某种准则进行组合，以获取被观测对象的一致性解释或描述（高翔和王勇，2002）。

作为一种数据综合和处理技术，数据融合实际上是许多传统知识和新技术手段的集成。目前数据融合的方法很多，包括信号处理与估计理论方法、统计推断方法、信息论方法、决策论方法、人工智能方法、几何方法等。针对各融合层次，常用的方法如表 11.1 所示。这些方法各有优缺点，在实际应用中，需要针对不同的要求灵活选用。

表 11.1　数据融合的方法

像元级	特征级	决策级
代数法	熵法	专家系统
HIS 变换	表决法	神经网络法
小波变换	聚类分析	Bayes 估计
K-T 变换	Bayes 估计	模糊推理法
主成分 PCA 变换	神经网络法	可靠性理论
回归模型法	加权平均法	基于知识的融合方法
Kalman 滤波法	Dempater-Shafer 证据推理法	Dempater-Shafer 证据推理法

1. 加权平均法

加权平均法是一种最简单、最直观的融合多传感器数据的方法。它将一组传感器提供的冗余信息进行加权平均得到的结果作为融合值，其中权重可看成不同传感器准确性的度量。该方法简单直观，但是必须事先对各个传感器进行详细的分析，获取它的权重。并且在不同特征维度上每个传感器的准确性都不一样，所以权重的获取成为主要难点。

2. 卡尔曼（Kalman）滤波法

卡尔曼（Kalman）滤波主要适用于融合低层次实时动态多传感器冗余数据。该方法用测量模型的统计特性递推决定统计意义下的最优融合数据估计。如果系统具有线性动力学模型，且系统噪声和传感器噪声都是高斯分布的白噪声模型，此方法为数据融合提供唯一的统计意义下的最优估计。卡尔曼滤波的递推特性使系统处理不需要大量的数据存储和计算，但对于许多非线性系统，还没有一套严格的滤波公式；在组合信息大量冗余的情况下，计算量将以滤波器维数的三次方剧增，实时性不能满足；在某一系统出现故障而没有来得及被检测出时，故障会污染整个系统，使可靠性降低。

3. 聚类分析法

聚类分析法是一组启发式算法，主要用于目标识别和分类，在模式类数目不是很精确知道的标识性应用中，这类算法很有用。其方法是首先定义一个聚类标准，按照此种聚类准则将数据聚类分组，由分析员把每个数据组解释为相应的目标类。聚类分析法试图根据传感数据的结构或相似性将数据集分为若干个子集，将相似数据集中在一起成为一些可识别的组，并从数据集中分离出来，众多的不同特征可用不同的聚类来表征。聚类分析算法能够挖掘数据中的新关系，可以用于目标识别和分类。但在聚类过程中加入了启发和交互，带有一定的主观倾向性。一般说来，相似性度量的定义、聚类算法的选择、数据排列的次序等都可能影响聚类结果。

4. 贝叶斯（Bayes）估计法

贝叶斯（Bayes）方法较早应用于数据的融合，并且曾在历史上被誉为解决多传感器数据融合的最佳方法。它本质上是一个模式分类器，主要适用于决策层或特征层的数据融合。Bayes 方法融合是将多传感器提供的各种不确定信息表示为概率，并利用概率论中 Bayes 条件概率公式对它们进行处理。其推理内容如下：假设 A_1、A_2，…，A_n表示 n 个相互独立的事件，在事件 B 为真的条件下 $A_i(i=1,2,\cdots,n)$ 为真的概率：

$$P(A_i \mid B)=\frac{P(B \mid A_i)P(A_i)}{\sum_{j=1}^{n}P(B \mid A_j)P(A_j)}\text{,其中}\sum_{j=1}^{n}P(A_j)=1 \tag{11.1}$$

式中，$P(A_i \mid B)$ 是当 B 为真的条件下，A_i 为真的后验概率；$P(A_i)$ 是 A_i 为真的先验概率；$P(B \mid A_j)$ 是当 A_j 为真的条件下，B 为真的概率。

这种方法首先对各种传感器信息作相容性分析，删除可信度很低的错误信息，在假设已知相应的先验概率的前提下，对有用的信息进行贝叶斯估计，以求得最优的融合信息。其融合处理过程如图 11.9 所示，$B_i(i=1,2,\cdots,n)$ 是各个传感器得到的数据信息，A_j $(j=1,2,\cdots,k)$ 表示 k 个目标。Pan 等（1998）认为 Bayes 方法的优点是简洁，易于处理相关事件；缺点是不能区分不知道和不确定信息，而且要求处理的对象相关。特别是在实际应用中很难知道先验概率，当假设的先验概率与实际矛盾时，推理的结果会很差，在处理多重假设和多重条件时会显得相当复杂。

5. 模糊逻辑推理方法

多传感器系统中，各信息源提供的信息都有一定程度的不确定性，对于这些不确定信息的融合过程实质上是一个不确定性推理过程。模糊集合理论对于数据融合的实际价值在于它外延到模糊逻辑。模糊逻辑利用一个 0 到 1 之间的实数表示真实度，允许将多个传感器信息融合过程中的不确定性直接表示在推理过程中。如果采用某种系统化的方法对融合过程中的不确定性进行推理建模，则可以产生一致性模糊推理。其融合的过程如图 11.10

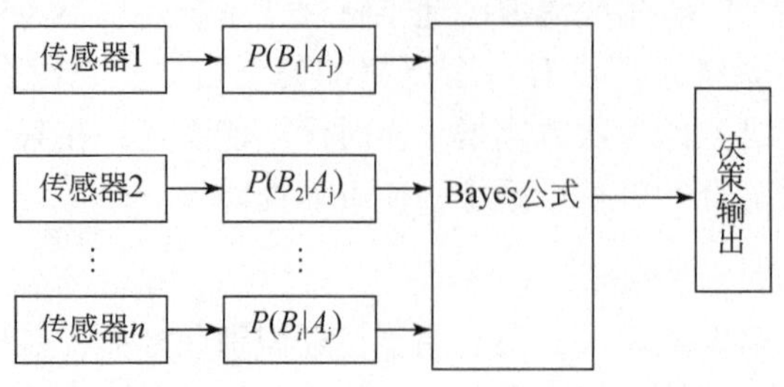

图 11.9　Bayes 融合过程

所示。A 是系统可能决策的集合，B 是传感器的集合，$\boldsymbol{R}(A\times B)$ 是 A 和 B 的关系矩阵，矩阵中的元素 P_{ij} 表示由传感器 i 推断决策为 j 的可能性，取值范围为 [0，1]，X 表示各传感器判断的可信度，经过模糊变换得到的 $\boldsymbol{Y}$ 为各决策的可能性。

$$\boldsymbol{Y}=X\cdot\boldsymbol{R}_{(A\times B)} \tag{11.2}$$

$$\boldsymbol{R}_{(A\times B)}=\begin{pmatrix} P_{11} & \cdots & P_{1n} \\ \vdots & \ddots & \vdots \\ P_{m1} & \cdots & P_{mn} \end{pmatrix} \tag{11.3}$$

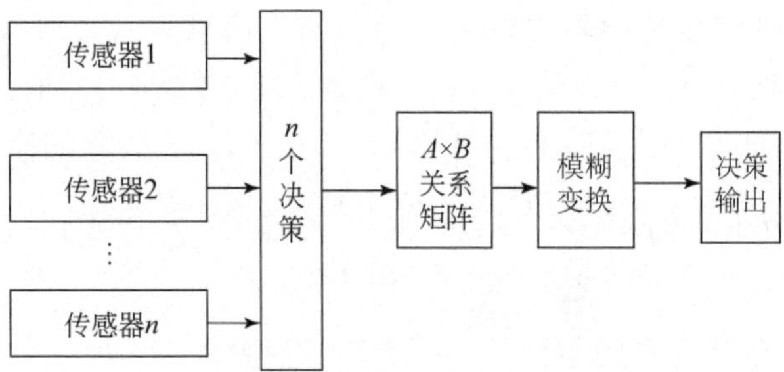

图 11.10　模糊逻辑推理融合过程

6. Demster-Shafer（D-S）证据推理方法

D-S 证据推理可以看成是贝叶斯推理的一种扩展，在先验概率未知的情况下，将概率统计技术平滑地变为一个逻辑技术。其融合过程如图 11.11 所示：首先计算各个证据的基本概率赋值函数 mi、信任度函数 Beli 和似然函数 Plsi；然后用 D-S 组合规则计算所有证据联合作用下的 mi、Beli 和 Plsi；最后根据决策规则，选择联合作用下可信度最大的假设。D-S 方法能够处理多源信息中的不确定性数据，并且考虑非排斥性假定成为可能，其优点在于不需要先验概率的信息，弥补了贝叶斯准则的不足，应用比较广泛。其局限性为要求证据相互独立，且当证据高度冲突下会得出错误的推断。

7. 神经网络方法

人工神经网络（artificial neural network，ANN）具有很强的容错性以及自学习、自组织及自适应能力，能够模拟复杂的非线性映射。神经网络的这些特性和强大的非线性处理

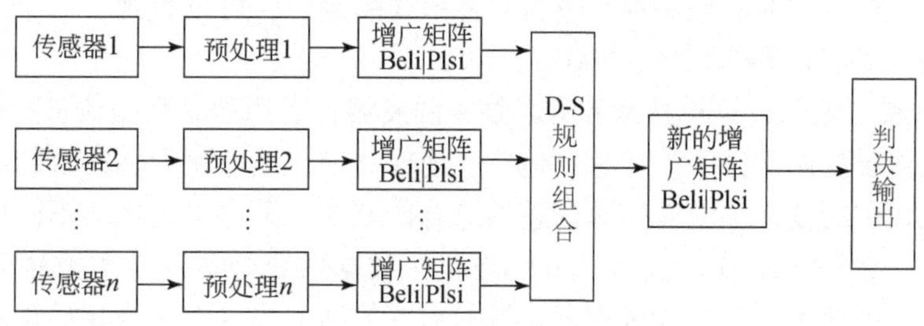

图 11.11　D-S 推理融合过程

能力，恰好满足了多传感器数据融合技术处理的要求。基于神经网络的数据融合首先根据智能系统的要求以及传感器融合形式，选择神经网络模型和学习规则。然后，将传感器的输入信息综合处理为一个总体输入函数，并将此函数映射定义为相关单元的映射函数，它通过神经网络与环境的交互作用把环境的统计规律反映到网络本身的结构中；最后对传感器输出信息进行学习、理解、确定权值的分配，完成知识获取、信息融合，进而对输入模式做出解释，将输入数据向量转换成高层逻辑概念。基于神经网络融合方法的优点是可以实现知识的自动获取；能够将不确定性的复杂关系经过学习模拟出来，得到更高一层次的融合特征；具有并行大规模处理能力，使得系统信息处理加快；难点在于神经网络模型的建立。

8. *专家系统方法*

专家系统（expert system）是一个具有大量专门知识与经验的程序系统。它根据某领域一个或多个专家提供的知识和经验，进行推理和判断，模拟人类专家的决策过程，以便解决那些需要人类专家处理的复杂问题。一般来说，专家系统是由数据库、知识库、推理机、推理解释机制、知识获取以及人机界面等组成。

11.2.1.4　数据融合技术在地学中的应用

国内外地学方面的数据融合研究主要集中于对遥感数据进行融合处理，用于地形地貌、土地利用和地质构造的判别与解译（孙家柄和刘继琳，1998；Chatterjee et al., 2003）。遥感信息是地球表面或浅层物体电磁波辐射的反映，即电磁波辐射的穿透深度是有限的。但是，其信息的综合性可以间接反映隐伏断裂、地下塌陷、古河道等深部信息，为分析深部地质构造提供了重要信息（张海玲等，2007）。利用不同卫星、不同波段或不同方法得到的同一目标的遥感信息经过一系列处理后进行融合、相互补充从而得到更清晰的图像，甚至融合地面地质和地理信息，可以对目标体做出更准确的描述（吴吉春，2006）。如郭华东（1997）通过对 JERS 1 SAR、ERS 1 SAR 和 SIR C/X SAR 影像的综合分析，发现了胶东地区唐家泊陨击构造遗迹。张满郎和郑兰芬（1996）通过对 JERS1 SAR 图像与 TM1、TM4、TM7 的融合，得到了河北金厂峪金矿及周围地区岩性及线性构造特征，把遥感图像分析与区域成矿规律有机地结合在一起，在金矿成矿构造带划分上取得了较好的应用效果。韩玲（2005）通过遥感影像与 DEM 的复合进行鄂尔多斯地区的地质构造解译。遥感影像与地学信息的融合，是利用了二者的相关性，这些相关性在不同的地区有不同的表现，根据它们的相关性，进行多种形式的融合，可以直观、形象地反映各要素间的内在联系（潘存玲和李伟风，2007）。

20 世纪以来，随着计算机技术和 GIS 技术的发展，多源地学数据信息的融合与分析越来越多地用于地质找矿工作中。遥感、地质、地球物理、地球化学相结合的综合找矿方法已经成为现代找矿的技术主流。多源信息的综合研究在我国许多地区的不同研究项目中得到应用。如吴德文等（2005）进行了遥感与化探数据融合处理的技术方法研究及试验应用，并且以东天山地区作为试验区通过化探与遥感数据的综合方法为找矿预测提供了重要的信息。薛重生等（1997）对上饶地区的航磁数据经专业化处理以后，对获取的特征图像进行主成分分析，再与图像进行主成分分析，通过不同的融合处理方法，很好地揭示了该地区的深部构造和隐伏地质体。

此外，吴吉春（2006）在张家港大新镇选点进行了钻孔、取样、探地雷达（GPR）探测、高密度电阻率仪（ERT）探测、单孔抽水试验、群孔抽水试验及弥散试验，开展含水层非均质性数据融合研究。张文勇等（2010）通过对瓦斯地质条件的调查分析、掘进顺槽的跟踪观测及无线电波坑透测试和实验室实验等多元瓦斯地质观测数据融合，运用瓦斯地质理论和方法进行工作面突出带预测。吴志春等（2016）对三维地质建模中多源数据融合的技术方法进行了研究。

11.2.2　遥感影像融合技术

11.2.2.1　遥感影像融合的概念和层次

随着遥感技术的发展，由各种卫星传感器对地观测获取同一地区的多源遥感影像数据（多时相、多光谱、多传感器、多平台和多分辨率）越来越多，为自然资源调查、环境监测等提供了丰富而又宝贵的资料，从而构成了用于全球变化研究、环境监测、资源调查和灾害防治等的多层次影像金字塔（李德仁，1994）。然而，由于成像指标之间相互制约，单一遥感系统观测的地表信息往往并不全面。多传感器数据融合能够突破单一传感器的性能桎梏，有效发挥多平台互补观测的优势，实现更加精准、全面的陆表监测（张良培和沈焕锋，2016）。

遥感影像融合技术是数据融合技术的一个分支，属于一种属性融合。它是一种通过高级影像处理技术来复合多源遥感影像数据的技术，其目的是将单一传感器的多波段信息或不同类传感器所提供的信息加以综合，消除多传感器信息之间可能存在的冗余和矛盾，加以互补，降低其不确定性，减少模糊度，以增强影像中信息的透明度，改善解译精度、可靠性以及使用率，形成对目标完整一致的信息描述（李军，1999）。通常，遥感影像数据融合是指对来自不同遥感数据源的高空间分辨率影像数据与多光谱影像数据，按照一定的融合模型，进行数据合成，获得比单个遥感数据源更精确的数据，从而增强影像质量，保持多光谱影像的光谱特性，提高其空间分辨率，达到信息优势互补、有利于图像解译和分类应用的目的（赵书河，2008）。张良培和沈焕锋（2016）在综合已有研究的基础上，将遥感数据融合定义为：“针对同一场景并具有互补信息的多幅遥感数据或其他观测数据，通过对它们的综合处理、分析与决策，获取更高质量数据、更优化特征、更可靠知识的技术和框架系统。”该定义首先在输入端强调了数据之间的互补性，并包含了遥感数据与非遥感观测数据之间的融合；在输出端，融合的结果可能是一幅高质量的影像，也可能是更优化的特征，还可能是经过某种决策获得的知识，与数据融合三个层次相对应。

根据融合处理的对象不同，遥感影像融合也分为像素级、特征级和决策级三个融合层次，各层次融合的框架如图 11. 12 所示。像素级影像融合是指在严格配准的条件下，将各幅原影像对应的像素进行融合，从而获得一幅新影像的过程。参加融合的原影像可能来自同一传感器，也可能来自多个不同的传感器，同一传感器提供的各个影像可能是来源于不同观测时间或空间的影像，也可能是来自同一时间和空间但具有不同光谱特性的影像。像素级影像融合是为了补充、丰富和强化融合影像中的有用信息，使融合影像更符合人或者机器的视觉特征，更有利于对影像的进一步分析和处理，同时它也是特征级和决策级融合的基础（张一平，2012）。在三种融合层次中，像素级遥感影像融合是目前研究最多、应用最广泛的影像融合层次。

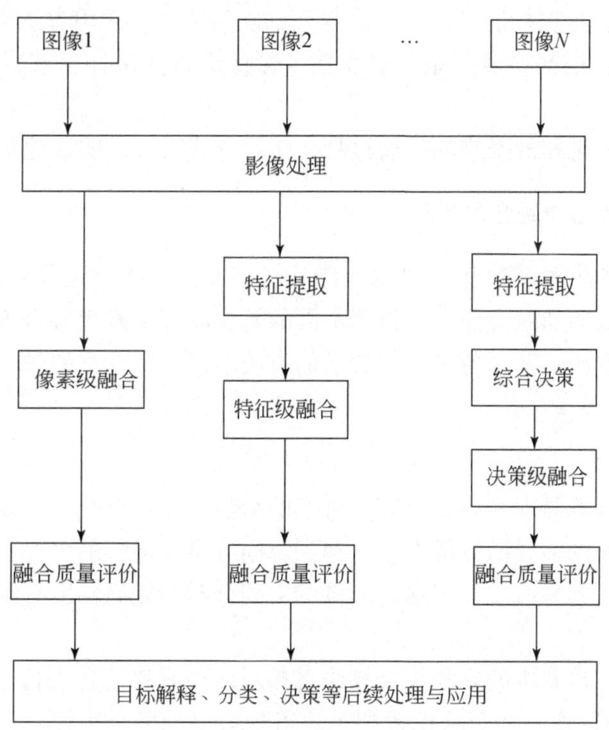

图 11. 12 影像融合的层次框架

11. 2. 2. 2 遥感影像的空间配准

遥感影像融合主要分为影像的空间配准和影像融合两步。遥感影像的空间配准是将不同时相、不同遥感平台获取的影像配准到同一坐标系下，以方便各个影像进行像元与像元之间的对比和运算。影像配准是影像融合处理中极为关键的步骤，对融合影像的质量影响最为显著。一般以高分辨率影像为参考影像，对低分辨率影像进行几何校正并重采样，使之与高分辨率影像的地面分辨率匹配。一般要求配准误差限制在高分辨率影像 1 个像素范围内，或低分辨率多光谱影像像素大小的 10% ~20% 内。

影像配准算法分为两大类：基于灰度的影像匹配和基于特征的影像匹配。在基于灰度的算法中，首先从参考影像中提取目标区作为匹配的模板，然后用该模板在待匹配的影像中滑动，通过相似度量（如相关系数）来寻求最佳匹配点，这类影像匹配可以用一维窗口、二维窗口在空间域或频率域进行处理，各种算法的主要差异在于相似度标准的选择不同。基于特征的影像匹配算法是从影像灰度中提取出来的某些显著特征作为匹配基元，用于匹配的特征通常为点、线、区域。空间配准一般可分为以下步骤：

（1）特征选择：在欲配准的两幅影像上，选择如边界、线状物交叉点、区域轮廓线等明显的特征。

（2）特征匹配：采用一定的配准算法，找出两幅影像上对应的明显地物点作为控制点。

（3）空间变换：根据控制点，建立影像间的映射关系，常用方法为多项式纠正。

（4）空间插值：根据映射关系，对非参考影像进行重采样，获得同参考影像匹配的影像。

空间配准中最关键和最困难的是通过特征匹配寻找对应的明显地物点为控制点。

11.2.2.3 遥感影像融合的方法

因特征级融合和决策级融合在 11.2.1 节中已有阐述，在此主要介绍像素级融合方法。对全色影像与多光谱影像融合而言，按照不同的算法原理像素级融合方法大致可分为以下三类：代数运算的方法、基于各种空间变换的方法、多尺度分解的融合方法。

1. 代数运算的方法

1）加权融合法

加权融合法的基本原理是将高空间分辨率的全色影像信息赋予一定的权值，然后直接叠加到低空间分辨率的多光谱影像上去，得到空间分辨率增强的多光谱影像。加权融合的优点在于计算简单，容易实现，但融合影像的空间分辨率提高幅度有限。

2）乘积变换法

乘积变换是应用最基本的乘积组合算法直接对两类遥感信息进行合成，即将两幅影像（多光谱和高分辨率影像）的对应像素相乘，得到最终的融合影像。研究表明，在将一定亮度的影像进行变换等处理时，只有乘积变换可以在一定程度上使其色彩保持不变。

3）Brovey 变换

Brovey 变换又称为色彩正规化变换，它由美国学者 Brovey 建立模型并推广而得名。该算法将构成影像的 RGB 组合中的每个多光谱波段除以构成该组合的 3 个波段的总和来对数据进行正规化，然后将结果乘以高分辨率全色波段获得高频空间信息。该算法的特点是变换简单，高频信息有较好的融入度；缺点是容易造成直方图的压缩，融合影像整体色调偏暗，颜色失真明显，且仅能用于 3 个波段的融合。融合的计算公式如下：

$$\begin{bmatrix} R'_b \\ G'_b \\ B'_b \end{bmatrix} = \frac{\text{Pan}}{R+G+B} \begin{bmatrix} R \\ G \\ B \end{bmatrix} \tag{11.4}$$

4）基于高通滤波 HPF 的融合

HPF（high pass filter）融合法是采用空间高通滤波器对高空间分辨率全色影像滤波，直接将高通滤波得到的高频成分依像素叠加到各低分辨率的多光谱影像上，获得空间分辨率增强的多光谱影像。此方法适用于高空间分辨率和单个波段多光谱影像的融合，能较好地保持影像的光谱信息，但是在对高空间分辨率影像进行高通滤波时滤波结果受高通滤波器的影响较大，而且滤波时不可避免地滤掉了一些重要的纹理信息。

5）SFIM 算法融合

SFIM 算法为基于平滑滤波的亮度变换，其融合算法公式为

$$\mathrm{DN}(i)_{\mathrm{SFIM}} = \frac{\mathrm{DN}(i)_{\mathrm{low}} \times \mathrm{DN}(i)_{\mathrm{pan}}}{\mathrm{DN}(i)_{\mathrm{mean}}} \tag{11.5}$$

式中，i 为波段值，$\mathrm{DN}(i)_{\mathrm{SFIM}}$为该算法融合生成影像的 DN 值；$\mathrm{DN}(i)_{\mathrm{low}}$为低分辨率多光谱影像的 DN 值；$\mathrm{DN}(i)_{\mathrm{pan}}$为高分辨率全色影像的 DN 值；$\mathrm{DN}(i)_{\mathrm{mean}}$为高分辨率全色影像经过平滑滤波获得的影像，该影像去除了高分辨率全色影像中的高频信息，仅保留其低频光谱信息。因此，$\mathrm{DN}(i)_{\mathrm{pan}}$和$\mathrm{DN}(i)_{\mathrm{mean}}$进行比值运算就可以抵消$\mathrm{DN}(i)_{\mathrm{pan}}$中低频光谱信息，仅保留其高空间分辨率的纹理信息，最后再将此高频信息融入多光谱影像中。SFIM 算法中，平滑滤波窗口的大小对融合影像的光谱保真度和高频信息融入度有直接影响。Liu（2000）的研究表明，融合影像的高频信息融入度随平滑滤波窗口的增大而增加，但光谱保真度随平滑滤波窗口的增大而降低。徐涵秋（2004）的进一步研究表明，当平滑滤波的窗口大于5×5 后，融合影像的高频信息融入度增加并不明显，而光谱失真越来越大。

2. 基于各种空间变换的方法

1）基于主成分变换 PCA 的融合

主成分变换（principal component analysis，PCA）是统计特征基础上的多维正交线性变换，该方法将一组相关的变量通过线性组合转换为互不相关的一组新的变量（图 11.13）。变换后的各分量中，方差最大的分量称为第一主成分，其包含了原始多光谱图像的大量高频信息；光谱信息主要保留在第二、三主成分中。PCA 变换融合方法首先是对多光谱影像进行主成分变换得到各分量图像，然后将配准后的全色影像与第一主成分做直方图匹配，再用匹配后的全色影像代替第一主成分，并将其与其余各主成分做逆变换获得融合影像。PCA 变换的融合效果取决于全色影像与第一主成分的相似度，其光谱失真较为明显。

2）基于 IHS 变换的融合

IHS 变换法是基于 IHS 色彩模型的融合方法。它首先用 IHS 正变换将多光谱影像从 RGB 三原色空间变换到 IHS 彩色空间，分离出亮度 I（intensity）、色度 H（hue）和饱和度 S（saturation）分量，其中，亮度 I 对应于图像的空间信息属性，色调 H 和饱和度 S 代表图像的光谱分辨率；然后将高空间分辨率的全色影像 Pan 和分离出来的亮度 I 分量进行

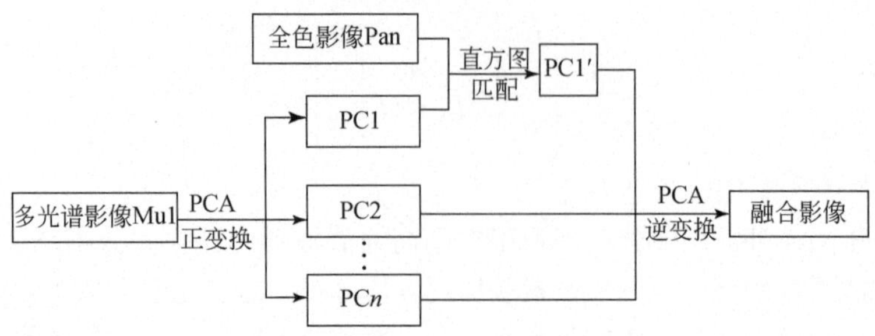

图 11.13　基于 PCA 变换的融合流程

直方图匹配替代 I 分量，与分离的色度 H 和饱和度 S 分量逆变换回 RGB 空间。所得到的融合影像既基本保留多光谱影像的光谱特征，又增强了多光谱影像的空间细节表现能力，突出了地物的纹理特征（图 11.14）。该算法要求 Pan 与 I 分量有很强的相关性，否则容易造成光谱信息失真，且每次也仅能同时处理 3 个波段的影像数据。

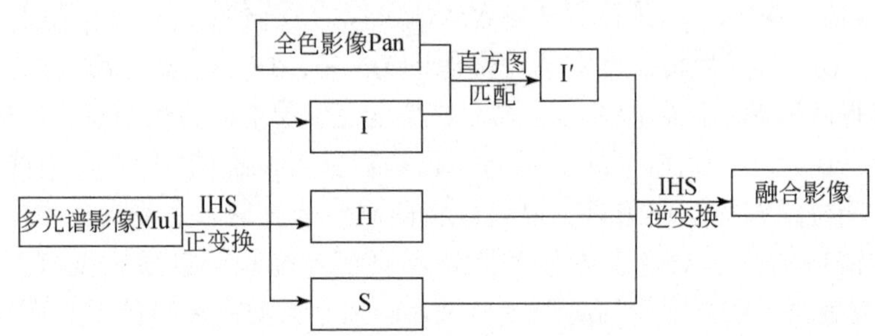

图 11.14　基于 IHS 变换的融合流程

3）Gram-Schmidt 光谱锐化算法

Gram-Schmidt（GS）融合算法为 Laben 和 Brower（2000）提出的一种以线性代数和多元统计为理论基础的影像融合算法。它类似于 PCA 变换，通过对矩阵或多维影像进行正交变换，消除多光谱影像各波段之间的相关性，以减少冗余信息。GS 融合算法首先需要利用低分辨率多光谱影像或高分辨率全色影像生成模拟的低分辨率全色影像，以低分辨率模拟全色影像作为第一波段再与多光谱影像重组生成新影像并进行 GS 变换；然后对高分辨率全色影像与 GS 变换后的第一分量以均值等统计值为基础进行匹配，代替 GS 变换的第一分量，并作 GS 逆变换生成融合影像（图 11.15）。与 PCA 变换相比，GS 变换后各分量为正交关系，且各分量所包含的信息量没有明显差别，很好地改善了 PCA 变换中由于信息量过分集中造成融合结果光谱失真明显的问题。GS 变换后的第 1 分量与变换前的第 1 分量相同，其数值没有变化。该算法对参与融合影像的波段数目没有限制，融合影像的光谱失真小。

3. 多尺度分解的融合方法

1）金字塔融合法

影像金字塔提供了一种灵活、简便的反映多尺度处理的多分辨率分层框架。对以金字

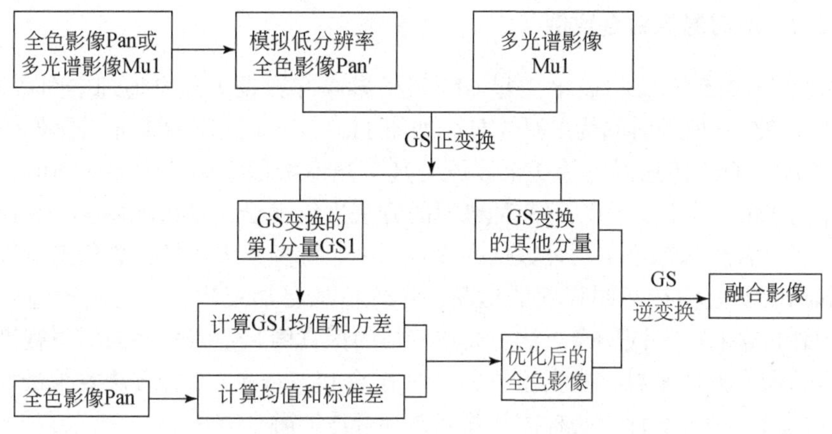

图 11.15 基于 GS 变换的融合流程

塔形式表示的影像处理往往从粗分辨率向精分辨率进行或反之，能提高处理效率（田村秀行，1986）。利用金字塔分解的融合算法的基本思想是：对每一幅原始影像进行金字塔分解，然后通过从原始影像金字塔选择系数来构成融合金字塔，再将融合金字塔进行逆变换即可得到融合影像。这种算法的优点是既可以提供对比度突变信息，还可以同时提供空间域和频率域两方面的局部化信息。

2）基于小波变换的融合

小波变换融合增强方法是直接利用经小波分解的具有高空间分辨率的全色图像的细节分量替换多光谱图像的细节分量，然后进行小波逆变换从而得到增强后的多光谱图像（融合过程如图 11.16 所示）。小波变换的优势在于可以将图像分解到不同的频率域，在不同的频率域运用不同的融合规则，得到融合图像的多分辨分解，从而在融合图像中保留原图像在不同频率域的显著特征。融合影像既具有高空间分辨率影像的结构信息，又最大限度地保留了原多光谱影像的亮度与反差，防止影像信息丢失；更好地反映了图像的细节特征，提高了多光谱影像的分类精度和量测能力；但也存在易产生较为明显的分块效应和损失一定程度的高分辨率图像信息的不足。

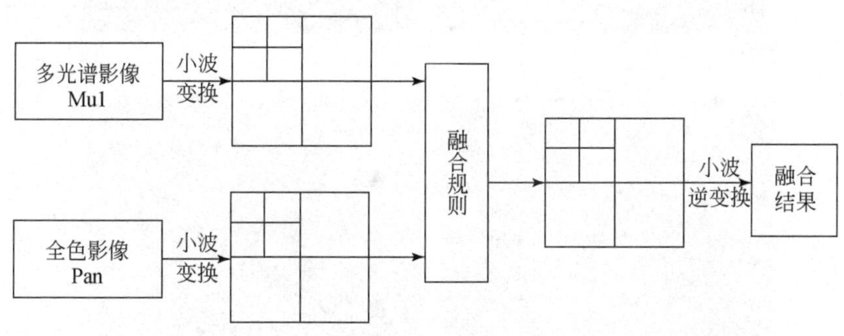

图 11.16 基于小波变换的融合流程

11. 2. 2. 4　遥感影像融合实例

实验数据为 2015 年 Landsat-8 卫星 OLI 遥感影像（数据下载自地理空间数据云），截取大小为 406×337，成像时间为 1 月 3 日，如图 11. 17 所示，图中多光谱影像的波段合成方式为 RGB654。OLI 传感器包括 9 个波段，其多光谱影像空间分辨率为 30m，全色影像空间分辨率为 15m。分别采用以下几种典型的方法进行融合，结果如图 11. 18 所示。与原始影像相比，融合影像综合了两种数据的优点，在保持多光谱影像色彩信息的同时，在空间分辨率和清晰度上均有不同程度的提高，纹理信息更加突出，更有利于地质现象的解译。从目视评价来看，不同融合方法在光谱特征的保真度和空间特性的增强程度方面存在差异，综合这两个方面来看，本实验数据 HPF 融合和 Wavelet 融合方法效果最好。但最终还得结合应用目的和客观评价指标的计算来选择合适的融合方法。

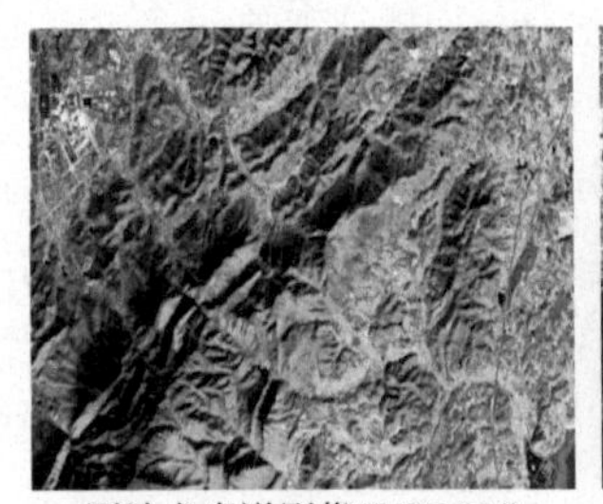

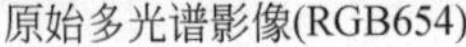

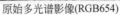

原始多光谱影像(RGB654)

全色影像Pan

图 11. 17　融合前实验数据

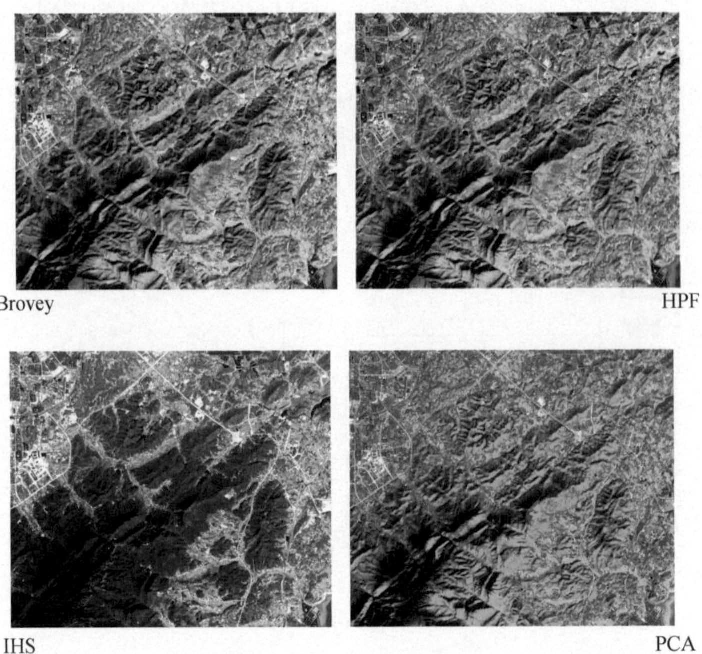

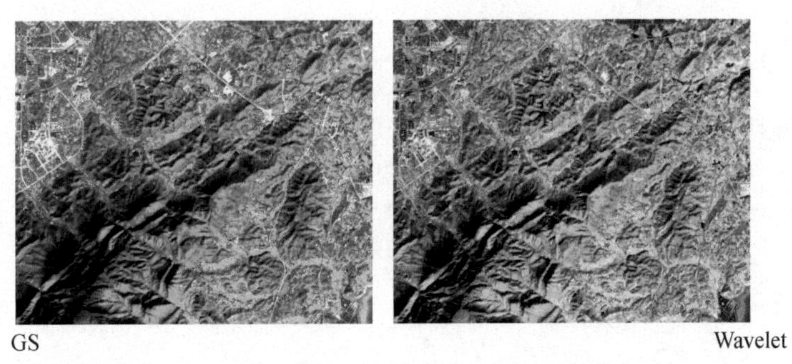

图 11.18　不同方法融合后的影像

11.2.3　多源地学数据融合技术及其应用

11.2.3.1　多源地学数据融合的一般原理和构架

地学数据是典型的空间数据。为了获取各种地学空间数据，使用的方法和手段也多种多样，因而产生了地学数据的多源性。例如，遥感数据是表现地物光谱特征的，地质勘探数据是反映成矿目标与地质标志的，地球化学测量所得的数据主要是元素的浓度，而地球物理探测数据则主要是电导率、磁化率等物理量。这些数据显然具有不同的数量级、不同的物理量纲，而且任何单一的数据源都有其复杂性、多解性和不确定性。然而，只要我们选取合适的参量，那么这些不同的数据源将能反映同一目标体（地质体）。因此，从地质找矿（可推广到更广泛的地学分析）的角度来说，利用多源地学数据处理的目的，就是利用这些大量的不同数据源的数据，去判别是否存在所期望的对象（地质体或异常体）。这使得数据融合在地学数据处理领域的应用显得格外重要，且增加了难度。

赵鹏大等（1983a，1983b）对地学数据的类型进行了全面的总结。自然界存在的数据类型均可在地学数据中找到相应的实例。地学数据还包含各种描述性、经验性的数据，且对某些难以定量描述的地学信息显得尤其重要。因此，从表现形式上，地学数据可分为地质、物探、化探等测量数据，地形图、地质图、遥感图等图形、图像数据，各种经验性、描述性数据三大类（马洪超和胡光道，1999）。

White（1988）曾从军事角度建立了一个基于公共语言和概念的数据融合处理模型。对于不同的应用领域，由于数据的特点特性不同，数据融合具体方法、目标、技术路线也相差很大。马洪超和胡光道（1999）根据地学数据的特点和地学融合的目标，改进了White 的模型，给出了一个适合于地质学语言描述和应用目的的处理模型（图 11.19）。

在该模型中，传感器数据的收集相当于运用各种直接的地学测量手段获取数据，从地表到地下，从宏观到微观的数据。例如遥感影像可以看作一种传感器数据源，地球物理数据看作另一种传感器数据源，化探、地质观察数据同样可看作一种传感器数据源。间接数据包括描述性文字、专家经验知识等。初级滤波在多源地学数据融合中相当于对上述来自

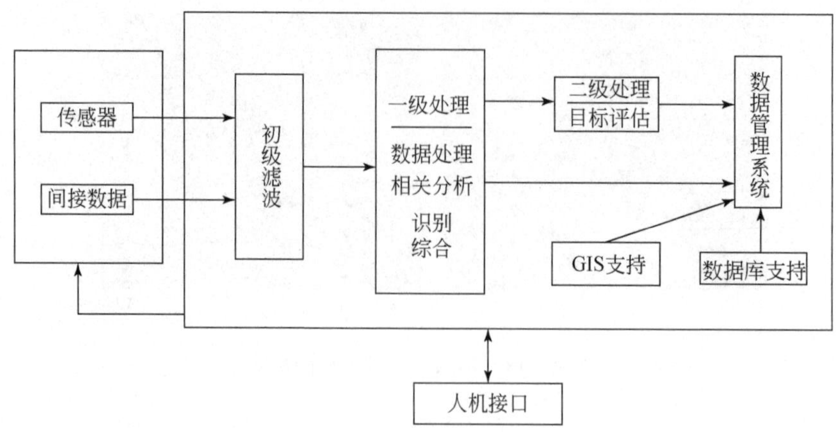

图 11.19　多源地学数据融合处理模型（马洪超和胡光道，1999）

各种数据源的、不同量级、不同量纲、不同表现形式的数据作第一次规整（包括各种变换，例如量纲的统一、标准化变换、均一化变换等），由此操作确定各种地学变量，不同的变量可来自同一数据源。一级处理是对各种数据集的操作，包括校对、识别、相关分析、数据或变量的综合等，形成的结果有的可直接进入到数据管理系统供用户使用，有的进入到二级处理。二级处理是数据融合技术应用的核心，它根据前面的操作，协同利用各数据源对目标进行识别和评估，并尽可能给出评估的精度，最后将结果送至数据管理系统。数据管理系统在数据库技术的支持下对结果数据进行管理，并为用户提供数据库技术服务。由于地学数据是典型的空间数据，因此除一般属性数据库支持外，在这个层次上引入 GIS 的支持，充分利用 GIS 的空间数据库管理能力，并将结果转换为空间图层的方式，可极大地方便用户的使用，并允许用户对结果数据进行图层意义上的任意抽取、叠加、组合操作，构建有效的数学模型，对多源数据进行影像原理的操作，产生一个优化的新的数据层，再应用 GIS 的显示功能，显示并产生最终预测图件（马洪超和胡光道，1999；刘星和胡光道，2003）。

11.2.3.2　多源地学数据融合的方法

多源地学信息综合处理是 20 世纪 80 年代初国内外迅速发展起来的一项以数字图像处理技术为基础，综合计算机、数字信号处理、多元统计分析、遥感、数学等知识的地学信息处理新技术。它能把大量图件、图像、数据与人脑的认识思维活动建立起联系，取长补短，互为补充，提高信息综合分析的效果。目前多源地学数据综合处理的方法主要有两种：一种是基于 GIS 数据库的数据综合叠加，即把两种或两种以上地域范围相同，与地学有关的信息配准复合，在统一的地理坐标系统与统一量纲下，组成一组（或一幅）新的空间信息；另一种是将非遥感数据图像化，采用图像融合技术对多源地学数据进行融合，主要进行的是多源遥感数据的融合及多源遥感数据与非遥感数据的融合，其应用流程如图 11.20所示。

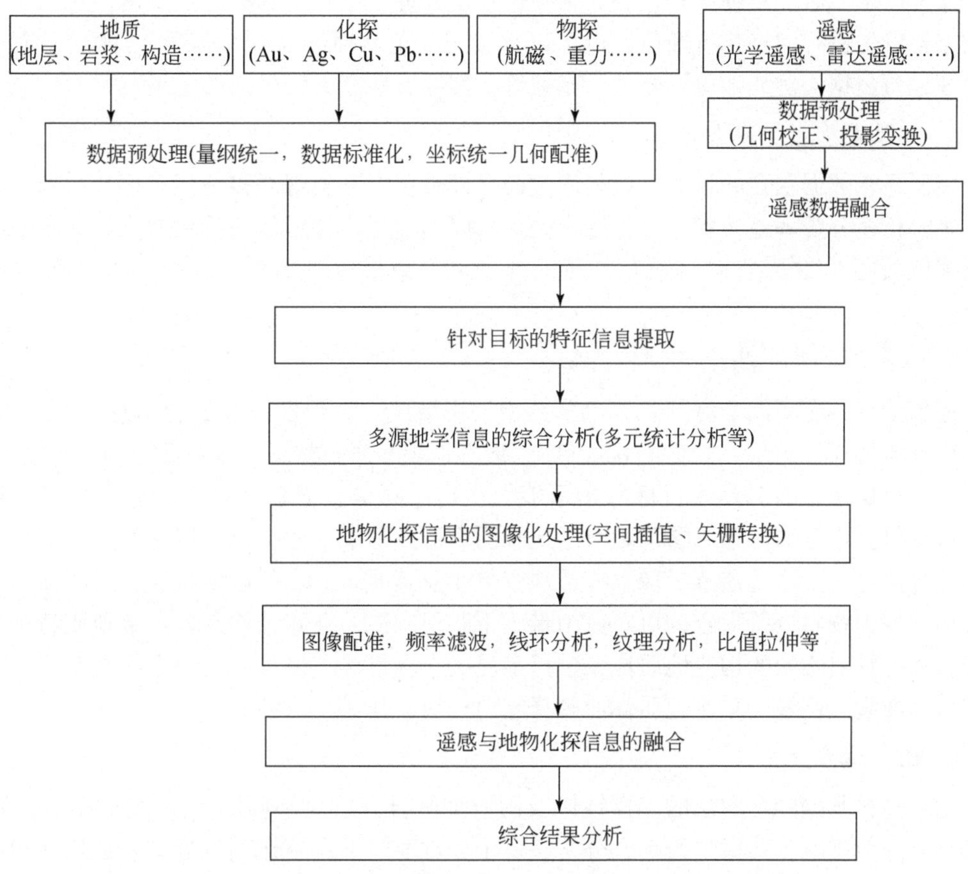

图 11.20 多源地学数据融合的流程（据刘星和胡光道，2003；何虎军等，2010 改）

1. 数据的预处理

在进行多源数据融合之前，首先必须对地质、地球物理、地球化学、遥感等不同类型数据和图件进行预处理，包括数据标准化、量纲统一、格式转化、属性分离归纳、遥感影像的几何校正、不同来源图件的地理配准和镶嵌等。

2. 地学专业化处理及信息提取

针对研究目标对不同类型的空间数据进行专业化预处理，如遥感数据的光谱信息和空间信息提取、空间滤波、频率滤波、主成分分析、分形分析、纹理分析等处理方法；对物探数据进行专业化的极化、延拓、匹配滤波、垂向二次导数等数值处理，形成图像，提取目标体不同特征的结构信息；地球化学数据处理的目的是找出化探异常区，关键问题是确定异常下限，通过多种计算方法，得到异常区的分布图像。

3. 地物化探数据的图像化处理

物化探数据在空间结构上有网格化数据和不规则数据两种，对于网格化数据，根据所需像素密度应用插值技术生成图像。插值的方法有双三次样条、双线性插值，经过插值后的图像可以是二值、灰度或彩色的。为了进一步处理，通常将其处理成灰度图像。对于离散数据可以先进行网格化再插值，也可以直接用三角网插值（刘宴淼等，1994）。对于矢量 GIS 地质数据，例如地层、岩性、断裂等，按照属性意义生成图像。

4. 多源遥感影像融合

多源遥感数据融合的目的，就是通过图像处理技术来实现对多波段、多传感器、多平台、多时相多分辨率遥感影像进行综合处理，以期增强遥感影像的应用效果。它主要有多光谱遥感数据与雷达数据的融合、高低分辨率遥感数据的融合、不同多光谱数据的融合等。

5. 遥感影像与地物化探数据的融合

遥感信息具有高的光谱信息、色彩鲜艳、视域广、直观性强和综合信息丰富的特点，对地面地质特征（地层、岩性、构造等）、地形地貌和岩石裸露、水系分布均可直接提取；地质与物化探信息则对具体目标有指示能力，与遥感信息通过某种图像融合技术进行融合，可获得更丰富的信息。参与融合的地学图像可以是单一的，也可以是经过数据初步处理的综合信息。如通过遥感影像上构造地貌单元及其展布提取的区域构造信息与航磁、重力等地球物理资料进行融合，可对造山带主干断层构造的空间结构及其深部地质特征进行解释，并可针对不同的构造地质体，进行多层次、多目标、多尺度的分层综合解释，提高对岩石、断裂、褶皱、隐伏地质体的解释能力（薛重生等，1997）。

6. 综合结果分析

由于多源数据融合方法的多样性以及同一种融合方法对不同图像融合效果的多变性，对最终多源数据融合结果进行综合分析显得十分重要。一定要在图像处理及地质认识的基础上，以野外踏勘与实测地质剖面为依据，本着从已知到未知的原则，进行客观、正确的评价分析，以充分发挥多源数据融合技术在地质调查中的作用，对有代表性的地质现象进行详细研究，最终建立研究区的各类地质模型。

11.2.3.3 多源地学数据融合应用实例

1. 研究区地质概况

研究区位于北山山系西段地区，行政区划隶属新疆维吾尔自治区若羌县管辖。本区断裂构造发育，在研究区北部黑山岭南麓，断裂构造的走向以近东西向为主；在研究区中南部，断裂构造走向为北东-南西向，区内规模较大断裂有黑山岭南断裂、淤泥河隐伏断裂、矛头山断裂和盐滩断裂，沿黑山岭南坡断裂和矛头山断裂分别发育动力变质带。研究区隶属于塔里木板块东北缘北山古生代裂谷西段，在新疆优势金属矿产成矿规律与成矿预测图上划为北山金、铜、镍、铁成矿带，以白洼地-淤泥河大断裂为界，以北为依格孜塔格（笔架山-黑山岭）铜、镍、金、铁矿带，以南为因尼卡拉塔格金、铜、铁矿带。

2. 构造信息提取

遥感数据主要收集了 LandsatTM（时相为 1993 年 6 月）和 ETM（时相为 2000 年 6 月）卫星影像。在应用之前，首先对遥感影像进行了几何校正、坐标配准、亮度值动态拉伸等预处理。线性、环形构造及构造交叉部位是成矿、找矿的重要条件，它们在遥感图像上多以特定的色调、形态、图形结构、水系展布、地貌组合等线性、环形影像特征得以显示。通过多次试验，根据研究区特点并结合图像的统计数据或岩石的波谱特征，最终选取对岩性信息反映明显的 TM5、TM7 波段和对植被反映明显的 TM4 波段以及一个可见光 TM1 波段进行假彩色合成及处理。在构造信息提取过程中，对 TM7、TM4、TM1 波段进行主成分变换，得到 PC1，分别对其进行北西、北东、东西和北南方向滤波后进行线性和环形构造解译。最终解译结果如图 11.21 所示。

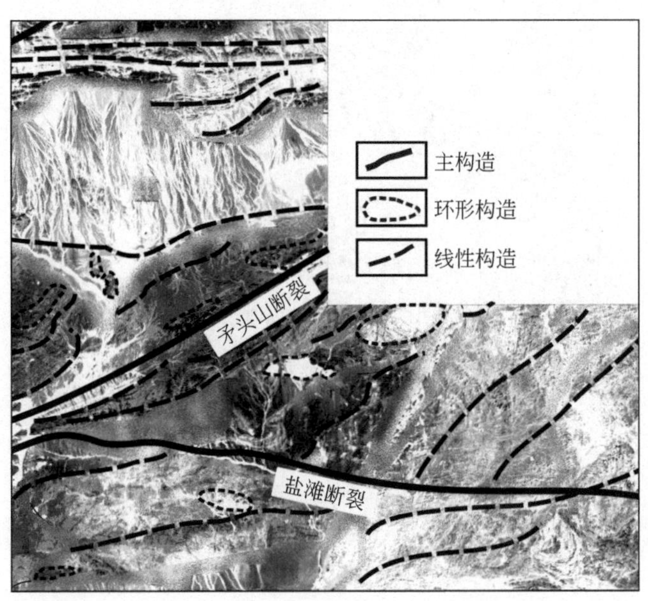

图 11.21　研究区构造信息提取结果（何虎军等，2010）

3. *矿化蚀变信息的提取及找矿靶区的圈定*

首先分别对两个组合进行主成分分析：采用 TM1、TM4、TM5、TM7 波段组合提取含羟基（OH^-）、含碳酸根离子（CO_3^{2-}）等的矿物遥感蚀变异常；TM1、TM3、TM4、TM5 波段组合提取含氧化铁（Fe^{3+}、Fe^{2+}）遥感异常。根据主成分分析的特征向量组合确定 PC4 主成分分量提取效果最好，能突出可能的矿化蚀变部位，将其与 TM7、TM4、TM1 波段合成的假彩色影像图套合，生成蚀变信息提取专题影像图。再将合成的图像与 1∶50000 化探金、铜的栅格数据图以几何平均方式融合，这样既保留了遥感图像特征又较准确地突出了金、铜化探异常。同时，根据研究区及邻区已知矿产的分布规律、地质、地球化学、成矿条件及控矿因素等特征，参照前人已有的研究成果，结合研究区实际地质矿产特征及野外地质矿产调查结果，进行找矿靶区的圈定。经综合研究后最终在本区内划分出 5 个找矿靶区（图 11.22）。

图 11.22　研究区矿化蚀变信息及靶区分布（何虎军等，2010）

11.3　固体矿产资源定量预测评价

11.3.1　研究区概况

研究区位于新疆维吾尔自治区西南部，西昆仑山脉南部。地理坐标为：东经76°59′11″～80°14′31″，北纬34°20′49″～36°34′40″，面积73478km²。行政区划隶属新疆维吾尔自治区和田县管辖。西昆仑地区近年来在铅锌矿勘查方面取得重大进展，相继勘查或发现了落石沟、宝塔山、长山岭、多宝山、天神、天神北、驼峰岭、鸡冠石、火烧云、甜水海等铅锌矿。其中，位于新疆和田的火烧云铅锌矿床资源量已超过1600万t，为超大型原生层控碳酸盐型铅锌矿床，使该地区成为新疆重要的铅锌矿勘查开发基地。

研究区经历了漫长而复杂的地质构造演化历史，具复杂的变质变形特征。总体构造特征表现为，塔里木板块内部在地壳结构上具有地台式双层结构（基底和盖层）特点，基底岩系变质较深，变形亦较复杂，盖层岩系虽然亦具较强烈变形但变质轻微或未变质；西昆仑-喀喇昆仑造山带在地壳结构上则基本不具前述特征，呈现为被区域断裂所分割的一个个相对独立且变形复杂的构造块体。根据新疆大地构造单元划分方案，该区隶属西藏-三江造山系，羌塘弧盆系（Ⅱ级构造单元），包括塔什库尔干-甜水海地块（Ⅶ-3-3）、南羌增生楔（Ⅶ-3-6）两个Ⅲ级构造单元（表11.2），各构造单元特征简述如下。

表 11.2 新疆喀喇昆仑一带大地构造分区简表

Ⅰ级构造单元	Ⅱ级构造单元（大相）	Ⅲ级构造单元（相）	Ⅳ级构造单元（亚相）
Ⅶ西藏-三江造山系	羌塘弧盆系Ⅶ-3	塔什库尔干-甜水海地块Ⅶ-3-3	塔什库尔干-甜水海地块Ⅶ-3-31
			铁列克契-黑尖山陆缘盆地（€-P）Ⅶ-3-32
			乔尔天山-红南山前陆盆地（T3-K）Ⅶ-3-33
		南羌增生楔Ⅶ-3-6	

11.3.2 典型矿床研究

火烧云铅锌矿位于本次工作区的南部，河岔口—温泉国防公路东侧，交通方便。新疆维吾尔自治区地质矿产勘查开发局第八地质大队通过 2012～2014 年对该矿的预、普查工作，查明该矿铅锌远景资源量达1000 万 t 以上，2015 年正在展开全面的普查工作，储量有望进一步扩大，该矿床的发现证实了西昆仑地区寻找大型-超大型层控型铅锌矿的找矿潜力，极大激发了西昆仑乃至青藏高原北缘后续铅锌矿找矿的积极性，具有深远的现实意义。

火烧云铅锌矿位于青藏高原北缘喀喇昆仑地区，大地构造位置为羌塘-三江造山系甜水海地块之乔尔天山-林济塘中生代前陆盆地。成矿带处在喀喇昆仑-三江成矿省林济塘 Fe-Cu-Au-RM-石膏矿带内，北东部以乔尔天山-岔路口断裂为界，与慕士塔格-阿克赛钦陆缘盆地毗邻，区域上广泛出露新生代、中生代及古生代地层，其中侏罗系为主要赋矿地层，侏罗系至古近系属夹火山岩含石膏碳酸盐岩建造，新近纪隆起为陆。该区域褶皱构造以紧闭型为主，断裂构造发育，沿乔尔天山-岔路口断裂及两侧次级断裂形成新疆富集程度和规模最大的铅锌矿富集区。区域内侵入岩不甚发育，火山活动较弱。火烧云铅锌矿床是喀喇昆仑地区新发现的一个超大型碳酸盐型 Pb-Zn 矿床，产于中侏罗统龙山组灰岩中。矿体呈层状产出，与地层产状一致，主要由菱锌矿与白铅矿组成，矿石类型以纹层状、块状、角砾状及交代蚀变成因为主。矿体发育沉积超覆构造、韵律层理、粒序层理、鲕粒结构等典型的沉积结构与构造。矿石与围岩方解石的 C、O 同位素分析结果显示来源主要为海水；火烧云铅锌矿床具原生层控特征，为喷流-沉积成因，是 SEDEX（sedimentary exhalative，喷流-沉积）型铅锌矿床的新类型。火烧云碳酸岩型铅锌矿的发现是铅锌矿床成因研究的重要进展，表明喀喇昆仑乃至藏北地区相应构造层位具有寻找同类型铅锌矿床潜力。

11.3.2.1 矿床概况

矿区大地构造位置处于羌北-三江造山带喀喇昆仑古生代大陆边缘之林济塘中生代被动陆缘盆地中，乔戈里-空喀山口大断裂及天神达坂-乔尔天山大断裂分别从火烧云矿区南北两侧通过。矿区出露地层主要为上三叠统克勒青河组和中侏罗统龙山组，如图 11.23 所示，克勒青河组为一套细碎屑岩沉积，主要岩性为薄-中层状中-细粒砂岩、长石石英砂岩、粉砂岩、千枚岩化砂岩、板岩、页岩呈不均匀互层状产出，夹少量微晶灰岩。龙山组为一套浅海相碳酸盐岩夹粗碎屑岩，偶夹火山岩，可进一步划分为上下（灰岩段和砂砾岩段）两个段，下部砂砾岩段岩性组合为砾岩、砂砾岩、长石石英砂岩、细砂岩；上部灰岩段岩性组合为中–薄层状粉晶灰岩、微晶灰岩、灰岩、鲕粒灰岩、生物碎屑灰岩。龙山组向下与克勒青河组呈角度不整合接触。火烧云铅锌矿矿体即产出于中侏罗统龙山组灰岩段内。区域地层构造格架走向为北西–南东走向，以北西–南东向和次一级的北东向两组断裂十分发育，三叠系内部多发育各种复杂形态褶皱，不整合其上的侏罗系构造变形明显较弱，通常发育舒缓波状背向斜矿体均赋存于中侏罗统龙山组灰岩层（J_2l^{ls}）内的深灰色厚层状灰岩中，整个含矿层位稳定，其顶板为中厚层状灰岩、泥灰岩或者页岩夹层，底板通常为厚层灰岩，层内岩性主要为含生物碎屑白云质灰岩夹页岩，层内岩石破碎，黄铁矿化、碳酸盐化发育，零星见有细粒菱锌矿、白铅矿，少量闪锌矿、方铅矿、石膏。

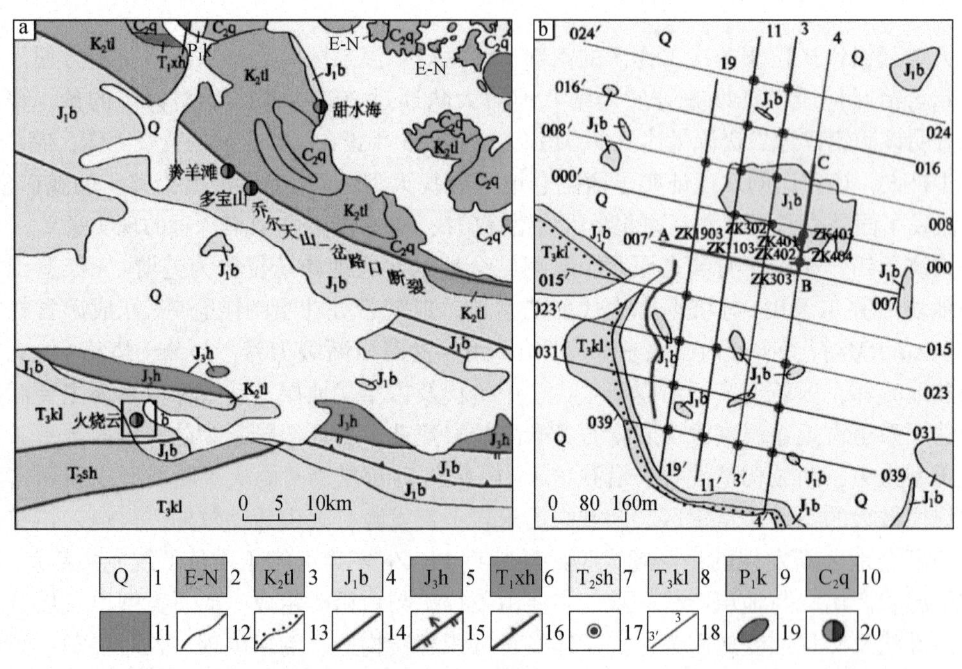

图 11.23　新疆和田县火烧云铅锌矿区域地质图（a）与矿区地质图（b）

1. 第四系；2. 古近—新近系；3. 上白垩统铁隆滩群；4. 下侏罗统巴工布兰莎组；5. 上侏罗统红其拉甫组；6. 下三叠统下河尾滩群；7. 中三叠统上河尾滩群；8. 上三叠统克勒青河群；9. 下二叠统空喀山组；10. 上石炭统恰尔提群；11. 阿克赛钦湖；12. 整合界线；13. 角度不整合界线；14. 实际断层；15. 逆断层；16. 逆冲断层；17. 已完成见矿钻孔；18. 勘探线及编号；19. 铅锌矿矿体；20. 铅锌矿点

11.3.2.2　矿体特征

火烧云主矿区铅锌矿体均产于中侏罗统龙山组上段（J_2l^{ls}）灰岩之中，矿体明显受地层（碳酸盐岩）控制。主矿区内共发现上、下两个铅锌矿化层（图 11.24），分别编号为Ⅱ号、Ⅲ号矿化层，两个矿化层产状近于水平、上下平行产出。通过地表工程揭露和深部钻孔控制，目前在火烧云主矿区内共圈定矿体 8 个，其中地表铅锌矿体 2 个（位于上矿化

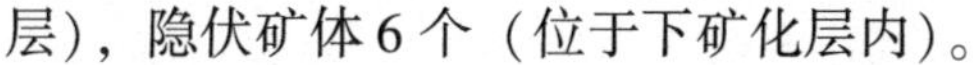

层)，隐伏矿体6个（位于下矿化层内)。

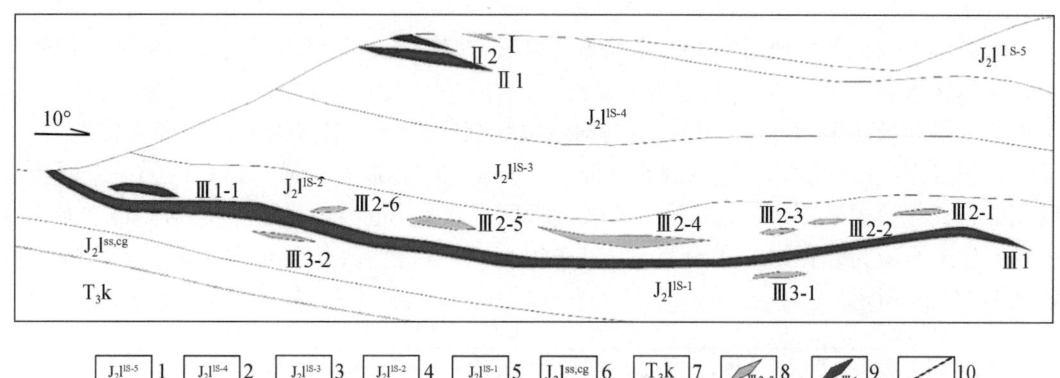

图11.24 火烧云铅锌矿床矿体相对空间位置分布示意图

1. 中侏罗统龙山组灰岩段第五层：灰色生物碎屑灰岩；2. 中侏罗统龙山组灰岩段第四层：浅灰色细晶灰岩，局部夹少量薄层状泥质灰岩压碎状泥晶灰岩；3. 中侏罗统龙山组灰岩段第三层：深灰色泥岩、泥质灰岩；4. 中侏罗统龙山组灰岩段第二层：浅灰色碎裂状细晶灰岩、压碎角砾状灰岩夹泥岩；5. 中侏罗统龙山组灰岩段第一层：深灰色细晶灰岩，局部含生物碎屑；6. 中侏罗统龙山组砂、砂段：紫红色砂岩、含砾砂岩；7. 上三叠统克勒青河组灰绿色细砂岩、深灰色粉砂岩、泥质粉砂岩、粉砂岩、长石石英砂岩、石英岩屑砂岩；8. 低品位矿体及编号；9. 工业矿体及编号；10. 不整合界线

矿化层总体形态呈缓倾近水平板状、层状产出，与地层（岩层）产状近于一致，整体倾向北北东约10°~25°，倾角3°~7°，略有波状起伏和水平方向上的尖灭再现。其内部由铅锌矿体、铅锌矿化层、夹石层上下叠置间夹组成，整体上具有较为一致的矿化特征、顶底板特征，水平连续性好，是矿床内垂直剖面上非常明显的矿体集中产出的部位。区域上侏罗系龙山组下部的红褐色砂砾岩段在地表有明显标志性的色调和地貌特征、易于追踪识别，故铅锌矿化层位特征可以作为最重要直接的地表找矿标志之一。

11.3.2.3 矿化蚀变

总体上围岩与矿体呈整合接触关系，其中：富矿体与围岩界线明显；而贫矿体与围岩界线相对模糊，呈渐变过渡关系，一般需取样分析才能区分。在火烧云主矿区内，总体上围岩蚀变不太发育，主要为黄铁矿化（次生褐铁矿化)、绢云母化、硅化（充填石英细脉)、高岭土化、毒砂化等矿化蚀变。这些矿化蚀变的特征应属构造热液作用的结果，矿化蚀变的强度与铅锌矿品位总体呈正相关趋势。

11.3.2.4 找矿标志

地层层位及岩性标志：应为中侏罗统龙山组地层灰岩层，可作为找矿的地层层位标志。

颜色、矿化标志：铅矿石风化面具有灰黑色、深褐色、灰白色淋滤层，锌矿石风化面多具褐黄色、灰黄色淋滤层，与周围的一般地层间有明显的差异，可作为铅锌找矿标志。

地球化学标志：以Pb、Zn、Cd等元素为主的组合异常，异常套合好、规模大的地段有利于找矿，可以作为找矿的地球化学标志。

11.3.2.5　矿床成因分析

火烧云铅锌矿含矿地层为中侏罗统龙山组灰岩层，其岩性以碎裂化泥晶灰岩、细晶灰岩、角砾状灰岩及少量白云岩化灰岩、硅化灰岩为主。工作区及外围未见岩浆岩分布，断裂构造及层间破碎带较发育。矿石结构构造以块状构造、纹层状构造、条带状构造为主，显示沉积成因或沉积后期改造成因的特征。矿石矿物组合以菱锌矿、白铅矿为主，属次生氧化矿石，在主要矿体中含量极高，富矿地段两者含量可达95%以上，根据矿物学原理推测其原生矿石应为硫化物（闪锌矿+方铅矿组合），且应为块状硫化物矿床，矿床成矿模式见图 11.25 所示。

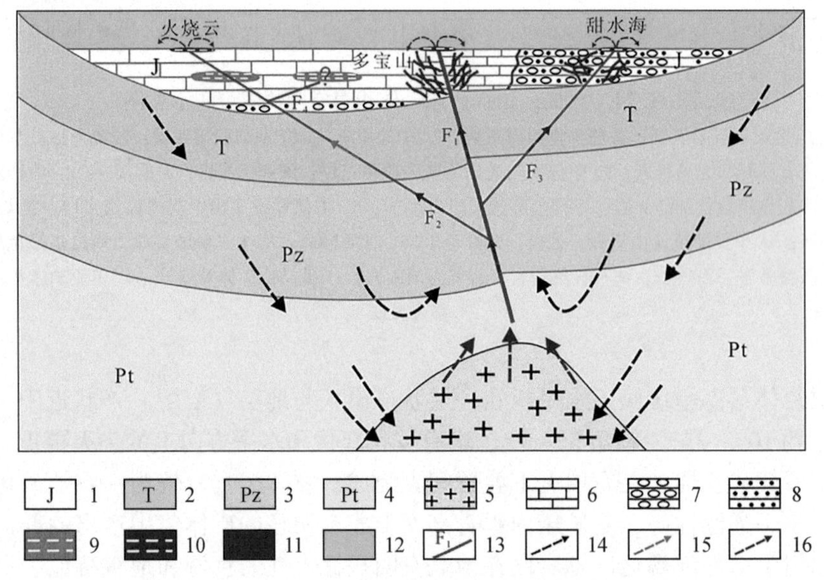

图 11.25　火烧云铅锌矿成矿模式图

1. 侏罗系；2. 三叠系；3. 古生界；4. 元古宇；5. 岩浆岩；6. 灰岩；7. 砾岩；8. 砂岩；9. 纹层状碳酸盐型铅锌矿；10. 纹层状铅锌硫化物；11. 铅锌硫化物；12. 海洋；13. 断层及其编号；14. 初生的成矿流体；15. 贫 S 且富 Pb-Zn 成矿流体；16. 富 S 且富 Pb-Zn 成矿流体；F_1. 乔尔天山–岔路口断裂；F_2、F_3、F_4. 次级断裂

火烧云矿床具喷流–沉积特点。成矿流体运移至火烧云地区，发生喷流作用，与富集 CO_3^{2-} 的海水相互作用并沉淀形成碳酸盐型铅锌矿，为 SEDEX 型 Pb-Zn 矿床的新类型。火烧云 Pb-Zn 矿床的形成可以分为 3 个阶段（由早到晚）：碳酸盐型 Pb-Zn 矿阶段；碳酸盐型 Zn 矿阶段；Pb-Zn 硫化物阶段。主成矿阶段为碳酸盐型 Pb-Zn 矿阶段及碳酸盐型 Zn 矿阶段。

11.3.3　区域成矿规律研究

11.3.3.1　研究区矿床成矿系列

成矿系列理论的核心思想是：认为矿床不是单独出现，而是以不同成因、不同矿种，甚至属于不同地质建造的矿床组成的相互有成因联系的矿床组合的自然体成群出现。因此，成矿系列所研究的对象是时空域中矿床的自然体及其时空结构、形成地质构造环境、形成过程、演化规律以及矿床自然体之间存在的各种关系。通过对这些客观规律的研究、探索和掌握，应用于指导区域找矿，提高找矿效率，并在此过程中进一步提高对成矿规律的认识。

矿床的成矿系列就是各种地质构造环境中的矿床组合自然体。实际上是对矿床产出本质属性的基本自然分类。这个矿床的自然分类的组成是以矿床成矿系列为基本单元，并分别可归类为：成因归类为矿床成矿系列组合；构造旋回归类为矿床成矿系列组；地质构造环境归类为矿床成矿系列类型。而矿床成矿系列本身由亚系列、矿床式及众多的矿床所组成。

研究区为在早古生代褶皱基底上发育的前陆盆地。地质特点是：早侏罗世自西向东大规模海侵，中侏罗世海侵规模进一步扩大，受板块碰撞的远程力学效应影响，研究区进入弛张期，呈拉张环境，继承性断裂活动，小规模火山喷发，后期进入平静碳酸盐岩沉积阶段及喷流–沉积成矿作用发育；晚侏罗世，海侵逐渐退却，沉积范围缩小，仅限于前陆盆地的中心位置；早白垩世，研究区海水完全退却，开始遭受剥蚀；晚白垩世随着雅江洋伸展的远程效应，发生了规模较大的海侵事件，早期沉积了磨拉石建造，随着区域构造拉张，沿继承性深大断裂有小规模火山喷发，后期再次进入缓慢碳酸盐岩沉积及喷流–沉积成矿作用发育阶段。

在上述5个阶段地质事件中，形成2个矿床成矿亚系列（表11.3）。主要矿床是铅锌，目前已发现超大型铅锌矿床，具有巨大的找矿远景。

表11.3　研究区矿床成矿系列表

<table>
<tr><th>Ⅲ级成矿单元名称</th><th>矿床成矿系列（组）</th><th colspan="2">矿床成矿亚系列</th><th>矿床式</th></tr>
<tr><td rowspan="2">Ⅲ-35 喀喇昆仑（地块/陆缘盆地）Fe-Cu-Mo-Pb-Zn-Au-Sn-RM-Sb-白云母–石墨–红蓝宝石–工艺水晶–石墨–石盐–芒硝–煤–地热成矿带</td><td rowspan="2">喀喇昆仑中生代构造旋回与沉积、岩浆、变质及流体作用有关 Fe、Cu、Mo、Pb、Zn、W、RM、多金属、云母、硫铁矿、水晶、石膏、煤矿床成矿系列组</td><td rowspan="2">Mz-43N 林济塘流体成矿系列</td><td>Mz-43Nb 林济塘与侏罗纪海相沉积及流体作用有关 Pb、Zn 矿床成矿亚系列</td><td>火烧云式（Pb、Zn）、来贺山式（Pb、Zn）</td></tr>
<tr><td>Mz-43Nc 林济塘与白垩纪海相沉积及流体作用有关 Pb、Zn 矿床成矿亚系列</td><td>多宝山式（Pb、Zn）、宝塔山式（Pb、Zn）、长宝山式（Pb、Zn）</td></tr>
</table>

注：RM 为稀有金属（rare metal）。

11.3.3.2　区域成矿演化模式

喷流–沉积成矿作用主要与地壳受热—拉张—变薄的裂谷化过程相联系；这种拉张环境有利于海水的渗透循环，较厚的硅铝质地壳和超厚的沉积柱使对流循环的热水流体能从中淋滤、萃取出大量有用元素；在拉张环境中岩浆活动频繁，具有异常的高热流值，可为流体提供物质和能量；同时，裂谷环境中同沉积断裂发育，常成为热水流体运动的诱发因素和流体上升、喷溢的通道。目前在现代玄武质洋壳的各种构造背景下都发现有正在活动的热水沉积（薛春纪等，2000）。

研究区为三叠纪晚期以来发育在古生代褶皱基底之上的前陆盆地，基底为一套富含铅锌的碳酸盐岩-细碎屑岩建造。柳坤峰等（2014）研究认为研究区在中三叠世以后，羌塘地块和塔里木地块发生碰撞造山，西昆仑地区结束了长期以来的板块演化历史，转入了板内演化阶段。三叠纪末的碰撞挤压造成了古昆仑山前地带相应的前陆盆地（Hendrix，1992 转引自田江涛等，2020），受全球海侵影响，海水自西向东侵入形成混积陆表海（王福同等，2006），在早侏罗世沉积了巴工布兰莎组一套碎屑岩夹火山岩、碳酸盐岩、碳酸盐岩夹石膏层沉积。

三叠纪末的碰撞挤压，在早中侏罗世时期表现为地壳应力的松弛，使研究区在中侏罗世呈现一种拉张环境，两侧山体剥蚀，造成在前陆盆地边缘沉积了龙山组一段的磨拉石建造，由砾岩、砂砾岩组成，在盆地中心则表现为细碎屑岩建造，为粉砂岩、泥质粉砂岩等岩性。区域性、继承性断裂的持续活动，导致少量的岩浆喷发活动，形成沿乔尔天山-岔路口大断裂及河尾滩断裂断续产出的中基性火山岩透镜体。随着海侵力度的加大，研究区沉积了龙山组二段碳酸盐岩建造，该时期亦是研究区最重要的成矿时期，并随着海水深度的加大，地壳的持续拉张，前陆盆地在自身重力作用下缓慢沉降，在研究区内出现了超覆现象。此时在区域同沉积断裂带中喷流沉积条件已经具备，龙山组一段的砾岩段具有高渗透性特征，为上升的热流体和下渗的冷海水提供了通道，海水下渗过程中萃取地层中的 Pb、Zn 等成矿物质。通常在岩浆喷发活动之后即是热液活动高峰期（陈毓川等，2015），由于持续拉张地壳减薄，地热能增加，对下渗的海水进行了持续的加热，热流体沿河尾滩断裂向上运移至水岩截面，成矿流体与富集 CO_3^{2-} 的海水相互作用并沉淀形成火烧云铅锌矿体。在该区域硫化物型铅锌矿床成矿过程中，乔尔天山-岔路口断裂为成矿流体提供了主要通道，沿此通道成矿流体于断裂附近形成网脉状铅锌矿发育的多宝山等铅锌矿床，断裂发育对该区域矿床形成具重要作用，表明具构造控矿特征。

至晚侏罗世，受南部乔戈里—空喀山口—龙木错—双湖—怒江洋闭合的远程挤压效应，甜水海微陆块发生隆起，海侵范围逐渐缩小，仅在前陆盆地中沉积了晚侏罗世红旗拉甫组，缺失早白垩世地层。

早白垩世末期，受南部区域上雅江洋伸展的远程效应影响，发生了规模较大的海侵事件，在研究区沉积了晚白垩世铁龙滩群，下部主要为紫红色复成分砾岩、复成分砂砾岩夹少量复成分砂岩，夹玄武岩；上部为生屑灰岩、粉晶灰岩，代表其形成环境为河流相-浅海台地相，该群超覆于下伏不同地层之上。随着晚白垩世区域构造环境的持续拉张，乔尔天山-岔路口、河尾滩断裂的再次活化，岩浆火山活动提供丰富的热源，铁龙滩组底部的砾岩等高渗透性岩石、碳酸盐建造沉积等多因素的耦合，在研究区内，沿乔尔天山-岔路口断裂、河尾滩断裂再次形成了喷流-沉积型铅锌矿床，这是研究区内中生代第二次大规模的喷流-沉积成矿事件，成矿演化模式见图 11. 26。

11. 3. 3. 3　区域铅锌矿找矿标志

1. 地质找矿标志

（1）乔尔天山-岔路口大断裂带和河尾滩断裂带是区域最重要的控矿断裂构造。

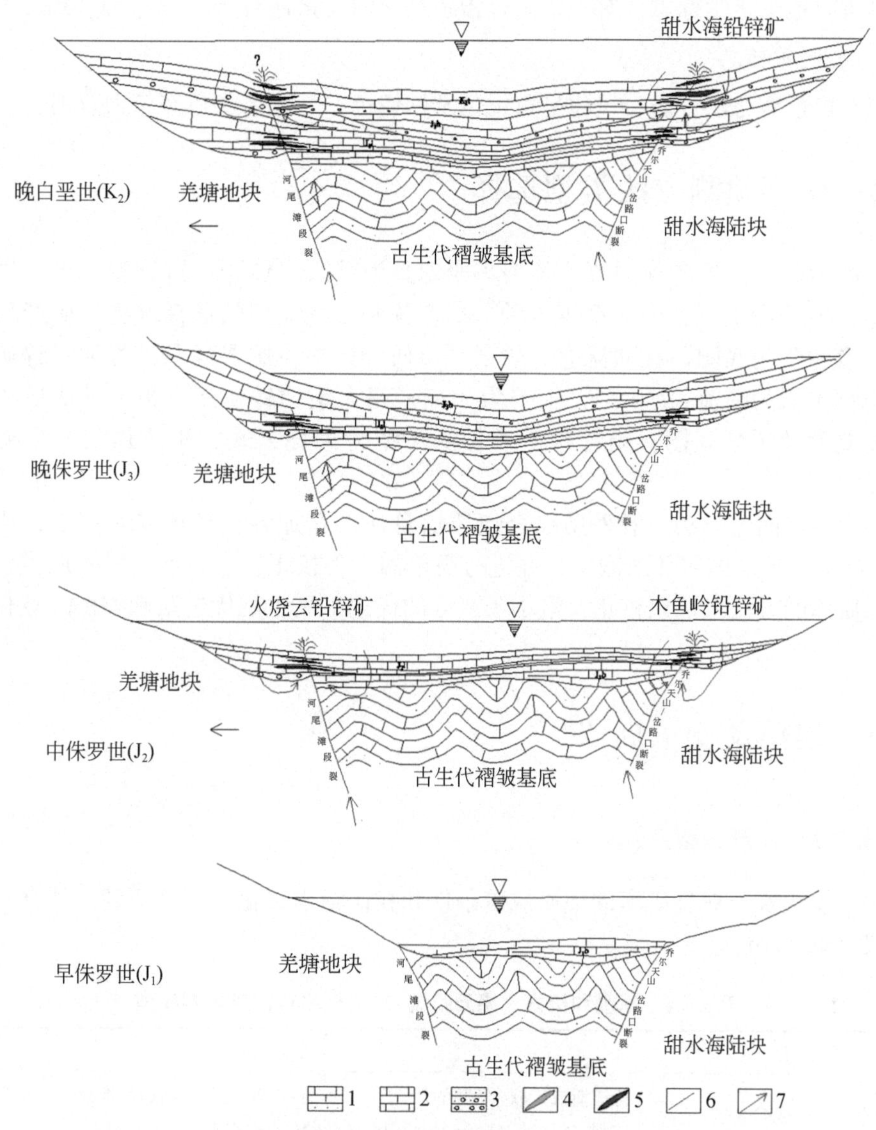

图 11.26 乔尔天山-甜水海前陆盆地构造-成矿演化示意图

1. 陆缘碎屑岩建造；2. 碳酸盐岩建造；3. 磨拉石建造；4. 基性火山岩；5. 铅锌矿体；6. 同沉积断裂构造；7. 热液流体运移方向

（2）下部砾岩段，上部白云质灰岩、微晶灰岩、细晶灰岩是有利的控矿沉积建造。

（3）在砾岩段、碳酸盐岩中见有玄武岩夹层，预示着火山喷发作用，可为成矿流体提供丰富的热源。

（4）中侏罗统龙山组和上白垩统铁龙滩组是区域重要的含矿层位。

2. 地球化学场找矿标志

Pb、Zn、Cr、As、Au 元素综合叠加异常，尤其是 Pb、Zn、Cr 异常套合好，高值点统一出现是重要地球化学标志，有一定组合指示意义的元素还有 As、Sb、Li、Mn、Fe。

3. 地表找矿标志

地表有黑色淋滤层；岩石风化呈黄褐色及铁锈色，与围岩颜色有较大差别。

11.3.4 矿产预测方法类型选择

在矿产预测中，矿产预测方法类型一般划分为侵入岩体型、沉积型、火山岩型、复合内生型、层控内生型和变质型等六种，矿产预测方法类型的选择取决于矿产预测类型的必要要素和预测底图。在西昆仑火烧云一带研究区中，主要涉及矿种为铅锌矿，区内铅锌矿类型主要为喷流-沉积型，主要为火烧云超大型铅锌矿床。根据其成矿类型、成矿的必要要素及预测底图，铅锌矿矿产预测类型为火烧云式，矿产预测方法类型为沉积型。

最小预测区圈定方法一般采用综合地质信息法，叠加各种预测要素圈定，或者采用 MRAS 软件综合地质体单元法圈定，并进行简单的人工校正，主要通过对不同类型矿床圈定含矿地质体的方法来加以校正，最小预测区的优选采用主观优选法和 MRAS 软件中的特征分析法。

11.3.5 建模及变量提取

11.3.5.1 预测模型建立

主要根据火烧云典型矿床的地质成矿条件和找矿标志、化探特征等建立了典型矿床预测模型表（表 11.4）。

表 11.4 新疆和田县火烧云喷流-沉积型铅锌矿床预测模型

分类		主要特征
地质成矿条件和找矿标志	成矿区带	特提斯成矿域-喀喇昆仑-三江成矿省-喀喇昆仑（陆缘盆地）Fe-Au-RM-石膏成矿带-林济塘（陆缘盆地）Cu-Au-RM-石膏矿带
	构造环境	乔尔天山-甜水海前陆盆地持续拉张阶段
	含矿地层	中侏罗统龙山组
	含矿岩系和围岩	微晶灰岩、生物碎屑灰岩
	构造	林济塘陆缘盆地
	控矿条件	铅锌矿化层的分布明显受中侏罗统龙山组碳酸盐岩层位的控制，并且上下可能出现多层矿体重复产出的现象
	围岩蚀变	黄铁矿化、碎裂岩化、褐铁矿化、石膏化和方解石化
	矿体产状和特征	矿（化）体主要呈板状、似层状、饼状、薄透镜状，近于水平平行产出，倾向北东约 10°~25°，倾角 3°~11°

续表

分类		主要特征
地质成矿条件和找矿标志	矿石特征	金属矿物：菱锌矿、白铅矿，少量方铅矿、闪锌矿、黄铁矿、褐铁矿、黄铜矿、自然铜等，脉石矿物：方解石、石膏、硫。他形粒状镶嵌结构，纹层状、块状、角砾状构造
化探特征	化探找矿标志	Pb、Zn、Cr、As、Au元素综合叠加异常，尤其是Pb、Zn、Cr异常套合好，高值点统一出现是重要地球化学标志，有一定组合指示意义的元素还有As、Sb、Li、Mn、Fe

火烧云铅锌矿床位于甜水海地块之乔尔天山-甜水海前陆盆地东南部，矿床位于河尾滩断裂西侧，赋矿地层为中侏罗统龙山组二段，主要岩性为细晶灰岩、泥晶灰岩、泥岩、泥质灰岩、生物碎屑灰岩，矿体主要赋存于细晶灰岩、泥晶灰岩中。Pb、Zn、Cr、As、Au元素异常综合叠加异常，尤其是Pb、Zn、Cr异常套合好，高值点统一出现是重要地球化学标准，有一定组合指示意义的元素还有As、Sb、Li、Mn、Fe等元素。

11.3.5.2 区域预测模型

通过对工作区火烧云、甜水海等多个铅锌矿床及其所在区域的研究，从成矿地质背景、控矿构造、有利控矿建造、控矿条件、围岩蚀变、地球物理、地球化学等多个方面对区域喷流-沉积型铅锌矿预测模型进行了总结，见预测模型表11.5和图11.27。

表11.5 新疆西昆仑火烧云一带喷流-沉积型铅锌矿床区域预测模型表

分类		主要特征
区域成矿地质环境	成矿区带	特提斯成矿域-喀喇昆仑-三江成矿省-喀喇昆仑（陆缘盆地）Fe-Au-RM-石膏成矿带-林济塘（陆缘盆地）Cu-Au-RM-石膏矿带
	构造环境	乔尔天山-甜水海前陆盆地持续拉张阶段
	有利成矿建造	下部砂砾岩建造，上部碳酸盐岩建造
	沉积相	滨浅海碳酸盐台地相
	构造	乔尔天山-岔路口大断裂、河尾滩大断裂带中，或北西向其他同沉积断层
	岩浆岩	有火山喷发活动，但不强烈，地表出露基性火山岩建造
区域成矿地质特征	成矿地层	中侏罗统龙山组，上白垩统铁龙滩组
	赋矿建造	碳酸盐建造
	顶底板围岩	顶板构造角砾岩、角砾状灰岩，底板厚层状细晶灰岩、微晶灰岩
	围岩蚀变	黄铁矿化、碎裂岩化、褐铁矿化、石膏化和方解石化
	矿体产状和特征	矿体主要呈板状、似层状。与地层产状一致，界线清晰
	矿物组合	矿石矿物以菱锌矿、白铅矿为主，少量方铅矿、闪锌矿、黄铁矿、褐铁矿，极微量黄铜矿、自然铜；脉石矿物为方解石、白云石、石膏等

续表

分类		主要特征
区域成矿地质特征	结构构造	矿石具自形结晶粒状结构、镶嵌结晶结构、交代结构、环带结构等胶体低温成矿特点。矿石常具有微细条纹条带状构造、纹层状、皮壳状、空穴蜂巢状构造，显示低温张性空间下矿物自由生长结晶特征
	伴生元素	伴生元素主要有镉、硒、砷、碲，其次金、银、铊、铋、钡、汞也有弱异常显示。矿物组合显示低温特征
	地表找矿标志	灰白色灰岩，下部有砾岩；地表有黑色淋滤层；岩石风化呈黄褐色及铁锈色，与围岩颜色有较大差别
化探特征	化探找矿标志	Pb、Zn、Cr、As、Au 元素综合叠加异常，尤其是 Pb、Zn、Cr 异常套合好，高值点统一出现是重要地球化学标志，有一定组合指示意义的元素还有 As、Sb、Li、Mn、Fe

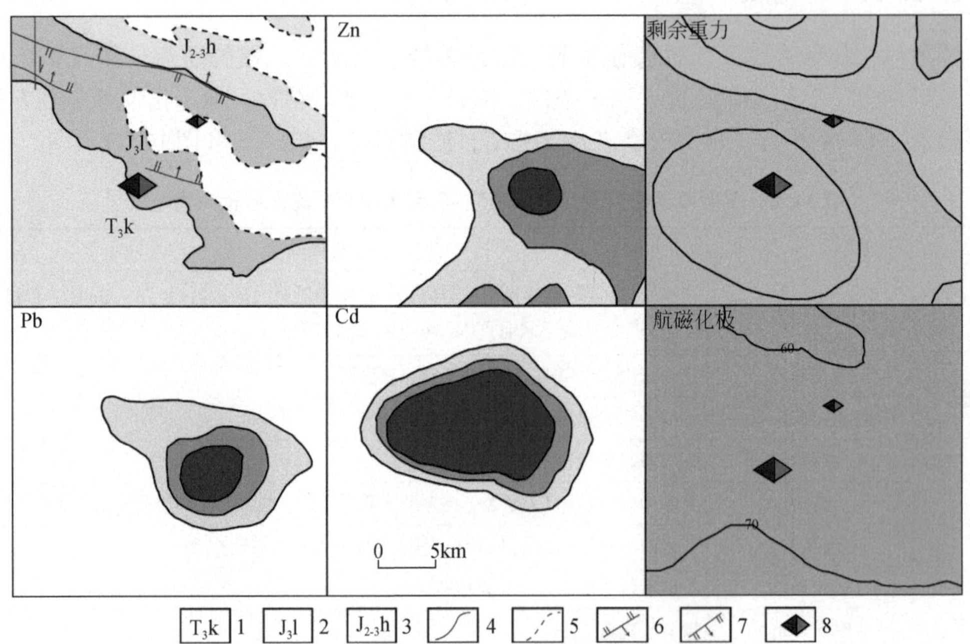

图 11.27　新疆火烧云铅锌矿区域预测模型图

1. 上三叠统克勒青河群；2. 中侏罗统龙山组；3. 中-上侏罗统红其拉甫组；4. 地质界线；5. 不整合地质界线；6. 逆断层；7. 正断层；8. 铅锌矿产地

11.3.6 预测单元划分及预测地质变量选择

11.3.6.1 预测单元划分

根据矿种类型、资源产出的条件、成因特点等因素，可以将地质体单元划分为三类：①以天然存在的地质体为单元；②用成矿必要条件和有利因素组合确定单元；③用某种独立的条件确定单元。在本次针对喷流-沉积型铅锌矿的预测过程中，采用成矿必要条件和有利因素组合确定预测单元。在MRAS支持下，根据预测工作区的实际情况，通过对该区成矿规律、控矿条件和找矿标志综合研究，找出成矿的必要条件和有利因素组合，选择网格统计单元的高度和宽度，系统将自动生成形状和大小相同的网格统计单元，作为进一步工作的预测单元。

11.3.6.2 预测地质变量选择

地质变量是矿产形成和分布规律的集中表达和典型刻画，同时又是建立矿床定位预测模型的基本依据。某一类矿产地质变量的选择和构置，实质上是对该类矿产地质找矿模型研究的进一步细化、具体化和深化。从统计观点看，地质变量的选择过程，又是从统计规律上对初步建立的地质找矿模型的一次检验和修正。因此，地质变量研究的深度、变量构置的合理性以及选择的好坏，直接影响预测成果的质量。

为了全面反映控矿机制，合理且不遗漏提取控矿信息，我们在变量提取中必须遵循以下几点原则：

（1）在综合信息找矿模型指导下进行控矿变量的提取。综合信息找矿模型是在综合信息成矿规律图基础上建立起的定性找矿模式，它对矿床的空间分布和局部富集两方面特征进行了高度概括和客观反映。在其指导下，有目的、有步骤地逐一研究提取，一方面可以正确地开展空间定位和靶区定量两类不同性质变量提取，同时不遗漏其他控矿因素。

（2）通过地质、物探、遥感资料的综合解释和分析，全面提取各种控矿变量。要注意对变量的不同信息加以直接和间接关系的关联，从不同侧面反映重要控矿因素。

（3）在单元对比分析的基础上提取变量。地质变量是随机变量，其含义是通过对比得出的。论证某一种地质变量对成矿是否有利，取决于矿床（矿田）集合的某地质变量的取值特点。在统计对比的过程中将会发现：有些变量在每个模型单元都会出现，这实际上是一个确定性的事件，称为确定性地质事件，它对矿产资源量预测不起作用，但对矿产预测的靶区确定和单元边界条件的确定有重要作用；而有些地质变量只在某些模型单元中出现，出现概率介于0~1之间，称为统计地质变量，它是矿产资源量预测的关键性地质变量。

（4）合理地构置综合变量，是深化控矿规律的重要步骤。综合变量构置本身，是对矿产信息的深入认识过程，又是对控矿信息的有机关联。因此构置一个有效的综合变量，对深化地质规律和提高预测效果都是十分重要的。

火烧云一带以喷流-沉积型铅锌矿为主，产出于乔尔天山-甜水海前陆盆地，中侏罗统龙山组、上白垩统铁龙滩组，受碳酸盐建造控制，砾岩段、玄武岩夹层、北西向断裂构造是成矿有利要素，具有明显化探。通过研究区内喷流-沉积型铅锌矿成矿规律，分析控矿因素，选择地质变量如表 11.6 所示。

表 11.6　新疆西昆仑火烧云一带喷流-沉积型铅锌矿预测地质变量选择一览表

序号	变量名称	变量意义	要素类别
1	碳酸盐建造	是喷流-沉积型铅锌矿床最主要的赋矿建造	必要
2	龙山组二段碳酸盐建造	是火烧云式喷流-沉积型铅锌矿床主要产出层位	重要
3	铁龙滩组碳酸盐建造	是区域喷流-沉积型铅锌矿床主要产出层位	重要
4	砾岩建造	是区内喷流-沉积型铅锌矿床的底部建造，是喷流-沉积成矿作用的有利地质条件	重要
5	基性火山建造	是区域喷流-沉积成矿作用发生的有利地质条件	重要
6	北西向断裂构造	是区域喷流-沉积成矿作用的控矿构造	重要
7	石膏层、重晶石层	是区域喷流-沉积成矿作用发育的热水沉积岩找矿标志	重要
8	铅锌矿产地	是铅锌矿床最直接的找矿标志	重要
9	Pb、Zn、Cd 化探异常	是寻找喷流-沉积型铅锌矿产地重要的预测要素	次要
10	遥感羟基铁染蚀变	是铅锌矿的间接找矿标志	次要

11.3.6.3　地质变量的提取与赋值

1. 定位预测变量提取

预测要素常常是概念性的，为了预测单元划分和定量化预测的需要，预测要素必须进行数值化和定量化。如将某一时代和某一方向的构造确定为预测要素，这种构造可以按线条表达，也可采用缓冲区、面积性对象来表示。这种情况下，构造带宽度的确定就是一项重要的工作。缓冲区的确定可以根据地质专家的经验，采用一定的 GIS 定量化分析方法（包括统计方法）辅助确定。

以预测工作区编图为基础，以典型矿床为指导，研究矿床预测要素及其组合，分析矿床的控矿条件和矿化特征的地质、化探、遥感信息，并对相应的预测要素及要素组合进行赋值。

通过分析研究区内喷流-沉积型铅锌矿所选取的地质变量的成矿特征，研究其与成矿的关系，采用定性定量相结合的方法，确定各要素在预测工作中的意义。然后对选定的变量进行要素提取，一般情况下对要素的存在标志进行提取，对于个别带有属性的要素可对要素的某个具体属性进行要素提取和计算，区内要素提取情况见表 11.7。

表11.7　新疆西昆仑火烧云一带喷流-沉积型铅锌矿预测地质变量提取一览表

变量编号	变量名称	空间属性	变量提取类别
变量1	航磁化极异常区（40～100nT）	面元	提取存在标志
变量2	Pb元素异常区	面元	提取异常平均值
变量3	Cd元素异常区	面元	提取存在标志
变量4	成矿有利地层	面元	提取存在标志
变量5	Pb元素异常区	面元	提取异常区内的异常点数
变量6	遥感羟基异常区	面元	提取存在标志
变量7	Zn元素异常区	面元	提取异常区内的异常点数
变量8	断裂构造	线元	提取断裂线密度
变量9	Pb元素异常异常区	面元	提取存在标志
变量10	矿点缓冲区	面元	提取存在标志
变量11	Cd元素异常区	面元	提取异常区内的异常点数
变量12	Zn元素异常区	面元	提取存在标志
变量13	Zn元素异常区	面元	提取异常平均值
变量14	遥感铁染异常区	面元	提取存在标志
变量15	1：5万化探异常区	面元	提取存在标志
变量16	断裂缓冲区（2.5km）	面元	提取存在标志
变量17	Cd元素异常区	面元	提取异常平均值

2. 预测变量二值化

在MRAS软件平台中，提供了适用于资源靶区预测的三种二值化数学方法：人工输入变化区间法、计算找矿信息量法和相关频数比值法等三种；人工输入变化区间法，即由用户根据自己的经验选择阈值，将定量地质变量离散化，该方法具有较大的灵活性，能够充分发挥研究人员的经验知识。找矿信息量法是计算地质标志对研究问题所起的作用大小，可以通过地质标志提供给研究问题的信息量大小来衡量，也就是用信息量法研究变量之间的相互关系。相关频数比值法适用于挑选与因变量关系密切，而与其他自变量独立性较强的二态变量，通过计算各变量的相关频数及独立性的比值，确定最重要的变量和最不重要的变量。

在本次预测过程中采用人工输入变化区间法，对预测变量进行二值化过程。在表11.7中，提取存在标志的变量已经为二值化数据，仅需要对变量2——Pb元素异常区异常平均值、变量5——Pb元素异常区异常点数、变量7——Zn元素异常区异常点数、变量8——断裂构造线密度、变量11——Cd元素异常区异常点数、变量13——Zn元素异常区异常平均值等变量进行二值化。在二值化过程中，根据变量属性及其与成矿关系的密切程度确定，一般采用其推荐的数据，个别无法满足要求的数据，则根据实际工作中变量的地质意义人为给定区间，进行二值化。

各变量二值化结果见图 11.28。根据各要素与已知矿产地的关系选取最佳二值化区间，并将此区间内的要素作为成矿有利要素，在此区间以外的要素作为非成矿有利要素进行分析。

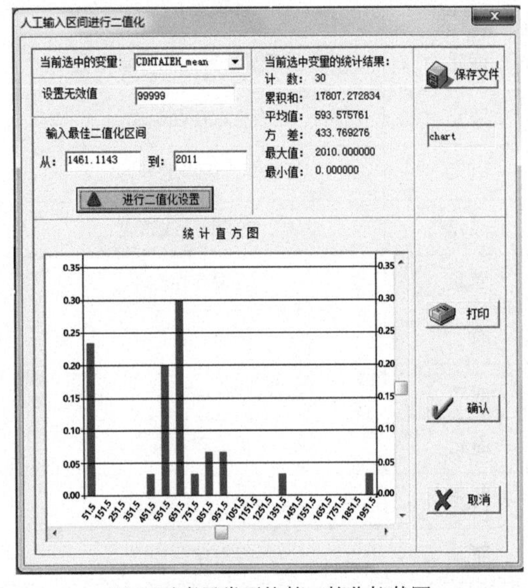

(1)Cd元素异常平均值二值化柱状图

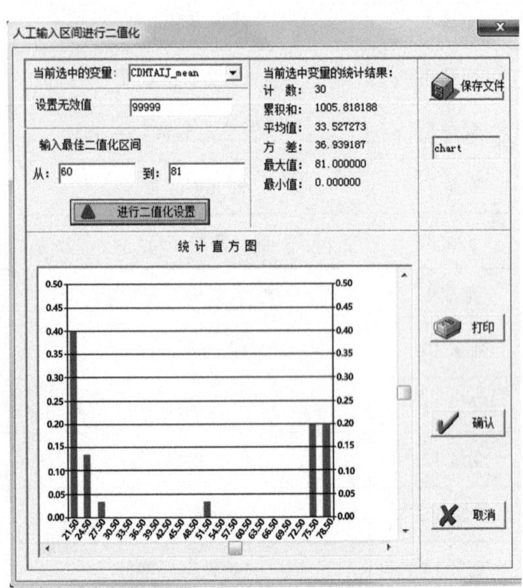

(2)Cd元素异常点数二值化柱状图

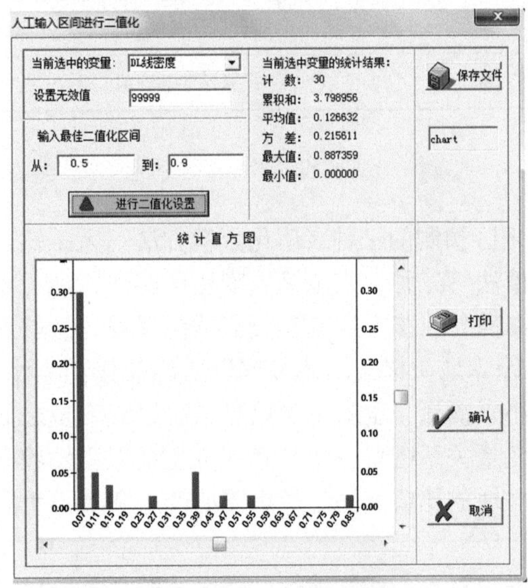

(3)断裂线密度二值化柱状图

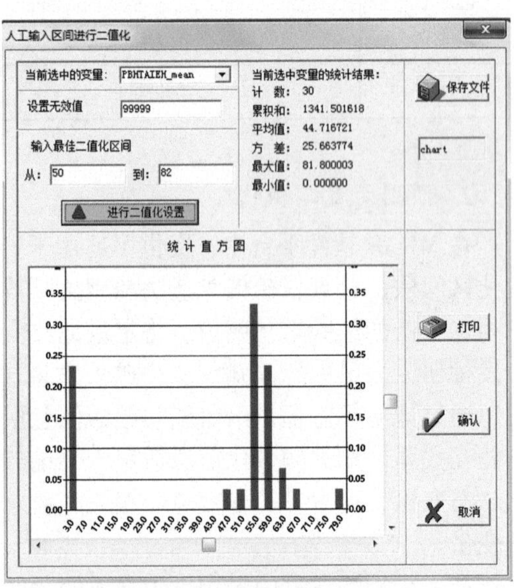

(4)Pb元素异常平均值二值化柱状图

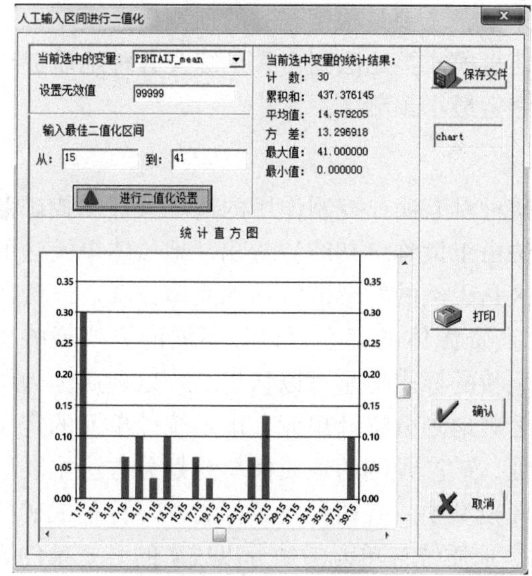

(5)Pb元素异常点数二值化柱状图

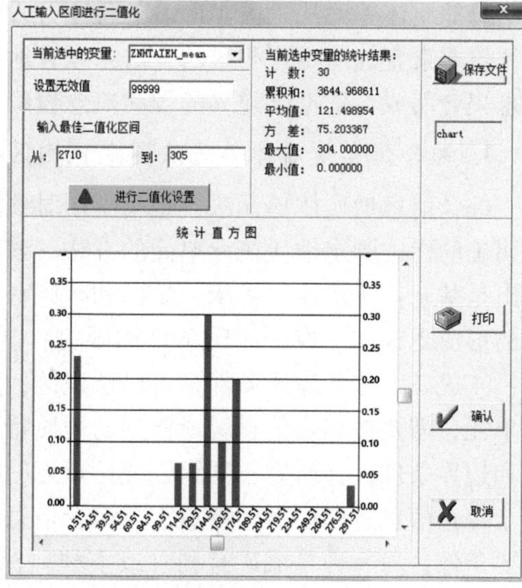

(6)Zn元素异常平均值二值化柱状图

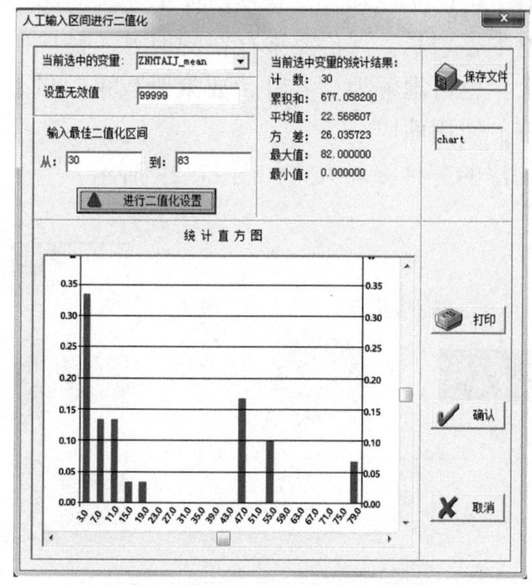

(7)Zn元素异常点数二值化柱状图

图11.28　各元素异常变量二值化结果

11.3.7　预测区圈定及优选

11.3.7.1　预测区圈定

预测单元的圈定可以采用综合信息地质体单元法和综合地质信息模式类比法。其中综合信息地质体单元法是由 MRAS 软件中开发出来的，主要是根据建立的预测概念模型，通过评价要素叠加圈定预测区的方法；综合地质信息模式类比法则由人工综合各种地质成矿信息集合而成，依据已建立的预测概念模型，圈定最小预测区。

1. 综合信息地质体单元法圈定预测区

综合信息地质体单元法，是指应用对预测矿种具有明显控制作用的地质条件和找矿意义明确的标志圈定地质统计单元的方法。该方法由王世称（1987）提出。地质体单元法的提出是基于：①矿体、矿床、矿田和矿床密集区是天然的有形的特殊地质体；②矿产资源体的形成受成矿、控矿地质条件的限制；③矿产资源体的存在可以以不同的方式反映出来；④成矿、控矿地质条件是可以认识的，其反映的标志也是可以认识的。以地质体为统计单元，需要按综合信息解译模型的地质特征客观地划分统计单元，确定统计单元的定义域和边界条件，并研究不同级别统计单元的特征。矿产预测的地质体单元划分方法主要取决于综合信息解译模型的特点。在综合信息解译模型中，有两种找矿标志，一种是成矿的必要条件，另一种是成矿有利（或不利）标志。地质统计单元的划分以成矿的必要条件为基础，并以成矿有利（或不利）标志为补充来确定综合信息地质体单元。在 MRAS 软件中使用要素叠加法在建模器中可以实现综合信息地质体单元法的圈定。

评价要素叠加法的基本思想是：评价要素存在的地方，是成矿有利的地方；评价要素越多，成矿的有利度越大。也可理解为“各评价要素等权重”的加权方法。优点是方法简单，操作简便，易于理解，使用面广。

在 MRAS 中要素叠加法的三种叠加方式如图 11.29 所示。

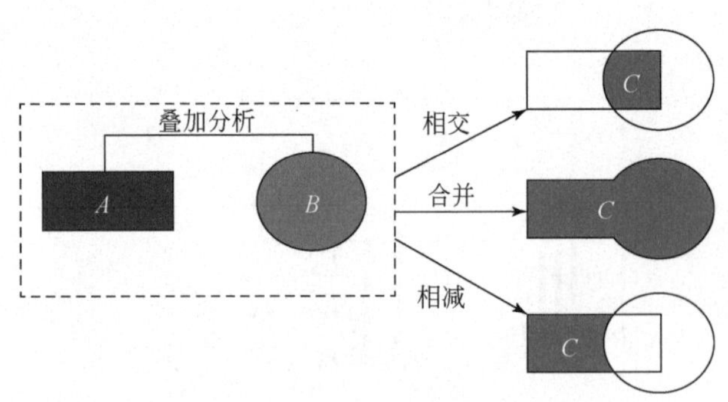

图 11.29　要素叠加原理示意图

（1）相交叠加分析，是指求出既存在 A 又存在 B 的区域，用集合来表达：$C=A\cap B$，其区域范围如图 11.29 所示。

（2）合并叠加分析，是指求出存在 A 或存在 B 的区域，用集合来表达：$C=A\cup B$，其区域如图 11.29 所示。

（3）相减叠加分析，是指存在 A 但不存在 B 的区域，用集合来表达：$C=A\cap\overline{B}$，其区域如图 11.29 所示。

2. 预测区圈定

根据区域成矿地质环境及矿床地质特点的研究成果，在已建立的区域预测概念模型的基础上，最终确定预测区圈定的要素组合。在查岗诺尔—敦德一带预测区圈定要素组合如表11.8所示。

表11.8　新疆西昆仑火烧云一带喷流-沉积型铅锌矿预测区圈定要素组合

序号	变量名称	变量意义	要素类别
1	碳酸盐建造	是喷流-沉积型铅锌矿床最主要的赋矿建造	必要
2	龙山组二段碳酸盐建造	是火烧云式喷流-沉积型铅锌矿床主要产出层位	重要
3	铁龙滩组碳酸盐建造	是区域喷流-沉积型铅锌矿床主要产出层位	重要
4	砾岩建造	是区内喷流-沉积型铅锌矿床的底部建造，是喷流-沉积成矿作用的有利地质条件	重要
5	基性火山建造	是区域喷流-沉积成矿作用发生的有利地质条件	重要
6	石膏层、重晶石层	是区域喷流-沉积成矿作用发育的热水沉积岩找矿标志	重要
7	铅锌矿产地	是铅锌矿床最直接的找矿标志	重要
8	Pb、Zn化探异常	是寻找喷流沉积型铅锌矿产地重要的预测要素	重要

根据预测单元的圈定变量组合进行要素提取。对于点要素和线要素首先进行缓冲区分析，变成面型要素，然后参与不同要素的叠加运算过程中去。依据不同矿产预测类型的成矿要素级别以及要素之间的相关关系，进行要素之间的相交、相并运算，最终圈定预测区。

通过对所提取地质变量的分析，中侏罗统龙山组和上白垩统铁龙滩组为面元要素，是区域已知矿产地最重要的赋矿层位；中基性火山岩建造为面元要素，区内已知火山活动的区域，为喷流-沉积提供足够的热源，是区内重要的成矿岩石组合；Pb、Zn元素化探异常为面元要素，是区域铅锌矿床产出位置的最直接反应；1∶5万化探异常对区域化探异常进行分解，其异常区域更加接近实际铅锌矿产出的具体位置。通过考虑各地质变量之间的因果关系及要素类别，在最小预测区圈定过程中，选取铅化探异常与锌化探异常进行相交生成组合1，组合1与1∶5万化探综合异常进行相并生成组合2；赋矿地层与火山岩建造相并生成组合3；组合2与组合3相交生成组合4，组合4与已知矿产地缓冲区相并即为初步圈定的最小预测区。其操作流程如图11.30所示。

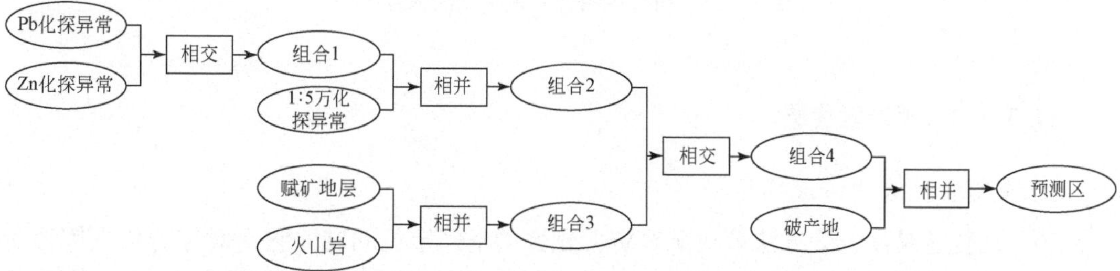

图11.30　新疆西昆仑火烧云一带喷流-沉积型铅锌矿最小预测区圈定流程图

3. 预测区边界的确定

在综合信息地质体单元法圈定靶区过程中，所生成的靶区为一个个方格组成，因此还需要一定的成矿地质条件和成矿要素对其进行修正。根据某一预测类型的控矿因素和找矿标志，以及本区资料的翔实程度，最终确定预测区的圈定边界条件，如根据含矿建造、磁异常、化探异常、断裂构造、褶皱构造、岩体缓冲带、遥感信息特征以及重力或航磁推断的中基性、酸性岩体范围确定预测区边界。

在本研究示范区中，根据其控矿因素和找矿标志分别确定了靶区边界圈定条件：在中侏罗统龙山组和上白垩统铁龙滩组，依据化探异常、中基性安山岩-玄武岩建造、断裂构造、铅锌矿产地等确定。

4. 预测区圈定结果

在综合分析本区地质综合信息的基础上，根据铅锌矿产地的成矿和控矿特点，选择综合信息地质体单元法在 MRAS 建模器中，根据以上方法原理和圈区原则将其预测区分别圈定出来，其结果见图 11.31。

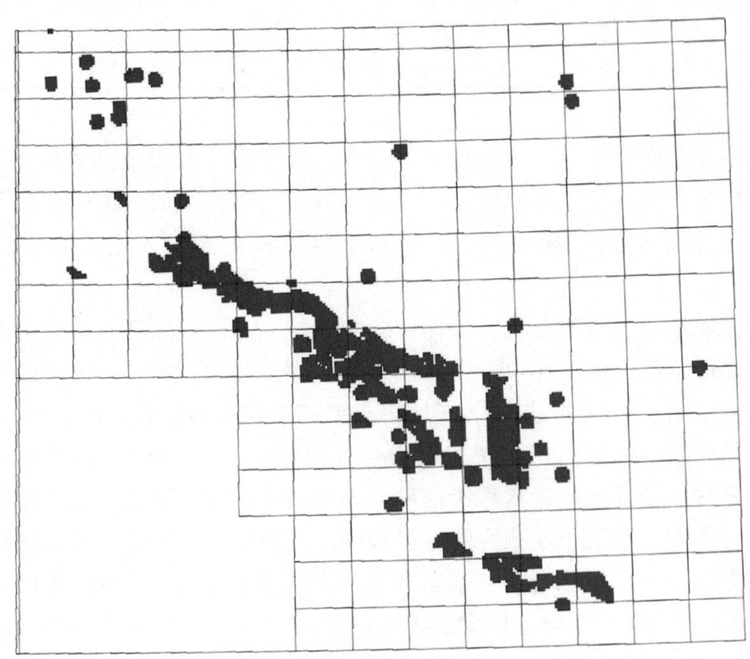

图 11.31　研究区铅锌矿最小预测区分布图

11.3.7.2　预测区优选

1. 预测区优选方法选择

预测区优选是用统计方法解决矿产资源靶区的空间定位问题。它是对综合信息解译所圈定的由预测矿种或矿床成矿系列的成矿必要条件组合所限定的空间范围——矿产资源体作进一步的统计评价。其目的是统计评估每一个矿产资源体的成矿可能性大小，从中优选出成矿可能性较大的矿产资源体作为进一步找矿工作的靶区，并查明这些矿产资源体成矿可能性变大的主要控制因素。在 MRAS 中，提供了基于类比思想的统计数学模型。并把基于类比思想的统计模型分成两类：一类是无监督分类统计模型，包括聚类分析、数量化理论Ⅲ、数量化理论Ⅳ和 ART1 神经网络模型，这些统计模型可以在研究区工作程度较低、不存在标准单元的情况下使用，其预测结果的可信度也相对较低；另一类统计模型以特征分析和 BP 神经网络为代表，相当于一种有监督分类模型，可以在研究区工作程度相对较高，存在多个标准单元的情况下使用。

本次采用 MRAS 软件中提供的特征分析法进行预测区优选。特征分析（Botbol，1971）是一种多元统计分析方法。在矿产资源靶区预测中，常采用它来圈定预测远景区。它是传统类比法的一种定量化方法，通过研究模型单元的控矿变量特征，查明变量之间的内在联系，确定各个地质变量的成矿和找矿意义，建立起某种类型矿产资源体的成矿有利度类比模型。然后将模型应用到预测区，将预测单元与模型单元的各种特征进行类比，用它们的相似程度表示预测单元的成矿有利性。并据此圈定出有利成矿的远景区。特征分析方法不要求因变量，而要求自变量必须是二态或三态变量。该方法具有计算简单、意义明确的特点。它能充分利用资料，充分发挥地质人员的经验和学识，因而得到了广泛的应用。

在 MRAS 中其操作流程如图 11.32 所示。

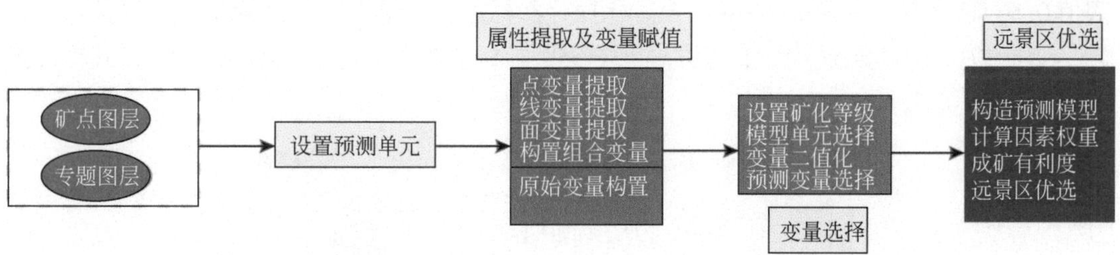

图 11.32　MRAS 中特征分析方法的操作流程

2. 定位预测变量的选择方法

定位预测变量的选择方法主要为匹配系数法、列联系数法、相似系数法等三种；其中匹配系数法主要用来筛选二态地质变量，主要考虑两变量同时存在的找矿意义，如果某变量与其他所有变量的匹配系数均较大，则认为该变量重要，应保留，否则可以将变量剔除；列联系数法从两个名义尺度，变量独立性的角度出发来研究两个变量之间的相依关系，可用于任意有限个状态的名义尺度变量的筛选。相关系数是度量两个变量间线性相关关系的统计量，当定量观测指标比较大，接近于 1，则说明观测指标与矿化强度的关系不可忽视，若观测指标较小，则认为二者相互独立，定量观测指标对矿化强度不产生影响，变量是否达到显著相关的程度，可以通过查相关系数检验表来确定。

匹配系数法主要用来筛选二态地质变量。设有 n 个模型单元，观测了 m 个二态变量的取值，原始数据矩阵为

$$\boldsymbol{X}=\begin{pmatrix} x_{11} & x_{12} & \cdots & x_{1m} \\ x_{21} & x_{22} & \cdots & x_{2m} \\ \cdots & \cdots & \cdots & \cdots \\ x_{n1} & x_{n2} & \cdots & x_{nm} \end{pmatrix} \tag{11.6}$$

则变量 x_i 与 x_j 之间的匹配系数计算公式为

$$l_{ij}=\frac{\sum_{k=1}^{n} x_{ki}\, x_{kj}}{\sqrt{\sum_{k=1}^{n} x_{ki} \sum_{k=1}^{n} x_{kj}}} \tag{11.7}$$

匹配系数考虑两变量同时存在的找矿意义。如果某变量与其他所有变量的匹配系数均较大，则认为该变量重要，应保留，否则可以将变量剔除。在实际应用时，可以用如下的指标作为衡量标准：

$$l_j=\sqrt{\sum_{i=1}^{m} l_{ij}^2} \tag{11.8}$$

根据 m 个变量 l_j 值的相对大小，选择前几个上述指标较大的变量。

在实际操作中根据实际情况进行筛选应用，在该区域选用匹配系数法进行变量的优选，在保证有一定数量的变量的前提下，将与成矿匹配关系弱的变量进行剔除，这里选用阈值0.5，这样其中变量15——1∶5万化探存在标志、变量3——Cd元素化探异常存在标志、变量17——Cd元素异常平均值等三个变量匹配系数小于0.5，将予以剔除，其他变量匹配系数见图11.33。

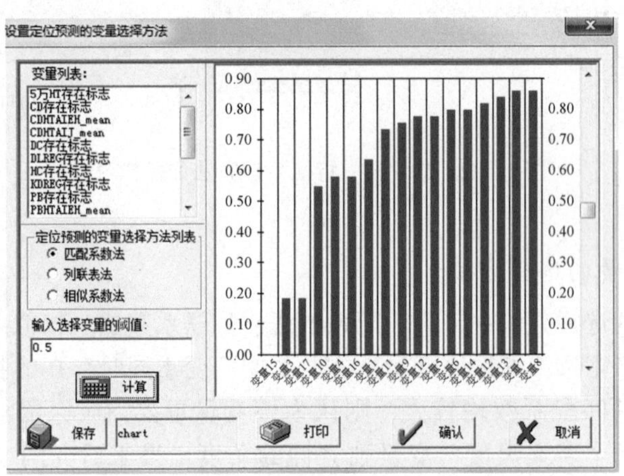

图11.33 喷流-沉积型铅锌矿变量匹配系数分布柱状图

3. 特征分析法定位预测

根据本区的实际情况，采用有模型预测工程，预测的地质单元是采用综合信息地质单元法圈定的预测区，用矿产点位图层矿床（点）中的规模字段作为矿化等级选项，矿化等级设置根据矿床点规模确定。对海相沉积型铁矿和沉积变质型铁矿分别采用特征分析法进行定位预测。在 MRAS 软件中，按照图 11.32 流程图构造预测模型，计算因素权重，在 MRAS 软件中提供有平方和法、矢量长度法等两种方法进行定位预测变量权重计算，本次预测采用平方和法计算定位预测变量权重。

平方和法是通过计算变量 j 与所有其他变量的匹配数构成了一个 m 维向量（e_{j1}，e_{j2}，…，e_{jm}）′，该向量的长度作为变量 j 的权系数。

$$a_j = \sqrt{\sum_{k=1}^{m} e_{jk}^2} \quad (j = 1,2,\cdots,m) \tag{11.9}$$

采用平方和法计算海相沉积型铁矿定位预测变量权重，见表 11.9，根据各定位预测变量权重，对变量进行二次优选，对于个别权重过低的，可通过标志重要性阈值予以剔除。

表 11.9　定位预测变量标志权重一览表

变量编号	预测变量	变量提取类别	标志权重
变量 1	航磁化极异常区（40～100nT）	提取存在标志	0.3123
变量 2	Pb 元素异常区	提取异常平均值	0.3123
变量 3	Cd 元素异常区	提取存在标志	0.3123
变量 4	成矿有利地层	提取存在标志	0.2327
变量 5	Pb 元素异常区	提取异常区内的异常点数	0.1909
变量 6	遥感羟基异常区	提取存在标志	0.3123
变量 7	Zn 元素异常区	提取异常区内的异常点数	0.1404
变量 9	Pb 元素异常异常区	提取存在标志	0.3123
变量 10	矿点缓冲区	提取存在标志	0.2779
变量 11	Cd 元素异常区	提取异常区内的异常点数	0.1473
变量 12	Zn 元素异常区	提取存在标志	0.3123
变量 14	遥感铁染异常区	提取存在标志	0.3123
变量 15	1∶5 万化探异常区	提取存在标志	0.1872
变量 16	断裂缓冲区（2.5km）	提取存在标志	0.2703

采用线性插值计算方法，分 15 组，对各预测区成矿概率进行模拟计算，根据喷流–沉积型铅锌矿成矿概率图，采用手动选择区间，选择过程中，一般选取模拟曲线的拐点位置（图 11.34），A 级预测区成矿概率大于 0.834，B 级预测区成矿概率为 0.5036～0.834，C 级预测区成矿概率为 0.0352～0.5036，并对成矿概率小于 0.0352 的预测区予以剔除，由表 11.10 可知，工作区内喷流–沉积型铅锌矿预测区中 A 级预测区 14 个，B 级预测区 11 个，C 级预测区 5 个。特征分析法对喷流–沉积型铅锌矿预测区优选成果见图 11.35。

11.3.8　结论

（1）针对火烧云铅锌典型矿床，从控矿沉积地层、控矿断裂构造、矿体空间分布特征、矿石物质成分特征、成矿期次、蚀变及成矿流体特征等方面开展了典型矿床研究，建

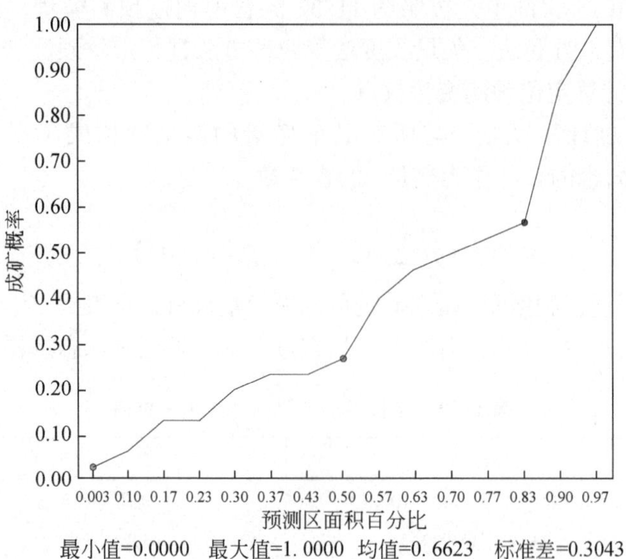

图 11. 34　喷流-沉积型铅锌矿最小预测区成矿概率图

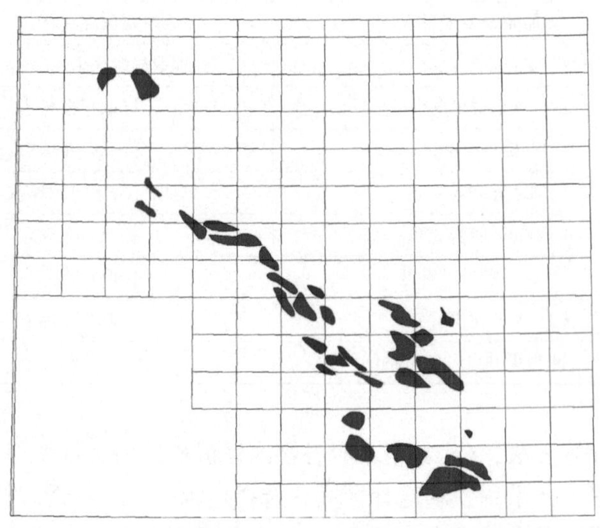

图 11. 35　喷流-沉积型铅锌矿预测区优选成果图

立火烧云铅锌矿成矿模式图和找矿标志，编制了典型矿床成矿要素图、预测要素图。

（2）基于研究区区域成矿构造环境、矿床成矿系列及成矿谱系的研究，建立了研究区铅锌矿区域成矿演化模式，分析了沉积建造、火山岩、断裂构造在铅锌成矿中的动力学效应。沉积建造的双层结构，下部砾岩层，上部灰岩层，砾岩层为海水的下渗和富含成矿物质流体的上升提供了高渗透性通道，灰岩层作为地球化学障为成矿物质的卸载提供了条件；火山活动之后的强烈热液活动期，为流体循环提供了充足的热源，断裂构造为喷流-

表 11.10 海相沉积型铁矿预测区变量得分及成矿概率表

预测区编号	预测区名称	单元得分	1:5万化探异常区存在标志	镉元素异常存在标志	镉元素异常点数	成矿有利地层存在标志	断裂缓冲区存在标志	航磁化极异常存在标志	矿点缓冲区存在标志	铅异常区存在标志	铅异常区平均值	铅异常区异常点数	羟基异常存在标志	铁染异常存在标志	锌异常存在标志	锌异常点数	成矿概率	优选级别
ZB-1	温泉沟	0.67	0.00	1.00	0.00	0.00	1.00	1.00	1.00	1.00	1.00	0.00	1.00	0.00	1.00	0.00	0.52	B
ZB-2	苦浪阿土达坂	0.68	0.00	1.00	0.00	0.00	1.00	1.00	0.00	1.00	1.00	0.00	1.00	1.00	1.00	0.00	0.54	B
ZB-3	鱼跃石	0.68	0.00	1.00	0.00	1.00	1.00	1.00	1.00	0.00	0.00	0.00	1.00	1.00	1.00	1.00	0.55	B
ZB-4	叉路口	0.74	0.00	1.00	0.00	1.00	1.00	1.00	0.00	1.00	1.00	0.00	1.00	1.00	1.00	0.00	0.64	B
ZB-5	鸡冠石	0.96	1.00	1.00	1.00	1.00	1.00	1.00	1.00	1.00	1.00	1.00	1.00	1.00	1.00	0.00	1.00	A
ZB-6	木鱼岭	0.91	1.00	1.00	1.00	1.00	1.00	1.00	1.00	1.00	1.00	0.00	1.00	1.00	1.00	0.00	0.92	A
ZB-7	宝塔山	0.96	1.00	1.00	1.00	1.00	1.00	1.00	1.00	1.00	1.00	1.00	1.00	1.00	1.00	0.00	1.00	A
ZB-8	落石沟	0.73	1.00	1.00	0.00	1.00	1.00	1.00	1.00	1.00	0.00	0.00	0.00	1.00	1.00	1.00	0.63	B
ZB-9	白泥滩	0.95	1.00	1.00	1.00	1.00	1.00	1.00	1.00	1.00	1.00	0.00	1.00	1.00	1.00	1.00	0.98	A
ZB-10	虎形山	0.95	1.00	1.00	1.00	1.00	1.00	1.00	1.00	1.00	1.00	0.00	1.00	1.00	1.00	1.00	0.98	A
ZB-11	团结峰	0.91	1.00	1.00	0.00	1.00	1.00	1.00	1.00	1.00	1.00	0.00	1.00	1.00	1.00	1.00	0.91	A
ZB-12	长山岭	0.56	1.00	0.00	0.00	1.00	1.00	1.00	1.00	0.00	0.00	0.00	0.00	1.00	1.00	1.00	0.36	C
ZB-13	岔路口	0.45	1.00	0.00	0.00	1.00	1.00	1.00	0.00	0.00	0.00	0.00	1.00	1.00	0.00	0.00	0.17	C
ZB-14	龙山岭	0.91	0.00	1.00	1.00	1.00	1.00	1.00	1.00	1.00	1.00	1.00	1.00	1.00	1.00	0.00	0.92	A
ZB-15	龙山岭东	0.45	1.00	0.00	0.00	1.00	1.00	1.00	0.00	0.00	0.00	0.00	1.00	1.00	0.00	0.00	0.17	C
ZB-16	化石山北	0.41	0.00	0.00	0.00	0.00	1.00	1.00	1.00	0.00	0.00	0.00	1.00	1.00	0.00	0.00	0.11	C

续表

预测区编号	预测区名称	单元得分	1：5万化探异常区存在标志	镉元素异常存在标志	镉元素异常点数	成矿有利地层存在标志	断裂缓冲区存在标志	航磁化极异常存在标志	矿点缓冲区存在标志	铅异常区存在标志	铅异常区平均值	铅异常区异常点数	羟基异常存在标志	铁染异常存在标志	锌异常存在标志	锌异常点数	成矿概率	优选级别
ZB-17	化石山	0.52	1.00	0.00	0.00	1.00	1.00	1.00	1.00	0.00	0.00	0.00	1.00	1.00	0.00	0.00	0.51	B
ZB-18	兴山	0.84	1.00	1.00	0.00	0.00	1.00	1.00	1.00	1.00	1.00	0.00	1.00	1.00	1.00	1.00	0.81	B
ZB-19	冰海	0.91	0.00	1.00	1.00	1.00	1.00	1.00	1.00	1.00	1.00	1.00	1.00	1.00	1.00	0.00	0.92	A
ZB-20	甜水海	0.52	0.00	1.00	1.00	1.00	0.00	1.00	1.00	0.00	0.00	0.00	1.00	1.00	0.00	0.00	0.29	C
ZB-21	长宝山	0.90	1.00	1.00	1.00	0.00	1.00	1.00	1.00	1.00	1.00	1.00	1.00	1.00	1.00	0.00	0.90	A
ZB-22	多宝山	0.91	0.00	1.00	1.00	1.00	1.00	1.00	1.00	1.00	1.00	1.00	1.00	1.00	1.00	0.00	1.00	A
ZB-23	天柱山	0.91	0.00	1.00	1.00	1.00	1.00	1.00	1.00	1.00	1.00	1.00	1.00	1.00	1.00	0.00	0.92	A
ZB-24	双宝山南	0.76	0.00	1.00	1.00	1.00	0.00	1.00	0.00	1.00	1.00	1.00	1.00	1.00	1.00	0.00	0.67	B
ZB-25	尖山	0.71	0.00	1.00	0.00	1.00	1.00	1.00	0.00	1.00	1.00	1.00	1.00	1.00	0.00	0.00	0.59	B
ZB-26	萨岔口	0.71	0.00	0.00	0.00	1.00	0.00	1.00	1.00	1.00	1.00	1.00	1.00	1.00	1.00	0.00	0.59	B
ZB-27	火烧云	0.83	1.00	1.00	0.00	1.00	0.00	1.00	1.00	1.00	1.00	1.00	1.00	1.00	1.00	1.00	0.86	A
ZB-28	蛇山	0.61	1.00	0.00	0.00	0.00	0.00	1.00	0.00	1.00	1.00	1.00	0.00	1.00	0.00	0.00	0.43	B
ZB-29	吉利山	0.91	0.00	1.00	0.00	1.00	1.00	1.00	1.00	1.00	1.00	1.00	1.00	1.00	1.00	1.00	0.91	A
ZB-30	二里平	0.90	1.00	1.00	0.00	0.00	1.00	1.00	1.00	1.00	1.00	1.00	1.00	1.00	1.00	1.00	0.89	A

沉积过程中流体的下渗和上移提供了通道，持续缓慢的拉张背景，为喷流-沉积的持续稳定进行提供了必要的构造背景条件。

(3) 通过典型矿床和区域成矿规律研究成果，提取了区域成矿要素，编制了区域成矿要素图，在区域成矿要素图上对区域成矿要素进行突出表达，着重突出了中侏罗统龙山组和上白垩统铁龙滩群，同时附有区域构造图、区域成矿演化模式图、区域地质剖面图、矿产地、区域成矿要素表、区域成矿单元划分表等内容。

(4) 完成研究区区域航磁、重力、化探、遥感影像等资料的收集和处理，并对航磁、重力、化探、遥感资料的信息进行分析，编制了相应的成果图件，进行了有利成矿信息提取。航磁化极负磁异常区及低缓磁异常区是成矿有利背景，布格重力处于梯度带，已知铅锌矿产地均位于剩余重力化探低异常区中或其边部，化探异常呈现 Pb-Zn-Cd 元素组合，成矿有利地层呈现带状遥感铁染异常，编制完成区域预测要素图。

(5) 采用 MRAS 软件中开发综合信息地质体单元法，通过预测模型建立、预测地质变量提取、预测地质变量选择，根据各个地质变量的地质找矿意义，采用缓冲区分析，各面元的相交、合并、相减等要素叠加的方法圈定网格化预测单元，结合地质建造采用人工方法对其边界进行修正，圈定最小预测区 30 个。

(6) 采用 MRAS 软件再开发的特征分析法，通过预测地质变量选择、定位预测变量提取和赋值，匹配系数法对预测变量进行优选，平方和法计算变量权重，采用线性插值计算方法，分 15 组，对各最小预测区成矿概率进行模拟计算，形成成矿概率图，选取模拟曲线的拐点位置，A 级预测区成矿概率大于 0.834，B 级预测区成矿概率为 0.5036 ~ 0.834，C 级预测区成矿概率为 0.0352 ~ 0.5036，并对成矿概率小于 0.0352 的预测区予以剔除，优选出 A 级预测区 14 个，B 级预测区 11 个，C 级预测区 5 个。

11.4 能源矿产资源定量预测评价

11.4.1 油气资源预测

11.4.1.1 预测问题与数学模型的关系

地学领域针对所要进行预测研究的对象不同，预测问题可归为两类：一类是如果研究对象是某种地质体例如含矿地质体，则预测问题可能为地质体的矿产资源潜力评价，或是地质体远景矿区定量预测问题；另一类是如果研究对象是某一地质过程，那么预测问题则是对二维或三维地质体不同特征的发展过程或相应的影响因素进行预测。它包括了对地质体的产生、变化、发展过程的研究，要用到多方面的数学模型进行综合研究。常见的是第一类问题，这类问题研究得非常多，所建立数学模型的方法也很多。

对某一含矿地质体的预测研究，主要包括对各种比例尺成矿远景区定量预测和对矿体资源潜力评价两部分研究内容。成矿远景区定量预测要求具体确定成矿远景区的空间部位，并进行矿床个数、矿产数量及找矿概率等有关的定量估计，为地区矿产资源的进一步勘查和开发提供依据，其研究的基础是矿产空间分布模型和找矿概率估计。

早期此类问题所建立的数学模型有两类。

第一类：对定性类型的地质体进行研究，所建立的数学模型有特征分析数学模型、逻辑信息数学模型、找矿信息量数学模型等。

第二类：对定量类型的地质体进行研究，则有回归类数学模型、判别分析数学模型、Q 型聚类分析数学模型、Q 型因子分析数学模型、Q 型映射分析数学模型等。

对于矿产资源潜力评价这一预测性问题来说，建立数学模型的方法主要归为以上第二类的五种方法。这些模型则是按矿产资源定量评价的分类原则建立的。其分类原则分别为：

（1）统计预测原则。地学中许多地质现象和地质过程都普遍受概率法则支配，也就是说它们可当作随机事件，所以由各种观测手段得到的大多数地区的地质信息都具有随机变量性质。从统计观点看，矿体形成的实质就是对所研究的地质体的抽样观测过程。这里把直接观测到的地质数据看作基础地质信息，而把统计方法得到的统计量看作是复合地质信息。以后，随着工作数据积累增加，才能得到对地质体的无偏估计，即才有条件得到“可能如此”的预测结论。依据统计预测方法建立的数学模型有：蒙特卡罗法数学模型、回归分析法数学模型。

应用蒙特卡罗法数学模型，可得出不同概率水平下的矿体资源估计值；使用多元统计方法，如回归分析法模型，不仅可以预测资源量大小，而且可以预测矿体内含矿有利地段。

（2）外推预测原则。是根据地质体本身已经确定的变化规律，经过延伸去预测地质体的外延变化情况。任何一种地质体，如果把其看作一个有序集合，则序集的外延就是外推预测。即通过认真分析地质矿体中已有的实际资料数据，可以建立拟合模型去逼近以往的采矿过程，当拟合过程达到要求时，这个模型的外延部分就可以代表这个矿区未来开采的前景。其中时间序列的外延是最常用的外推预测方法。由于这类模型是根据以往的历史资料建立，所以也称为历史外推法。

外推预测法一般是把矿体资源量作为时间和投入工作量等的函数，因而属于广义的时间序列分析。

这类方法建立的数学模型有：指数函数数学模型、逻辑斯谛数学模型、翁旋回数学模型、规模序列数学模型、规模分布数学模型、储量变化率与增长率数学模型等。

（3）类比预测原则。就是根据两个地质体中已知的互相类似的性质，预测其尚未确知的互相类似的性质。若两个地质体的成因相似，则其矿区地质条件也可能相似。由此原则出发，可以根据成熟矿区获得的比较全面的地质信息，建立各式各样的地质模型，去预测含矿条件相似矿体的资源量与资源分布规律。

成熟矿区是指投入了较多的勘探工作量，对其成矿地质条件、资源量及其分布规律都比较清楚的矿区，所以有时也称为模型区或实习区。被预测的地区又称作评价区或靶区。所建立数学模型有：聚类分析法数学模型、判别分析法数学模型、因子分析法数学模型、对应分析法数学模型、地质因素比较法等。

（4）成因预测原则：各种矿体的形成，是各种起控制作用的地质因素在地质历史中演化和作用的结果。例如生、储、盖、圈、运、聚、保等条件是控制油气藏形成的最基本的地质因素。由成因预测原则导出的预测模型，原则上都应属于确定型模型，但由于目前成因理论上的不完善，往往在成因模型中仍有个别的经验系数，即还有某些经验模型的成分。

各种矿体在地壳中的形成和演化，是个极其复杂的地质过程，涉及地温、古压力、界面效应、渗流过程等物理演化，以及有机物质化学演化的一系列过程，因此难度很大。其相应的数学模型有盆地动态模拟法数学模型、运移系数法数学模型、干酪根降解数学模型等。

(5) 综合预测原则。任何一个地质问题都具有时间长、空间广、因素多的特点，所以使实际问题变得十分复杂。同时，由于矿床勘探阶段，尤其是在早期阶段，了解的情况不很全面，这就使结论犯“弃真”或“取伪”错误，例如，在含油气地区漏算储量，或在非矿体地区错算了资源量等。

为了克服认识上的局限性，则应利用一切可利用的找矿信息，进行信息加工与综合，以便得出尽可能全面的预测结论。这类方法建立的数学模型有德尔菲法数学模型、多种信息叠合数学模型等。

11.4.1.2 蒙特卡罗模型

1. 油藏发现概率模型

对已有的油田发现记录进行研究，以便找出某个地区的油气田分布特征，主要是根据Kaufman等（1975）提出的一个已被广泛应用的模型——油藏发现概率模型，即可以合理假定油藏发现的大小是从有限的油藏样本中随机抽样产生的。而这些油藏样本的形态是由另外一个随机抽样过程产生的。有限的油藏样本是从假定的无数样本数目中随机抽样获得，这些总体样本的形态分布函数是已知的。

假定实际存在的有限油藏样本称为原始样本，原始样本中的单个油藏服从发现概率模型分布，发现概率模型依据有待被发现油藏的大小。在发现过程中的任何时刻，原始样本中的N个油藏由一个指数I表示，被划分为已发现的油藏N_d和由一个序列I_r表示的、待发现的油藏N_r。发现概率模型指出：待发现的油田$i \in I_r$的概率为

$$f_i = \frac{V_i}{\sum_{i \in I_r} V_i} \tag{11.10}$$

式中，V_i表示油藏目前的体积大小。

如果发现概率模型同一个原始样本模型联立，其随机抽样数N来自一个概率密度为$g(\theta)$的总体样本的话（θ为参数矢量），那么，用参数N和θ可表达实际发现的油田概率。

当θ未知时，可用概率公式来确定其值。然后用蒙特卡罗法计算结果。用N和N_d表达已发现的和未发现的油田分布特征。

Lee和Wang（1985）给出了一个计算发现概率的通用模型

$$f_i = \frac{V_i^p}{\sum_{i \in I_r} V_i^p} \tag{11.11}$$

式中，ρ 为未知参数，有各种名称，如发现系数、发现参数和体积偏差参数等。式中 ρ 代表了这个系数，而用 β 作为形态参数。$\rho=0$ 时，发现过程是一个简单的随机抽样过程，与油田的相对大小无关。ρ 增加时，发现过程倾向于首先发现大的油田。

Lee 和 Wang（1985）综合了方程（11.11）发现过程模型和 Kaufman 等（1975）的模型，建立以 θ、N 和 ρ 为参数的概率公式，用于表达已发现油田的发现序列，并用一个数值最小的步骤来求解这些参数的最大概率评估值。另外还给出了一个步骤来按级别评估单个油藏的分布。然而，实际运用这种步骤需要在原始样本中划分已发现油田的级别，而没有对原始样本油田详尽的认识和了解，这种划分是不可能的。Stone 于 1990 年用同样的发现概率模型和原始样本模型，建立了一个贝叶斯公式说明参数分布，参数包括 θ、N 和 ρ 及未知油田矢量，并给出计算方法来求解这些参数及与未发现样本有关的各个方面的样本分布。

许多研究运用了一个原始样本的对数正态模型。Schuenemeyer 和 Drew（1983）则用 Pareto（帕累托）模型表达油气沉积分布的含义，而不用对数正态模型。Davis 和 Chang（1989）提出了三参数对数伽马模型来求得 Pareto 分布和对数正态分布极值间的分布范围。

2. *蒙特卡罗法油藏发现概率模型*

该方法是 Bohling 和 Davis（1993）综合分析对数伽马、对数正态和 Pareto 分布特性，构造了一个更实用的二元发现过程模型。

修改后的发现概率模型为

$$f_i = (1-\omega)\frac{1}{N_r} + \omega\frac{V_i^{\rho}}{\sum\limits_{i\in I_r} V_i^{\rho}},\quad 0\leqslant\omega\leqslant 1 \tag{11.12}$$

当 ω 或 $\rho=0$ 时，发现过程为一个随机抽样过程，当两个参数之一增加时（另一参数为非 0)，倾向于发现大的油田。ρ 固定，系数 ω 代表与油田大小有关的概率比例，而 $(1-\omega)$ 代表完全随机的概率比例。

原始样本按由大到小顺序排列，每个油田的发现概率求和产生累积概率，如图 11.36 所示。累积概率曲线上较陡的上升阶段表明最先可能发现的大油田。直线段表明完全的随

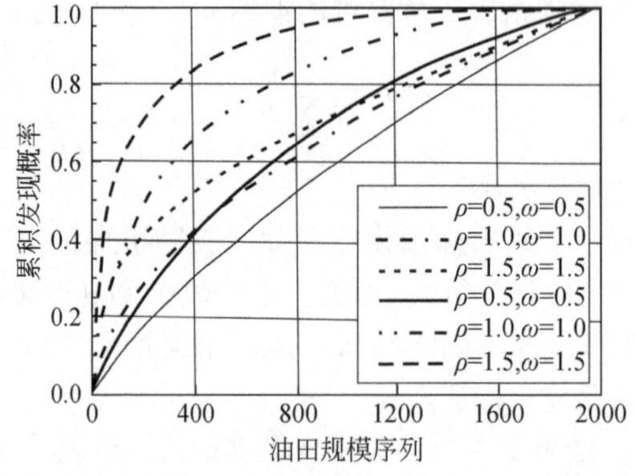

图 11.36　在发现模型参数取值不同情况下累积发现概率与油田规模排序（从最大到最小）关系

从 2000 个主分布场的原始样本数据计算，对数均值 8.0，对数偏差 1.2（据 Bohling and Davis，1993）

机取样 ω 或 $\rho=0$，曲线表明：ω 的增加确实能以函数的形式给出增量的弹性，而仅改变 ρ 都得不到这种函数形式。

该模型也可用总体样本的三元模型来描述主分布，将油田体积数 x，取自然对数后，即用偏移的伽马密度函数来描述，公式为

$$g(x)=\frac{(x-\alpha)^{\beta-1}\mathrm{e}^{-\theta(x-\alpha)}}{\Gamma(\beta)}\theta^{\beta},x>\alpha,\theta>0,\beta>0 \tag{11.13}$$

式中，$\Gamma(\beta)$ 为伽马函数；α 为偏移参数，表示 x 的最小值或油田大小的最小对数值；θ 为比率参数；β 为形态参数。伽马分布也可用均值 μ、标准差 σ、形态参数按下面的关系来表示：

$$\mu=\alpha+\frac{\beta}{\theta} \tag{11.14}$$

$$\sigma^2=\frac{\beta}{\theta^2} \tag{11.15}$$

当 $\beta=1$ 时，伽马分布为偏移指数分布，而油田体积为 Pareto 分布。当 $\beta\to\infty$ 时，α 与 θ 调整为 μ 和 δ 常数，伽马分布为正态分布（μ，b）。因此，对数伽马分布即可用来模拟介于对数正态分布极值间的相应形态，就对数分布而言，其关于中值对称；也可模拟 Pareto 分布，就对数（油田大小）分布而言为下降的指数形式。

1）计算步骤

对每一步模拟计算，都可以得到一个从主样本（μ，δ，β）而来的原始样本（N）。Ahrens 等（1983）的方法用来求解 N 个油田中的伽马、指数或正态分布。这些方法经修正后便用全概率随机数产生法来产生。本方法用原始样本不变的抽样方法创立了人工合成发现过程。对每个发现的油田，含概率（0～1），偏差 μ 都给出了。方程（11.12）表达的发现概率对未发现的油田（按面积由大到小分类）求和。累计概率大于 μ 时的第一个油田变成下一个已发现油田。它在原始样本的指数增加到已发现的油田指数中（按发现顺序排列），并从有待发现油田指数中减去这项指数。

对每一个人工合成的发现过程，可计算一个 χ^2 值。发现记录被划分成几个时间段上的过程，每个子过程上计算 χ^2 统计值，使 χ^2 值成为时间函数。人工合成的过程与观测过程应一致且 χ^2 值要小。计算 χ^2 的结果用于联立由此产生的参数值。子空间的大小和维数由每个参数的最大值、最小值和增量值确定。当所有参数设定增量值为 0 时任一参数均可看作常数。

进行模拟前，首先要确定每个序列中的油田数及其每个概率分布直方图上的油田数。每个实际发现的序列经过排序，计算出适当的间隔数，然后确定每个间隔适当的油田数。实际数可能略有偏差，这是由于油田大小比较接近。这种过程给出的 χ^2 值与间隔宽不变情况下的值相比更稳定。用间隔宽不变计算出的每间隔中的油田数差别很大，有些可能为 0。χ^2 偏差为

$$\chi^2=\sum_{i=1}^{n}\frac{(N_{S,i}-N_{t,i})^2}{N_{t,i}} \tag{11.16}$$

式中，n 为间隔数；$N_{t,i}$ 为间隔 i 上的油田数（实际发现目标）；$N_{S,i}$ 为间隔 i 上的模拟油田数。

显然，应用最小化过程，对参数空间中求χ^2最小化计算，可确定6个参数的最优估计值。然而，这样的过程与χ^2值相关系数有关。需要用大量的模拟实现来创建一个χ^2表面分布，这个表面要光滑到能与每个模型参数的偏差都很小。

由于研究整个6维参数空间上χ^2分布计算的繁重性，仅把其当作发现模型参数ω和ρ的函数进行了研究。为了确定原始样本参数，可用Davis和Chang（1989）讨论过的一种步骤计算。假设某个域上的全部油田均被发现，然后把原始样本参数与这些截断数据套匹配。然而，在左边的数据不匹配的不同分布却在其右边与数据吻合得很好，这表明基于观察到的未发现油田的分布特性很难被推知。如果给出时间，χ^2函数可以很容易地被网格化成子空间，子空间表示原始样本和总体样本的油田数，同时，这也可使原始样本参数值更具合理性。

2）实际应用

图11.37所示为Denver-Julesburg盆地油田发现过程。1986年的发现序列由1234个油田组成。正如Davis和Chang（1989，1990）描述的那样，用log r分布当$\beta=5.0$时的右长尾分布匹配已发现的油田（油田大于256000bbl①），结果当$\theta=0.709$，$a=2.78$时匹配效果最佳。这时，对数（油田大小）的均值为8.1，标准差为2.4。样本中预测的油田数为8647。用一个参数文件来网格化χ^2分布（把χ^2当作ω和ρ的函数），用最佳匹配值来确定其余参数，如表11.11所示，由于发现序列中有1234个油田，每个子序列有200个油田，发现序列中将会有6个子序列，最后的34个油田没有分析。每个子序列分成10个间隔，每个间隔有20个油田。在描述最小值、最大值及增量值曲线上，各参数按log10(N)，μ，σ，β，ω，ρ排列。前四个参数设置成常数。ω为0～1，增量幅度为0.1。ρ为0至2，增量幅度为0.1。运行表明$\omega=1.0$时，人工合成的序列与已观察到的发现序列之间χ^2偏差最小。再一次运行时，$\omega=1.0$，ρ按0.05增幅从0至2变化。这次计算结果见图11.38。χ^2分布代表了每个ρ值运行5次的平均值。最小的χ^2为$\rho=0.75$时，其值为34。

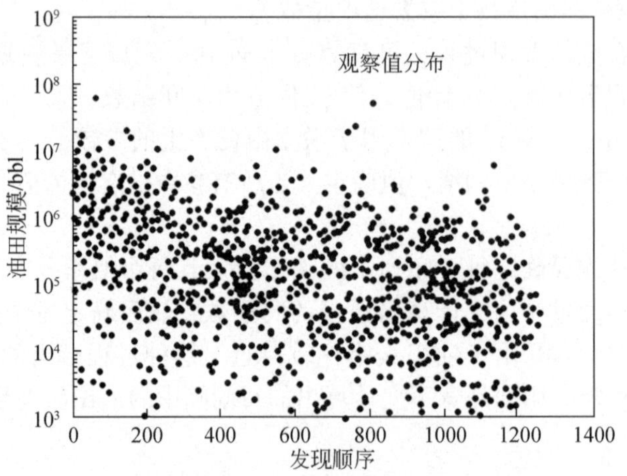

图11.37　Denver-Julesburg盆地1986年以来历史发现序列（据Bohling and Davis，1993）

① 1bbl=1.63659×10^{2}dm^3。

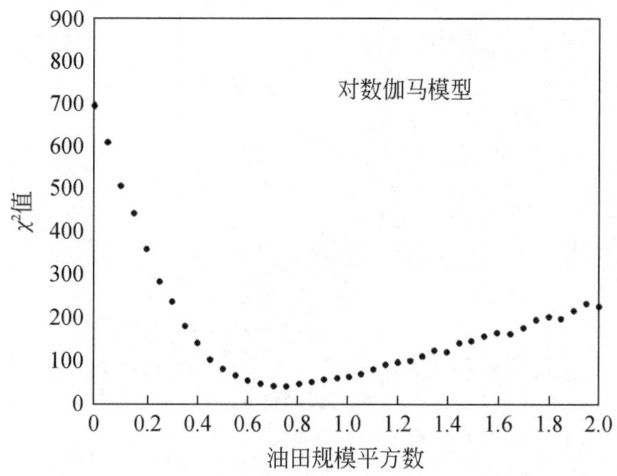

图 11.38 Denver-Julesburg 盆地发现序列与合成序列之间的χ^2偏差图（据 Bohling and Davis，1993）
按发现概率模型的油田大小及五次实现的平均值做出，$N=8647$，$\mu=8.1$，$\sigma=2.4$，$\beta=5.0$，$\omega=1.0$

表 11.11 预测油田数的参数文件

文件及参数	文件及参数意义
djbasin. pop	油田发现历史数据（取对数）
example. csvwr	网格输出文件
djbasin. trgtbl	目标计数表文件
1234 200 20	#已发现的，#每个序列，#每个间隔
53	#实现次数，分布类型（伽马）
3. 937 8. 099 2. 379 5. 00 0. 00 0. 00	参数最小值
3. 937 8. 099 2. 379 5. 00 1. 00 2. 00	参数最大值
0. 000 0. 000 0. 000 0. 00 0. 10 0. 10	参数增量

资料来源：据 Bohling and Davis，1993。

图 11.39 显示 $\omega=1.0$，$\rho=0.75$ 时，一个单独模拟发现序列。比较模拟的和实际的发现序列，发现两者最显著的差异在于，人工合成发现序列的早期发现了过多的大油田分布。这种差异用同样的参数和每个序列-子序列数进行 10 次不同的运算，结果这种差异仍然存在。不管原始样本的分布形态如何，这种在早期过多大油田分布的现象在许多程序运行中都出现过。

以上表明，或者三种分布函数（对数函数，log r，P 分布）易于产生大油田，或者过程模型没能充分描述大油田的发现（或者不能发现它们）。

已观察到的发现序列代表一种以油田规模为基础分布的有偏差的样本，许多与此有关的经济和逻辑因素，概率模型还反映不出，模型仅取决于油田的大小。而且，给一个模型添加过多参数可能会增加参数评估的多样性，而不是对所需资料增加信息预测能力。但不管怎么样，应用这一方法，可以研究以数据为基础的大范围的油田分布形式，预测油田的发现过程。结合其他来源的信息，还可以确定这些模型所用参数的真实性。

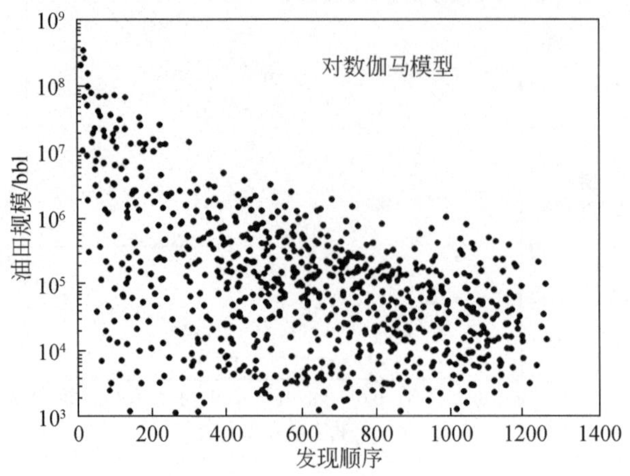

图 11.39　简单模拟发现序列图

$N=8647$，$\mu=8.1$，$\sigma=2.4$，$\beta=5.0$，$\omega=1.0$，$\rho=0.75$（据 Bohling and Davis，1993）

3. 蒙特卡罗模拟法模型

1）基本原理

蒙特卡罗模拟法是利用不同分布的随机变量的抽样序列，模拟给定问题的概率统计模型，给出问题的渐进估值的方法。目前西方国家及各大石油公司，已把蒙特卡罗法作为石油资源评价的重要方法，广泛用于含油气地区的早期勘探阶段。1979 年我国开始使用该方法估算石油资源量，现各油田已普遍采用。

石油资源评价基于不同的找油理论或不同的着眼点，从而对一地区的石油资源量的估算有不同的方法，但任何含油区的一个局部含油地质单元的石油资源量的计算公式，都可以归结为一些地质参数与经验系数的乘积，如用容积法估计一个圈闭的资源量 Q 时有

$$Q=\alpha AH\varphi S_0 \tag{11.17}$$

其中，A 是含油面积，m^2；H 为储层厚度，m；φ 为储层孔隙度，%；S_0 为石油充满系数；α 为采收率。

一般地，第 i 个含油地质单元的资源量 Q_i 可以表示为

$$Q_i=\prod_{j=1}^{p} x_{ij} \tag{11.18}$$

其中，x_{ij}表示第 i 个含油地质单元的第 j 个地质参数（或经验系数）。传统的做法是将每个地质参数视为常数去求 Q_i。实际上，我们观测每个参数得到的数据，对许多参数来说，只是该参数在其参数总体（服从某一概率统计分布的总体）中的一些随机抽样的观测值。因此，用统计模拟的方法去计算资源量 Q_i，无疑比传统方法更加合理。用蒙特卡罗法计算石油资源量 Q_i，就是用统计模拟办法求出 Q_i 的一组样本，用样本分布近似地代替 Q_i 的概率分布。根据该分布，就可以得到资源量 Q_i 在不同概率下的取值。

以上讲的是一个含油地质单元的资源量，一个含油区的资源量 Q 则是该区域的 m 个含油地质单元资源量的累加，即

$$Q = \sum_{i=1}^{m} Q_i \tag{11.19}$$

自然，累加也需要用统计模拟方法进行。

由上可见，用蒙特卡罗法模拟资源量时，是将一些地质参数看成服从某一分布的随机变量，分以下几个步骤进行：

（1）求资源量计算公式中每个地质参数（随机变量）的分布函数；

（2）经概率乘求局部含油地质单元的资源量 Q_i；

（3）经概率加求一个含油区的总资源量 Q。

2）计算步骤

前已说明，第 i 个含油地质单元的资源量可用

$$Q_i = \prod_{j=1}^{m} x_{ij} \tag{11.20}$$

表示，若x_{ij}为常数时已知其数值，为随机变量时已知其分布函数 $AF(x)$。现要用蒙特卡罗乘（概率乘）来求 Q_i 的分布函数。

为讨论方便，假定采用 $Q_i=\alpha AH\varphi S_0$ 来计算资源量。设其中的含油面积 A 和采收率 α 是常数。储层厚度 H，孔隙度 φ，石油充满系数 S_0 是随机变量。于是可在 H 中随机取一值 H_1，在 φ 中随机取一值 φ_1，在 S_0 中随机取一值 S_{01}，即可算得 Q_i 的一个值 $Q_{i1}=\alpha A\, H_1\varphi_1 S_{01}$。同样，再在 H 中随机取一值 H_2，在 φ 中随机取一值 φ_2，S_0 中随机取一值 S_{02}，又可算得 $Q_{i2}=\alpha A\, H_2\varphi_2 S_{02}$。如此继续下去，可以得到 Q_i 的一组样本，用此样本分布近似地作为 Q_i 的分布。具体做法如下：

（1）求出 Q_i 的最大值和最小值：

$$Q_{i\max}=\alpha A\, H_{\max}\varphi_{\max}S_{0\max} \tag{11.21}$$

$$Q_{i\min}=\alpha A\, H_{\min}\varphi_{\min}S_{0\min} \tag{11.22}$$

（2）求极差：

$$Q_{iL}=Q_{i\max}-Q_{i\min} \tag{11.23}$$

（3）将极差分为 k 个区间（一般取 $k=100$），每个区间长

$$\Delta Q_i=Q_{iL}/k \tag{11.24}$$

（4）以 $Q_{i\min}$为始点，ΔQ_i 为增量，求出每个区间的界点。

（5）以［0，1］上均匀分布的随机数作为随机变量 H、φ 和 S_0 的分布函数的概率入口值，用线性插值法计算出 H、φ 和 S_0 的出口值，这些出口值就是 H、φ 和 S_0 的一次随机抽样（注：如 H、φ 和 S_0 中，有分布为正态分布、对数正态分布或均匀分布时，则可用上节的办法直接生成这些分布的随机数）。具体的算法是这样的：如图 11.40 所示，设均匀分布的第 r 个随机数ξ_r 介于 H 的分布函数 $AF(H)$ 的二离散值 $AF(H_{k-1})$ 与 $AF(H_k)$ 之间。则

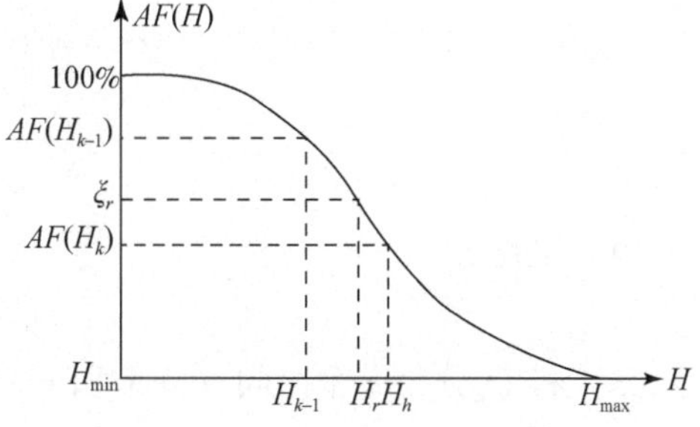

图 11.40 用线性插值法求 H 的第 r 个出口值

H 的第 r 个出口值 H_r 为

$$H_r=H_{k-1}+(H_k-H_{k-1})\times[AF(H_{k-1})-\xi_r]/[AF(H_{k-1})-AF(H_k)] \tag{11.25}$$

同样，可以算出 φ 的第 r 个出口值 φ_r 及 S_0 的第 r 个出口值 S_{0r}，即可计算得 Q_i 的第 r 次抽样

$$Q_{ir}=\alpha A\,H_r\varphi_r S_{0r} \tag{11.26}$$

对 H、φ 和 S_0 各随机抽样 n 次（即取 $r=1, 2, \cdots, n$），就可以算得 Q_i 的 n 个抽样观测值 Q_{i1}，Q_{i2}，…，Q_{in}，把这 n 个值与 k 个区间的界点比较，得出落入各区间的频数，再除以 n 得频率，从而即可得出 Q_i 的分布函数 $AF(Q_i)$ 如图 11.41 所示。

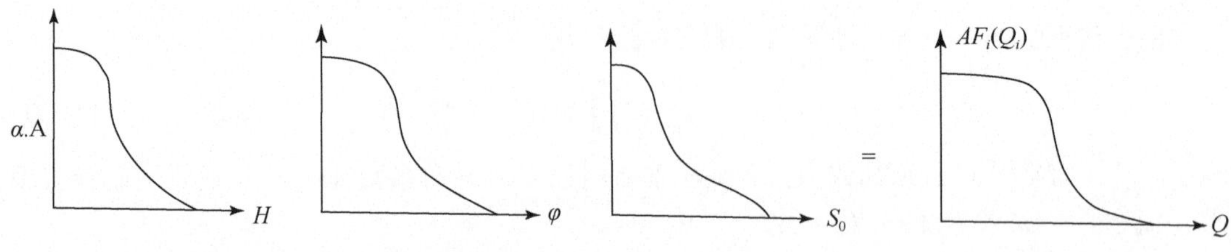

图 11.41　蒙特卡罗乘示意图

抽样次数 n 越大越好，实际计算时可从 $n=500$ 开始，逐步增加 n，直到 $AF_i(Q_i)$ 的形态趋于稳定不再变化（一定范围内）时为止。实践证明，当统计区间个数 k 取 100 时，抽样次数一般可选 500 到 5000 次。

以上是在各随机变量 H、φ 和 S_0 是相互独立的情况下得出的。如果它们彼此之间不是相互独立的，则首先要处理它们之间的相关关系，这里不再深入讨论。

3）应用实例

一个含油区的总资源量 Q 是该 m 个含油地质单元的资源量的和，即

$$Q=\sum_{i=1}^{m}Q_i \tag{11.27}$$

但求和时也需要用蒙特卡罗加（即概率加），具体的做法是：

（1）求 Q 的最大值和最小值

$$Q_{\max}=\sum_{i=1}^{m}Q_{i\max} \tag{11.28}$$

$$Q_{\min}=\sum_{i=1}^{m}Q_{i\min} \tag{11.29}$$

（2）求极差

$$Q_L=Q_{\max}-Q_{\min} \tag{11.30}$$

（3）将 Q_L 分为 k 个区间（一般取 $k=100$），每个区间长

$$\Delta Q=Q_L/k \tag{11.31}$$

（4）以 $Q_{\min}$ 为始点，ΔQ 为增量，求出每个区间的界点。

（5）以［0，1］区间上均匀分布的随机数作为含油地质单元资源量分布函数 $AF_i(Q_i)$ 的概率入口值，求得 Q_i 的出口值（即 Q_i 的一次随机抽样）。对 m 个地质单元都这样处理，

就得到 m 个出口值，将它们相加就得到 Q 的一个值。重复上述过程 n 次，就得到 Q 的 n 个抽样值，施以频率统计法，即可求得资源量 Q 的分布函数 $AF(Q)$，如图 11.42所示。

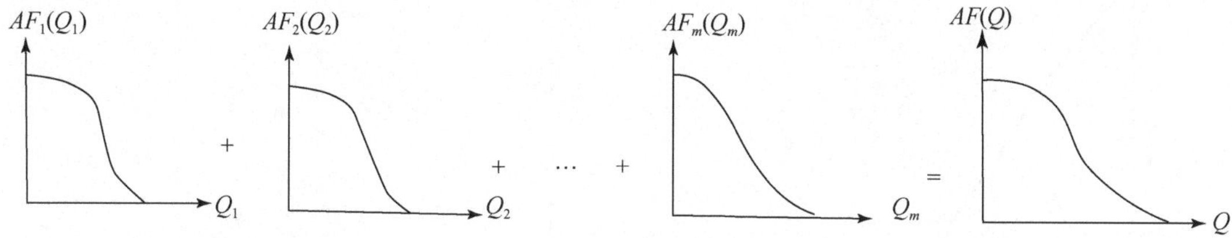

图 11.42　蒙特卡罗加示意图

经蒙特卡罗乘（或加）求得的分布函数曲线，往往出现向中间收缩的现象，这一现象的出现与否与参加运算的分布函数有关。例如，如果参加运算的都是正态分布，由于该分布的性质使得随机抽样值多数围绕其均值左右，故经概率乘（或加）求得的分布函数会向均值处收缩，分布函数的极小值一端会出现许多概率为 0 的点，而极大值一端会出现许多概率为 100% 的点。为去掉多余的点，可以重新插值求出有效段内的分布函数。但这个插值计算必须在概率乘（或概率加）全部完成之后进行，避免插值时产生的误差累积传播。

例 11.1　某区经勘探证实为由东西两断块组成的断块油藏，采用公式 $Q=\alpha AH\varphi S_0$ 用蒙特卡罗法计算其储量。其中采收率为经验系数，确定为常数 0.79，含油面积亦为常数。储层厚度 H、孔隙度 φ 及含油饱和度 S_0 为随机变量，其样品数据如表 11.12 所示。

表 11.12　某区断块油藏储量计算参数表

参数		东断块	西断块
经验系数 α		0.79	0.79
含油面积 A/km^2		4.1	0.56
储层厚度 H/m	数据数/个	14	3
	取值范围/m	4.1 ~ 35.6	5.8 ~ 23.8
孔隙度 φ	数据数/个	52	12
	取值范围/m	0.06 ~ 0.288	0.162 ~ 0.292
含油饱和度 S	数据数/个	44	12
	取值范围/m	0.074 ~ 0.807	0.418 ~ 0.75

东断块的储层厚度 H 采用正态分布，孔隙度 φ 和含油饱和度 S_0，因数据较多，采用频率统计法得到的经验分布，它们的分布函数图像分别见图 11.43、图 11.44 和图 11.45，然后用蒙特卡罗乘求得东断块的储量 Q_1 的分布函数，如图 11.46 所示。

西断块的 H 采用三角形分布，φ 和 S_0 采用正态分布，求得的储量 Q_2 的分布函数如图 11.47 所示，最后用蒙特卡罗加求得 Q_1 与 Q_2 的和，即油区的总储量 Q，其分布函数如图 11.48 所示。该区在主要概率点上的储量汇总如表 11.13 所示。

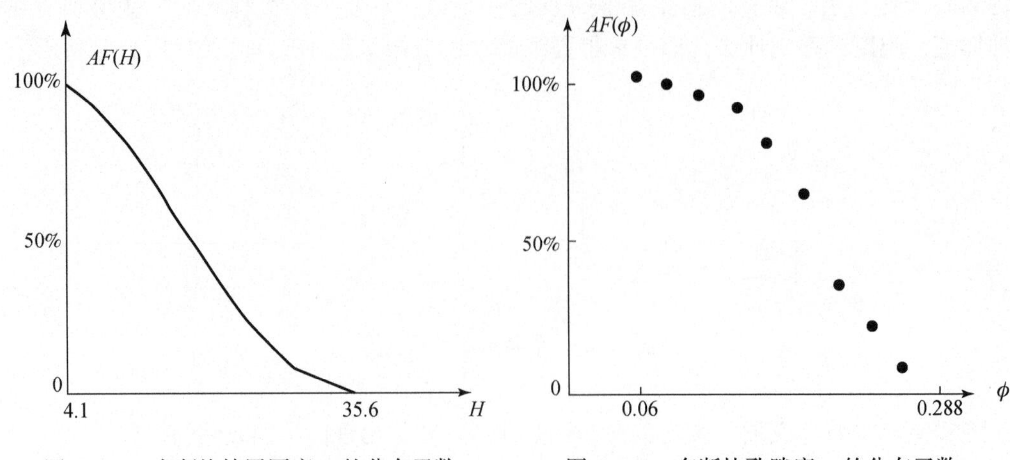

图 11.43　东断块储层厚度 H 的分布函数

图 11.44　东断块孔隙度 φ 的分布函数

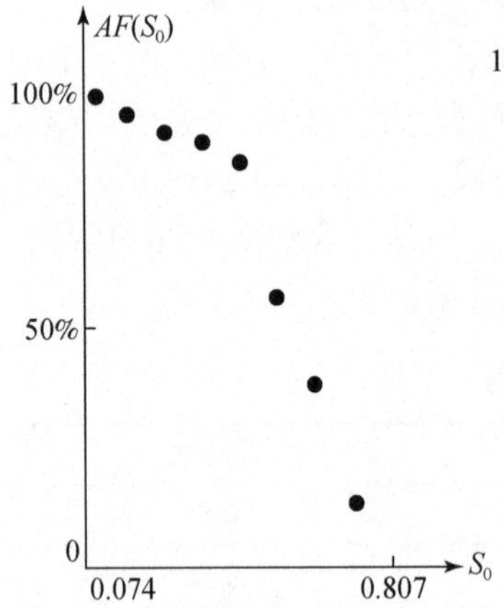

图 11.45　东断块含油饱和度 S_0 的分布函数

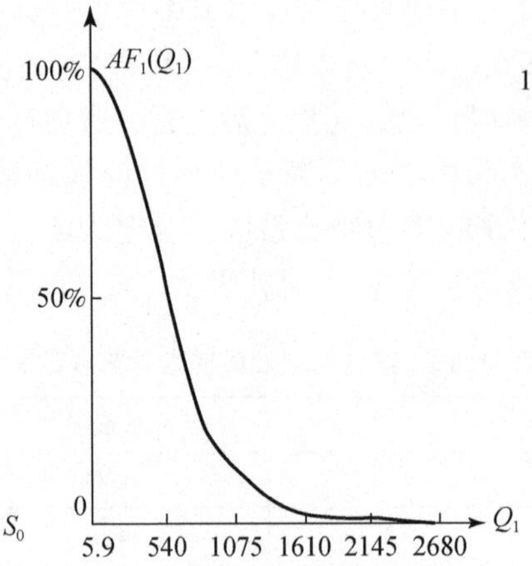

图 11.46　东断块储量 Q_1 的分布函数

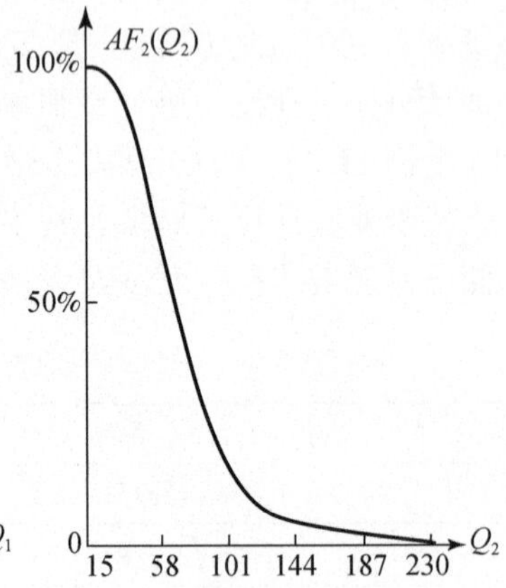

图 11.47　西断块储量 Q_2 的分布函数

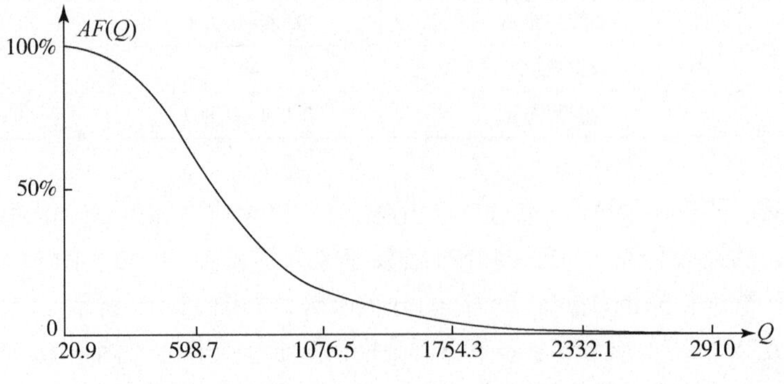

图 11.48　油区总储量 Q 的分布函数

表 11.13　某区主要概率点上的储量汇总表

概率/%	储量/10^4t		
	东断块	西断块	全区
100	5.9	15	20.9
95	125	35	188
50	540	67	611
5	1250	128	1340
0	2680	230	2910

最后，做石油资源的估计时还要进行各种风险分析，由于篇幅所限此处不再叙述，可参考有关资料，对此，具有概率统计基本知识的读者是不难理解和掌握的。

11.4.1.3　油田规模序列法模型

1. 基本原理

“油田规模”（oilfield size）是指油气田的最终可采储量。如果某个含油气区经过详细勘探后，发现了全部油气田，并且查清了每个油田的最终可采储量，那么，按最终可采储量由大到小排列，所得到的顺序称为油田规模序列。

国内外许多含油气区的统计资料说明，当一个含油气区的最大油田及一系列中小油田被发现后，如果以油田规模为纵坐标，以油田规模的序列号为横坐标，在双对数坐标纸上展点作图，大致可得一条直线，如图 11.49 所示。

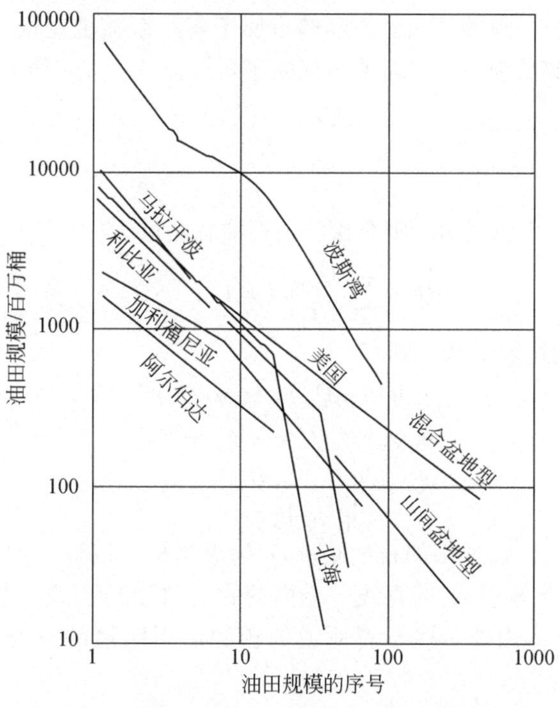

图 11.49　世界主要含油气盆地的油田规模序列图

根据这一规律，可以在探区的早期或中期勘探阶段，由已发现油气田的油气储量去预测尚未发现的油气田储量以及全探区的总的石油储量。

美国学者齐普夫（G. K. Zipf）于1949年在他所著的《人类行为与最小省力原则》一书中提出一种规律，这个规律可表述如下：将一组离散型随机变量，由大到小进行排列，如果最大的数值是第二大数值的两倍，是第三大数值的三倍，……，依次类推，则称这组离散类型随机变量服从齐普夫定律。

进入20世纪70年代以后，随着计算机技术的推广应用，齐普夫定律逐渐为人们所重视。自1972年以来，相继有人研究齐普夫定律的应用，发现世界各国城市人口的分布，英语词汇相对的使用频率等与人类活动有关的各种社会现象大都接近齐普夫定律。

近年来，国内有人应用齐普夫定律研究勘探地区的金属矿床及油气田的规律序列，借以预测尚未发现的矿产储量或油气田储量。

实际上，齐普夫定律是帕累托（Pareto）于1927年所提出的定律特例。帕累托定律可表述为如下关系式：

$$\frac{Q_m}{Q_n}=\left(\frac{n}{m}\right)^k \tag{11.32}$$

式中，Q_m为序号等于m的随机变量的数值；Q_n为序号等于n的随机变量的数值；k为实数；m，n为1，2，…整数序列中的任一数值，但$m\neq n$。

当式（11.32）中的$k=1$时，则为齐普夫定律，即：

$$\frac{Q_m}{Q_n}=\frac{n}{m} \tag{11.33}$$

$$m\times Q_m=n\times Q_n \tag{11.34}$$

一个含油气地区内一组油气田的石油储量属于离散型随机变量，当最大的（第一号）油田被发现，其石油储量为$Q_{\max}$，若油田规模序列符合齐普夫定律时，则有

$$Q_{\max}=n\times Q_n \tag{11.35}$$

$$Q_n=\frac{Q_{\max}}{n} \tag{11.36}$$

假如油气区共有l个油气田，则全探区的石油总储量SQ等于

$$SQ=\sum_{i=1}^{l}\frac{Q_{\max}}{i}(i=1,2,\cdots,l) \tag{11.37}$$

式（11.34）的两边取对数，则有

$$\lg(m\times Q_m)=\lg(n\times Q_n) \tag{11.38}$$

$$\lg Q_m-\lg Q_n=-(\lg m-\lg n)$$

$$\frac{\lg Q_m-\lg Q_n}{\lg m-\lg n}=-1$$

在双对数坐标纸上，以油田的石油储量Q_i为纵坐标，以油田的序号i为横坐标作图，则数据点的连线为斜率等于-1的直线。上面的式（11.35）、式（11.36）、式（11.37）、式（11.38）就是目前国内外一些学者所说的预测油田储量的齐普夫定律不同形式的表达式。

但是，图11.49中世界主要含油气区的统计资料说明，多数含油气区并不符合齐普夫

定律，而是符合适应范围更广的帕累托定律。

对式（11.32）两边取对数，则有

$$\lg Q_m - \lg Q_n = -k(\lg m - \lg n) \tag{11.39}$$

$$\frac{\lg Q_m - \lg Q_n}{\lg m - \lg n} = -k$$

在双对数坐标纸上作图，则数据点的连线为斜率等于$-k$的直线，这样便与图 11.54 中的统计规律相符合了。所以，应当认为油田规模序列的分布规律服从帕累托定律，而服从齐普夫定律仅是其中的特例。

2. 计算步骤

（1）由熟悉含油气地区情况的地质学家商定油田规模序列的系数 k。这里可以借鉴与含油气地区在地质条件上相似的探区资料。

如果确定系数 k 有困难，可令 $k=\tan\theta$，θ 的角度值限定在 25°～65°范围内，并把这一范围分为若干个间隔值，进行多个油田规模序列的拟合计算。

例如，假如取角度值步长为 5°时，则有如下 9 个间隔值：

tan25°＝0.4663　tan30°＝0.5774　tan35°＝0.7002

tan40°＝0.8391　tan45°＝1.0000　tan50°＝1.1918

tan55°＝1.4218　tan60°＝1.7321　tan65°＝2.1445

其中 tan45°＝1.0000 时为齐普夫定律。

（2）把探区中已发现的 l 个油田，按储量 Q_i（$i=1, 2, \cdots, l$）由大到小进行排列，选择储量最大的油田作为推算点。

（3）如果探区中已发现的 l 个油田的储量为 Q_1，Q_2，…，Q_l，则以推算点 Q_1 去除 Q_i，并求出其值的 k 次方根，得到如下序列A_i：

$$A_i = \sqrt[k]{\frac{Q_i}{Q_1}}\,(i=1,2,\cdots,l) \tag{11.40}$$

（4）序列A_i（表示下列矩阵第 i 行任意元素）乘以正整数 $n=1$，2，…，当$A_i n$ 的值接近正整数 1，2，…，m，…时，记入下列矩阵

$$\begin{pmatrix} A_{11}n & A_{12}n & \cdots & A_{1l}n \\ A_{21}n & A_{22}n & \cdots & A_{2l}n \\ \vdots & \vdots & \ddots & \vdots \\ A_{m1}n & A_{m2}n & \cdots & A_{ml}n \end{pmatrix} \begin{matrix} \approx 1 \\ \approx 2 \\ \vdots \\ \approx m \end{matrix} \tag{11.41}$$

计算矩阵中各行的标准差

$$\sigma = \sqrt{\frac{1}{l}\sum_{i=1}^{l}(A_i n - \overline{A_n})^2} \tag{11.42}$$

其中，

$$\overline{A_n} = \frac{1}{l}\sum_{i=1}^{l} A_i n \tag{11.43}$$

当矩阵中第 m 行的标准差 σ 小于给定误差 EP 时，即 $\sigma<EP$。一般情况下可令 EP＝0.05～0.1。此时

$$A_i n = \sqrt[k]{\frac{Q_i}{Q_1}} \times n \approx m \tag{11.44}$$

$$\sqrt[k]{\frac{Q_i}{Q_1}} \approx \frac{m}{n} \tag{11.45}$$

即

$$\frac{Q_i}{Q_1} \approx \left(\frac{m}{n}\right)^k \tag{11.46}$$

由于$A_i n$已接近正整数m，所以在给定的误差范围内符合帕累托定律。因而可把第m行作为探区油田规模的预测模型序列。

（5）把预测模型序列$A_i n$中的每个数值除以A_i，则可得到探区中已发现油田Q_1，Q_2，…，Q_l在预测的油田规模序列中的序号n（秩）：

$$n = \frac{A_i n}{A_i} \tag{11.47}$$

而n则为1，2，…中的某一整数。m值则为Q_1（已发现油田中的最大油田储量）在预测的油田规模序列中的序号（秩）。

（6）探区中已发现的油田储量（$i=1$，2，…，l）乘以预测序号n的k次方幂，则为预测的最大油田储量$\hat{Q}_{\max}$。这里以所有已发现油田预测的最大油田储量的平均值作为预测的探区中的最大油田储量，即

$$\hat{Q}_{\max} = \frac{1}{l}\sum_{i=1}^{l} Q_i n^k \tag{11.48}$$

（7）预测的最大油田储量$\hat{Q}_{\max}$除以1^k，2^k，…，则得到探区中预测的油田规模序列$\hat{Q}_i$：

$$\hat{Q}_i = \hat{Q}_{\max}/i^k (i = 1,2,\cdots,P) \tag{11.49}$$

当油田规模序列的某一储量$\hat{Q}_{p+1} < Q_{\min}$时截断序列。$Q_{\min}$为人为规定的在当时技术水平下的最小经济油田的储量值。

（8）预测全探区总的石油储量（或资源量）$S\hat{Q}$：

$$S\hat{Q} = \sum_{i=1}^{P} \hat{Q}_i = \sum_{i=1}^{P} (\hat{Q}_{\max}/i^k) \quad (i = 1,2,\cdots,P) \tag{11.50}$$

（9）按$k = \tan 25° \sim \tan 65°$范围内的步长计算$S$个预测的油田规模序列$\hat{Q}_j$（$j=1$，2，…，$S$），再计算每个预测序列中已发现油田的实际储量与所预测的储量之间的标准差σ

$$\sigma = \sqrt{\frac{1}{l}\sum_{i=1}^{l} (Q_i - \hat{Q}_{ji})^2} \quad (j = 1,2,\cdots,S)(i = 1,2,\cdots,l) \tag{11.51}$$

式中，Q_i为探区中已发现油田的实际储量；$\hat{Q}_{ji}$为第j个预测序列中已发现的第i个油田的预测储量。

最后选定σ值最小的序列作为预测的油田规模序列。

（10）上述的计算结果仅是从数学运算中得出的预测值，是否符合实际地质情况，还

需要由熟悉探区情况的地质学家们讨论商榷。

3. 应用实例

例 11.2 某探区经钻探已发现 4 个油田，石油地质储量分别为 149. 143 万 t、61. 567 万 t、34. 375 万 t、27. 277 万 t。

（1）由于该区是个新探区，所以很难确定油田规模序列的系数 k。因而需要通过多次拟合计算，经计算确定 $k=\tan 60°=1.732$。

（2）把已发现的 4 个油田，按储量由大到小进行排列：

$$Q_1=149.143\text{ 万 t}\quad Q_2=61.567\text{ 万 t}$$
$$Q_3=34.0375\text{ 万 t}\quad Q_4=27.277\text{ 万 t}$$

以最大油田储量 149. 143 万 t 作为推算点。

（3）用推算点 Q_1 去除 Q_1，Q_2，Q_3，Q_4，并求所得之商的 k 次方根，得到A_i 序列：

$$A_1=\sqrt[k]{\frac{Q_1}{Q_1}}=1.0\quad A_2=\sqrt[k]{\frac{Q_2}{Q_1}}=0.6$$
$$A_3=\sqrt[k]{\frac{Q_3}{Q_1}}=0.4286\quad A_4=\sqrt[k]{\frac{Q_4}{Q_1}}=0.375$$

（4）把序列A_i（$i=1$，2，3，4）乘以正整数 1，2，…其中的某一值，当乘积值接近正整数时则得到$A_i n$ 序列，记入下列矩阵：

$$\begin{bmatrix}1.0 & 1.199 & 0.857 & 1.125\\ 2.0 & 1.799 & 2.143 & 1.875\\ 3.0 & 2.999 & 2.999 & 2.999\end{bmatrix}\begin{matrix}\approx 1\\ \approx 2\\ \approx 3\end{matrix}$$

计算到第三行时，标准差 σ 等于 0. 00063，即可认为已符合帕累托定律，因而可把第三行作为油田规模的预测模型序列。

（5）预测模型序列$A_i n$ 被A_i 序列中的对应值去除，则得到已发现油田 Q_1，Q_2，Q_3，Q_4在预测的油田规模序列中的序号：

$$\frac{3.0}{1.0}=3,\ \frac{2.999}{0.6}=5,\ \frac{2.999}{0.4286}=7,\ \frac{2.999}{0.375}=8$$

即已发现的 4 个油田 Q_1，Q_2，Q_3，Q_4在预测的油田规模序列中的序号为 3，5，7，8。

（6）已发现的 4 个油田储量 Q_1，Q_2，Q_3，Q_4分别乘以预测序号的 k 次方幂 3^k，5^k，7^k，8^k则得到预测的最大油田储量$\hat{Q}_{\max}$。

$$149.143\times 3^k=1000.0026\qquad 61.567\times 5^k=999.999$$
$$34.375\times 7^k=999.9895\qquad 27.277\times 8^k=999.9870$$

这 4 个预测值的平均值 999. 99 万 t 就是探区中最大油田储量$\hat{Q}_{\max}$的预测值。

（7）$\hat{Q}_{\max}$分别除以 1^k，2^k，…，则得到预测的探区油田规模序列$\hat{Q}_1$，$\hat{Q}_2$，…，这里暂定最小经济油田的储量值$\hat{Q}_{\min}=10$ 万 t，则得如下预测结果：

$$\hat{Q}_1=999.995\quad \hat{Q}_2=301.002\quad \hat{Q}_3=149.142\quad \hat{Q}_4=90.615$$
$$\hat{Q}_5=61.567\quad \hat{Q}_6=44.895\quad \hat{Q}_7=34.375\quad \hat{Q}_8=27.227$$

$$\hat{Q}_9=22.243 \quad \hat{Q}_{10}=18.533 \quad \hat{Q}_{11}=15.713 \quad \hat{Q}_{12}=16.515$$

$$\hat{Q}_{13}=11.765 \quad \hat{Q}_{14}=10.348$$

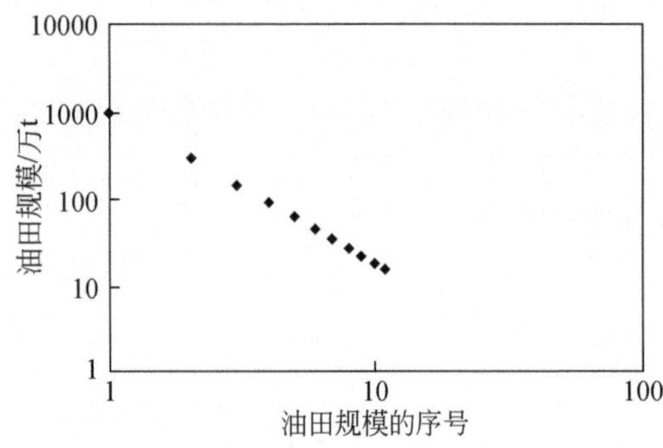

图 11.50 某探区油田规模预测序列图

预测结果在双对数坐标纸上描点连线成一条直线，$\theta=60°$，$\tan60°=1.732$，如图 11.50 所示。

（8）全探区的总石油储量为

$$S\hat{Q}=\sum_{i=1}^{14}\hat{Q}_i=1801.004 \text{ 万 t}$$

（9）为预测本探区的油田规模序列，共做了 9 次拟合计算。当 $\theta=60°$，即 $\tan60°=1.732$ 时，已发现油田的实际储量与所预测的储量之间的标准差 $\sigma=0.00063$，所以被选定为预测序列。

（10）这一计算结果，经有关地质人员分析，认为比较符合探区的地质情况。

11.4.1.4 逻辑斯谛（Logistic）模型

美国的哈伯特（M. K. Hubbert），是地球物理学家，得克萨斯州人士，1949 年他使用统计和物理方法计算出石油、天然气的全球储量，称为哈伯特模型，实际上就是数学上的逻辑斯谛（Logistic）模型。

1. 基本原理

Logistic 模型属于 S 型曲线中最著名的一种，早先主要用于描述动植物的自然生长过程，故又称生长曲线。生长过程的基本特点是开始增长较慢，而在以后的某一范围内迅速增长，达到一定的限度后增长又缓慢下来，曲线呈拉长的"S"，故称 S 型曲线。它最早由比利时数学家 P. F. Verhulst 于 1838 年导出，但直至 20 世纪 20 年代才被生物学家及统计学家 R. Pearl 和 L. J. Reed 重新发现，并逐渐被人们重视。

逻辑斯谛（Logistic）模型可写成如下通用形式：

$$x=\frac{K}{1+Ae^{-Bt}} \tag{11.52}$$

式中，t 为时间间隔（或称为时间变程），$t=y-y_0$，y_0 为起始时刻，y 为截止时刻；K 为 x 变化的上限；A、B 为拟合系数；B 为成长率，如果 $B<0$ 时，则该模型可以表示一个体系的晚期变化过程。即

$$\lim_{t\to\infty} x\to 0$$

的过程。因此，可以用这一模型预测一个探区晚期勘探阶段的累积储量缓慢增长的过程，特别是适合预测一个油田的开采末期的石油产量变化过程。

如果 $B>0$ 时，则该模型可以表示一个体系发展到最后的极限过程。即

$$\lim_{t\to\infty} x\to C$$

的过程。因此，可用这一模型预测一个油田的含水率变化过程。

用逻辑斯谛模型预测油田综合含水率时，x 表示含水率，它的极限为

$$\lim_{t\to\infty} x\to 1$$

所以，式（11.52）中的 $K\leqslant 1$。

曲线在 $x=\ln\dfrac{A}{B}$ 时有一拐点，这时 $x=\dfrac{C}{2}$，恰好是终极量 C 的一半，称为参数 x 的高峰期，也是量变最快的时期。在拐点左侧，曲线凹向上，表示变化速率由小趋大；在拐点右侧，曲线凸向上，变化速率由大趋小。

2. 计算步骤

1）线性拟合算法（事先已知模型中的 K 值）

为确定式（11.52）中的拟合系数 A、B，可作如下变换：

$$\frac{K}{x}=1+A\mathrm{e}^{-Bt} \tag{11.53}$$

$$\frac{K}{x}-1=A\mathrm{e}^{-Bt} \tag{11.54}$$

$$\ln\left(\frac{K}{x}-1\right)=\ln A-Bt=\ln A-B(y-y_0) \tag{11.55}$$

令 $U=\ln\left(\dfrac{K}{x}-1\right)$，$a=\ln A$

则有

$$U=a+(-Bt) \tag{11.56}$$

至此，可用一元线性回归求出 a、B 拟合系数，回代到式（11.52）即可预测油田的含水率变化。

2）牛顿迭代算法（事先不知模型中的 K 值）

根据 K 是生长过程中的终极量的特点，可由两种方法进行 K 值初值的估计。

（1）如果 x 是累积频率，则显然 $K=100\%$。

（2）如果 x 是生长量或繁殖量，则可取 3 对观察值（x_1，y_1）、（x_2，y_2）和（x_3，y_3），分别代入后得到联立方程：

$$\begin{cases} y_1=K/(1+a\mathrm{e}^{-bx_1}) \\ y_2=K/(1+a\mathrm{e}^{-bx_2}) \\ y_3=K/(1+a\mathrm{e}^{-bx_3}) \end{cases} \tag{11.57}$$

若令 $x_2=(x_1+x_3)/2$，则可解得

$$K=\frac{y_2^2(y_1+y_3)-2y_1y_2y_3}{y_2^2-y_1y_3} \tag{11.58}$$

有了 K 的初值估值后，即可采用牛顿迭代算法进行处理。

牛顿迭代算法的设计思想是将非线性求解的过程逐步线性化。其迭代函数为

$$\varphi(x)=x-f(x)/f'(x) \tag{11.59}$$

牛顿迭代算法的突出优点是收敛速度快，但它有个明显的缺点，即每步的迭代需要提供导数值，如果函数比较复杂，则处理就不太方便，此时可采用弦截法进行处理，其迭代

函数为

$$X_{K+1}=X_K-f(X_k)(X_K-X_0)/(f(X_k)-f(X_0)) \tag{11.60}$$

3. 应用实例（线性拟合算法实例）

例 11.3 巴夫雷油田是苏联较早采用边外注水，保持油层压力进行开发的油田之一，储层为岩性均匀的砂岩和粉砂岩，渗透率较高，为 600mD（$1\mathrm{mD}=10^{-3}\mu\mathrm{m}^2$），孔隙度为 20.6%，油层厚度为 11m，埋藏深度为 1750m。油田面积为 $118\mathrm{km}^2$，地质储量为 1.1 亿 t，设计采收率为 65%，可采储量为 6500 万 t。巴夫雷油田从 1948 年开始开发，1974 年底采出程度已达 51.6%，1980 年的油田产量只有 50 万 t 左右，目前已进入油田开发晚期。

经计算，巴夫雷油田年度综合含水率的逻辑斯谛模型的表达式为

$$x=0.95/(1.0+76.412\mathrm{e}^{-0.209t})$$

$$t=y-1948$$

用一元线性回归方法计算拟合系数 A、B 的相关系数 $R=0.971$。

巴夫雷油田历年实际综合含水率以及预测综合含水率如表 11.14 所示，预测曲线如图 11.51所示。

表 11.14 巴夫雷油田实际综合含水率及预测综合含水率数据表

年份	实际综合含水率/%	预测综合含水率/%	年份	实际综合含水率/%	预测综合含水率/%	年份	实际综合含水率/%	预测综合含水率/%
1948	0.016	0.012	1963	0.22	0.22	1978		0.831
1949	0.052	0.015	1964	0.25	0.258	1979		0.851
1950	0.028	0.019	1965	0.331	0.299	1980		0.868
1951	0.036	0.023	1966	0.383	0.343	1981		0.883
1952	0.037	0.028	1967	0.412	0.391	1982		0.895
1953	0.023	0.034	1968	0.44	0.439	1983		0.904
1954	0.035	0.042	1969	0.48	0.489	1984		0.913
1955	0.036	0.051	1970	0.514	0.538	1985		0.92
1956	0.036	0.062	1971	0.62	0.586	1986		0.925
1957	0.037	0.075	1972	0.699	0.632	1987		0.93
1958	0.048	0.091	1973	0.706	0.675	1988		0.934
1959	0.061	0.11	1974	0.755	0.714	1989		0.937
1960	0.096	0.132	1975	0.785	0.749	1990		0.939
1961	0.141	0.158	1976		0.78			
1962	0.185	0.187	1977		0.807			

11.4.1.5 油气资源空间分布预测

本节重点介绍近年来的两项发展技术：基于空间数据分析的油气勘探风险评价和勘探

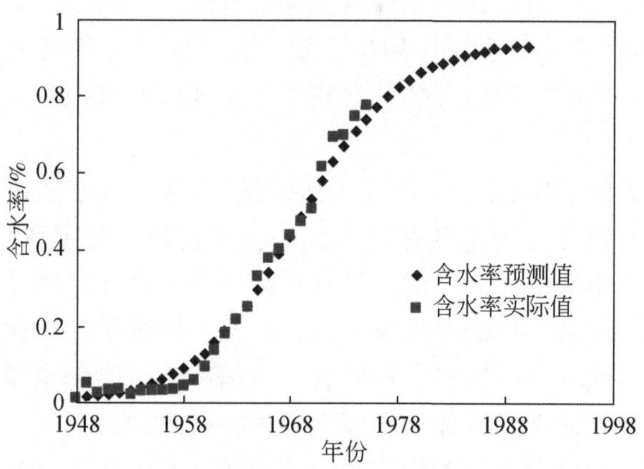

图 11.51 巴夫雷油田综合含水率预测曲线图

风险约束的资源丰度模拟技术。

1. 油气资源空间分布研究现状

研究油气资源空间分布规律的油气资源评价方法日益受到重视。总体来说，目前仍主要集中在油气勘探风险评价方面，即主要是对空间位置的含油气概率进行预测，希望通过区域地质风险的评价，指出勘探有利地区。目前国外主要有四种油气勘探风险预测方法。

1）风险概率评价法

这是一种传统的勘探目标风险评价方法，主要在两个层次的评价目标上展开：以单个勘探目标（圈闭）为评价单位或以成藏体系为评价单位。通过对油气成藏条件，如烃源岩、储层、盖层、油气运移等的评价判断油气聚集概率。这类方法出现最早，使用也相对较多，但具有主观、人为因素影响较大，且只适合于离散目标评价的缺点。

2）成因模型法

成因模型法（或称叠图法）是一种将影响油气成藏的各因素相互叠加的方法。该方法考虑了成藏因素，故称为成因模型法。这类方法用简单叠加的方法将影响油气聚集的地质因素，如生油、储层、盖层、运移、圈闭、保存等地质条件综合到一张地质图上，由此描述油气空间分布的有利地区和相对地质勘探风险。该方法仅仅从地质条件的有利性来分析和预测油气资源空间分布特征，可以说是一种以定性为主的评价方法。

3）随机过程统计模型法

随机过程统计模型法，如地质统计学方法，点过程模型都属于这类方法。这类方法利用统计模型，根据探井揭示的油气井和干井在空间上展布的信息特征，预测油气资源的空间分布。它的优点是考虑了空间关系以及油气井和干井的资料等勘探成果信息，缺点是采用的信息单一，在资料的综合方面能力差，预测的结果不直观。

4）其他方法

其他方法有 Rostirolla 等（2003）采用贝叶斯方法评价地质有利性的方法，以及谌卓恒等（2018）提出的基于多元统计的模糊综合评判法及用贝叶斯算法评价地质有利性及区带地质风险的方法。这些方法的优点是资料的综合能力较强。

风险概率评价法是国内最常用的勘探目标评价方法，以曲德斌等（1993）和胡素云等（2007）提出的方法为代表。该方法应用生、储、盖、圈、保等五大成藏条件的概率相乘来代表风险和成功率。与国外类似方法的区别之处是评价的参数的构成有差异，参数取值标准也具有一定差异。

叠图法从原理上类似于 White（1988）的成因模型法，该方法以区带评价的多信息叠加法为代表。与国外类似方法相比具有两点优势：①它是一种定量的地质条件评价方法；②除了考虑油气成藏的条件外，还考虑了勘探成果因素，即还考虑了含油气状况。但该方法的缺点是：①对油气成藏条件的考虑不全面，如缺少匹配条件和保存条件等重要的成藏因素；②虽然考虑了含油气状况因素，但在含油气概率或风险的定量评价中并没有完全利用勘探成果信息，因此只能把它看作一种半定量的评价方法。

基于成藏机理和空间数据分析的勘探风险评价技术是武娜等（2008）提出的一种利用多元统计学和信息处理技术定量预测油气勘探风险概率的方法。该方法用马氏距离判别法和模糊综合评判法对信息进行集成，用贝叶斯公式计算已知样本的含油气概率，并由此建立勘探风险概率模板，然后采用该模板预测油气资源在空间分布的风险概率。

2. 基于空间数据分析的油气勘探风险评价

传统的油气勘探风险评价，即地质风险评价，主要是在两个层次上展开。一种是以单个勘探目标（即圈闭）为评价单位，一般是根据油气聚集和保存条件，对每个圈闭分别求出各地质因素存在分概率。假设各因素都是独立的，则圈闭中油气存在的概率为所有因素的概率乘积。某一个圈闭的勘探风险则等于 1 减去该圈闭中油气存在的概率。通过这种方法计算的圈闭风险，割断了圈闭之间的成因联系，因为对区内任一圈闭的风险的计算过程与其他圈闭没有任何联系。另外，每一圈闭中所有地质条件存在的概率都需要单独进行计算。

第二种以成藏体系为单位进行评价。成藏体系中油气存在的风险可分为两部分，一部分是成藏体系中的共同风险，由控制油气在成藏体系中聚集的共同地质因素决定，例如生油岩、储层、盖层、油气运移等条件的存在。这些因素决定了成藏体系中油气是否存在，这类风险称为成藏体系的边际风险。另一部分是勘探目标（圈闭）的特定风险（简称为圈闭的条件风险），由油气聚集是否在某一圈闭中发生的概率（条件概率）来计算。一个成藏体系中具有经济意义的油气资源聚集存在的平均概率等于边际风险与该圈闭的平均条件概率的乘积。成藏体系中具有经济意义的油气资源聚集存在的风险等于 1 减去油气资源聚集存在的平均概率。而某一圈闭的风险为成藏体系的边际风险与该圈闭条件风险的乘积。这种评价方法可满足成藏体系的需要，也可满足圈闭评价的需要。而且由于考虑了圈闭与圈闭之间的联系和地质变量的空间变化特征，所得圈闭的风险是在同一个基础上进行的，其结果有很好的一致性和可比性。随着地理信息系统（GIS）的推广，跨国石油公司近年来运用 GIS 并结合他们的全球勘探数据库进行风险评价，使得地质风险评价更具区域意义，勘探决策和投资组合更趋合理，且具全球可比性。

但这类方法也存在一定缺陷，主要是由于缺乏定量的表达形式，主观、人为因素较多。例如由于评价者的经历不同，对评价地区地质认识上的差异，都可导致不同评价者对同一圈闭风险评价结果差别较大，所得结果的可重复性比较差。即对同一地区，不同评价者或同一评价者在不同时期评价的结果都可能不一样。另外，这类方法必须用于常规的离散圈闭，不适于连续型非常规油气区的评价。

为解决这两类方法在评价勘探目标地质风险上的不足，Chen 等（2000，2001，2002；Chen and Osadetz，2006）提出基于多元统计、模糊逻辑和贝叶斯算法评价地质有利性及区域地质风险的方法。Rostirolla 等（2003）采用贝叶斯方法评价地质有利性。地质风险评价实际上是在钻井之前定量估计待钻位置上油气存在的可能性。在一个成藏体系中，地质变量是空间的函数，研究油气资源空间分布特征，从统计的角度来推测在某一特定位置油气存在的可能性，实际上等同于勘探的风险计算。通过与已知总体相似性的比较来确定待探位置上油气存在的可能性实际上是一种分类问题，而由于各种不确定性造成的分类错误等同于勘探风险。通过分析地质因素和属性的分布规律，采用科学、合理的统计学判别分析方法，能客观地判别未钻井的类别——油气井或干井，进而计算待钻位置的含油气概率。

胡素云等（2007）、Guo 等（2007）、武娜等（2008）、Hu 等（2009）进一步提出了基于空间数据分析的勘探风险评价方法，并建立了一套适用的评价流程及基于油气成藏机理的风险评价参数体系。

1）方法思路

对于油气勘探风险与含油气有利区的预测，最主要的信息来自钻井信息和地震信息。把已经完钻并且经过了试油等含油气性评价的探井当成一个集合，将其中的个体（即探井）分成两类，一类称为工业油气流井，一类称为非油气流井（包括非工业油气流井、出水井、干井等），为行文方便，将前者简称为油气井，后者简称为干井。由所有油气井组成的子集记为 GHC，称为油气井总体，所有干井组成的总体记为 GDRY。反映这两类总体的地质特征及地震属性变量的观察结果组成了两个数据矩阵 XHC 和 XDRY，与这两个总体相对应。

对于研究区内待探位置，希望通过其地质特征和地球物理属性与两个已知总体特征相似性的比较，定量判断这些待定位置上油气存在的可能性。这种比较实际上是一个分类的问题。采用多元统计学判别分析方法、随机建模、模糊综合评判法等分析这些因素和属性的分布规律，就能客观地判别未钻探井的类别是属于油气井或干井总体，并通过一定的数学模型计算特定位置的含油气风险概率（图 11.52）。

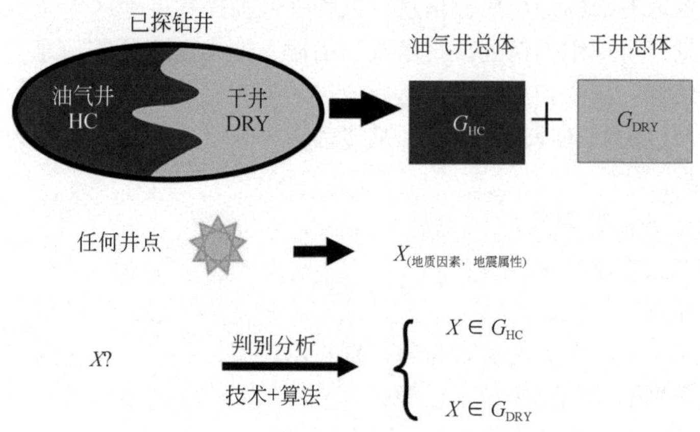

图 11.52　基于空间数据分析的油气勘探风险评价思路

2）方法流程

基于空间数据分析进行含油气概率预测，即勘探风险评价一般包含 5 个步骤（图 11.53）。

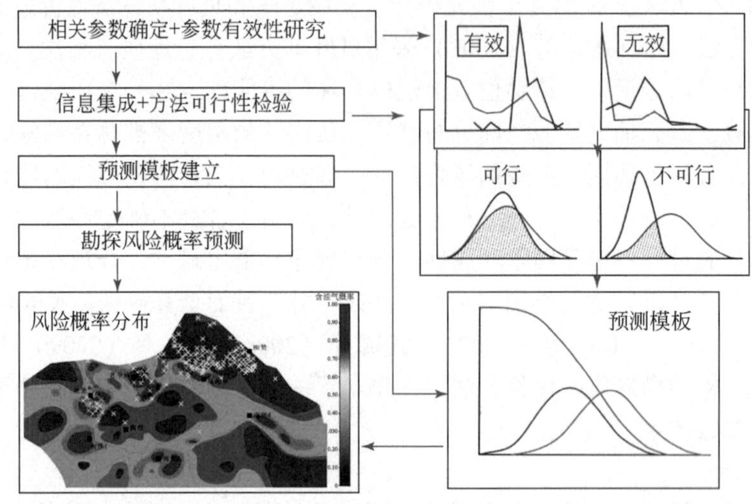

图 11.53　勘探风险评价流程

（1）研究油气成藏规律并识别主控因素

按我国主要含油气盆地类型、区带类型和生储盖配置类型等，分别研究油气成藏模式和分布规律，筛选和识别对油气成藏具有影响的各种地质信息和其他信息，然后确定相应的风险评价参数和评价标准，做好信息定量提取的准备。

研究类型包括断陷、拗陷、克拉通、前陆等盆地类型，陡坡带、拗陷带、中央隆起带、缓坡带、凸起带等区带类型，下生上储、自生自储、上生下储等生、储、盖配置等。

（2）提取油气成藏主控信息

根据评价标准，通过归一化模型提取各种地质信息和综合评价结果信息，包括定量、半定量和定性的信息等；对于专家评价结果信息，可通过经验模型进行提取。另外，可采用地震处理技术提取有效的地震属性信息，以弥补低勘探程度地区地质信息缺乏的问题。

对于图像信息，可采用图像处理技术或扫描输入方式提取所需信息；对于以纸介质表示的等值线图等信息，采用扫描输入，然后通过人工或自动线段矢量化处理技术提取所需信息。所有这些经过提取和处理的信息，最终都成为定量的信息，可作为各集成模型和评价算法的输入数据。

（3）选择合适的信息集成方法或模型

信息集成的方法或模型主要有：

①模糊综合评判技术模型；

②基于多元统计的马氏距离和费希尔判别技术模型；

③基于地质模型的随机建模技术模型；

④面向对象的随机建模技术模型等。

根据不同的地质条件可选用不同的技术模型以达到更好的效果。

(4) 进行信息集成

信息集成的过程可分为五步。

①对样本进行分类，即通过钻井数据的统计建立油气井总体 GHC 和干井总体 GDRY。

②进行信息筛选，确定主因素。因为各个地质单元控制油气聚集的主要地质因素不一样，不是所有的参数和综合信息都能有效区分油气井和干井，所以需要对信息进行筛选。如果一个信息在油气井总体和干井总体上的分布比较接近，则是次要信息，反之即为主要信息。

③检验各评价模型的误差。通过计算油气井总体和干井总体本身的判别误差率来检验评价模型是否适应在该地区的应用。一般来说如果误差率小于25%，说明模型可行。

④预测空间分布。通过克里金插值方法将所有评价值，如模糊综合评判值、马氏距离等插值到所要预测的点上。

⑤批量计算。计算已钻探井（井点）以及所有预测点的评价值。

(5) 建立预测模板，预测含油气概率

通过贝叶斯公式计算所有已钻井的含油气条件概率，由计算结果建立不同评价值（例如马氏距离等）的含油气风险概率模板，然后用该模板预测各点含油气风险概率，最终形成一张如图 11.54 所示的含油气概率图。

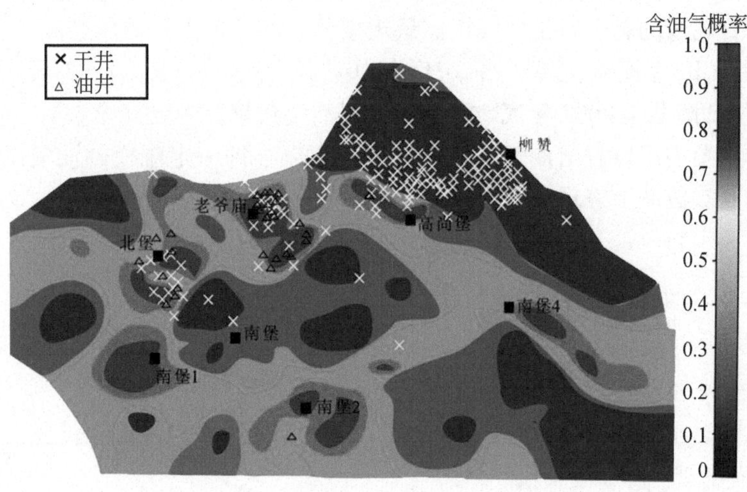

图 11.54 含油气概率（勘探风险）图

采用基于成藏机理和空间数据分析的勘探风险评价法研究油气资源的空间分布位置，其好处主要有以下几点：

①方法基于成藏机理研究，使油气空间位置分析具有充分的地质依据；

②建立了评价参数体系，使参数评价有了参数标准；

③空间数据分析技术，包含马氏距离判别、费希尔判别、模糊数学综合判别等关键技术，使信息集成结果更合理、可靠；

④有工程化的评价流程，使评价过程更规范；

⑤评价结果完全定量化，适于在后续的资源丰度模拟中进行数据处理与分析。

3. 勘探风险约束的资源丰度模拟技术

如前所述，开展油气资源丰度模拟方法研究，主要是从两方面入手，一是油气资源规模的分布特征研究，二是油气可能存在的位置研究，然后在此基础上实现二者的综合分析，最终完成油气资源空间分布的预测。本节首先从统计学的角度对油气资源的规模大小和空间属性上的分形特征进行说明，然后对由勘探风险约束的资源丰度模拟技术思路和流程等进行介绍。

1）油气分布的分形特征

地质学家一直在寻找油气资源及油气田（藏）数量的分布模式，并根据已发现油气田（藏）的数据统计分析，提出了很多模型与数学方法对油气田（藏）的规模进行拟合与预测。随着分形理论的出现，国内外众多学者也用分形的方法对这一问题进行了研究。

以油气藏规模为例，油气田累计数量与其储量规模之间的分形关系为

$$N(r)=C\times r^{-D} \tag{11.61}$$

式中，r 为油气田储量规模，10^4t；$N(r)$ 为储量规模在 r 以上的油气田累计数量，个；D 为分形维数；C 为常数。

在双对数坐标系下，油气田累计数量 $N(r)$ 为纵坐标，储量规模 r 为横坐标，直线段为分形直线。直线段的斜率就是油气田储量规模分布的分形维数。维数越大，代表油气田规模序列中油气田规模由大变小的速度越快；反之越慢。图 11.55 展示了郭秋麟等（2009）对南堡凹陷截至2007年底543个已发现油气藏累计频数（个数）与储量规模相关的研究结果。从图中可以看出油气田数量的累计频数（即一定规模的油气田出现的个数）与储量大小在双对数图上表现出线性特征。

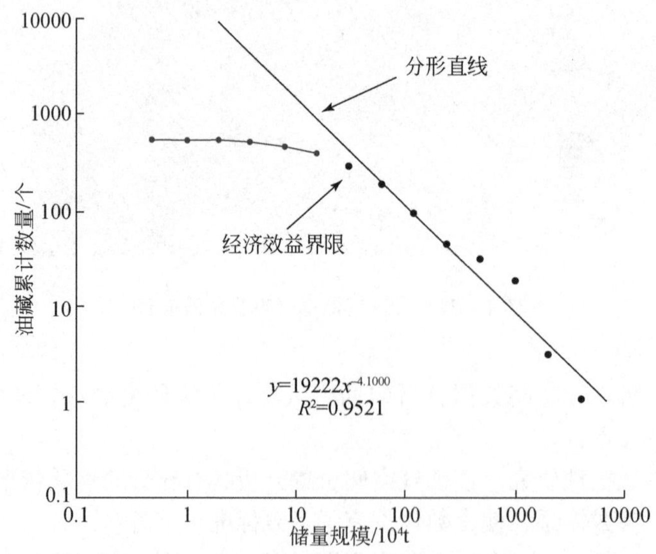

图 11.55　南堡凹陷油藏累计数量与储存规模双对数关系图（郭秋麟等，2009）

对油气藏规模、油气资源丰度、油气藏空间属性的统计研究揭示，在不同的尺度上它们均具有分形特征并具有不同的分形维数（表11.15）。这表明可以通过一定的方法将已发现资源所体现的规律应用到待发现油气资源的预测中。

表11.15　油气储量分布的分形维数

序号	地区，数据截止年份	数据来源	储量分布分形维数	
			规模分布	丰度分布
1	Permian 盆地，1974	Schuenemeyer et al.，1990	0.81	—
2	Cardium Scour Play，1982	Podruski et al.，1988	0.81	—
3	Frio Strand Plain Play，1985	Schuenemeyer and Drew，1991	0.83	—
4	美国陆上48州（油），1984	Root and Attanasi，1988（转引自Mast et al.，1988）	0.91	—
5	美国陆上48州（气），1984	Root and Attanasi，1988（转引自Mast et al.，1988）	0.98	—
6	世界大油田（油当量），1980	Carmalt and John，1986	0.99	—
7	墨西哥湾西部，1976	Drew et al.，1982	1.08	—
8	松辽盆地北部气田，1998	刘晓冬等，2000	0.69	—
9	苏北盆地金湖凹陷，2004	宋宁等，2006	1.35	—
10	南堡凹陷，2007	郭秋麟等，2009	1.2	2.4
11	辽河拗陷，2007	郭秋麟等，2009	1.1	1.5
12	中国大型油田，2005	郭秋麟等，2009	0.96	1.3

2）傅里叶变换

从油气分布的分形特征出发，可以基于一张原始资源丰度图（图11.56）对油气资源规模和空间特征进行研究，根据分形理论对资源丰度的分形特征参数进行分析处理。而基于空间数据分析的油气勘探风险评价，可以得到油气概率图（图11.54）。

此时，要继续完成油气资源空间分布的预测，定量指出每一位置的资源丰度大小，难点主要在于如何通过相应的地质数学模型与研究方法将这两种不同的信息进行综合研究，得到既包含位置信息又包含资源量大小信息的合理预测结果。

在诸多的数学方法与技术中，傅里叶变换与逆变换、频谱模拟成为解决这一问题的良好工具。使用傅里叶变换主要有三方面的原因，一是通过它能在空间域与频率域相互转换的特性，可以在频率域对信息进行处理，再转换回空间域；二是对于二维的资源丰度图可以通过傅里叶变换功率谱方式进行分形模拟；三是相比于其他数学方法，它的模型复杂性相对较低，在计算机算法上具有更为方便快速的优势。

傅里叶变换（Fourier transform）是信号和图像处理领域里常用的一种数学方法，其基本原理和相应的快速算法（即快速傅里叶变换，fast Fourier transform，FFT）在专业数学教科书中均有详细讨论，这里不再赘述。通过傅里叶变换能将空间域的图像转换到频率域，同时它具有可逆性质，即给出了一个函数的傅里叶变换，可以通过逆变换从频率域恢

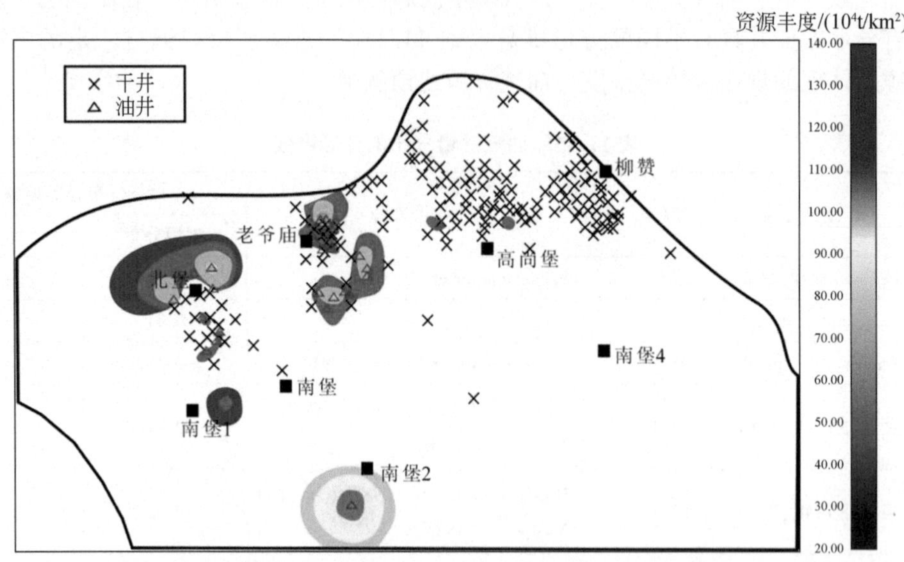

图 11.56　原始资源丰度图（包含了资源的规模与空间分形特征）

复到函数的空间域。变换后的图形和变换前的图形包含了同样的信息，只是信息表现的方式不一样。可以把原图看成是一种二维的空间波，傅里叶变换的结果就是原图形的频谱分布。这种频谱分布可以分为幅度谱和相位谱。幅度谱代表了原图中能量的高低，其中幅度谱的平方又称为能量谱（或功率谱）。

图 11.57 对傅里叶变换与逆变换进行了示意。图中的 InvFFT 指傅里叶逆变换。从图中可以看出，如果保持相位图不变，只对幅度图进行修改，则逆变换后形成的图像仍保留了原始图像的轮廓。而如果保留幅度图，对相位图进行修改，则逆变换后将无法看出原图的形状。

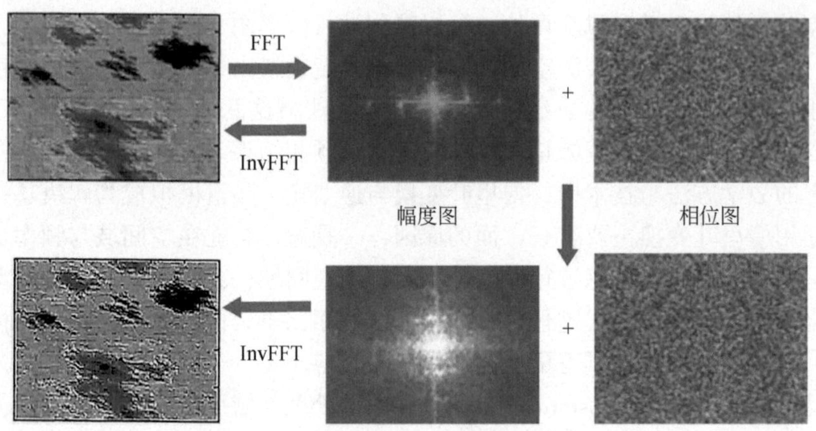

图 11.57　傅里叶变换与逆变换示意图

油气资源丰度模拟技术正是利用了傅里叶变换能对信号在空间域和频率域进行互相转换的重要特性，通过频谱分析与合成在频率域和空间域对信息进行转换与处理，实现油气资源丰度的模拟。即可以将一张原始资源丰度图通过傅里叶变换转化为幅度谱和相位谱，然后在频率域中分别对油气资源的规模与空间特征（由幅度谱表达）和位置信息（由相位谱表达）进行修正和处理，然后通过逆变换转换回空间域，得到二者结合的信息。显然，这样的信息既带有资源规模特征，又反映了油气的位置特征，因此可以视作一种合理的油气空间预测结果（Xie et al., 2007）。

3）分形模型与随机分形模型

分形模型用于对原始油气资源丰度图进行处理，通过其具有的分形特征拟合相应的分形维数，由已发现油气资源的分形参数，拟合未发现油气资源的规模和空间特征，得到包含区域中所有油气资源的规模和空间特性。

生成分形模型的方法很多，如泊松跃阶法、随机中点位移法、渐进随机增量法、傅里叶变换法（又称频谱合成法）以及小波变换法等。本书采用傅里叶变换法建立油气资源空间分布的二维分形模型。

（1）分形模型的功率谱表达形式

对于具有分形特征的时间序列，其功率谱函数 S 可表达为时间序列频率的幂函数（Turcotte，1997）。即

$$S(f) \propto f^{-\beta} \tag{11.62}$$

式中，f 为频率；β 为幂因子。

从式（11.62）可见对于一个分形模型，研究对象的相关特征可由功率谱函数来表达。

实际上，公式（11.62）也是具有分形特征的一维随机过程的表达式，一般来说，其表述的这种随机过程相当于 Hurst 空间维数 $H=(\beta-1)/2$ 的分形布朗运动（f_{Bm}）。选择不同的 β 值，即可产生不同分形维数的一维 f_{Bm}。选择 β 值在 1 ~ 3 之间则可产生分形维数 $D_f=2-H=(5-\beta)/2$ 的分形布朗运动。

对于非一维的时间序列，例如二维图像或序列，其功率谱 S 有两个方向的频率变量 u 和 v 以及两个方向的频谱指数 β_x 和 β_y，对应于 x 和 y 方向。但是因为 xy 平面上的所有方向对于对象的统计特性来说都是等价的，所以可认为 S 只依赖于 $\sqrt{u^2+v^2}$。当沿着 xy 平面上的任一条直线切割二维功率谱 S 时，可以如同一维随机工程去考虑，假定 S 只有一个频率变量（即 $\sqrt{u^2+v^2}$）且只具有一个与之对应的能量规则 $1/f^{\beta}$。因此，由一维时间序列随机过程的表达式可推出各向同性的二维对象随机过程的表达式为

$$S(u,v)=\frac{1}{u^2+v^{2H+1}} \tag{11.63}$$

而对于各向异性的对象，可定义 H 为方位角 θ 的函数，则其二维分形模型的表达式可写成

$$S(u,v)=\frac{1}{u^2+v^{2H(\theta)+1}} \tag{11.64}$$

上面的两个公式表述了油气藏的分形模型。在已知的油气藏资料基础上运用该模型进行模拟，可以对油气资源丰度的幅度谱进行修正，消除油气勘探过程中非随机取样特征对

资源预测的影响，完整地表述油气藏的规模和空间分布特征。

（2）分形模型中参数的求取

在二维分形模型中的指数 H，可以通过实际数据拟合获得。与规模、资源丰度和累计油气藏个数的分形维数求取方式不同，这里是通过对幅度谱的处理来完成的。

如图 11.58（a）所示的幅度谱图，从中心点进行 X 和 Y 方向切片，可以得到两个切片。图 11.58（b）示意了沿 X 方向的切片。一般而言，在双对数图上，振幅和频率表现为起伏的曲线形态，但是从统计上看是直线特征，在振幅较大的部分，符合性较好；在尾端，曲线则相对直线而言“掉”了下去。这表明：能量（资源丰度）越高的油气藏，出现的频率越低，反之亦然。这一特点与油气勘探结果相吻合。按照油气勘探规律，丰度高、规模大的油气田（藏）一般在早期被发现，而丰度低的小油气田（藏）往往在中后期被发现。因此，如果以能量较高的若干数据点为基础进行拟合，结果基本能代表该区的油气资源分布趋势（分形直线）。拟合的分形直线斜率（β 的绝对值）为分形维数。图 11.59 展示了一个实际数据的能谱切片图，同样显示了这样的特征。

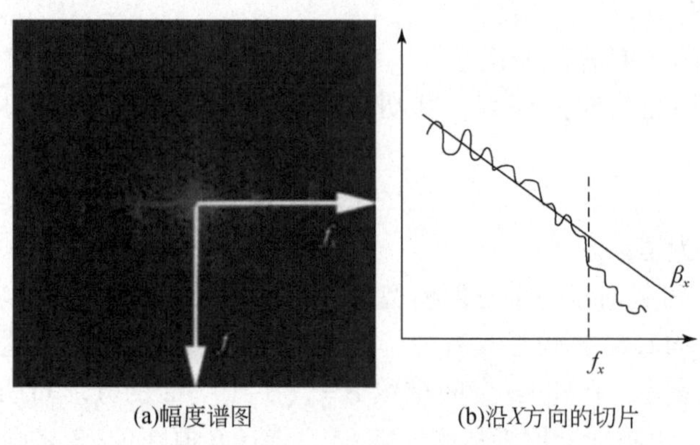

图 11.58　能谱与能谱切片示意图

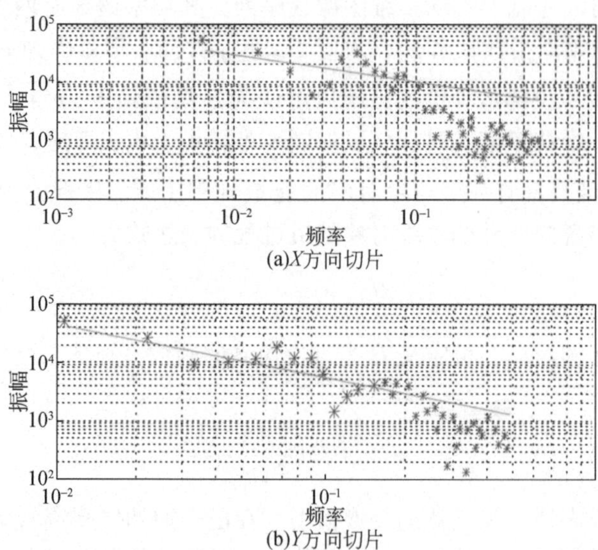

图 11.59　能谱切片——振幅与频率的关系（Chen，2006）

分别求得 x 方向和 y 方向上的分形维数并将之转换为 H 后，代入二维分形模型中，就能模拟出新的能谱 S（对应于新的幅度谱）。新能谱已修正了原始能谱的不足，它包含了所有油气藏（已发现和未发现油气藏）资源丰度的信息。图 11.60 是利用分形模拟修正资源丰度的工作步骤示意图。

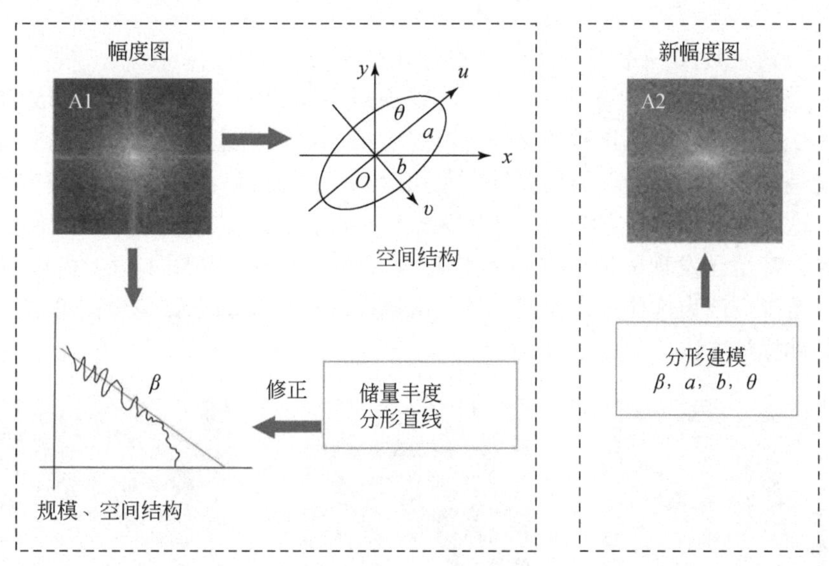

图 11.60 利用分形模拟修正资源丰度的工作步骤示意图

(3) 资源丰度的随机分形模拟

在获得新的能量或幅度谱之后，已可以通过傅里叶积分方法将频率域转换回空间域，获得带有完整分形特征的新资源丰度图。有如下两种可能的处理方式：

一是直接将新幅度谱与原相位谱进行傅里叶逆变换，得到资源丰度图。这种方式虽然在频率域获得了分形参数并用分形模型模拟了所有油气藏的丰度信息，但是最终却无法体现在空间域上，所以对丰度的模拟不能采用这种方式。

二是采用随机模拟方式得到新资源丰度图。这一基于傅里叶变换的随机模拟技术由 Pardo-Iguzquiza 和 Chica-Olmo 率先引入地学界。

根据经典的频谱表现法则，任何一个包含有 N 个数据值的序列 $Z(k)$ 都能作为傅里叶系数 a_j 和 b_j 的一个有限序列来表示。在一维下，这个序列可写为

$$Z(k)=\sum_{j=0}^{N-1}[a_j\cos(2\pi jk/N)+b_j\sin(2\pi jk/N)]k=0,\cdots,N-1 \tag{11.65}$$

或者，等价地，使用复指数傅里叶序列：

$$Z(k)=F^{-1}(A(j))=\sum_{j=0}^{N-1}A(j)\mathrm{e}^{\mathrm{i}2\pi jk/N} \tag{11.66}$$

此处，$A(j)=a_j-\mathrm{i}b_j=|A(j)|\mathrm{e}^{-\mathrm{i}\varphi(j)}$，是第 j 个傅里叶系数，$|A(j)|=\sqrt{a_j^2+b_j^2}$ 是振幅，$\varphi(j)=\tan^{-1}(-b_j/a_j)$ 是第 j 个傅里叶系数的相位，$\mathrm{i}=\sqrt{-1}$ 是虚数单位。

振幅 $|A(j)|$ 与离散的频谱 $S(j)$ 或 $Z(k)$ 序列协方差的傅里叶变换有关，其关系

$$|A(j)|^2=S(j) \tag{11.67}$$

式中，$j=0$，…，$N-1$，频谱 $S(j)$ 或协方差只与傅里叶系数的振幅 $|A(j)|$ 有关，相位 $\varphi(j)$ 对协方差没有影响，它可以被看作随机均一分布于 $0\sim 2\pi$ 之间。最后，傅里叶系数被写成

$$A(j)=|A(j)|\mathrm{e}^{-\mathrm{i}\varphi(j)}=|A(j)|\cos\varphi(j)-\mathrm{i}|A(j)|\sin\varphi(j) \tag{11.68}$$

对于一个给定的协方差频谱 $S(j)$，可以通过随机模拟的方式得到离散的有限实现 $\{Z(k),\ k=0,\ \cdots,\ N-1\}$，这种离散傅里叶逆变换能通过快速傅里叶变换迅速有效地进行计算。也就是说，可以根据新的幅度谱，采用随机相位 $\varphi(j)$，模拟新的资源丰度图。

然而，这种傅里叶积分方法只能产生无条件的随机实现。预测结果不能确定未发现油气藏的位置，甚至已发现的油气藏位置信息也将无法呈现。从图 11.61 可以看到这种情形。显然，至少应该为这种方式找到一种能准确表现已发现油气藏信息的办法，这即是下文所述的条件模拟方法。

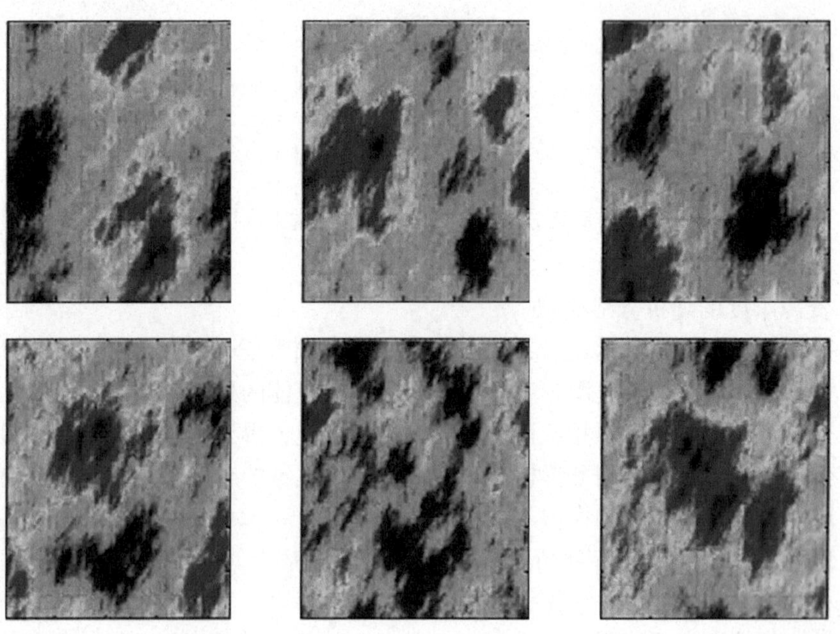

图 11.61　油气资源随机分形模拟结果示意图

4）资源丰度的条件模拟

这里所说的条件模拟（conditional simulation）是指在油气资源丰度模拟中，加入一些条件数据，要求模拟结果必须满足这样的条件。比如对于已存在油气藏的位置，预测的丰度一定要与实际丰度一样或是误差很小，干井位置则预测丰度应为 0 或很小。

Yao（1998）提出采用改变相位谱的方法实现条件模拟的算法，引进勘探成果对模拟进行限制，该方法的核心是相位迭代识别技术。

单纯的随机模拟只能产生非条件的实现（即预测结果）。使一个实现有局部数据的条

件限制的传统方法是为无条件的实现加入一个独立模拟的残差（residual），一般通过克里金方法来获得。

$$z_{sc}(u)=z_s(u)+[z_k^*(u)-z_s^*(u)]=z_s(u)+\sum_{i=0}^{n}\lambda_i[z(u_i-z_s(u_i))] \quad (11.69)$$

式中，$z_{sc}(u)$ 为有条件模拟值；$z_s(u)$ 为无条件模拟值；$z(u_i)$ 为条件数据，$i=1$，…，n；$z_s(u_i)$ 为无条件数据，$i=1$，…，n；z_k^* 为使用实际条件数据的克里金估值；z_s^* 为使用数据位置模拟值的克里金估值；λ_i 为克里金权重；n 为克里金方法中使用的相邻数据个数。

在模拟范围的每个位置都要调用这个条件化过程来处理一个克里金体系。因此，也是在每个位置调用一种有条件连续算法，比如序贯高斯模拟等。这样的过程将使频谱模拟原本具有的速度优势不复存在。

一种更快的方法是，只使用一个单一的全局双重克里金体系，而不是在每个位置都用一个局部克里金体系，来确定公式里的残差 $z_k^*(u)-z_s^*(u)$。这一方法在一个单一和巨大的双重克里金体系里利用了整个数据集，并使一个单一的双重权重集可应用于所有的位置。它要求严格的全局稳定性，而且尽管只有一个单一的克里金体系，但如果条件数据的总数比较大，那这个克里金体系也可能会巨大。

为避免必须处理一个单一而巨大的双重克里金体系或是很多个小的克里金体系，需要通过相位识别来条件化频谱模拟，即通过确认自由相位参数值使之接近条件位置的数据值，对于资源丰度的条件模拟可按如下方式实现。

将原始资源丰度图经过傅里叶变换与分形处理后，得到的幅度谱作为条件模拟输入的幅度谱；生成随机相位作为输入的相位谱；以原始资源丰度图中已知油气藏和干井位置的丰度值（干井位置丰度值赋为0）作为条件数据，然后进行迭代计算，其步骤如下：

步骤1：由幅度谱和相位谱经傅里叶逆变换得到无条件模拟值 z_s。

步骤2：考虑 n 个条件点处的数据，计算模拟的值 z_s 与条件数据值 $z(i_a, j_a)$，$a=1$，…，n 之间的差值。差值的总和作为一个要被最小化的目标函数；

$$\text{obj}=\sum_{a=1}^{n}\left|\frac{z_s(i_a,j_a)-z(i_a,j_a)}{z(i_a,j_a)}\right| \quad (11.70)$$

步骤3：如果目标函数值 obj 小于预设的限制值 $\text{obj}_{\min}$，则停止迭代并接受模拟图像作为近似的条件模拟实现。否则，将 n 个条件样本位置的模拟数据值改为条件值，也即设置 $z_s(i_a, j_a)$，$a=1$，…，n。对于首次迭代，还要根据模拟条件位置的数据来修正该位置邻近区域的所有模拟值。更准确地说，就是要将差值 $z(i_a, j_a)-z_s(i_a, j_a)$ 加到 $z(i_a, j_a)$ 所有邻近的模拟节点中。进行这种广泛的修正的原因是防止在条件数据周围产生不连续性。

步骤4：对修改后的图像作快速傅里叶变换，产生新的幅度谱（功率谱）和相位谱，丢弃新的幅度谱（功率谱）但保留新的相位谱和原始幅度谱（功率谱）。

如果 obj 大于 $\text{obj}_{\min}$，则回到步骤1，并循环整个过程，直到 obj 小于等于 $\text{obj}_{\min}$ 或迭代次数达到预先定义的限制值后，终止迭代过程。

迭代过程中的所有计算都基于傅里叶变换，每一次模拟值被重置到条件数据值，目标函数值必然减小。因此可以期待处理过程将收敛得相当快，直到预测结果与所用的条件数据一致。图 11.62 显示了条件模拟的算法流程。

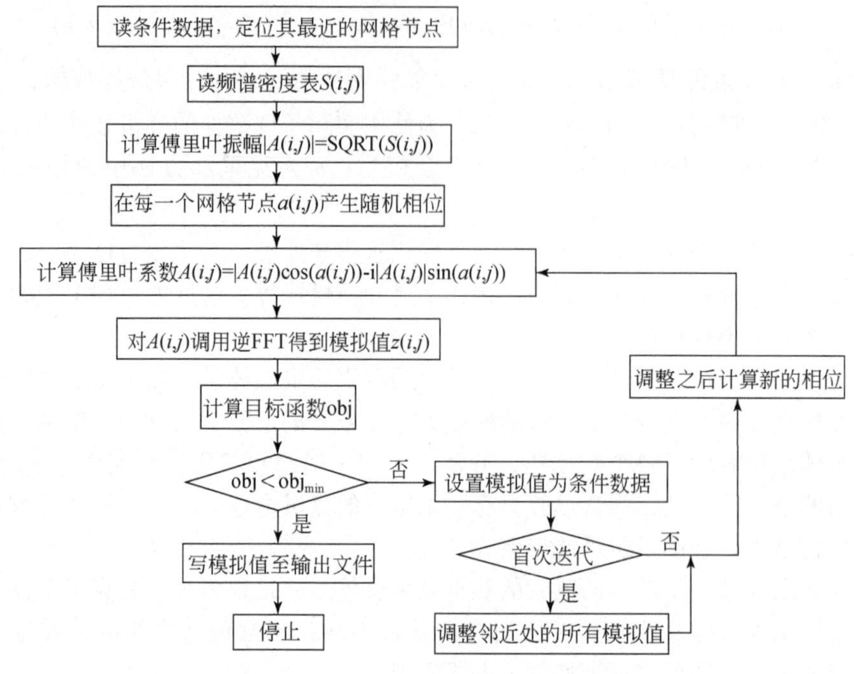

图 11.62　条件模拟算法流程图

5）勘探风险约束的资源丰度模拟

通过条件模拟的实现，即根据油气资源的分形特征推断未发现油气藏的规模、空间结构状况，也使用了已发现油气藏的信息，虽然模拟对象的空间位置分布特征仍然是在随机分布这个假设下，难以准确给定油气空间位置，但是依然完成油气资源丰度的整体模拟。

运用本节前部描述的方法可以预测油气勘探风险，绘制勘探风险图。勘探风险图包含了油气藏可能出现的位置等方面的信息。在进行油气资源丰度模拟时，把这一信息和资源丰度的分形特征综合起来，可以更好地模拟油气资源丰度的空间分布情况，称这种模拟方式为勘探风险约束的油气资源丰度模拟，也是在实际评价应用中采用的最终方式。

其模拟过程与条件模拟相似，不同之处是在模拟中，不采用随机方式生成相位谱，而是用含油气概率图经傅里叶变换后得到的相位谱来代替随机相位，具体做法主要如图 11.63所示。

4. 应用实例

对于一个具体的应用工区，完整的油气资源空间分布预测法工作流程如图 11.64 所示。

①运用马氏距离算法与模糊数学法集成地震信息和地质信息（如目的层顶面构造图、

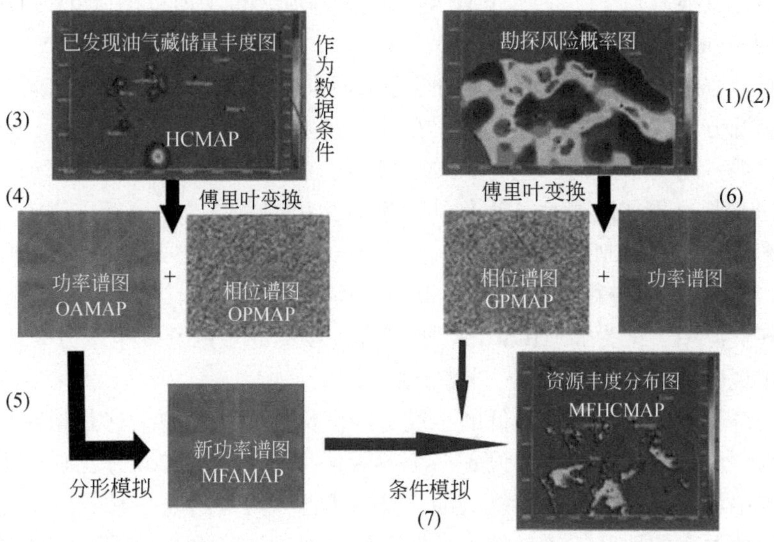

图 11.63 勘探约束风险的资源丰度模拟方法流程示意图

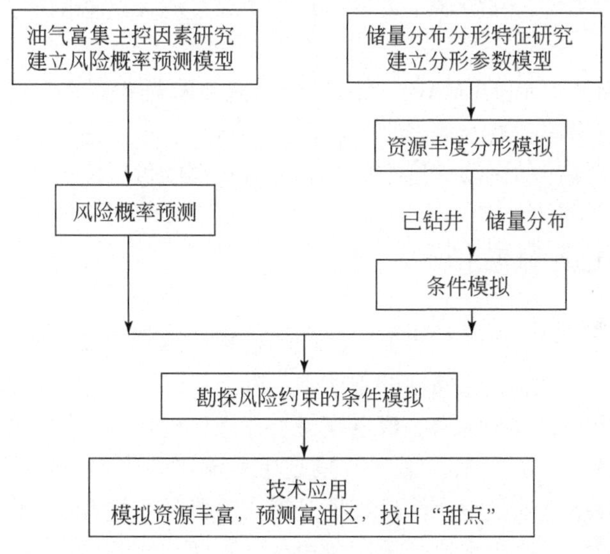

图 11.64 方法应用流程图

相对构造图、断层分布指数图、地层厚度图、砂岩百分含量图、砂岩厚度图、盖层厚度图、生油强度和排油强度图等)。

②运用贝叶斯公式计算样本井的含油气概率，建立不同马氏距离下的含油气概率模板，并预测全区勘探风险概率。

③根据探井资料及对应的目的层资源丰度将预测区已知油气藏转化为油气资源丰度图，记为 HCMAP。像元点的值表示像元点所代表的区域内已知油气资源的平均丰度。

④用傅里叶变换（FFT）将 HCMAP 转换到频率域，得功率谱图（记为 OAMAP）及相位谱图（记为 OPMAP）。

⑤根据对 OAMAP 的分析，研究空间分布的各向异性。依据已知油气藏的发现过程特征，对油气资源分布的分形模型作判断，在此基础上对 OAMAP 进行修正，以消除非随机取样的影响，得一新功率谱图，记为 MFAMAP。

⑥用 FFT 变换勘探风险概率，得到功率谱图和相位谱图，记该相位谱图为 GPMAP。

⑦将功率谱图（MFAMAP）和相位谱图（GPMAP）作为条件模拟的输入数据，将 HCMAP 作为条件数据，进行条件频谱模拟，最后得到一张具有分形特征且经过了条件数据修正的油气资源图，记为 MFHCMAP，此图即为预测的全区资源丰度分布。

在具体实现中，还考虑了其他一些细节。比如：

①设置经济界限，排除掉丰度低的、没有经济价值的油气藏。这是指在模拟中，根据开采工艺水平、油价高低等，人为设置一个界限值（如 $5\times10^4\mathrm{t/km^2}$），则小于此界限值的网格点在模拟中将不予考虑，此网格的油气量也不计入最终的总资源量。通过这种方式可以过滤掉丰度值过小的地区，将地质人员的关注点集中在丰度相对较高的区域。

②设置勘探风险界限，排除掉勘探风险很大的网格数据点。在一些时候，勘探部署需要避开风险过高的区域，此时可以设置勘探风险界限（如 50%），则风险高于此界限值的地方将被认为是勘探禁区，在资源丰度模拟计算中会过滤掉这些网格点，而只优选风险较低的区域。

最后得到的结果图（MFHCMAP；图 11.65）是带有勘探风险约束的空间域中的油气资源分布图，它不仅考虑了油气藏发现过程的分形特征，也考虑了空间不同位置的勘探风险，因而可以认为预测出的资源丰度空间分布具有较高的可信度。

11.4.2 煤层气预测模拟

煤层气是一种以吸附于煤孔隙表面为主的非常规天然气，其成分主要是甲烷气体。煤层气井的排采生产是通过抽排煤储层的承压水，降低煤储层压力，促使煤储层中吸附的甲烷解吸的全过程，如图 11.66 所示。根据煤层气井产出机理的不同，煤层气排采过程被划分为三个阶段，如图 11.67 所示。第一阶段是单相流阶段，该阶段主要是抽取割理中的水，描述该阶段的理论基础是单相渗流理论。第二阶段是非饱和单相流阶段，该阶段水的相对渗透率下降，但仍是单相水流。第三阶段是气水两相流阶段，该阶段是煤层气研究的主体，从气水两相渗流条件出发，建立了渗流方程，以实现对该过程的描述。由于煤层气运移方程是非常系数偏微分方程，难以得到理论解，因此为实现对煤层气动态过程的研究，学者们多采用数值方法，即利用近似数值解代理理论解来表示该方程。数值方法涉及单元网格的剖分和方程参数的设置，没有数值模拟软件难以被工程人员操作。在油气等方面已发展出如 CMG 模拟软件，在煤层气模拟方面有 COMET、CMS 软件等。虽然有模拟软件存在，但是对于模拟过程和原理的掌握依然是至关重要的内容。

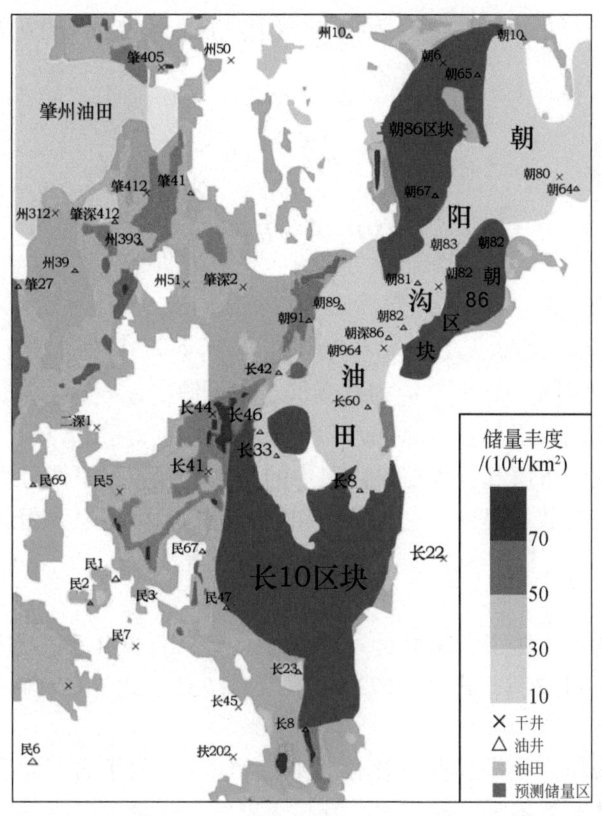

图 11.65 肇州-朝阳沟风险约束下扶余油层资源丰度模拟图

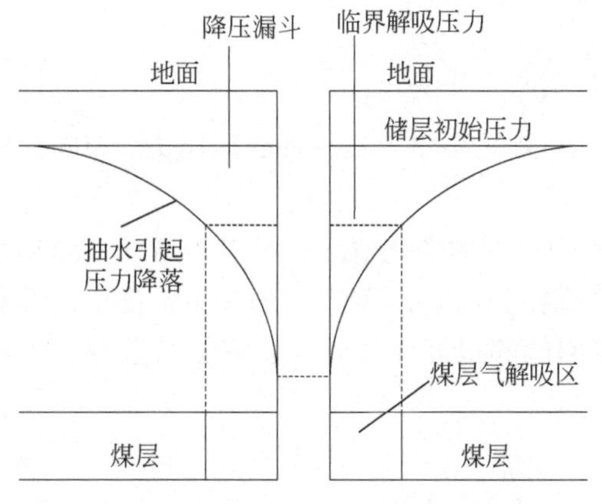

图 11.66 煤层气排水降压示意图

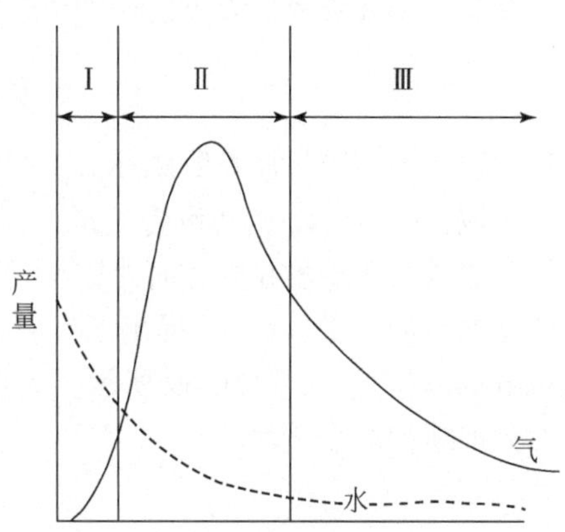

图 11.67 煤层气、水产量变化三阶段

11.4.2.1 煤层气运移方程

1. 基本控制方程

煤层气在排采时受到压力差的推动，满足流体连续性方程和达西定律，将这两者结

合，满足裂隙系统中气、水两相渗流运动规律的基本微分方程见式（11.71）和式（11.72）。

$$\nabla \cdot \frac{K_{rg}\vec{K}}{b_g\mu_g} \cdot \left(\nabla P_w - \frac{g}{b_g}\nabla H\right) - q_g + q_m = \frac{\partial}{\partial t}\left(\frac{\varphi S_g}{b_g}\right) \tag{11.71}$$

$$\nabla \cdot \frac{K_{rw}\vec{K}}{b_w\mu_w} \cdot \left(\nabla P_g - \frac{g}{b_w}\nabla H\right) - q_w = \frac{\partial}{\partial t}\left(\frac{\varphi S_w}{b_w}\right) \tag{11.72}$$

式（11.71）、式（11.72）中$\vec{K}$为绝对渗透率，μm²；K_{rg}、K_{rw}为气、水相对渗透率；P_g、P_w为气、水压力，MPa；S_g、S_w为气、水饱和度,%；φ 为孔隙度,%；μ_g，μ_w为气、水黏滞系数，Pa·s；t 为时间，d；q_g、q_w为井点气、水汇源项，m³/d；b_g、b_w为体积系数；q_m为由基质块进入裂隙的煤层气量，m³/m³。

为了完整地描述和求解气、水在煤储层中的运移过程，除了微分方程组外，还必须提供某些辅助方程来完善数学模型，它们是饱和度方程和毛管压力方程。

$$S_g + S_w = 1 \tag{11.73}$$

$$P_{cgw}(S_w) = P_g - P_w \tag{11.74}$$

认为毛管压力为零，鉴于求解变量为 P_g、P_w、S_g、S_w 共 4 个，方程组的方程数也是 4 个，所以这个由式（11.71）、式（11.72）、式（11.73）、式（11.74）组成的方程组是封闭的。

煤层气临界解吸压力是指解吸与吸附达到平衡时对应的压力，即压力降低使吸附在煤微孔隙表面上的气体开始解吸时的压力。其与煤层气含气量和吸附/解吸特征成函数关系，如图 11.68 所示，临界解吸压力与储层压力（P_i）比往往决定地面煤层气开采中降水排压的难易程度。临界解吸压力可以用如下公式表征：

$$P_{cd} = \frac{V_{实}P_L}{V_L - V_{实}} \tag{11.75}$$

式（11.75）中，P_{cd}为临界解吸压力，MPa；P_L为朗缪尔（Langmuir）压力，MPa；V_L为朗缪尔体积，m³/t；$V_{实}$为实测含气量，m³/t。

相对渗透率体现多相共存时渗透率随含水饱和度的变化情况，相对渗透率是影响产气动态变化的重要参数，Corey 提出了经验渗透率模型 Corey 模型，Honarpour 提出了经验公式 Honarpour 模型，如图 11.69 所示，此类模型能够很好地适应实验室测试数据，也能够根据参数推断相对渗透率。

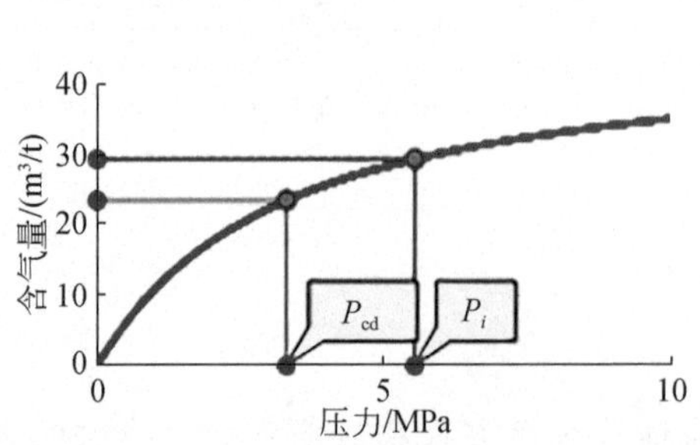

图 11.68　等温吸附曲线及临界解吸压力

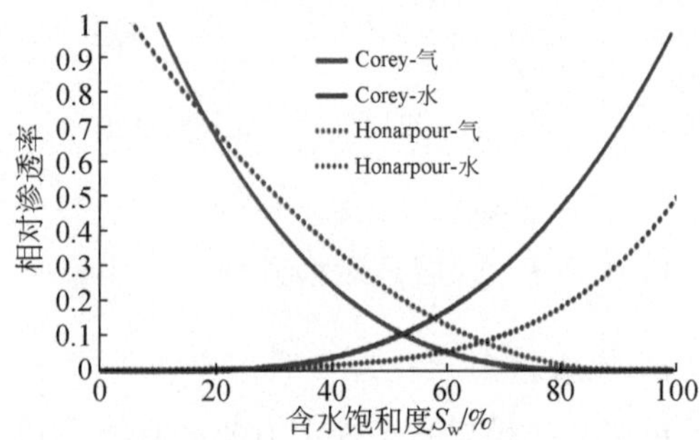

图 11.69　相对渗透率曲线

2. 产量控制

煤层气井产出过程是主要通过对井的产量控制达到对整个储层产生影响的控制过程。当有煤层气生产井时，由于井的半径与井间距离相比很小，可把它视作点的内边界来处理。在煤层气储层数值模拟中，可考虑两种内边界条件。

（1）定产量条件：当给定井的产量时，可在微分方程中增加一个产量项 Q_c，由于是常量方式较为简单，本书不做重点讨论。

（2）定井底流压 P_{wf}条件，则产水量满足式（11.77），产气量满足式（11.78）。

令

$$\mathrm{PID}=\frac{2\pi hK}{b_w\mu_w[\ln(r_e/r_w)+S]} \tag{11.76}$$

则

$$q_w=\mathrm{PID}\times(P_w-P_{wfw}) \tag{11.77}$$

$$q_g=\mathrm{PID}\times(P_g-P_{wfg}) \tag{11.78}$$

式（11.76）中，h 为产层厚度，m；P_{wfg}、P_{wfw}分别为煤层气井的井底气、水流压，MPa；r_e为排泄半径，m；r_w为井筒半径，m；S 为表皮系数；q_g、q_w为产气、产水量，m^3/d。

11.4.2.2 煤层气模拟研究流程与应用实例

1. 煤层气模拟研究流程

煤层气模拟工作流程可以概括为如下十个步骤：①明确研究对象，如针对单井还是井网、井网的井数和分布特征；②选择模拟软件；③收集相关地址和工程数据，包括煤层、煤质、煤层形态、含气性及储层物性等地质数据和初始储层压力、初始气、水饱和度、初期气、水产量等生产数据；④构建储层地质模型；⑤储层模拟网格设计；⑥基础数据提取和录入；⑦边界条件设置；⑧模拟计算，根据模拟计算的目的，可以进行历史匹配、敏感性分析或产量预测等；⑨分析模拟结果，如进行经济评价等；⑩编写研究报告。

2. 实例

潘庄区块（包括潘庄西区、潘庄区、潘庄东区）位于山西省晋城市沁水县境内，端氏镇之南、町家镇的西北、嘉峰镇之北。地理坐标为东经 112°24′00″～112°36′00″，北纬 35°40′00″～35°34′43″，属于山区地带，地形条件复杂。潘庄区块地质构造相对简单，煤层倾斜角度小，底板起伏与标高变化都不大，但由于该区位于地形起伏变化较大的丘陵地带，所以导致煤层埋深也有较大变化。区块内含煤地层为太原组和山西组，其中稳定发育的煤层有 3 号、9 号和 15 号煤层，其中以 3 号和 15 号煤层最为稳定，而 3 号煤层的埋深变化范围是 156.27～695.20m，煤层厚度为 3.15～7.30m。

M01 井至 2009 年，已累计产气 2.57×10^{6}m^3，最大日产气量为 4700m^3，平均日产气量为 1143m^3。产气曲线呈现升—降、升—降、升阶段性变化，即从排采到 424d 时产气量呈现波动上升，在 0～4700m^3/d 之间变化，平均为 1766m^3/d；从 425d 到 1382d 产气量呈现波动下降，在 4500～0m^3/d 之间变化，平均为 1055m^3/d；从 1383d 到 1724d 产气量呈现波动上升，在 0～3007m^3/d 之间变化，平均为 482m^3/d；从 1725d 到 1955d 产气量呈现波动下降，在 0 ~ 2456m^3/d 之间变化，平均为 1047m^3/d；从 1956 天至 2251 天产气量逐渐稳定上升，在 0 ~ 1999m^3/d 之间变化，平均为 1374m^3/d。

1）历史拟合与参数确定

实测煤层气井排出水矿化度为 1756mg/L，渗透率为 0.30 ~ 1.52mD。孔隙度为 4.29%、动水孔隙度为 0.9%。其他参数如表 11.16 所示，历史拟合曲线见图 11.70。

表 11.16　M01 井基本参数及参数调整表

模拟数值参数	3 煤		15 煤	
	初始值	拟合值	初始值	拟合值
含气量/(m^3/t)	18.07	18.7	20.88	23.9
储层压力/MPa	1.37	2.4	3.42	—
朗缪尔体积/(m^3/t)	41.46	—	38.38	—
煤厚/m	5.85	—	3.15	—
朗缪尔压力/MPa	2.69	—	2.44	—
储层渗透率/mD	3	—	3.38	—
割理孔隙率/%	1.5	—	0.8	—
临界解吸压力/MPa	2.08	—	2.91	—

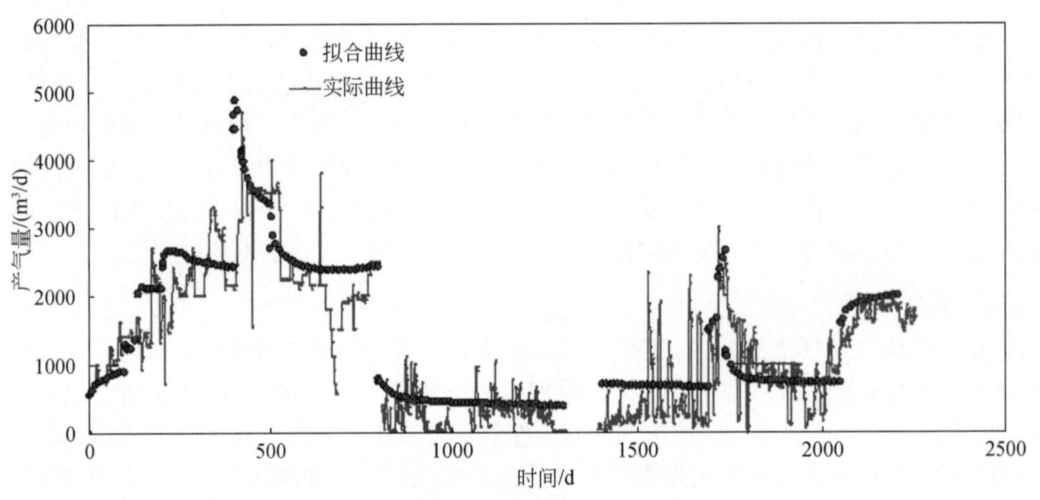

图 11.70　M01 井历史拟合曲线图

2）参数动态与评价

15 煤含气量：图 11.71 显示 M01 井在排 50、500、1000d 时 15 煤的含气量动态变化情况，从图中可见，随着排采的进行，含气量逐渐降低，井筒附近含气量变化显著，排采 1000d 之后含气量下降了 13m^3/t；距井筒越远，含气量变化越小。

15 煤含气饱和度：图 11.71 表示了排采时间分别为 50、100、500 和 1000d 时从井口到最大影响半径范围内15煤含气饱和度动态变化情况。排采500d之后，井筒附近的含气饱和度由最初的84.3%下降到33.1%，下降了51.2%，离井筒140m处含气饱和度由100%降低到了90%，降幅10%；之后的500d排采，井筒处的含气饱和度下降范围不大，距井筒140m处的含气饱和度由90%下降到了79.9%，降幅10.1%。

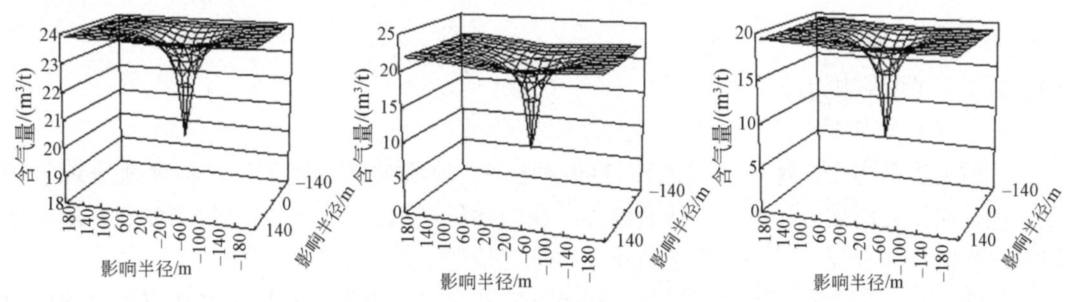

图11.71 M01井15煤层含气量动态变化

15煤储层压力：图11.72（a）(b)(c）分别表示了QNZJ1井排采第10、100、1000d 15煤储层压力下降情况，相对而言，降压漏斗形成的速度介于不产水型和高产水型之间。QNZJ1排采第50、200、300、400、500d，15煤的有效解吸范围逐渐扩大，当排采至500d时，该井压裂方向的压降范围达到了200m，其他方向达到了140m。

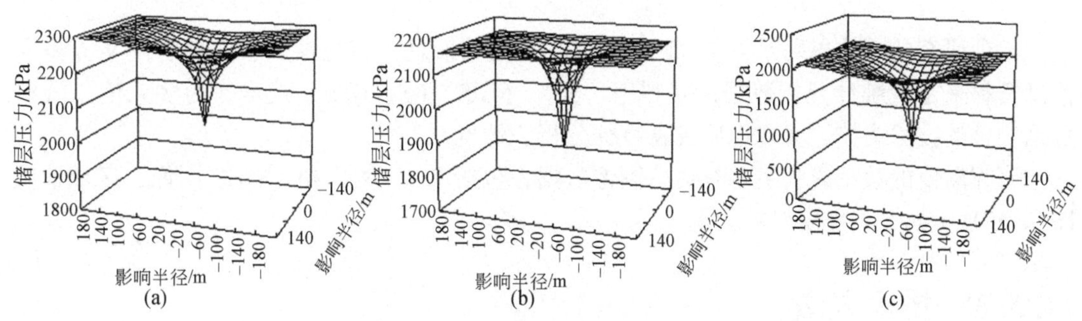

图11.72 M01井15煤层排采过程中储层压力传播图

3煤层含气量：3煤层的含气量动态变化，当排采800d之后，含气量在井筒附近有大的变化，变化量为4.5m^3/t，其余地方变化相对较小，距井筒140m处含气量变化量为0.5m^3/t。

3煤层含气饱和度：3煤层前期含气饱和度变化不明显，当排采800d之后，井筒附近60m的范围内含气饱和度大幅度下降，由最初的93.5%降到了40%。

3煤层储层压力：3煤层储层压力传播情况的总体变化趋势与15煤层非常相似，随着排采的进行，有效解吸区越来越大，800d后压裂裂缝方向的有效解吸区半径为200m，其他方向为140m，并且在800d时间里，随着排采的进行，有效解吸区的扩散速度越来越大。

从上面研究可以看出，煤层气地面排采过程受到地质因素、工程因素以及人为因素的综合影响，从而使整个过程表现出多因素相互耦合的显著特征。

11.5 地质灾害定量评价

11.5.1 问题提出

地质灾害是当今全球最严重的环境问题之一。地质灾害主要是各种物理地质现象所致，包括崩塌、滑坡、泥石流、地裂缝等。我国幅员辽阔，人口众多，气候多变，地形地貌和地质条件非常复杂，是世界上地质灾害危害最严重的国家之一。

目前，遥感地质专家不仅能以数字记录方法获取空间信息，而且能够利用多项数据的计算机处理地表图像，利用 GIS 将多源数据结合，以其宏观、快速、经济且分辨率高、成像灵活的优势而广泛应用于研究地质灾害等许多方面，较充分地发挥了卫星遥感的宏观优势，取得可喜成果。

如何有效利用 RS 和 GIS 的手段实现对地质灾害调查评价是当前的一个重要问题。

11.5.2 研究思路

本项研究的总体思路是以 ETM 遥感数据为基础信息，结合地质、地理、水文等多元信息资料来定量统计分析数据，并利用“3S”（GIS、RS、GPS）技术作为多元信息资料数据融合的技术支撑，实现地质灾害特征分析、评价。

研究需要的数据资料主要有遥感图像数据，包括 ETM+图像和 ASTER 图像，区域地质图和 DEM（数字高程模型）数据。

11.5.3 技术方法

研究的技术流程主要由以下几方面构成。

1. 区域地质资料收集及遥感图像计算机处理

系统地收集工作区遥感图像数据，包括 ETM+图像和 ASTER 图像，同时系统收集工作区 1∶20 万和重点梯级区的 1∶5 万区域地质图和工作区内 90m 分辨率的 DEM 数据。在系统了解和熟悉工作区地质概况的基础上开展了计算机图像处理分析，通过遥感图像镶嵌、增强、滤波、子区提取、不同方式融合等功能处理为遥感地质解译提供了基础图件。

2. 规划河段构造地质解译

系统开展工作区不同比例尺遥感图像的构造地质解译研究，解译工作在总体判识构造形迹的基础上，从构造演化的角度分析构造的不同级别、序次、配套和交切关系，重点分析构造的空间展布、构造应力分布特征、与地质灾害体的关系以及构造活动性特征。在对整体认识的基础上参照1：50万地质库和甲方提供的1：20万地质库，对遥感影像进行了沿河流域断层解译。

3. 工作区地质灾害体解译

系统开展工作区不同比例尺遥感图像的地质灾害体解译研究，解译工作本着“从个体到局部、从局部到区域”的原则逐级深入，重点针对滑坡体、崩塌体、泥石流沟分类等进行了地质灾害体解译。所有解译工作均在纸质介质上进行，而后输入计算机以供出图和综合分析使用。

4. 野外调查与解译成果验证

在上述工作的基础上，开展系统的野外调查与解译成果验证，在对上游流域沿江进行全面验证的同时，针对重点区段、重点地质现象（构造、典型地质灾害体）开展了野外调查，为最终成果的确定提供可靠的野外第一手资料。

5. 遥感地质综合评价

在上述工作完成的基础上，进一步进行室内外综合研究，从遥感宏观分析角度确定了区域构造地质的基本特征，查明了主要地质灾害体的分布特征，从理论上进一步深化了对区域构造地质背景的认识，通过对地质灾害体分布特征以及与地貌、地层、岩性、构造、降雨、地震等相互关系的综合分析，从而对于区域地质灾害体发生发展的时空性做出了综合评价。

11.5.4 实际应用

11.5.4.1 研究区概况

金沙江是长江的上游河段，其主源沱沱河发源于青藏高原唐古拉山脉主峰格拉丹东雪山的西南侧。金沙江流域面积47.32万km^2，约占长江全流域面积的26%。

本次研究区定于金沙江上游从青海玉树的侧方到云南迪庆的奔子栏，河段长790km，天然落差1540m。该河段地处川滇菱形断块的西侧边界附近，金沙江断裂带穿越工程区，区域地质条件复杂。

11.5.4.2 遥感图像解译

在解译之前对遥感图像主要进行了三大类处理：图像预处理、图像增强和图像显示，如图11.73所示。

金沙江上游流域遥感地质解译分为构造与物理地质现象两部分。地质解译的依据是遥感图像上的影像特征，包括影像的几何形态、大小、色调、色彩或色调等。它们是遥感的空间和波谱信息的图像显示。本次非重点区的解译主要在1：20万的ETM7、4、3假彩色合成影像上进行，重点区解译则以1：5万ETM融合图像为底图，同时辅以ASTER影像综合判断。

综合运用构造和地质灾害体各种解译标志，编制出了金沙江上游全区1：50万构造与

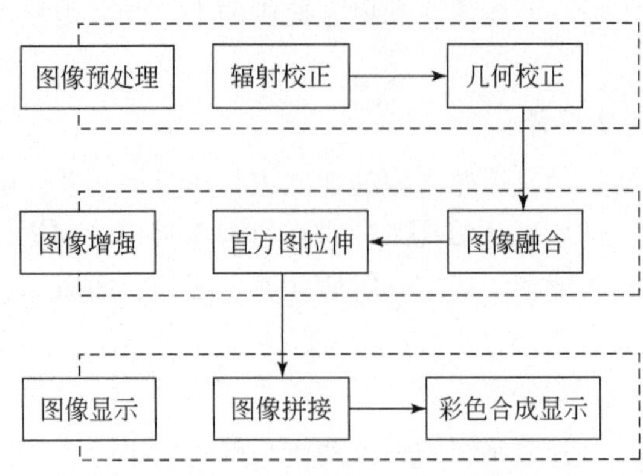

图 11.73　遥感数字图像处理流程图

物理地质现象遥感解译图，1∶20 万分段构造与物理地质现象遥感解译图，1∶5 万重点区构造与物理地质现象遥感解译图和 1∶5 万非重点区构造与物理地质现象遥感解译图。

经野外验证，整个流域地质灾害体数量不多，除个别较大规模的滑坡、崩塌外，绝大多数地质灾害体规模小，对金沙江流域危害性有限。

11.5.4.3　金沙江上游地质灾害发育条件

1. 研究区地质灾害体统计分析

将地质灾害体与地层、岩性、砂泥比、断层、坡度和坡向、震中分布、植被覆盖进行叠加分析，统计了不同要素中地质灾害体出现的频率（表 11.17）。

表 11.17　地质灾害体与相关地质要素统计表

要素	要素分类	灾害数量	要素	要素分类	灾害数量
地层	Pt	7	砂泥比	以砂为主	76
	S	2		砂/泥	20
	D	3		以泥为主	3
	C	1	断层范围	相交	14
	P	39		100m	14
	T	43		200m	16
	J	1		300m	16
	未分	3		400m	17
岩性	岩浆岩	20		500m	18
	沉积岩	51		1000m	22
	变质岩	28			

通过对研究区实际情况的研究，我们可以得出以下规律，即区域地质灾害体的分布与区域地层的分布有关，地质灾害体较多地分布于二叠、三叠纪的地层中；区域地质灾害体的分布与岩性的分布有关，地质灾害体较多地分布于沉积岩地层中，其次为变质岩，最少的为岩浆岩；区域地质灾害体的分布与岩层的砂泥比有关，地质灾害体较多地分布于以砂为主的硬质岩层中，其次为砂泥互层的岩层中，最少的为泥质岩层中；地质灾害体的分布与区域构造有关，地质灾害体易于分布在断层的影响带内。但研究区内地质灾害体受断层的控制效果并不显著。

同样我们分析了地质灾害体与坡度、坡向的关系，与震中分布、植被覆盖的关系。最终得出，研究区内地质灾害体受坡向和地震的控制作用并不显著；金沙江地区发育的地质灾害体，绝大部分分布在植被指数较小、植被发育较差的地区，而在植被发育良好的地区，其地质灾害体危害程度相对较低。

2. 研究区线性体统计分析

本次研究我们将统计该区断层和水系的密度和频度，优选方向及断层、水系的贴近度。分析该地区断裂和水系的分布规律，从而为研究区地质历史时期所受构造应力及其构造特征提供影像依据。

本次研究中，我们将断层和水系数据矢量化后，利用 GIS 软件对其密度和频度进行了统计，为了更好地反映研究区总体的线性体特征，我们将断层和水系数据叠加在一起，统计了全部线性体的密度和频度，力图从中找出本区线性体的分布特征。

对比统计结果，金沙江地区断裂的密度和频度均表现为右岸明显高于左岸。因此，金沙江右岸的构造现象和地质灾害体发育情况要比左岸严重得多。

从金沙江地区水系的密度和频度统计中我们可以看出，金沙江上游水系的密度和频度高于下游，右岸水系的密度和频度高于左岸。

将断层和水系数据均矢量化为直线，然后利用 GIS 软件对其延伸方向进行统计，为了更好地反映研究区总体的线性体特征，将断层和水系数据叠加在一起，统计全部线性体的延伸方向。

具体计量标准为：以正北方向为0°，顺时针旋转至360°，即每一方向由两种度数表示，例如：正北方向表示为0°和90°。

通过统计，我们得出金沙江地区断层的方向主要集中在120°～150°，300°～340°之间，即断层主要沿北西、南东方向发育。同样，水系的方向也主要集中在120°～150°，280°～320°之间，即研究区的水系也主要沿北西、南东方向发育。由此可见，该研究区的优势方位为北西、南东方向。

由上面的论述，我们可以看出，断层与水系的发育也存在着相互影响、相互制约的关系。同时，考虑到建坝的需要，也应该把水系附近发育断裂的情况统计清楚，这样可以更直观地反映河道周围的地质灾害体情况，具有十分重要的意义。

因此，将研究区总的断层与水系叠加在一起，对断层和水系的贴近度进行了分析，利用缓冲区计算，对与水系相交，及在水系附近 100m、200m、300m、400m、500m、1000m、1500m 内的断层条数及其所占比例进行了统计。统计结果如表 11.18 所示。

表 11.18　金沙江地区断层与水系贴近度简表

断层与水系范围	断层统计数	所占百分比/%
相交	268（20 条）	19.8
100m 内	292	21.6
200m 内	314	23.2
300m 内	326	24.1
400m 内	338	25.0
500m 内	344	25.4
1000m 内	393	29.0
1500m 内	438（31 条）	32.3

注：断层 31 条，水系 92 条。

由表 11.18 可以看出，在 500m 范围内，断层发育的比例也不过 25%，到 1500m 范围时，只增长到 32.3%。其所占比例不大，随距离增长的幅度也不明显。我们可以得出以下规律，即金沙江地区断层和水系的贴近程度并不高，水系附近断层发育比例较低，流域的地质灾害体危害情况并不严重。

11.5.4.4　水电规划区优选等级综合评价

在空间上各种类型的地质灾害体大小有很大的区别，发生时间上快慢差别也很大，但它们都是地质灾害体孕育环境与触发因子共同作用的结果。考虑到影响地质灾害体发生的各种因素，主要分为两类：基本因素和影响因素。基本因素是指地质灾害体形成的基本地质环境条件；影响因素是指影响和诱发地质灾害体演化和发生的外在因素。本次研究确定的基本因素有 7 个（表 11.19），分别是地层情况、岩性情况、砂泥比情况、坡度情况、坡向情况、断裂情况、植被发育情况。影响因素有 1 个，主要为地震分布情况。

表 11.19　评价因子和属性分类

因子	属性							
	1	2	3	4	5	6	7	8
地层	Pt	S	D	C	P	T	J	未分
岩性	沉积岩	变质岩	岩浆岩					
砂泥比	以砂为主	以泥为主	砂泥互层					
坡度/(°)	0～18.96	18.96～25.16	25.16～29.64	29.64～34.12	34.12～88.24			
坡向	N	NE	E	SE	S	SW	W	NW
断裂	相交	100m	200m	300m	400m	500m	1000m	
植被	无	稀少	较少	一般	较好	良好		
地震	15km	20km	25km	50km	100km	150km		

1. 水电规划区优选等级评价流程

水电规划区优选等级评价从另一个角度来说也就是对区域地质灾害体危害性进行评

价。地质灾害体发生频率与影响因子之间的统计关系是地质灾害体空间预测的基础。在前面，我们已经通过对地质灾害体的空间分布及其环境背景数据层的叠加分析，获得了地质灾害体与影响因素的综合数据库，但是，单纯依靠GIS技术建立一个区域地质灾害体的资料库，不能进行进一步的分析评价，只能称作是空间数据库，并不能达到地质灾害体危害性区划的目的。因而从地质灾害体分布的规律入手，从宏观上研究地质灾害体地质环境，进行区域地质灾害体危害风险评价是我们需要解决的一个问题。用于地质灾害体危险性区划的主要思路是：通过已变形或破坏区域的现实情况和提供的信息，把反映各种影响区域稳定性因素的实测值转化为反映区域稳定性的信息量值。

GIS支持下的区域地质灾害体危害风险评价的目的是圈划不同危害性等级区域，并通过危害性制图来反映。其预测的理论依据是工程地质类比法，即未来地质灾害体的地质环境应类似于已有地质灾害体所具备的地质环境，因而现有地质灾害体的条件有可能外推到前者以预测未来地质灾害体的空间位置。

从技术方法上，GIS在危害风险评价中的操作过程可分为以下几个阶段：

（1）数据的获取。获取风险评价中各因子的基础图件、文字资料，及由已有数据获取各影响因子的算法、方案、模型等。

（2）数据的管理，即致灾因子信息层的输入。首先将所有影响因子的空间展布以数字图形数据方式表达，并根据统计需要完善各因子的属性数据库，以便参与空间运算及分析。

（3）空间数据的归一化处理。将所有数据转化到可比的坐标与数值空间，内容包括：所有空间数据换算到相同的坐标空间中；对各因子值重新分类，统一转化成无量纲的可比数值。

（4）规划区等级划分。用地质灾害体危害性分析专业模型为每一个影响因子对地质灾害体发生的贡献率进行评定，赋以每个影响因子不同的权重。进行矢量叠加处理后，圈定出不同等级的地质灾害体危害区。

（5）制图表达。以图形形式表达分析结果，并用统计分析图表及适当的描述对结果进行分析。

2. 水电规划区优选等级评价方法——证据权重法

在综合评价过程中，其评价模型一般采用统计模型，主要是对现有地质灾害体的地质环境条件和作用因素之间的统计规律进行研究，在此基础上采用各种数学方法将各影响因素叠加来划分危害等级。本次研究我们选择了加拿大数学地质学家Agterberg提出的证据权重法，在已经建立的金沙江区域地质灾害体数据库的基础上，利用GIS技术对金沙江区域地质灾害体危害等级进行定量预测与评价。

考虑到条件的独立性，我们选择了十个较独立，且对地质灾害体影响较重的因子，在此基础上，计算各证据层与地质灾害体的相关程度和预测评价证据权值（表11.20），并以此对研究区内各个单元进行地质灾害体发生概率的计算。

表 11.20　证据因子正负权重值

序号	证据因子名称	正权重值	负权重值	综合权值
1	地震 10km	1.488019	−0.258453	1.746472
2	地层 P	0.722744	−0.681937	1.404681
3	地层 Pt	0.630249	−0.092948	0.723197
4	地层 T	0.529708	−1.518185	2.047893
5	砂泥比 A（以砂为主）	0.412615	−1.368653	1.781268
6	砂泥比 B（以泥为主）	0.871411	−0.114377	0.985788
7	砂泥比 C（砂泥互层）	0.522341	−0.726598	1.248939
8	岩性 A（沉积岩）	0.443473	−0.585558	1.029031
9	岩性 B（变质岩）	0.670151	−0.825038	1.495189
10	岩性 C（岩浆岩）	0.55204	−0.527203	1.079243

表 11.20 分析结果显示，本区各致灾证据层变量对地质灾害体诱发作用的大小依次为：L4、L5、L1、L9、L2、L7、L10、L8、L6、L3。进一步对计算结果进行分析可以得出以下几个基本认识：①三叠纪地层对地质灾害体的影响最大，其综合权值为 2.047893；②以砂为主的硬质地层在研究区对地质灾害体的影响居第二位，其综合权值为 1.781268；③地震震中的分布对地质灾害体的影响也很大，其综合权值为 1.746472；④岩浆岩与沉积岩在本区所占面积较大，但其权重值小于变质岩，分别为 1.079243、1.029031；⑤太古宙地层和以泥为主的软质地层对地质灾害体的影响最小，其综合权值均小于 1，可见与地质灾害体发生的关系不大。

3. 水电规划区优选等级评价结果

1）金沙江流域上游地区

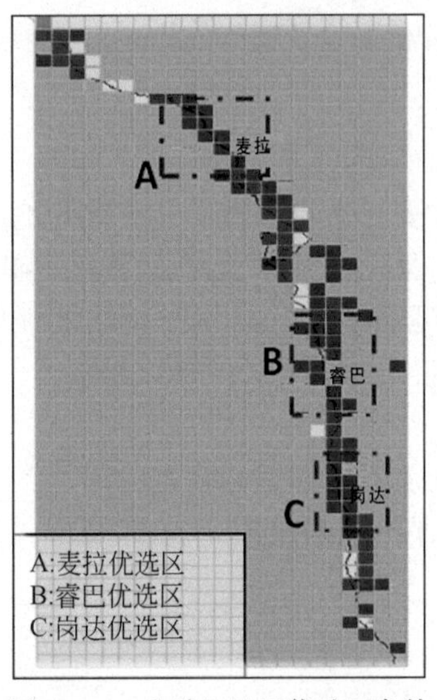

图 11.74　金沙江地区优选区色块

以所建立的金沙江流域上游地区证据权模型，计算各个预测单元的地质灾害体危害程度（以地质灾害体发生的后验概率值来代表），图 11.74 为金沙江流域上游地区地质灾害体危害程度的后验概率色块图。

在预测单元地质灾害体危害程度的基础之上，结合地质背景条件、已有地质灾害体分布及遥感等信息，对研究区的危害程度进行了分级。危害程度等级圈定原则为：

（1）地质灾害体危害程度后验概率相对较高的地区；

（2）已知地质灾害体危害信息确凿、具有显著地质灾害体危害的地区；

（3）区域对比，具有相同或相似的地质灾害体形成条件，有一定危害因素的地区。

根据以上原则，从地质的角度考虑，将研究区危害程度划分为：无地质灾害体危害区（图 11.74 浅蓝部分）、轻微危害防治区（深蓝部分）、一般危害防治区（黄色部分）、重点危害防治区（红色部分）4个基本的级别。

根据后验概率色块图我们可以看出，金沙江流域的坝址优选区主要分布于三个区域：A麦拉优选区、B睿巴优选区和C岗达优选区。即在这三个区域中地质灾害体分布最少，且危害情况最轻，基本无危害现象出现。因此，可作为坝址优选区予以考虑。

2）金沙江流域上游水电规划重点区

金沙江上游水电重点规划区，地貌特征基本相似；虽然岩石地层归属时代性质有所不同，但均具有结构性较好的特点；历史地质灾害体及现状相似，孤立地看，均为非常不错的选区。但是，不同重点规划区，由于：①所处构造部位、地质构造条件明显不同；②相似的构造格局中断裂的活动性、控震作用不同；③同属控震断裂而发震点（段、区）空间展布不同；④同在控震断裂上但与发震点（段、区）距离不同，或虽无控震断裂，但与控震断裂及其发震点（段、区）距离不同；⑤金沙江干流及支流与断裂交切的关系不同，所面临的地质灾害体危险性及可能的地质灾害体种类存在明显差异。

综合上述资料与分析，可对各水电重点规划区优选等级进行初步排序，并对可能地质灾害体种类进行概略梳理。排序的主要依据是：①与控震断裂及其发震点的空间关系；②水电工程实施后，成库激活、新生控震断裂，诱发地震的可能性；③灾源物理地质作用受地震激活的可能性及可能强度。可能地质灾害体种类梳理的主要依据是：①地形地貌条件，②地质条件，③历史和现存地质灾害体种类，④相邻区段的影响，等等。

依据上述排序标准，金沙江上游水电重点规划区优选等级可排为以下四级：

Ⅰ级优选区：旭龙地区，河坡地区，叶巴滩地区。

Ⅱ级优选区：奔子栏地区，波罗地区。

Ⅲ级优选区：岗托地区，苏洼龙地区，俄南地区。

Ⅳ级优选区：相古地区，巴塘-拉哇地区。

11.6 城市地下空间定量分析与评价

11.6.1 提出问题

当今社会，城市化的迅速发展导致城市人口剧增，环境恶劣，生存空间资源紧缺。为了解决城市空间资源紧缺的问题，世界各国先后尝试建造卫星城市、向上发展城市立体空间，但仍然无法解决空间资源的巨大需求缺口问题。对此，世界发达国家的一些地区尝试开发利用地下空间解决人地矛盾。各国的实践经验表明，地下空间作为一种新型的空间资源，具有一般自然资源的基本特性，如空间性、位置性、稀缺性、经济性等。因此，其开发与利用必须遵循一般自然资源的利用规律，在科学评价的基础上，有计划、有步骤、按照需求的先后逐步开发。

近几年来，随着3S技术的迅速发展，特别是定量地学相关理论与方法的走向成熟，自然资源的评价工作已经由中小尺度的定性评价转为多因素、多尺度的定量与定性综合评价阶段。如何利用3S技术定量评价地下空间资源成为研究重点。

11.6.2 研究思路

考虑到地下空间资源自身的多种利用特性，这种资源的定量评价应从资源的利用形式、利用特征分析入手，确立评价的理论与方法体系。进而，结合城市发展的客观规律，从资源需求压力、可利用的资源数量与质量评价两方面，定量评价城市地下空间资源。研究基础数据包括基础地质、水文地质、工程地质、资源与环境等内容。研究内容主要包括：

（1）地下空间资源特征分析。首先通过文献综述的办法，系统分析地下空间资源开发、利用与规划的基本内容、形式与规模及存在的问题。进而，分析这种资源的自然性、经济性与社会性，并结合一般自然资源定量评价的基本理论和定量地学的基本方法与模型，确定地下空间资源定量研究的模型与方法。

（2）城市地下空间需求压力分析。综合考虑经济、人口、科技的发展状况，利用"重力均衡原理""压力平移原理"调查地下空间需求紧迫度。具体实施时，通过调查城市地表的土地利用现状、利用强度与利用潜力，城市地下空间资源利用现状，以及城市未来发展规划与定位，利用地统计学中的空间叠加分析模型，获取城市分地区、分阶段的地下空间资源时空需求压力及其分布，为这种资源的数量与质量评价提供背景支持。

（3）城市地下空间资源量分析。借助3D-GIS工具，利用"热力学第二定律""灰色评价模型""多因子指标综合评价法"等，在参考城市"宜居水平"的标准以及城市中长期发展目标的基础上，估算城市未来不同时间段潜在地下空间资源的数量与质量分布情况。在此基础上，以北京市为例，全面分析北京市地下空间资源的利用潜力，为首都城市未来发展战略的制定提供必要的科学依据。

11.6.3 技术方法

依照先资源定性，后需求压力分析，再潜力评价的思路，本研究建立起如下的逻辑框架（图11.75）。

11.6.4 实际应用

北京作为中华人民共和国的首都，是中国的政治、文化和国内国际交往中心，也是世界历史文化名城和古都之一。自20世纪80年代起，北京城市发展迅速，城市规模快速增大，人口迅速膨胀，导致城市土地资源紧张，环境恶化，城市发展空间有限，已经大大地阻碍了北京的长期可持续发展进程。本书试图在研究北京城市的地理、经济与人口现状，以及城市扩张历史与驱动力的基础之上，把握北京城市发展脉络。进而，利用三维评价模型，分析北京地下空间资源需求压力与资源量的空间分布情况。

对于城市内部空间的地下空间资源需求压力分析问题，本研究主要是采用"均衡分

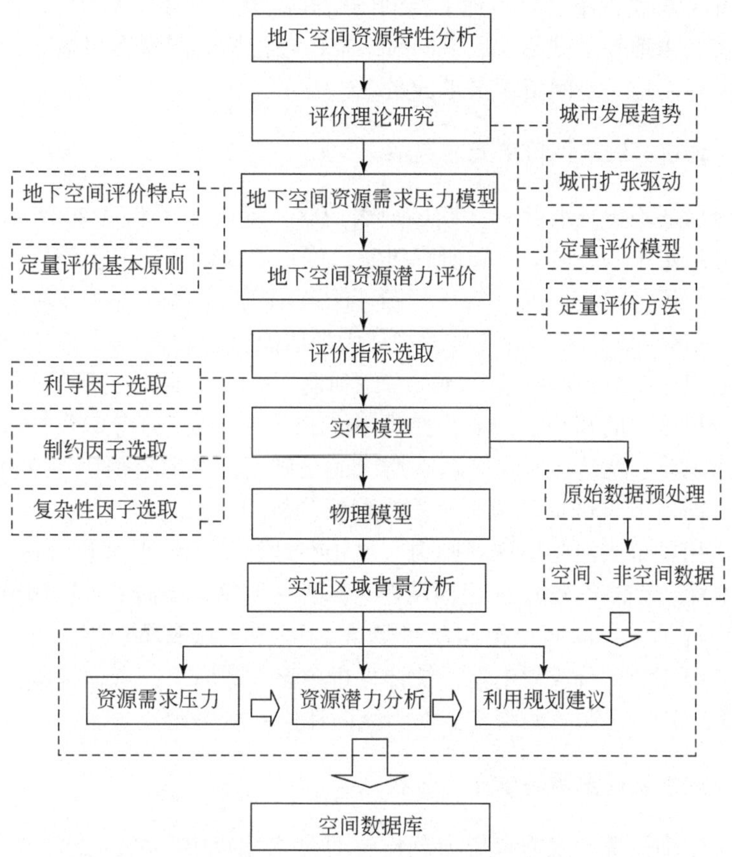

图 11.75　地下空间资源定量评价逻辑框架

析”模型，以“均衡原理”为基础，通过建立地表城市发展需求与地下空间可提供的资源量之间的对应关系，获取目标城市在一定时间段内，城市不同区域的地下空间需求的数量与强度信息。该模型所借鉴的理论基础——“均衡原理”，最早是由普拉特（J. Pratt）和艾里（G. B. Airy）提出的用以解释地壳运动的假说之一，即认为：底面积相同、密度相同但重量不同的块体放在液体中，在重力作用下，露出水面越高的块体沉入水下的部分越深，以此保持块体之间的平衡状态。

本研究认为，城市发展作为一个自然、社会、经济的综合作用过程，同样具备一般物质的空间平衡特性。城市中的一定区域，必然以一定的参考面为平衡面，达到使用空间与支撑空间的平衡状态。而对于地下空间开发，存在下面的这个关系：

$$\mathrm{Bf}_1+\mathrm{Gt}_1+\mathrm{Rt}_1=S \tag{11.79}$$

$$\mathrm{Press}_2=\frac{S_2-S_1}{T_2-T_1} \tag{11.80}$$

式中，Bf 为住宅建筑基底面积；Gt 为小区绿地总面积；Rt 为小区道路总面积；Press 为地下空间需求压力；T 为时间。

当人口与城市用地的宜居标准同时增加的时候，或者因城市化进程过快，导致 T_1 到

T_2 的时间大大缩短的情况下，城市地下空间的空间需求压力会大大增加。因此，当收集到城市人口、经济、用地等基础数据后，同时结合各项指标的国家理想标准，就可以预测城市未来一定时间段的地下空间资源需求数量。

11.6.4.1 评价区域与评价单元的选取

依照北京城区的历史发展脉络、城市地表现状，同时参考北京 2004 ~ 2020 年城市总体规划，本研究选定中心城区为主要研究对象，确定平面研究范围。该研究区域由内至外可分为：旧城核心区，中心地区（二环到四环的范围），绿色隔离区（城市四、五环间的区域），边缘集团区（城市四、五环外的城市大型职能中心）。

由于本次采取三维分析的办法，同时考虑到地下地质、水文层系的分布情况，项目在继续沿用上述分层概念的基础上，本着弹性评价的原则，在充分考虑科技水平跳跃式发展趋势以及北京市地质、构造、水文等基本情况的基础上，选取地表以下 300m 的范围作为重点研究区域，而地下 3000m 的范围则作为背景分析的对象。

在平面上采用城市土地利用现状图斑、城市行政区划、地形地貌分区相结合的原则，选取横向 1：2000、纵向 1：500 的比例尺作为基础比例尺。横向上，以城市土地利用现状图斑作为最小评价单元，同时，按照从低到高的顺序，选取单位平方千米、行政街道、区、中心城区四级作为评价成果汇总、统计分析单元。竖向上，考虑到重点研究区域为地下 300m 的深度，选取每 20m 的深度，作为纵向评价基本单元。

11.6.4.2 地下空间资源需求压力分析

北京市地下空间资源开发需求压力分析主要是以北京中心城区 2005 年的土地利用现状、建筑、人口、经济等数据为基础，确定了北京中心城区空间资源需求的缺口，以及其对地下空间资源开发造成的需求压力的数量分布情况。分析的基本流程见图 11.76。

基础的专题信息提取包括土地利用现状、居住用地分布、城市水系分布、道路及对外交通情况、城市绿地、城市建筑、人口密度、经济水平信息提取。

本着长期发展、分段达标的原则，本研究选取住房和城乡建设部《城市用地分类与规划建设用地标准》（GBJ 137-90)》，确定了北京市各类用地按人均和按照用地比例的“宜居标准”。

随后，利用获取的土地利用现状图、人口分布图，以 500m×500m 的标准格网为单位，计算各个格网中不同地类的人均面积及地类面积百分比。进而，根据北京中心城区 2020 年、2050 年各自的人口现状或预测数据，取得北京中心城区 2020 年及 2050 年的按人均获取的各类用地需求差值及按地类面积比获得的各类用地需求差值。考虑到不同的用地平面上的不可叠加性，则相应的预测年份的土地总需求即为各用地需求差值的总和。同时，为了给未来留足发展空间，对于任一预测年份由人均及用地面积比获取的两个用地总需求差值，本研究选取最大差值。经比较，2020 年利用人均面积获取的用地差值大于按照地类获取的面积差值，则 2020 年最终的用地需求值选取按人均计算的各单元面积差值。与此相反，2050 年则选取按用地比获取的用地差值。

按照先前确定的地下空间资源评价的“均衡理论”，利用用地需求分布图，就可计

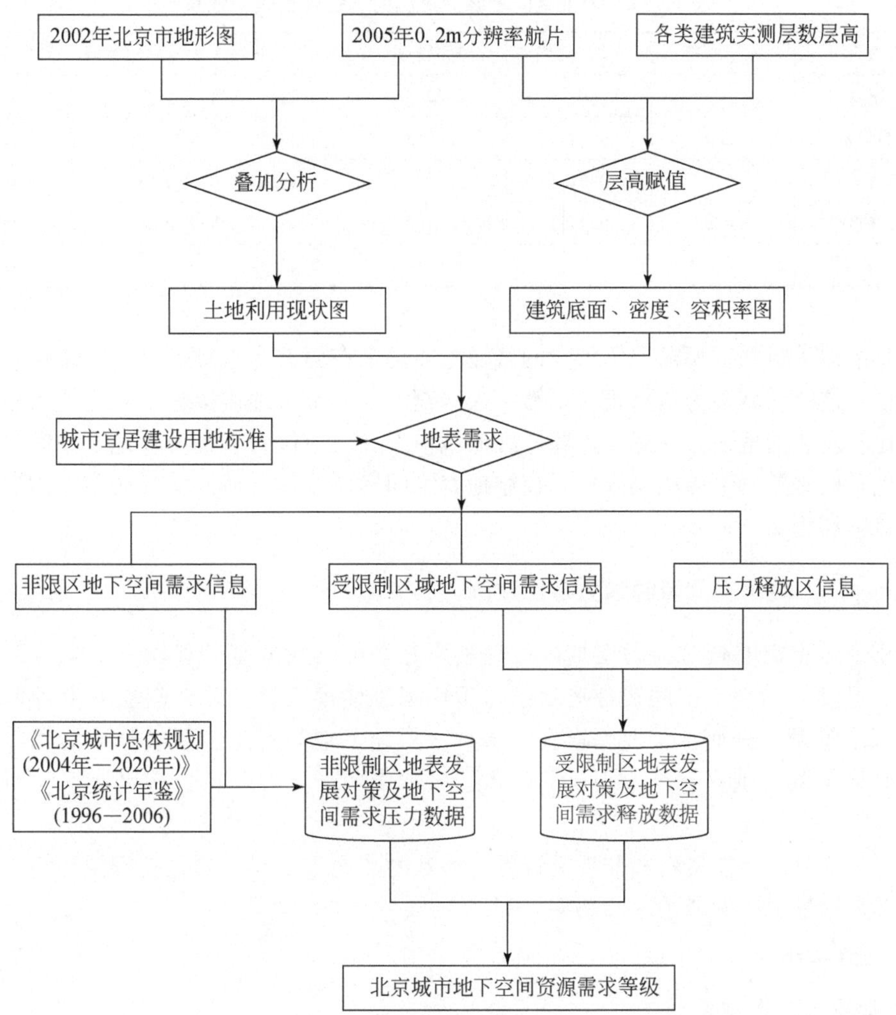

图 11.76 地下空间资源需求压力分析流程图

算出中心城区任一位置的地下空间资源需求压力值，及需要开发的这种资源的体积。地表用地需求转为地下空间资源需求压力的情况有：①工业仓储与基础设施用地，地下建筑经验高度统一取 3.3m；②道路广场用地，地下道路的高度统一取 5m；③绿地和住宅用地，考虑到“人在地上、绿地在地上”的原则，这两种地类不对地下空间资源形成需求压力。它们的用地差额主要是靠工业与基础设施的用地转到地下后释放出的地表空间予以补充。

至此，通过累加工业仓储与基础设施、道路广场、其他类型建筑的需求差额及其体积，即可取得地下空间资源的总需求压力数据。

对于整个中心城区的地下空间资源需求值，本研究按照不同区域的地下空间资源的需求总数量，同时参考对应的地表的土地利用类型、人口密度、道路密度、经济发展水平等，采用加权计算的方法（表 11.21)，获得了地下空间资源需求等级分布情况。

表 11. 21　地下空间资源需求压力等级评价指标权重

需求压力等级	人口密度	建筑容积率	道路密度	经济发展水平	土地利用类型	权重
人口密度	1	1	1. 4918	2. 2255	1	0. 24
建筑容积率	1	1	1. 4918	2. 2255	1	0. 24
道路密度	0. 6703	0. 6703	1	1. 4918	0. 6703	0. 16
经济发展水平	0. 4493	0. 4493	0. 6703	1	0. 4493	0. 12
土地利用类型	1	1	1. 4918	2. 2255	1	0. 24

北京市地下空间资源需求压力大的区域主要集中在西北二三环区域，公主坟、五棵松以南地区。这些区域多为道路密度不够，人口密度大，基本地类以住宅、商业为主，但同时经济比较发达的地区。显然，这些地区的城市发展，应优先考虑开发地下空间资源，同时，还应采取必要的措施控制人口，控制地表空间发展规模，从而实现城市空间资源的中长期可持续利用。

11. 6. 4. 3　地下空间资源潜力定量评价

北京市地下空间资源潜力定量评价是利用北京市已知的基础地质、水文地质、文物保护区、已开发的地下空间资源等资料，运用三维建模工具，首先建立城市各单因子地下空间三维模型。进而，采取因素去除法，获得地下空间资源的数量分布信息；根据北京市的具体实际，确立各评价因子的权重，采取多因子加权分析，获得地下空间资源质量等级。

数据主要分为地质资料和非地质资料，涉及的非地质资料主要包括资源环境、公路交通、已开发的地下空间资源、文物保护等。

1. 三维建模

1）地质体三维建模

本研究根据搜集到的剖面数据、基岩图件数据等，按照研究区的大小，设计了 11 条地质剖面。所有剖面绘制完毕，根据各自的空间位置，在 AutoCAD 软件中建立各个剖面的三维空间关系。进而，所有剖面导入到 MicroMine 软件中，利用各个剖面中不同地层之间的对应关系，以线框的形式连接其各个地层，填充岩性特征，形成地下空间资源三维空间体。

2）非地质体三维建模

非地质体三维建模时，对于三维空间实体，如已开发的地下空间资源，如地下铁路和防空洞等，则按其顶板分布深度、平面投影区域、地下空间高度，各确定一定的横向和纵向影响缓冲区域，形成新的三维实体。对于非空间三维实体，如公共绿地、地表建筑基底直接影响范围、城市地表按照“均衡原理”对地下空间产生的影响区域、不同等级的文物保护区对于地下空间开发的抑制范围等，则根据影响的深度和宽度的不同，确定一定的缓冲区。进而，利用影响区域地面线框文件、顶面的与地表 DTM（digital terrain model，数字地形模型）相割的线框文件，以及侧面影响区域范围面，形成三维实体。

2. 主要因子三维模型

我们从以下几个方面去分析和建立因子三维模型。

（1）基础地质：地层分布、岩性统计、构造体系；

（2）水文地质：地下水分布、冲积扇、冲积平原区；

（3）工程地质：地貌与土质、城市建筑；

（4）城市资源：河流水系、矿产资源；

（5）城市环境：地下水质、污水处理与垃圾填埋；

（6）已开发的地下空间：地面建（构）筑物基础、地下建筑；

（7）各类地表限制因素：文物保护、公共绿地、道路用地。

3. 数量计算

以上各单项评价因子三维模型建立完毕，则根据北京市地下空间资源横向和纵向分布范围的不同，定义长、宽、高为 100m×100m×20m 的长方体块为基本评价单元，并把所有的评价因子三维模型切割为基本评价单元大小。本研究约定统计分析变量中各评价因子，在单元中存在取值为 1，不存在取 0，统计了北京中心城区地表以下 300m 深度各评价因子的单元的数量。本研究利用 MicroMine 软件中的空间布尔运算功能，在扣除所有限制因子外，获得北京市中心城区地表以下 300m 深度范围内不受限制利用的地下空间资源总体积。

4. 质量评价

根据前面章节有关北京城市中心区各地下空间资源利用影响因素的影响度的大小的不同，本研究确定了各因子的基本权重（表 11. 22）。利用 MicroMine 软件中的空间加权求和功能，计算出北京市中心城区地表以下 300m 范围内任一长方体的质量总值，值越大，地下空间资源等级越高，则越适合开发；反之，则质量差、不适合开发；当权重值累加为 0 时，即为基本适合开发。图 11. 77 给出了北京市中心城区地表以下 300m 范围内所有地下空间资源天然储量的质量等级。从该图可以看出，北京市可开发的高等级地下空间资源多集中于城市中西部地区。其中无任何限制的 1 级地下空间仅分布在石景山地区；中西部其余多数地区地下空间资源质量等级虽达到 1 级，但也以 2 级为主，间有部分 3 级块体。到了 3 级，即基本可以开发的地下空间资源，则全区均有分布。受限制较多的 4 级地下空间资源则呈条带状分布于城市个别区域。而本区基本不存在地下 300m 以内不适合开发的地下空间资源，可忽略不计。

所有地表以下 300m 范围的地下空间资源长方体块的质量等级确定后，就可以利用 Access 数据库，统计各个等级立方体的总数据，进而算出各个等级地下空间资源的总体积（表 11. 23）。北京中心城区地表以下 300m 范围内的天然总储量为 3634. 89 亿 m^3。其中，1 ~4 级的地下空间资源量分别为 29. 24 亿 m^3、1420. 55 亿 m^3、49. 10 亿 m^3、2135. 98 亿 m^3、0. 02 亿 m^3。单就 2 级地下空间资源，就足以完全满足北京市 2020 年、2050 年的建筑总面积需求差额 3. 36 亿 m^2、5. 53 亿 m^2，以及 2020 年的 5. 8170 亿 m^3、2050 年的 10. 529 亿 m^3 需开发的地下空间资源的要求。

表 11.22　评价指标表

评价类别	评价指标	次级指标	权重	最大权重
基础地质	1. 构造断裂		−10	−10
	2. 主要地层	第四纪	10	60
		古近纪—新近纪	30	
		侏罗纪	30	
		白垩纪	60	
		石炭—二叠纪	30	
		奥陶纪	40	
		寒武纪	40	
		中—新元古代	40	
公路交通	3. 主要道路	环路	−5	−5
		主干—次干道	−3	
地下空间开发与规划	4. 已有地下空间		−5	−10
	5. 地下铁路		−5	
	6. 浅层规划		5	5
	7. 深层规划		3	
	8. 城市建筑	低层	−2	−10
		中层	−4	
		中高层	−6	
		高层	−8	
		超高层	−10	
资源环境	9. 公共绿地		−5	−25
	10. 水源保护	核心保护区	−10	
		主要保护区	−8	
		保护区	−6	
		防护区	−4	
	11. 垃圾填埋		−5	
	12. 河流水系		−5	
其他	13. 文物保护	国家级保护区	−5	−5
		省市级保护区	−3	
		其他保护区	−1	
权重合计				0
总质量值：1 ~ 14 累加，最大 65；最小 65；中间 0				
总质量等级：1 级 45 ~ 65；2 级 15 ~ 45；3 级−15 ~ 15；4 级−45 ~ −15；5 级−65 ~ −45				

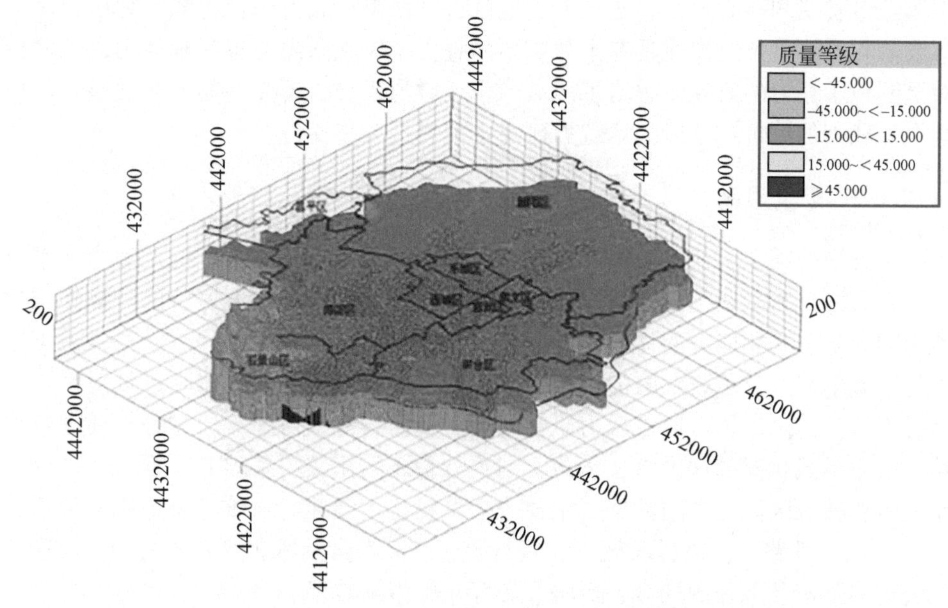

图 11.77　北京市地下空间资源质量等级分布图

表 11.23　北京市地下空间资源（0 到-300m）质量等级统计

质量等级	长方体数目	体积/万 m^3	百分比/%
1	14621	292420	0.804
2	710276	14205520	39.081
3	24549	490980	1.351
4	1067989	21359780	58.763
5	10	200	0.001
合计	1817445	36348900	100

11.7　其他应用

11.7.1　区域承载力分析

11.7.1.1　提出问题

中国东部重要经济区带集中了全国 70% 以上的大城市，占全国城市人口的 60.5%。20 世纪 80 年代以来，中国沿海形成的珠江三角洲、长江三角洲、环渤海三大城市群已经成为中国经济发展的核心地带，选择上述地区进行城市承载力综合预测与评价，对于中国社会、政治和经济可持续发展具有十分重要的意义。纵观国内的各种承载力评价实例，大多是对单要素承载力的研究而忽略了区域综合承载力系统的研究，如何开展整个区域范围内的综合承载力的评价在今后的承载力研究中值得进一步探讨。

11.7.1.2　研究思路

根据生态学的观点，任何发展和经济活动都不超过所在生态系统的承载力才是可持续的。以承载力评价为基础的可持续发展规划的过程，对区域承载力评价的可操作构架包括支撑能力的评价、同化能力的评价、承载状况评价。

进行区域承载力及承载状况的评估，构建一套内容丰富、层次清晰、针对性强的指标体系是必不可少的。根据区域承载力研究的特点及已有数据情况，通过分析建立的评价模型体系，对于承载状况的评价将在承载力与承载量之间比较的基础上进行。

研究需要获取区域的空间数据，主要包括荒漠化、湿地、土壤类型、水文地质、河流(水系)、公路、铁路、县级行政区、省级行政区、降水量及风速等；主要为由政府及各统计部门公布的国家及地区的社会、经济及环境年度指标数据。

区域承载力研究的主要内容包括以下几方面：①区域承载力限制性因素综合分析；②区域承载力承载状况的定性化评价；③区域承载力及承载状况的定量化研究；④区域承载力及承载状况动态时空演化的模拟和预测；⑤对实例区域的评价预测结果进行分析，并根据分析结果提供可行的用于指导可持续发展规划的对策。

11.7.1.3　技术方法

根据研究的主要内容，结合地学定量评价、模拟及预测实践经验，确立研究的基本思路及方法：

(1) 形成和构建区域承载力评价概念模型；

(2) 建立区域承载力评价指标体系；

(3) 设计和建立空间数据库；

(4) 承载力及承载状况评价方法的选取及应用；

(5) 区域承载状况模拟预测模型的选取和应用；

(6) 区域承载力及承载状况评价与预测的结论分析和对策研究。

11.7.1.4　实际应用

本次实例研究区为环渤海经济区，行政区划包括辽宁省、河北省、北京市、天津市和山东省。

1. 评价方法

区域承载力评价涉及区域内资源、环境、社会及经济等各方面的因素，因此常用的评价方法并不能全面地反映这些因素及其相互之间的影响。本实例采用简化和综合多元数据的主成分分析法来对指标数据进行综合，从而得到综合区域承载力及承载状况指标。对于生态资源的供给能力，在这里使用国际上流行的生态足迹法来进行计算，计算结果作为综合区域承载力一项指标来使用。

2. 用于模拟和预测的方法

元胞自动机（CA）是一个适用于模拟和预测复杂系统演化的模型。CA 模型已被证明适用于模拟地理现象和生态演化，如城市、森林火灾行为和植被动态。但对于生态系统等复杂系统来说元胞自动机模型比较困难。基于人工神经网络的元胞自动机模型利用人工神经网络在处理非线性和复杂系统方面的能力，可以校准相关参数，不需要大量的计算开销和主观推理，并使转换规则符合实际的持续趋势。本次研究使用基于人工神经网络的元胞自动机模型。

3. 数据库和预处理

研究立足于从空间分布及演变规律来评价和预测区域承载力，所以建立以评价指标体系为基础的空间数据库是研究的基础。从数据库设计的角度上说，我们所建立的评价体系构架是在需求分析设计基础上建立数据库概念模型，数据库逻辑模型通过在概念模型基础上建立的 ER 模型来实现。

所有的空间数据都将被投影到相同的空间投影坐标系中。各种空间数据的比例尺均为 1∶4000000，为统一原始数据，避免中间转换造成信息损失，本研究采用的地理坐标系为 GCS_ Krasovsky_ 1940。

非空间数据的预处理主要包括：①对于要转化为单位面积下的指标，直接将指标数值除以其所表示的行政区的面积；②对于人均数据指标，将行政区的指标数据除以总人口。

为了进行细致的区域承载力的时空评价，环渤海地区被离散化成规则的网格。这种网格化的设置也是进行元胞自动机时空模拟预测所必需的。网格为边长 20km 的正方形，其面积为 $400km^2$。由此，包括环渤海区域在内的矩形区域被离散化成 53×57 个网格。

对于空间数据，网格矢量文件中的每个网格分别和各空间数据交叠，网格文件增加和各空间数据图层对应的属性字段用于记录和网格相交的空间实体所表示的指标值。对于荒漠化数据提取了两个用于同化能力评价的指标：①荒漠化强度；②荒漠化变化趋势。湿地原始矢量数据提取了两个同化能力评价的指标：①湿地面积；②湿地变化趋势。土地利用数据提取两种指标的计算：①用于同化能力评价的森林面积和草地面积指标；②用于生态足迹法，计算用于支撑能力评价的生态资源供给能力指标。对于非空间指标数据，先将行政区代码链接到县行政区空间实体上，然后再进行上述操作。

4. 区域承载力及承载状况评价

1）区域承载力评价

本研究没有考虑承载能力的时间变化。这是由于以下原因：①一些数据，即风速和降水量，是过去几十年的平均值；②其他数据，例如水文地质特征，在研究期间几乎没有变化，特别是对于分辨率为 20km×20km 的数据。因此，研究期间评估的承载能力被认为是不变的。区域承载力评价包括同化能力评价和支撑能力评价。

（1）同化能力

同化能力是环境系统在不影响其正常生态功能的条件下能处理的最大污染物排入量。用于评价的指标变量有荒漠化强度、荒漠化变化、湿地面积、湿地面积变化、风速、降水量、水文地质类型、河流等密度、森林面积及草地面积（表 11. 24）。位于研究区内的各网格被作为分析样本，共有 1497 个样本，上面列出的 10 项指标为用于分析样品的变量指标。各主成分方差贡献率见表 11. 24，根据取方差累计贡献率大于 85% 的前几个主成分进行综合的原则，同化能力综合指标是通过求取前 8 个主成分（F1 ~ F8）的线性组合而得，对各主成分进行线性组合的系数为该主成分方差贡献率。从表 11. 24 中可以看出，特征值最大的两个主成分 F1 与 F2 的特征值相近，即方差贡献率相近。F3、F4、F5、F6 的方差贡献率相近，均接近于 1。用于综合的另两个主成分 F7 和 F8 方差贡献率同样相近。F1 ~ F8 等 8 个主成分的方差贡献率相差均不大，这在几何上来说，是表示原始指标变量数据在主成分分析所得的空间坐标系中的分布近于等轴状分布。

表 11. 24　同化能力各主成分特征值及方差贡献率表

主成分	特征值	方差贡献率	累计贡献率
F1	1. 8416	0. 18416	0. 18416
F2	1. 7287	0. 17287	0. 35702
F3	1. 1455	0. 11455	0. 47157
F4	1. 0496	0. 10496	0. 57654
F5	0. 99506	0. 099506	0. 67604
F6	0. 9217	0. 09217	0. 76821
F7	0. 78958	0. 078958	0. 84717
F8	0. 69262	0. 069262	0. 91643
F9	0. 44132	0. 044132	0. 96056
F10	0. 39435	0. 039435	1

各主成分与变量的相关系数矩阵见表 11. 25，这里最为关键的是通过计算 F1 ~ F8 等 8 个主成分的线性组合而得的综合同化能力指标，通过对比分析各评价指标的空间分布特征来评价环渤海地区的同化能力。最终帮助计算各个区域的同化能力。

表 11. 25　F1 ~ F8 与各变量相关系数

变量	F1	F2	F3	F4	F5	F6	F7	F8
X1：降水量	0. 4487	−0. 2554	0. 2390	0. 3667	−0. 2566	0. 0666	0. 1500	0. 3894
X2：风速	0. 0703	0. 5308	0. 0985	0. 1619	−0. 3560	−0. 2764	0. 4115	0. 1649
X3：河流等密度	0. 3566	0. 0129	−0. 4056	0. 1686	0. 5794	−0. 2592	−0. 2312	0. 2052
X4：水文地质类型	−0. 1818	−0. 2308	0. 4195	0. 2745	0. 1355	−0. 7344	−0. 1237	0. 0165
X5：森林面积	−0. 0103	−0. 6235	0. 1816	0. 0513	−0. 0492	0. 3008	0. 0207	0. 1491
X6：草地面积	−0. 6185	−0. 0897	0. 1330	−0. 0903	0. 0315	−0. 0732	−0. 0086	0. 0161
X7：荒漠化强度	0. 4206	−0. 2505	0. 0866	−0. 2943	−0. 0553	−0. 2607	0. 2522	−0. 6796
X8：荒漠化变化	0. 1913	0. 0541	0. 2882	−0. 7806	0. 0244	−0. 1503	−0. 1346	0. 4760

续表

变量	F1	F2	F3	F4	F5	F6	F7	F8
X9：湿地面积	0. 1928	0. 3193	0. 4864	0. 1609	-0. 0638	0. 2139	-0. 6608	-0. 2584
X10：湿地面积变化	0. 0121	0. 1873	0. 4634	0. 0531	0. 6650	0. 2833	0. 4694	-0. 0320

（2）支撑能力

用于评价支撑能力的指标包括交通便利度（公路）、交通便利度（铁路）、生态资源供给能力。生物承载力被认为是反映生态资源供给能力的主要指标，其常用的评价方法为生态足迹法。根据公式计算：

$$EC = N \cdot ec = \sum_{j=1}^{n} r_j \cdot (N \cdot a_j) \cdot y_j = \sum_{j=1}^{n} r_j S_j y_j (j = 1,2,\cdots,6) \tag{11.81}$$

式中，EC 代表生物承载力，hm^2；ec 代表人均生物承载力，hm^2/人；N 代表人口；S_j 为土地类别 j 的面积，hm^2；r_j 为土地类别 j 的等价因子；y_j 为产量因子。在生态资源供给能力的计算中，引用了 Wackernagel 对于中国的均衡因子 r_j 及产量因子 y_j 的取值。

由于最终用来评价支撑能力的指标仅上述三项，指标数较少，所以也并没有使用主成分分析方法来进行综合。

为估计交通运输能力对于支撑能力的补充程度，本书将公路及铁路便利等级直接相加，通过线性变换将其值调整到 1 ~ 1. 5 之间，并将之与生态资源供给能力指标相乘，得出最终的支撑能力值。

（3）区域承载力

区域承载力是由同化能力及支撑能力两个分要素来反映的。为得到区域承载力指标，关键是将这两个要素进行合理综合。

由于同化能力及支撑能力指标数据的不可比性，无法直接对同化能力及支撑能力指标进行相加或线性组合。为了将二者换算到相同的尺度下，同化能力及支撑能力指标分别被正规化到 0 ~ 1 之间，正规化公式如下：

$$N_{x_i} = (X_i - X_{\min}) / (X_{\max} - X_{\min}) (i = 1,2,3,\cdots,1497) \tag{11.82}$$

式中，N_{xi} 表示第 i 个样本正规化后的值；X_i 为第 i 个样本指标值，$X_{\min}$ 及 $X_{\max}$ 分别为指标值的最大值和最小值。

区域承载力指标是将正规化后的同化能力及支撑能力指标直接相加得到的。

2）承载状况

承载状况是指现状下区域承载体与受载体之间互动反馈的状况，主要是通过受载体对承载体的作用强度来表示。本节分别从可再生资源的承载状况、相对区域承载状况、绝对区域承载状况三个方面对区域承载状况进行评价。

（1）可再生生态资源承载状况

生态足迹法计算所得生态足迹与区域生态资源供给能力的比较往往被用来进行区域内生态资源使用的合理性和可持续性研究。本书使用的人均生态足迹数据为全国的平均数据。单元网格的生态足迹可以通过如下公式计算：

$$FPc = FPp \times PDc \times Sc \tag{11.83}$$

式中，FPc 为单元网格内生态足迹消耗总量；FPp 表示某年单位网格的人均生态足迹消耗量，在此取为全国平均值；PDc 表示某年单元网格内的人口密度；Sc 为单元网格面积。

通过式（11.83），将 1996 ~ 2003 年结果分别与区域系统的生态资源供给能力进行减法运算，可以得出环渤海区域各年的生态赤字分布情况。最终发现环渤海区域的西北侧有大片地区没有出现生态赤字，生态承载状况明显好于其他地区。北京、天津、济南、大连等城市的部分地区的生态赤字高于全国平均生态赤字水平，为生态可再生资源使用严重超标区域。

（2）相对承载状况评价

相对承载状况评价就是对研究区内在不同时间、地点的综合承载量的分析，是时间、空间上的相对比较。相对承载状况评价是在使用主成分分析方法来对研究区进行综合承载量评价的基础上进行的。根据主成分分析的思想，位于研究区内的各网格被作为用来分析的样本，即每个年份共有 1497 个样本。评价的年份为 1996 ~ 2003 年，实际的样本数为 11976。变量为用于分析的样本的各项指标。共使用了所建立的指标体系中的承载量指标类的 13 项经济指标用于综合承载的评价，即每个样本有 13 个变量。主成分分析数据预处理时，在对各指标进行标准化后，根据指标的重要性对指标变量进行了加权处理。各指标权重见表 11.26。

在使用主成分进行评价过程中，通过各主成分对应的方差贡献率（表 11.27），选取了累积贡献率达到 85% 的前 4 个主成分进行线性组合，得到了各样本的综合评价值。与同化能力组合指标的主成分分析过程相似，这里也可以通过分析各指标变量与主成分的相关系数矩阵，来分析变量在各主成分及主成分线性组合得到的综合指标中信息比重的高低。

表 11.26　承载状况评价指标加权处理权重

指标项	权重
人口自然增长率	1
人口密度	2
GDP（国内生产总值）增长率	1
单位面积 GDP	3
单位土地蔬菜产量	1.5
单位土地猪牛羊肉产量	1.5
单位土地牛羊奶产量	1.5
单位土地水产品产量	1.5
单位土地社会消费品零售总额	2
单位土地地方财政收入	1
单位土地地方财政支出	1
单位土地供水量	1.5
单位土地用电量	1.5

表 11.27　主成分方差贡献率表

主成分	特征值	方差贡献率	累计贡献率
F1	21.694	0.6288	0.6288
F2	4.6055	0.13349	0.76229
F3	2.7244	0.078967	0.84126
F4	1.4903	0.043196	0.88446
F5	1.026	0.02974	0.9142
F6	0.78419	0.02273	0.93693
F7	0.65836	0.019083	0.95601
F8	0.45052	0.013059	0.96907
F9	0.43973	0.012746	0.98182
F10	0.25335	0.007343	0.98916
F11	0.21291	0.006171	0.99533
F12	0.15384	0.004459	0.99979
F13	0.00727	0.000211	1

(3) 绝对承载状况评价

评估可持续性的关键是合理确定可以代表分离超载和非超载状态的边界的加载值中的临界值。然而，由于负荷值是从社会经济指标中综合出来的，并且与承载能力没有直接关系，因此通过负荷与生态赤字之间的空间分布相似性来确定临界值。

生态赤字是通过生态足迹减去生物承载力来计算的。负生态赤字意味着生物承载能力过剩，生态资源的开发是可持续的。

负向生态赤字和低负荷值的地理叠加表明使用生态赤字作为可持续性标准的可行性，其定义如下：生态赤字为负或为零的细胞被视为非超负荷，而生态赤字为正的细胞为超载。

由此我们分析了 1996 ~ 2003 年的绝对承载情况，发现未超载区域的分布范围基本未随时间发生变化，基本分布在张家口市、承德市、朝阳市、葫芦岛市、阜新市、铁岭市、抚顺市及丹东市等地区。北京、天津、石家庄、沈阳、大连、济南、青岛等大型城市一直处于较严重的超载状态。

5. 区域承载状况的时空动态模拟预测

研究将神经网络融入元胞自动机模型，将历史数据作为样本数据，通过神经网络的训练实现元胞自动机转换规则的确定。

1) 模型构建过程

在使用基于神经网络的元胞自动机进行模拟预测时，首先必须对其进行参数预设、具体模型选择等处理，然后才能用来对历史数据进行训练进而模拟转换规则。根据在环渤海地区应用的实际情况，模型具体构建如下。

(1) 神经网络结构

前向神经网络中的反向传播网络（back propagation，BP）是人工神经网络最精华的部分。BP 网络使用非线性的激活函数，可以映射输入和输出之间的非线性关系，因此，我们选取 BP 网络来模拟元胞自动机的转换规则。

BP 网络一些具体的参数如网络的层数、隐藏层神经元个数、转换函数的类型等，都是根据具体应用要求，通过多次比较来确定的。BP 网络输入向量的维数同元胞自动机的转换规则函数所需的自变量数是相同的，除了元胞自身及邻居的状态外，还选取了一些对元胞状态演化有影响的元胞属性，共计 18 个变量（表 11.28）。

所选取的 BP 网络共两层，即 1 隐藏层和 1 输出层，通过多次训练效果及误差的比较，最终确定隐藏层神经元数为 15。由于元胞具有三种状态，针对这三种状态设置了三个输出神经元。此外，还增加了一个输入神经元用于对综合承载量指标进行预测分析，所以输出层包括 4 个神经元。值得注意的是，由元胞的模拟原则可知，输出变量所对应的时间应为输入变量时间加一时间步长（1 年）。

(2) 元胞自动机

①元胞及元胞空间。为模拟环渤海区内的区域承载状况演化，研究区被网格化成了边长为 20km 的网格，一个网格即为一个元胞，面积为 400km^2。元胞空间即为环渤海区内包含的所有元胞。

表 11.28　神经网络输入及输出变量

输入变量（t 时刻值）	输出变量（t+1 时刻值）
I1 ~ I9：元胞自身状态及 Moore 型邻居（8 个）状态 I10：元胞交通便利程度（公路） I11：元胞交通便利程度（铁路） I12：元胞区域内耕地面积 I13：元胞区域内林地面积 I14：元胞区域内草地面积 I15：元胞区域内水域面积 I16：元胞区域内建筑用地面积 I17：元胞区域内生态资源供给能力 I18：元胞区域内承载量指标值	O1：未超载状态（输出值为 1 表示未超载，0 为其他状态） O2：超载状态（输出值为 1 表示超载，0 为其他状态） O3：严重超载状态（输出值为 1 表示严重超载，0 为其他状态）① O4：元胞区域承载量指标值

①在训练过程中，对于已知数据（1996 ~ 2003 年），设置严重超载状态为该年中所有超载元胞中承载量最高的 20% 的元胞。

②元胞状态。元胞的状态分为三种：未超载、超载、严重超载，分别以 0、1、2 表示。对于严重超载状态，已知数据（1996 ~ 2003 年）设置为所有超载元胞中承载量最高的 20% 的元胞。这种元胞状态的设置，实质是对预测模型的一种简化设计。

③邻居。通常，二维元胞自动机考虑两种邻居：一是 von Neumann（冯·诺伊曼）邻居，另一是 Moore（摩尔）邻居。这里选用了后者，它包括中心元胞、其邻近的东南西北方位的 4 个元胞及次邻近的位于东北、西北、东南和西南方位的 4 个元胞，共 9 个元胞。

④边界条件。在元胞自动机应用的过程中，不可能处理无限的网格，系统必须是有限、有边界的。边界条件实质上是在元胞空间的边界上再扩展一组虚拟的元胞，扩大元胞网格以进行原元胞空间边界的模拟演化。对于地理系统，系统不同区域的相似度常是与距离成反比的，所以扩展后的虚拟边界元胞的状态设置为与其最近邻且包含在未扩展元胞空间范围内的元胞的状态。

⑤时间。历史数据是以年为统计年限的，所以元胞的时间步长设置为一年。

⑥转换规则。本研究中元胞自动机的转换规则是根据神经网络对历史数据的训练来确定的，其实质是通过神经网络对转换规则函数进行逼近的过程。通过训练得到的神经网络可以对输入的数据进行模拟得到作为未来状态的输出值。根据环渤海区 1996 ~ 2003 年的指标数据及承载状况评价成果数据，提取了 1996、1999、2000、2001 年四年的 18 项数据作为训练输入数据，同时提取了对应的增加了 1 年时间步长的 1997、2000、2001、2002 年四年的数据。1998 年数据质量存在问题，未用于训练，2003 年的数据将用作测试数据，也没有被用来作为训练数据。所以，最终样本数为 5988（每年 1497 个样本，共 4 年）。将这些数据作为样本输入前面所构建的 BP 网络中进行训练，通过 2401 次训练，虽然没有达到预设 0.00001 的目标误差，但是最终误差约为 0.0001，同样适用于模拟预测。

2）区域承载状况模拟预测

使用元胞自动机模型对区域承载状况进行预测计算的实质就是将变量 I1 ~ I18 输入神经网络进行模拟的过程。在这些输入变量中，变量 I10 ~ I17 为元胞自身属性，这里假定其在预测时间区间内属性不变。I1 ~ I9 及 I18 是元胞及邻居元胞的承载状态，都是上一次模拟所得的结果值（第一次模拟例外，第一次是通过输入 2002 年的值来模拟的）。在经过一次模拟之后，我们得到了 2003 年的模拟承载状态。

采用相关性检验法对模拟预测结果进行检验，其通过计算真实与模拟所得的数据之间的相关性表示预测结果的准确性，相关系数越大，表示模拟预测结果跟真实结果越相符，结果可信度越高。当相关系数为 1 时，表示完全符合实际发展情况，这也是模拟的最理想结果。

通过计算，2003 年的真实承载状态与模拟承载状态之间的相关系数为 0. 98188，接近于 1，说明我们所使用的基于神经网络的元胞自动模型对于区域承载状况的预测是完全适用及合理的。

11. 7. 2　月球岩石类型分析

11. 7. 2. 1　提出问题

从古至今，人类从未停止对宇宙探索的步伐，而月球自然也就成为人类探索其他天体的首选目标。研究月球的形成与演化为人类更好地了解其他天体奠定了基础。随着科技的不断进步，人类对于月球的探索进程也随之加快。月球作为地球唯一的天然卫星，也是太阳系中第五大天然卫星，其地质信息为研究月球起源和演化提供了重要线索。月球与地球在起源上存在密切联系，根据月球岩石同位素年龄测定，发现月球的年龄与地球一样，为 4. 4 ~ 4. 6Ga（欧阳自远，2005），地球和月球很可能是通过大撞击一起形成，随后经历了岩浆洋结晶分异和早期小天体撞击事件，这三大事件在太阳系中还具有普遍性。这些事件的证据在地球上由于强烈的地质活动而被抹除殆尽，而月球的演化停留在 20 亿年前（Li et al.，2021；Tianet al.，2021；Hu et al.，2021），最大限度地保留了这些事件的痕迹，同时，月球表面提供了行星形成过程以及太阳系早期演化的最有效的记录。因此，对月球地质演化的探索对于认识地球以及地月系的起源和早期历史以及太阳系的早期演化和行星形成具有重要作用。

月球同地球一样，是一个在物质成分上不均一的天体，它由不同类型、不同形成年龄、不同形成方式的各种岩石物质组成，这些组成月球的岩石物质被称为月球岩石。月球岩石提供了关于月球起源和演化以及重大地质事件等信息（Heiken et al.，1991），要了解月球及其演化历史，就需要对其岩石的成分组成特征、分类、形成和演化有系统的研究（欧阳自远，2005）。那么我们如何有效地对月球的岩石组分进行相应研究？

11. 7. 2. 2　研究思路

岩石是在一定的成因作用下形成的，具有一定结构和构造的矿物体的集合。月岩中的矿物几乎没有高价铁和含水的矿物，说明月岩是在很强的还原条件和缺水的环境下形成的。月岩的化学成分同太阳原始星云的平均化学成分相比，难熔的亲岩元素比较丰富，而亲铁、亲铜和挥发性元素比较缺乏（欧阳自远，1994）。月球岩石主要包括玄武岩、斜长岩、KREEP（克里普岩）等。

岩石本身矿物的多样性决定了岩石光谱特征的多样性。岩石的总体光谱不是各个成岩矿物光谱的简单叠加，而且一种矿物的吸收特征可能会掩盖或改变另一种矿物的特征。

对于月球岩石目前主要有四种岩石分类的方法：①基于成因和成分特征，将月球岩石分为月海玄武岩、克里普岩、高地岩石、角砾岩。②基于伽马谱数据，将月球岩石分为克里普岩、富镁岩、月海玄武岩、月陆斜长岩。③基于光谱特征将月球岩石分为月海玄武岩、高地岩石、苏长岩、高钛玄武岩、富镁岩石、高地斜长岩。④基于对月球岩石样品的分析将月球岩石分为火成岩、变质岩、多元撞击角砾岩。

我们想以月球不同岩石类型划分方案为研究基础，不去选择矿物类别与岩石分类关系，采用月球实际样品岩石鉴定类别结果，直接解析岩石样品和岩性数据，利用嫦娥二号CCD（charge coupled device，电荷耦合元件）影像与印度 M^3（Moon Mineralogy Mapper）高光谱数据，利用岩石光谱全特征分析方式，建立不同岩石类型遥感影像光谱特征（焦中虎，2012），建立月球典型岩石影像标准光谱库。

11.7.2.3 技术方法

本次采用100km的圆轨道上，分辨10m CCD影像（以 M^3 分辨率为参考），运用IDL（interactive data language，交互式数据语言）技术提取嫦娥二号数据地理控制点信息，对数据进行筛选、排查，挑选其中数据质量较高的区域图影像，经IDL编译程序对嫦娥二号数据进行筛选，经条带、杂点剔除，几何校正；采用基于子空间最大特征值法进行均一校正，使影像结果符合均一辐射亮度。

依据 M^3 数据特点、定标点处物质组成及其地理环境特点，选取相对物质为长石、成熟的土壤和新鲜的大小不一的撞击坑，这些物质分布相对均一，有利于光谱定标。样品包括两种不同类型的月海玄武岩，还有一组高地岩石（包括斜长石、镁质火山岩、撞击熔化物、粒变岩和角闪石），作为月球遥感数据定标的参照。采用MAP（后验概率）融合嫦娥二号与 M^3 数据，遥感高光谱数据与高分辨率数据匹配离散MAP，两种方法预处理后的数据可以保证较高空间分辨率和较好光谱分辨率，都具有时效性、及时性、针对性、有效性，数据之间具有互补优势。通过MAP后验概率加强方法使得嫦娥二号数据弥补 M^3 数据低空间分辨率的缺点，计算实验矩阵、结算点位残差，配合使用对于岩石提取准确性、分布性、全局性有着良好效果（薛彬等，2004；于艳梅等，2009）。两种数据都经过几何校正、大气校正、辐射校正、光度校正，连续统去除（周贤锋，2014）。研究技术路线如图11.78所示。

11.7.2.4 实际应用

研究直接解析阿波罗登月点6个区域，285个岩石样品，91类岩性数据，利用嫦娥二号CCD影像与印度 M^3 高光谱数据，完成阿波罗16号登月点周围领域岩石分布图，建立月球典型岩石影像标准光谱库与研究方法。

1. 数据基础

1）嫦娥二号

高精度CCD立体相机是搭载在嫦娥二号卫星上的主要有效载荷之一，是嫦娥二号圆

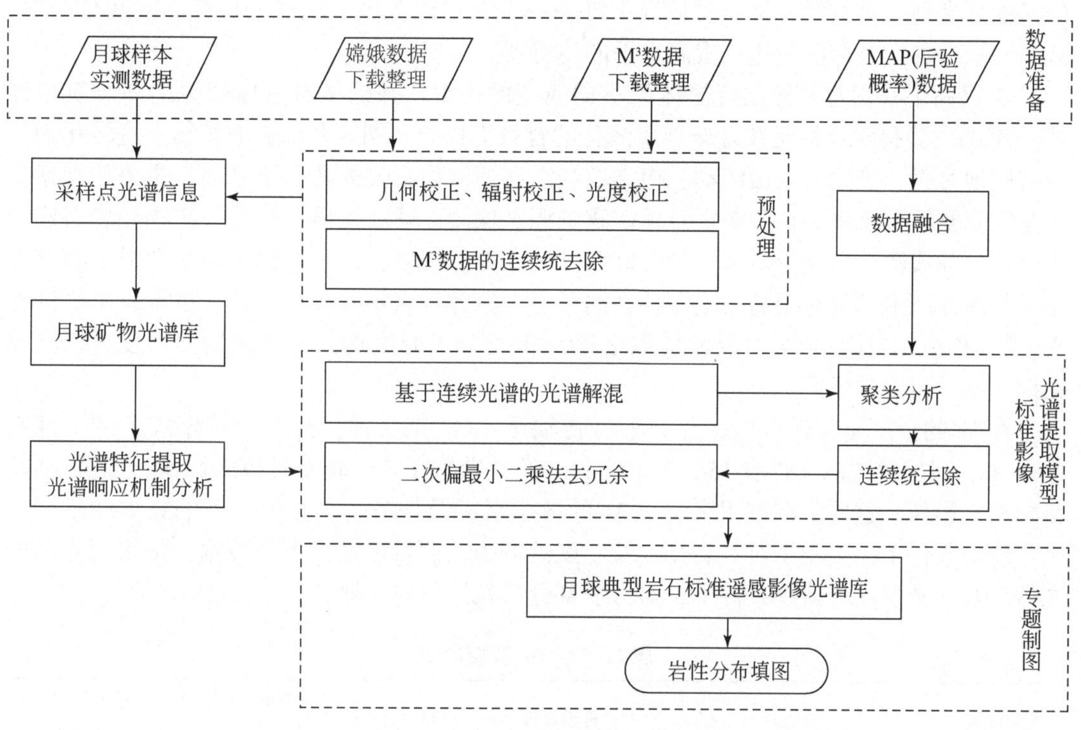

图 11.78 岩性分类技术流程图

满完成工程任务的标志，它的主要任务是对全月球进行高分辨率详查，向月球科学家提供更高分辨率的三维影像特别是要对嫦娥三号月球车的计划着陆地点——虹湾地区进行更详细、更准确的探测，并提供该地区超高分辨率地形地貌图像数据。

CCD 相机在图像分辨率上有了质的飞越，另外其他性能指标也有很大的提高。这一技术指标的调整为嫦娥二号 CCD 立体相机的设计和研制工作带来了极大的挑战。研制团队完成了挑战性的考验，在国际上尚没有地元分辨率优于 10m 的全月立体图像的情况下，嫦娥二号 CCD 立体相机实现了重大突破。嫦娥二号发射后，先后获取了 100km 高度和 15km 高度的月球影像数据，获得全球南北纬 85°范围的全部影像数据和月球南北极影像数据，CCD 立体相机从开机在轨测试到拓展试验，共计获得 607 轨数据。最终制作完成的 7m 分辨率的全月球分幅影像图产品共 746 幅，得到世界上第一幅地元分辨率优于 10m 的全月面立体图像，总数据量约 800GB。嫦娥二号影像数据产品采用了目前国际上通用的由美国国家航空航天局（NASA）研发的影像数据格式 PDS（planetary data system，行星数据系统）存储格式，分为原始数据、0 级数据、1 级数据、2 级数据、3 级数据。其中，0 级数据又分为 0A 级、0B 级、1S 级；2 级数据又分为 2A 级、2B 级、2C 级、2AS 级。

2）M^3 数据

Moon Mineralogy Mapper（M^3）是搭载于印度首颗探月卫星月船一号之上的光栅型成像光谱探测仪，它使用二维 HgCdTe 探测器阵列测量太阳能反射能量。由美国布朗大学和美国国家航空航天局喷气推进实验室（JPL）研制。相比包括嫦娥一号卫星 IIM 数据在内的其他月表高光谱数据，是当时世界上唯一一个在谱段范围、光谱分辨率、空间分辨率、数据质量等各个指标同时达到很高水平的传感器。

M^3提高了我们对差异化行星体的早期演变的理解，并提供对月球资源的高分辨率评估。M^3的主要科学目标是在月球地质演化的背景下描绘和圈定月球表面矿物。这转化为与理解高地月壳、玄武岩火山活动、撞击坑和潜在挥发物有关的几个子主题。主要的探索目标是以高空间分辨率评估和圈定月球矿物资源。探测月球高光谱，对月表矿物和岩石成分进行识别和成图，以支持对未来和有针对性的任务的规划，这一目标无论是在科学研究上还是月球探测上都具有很高的战略性，同时对于研究月表物质成分而言，也具有里程碑意义。除研究 OH/H_2O 成分的反演提取之外，M^3可望大幅度提高信息识别的精度，以支撑在撞击坑尺度上的研究。

在M^3的全部实际任务中，总共下行传输了 1542 个文件，其中全月模式下的文件有 1386 个，目标模式的文件有 156 个（表 11.29）。获取了 825 轨全月模式影像，以及 79 轨目标模式影像。这些数据被用来解决M^3的科学目标及任务。全月模式下的数据在不同照明角度的条件下，实现了对月表光度及温度的调查，而目标模式下的数据，使得可在高的光谱分辨率及空间分辨率条件下，对月表部分区域进行科学研究。

表 11.29　M^3数据说明

光学周期	成像时间	轨道高度/km	恒星敏感器	空间分辨率/(m/pixel)	相角范围/(°)
OP1A	20081118～20090124	100	1 of 2	140	5～100
OP1B	20090125～20090214	100	1 of 2	140	35～90
OP2A	20090415～20090427	100	1 of 2	140	40～90
OP2B	20090513～20090516	100	0 of 2	140	25～100
OP2C	20090520～20090816	200	0 of 2	280	0～100

2. *阿波罗月球采集岩石样品*

阿波罗（Apollo）11、12 号月球样品采集点的位置位于登月舱（LM）下，阿波罗 14 号利用阿波罗简单仪进行测量，并收集更多的样本。阿波罗 15 号的宇航员进行了科学的操作使用月球车（LRV）舱外活动，采样站分为 11 站并记录着陆地点的地质背景。阿波罗 16 号的宇航员进行了科学的操作使用月球车（LRV）穿越共 27km，在 3 个独立的舱外活动采样分为 10 站。阿波罗 17 号的宇航员进行了科学的操作使用月球车（LRV）穿越共 35km，在 3 个独立的舱外活动采样分为 11 站。宇航员在轻轨站点使用特制的采样工具来收集岩石和土壤的样本。本次整理涵盖阿波罗计划登月获取的 36 个基站 87 种岩性、285 件岩石样品（Apollo 16 Preliminary Examination Team，1973）。

3. *月球岩石影像波谱库*

利用 NASA 行星数据系统提供阿波罗计划登月点采样线路影像数据，通过与嫦娥二号 CCD 数据、印度M^3数据空间校正获得采样路线坐标。首先统计阿波罗采样点处的各类岩石样本，并进行岩性分类，在定标后的M^3上提取与之对应的波谱信息，形成遥感影像背景下的阿波罗采样岩石波谱库（图11.79）。

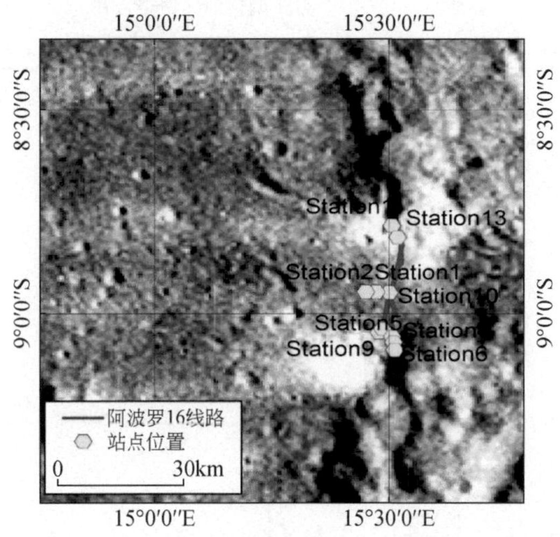

图11.79　阿波罗16号样品采集路线图（底图：融合后 M^3 数据）

通过观察发现相同岩性样本波谱特征具有很高的相似性，所以要进行聚类分析，选出月球典型岩性特征波谱，去除相似性，得到稳定波谱。钛铁矿玄武岩聚类图见图11.80。从图11.80的聚类可知，钛铁矿玄武岩岩石标本分为52种，对这52种标本进行聚类分析，从已知样本的结果可知，同种岩性的波谱98.9%都聚类在一类中，在说明所提取波谱的可靠性的同时，也充分证明了聚类方法的可行性，做完连续统剔除后，样品间的差距被拉大了，采用二次偏最小二乘均一去冗余，在总体上还是可以归为一类，说明同类岩性的样品虽然有一定的差异，但总体上表现趋于一致，以此类推得到87种岩性标准波谱影像波谱。例如10046样品在580.76nm、730.48nm、970.02nm、2177.72nm处存在较强的吸收谷，在660.61nm、790.37nm、1449.11nm、1698.63nm处存在较强的反射峰；14303样品在500.92nm、580.76nm、730.48nm、989.98nm、1389.22nm、1658.71nm、1978.10nm处存在较强吸收谷，在540.84nm、1369.26nm、1698.53nm处有较强的反射峰；15546样品在540.84nm、970.02nm、1938.18nm、2057.95nm处存在较强吸收谷，在1449.11nm、1618.79nm处存在较强反射峰；15529样品在970.02nm、2057.95nm处存在较强吸收谷；65325样品在500～2500nm间基本呈等间距形成多个吸收谷与多个反射峰；67936样品最强的吸收谷在950.06nm处，67955样品在660.61nm、970.02nm、1429.15nm、2177.72nm处存在较强的吸收谷。7种典型岩石影像波谱曲线图见图11.81。

4. 岩性分类

阿波罗16号的登陆点选择在两个高地区域——笛卡儿建造和凯里建造，在任务之前，人们认为这两个区域都是火山起源的，后来返回的样品推翻了这个认识，这些区域是撞击产生的地质单元。这两个区域的面积占了月球的11%，因此对于认识月球的历史具有很重要的意义。另一方面，笛卡儿建造和其他登陆点的距离远，有助于组成更好的地球物理观测网。这次任务中宇航员穿越了26.7km，在11个点共采集到95.7kg样品。阿波罗16号

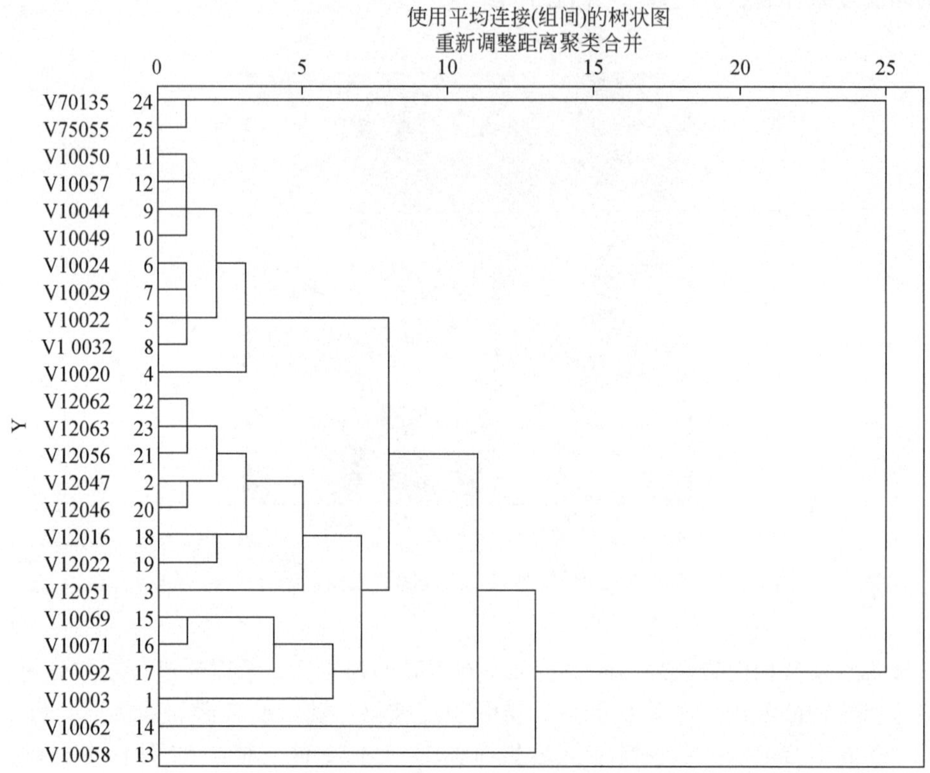

图 11.80　钛铁矿玄武岩样品聚类分析图

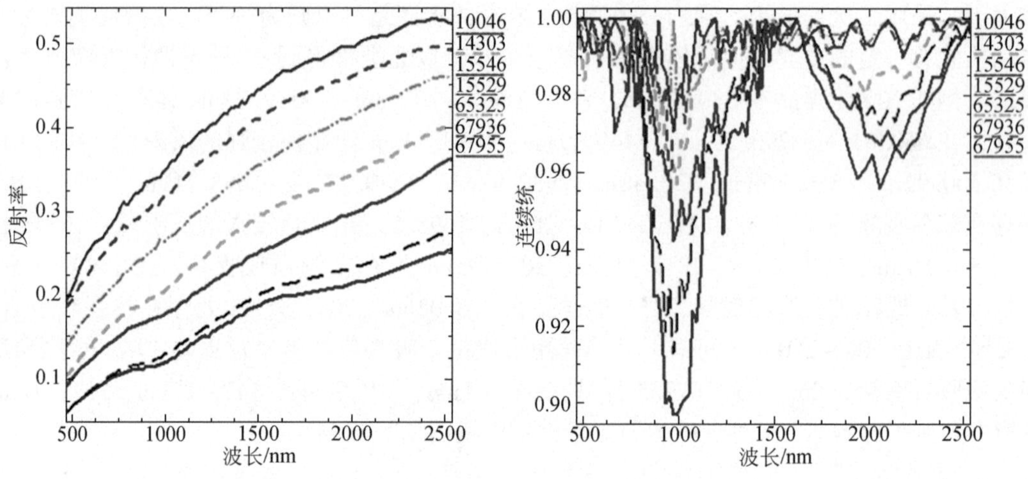

图 11.81　7 种典型岩石影像波谱曲线

共计取样 151 个，其中 20 个为碎裂斜长岩，8 个为火成岩，其余为部分熔融或重结晶角砾岩。8 个火成岩样品中包括一个尖晶石橄长岩，6 个熔融岩以及在 60639 角砾岩中的一个大的月海玄武岩玻璃。Dowty 等（1974）通过对阿波罗 16 号中 7 个由全晶质的长石构成的岩石和 1 个月海玄武岩玻璃的研究，认为很少或者可能只有一种岩石可能是初级的地壳岩石。这些样品的岩石学和矿物学研究可能帮助人们更好地理解原始岩石地壳的修改进程。

T. Haber，M. D. Norman，V. C. Bennett 和 F. Jourdan 将阿波罗 16 号的一套不同的撞击熔融岩石作为研究对象，通过此次研究计算岩石年龄，分析元素组成、放射性同位素数据，进行岩相学观察。Krahenbuhl 等（1973）通过中子活化分析了阿波罗 16 号的 42 个样品，研究了月球上的挥发性元素和亲铁元素，这些数据与 Ganapathy 等（1974）、Morgan 等（1973）研究阿波罗 15 号样品数据相似，这些结果对全球范围内的两个主题——挥发性元素在月球上的损耗、从盆地形成时代开始的古老的陨石组分的存在以及阿波罗 16 场地的岩石学特征有一定的启示。

本次选择区域为阿波罗登月采样点外围纬度 10°50′48″~6°55′8″S、经度 14°20′14″~15°54′5″E。区域包含阿波罗登月点、采样区域以及外围约 60 万 km^2 区域，与登月区域沿相同距离延展。使用 M^3 可见-近红外数据，利用全谱段特征方法建立，把每条典型岩石波谱按照自左至右波长延展方向，按照波峰、波谷、半高峰、斜率在研究区逐像素进行全波段匹配（图 11.82），填图结果如图 11.83 所示，区域共填出 41 类岩性，其中熔融斜长岩、

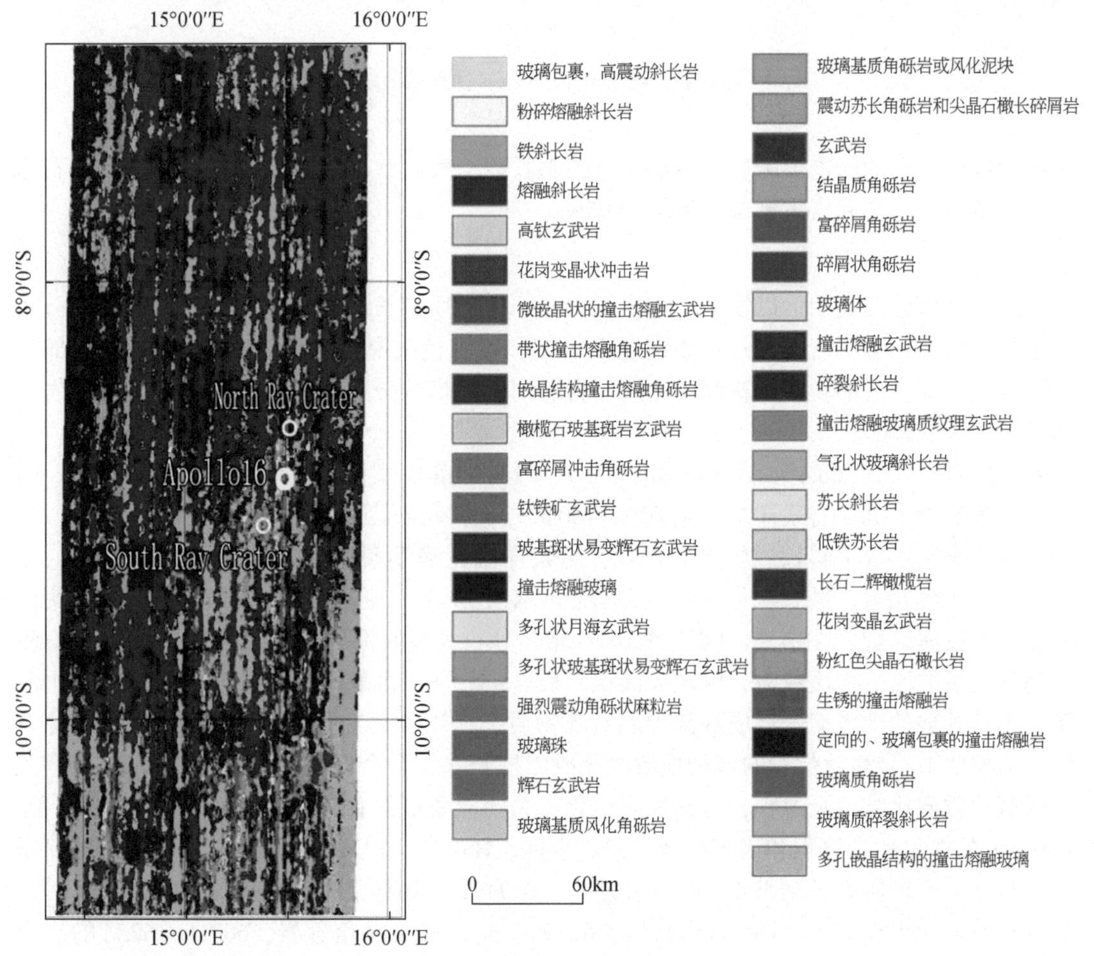

图 11.82　阿波罗 16 区域岩性分布图

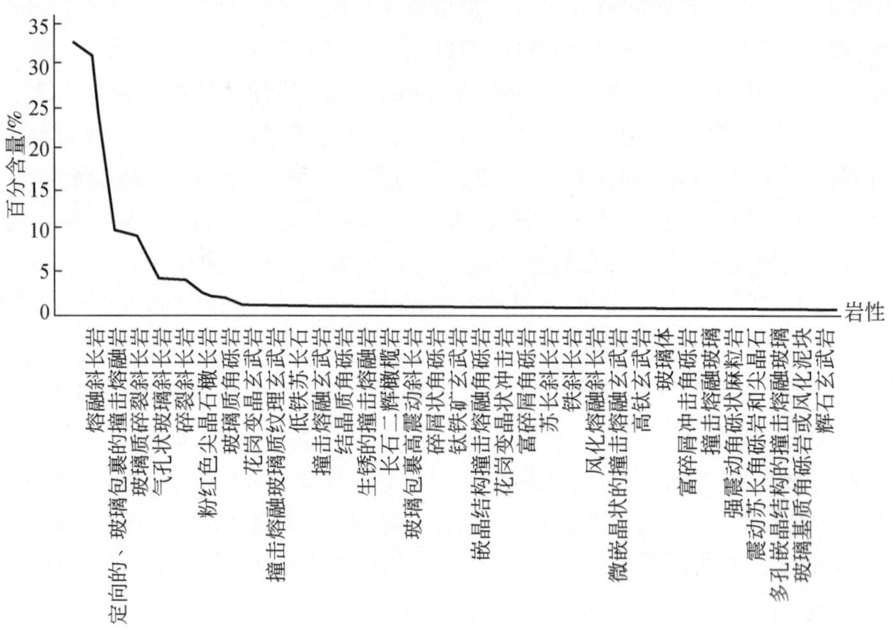

图 11.83　阿波罗 16 区域岩性含量曲线图

定向的玻璃包裹的撞击熔融岩、玻璃质碎裂斜长岩、气孔状玻璃斜长岩、粉红色尖晶石橄长岩、花岗变晶玄武岩占据整个区域的 95%。

5. 结果

研究区岩性图表明，以笛卡儿撞击坑为界，熔融质斜长岩占据近 55% 区域，北部分布明显高于南部；角砾岩在登月点以南逐渐增多，粉红色尖晶石橄长岩在阿波罗 16 南部登月点与顶北部、南部较多；花岗质玄武岩自北向南呈带状分布，与此同时撞击熔融质岩石遍布整个区域。

月球岩浆洋（Lunar magma ocean，LMO）分异结晶模型认为，早期结晶的橄榄石、斜方辉石等矿物下沉。岩浆洋结晶至 60% ~ 80% 时，斜长石因密度较小而开始结晶并上浮，在岩浆洋表层形成了斜长岩质原始月壳，岩浆洋演化晚期残留熔体极度富集 K、REE、P 和其他不相容元素，最后在月球壳幔之间形成 KREEP 岩。通过分析在阿波罗 16 号收集的样品以及反演区域岩性结果，阿波罗 16 号北部分布大量月海，此区域可能主要由月海溅射物和大量的原生物质覆盖，区域大面积斜长岩也验证该区域来自于岩浆洋而不是火山起源，不计其数的次级撞击造成深部尖晶石等物质上涌以及再次熔融，Spudis（1984）综合针对阿波罗 16 号高地位置的多种地质演化成因推测并结合个人研究得出阿波罗 16 号登月点区域地质演化结论及过程，与其地质演化相关的地质事件有 Nectaris 笛卡儿构造的沉积、Imbrium 的凯里构造沉积和诸多次级坑撞击事件。Hodges 和 Kushiro（1973）利用电子显微探针和光学原理研究了阿波罗 16 号采集的 4 个月球高地样品（碎裂斜长岩 60025，132、长石玄武岩 68416，78、尖晶石橄长岩，62295，68、重结晶角砾岩，60315，62）的岩石学特征。

由此可知该区域可能经历过溅射物撞击阶段、熔融阶段、次生再撞击阶段。此方法对于月球大面积精细岩性填图、验证月幔不均一性起到很好的效果，以月球典型岩石为研究对象，通过岩性细致分析，寻找其中蕴含的源区岩浆信息，从而探讨月海岩浆洋结晶分异的规律，加深对月幔随深部的组成变化特征的认识。

参考文献

陈建平，吕鹏，吴文，等.2007. 基于三维可视化技术的隐伏矿体预测［J］. 地学前缘，14（5）：54-62.

陈应军，严加永.2014. 澳大利亚三维地质填图进展与实例［J］. 地质与勘探，50（5）：884-892.

陈玉，郭华东，王钦军.2004. 基于 RS 与 GIS 的芦山地震地质灾害敏感性评价［J］. 科学通报，58：3859-3866.

陈毓川，王登红，徐志刚，等. 2015. 中国重要矿产和区域成矿规律［M］. 北京：地质出版社.

谌卓恒，杨潮，姜春庆，等. 2018. 加拿大萨斯喀彻温省 Bakken 组致密油生产特征及甜点分布预测［J］. 石油勘探与开发，45（4）：626-635.

高翔，王勇.2002. 数据融合技术综述［J］. 计算机测量与控制，10（11）：706-709.

龚元明，萧德云，王俊杰.2001. 多传感器数据融合技术在自控垂钻检测系统中的应用［J］. 地球科学，（5）：524-528.

郭晨，秦勇，韦重韬.2011. 基于 COMET3 软件的煤储层数值模拟方法［J］. 中国煤炭地质，23（1）：18-20.

郭华东.1997. 航天多波段全极化干涉雷达的地物探测［J］. 遥感学报，（1）：32-39.

郭秋麟，谢红兵，米石云，等.2009. 油气资源分布的分形特征及应用［J］. 石油学报，30（3）：379-385.

韩玲.2005. 多源遥感信息融合技术及多源信息在地学中的应用研究［D］. 西安：西北大学.

何虎军，杨兴科，李煜航，等.2010. 多源数据融合技术及其在地质矿产调查中应用［J］. 地球科学与环境学报，32（1）：44-47.

胡素云，郭秋麟，谌卓恒，等. 2007. 油气空间分布预测方法［J］. 石油勘探与开发，（1）：113-117.

焦中虎. 2012. 可见光-近红外遥感在月表物质信息提取的应用［D］. 北京：中国地质大学（北京）.

康耀红.1997. 数据融合理论与应用［M］. 西安：西安电子科技大学出版社.

李德仁.1994. 论自动化和智能化空间对地观测数据处理系统的建立［J］. 环境遥感，（1）：1-10.

李娟，李甦，李斯娜，等.2008. 多传感器数据融合技术综述［J］. 云南大学学报（自然科学版），30（S2）：241-246.

李军.1999. 多源遥感影像融合的理论、算法与实践［D］. 武汉：武汉测绘科技大学.

刘同明，夏祖勋，谢洪成.1998. 数据融合技术及其应用［M］. 北京：国防工业出版社.

刘晓冬，徐景祯，王兴涛. 2000. 分形方法预测气田数量及其储量［J］. 石油学报，（2）：42-44.

刘星，胡光道.2003. 多源数据融合技术在成矿预测中的应用［J］. 地球学报，24（5）：463-468.

刘宴森，余金生，李纯杰.1994. 基于图像处理技术的矿产预测综合分析系统［J］. 物探化探计算技术，（1）：22-28.

柳坤峰，王永和，姜高磊，等. 2014. 西昆仑新元古代—中生代沉积盆地演化［J］. 地球科学——中国地质大学学报，39（8）：987-999.

吕鹏，毕志伟，朱鹏飞，等.2011. 地学模拟相关技术的研究与进展［J］. 地质通报，30（5）：677-682.

骆祖江，杨锡禄，赵俊峰，等.2000. 煤层气井数值模拟研究［J］. 中国矿业大学学报，（3）：84-87.

马洪超，胡光道.1999. 地学数据融合技术综述［J］. 地质科技情报，（1）：98-102.

毛先成，张苗苗，邓浩，等 . 2016. 矿区深部隐伏矿体三维可视化预测方法［J］. 地质学刊，40（3）：363-371.

明镜，潘懋，屈红刚，等 . 2008. 基于网状含拓扑剖面的三维地质多体建模［J］. 岩土工程学报，（9）：1376-1382.

欧阳自远 . 1994. 月球地质学［J］. 地球科学进展，（2）：80-81.

欧阳自远 . 2005. 月球科学概论［M］. 北京：中国宇航出版社 .

潘存玲，李伟风 . 2007. 影像融合技术在地学信息处理中的应用［J］. 测绘技术装备，9（4）：39-41.

潘懋，李铁锋 . 2012. 灾害地质学［M］. 北京：北京大学出版社 .

曲德斌，葛家理，周萍 . 1993. 水平井开发理论物理模型研究［J］. 大庆石油地质与开发，4：27-31.

屈红刚，潘懋，明镜，等 . 2005. 基于交叉折剖面的高精度三维地质模型快速构建方法研究［J］. 北京大学学报（自然科学版），44（6）：915-920.

沙晋明 . 2017. 遥感原理及应用［M］. 北京：科学出版社 .

单新建，叶洪，陈国光，等 . 1999. 数字遥感图像的多源数据融合方法在地质学中的一些应用［J］. 地震地质，21（4）：465-472.

宋宁，王铁冠，刘东鹰，等 . 2006. 分形方法在苏北盆地金湖凹陷石油资源评价中的应用［J］. 地质科学，（4）：578-585.

孙家柄，刘继琳 . 1998. 多源遥感影像融合［J］. 遥感学报，2（1）：47-50.

谭海樵，余志伟 . 1995. 遥感与非遥感地质信息复合应用中的计算机处理［M］. 北京：地质出版社 .

田村秀行 . 1986. 计算机图像处理［M］. 北京：北京师范大学出版社 .

田江涛，徐仕琪，唐毅，等 . 2020. 喀喇昆仑中生代铅锌矿控矿因素及成矿演化模式分析［J］. 新疆地质，38（1）：48-54.

田宜平，翁正平，何珍文，等 . 2015. 地学三维可视化与过程模拟［M］. 武汉：中国地质大学出版社 .

王福同，宋志齐，吴绍祖 . 2006. 新疆维吾尔自治区古地理及地质生态图集［M］. 北京：中国地图出版社 .

王琪，张培震，马宗晋 . 2002. 中国大陆现今构造变形 GPS 观测数据与速度场［J］. 地学前缘，9（2）：415-428.

王世称 . 1987. 对新一轮矿产普查工作的两点认识［J］. 中国地质，（12）：13-17.

王征，刘宁庄，张建成 . 2006. 数据融合的方法及应用研究［J］. 自动化与仪器仪表，（4）：77-80.

王正海，胡光道，刘星 . 2004. 基于影像的多源地学数据融合处理及应用［J］. 吉林大学学报（地球科学版），34（4）：617-620.

韦重韬，秦勇，傅雪海，等 . 2010. 煤层气储层数值模拟［M］. 北京：科学出版社 .

吴德文，袁继明，张远飞，等 . 2005. 遥感与化探数据融合处理技术方法及应用研究［J］. 国土资源遥感，65（3）：44-49.

吴吉春 . 2006. 开展含水层非均质性数据融合研究［J］. 高校地质学报，12（2）：216-222.

吴晓东，王国强，李安启，等 . 2004. 煤层气井产能预测研究［J］. 天然气工业，24（8）：82-84.

吴信才，徐世武，万波 . 2009. 地理信息系统原理与方法［M］. 2 版 . 北京：电子工业出版社 .

吴志春，郭福生，林子瑜，等 . 2016. 三维地质建模中的多源数据融合技术与方法［J］. 吉林大学学报（地球科学版），46（6）：1895-1913.

武娜，郭秋麟，梁坤，等 . 2008. 用新思路评价冀中坳陷深县凹陷油气勘探风险［J］. 石油与天然气地质，29（3）：326-333，341.

咸宝金 . 2008. 基于专家系统的数据融合技术及在机器人避障中的应用［D］. 北京：北方工业大学 .

肖娟 . 2010. 秘鲁南部地区多源地学信息综合分析与找矿预测［D］. 长沙：中南大学 .

肖克炎，李楠，孙莉，等 . 2012. 基于三维信息技术大比例尺三维立体矿产预测方法及途径［J］. 地质学刊，36（3）：229-236.
谢钢．2013. 全球导航卫星系统原理：GPS、格洛纳斯和伽利略系统［M］．北京：电子工业出版社．
熊熊，滕吉文，郑勇．2004. 中国大陆地壳运动的GPS观测及相关动力学研究［J］．地球物理学进展，19（1）：16-25.
徐涵秋．2004. 基于SFIM算法的融合影像分类研究［J］．武汉大学学报（信息科学版），29（10）：920-923.
徐绍铨．2003. GPS测量原理及应用［M］．武汉：武汉大学出版社．
薛彬，杨建峰，赵葆常．2004. 月球表面主要矿物反射光谱特性研究［J］．地球物理学进展，（3）：717-720.
薛重生，傅小林，王京名．1997. 遥感与地球物理数据的融合处理及其地质应用——以上饶地区为例［J］. 地质科技情报，（S1）：36-43.
薛春纪，祁思敬，郑明华，等．2000. 热水沉积研究及相关科学问题［J］．矿物岩石地球化学通报，（3）：155-163.
于艳梅，甘甫平，周萍，等．2009. 月地岩矿光谱特征对比及月表信息提取方法简介［J］．国土资源遥感，（4）：45-48.
袁峰，李晓晖，张明明，等．2014. 隐伏矿体三维综合信息成矿预测方法［J］．地质学报，88（4）：630-643.
袁峰，李晓晖，张明明，等．2015. 矿田三维地质填图方法及应用［J］．皖西学院学报，31（1）：140-143.
袁峰，李晓晖，张明明，等．2018. 三维成矿预测研究进展［J］．甘肃地质，27（1）：32-36.
张保梅．2005. 数据级与特征级上的数据融合方法研究［D］．兰州：兰州理工大学．
张海玲，王家林，许惠平，等．2007. 遥感数据和多源地学数据的融合研究［J］．工程地球物理学报，（2）：95-98.
张良培，沈焕锋．2016. 遥感数据融合的进展与前瞻［J］．遥感学报，20（5）：1050-1061.
张满郎，郑兰芬．1996. Landsat TM及JERS-1 SAR数据在金矿探测中的应用研究．环境遥感，11（4）：260-266.
张培震，王琪，马宗晋．2002. 中国大陆现今构造运动的GPS速度场与活动地块［J］．地学前缘，9（2）：430-441.
张文勇，王延斌，魏建平，等．2010. 多元数据融合的工作面突出带预测技术［J］．煤矿安全，41（7）：23-26.
张一平．2012. 像素级遥感影像融合技术研究［D］．郑州：解放军信息工程大学．
赵鹏大，胡旺亮，李紫金．1983a. 矿床统计预测的理论与实践［J］．地球科学——中国地质大学学报，4：107-121.
赵鹏大，胡旺亮，李紫金．1983b. 矿床统计预测［M］．北京：地质出版社．
赵书河．2008. 多源遥感影像融合技术与应用［M］．南京：南京大学出版社．
赵书河，张新明，曲鸿建．2004. 多光谱遥感影像与高分辨率全色影像融合研究［J］．测绘信息与工程，（5）：4-5.
周贤锋．2014. 月球雨海玄武岩物质成分遥感研究［D］．南京：南京大学．
朱良峰，吴信才，刘修国，等．2004. 基于钻孔数据的三维地层模型的构建［J］．地理与地理信息科学，（3）：26-30.
Ahrens J H，Kohrt K D，Dieter U. 1983. Algorithm 599：sampling from gamma and poisson distributions［J］. ACM Transactions on Mathematical Software（TOMS），9（2）：255-257.

Bohling G C, Davis J C. 1993. A Fortran program for Monte Carlo simulation of oil-field discovery sequences [J]. Computers & Geosciences, 19 (10): 1529-1543.

Botbol J M. 1971. An application of characteristic analysis to mineral exploration [C] . Proceedings of 9th International Symposium on Techniques for Decision, 92-99.

Calcagn O P, Chilès J P, Courrioux G, et al. 2008. Geological modelling from field data and geological knowledge: Part I. Modelling method coupling 3D potential- field interpolation and geological rules [J] . Physics of the Earth and Planetary Interiors, 171 (1-4): 147-157.

Carmalt S W, John B S. 1986. Giant oil and gas fields [J] . AAPG Bulletin, A131: 11-53.

Chatterjee R S, Prabakaran B, Jha V K, et al. 2003. Fusion of surface relief data with high spectral and spatial resolution satellite remote sensor data for deciphering geological information in a mature topographic terrain [J]. International Journal of Remote Sensing, 24 (23): 4761-4775.

Chen Z, Osadetz K. 2006. Undiscovered petroleum accumulation mapping using model-based stochastic simulation [J] . Mathematical Geology, 38 (1) : 1-16.

Chen Z, Osadetz K, Gao H, et al. 2000. Characterizing the spatial distribution of an undiscovered hydrocarbon resource: the Keg River reef play, Western Canada Sedimentary Basin [J] . Bulletin of Canadian Petroleum Geology, 48 (2): 150-163.

Chen Z, Osadetz K, Gao H, et al. 2001. Improving exploration success through uncertainty mapping, the Keg River reef play, Western Canada Sedimentary Basin [J] . Bulletin of Canadian Petroleum Geology, 49 (3): 367-375.

Chen Z, Osadetz K, Embry A, et al. 2002. Geological favorability mapping of petroleum potential using fuzzy integration, example from western Sverdrup Basin, Canadian Arctic Archipelago [J] . Bulletin of Canadian Petroleum Geology, 50 (4): 492-506.

Davis J C, Chang T. 1989. Estimating potential for small fields in mature petroleum province [J] . AAPG Bulletin, 73 (8): 967-976.

Davis J C, Chang T. 1990. Estimating potential for small fields in mature petroleum province: reply [J] . AAPG Bulletin, 74 (11): 1764-1765.

Dowty E, Keil K, Prinz M. 1974. Igneous rocks from Apollo 16 rake samples [C] . Lunar and Planetary Science Conference Proceedings. New Jersey: Lunar and Planetary Institute, 5: 431-445.

Drew L J, Schuenemeyer J H, Bawiec W J. 1982. Estimation of the future rates of oil and gas discoveries in the western Gulf of Mexico [R] . Geological Survey, Newark, DE (USA) .

Ganapathy R, Morgan J W, Krahenbuhl U, et al. 1973. Early intense bombardment of the moon: clues from meteoritic elements in Apollo 15 and 16 samples [C] . Geochimica et Cosmochimica Acta, 4: 1239-1261.

Ganapathy R, Morgan J W, Higuchi H, et al. 1974. Meteoritic and volatile elements in Apollo 16 rocks and in separated phases from 14306 [C] . Proceedings of the 5th Lunar Science Conference. New York: Pergamon Press: 1659-1683.

Guo Q, Wu N, Kong F, et al. 2007. Oil and gas explorationrisk evaluation and screening of favorable areas for future exploration in Shenxian Sag, Bohai Bay Basin, China [C] . Proceedingsof IAMG'07, Beijing, Wuhan: China University of Geosciences Printing House: 624-628.

Hall D L, Llinas J. 1997. An introduction to multi-sensor data fusion [J] . Proceeding of the IEEE, 85 (1): 6-23.

Heiken G, Vaniman D, French B M. 1991. Lunar Sourcebook—a User's Guide to the Moon [M] . Cambridge: Cambridge University Press.

Hodges F N, Kushiro I. 1973. Petrology of Apollo 16 lunar highland rocks [C] . 5th Lunar and Planetary Science Conference Proceedings, 1033.

Hu S, Guo Q, Chen Z, et al. 2009. Probability mapping of petroleum occurrence with a multivariate-Bayesian approach for risk reduction in exploration, Nanpu Sag of Bohay Bay Basin, China [J] . Geologos, 15 (2): 91-102.

Hu S, He H, Ji J, et al. 2021. A dry lunar mantle reservoir for young mare basalts of Chang'e-5 [J] . Nature, 600: 49-53.

Jessell M. 2001. Three-dimensional geological modeling of potential-field data [J] . Computers & Geosciences, 27 (4): 455-465.

Kaufman G M, Balcer Y, Kruyt D. 1975. A probabilistic model of oil and gas discovery [J] . Methods and Models for Assessing Energy Resources, A078 (1975): 113-142.

Klein L A. 2000. Sensor and data fusion concepts and appliciations [J] . SPIE Optiical Engineering Press, Tutorial Texts, 14: 132.

Krahenbuhl U, Ganapathy R, Morgan J W, et al. 1973. Volatile elements in Apollo 16 samples: possible evidence for outgrassing of the moon. Science, 180 (4088): 858-861.

Laben C A, Brower B V. 2000. Process for enhancing the spatial resolution of multispectral imagery using pan-sharpening [P] . US06011875A.

Lee P J, Wang P C C. 1985. Prediction of oil or gas pool sizes when discovery record is available [J] . Mathematical Geology, 17: 95-113.

Lemon A M, Jones N L. 2003. Building solid models from boreholes and user defined cross-sections [J] . Computers & Geosciences, 29 (5): 547-555.

Li Q L, Zhou Q, Liu Y, et al. 2021. Two billion-year-old volcanism on the Moon from Chang'e-5 basalts [J] . Nature, 600: 54-58.

Li X, Yuan F, Zhang M, et al. 2015. Three-dimensional mineral prospectivity modeling for targeting of concealed mineralization within the Zhonggu iron orefield [J] . Ore Geology Reviews, 71: 633-654.

Liu J G. 2000. Smoothing filter-based intensity modulation: a spectral preserve image fusion technique for improving spatial details [J] . International Journal of Remote Sensing, 21 (18): 3461-3472.

Mangolini M. 1994. Apport de la fusion d' images satellitaries multicapterus au nivieau pixel en teledetection et photo-interpretation [D] . Nice: Nice-Sophia Antipolis University.

Mast R F, Dolton G L, Crovelli R A, et al. 1988. Estimates of undiscovered recoverable oil and gas resources for onshore and state offshore areas of United States [J] . AAPG Bulletin, 72 (2): 218.

Morgan J W, Krahenbuhl U, Ganapathy R, et al. 1973. Trace element abundances and petrology of separates from Apollo 15 soils [C] . Lunar and Planetary Science Conference Proceedings. Illinois: Lunar and Planetary Institute, 4: 1379.

Pan H, McMichael D, Lendjel M. 1998. Inference algorithms in Bayesian Networks and the Probanet System [J] . Digital Signal Processing, 8 (4): 231-243.

Payne C E, Cunningham F, Peters K J, et al. 2015. From 2D to 3D: prospectivity modelling in the Taupo volcanic zone, New Zealand [J] . Ore Geology Reviews, 71: 558-577.

Podruski J A. 1988. Contrasting character of the Peace River and Sweetgrass Arches, Western Canada Sedimentary Basin [J] . Geoscience Canada, 15 (2): 94-97.

Rostirolla S P, Mattana A C, Bartoszeck M K. 2003. Bayesian assessment of favorability for oil and gas prospects over the Reconcavo Basin, Brazil [J] . Am Assoc Petrol Geol Bull, 87 (4): 647-666.

Schuenemeyer J H, Drew L J. 1991. A forecast of undiscovered oil and gas in the Frio Strand plain trend: the unfolding of a very large exploration play [J]. AAPG Bulletin, 75 (6): 1107-1115.

Schuenemeyer J H, Drew L J. 1983. A procedure to estimate the parent population of the size of oil and gas fields as revealed by a study of economic truncation [J]. Journal of the International Association for Mathematical Geology, 15 (1): 145-161.

Schuenemeyer J H, Drew L J, Root D H, et al. 1990. Estimating potential for small fields in mature petroleum province: discussion [J]. AAPG Bulletin, 74 (11): 1761-1763.

Spudis P D. 1984. Apollo-16 site geology and impact melts: implications for the geologic history of the lunar highlands [J]. Journal of Geophysical Research, 89 (Suppl. 1): C95-C107.

Tian H C, Wang H, Chen Y, et al. 2021. Non-KREEP origin for Chang'e-5 basalts in the Procellarum KREEP Terrane [J]. Nature, 600: 59-63.

Turcotte D L. 1997. Fractals and chaos in geology and geophysics [M]. 2nd ed. Cambridge: Cambridge University Press.

Turcotte D L, Brown S R. 1993. Fractals and chaos in geology and geophysics [J]. Physics Today, 46 (5): 68.

Wald L. 1998. An overview of concept in fusion of earth data//Gudmandsen P. Future Trends in Remote Sensing. Balltems, Rotterdam: 385-390.

Wald L. 1999. Some terms of reference in data fusion [J]. IEEE Transactions on Geoscience and Remote Sensing, 37 (3): 1190-1193.

Wang G, Li R, Carranza E J M, et al. 2015. 3D geological modeling for prediction of subsurface Mo targets in the Luanchuan district, China [J]. Ore Geology Reviews, 8: 270-274.

White D. 1988. Oil and gas play maps in exploration and assessment [J]. AAPG Bulletin, 72: 944-949.

Wu Q, Xu H, Zou X K. 2005. An effective method for 3D geological modeling with multi-source data integration [J]. Computers & Geosciences, 31 (1): 35-43.

Xiao K, Li N, Porwal A, et al. 2015. GIS-based 3D prospectivity mapping: a case study of Jiama copper-polymetallic deposit in Tibet [J]. Ore Geology Reviews, 71 (3): 357-367.

Xie Q, Dai J, Ma X. 2007. Control of faults of guantao formation on hydrocarbon accumulation in Jiyang depression [J]. Xinjiang Petroleum Geology, 28 (4): 486.

Yao T. 1998. Conditional spectral simulation with phase identification [J]. Mathematical Geology, 30 (3): 285-308.